函数方程热点问题集

Topics in Functional Equations

[美] 蒂图·安德雷斯库(Titu Andreescu)

[摩] 儿里耶·博雷科(Iurie Boreico)

[保] 奥列格·布什卡罗夫(Oleg Mushkarov)   著

[保] 尼古拉·尼科洛夫(Nikolai Nikolov)

程晓亮 陈艳杰 译

哈尔滨工业大学出版社
HARBIN INSTITUTE OF TECHNOLOGY PRESS

黑版贸审字 08-2017-067 号

图书在版编目(CIP)数据

函数方程热点问题集/(美)蒂图·安德雷斯库
(Titu Andreescu)等著;程晓亮,陈艳杰译. —哈尔
滨:哈尔滨工业大学出版社,2021.6
书名原文:Topics in Functional Equations
ISBN 978-7-5603-9388-9

Ⅰ.①函… Ⅱ.①蒂… ②程… ③陈… Ⅲ.①泛函方
程-研究 Ⅳ.①O177

中国版本图书馆 CIP 数据核字(2021)第 069288 号

© 2012 XYZ Press, LLC

All rights reserved. This work may not be copied in whole or in part without the written
permission of the publisher (XYZ Press, LLC, 3425 Neiman Rd., Plano, TX 75025, USA)
except for brief excerpts in connection with reviews or scholarly analysis.
www.awesomemath.org

策划编辑 刘培杰 张永芹

责任编辑 李广鑫

封面设计 孙茵艾

出版发行 哈尔滨工业大学出版社

社　　址 哈尔滨市南岗区复华四道街 10 号 邮编 150006

传　　真 0451-86414749

网　　址 http://hitpress.hit.edu.cn

印　　刷 哈尔滨市石桥印刷有限公司

开　　本 787 mm×1092 mm 1/16 印张 30.25 字数 518 千字

版　　次 2021 年 6 月第 1 版 2021 年 6 月第 1 次印刷

书　　号 ISBN 978-7-5603-9388-9

定　　价 48.00 元

(如因印装质量问题影响阅读,我社负责调换)

美国著名奥数教练蒂图·安德雷斯库

有价值的问题是你能真正解决或帮助解决的问题,是你能真正有所贡献的问题。……如果我们真的能做些什么,那么没有什么问题是微不足道的。

—Richard P. Feynman

引　言

几个世纪以来,函数方程在数学中都具有重要的意义,并且在高水平的数学竞赛中多次出现.在数学历史中,函数方程的研究与分析密切相关,许多伟大的数学家致力于解决它们.在当今的研究中,某些微分方程在分析、微分几何和其他各种理论物理领域中具有重要的意义.由于微分方程的重要性和普及性,使得人们对其进行了深入的研究,从而建立了经典微分方程理论,并在大学进行教授,大量文献也体现了该领域在不断发展.

然而,在高中甚至大学竞赛中给出的函数方程则有些不同.由于函数方程本身特点的限制,且很少有相关的数学奥林匹克教科书对这类方程的方法进行系统的总结,所以它们沿着完全不同的路线发展.在高中生能读到的书中,有很多讨论柯西方程及其推广的相关问题.但如果你想要一本关于数学奥林匹克中的函数方程问题的综合类著作,首先映入脑海的可能是Venkatachala[23]和Small[24]的书. 关于这个主题的好文章和注释,有许多分布在不同的文献中,但是没有任何一本书对这个主题进行全面的研究.

函数方程在数学竞赛类文献中的地位被严重低估,然而这门学科在当前的数学竞赛中占有特殊的地位.在竞赛中,尤其是在国际数学奥林匹克竞赛中,函数方程的相关题目非常有特色.但它们通常不被认为是一门独立的学科,而是代数的一个子集——一系列问题和解决问题的技巧的集合.

函数方程应该作为一个单独的主题来研究.一个有经验的竞赛者会认为数学的每个领域都有自己独特的"味道",都有着不同的思维方式和处理问题的方法.所以,对于有些人来说,尽管他们花在某些题目上的时间是一样的,但是相比不等式却更擅长综合几何,或者相比组合学却更擅长数论.对于数学竞赛者和教练员的作者们来说,他们多年来一直致力于数学奥林匹克竞赛,确信函数方程有自己的"感觉".求解高级函数方程,需要有代数操作的天赋,巧妙替换的创造

1

力,以及数学各个领域的相关函数方程思想的广泛经验.寻求函数方程的解的方法与求解几何问题或不等式的方法大不相同. 因此,函数方程应该有属于它们自己的一个领域.

众所周知,数学竞赛是学习和提高解决问题能力的一种非常有效的方式.这些技能在一些对精确度高度要求的职业中是必不可少的,包括数学、物理或计算机科学的研究,及工程、金融或计算机编程等的实践性工作.函数方程作为解决问题的一部分,可以更好地教人如何思考.如果将大脑训练比作身体训练,那么函数方程就像是针对特定肌肉群的一组练习(但在某种程度上也涉及其他肌肉).

本书系统全面地讲述了函数方程及其解法.与竞赛数学的其他分支不同,这里几乎没有理论——相反,却有许多用于求解这些方程的方法和技巧.本书侧重于实用性,不仅可以使学生熟悉所使用的各种策略,还可以使其学会结合不同的技巧进行解题练习.

本书包含近几年数学竞赛中的所有重要的函数方程,按它们的解法将其进行分类.书中解释了每种方法背后的论证推理过程,还提出了创新解决方案的建议.我们相信,对于一些有知识基础和学习积极性的学生,通过这本书的学习,将大大扩展他们的视野和能力,并可以解决任何数学背景下给出的函数方程.同时,他们也将学会思考问题的方法,这不仅可以用于数学领域,还可以用于以后的生活.

这本书从最常见的函数方程——柯西方程开始,介绍了不同类型的函数方程及其推广.每章还增加了许多例题和练习题,旨在帮助读者充分理解这一重要方程,并学习如何在其他情况下应用它.其中两章重点讨论重要的函数方程,其余章节则集中在方法而非具体方程上.有些章节涉及其他文献中未提及的问题.例如,关于线性函数逼近或关于多项式递归和函数连续性的章节证明了本书的独特性;因为函数方程的多样化,所以许多章节是相互独立的,读者可以按照不同的顺序来进行阅读,有明确目标的读者可以直接进入他们想读的章节;有些章节说明相应方法的问题较少,比其他章节短——我们努力提高效率,而不是人为地在章节长度上保持一致;这本书的第2章到最后一章包含了一个被称为"其他问题"的问题列表,尽管它们仍然可被归入相关问题的子部分,但是这些问题很难进行归类;从第1章到最后一章,很多问题都具有极强的挑战性.建议读者在熟悉本书其余部分所采用的方法之后再处理这些问题.最后一章包含了书中所有问题的参考答案.我们虽然建议自主解决每个问题,但是相比自己找到更简单的解决方案,有时读者可以从阅读难题的参考答案中学到更多.

感谢我们亲爱的朋友Gabriel Dospinescu提出的问题和相关评论.

Titu Andreescu, Iurie Boreico, Oleg Mushkarov, Nikolai Nikolov

2012.10

关于第2版

第2版在第1版的基础上增加了22个问题,包括最近的数学竞赛,如国家或地区奥林匹克竞赛、团队选择测试及国际数学竞赛等.对第1版中出现的某些问题的解决方案进行了修改,并纠正了一些打印错误.

我们要感谢Lyuben Lichev的有益意见.

Titu Andreescu, Iurie Boreico, Oleg Mushkarov, Nikolai Nikolov

2014.12

目　录

第 1 章　柯西方程

1.1　可加性柯西方程

设实数集D满足：对于任意的$x, y \in D$，有$x + y \in D$.

设函数$f : D \to \mathbb{R}$，若对于任意的$x, y \in D$，有

$$f(x + y) = f(x) + f(y). \tag{1}$$

则称f是可加性函数. 方程 (1) 的最简形式的函数解是线性函数 $f(x) = ax$，其中$a \in \mathbb{R}$. 当$D = \mathbb{R}$时，函数方程(1)称为可加性柯西方程，柯西[8]首次系统地研究了此类方程. 那么，可加性柯西方程的解是否只有线性函数 $f(x) = ax$ 呢？在下面的解答过程中，将证明函数解不只有这一个；但若附加了某种假设，则函数解可以只有线性函数$f(x) = ax$.

利用方程(1)，得到下面的命题.

命题 1.1. 设实数集D满足：$0 \in D$，对于任意的$x, y \in D$ 和整数n，都有$x + y \in D, \frac{x}{n} \in D$. 若函数$f : D \to \mathbb{R}$是可加性函数，则对于任意的$x_k \in D$ 和有理数r_k（$1 \leqslant k \leqslant n$），都有

$$f\left(\sum_{k=1}^{n} r_k x_k\right) = \sum_{k=1}^{n} r_k f(x_k).$$

证明. 将$y = 0$ 和$y = -x$ 分别代入(1)，得到$f(0) = 0$, $f(-x) = -f(x)$，其中$x \in D$. 应用数学归纳法，得到

$$f\left(\sum_{k=1}^{n} x_k\right) = \sum_{k=1}^{n} f(x_k). \tag{2}$$

特别地,对于任意的$x \in D$和$n \in \mathbb{N}$,有$f(nx) = nf(x)$.

设m和n是正整数, $r = \dfrac{m}{n}$ 且$x \in D$,那么$mx \in D$ 且$\dfrac{mx}{n} \in D$, 即$rx \in D$. 于是, $nf(rx) = f(nrx) = f(mx) = mf(x)$,从而$f(rx) = rf(x)$. 因为对于任意的$y \in D$,有$f(0) = 0$和$f(-y) = -f(y)$,所以对于任意的非正有理数r ,等式$f(rx) = rf(x)$也成立. 由等式(2),得到

$$f\left(\sum_{k=1}^{n} r_k x_k\right) = \sum_{k=1}^{n} f(r_k x_k) = \sum_{k=1}^{n} r_k f(x_k). \qquad \square$$

例 1.1. 设函数$f : \mathbb{Q} \to \mathbb{R}$,若f是可加性函数,则其表达式为$f(x) = ax$,其中$a \in \mathbb{R}$.

事实上, 若$x \in \mathbb{Q}$,则$f(x) = xf(1) = ax$,其中$a = f(1)$.

例 1.2. 设$\mathbb{Q}\left(\sqrt{2}\right) = \left\{p + q\sqrt{2} \mid p, q \in \mathbb{Q}\right\}$.对于任意的$x = p + q\sqrt{2}$, 设$\bar{x} = p - q\sqrt{2}$. 若函数$f : \mathbb{Q}(\sqrt{2}) \to \mathbb{R}$是可加性函数,则其表达式为$f(x) = ax + b\bar{x}$,其中$a, b \in \mathbb{R}$.

为证明此结论,令$x = p + q\sqrt{2}$, 则由命题1.1 知$f(x) = pf(1) + qf(\sqrt{2})$.又$p = \dfrac{x + \bar{x}}{2}$ 和$q = \dfrac{x - \bar{x}}{2\sqrt{2}}$,那么

$$f(x) = \left(\frac{x + \bar{x}}{2}\right) f(1) + \left(\frac{x - \bar{x}}{2\sqrt{2}}\right) f(\sqrt{2}).$$

令

$$a = \frac{f(1)}{2} + \frac{f(\sqrt{2})}{2\sqrt{2}}, \quad b = \frac{f(1)}{2} - \frac{f(\sqrt{2})}{2\sqrt{2}},$$

则$f(x) = ax + b\bar{x}$.

反之, 对于任意的$x, y \in \mathbb{Q}(\sqrt{2})$,有

$$f(x + y) = a(x + y) + b(\overline{x + y}) = ax + b\bar{x} + ay + b\bar{y} = f(x) + f(y),$$

所以对于函数$f : \mathbb{Q}(\sqrt{2}) \to \mathbb{R}$,任何形如$f(x) = ax + b\bar{x}$的函数都是可加性函数.

下面的定理给出形如$f(x) = ax$的可加性函数f的充要条件.

定理 1.1. 设$f : \mathbb{R} \to \mathbb{R}$ 是可加性函数. 下面四个条件等价:

(i) 存在$a \in \mathbb{R}$,使得函数f的表达式为$f(x) = ax$;

(ii) 函数 f 在任意区间上有上(下) 界;

(iii) 函数 f 在任意区间上是单调递增（单调递减）的;

(iv) 函数 f 在任意点处连续.

证明. 显然,利用条件(i) 可以证明其余三个条件. 接下来,分别证明(ii) → (i),(iii) → (ii) 和(iv) → (ii).

(ii) → (i). 设 $g(x) = f(x) - f(1)x$,显然,函数 $g : \mathbb{R} \to \mathbb{R}$ 是可加性函数,由命题1.1 得到,对于任意的 $r \in \mathbb{Q}$,有 $g(r) = 0$. 由于函数 $f(x)$ 在区间 (p, q) 上有上界,故函数 $g(x)$ 也在该区间有上界.设对于任意的 $x \in (p, q)$,有 $g(x) < C$,且 x_0 是任意实数.由实数的稠密性知,区间 $(p - x_0, q - x_0)$ 内存在有理数 r,所以 $r + x_0 \in (p, q)$,于是

$$g(x_0) = g(r + x_0) - g(r) = g(r + x_0) < C.$$

故对于任意的 $x \in \mathbb{R}$,有 $g(x) < C$.从而,对于任意的 $n \in \mathbb{N}$,有

$$g(x_0) = \frac{1}{n}g(nx_0) \leqslant \frac{C}{n} \text{ 且} g(x_0) = -\frac{1}{n}g(-nx_0) \geqslant -\frac{C}{n}.$$

由此可推知,对于任意的 $n \in \mathbb{N}$,有

$$-\frac{C}{n} \leqslant g(x_0) \leqslant \frac{C}{n}.$$

因此 $g(x_0) = 0$. 由 $x_0 \in \mathbb{R}$ 的任意性可得, $f(x) - f(1)x = g(x) = 0$, 即 $f(x) = ax$,其中 $a = f(1)$.

同理可证,当 $f(x)$ 在任意区间上有下界时,条件(i)同样成立.

(iii) → (ii). 若函数 f 在某个区间上是单调递增(单调递减)的,那么 f 在该区间的某个子区间上一定有上界(下界) .

(iv) → (ii). 设函数 $f(x)$ 在点 $x_0 \in \mathbb{R}$ 处连续,则由连续的定义知,存在 $\delta > 0$ 使得,当 $|x - x_0| < \delta$ 时,有 $|f(x) - f(x_0)| < 1$.因此,对于任意的 $x \in (x_0 - \delta, x_0 + \delta)$,有 $f(x) < 1 + f(x_0)$ $(f(x) > f(x_0) - 1)$,即 f 在区间 $(x_0 - \delta, x_0 + \delta)$ 上有上界(下界). □

推论 1.1. 设函数 $f : \mathbb{R} \to \mathbb{R}$,若其既是可加性函数又是可乘性函数,即对任意的 $x, y \in \mathbb{R}$,都有 $f(x + y) = f(x) + f(y)$ 和 $f(xy) = f(x)f(y)$,则 $f(x) \equiv 0$ 或 $f(x) \equiv x$.

证明. 因为$f(x^2) = (f(x))^2 \geqslant 0$,所以可加性函数$f$在区间$(0, +\infty)$上有下界.由定理1.1知, $f(x) = ax$, 其中a是常数. 因此,对任意的$x, y \in \mathbb{R}$,有

$$axy = f(xy) = f(x)f(y) = a^2xy.$$

从而$a = a^2$,解得$a = 0$或$a = 1$. □

定理1.1 表明,如果可加性函数$f : \mathbb{R} \to \mathbb{R}$不满足条件(i) – (iv) 中的任意一条,那么它也不满足其余的三条. 接下来,我们将证明这样的可加性函数确实存在并具有特殊性质.

定理 1.2. 设有可加性函数$f : \mathbb{R} \to \mathbb{R}$,若$f$不能表示成$f(x) = ax(a$是常数),则平面上的任何方形邻域(或圆形邻域) 都包含函数f的图像上的点.

证明. 下面用两种方法证明定理.

证法一. 不失一般性,设方形邻域的各边平行于坐标轴,方形邻域的中心为点$P_0(x_0, y_0)$,边长为$2\varepsilon > 0$.那么,该邻域内的任一点$M(x, y)$ 满足$x_0 - \varepsilon < x < x_0 + \varepsilon$,$y_0 - \varepsilon < y < y_0 + \varepsilon$.由定理1.1 可知,满足题中条件的函数$f(x)$ 在区间$(x_0 - \varepsilon, x_0 + \varepsilon)$上既没有上界,也没有下界.故存在点$x_1, x_2 \in (x_0 - \varepsilon, x_0 + \varepsilon)$,使得

$$y_1 = f(x_1) < y_0, y_2 = f(x_2) > y_0.$$

因此,点$P_1(x_1, y_1)$ 和$P_2(x_2, y_2)$位于直线$x = x_0 - \varepsilon$和$x = x_0 + \varepsilon$围成的带状区域内,且两点分别位于直线$y = y_0$的两侧. 如果两点中有一个在方形邻域内,那么问题得证.

运用反证法,假设两点均不在方形邻域内.考虑区间$[x_1, x_2]$的中点$x_3 = \dfrac{x_1 + x_2}{2}$.因为函数f是可加性函数, 所以

$$y_3 = f(x_3) = f\left(\frac{x_1 + x_2}{2}\right) = \frac{f(x_1) + f(x_2)}{2} = \frac{y_1 + y_2}{2}.$$

故y_3 是区间$[y_1, y_2]$ 的中点,从而

$$|y_3 - y_0| \leqslant \frac{y_2 - y_1}{2}.$$

如果点$P_3(x_3, y_3)$ 位于方形邻域内,那么问题得证.同样运用反证法,假设点$P_3(x_3, y_3)$ 不在方形邻域内.如果$f(x_3) > y_0$ (或$f(x_3) < y_0$), 那么设

$$x_4 = \frac{x_1 + x_3}{2} \quad \left(x_4 = \frac{x_2 + x_3}{2}\right).$$

以上两种取法均可得到

$$|y_4 - y_0| \leqslant \frac{y_2 - y_1}{2^2},$$

其中$y_4 = f(x_4)$. 依此类推,我们可以得到函数f 的图像上的点列$P_n(x_n, y_n)$,其中$x_n \in (x_0 - \varepsilon, x_0 + \varepsilon)$,且对于任意的$n \in \mathbb{N}$,有

$$|y_n - y_0| \leqslant \frac{y_2 - y_1}{2^n}.$$

于是 $\lim\limits_{n \to \infty} y_n = y_0$,所以存在$n \in \mathbb{N}$,使得$y_n \in (y_0 - \varepsilon, y_0 + \varepsilon)$. 故点$P_n(x_n, y_n)$ 位于该邻域内,与假设矛盾,故定理得证.

证法二. 根据"对于任何实数,都存在一个有理数无限趋近于它"这一事实来进行证明. 如果函数$f(x)$ 不能表示为$f(x) = ax$(a 是常数),那么存在x_1, $x_2 \neq 0$,使得$\frac{f(x_1)}{x_1} \neq \frac{f(x_2)}{x_2}$.于是向量 $\boldsymbol{v}_1 = (x_1, f(x_1))$ 和 $\boldsymbol{v}_2 = (x_2, f(x_2))$ 线性无关.从而,对于任意的向量v,存在实数ρ_1和ρ_2, 使得 $\boldsymbol{v} = \rho_1 \boldsymbol{v}_1 + \rho_2 \boldsymbol{v}_2$. 因此,向量$r_1 \boldsymbol{v}_1 + r_2 \boldsymbol{v}_2$（其中$r_1$ 和r_2 是有理数）无限趋近于向量 $\boldsymbol{v}$. 又因为

$$r_1 \boldsymbol{v}_1 + r_2 \boldsymbol{v}_2 = r_1(x_1, f(x_1)) + r_2(x_2, f(x_2)) = (r_1 x_1 + r_2 x_2, f(r_1 x_1 + r_2 x_2)),$$

所以,对于方形邻域内的任何一个点,都能在函数f的图像上找到一个点与该点无限接近.因此,函数图像上存在着某个点位于方形邻域内.定理得证.　　□

上面的定理利用数学术语可描述为:如果可加性函数的图像不是一条直线,那么它的图像必定是在每一点处都无界的平面区域上的稠密子集. 1905年,哈默尔（Hamel）[11] 利用选择公理（Axiom of Choice）证明了这类可加性函数的存在性. 选择公理的内容是: 对于任意非空集合F_α的指标集族$\{F_\alpha\}$,总存在集合$F = \{\iota_\alpha\}$,其中对于任意的α,都有$\iota_\alpha \in F_\alpha$.

注意,选择公理有一些与常识相矛盾的出乎意料的结论. 所以,许多数学家不承认它,在许多不适用于选择公理的数学分支领域继续发展.

下面介绍哈默尔[11]利用选择公理所证明的相关定理,并借此进一步描述可加性函数.

定理 1.3. 存在实数集H 满足下面条件:

(a) $1 \in H$;

(b) 如果$h_1, h_2, \ldots, h_n \in H$ 且$r_1, r_2, \ldots, r_n$ 是有理数,若

$$r_1 h_1 + r_2 h_2 + \cdots + r_n h_n = 0,$$

则$r_1 = \cdots = r_n = 0$;

(c) 对于任意实数x,都存在有理数$r_1, \ldots, r_n$ 和实数$h_1, h_2, \ldots, h_n \in H$ 使得$x = r_1 h_1 + \cdots + r_n h_n$.

任何具有上述三条性质的实数集H叫作哈默尔基. 值得注意的是,对于任意的$x \in \mathbb{R}$ 且$x \neq 0$, (c)中的和是有限的,但加数的数量取决于x.于是,任意的$x \in \mathbb{R}$ 可以表示为

$$x = \sum r_\alpha h_\alpha, \tag{3}$$

其中$\{h_\alpha\} = H$只有有限个有理数r_α非零. 若$x = \sum r_\alpha h_\alpha$ 且$x = \sum s_\alpha h_\alpha$,则

$$0 = x - x = \sum (r_\alpha - s_\alpha) h_\alpha.$$

由(b)得$r_\alpha = s_\alpha$.因此,(3)中的有理数r_α由x 唯一确定,它可以看作是x 相对于哈默尔基H的坐标.

哈默尔基对于描述可加性函数有着重要作用,具体见下述定理.

定理 1.4. 设H 是一个哈默尔基, $s: H \to \mathbb{R}$ 是任意函数, 则存在唯一的可加性函数$f: \mathbb{R} \to \mathbb{R}$,使得对于任意的$h \in H$,有$f(h) = s(h)$.

证明. 为使用上述表示法,设$H = \{h_\alpha\}$. 给定函数$s: H \to \mathbb{R}$,利用下述方法定义函数$f: \mathbb{R} \to \mathbb{R}$. 设$x$ 是任意实数,则$x = \sum r_\alpha h_\alpha$,其中$r_\alpha \in \mathbb{Q}$且只有有限个$r_\alpha$ 非零. 令$f(x) = \sum r_\alpha s(h_\alpha)$. 由题知,$f(h_\alpha) = s(h_\alpha)$,其中$h_\alpha \in H$,下面需要证明$f$ 是可加性函数. 设$x = \sum r'_\alpha h_\alpha$,$y = \sum r''_\alpha h_\alpha$,其中$r'_\alpha, r''_\alpha \in \mathbb{Q}$,则

$$f(x + y) = f\left(\sum \left(r'_\alpha + r''_\alpha\right) h_\alpha\right) = \sum \left(r'_\alpha + r''_\alpha\right) f(h_\alpha)$$

$$= \sum (r'_\alpha + r''_\alpha) s(h_\alpha) = \sum r'_\alpha s(h_\alpha) + \sum r''_\alpha s(h_\alpha) = f(x) + f(y).$$

故由可加性函数的定义知, f是可加性函数,定理得证. $\qquad\square$

上述定理表明所有可加性函数$f: \mathbb{R} \to \mathbb{R}$ 和所有函数$s: H \to \mathbb{R}$之间存在着一一对应的关系. 注意,任何不可表示为$f(x) = ax$（$a \in \mathbb{R}$）的可加性函数所对应的函数$s: H \to \mathbb{R}$,都使得$\dfrac{s(h)}{h}$ 不是常函数(反证法,如果s 对应的函数是$f(x) = ax$,那么$s(h) = ah$,其中$h \in H$且$\dfrac{s(h)}{h} = a$,与假设矛盾,原命题成立). 因此,任意函数$H \to \mathbb{R}$ 都可以确定一个不满足定理1.1中条件(i)-(iv)的可加性函数.

例 1.3. 设 $H = \{h_\alpha\}$ 是一个哈默尔基. 求满足以下条件的函数 $s: H \to \mathbb{R}$ 所确定的可加性函数 $f: \mathbb{R} \to \mathbb{R}$:

$$s(h_\alpha) = \begin{cases} h_\alpha & , h_\alpha \neq 1 \\ 2 & , h_\alpha = 1. \end{cases}$$

由命题1.1得,对于任意的 $x \in \mathbb{Q}$,有 $f(x) = xf(1) = xs(1) = 2x$. 注意,因为 $\dfrac{s(1)}{1} = 2$,当 $h_\alpha \neq 1$ 时, $\dfrac{s(h_\alpha)}{h_\alpha} = 1$,所以函数 $f: \mathbb{R} \to \mathbb{R}$ 不可表示为 $f(x) = ax$ ($a \in \mathbb{R}$) .

这表明[19]: 对于任意一个哈默尔基 H,都存在一个双射 $\varphi: [0,1] \to H$. 若设 $\varphi(t) = h_t$, 则 $H = \{h_t | t \in [0,1]\}$. 这一结论令可加性函数的构造更加有趣.

例 1.4. 设函数 $f: \mathbb{R} \to \mathbb{R}$ 是由函数 $s: H \to \mathbb{R}$ 所确定的可加性函数,函数 $s: H \to \mathbb{R}$ 定义为

$$s(h_t) = \begin{cases} h_t & , t \in \left[0, \dfrac{1}{2}\right] \\ -h_t & , t \in \left(\dfrac{1}{2}, 1\right]. \end{cases}$$

容易验证,对于任意的 $x \in \mathbb{R}$,有 $f(f(x)) = x$.

另一个得到不连续的可加性函数的例子如下: 函数 $s: H \to \mathbb{R}$ 定义为

$$s(h_t) = \begin{cases} h_t & , t \in \left[0, \dfrac{1}{2}\right] \\ 0 & , t \in \left(\dfrac{1}{2}, 1\right]. \end{cases}$$

那么,对于任意的 $x \in \mathbb{R}$,有 $f(f(x)) = f(x)$.

最后,我们证明在 $[0, \infty)$ 上定义的任意可加性函数可以用一种确定的方法延拓为 $\mathbb{R}$ 上的可加性函数.

定理 1.5. 设有可加性函数 $g: [0, \infty) \to \mathbb{R}$,则存在唯一的可加性函数 $f: \mathbb{R} \to \mathbb{R}$,使得对于任意的 $x \in [0, \infty)$,有 $f(x) = g(x)$.

证明. 设 $f : \mathbb{R} \to \mathbb{R}$ 是可加性函数,且对于任意的 $x \in [0, \infty)$ 有 $f(x) = g(x)$. 因为 $f(-x) = -f(x), x \in \mathbb{R}$,所以

$$f(x) = \begin{cases} g(x) & , x \geq 0 \\ -g(-x) & , x \leq 0 \end{cases} \tag{4}$$

唯一性得证.

下证存在性,设函数 $f : \mathbb{R} \to \mathbb{R}$ 是由(4)定义的, 可证 f 是可加性函数. 如果 $x \geq 0$ 且 $y \geq 0$,那么 $x + y \geq 0$,于是

$$f(x) + f(y) = g(x) + g(y) = g(x + y) = f(x + y).$$

如果 $x \leq 0$ 且 $y \leq 0$,那么

$$f(x) + f(y) = -(g(-x) + g(-y)) = -g(-x - y) = f(x + y).$$

令 $x \leq 0$ 且 $y \geq 0$. 当 $x + y \geq 0$ 时,有

$$f(y) = g(y) = g((x + y) + (-x)) = g(x + y) + g(-x) = f(x + y) - f(x).$$

因此,$f(x + y) = f(x) + f(y)$. 同理可证,当 $x + y \leq 0$ 时,也有上述等式成立.因此,函数 $f : \mathbb{R} \to \mathbb{R}$ 是可加性函数,存在性得证. □

注意,上述定理表明, $[0, \infty)$ 上的可加性函数与 $\mathbb{R}$ 上的可加性函数存在着一一对应的关系.

可加性柯西方程(1) 与实数集的可加性结构有关,正如我们在定理1.1 中所看到的,它可以用来表征一类线性函数 $f(x) = ax, a \in \mathbb{R}$.

下面,我们会研究一些 $\mathbb{R}$ 上的线性结构的函数方程. 我们将会看到这些方程可以用来刻画对数函数 $\lg x$,指数函数 a^x, $a > 0$ 和幂函数 $x^a, a \in \mathbb{R}$.

1.2 对数型柯西方程

众所周知,对数函数 $\lg x$ 满足

$$\lg xy = \lg x + \lg y, x, y \in (0, \infty).$$

此恒等式表明函数方程

$$f(xy) = f(x) + f(y), \quad x, y \in (0, \infty), \tag{5}$$

这样的方程叫作对数型柯西方程 [2].我们将利用对数函数证明,对数型柯西方程的解与可加性柯西方程(1) 的解有关.

定理 1.6. 设对数型柯西方程的任意函数解 $f : (0, \infty) \to \mathbb{R}$,则它的函数表达式为 $f(x) = g(\lg x)$,其中 $g : \mathbb{R} \to \mathbb{R}$ 是可加性函数.

证明. 我们将利用下面这一事实进行证明:对于任意的 $x \in (0, \infty)$,存在唯一的 $u \in \mathbb{R}$ 使得 $x = 10^u$,即 $u = \lg x$. 对于任意的 $u \in \mathbb{R}$,设 $g(u) = f(10^u)$, 那么

$$g(u+v) = f(10^{u+v}) = f(10^u \cdot 10^v) = f(10^u) + f(10^v) = g(u) + g(v).$$

因此, $g : \mathbb{R} \to \mathbb{R}$ 是可加性函数,满足方程

$$f(x) = g(\lg x), \ x \in (0, \infty). \qquad \square$$

利用定理1.1 和1.6,可以得到下面的推论,它可以用来刻画对数函数.

推论 1.2. 设 $f : (0, \infty) \to \mathbb{R}$ 是对数型函数方程的解, 若其满足如下条件之一:

(i) f 在任意区间有上界(下界);

(ii) f 在任意区间上是单调递增(单调递减)的;

(iii) f 在任意点处连续.

则 $f(x) = a \lg x$, 其中 $a \in \mathbb{R}$.

下面,设 $f : D \to \mathbb{R}$ 的定义域 D 不在 $(0, \infty)$ 上,考虑此时对数型柯西方程的函数解. 首先证明,如果 $D = [0, \infty)$,那么对于任意的 $x \in [0, \infty)$,有 $f(x) = 0$.事实上,令式(5)中的 $y = 0$,可得

$$f(0) = f(x) + f(0), \ 即 f(x) = 0.$$

最后,考虑 $D = \mathbb{R} \backslash \{0\}$ 时的情形.

定理 1.7. 设对数型柯西方程的任意函数解$f : \mathbb{R}\backslash\{0\} \to \mathbb{R}\backslash\{0\}$,则它的函数表达式为$f(x) = g(\lg|x|)$,其中$g : \mathbb{R} \to \mathbb{R}$ 是可加性函数.

如果f满足推论1.2 中的(i)$\sim$(iii) 中的任意一个条件,那么$f(x) = a\lg|x|$,其中$a \in \mathbb{R}$.

证明. 令式(5)中的$x = y = 1$,得$f(1) = 0$. 令$x = y = -1$,得$f(-1) = 0$.又由定理1.6 得,对于任意的$x \in \mathbb{R}\backslash\{0\}$有$f(x) = g(\lg x)$,其中$g : \mathbb{R} \to \mathbb{R}$ 是可加性函数. 所以,对于任意的$x \in \mathbb{R}\backslash\{0\}$,有

$$f(x) = f(|x| \cdot \text{sgn}\, x) = f(|x|) + f(\text{sgn}\, x) = f(|x|) = g(\lg|x|). \qquad \square$$

最后,考虑$D = (0,1]$时的情形.

定理 1.8. 设对数型柯西方程的任意函数解$f : (0,1] \to \mathbb{R}$,则它的表达式为$f(x) = g(-\lg x)$, 其中$g : [0,\infty) \to \mathbb{R}$ 是可加性函数. 如果g 满足推论1.2中的(i)$\sim$(iii)中的任意一个条件,那么$g(x) = a\lg x, a \in \mathbb{R}$.

证明. 对于任意的$x \in (0,1]$,存在唯一的$u \in [0,\infty)$,使得$x = 10^{-u}$.对于任意的$u \in [0,\infty)$,设$g(u) = f(10^{-u})$,由定理1.6的证明过程可知$f : [0,\infty) \to \mathbb{R}$, $g : [0,\infty) \to \mathbb{R}$ 是可加性函数,满足方程

$$f(x) = g(-\lg x)\ ,\ x \in (0,1].$$

由定理1.1可推知,定理的后半部分成立.定理得证. $\qquad \square$

1.3　指数型柯西方程

设$f : D \to \mathbb{R}$,这部分讨论指数型柯西方程

$$f(x + y) = f(x) \cdot f(y) \qquad (6)$$

的函数解,其中$D = \mathbb{R}, (0,\infty)$ 或$[0,\infty)$. 它可以作为指数函数$f(x) = a^x$的特征方程,$a > 0$.

定理 1.9. 设$f : D \to \mathbb{R}$是指数型柯西方程的函数解,其中$D = \mathbb{R}\ , (0,\infty)$,则$f \equiv 0$ 或$f(x) = 10^{g(x)}$,其中$g : D \to \mathbb{R}$ 是可加性函数.

证明. 假设存在$x_0 \in D$,使得$f(x_0) = 0$,则由(6)得,对于任意的$y \in D$,有$f(x_0 + y) = f(x_0)f(y) = 0$. 如果$D = \mathbb{R}$, 那么对于任意的$x \in \mathbb{R}$,有$f(x) = 0$.如果$D = (0, \infty)$,那么对于任意的$x \geq x_0$有$f(x) = 0$. 现令$x \in (0, x_0)$,则存在正整数$k$,使得$kx > x_0$.另一方面, 根据式(6),对$n$进行归纳得到$f(nx) = f(x)^n$.因此,$f(x)^k = f(kx) = 0$,即$f(x) = 0$.

假设对于任意的$x \in D$,有$f(x) \neq 0$,则由式(6)得,对于任意的$x \in \mathbb{R}$,有$f(x) = \left(f\left(\frac{x}{2}\right)\right)^2 > 0$.令$f(x) = 10^{g(x)}$,再次由式(6)得,对于任意的$x, y \in D$,有

$$10^{g(x)+g(y)} = 10^{g(x)} \cdot 10^{g(y)} = f(x)f(y) = f(x+y) = 10^{g(x+y)},$$

即$g(x + y) = g(x) + g(y)$.

反之,如果$f \equiv 0$ 或$f(x) = 10^{g(x)}$,其中$g : D \to \mathbb{R}$ 是可加性函数,那么f 是方程(6)的解. □

利用定理1.1和1.9,可以得到下面的推论.

推论 1.3. 设$f : D \to \mathbb{R}$ 是指数型柯西方程的解,其中$D = \mathbb{R}$或$(0,\infty)$.

(i) 如果f 在任意区间上严格单调递增(严格单调递减),那么$f(x) = a^x$, 其中$a > 1$ $(a < 1)$.

(ii) 如果f 在任意点处连续或者在任意区间上有上界,那么$f \equiv 0$ 或$f(x) = a^x$,其中$a > 0$.

(iii) 如果f 在任意区间上有下界且下界是一个大于零的常数,那么$f(x) = a^x$,其中$a > 0$.

设f定义在$[0,\infty)$上,考虑此时指数型柯西方程(6)的函数解. 在这种情况下,函数方程产生了一个新的函数解

$$\delta(x) = \begin{cases} 1 & , x = 0 \\ 0 & , x > 0 \end{cases} \tag{7}$$

定理 1.10. 设$f : [0,\infty) \to \mathbb{R}$是指数型柯西方程的解,则$f \equiv 0$, $f = \delta$或$f(x) = 10^{g(x)}$,其中$g : [0,\infty) \to \mathbb{R}$是可加性函数.

证明. 令式(6)中$x = y = 0$,得$f(0) = f(0)^2$.如果$f(0) = 0$,那么令式(6)中$y = 0$,得$f(x) = 0, x \in [0, \infty)$. 现假设$f(0) \neq 0$,则$f(0) = 1$. 由定理1.9 的证明可知,存在$x_0 > 0$,使得$f(x_0) = 0$,则对于任意的$x > 0$,有$f(x) = 0$,故$f = \delta$ (δ由式(7)定义); 对于任意的$x \in [0, \infty)$,设$f(x) \neq 0$,则$f(x) = 10^{g(x)}$,其中$g : [0, \infty) \to \mathbb{R}$是可加性函数.验证: 因为对于任意的可加性函数都有$g(0) = 0$,所以函数$f(x) = 10^{g(x)}$满足$f(0) = 1$这一条件. □

注意,当$D = [0, \infty)$ 时,由定理1.1知, 推论1.3的陈述内容基本不变,只需在条件(ii) 和(iii)处添加函数解$f = \delta$ 即可.

1.4 可乘性柯西方程

设实数集D 满足: 对于任意的$x, y \in D$,有$xy \in D$.

设函数$f : D \to \mathbb{R}$,若对于任意的$x, y \in D$,有

$$f(xy) = f(x)f(y), \tag{8}$$

则称f是可乘性函数. 函数方程(8) 是可加性柯西方程(1)的乘法类比式,这类方程的典型函数解是幂函数$f(x) = |x|^a$,其中$a \in \mathbb{R}$. 接下来分别考虑可乘性柯西方程(8) 在$D = (0, \infty), [0, \infty)$, $\mathbb{R}$和$\mathbb{R} \backslash \{0\}$ 上的函数解.

定理 1.11. 设$f : (0, \infty) \to \mathbb{R}$是可乘性函数, 则$f \equiv 0$ 或$f(x) = 10^{g(\lg x)}$,其中$g : \mathbb{R} \to \mathbb{R}$是可加性函数. 特别地,若$f$在任意点处连续,在任意区间上有上界或单调,则$f = 0$ 或$f(x) = x^a$,其中$a \in \mathbb{R}$.

证明.假设存在$x_0 \in (0, \infty)$使得$f(x_0) = 0$,则对于任意的$x \in (0, \infty)$ 有$f(x) = f\left(\frac{x}{x_0}\right) f(x_0) = 0$. 假设对于任意的$x \in (0, \infty)$,都有$f(x) \neq 0$,则设$f(x) = 10^{g(\lg x)}$. 于是,对于任意的$x, y \in (0, \infty)$,有

$$10^{g(\lg xy)} = f(xy) = f(x)f(y) = 10^{g(\lg x)} \cdot 10^{g(\lg y)} = 10^{g(\lg x)+g(\lg y)}.$$

从而,对于任意的$x, y \in (0, \infty)$,有$g(\lg x + \lg y) = g(\lg xy) = g(\lg x) + g(\lg y)$.因此,$g : \mathbb{R} \to \mathbb{R}$ 是可加性函数.

由定理1.1知,定理的后半部分成立.定理得证. □

定理 1.12. 设 $f:[0,\infty)\to\mathbb{R}$ 是可乘性函数,则

$$f\equiv 0,\ f\equiv 1\ \text{或} f(x)=\begin{cases}0 & ,\ x=0\\ 10^{g(\lg x)} & ,\ x>0\end{cases}$$

其中 $g:\mathbb{R}\to\mathbb{R}$ 是可加性函数.

证明. 令式(8)中 $y=0$,可得对于任意的 $x\in[0,\infty)$,有 $f(0)(1-f(x))=0$. 当 $f(0)\neq 0$ 时,对于任意的 $x\in[0,\infty)$,有 $f(x)=1$. 当 $f(0)=0$ 时,因为 f 是 $(0,\infty)$ 上的可乘性函数,所以利用定理1.11可证得结论. □

定理 1.13. 设 $f:\mathbb{R}\backslash\{0\}\to\mathbb{R}$ 是可乘性函数,则 $f\equiv 0$, $f(x)=10^{g(\lg|x|)}$ 或 $f(x)=\operatorname{sgn}x\cdot 10^{g(\lg|x|)}$,其中 $g:\mathbb{R}\to\mathbb{R}$ 是可加性函数.

证明. 令式(8) 中的 $y=1$,得 $f(x)[1-f(1)]=0$.若 $f(1)\neq 1$,则对于任意的 $x\in\mathbb{R}\backslash\{0\}$,有 $f(x)=0$. 若 $f(x)\not\equiv 0$,则 $f(1)=1$. 此时令(8)中的 $x=y=-1$,得 $1=f(-1)^2$.当 $f(-1)=1$ 时, 对于任意的 $x\in\mathbb{R}\backslash\{0\}$,有

$$f(x)=f(|x|\cdot\operatorname{sgn}x)=f(|x|)f(\operatorname{sgn}x)=f(|x|).$$

由定理1.11得,$f(x)=10^{g(\lg|x|)}$,其中 $g:\mathbb{R}\to\mathbb{R}$ 是可加性函数.同理,当 $f(-1)=-1$ 时,有

$$f(x)=\operatorname{sgn}x 10^{g(\lg|x|)}$$

其中 $g:\mathbb{R}\to\mathbb{R}$ 是可加性函数. □

最后,合并定理1.12 和1.13 得到下述定理.

定理 1.14. 设 $f:\mathbb{R}\to\mathbb{R}$ 是可乘性函数,则

$$f\equiv 0,\ f\equiv 1,\ f(x)=\begin{cases}0 & ,\ x=0\\ 10^{g(\lg|x|)} & ,\ x\neq 0\end{cases}$$

或

$$f(x)=\begin{cases}0 & ,\ x=0\\ \operatorname{sgn}x\cdot 10^{g(\lg|x|)} & ,\ x\neq 0\end{cases},$$

其中 $g:\mathbb{R}\to\mathbb{R}$ 是可加性函数.

1.5　习题

习题 1.1. 设$f : \mathbb{R} \to \mathbb{R}$ 是可加性函数,且$f(1) = 0$, 则对于每一个非空区间$I \subset \mathbb{R}$,都有$f(I) = f(\mathbb{R})$.

习题 1.2. 设函数$f : \mathbb{R} \to \mathbb{R}$,令$\mathrm{Ker}\, f = \{x \in \mathbb{R} | f(x) = 0\}$ 且$\mathrm{Im}\, f = \{f(x) | x \in \mathbb{R}\}$. 若$f$是可加性函数,证明:

(a) $\mathrm{Ker}\, f = \{0\}$ 或$\mathrm{Ker}\, f$ 是$\mathbb{R}$的稠密子集;

(b) $\mathrm{Im}\, f = \{0\}$ 或$\mathrm{Im}\, f$ 是$\mathbb{R}$的稠密子集.

习题 1.3. 设$f : \mathbb{R} \to \mathbb{R}$是非内射的可加性函数. 证明:对于任意的$a \in \mathbb{R}$,集合$F_a = \{x \in \mathbb{R} \,|\, f(x) = f(a)\}$在$\mathbb{R}$上是稠密的.

习题 1.4. (Romania TST 2006) 给定$r, s \in \mathbb{Q}$,求函数$f : \mathbb{Q} \to \mathbb{Q}$,使得对于任意的$x, y \in \mathbb{Q}$,有

$$f(x + f(y)) = f(x + r) + y + s.$$

习题 1.5. 求函数$f : \mathbb{Q} \to \mathbb{Q}$,使得对于任意的$x, y \in \mathbb{Q}$,有

$$f(x + f(x) + 2y) = 2x + 2f(f(y)).$$

习题 1.6. 设可加性函数$f : \mathbb{R} \to \mathbb{R}$满足:当$x \neq 0$时,有

$$f(\frac{1}{x}) = \frac{f(x)}{x^2}.$$

证明:$f(x) = cx$, $c \in \mathbb{R}$.

习题 1.7. 设可加性函数$f : \mathbb{R} \to \mathbb{R}$满足:$f(1) = 1$; 当$x \neq 0$时,有

$$f(x)f(\frac{1}{x}) = 1.$$

证明:$f(x) = x$.

习题 1.8. 求连续函数$f : (0, \infty) \to \mathbb{R}$,使得对于任意的$x, y \in (0, \infty)$,有

$$f(xy) = xf(y) + yf(x).$$

习题 1.9. 设$\mathbb{Z}(\sqrt{2}) = \{a + b\sqrt{2} | a, b \in \mathbb{Z}\}$. 求单调递增的可加性函数$f : \mathbb{Z}(\sqrt{2}) \to \mathbb{R}$.

习题 1.10. 设非空集合$D \subset \mathbb{R}$满足：对于任意的$x, y \in D$,有$x + y \in D$. 若$f : D \to \mathbb{R}$是一个单调递增的可加性函数. 证明：$f(x) = ax$, $x \in D$,其中a是一个大于或等于零的常数.

习题 1.11. 求连续函数$f, g : \mathbb{R} \to \mathbb{R}$,使得对于任意的$x, y \in \mathbb{R}$,有

$$\begin{cases} f(x + y) = f(x)f(y) + g(x)g(y) \\ g(x + y) = f(x)g(y) + g(x)f(y) \end{cases}$$

习题 1.12. (Romania TST 1996) 设$a \in \mathbb{R}$,可加性函数$f_1, f_2, \ldots, f_n : \mathbb{R} \to \mathbb{R}$满足：对于任意的$x \in \mathbb{R}$,有

$$f_1(x)f_2(x)\ldots f_n(x) = ax^n.$$

证明:

(a) 如果$a \neq 0$,那么$f_1, f_2, \ldots, f_n$ 是线性函数;

(b) 如果$a = 0$,那么存在i,使得$f_i \equiv 0$.

习题 1.13. 设函数$f : \mathbb{R} \to \mathbb{R}$满足：对于任意的$x, y \in \mathbb{R}$,有

$$|f(x + y) - f(x) - f(y)| \leqslant 1.$$

证明：存在可加性函数$g : \mathbb{R} \to \mathbb{R}$,使得对于任意的$x \in \mathbb{R}$, 有

$$|f(x) - g(x)| \leqslant 1.$$

第 2 章　广义柯西方程

2.1　Jensen方程

本章讨论第1章中柯西方程的一些推广.简单起见,在大多数情况下,我们只确定它们的连续解.

设有线性函数 $f(x) = ax + b$, $a, b \in \mathbb{R}$,很容易检验,对于任意的 $x, y \in \mathbb{R}$ 有

$$f\left(\frac{x+y}{2}\right) = \frac{f(x) + f(y)}{2}. \tag{1}$$

则称此函数方程为Jensen(詹森)方程[2].

如果 $g : \mathbb{R} \to \mathbb{R}$ 是可加性函数并且 c 是实数,根据命题1.1得函数 $f(x) = g(x) + c$ 是(1)的一个函数解. 反之,我们将证明这类函数是詹森方程的唯一解.

定理 2.1. 设 $I \subset \mathbb{R}$ 是任意区间,如果对于任意的 $x, y \in I$,函数 $f : I \to \mathbb{R}$ 满足方程(1). 那么存在唯一的可加性函数 $g : \mathbb{R} \to \mathbb{R}$ 和常数 $c \in \mathbb{R}$,使得对于任意的 $x \in I$,有 $f(x) = g(x) + c$.

证明. 我们只考虑 I 是有限开区间的情况,其他情况可用同样的方法进行处理. 假设区间 I 是关于0对称的,即存在 $d > 0$ 使得 $I = (-d, d)$. 考虑由 $\widetilde{f}(x) = f(x) - f(0)$ 定义的函数 $\widetilde{f} : I \to \mathbb{R}$.显然 $\widetilde{f}(0) = 0$,由(1) 知,对于任意的 $x, y \in I$,有 $\widetilde{f}\left(\frac{x+y}{2}\right) = \frac{1}{2}\left(\widetilde{f}(x) + \widetilde{f}(y)\right)$. 令 $y = 0$,得到 $\widetilde{f}\left(\frac{x}{2}\right) = \frac{\widetilde{f}(x)}{2}$.由数学归纳法,对于任意的 $x \in I$ 和非负整数 n,有

$$\widetilde{f}(x) = 2^n \widetilde{f}\left(\frac{x}{2^n}\right) \tag{2}$$

现在我们定义一个可加性函数$g : \mathbb{R} \to \mathbb{R}$，使得对于任意的$x \in I$,有$g(x) = \widetilde{f}(x)$. 注意,对于任意$x \in \mathbb{R}$，都存在一个非负整数$n$ (取决于x),使得$\frac{x}{2^n} \in (-d, d)$. 设$g(x) = 2^n \widetilde{f}\left(\frac{x}{2^n}\right)$. 函数$g : \mathbb{R} \to \mathbb{R}$符合定义,当$\frac{x}{2^n}, \frac{x}{2^m} \in (-d, d)$，$(m > n)$, 则由(2)可推出

$$2^n \cdot \widetilde{f}\left(\frac{x}{2^n}\right) = 2^n \left[2^{m-n} \widetilde{f}\left(\frac{1}{2^{m-n}}\left(\frac{x}{2^n}\right)\right)\right] = 2^m \widetilde{f}\left(\frac{x}{2^m}\right).$$

设x, y是任意实数,存在非负整数n，使得$\frac{x}{2^n}, \frac{y}{2^n} \in (-d, d)$. 那么$\frac{x+y}{2^{n+1}} \in (-d, d)$，故

$$g(x + y) = 2^{n+1} \widetilde{f}\left(\frac{x+y}{2^{n+1}}\right) = 2^{n+1}\left[\frac{1}{2}\left(\widetilde{f}\left(\frac{x}{2^n}\right) + \widetilde{f}\left(\frac{y}{2^n}\right)\right)\right]$$
$$= 2^n \widetilde{f}\left(\frac{x}{2^n}\right) + 2^n \widetilde{f}\left(\frac{y}{2^n}\right) = g(x) + g(y).$$

因此$g : \mathbb{R} \to \mathbb{R}$是可加性函数,使得对于所有任意的$x \in I$,有$g(x) = \widetilde{f}(x)$. 设$c = f(0)$,得到对于任意的$x \in I$, 有$f(x) = g(x) + c$.

现在假设有另一个可加性函数$h : \mathbb{R} \to \mathbb{R}$和常数$c_1$,使得对于任意$x \in I$,有$f(x) = h(x) + c_1$. 由$g(0) = h(0) = 0$得$c = c_1 = f(0)$. 存在任意实数$x$和非负整数$n$,使得$\frac{x}{2^n} \in I$. 由命题1.1,得

$$g(x) = 2^n g\left(\frac{x}{2^n}\right) = 2^n\left[f\left(\frac{x}{2^n}\right) - c\right] = 2^n\left[f\left(\frac{x}{2^n}\right) - c_1\right] = 2^n h\left(\frac{x}{2^n}\right) = h(x)$$

g的唯一性得证.

令$I = (a, b)$为任意有限开区间.设$d = \frac{b-a}{2}$，定义函数$F : (-d, d) \to \mathbb{R}$为

$$F(x) = f\left(x + \frac{a+b}{2}\right).$$

那么

$$F\left(\frac{x+y}{2}\right) = f\left(\frac{x+y}{2} + \frac{a+b}{2}\right) = f\left(\frac{1}{2}\left(x + \frac{a+b}{2} + y + \frac{a+b}{2}\right)\right)$$
$$= \frac{1}{2}\left[f\left(x + \frac{a+b}{2}\right) + f\left(y + \frac{a+b}{2}\right)\right] = \frac{1}{2}(F(x) + F(y))$$

同理可证. □

定理2.1和定理1.1表明,如果函数$f : I \to \mathbb{R}$满足詹森方程,且在I上的某点处是连续的,或在I的某子区间上是单调有界的,那么f是一个线性函数.

2.2 线性柯西方程

本节讨论函数方程是柯西方程和詹森方程的推广，其形式为

$$f(ax + by + c) = pf(x) + qf(y) + r, \tag{3}$$

其中a, b, c, p, q, r 是实数, $ab \neq 0$.

定理 2.2. 设$f : \mathbb{R} \to \mathbb{R}$ 为满足(3)的非常数连续函数,那么对于某些常数$s \neq 0$, $t \in \mathbb{R}$,有$f(x) = sx + t$,$p = a$, $q = b$, $r = sc + t(1 - a - b)$.

证明. 将

$$(x, y) = \left(-\frac{c}{a}, 0\right), \ \left(\frac{u-c}{a}, 0\right), \ \left(-\frac{c}{a}, \frac{v}{b}\right), \ \left(\frac{u-c}{a}, \frac{v}{b}\right)$$

分别代入(3) 中得到

$$f(0) = pf\left(-\frac{c}{a}\right) + qf(0) + r,$$

$$f(u) = pf\left(\frac{u-c}{a}\right) + qf(0) + r,$$

$$f(v) = pf\left(-\frac{c}{a}\right) + qf\left(\frac{v}{b}\right) + r,$$

$$f(u+v) = pf\left(\frac{u-c}{a}\right) + qf\left(\frac{v}{b}\right) + r.$$

所以，对于任意的$u, v \in \mathbb{R}$,有$f(u+v) = f(u) + f(v) + f(0)$.

因此,$g(u) = f(u) - f(0)$ 是连续可加性函数,由定理1.1得，存在常数$s \in \mathbb{R}$, 使得$g(x) = sx$,即$f(x) = sx + t$, 其中$t = f(0)$,$s \neq 0$. 将$f(x)$ 代入(3) 中得到$p = a$, $q = b$,从而$r = sc + t(1 - a - b)$. □

例 2.1. 设$f : \mathbb{R} \to \mathbb{R}$ 是连续函数,如果对于任意的$x, y \in \mathbb{R}$, 有

$$f(1 + 2x + 3y) = 1 + 2f(x) + 3f(y).$$

那么由定理2.2,得到$f(x) = sx + \dfrac{s-1}{4}$, 其中$s$ 是常数.

2.3　Pexider方程

有些函数方程不仅能确定一个未知函数,还能求解多个未知函数.典型例子有Pexider方程[2,18],可视为柯西方程的推广.

例 2.2. 求所有连续函数 f, g, $h : \mathbb{R} \to \mathbb{R}$,使得对于任意的 $x, y \in \mathbb{R}$,有

$$f(x + y) = g(x) + h(y). \tag{4}$$

解. 分别令(4) 中的 $x = 0$, $y = 0$,得到

$$h(y) = f(y) - g(0) \text{ 和} g(x) = f(x) - h(0).$$

因此

$$f(x + y) = f(x) + f(y) - h(0) - g(0).$$

考虑函数 $k : \mathbb{R} \to \mathbb{R}$, 定义 $k(x) = f(x) - h(0) - g(0)$.那么 k 是连续可加性函数,由定理1.1 可知 $k(x) = ax$, 其中 a 是实数.从而(4) 的连续解为

$$f(x) = ax + b + c, \quad g(x) = ax + b, \quad h(x) = ax + c,$$

其中 a, b, c 是任意实数.

例 2.3. 求所有连续函数 f, g, $h : (0, \infty) \to \mathbb{R}$, 使得对于任意的 $x, y \in (0, \infty)$,有

$$f(xy) = g(x)h(y) \tag{5}$$

解. 令(5) 中的 $x = y = 1$,得到 $f(1) = g(1)h(1)$. 首先假设 $f(1) \neq 0$,然后分别令(5)中 $x = 1$ 和 $y = 1$,得到 $h(y) = \dfrac{f(y)}{g(1)}$ 和 $g(x) = \dfrac{f(x)}{h(1)}$, 其中 $x, y \in (0, \infty)$.

因此对于任意的 $x, y \in (0, \infty)$,有 $f(xy) = \dfrac{f(x)f(y)}{h(1)g(1)}$.

考虑函数 $k : (0, \infty) \to \mathbb{R}$,定义 $k(x) = \dfrac{f(x)}{h(1)g(1)}$. 上面的定义表明 k 是连续可乘性函数,利用定理1.1得到 $k(x) = x^{\alpha}$, 其中 α 是实数.因此函数 f, g 和 h 的表达式为 $f(x) = abx^{\alpha}$, $g(x) = ax^{\alpha}$, $h(x) = bx^{\alpha}$,其中 $ab \neq 0$. 现在假设 $f(1) = g(1)h(1) = 0$. 如果 $g(1) = 0$ ($h(1) = 0$),那么令(5)中 $x = 1$ ($y = 1$),得到 $f \equiv 0$. 由(5) 得 $g \equiv 0$, h 是任意函数或 $h \equiv 0$, g 是任意函数.

例 2.4. 求所有连续函数 $f, g, h : \mathbb{R} \to (0, \infty)$,使得对于任意的 $x, y \in \mathbb{R}$,有

$$f(x + y) = g(x)h(y). \tag{6}$$

解. 设 $f(x) = 10^{F(x)}$, $g(x) = 10^{G(x)}$, $h(x) = 10^{H(x)}$,其中 $x \in \mathbb{R}$. 代入(6)得到,对于任意的 $x, y \in \mathbb{R}$,有

$$F(x + y) = G(x) + H(y)$$

由例2.2,得 $F(x) = Ax + B + C$, $G(x) = Ax + B$, $H(x) = Ax + C$, 其中 A, B, C 是实数. 因此(6)的连续解是

$$f(x) = bca^x, \quad g(x) = ba^x, \quad h(x) = ca^x,$$

的指数函数, 其中 $a, b, c > 0$.

例 2.5. 求所有连续函数 $f, g, h : (0, \infty) \to \mathbb{R}$, 使得对于任意的 $x, y \in (0, \infty)$,有

$$f(xy) = g(x) + h(y) \tag{7}$$

解. 考虑函数 $F, G, H : \mathbb{R} \to \mathbb{R}$,定义 $F(x) = f(10^x)$, $G(x) = g(10^x)$, $H(x) = h(10^x)$.由(7)知，对于任意的 $x, y \in \mathbb{R}$,有

$$F(x + y) = f(10^{x+y}) = f(10^x \cdot 10^y) = g(10^x) + h(10^y) = G(x) + H(y)$$

应用例2.2,得

$$F(x) = ax + b + c, \quad G(x) = ax + b, \quad H(x) = ax + c.$$

因此, (4) 的连续函数解为

$$f(x) = a \lg x + b + c, \quad g(x) = a \lg x + b, \quad h(x) = a \lg x + c,$$

其中 a, b, c 为任意实数.

2.4　Vincze方程

本节我们考虑函数方程

$$f(x+y) = g(x)k(y) + h(y) \tag{8}$$

它可看作具有可加性和可乘性的Pexider方程的推广. 此方程首先由Vincze[26] ([11] [24]也曾研究过该问题) 进行研究,我们将求它的所有连续函数解. f 是常数函数的情况很简单,将其留给读者作为练习.

定理 2.3. 设f, g, h, $k : \mathbb{R} \to \mathbb{R}$ 是满足(8)的方程,并且f 为非常数的连续函数. 那么

$$f(x) = ax + b, \ g(x) = \frac{ax+b-c}{d}, \ h(y) = ay + c, \ k(y) = d$$

或

$$f(x) = at^x + b, \ g(x) = \frac{at^x+b-c}{d}, \ h(y) = (c-b)t^y + b, \ k(y) = dt^y,$$

其中$a \neq 0$, b, c, $d \neq 0$ ，$t > 0$ 是任意常数.

证明. 设$k(0) = d, h(0) = c, d \neq 0$.因为$f$ 是非常数的函数,然后将$y = 0$ 代入(8),得到

$$g(x) = \frac{f(x)-c}{d}.$$

设

$$\alpha(y) = \frac{k(y)}{d}, \ \beta(y) = h(y) - \frac{ck(y)}{d}$$

由(8) 得

$$f(x+y) = f(x)\alpha(y) + \beta(y). \tag{9}$$

特别地，$f(y) = f(0)\alpha(y) + \beta(y)$,设$\gamma(x) = f(x) - f(0)$,则(9) 可记为

$$\gamma(x+y) = \gamma(x)\alpha(y) + \gamma(y). \tag{10}$$

因此

$$\gamma(x)\alpha(y) + \gamma(y) = \gamma(x+y) = \gamma(y+x) = \gamma(y)\alpha(x) + \gamma(x)$$

故对于任意的$x, y \in \mathbb{R}$,有

$$(\alpha(y) - 1)\gamma(x) = (\alpha(x) - 1)\gamma(y) \tag{11}$$

解此函数方程需考虑两种不同的情况.

情况1. 对于任意$y \in \mathbb{R}$,有$\alpha(y) = 1$.

在这种情况下,由(10),得γ 是一个连续可加性函数,因此,存在常数$a \in \mathbb{R}$,使得$\gamma(x) = ax$. 设$f(0) = b$,得

$$f(x) = ax + b, \quad g(x) = \frac{f(x) - c}{d} = \frac{ax + b - c}{d}$$

又因为$\alpha(y) = 1$,所以$k(y) = d$. 那么由(8) 得$h(y) = ay + c$.

情况2. 存在$y_0 \in \mathbb{R}$,使得$\alpha(y_0) \neq 1$.

令(11)中的$y = y_0$,得到

$$\gamma(x) = a(\alpha(x) - 1),$$

其中$a = \dfrac{\gamma(y_0)}{\alpha(y_0) - 1}$. 注意$a \neq 0$,否则$\gamma(x) = 0$ 且$f(x)$ 是常函数. 因此(10) 等价于方程

$$\alpha(x + y) = \alpha(x)\alpha(y)$$

由定理1.9 得,存在常数$t > 0$ 使得$\alpha(y) = t^y$. 因此$\gamma(x) = a(t^x - 1)$,$f(x) = at^x + b$, 其中$b = f(0) - a$. 又

$$k(y) = d\alpha(y) = dt^y, \quad g(x) = \frac{f(x) - c}{d} = \frac{at^x + b - c}{d}$$

由(8) 得,$h(y) = (c - b)t^y + b$. □

例 2.6. (Romania TST 1998) 求所有函数$u : \mathbb{R} \to \mathbb{R}$ 使得存在一个严格递增的函数$f : \mathbb{R} \to \mathbb{R}$,对于任意的$x, y \in \mathbb{R}$,有

$$f(x + y) = f(x)u(y) + f(y). \tag{12}$$

解. 方程(12)是Vincze方程(8)的一个特例,其中$f = g = h$. 由于函数f 是严格递增的,从定理2.3和定理1.1 与1.9的证明中得出,$f(x) = ax$, $u(y) = 1$ 或$f(x) = a(t^x - 1)$, $u(y) = t^y$,其中$a > 0$和$t > 0$ 均是常数.

最后,注意我们可以类比表示Vincze方程的乘法形式为

$$f(xy) = g(x)k(y) + h(y). \tag{13}$$

同理,可以证明以下内容:

定理 2.4. 设f, g, h, $k : (0, \infty) \to \mathbb{R}$ 是满足方程(13)的连续函数且f 是非常数的函数,那么

$$f(x) = a\log x + b, \ g(x) = \frac{a\log x + b - c}{d}, \ h(y) = a\log y + c, \ k(y) = d$$

或

$$f(x) = ax^t + b, \ g(x) = \frac{ax^t + b - c}{d}, \ h(y) = (c-b)y^t + b, k(y) = dy^t$$

其中$a \neq 0$, b, c, $d \neq 0$, $t \neq 0$ 均为任意常数.

2.5 保均值函数

设n 是非零整数.将两个非负实数x 和y的n次均值定义为

$$M_n(x,y) = \left(\frac{x^n + y^n}{2}\right)^{\frac{1}{n}}.$$

令$M_0(x,y) = \sqrt{xy}$同样也很方便.令$M_1(x,y)$, $M_0(x,y)$, $M_2(x,y)$ 和$M_{-1}(x,y)$ 分别为$x, y > 0$的算术平均数、几何平均数、均方根和调和平均数.

注意,Jensen方程(1) 可记作

$$f(M_1(x,y)) = M_1(f(x), f(y)),$$

它的解是保留两个数的算术平均值的函数.接下来将考虑一些具有这种形式的函数方程

$$f(M_k(x,y)) = M_n(f(x), f(y)),$$

其中k 和n是整数. 为了简洁起见,我们将只求其连续解.

例 2.7. 求所有连续函数$f : \mathbb{R} \to [0, \infty)$,使得对于任意的$x, y \in \mathbb{R}$,有

$$f\left(\frac{x+y}{2}\right) = \sqrt{f(x)f(y)} \tag{14}$$

解. 假设存在 $x_0 \in \mathbb{R}$,使得 $f(x_0) = 0$.令 t 为任意实数，由(14) 推出

$$f\left(\frac{x_0 + t}{2}\right) = \sqrt{f(x_0)f(t)} = 0.$$

由于函数 $t \to \frac{x_0+t}{2}$ 是满射(它的倒数是 $y \to 2y - x_0$)，所以 f 等于零.

假设现在对于所有 $x \in \mathbb{R}$,有 $f(x) > 0$.令 $f(x) = 10^{g(x)}$. 由(14)得到函数 $g : \mathbb{R} \to \mathbb{R}$ 满足詹森方程(1). 由于 g 是连续函数,所以存在实数 p 和 q,使得 $g(x) = px + q$. 令 $A = 10^q > 0$, $a = 10^p > 0$,则 $f(x) = Aa^x$.

因此,方程(14)的任何连续解的表达式为 $f(x) = Aa^x$, 其中 $A \geq 0$ 和 $a > 0$.

注意,函数方程(14)最初是由Lobachevski（罗巴切夫斯基）在研究非欧几何时发现的.

例 2.8. 求所有连续函数 $f : \mathbb{R} \to [0, \infty)$ ，使得对于任意的 $x, y \in \mathbb{R}$ 有

$$f\left(\sqrt{\frac{x^2 + y^2}{2}}\right) = \sqrt{f(x)f(y)} \tag{15}$$

解. 考虑函数 $g : [0, \infty) \to [0, \infty)$ ，定义 $g(x) = f(\sqrt{x})$. 那么由(15) 知，对于任意的 $x, y \geq 0$,有

$$g\left(\frac{x + y}{2}\right) = f\left(\sqrt{\frac{x + y}{2}}\right) = \sqrt{f(\sqrt{x})f(\sqrt{y})} = \sqrt{g(x)g(y)}.$$

因此,由例2.7 的解可知,存在常数 $A \geq 0$ 和 $a > 0$,使得 $g(x) = Aa^x$,即 $f(x) = Aa^{x^2}$, $x \geq 0$. 另一方面,由(15) 得

$$f(-x) = \sqrt{f(-x)f(-x)} = f\left(\sqrt{\frac{x^2 + x^2}{2}}\right) = \sqrt{f(x)f(x)} = f(x).$$

因此, (15)的所有连续解为 $f(x) = Aa^{x^2}$, 其中 $A \geq 0$ 和 $a > 0$.

例 2.9. 求所有连续函数 $f : (0, \infty) \to [0, \infty)$ ，使得对于任意的 $x, y \in (0, \infty)$,有

$$f(\sqrt{xy}) = \sqrt{f(x)f(y)} \tag{16}$$

解. 考虑函数 $f : \mathbb{R} \to [0, \infty)$, 定义 $g(x) = f(10^x)$. 由(16) 得,对于任意的 $x, y \in \mathbb{R}$,有

$$g\left(\frac{x + y}{2}\right) = f\left(10^{\frac{x+y}{2}}\right) = f(\sqrt{10^x 10^y}) = \sqrt{f(10^x)f(10^y)} = \sqrt{g(x)g(y)}.$$

因此,由例2.7可知,存在常数$A \geqslant 0$和$a > 0$,使得对于任意的$x \in \mathbb{R}$,有$g(x) = Aa^x$. 那么对于任意的$x > 0$,有

$$f(x) = g(\lg x) = Aa^{\lg x} = Ax^{\lg a} = Ax^{\alpha}.$$

反之, 对于任意$A \geqslant 0$和$\alpha \in \mathbb{R}$, 函数$f(x) = Ax^{\alpha}$是方程(16)的一个解.

例 2.10. 求所有连续函数$f : (0,\infty) \to \mathbb{R}\backslash\{0\}$,使得对于任意的$x,y \in (0,\infty)$有

$$f\left(\frac{2}{\dfrac{1}{x} + \dfrac{1}{y}}\right) = \frac{2}{\dfrac{1}{f(x)} + \dfrac{1}{f(y)}} \tag{17}$$

解. 考虑函数$g : (0,\infty) \to \mathbb{R}\backslash\{0\}$, 定义

$$g(x) = \frac{1}{f\left(\dfrac{1}{x}\right)}.$$

那么由(17) 得,对于任意的$x,y \in (0,\infty)$,有

$$g\left(\frac{x+y}{2}\right) = \frac{1}{f\left(\dfrac{2}{x+y}\right)} = \frac{\dfrac{1}{f\left(\dfrac{1}{x}\right)} + \dfrac{1}{f\left(\dfrac{1}{y}\right)}}{2} = \frac{g(x) + g(y)}{2}.$$

应用定理1.14, 得到$g(x) = ax + b$. 因为对于任意的$x \subset (0,\infty)$, $g(x) \neq 0$,所以$ab \geqslant 0$, $a^2 + b^2 \neq 0$. 因此,所有满足方程(17) 的连续函数$f : (0,\infty) \to \mathbb{R}\backslash\{0\}$的表达式都为$f(x) = \dfrac{1}{g\left(\dfrac{1}{x}\right)} = \dfrac{x}{a + bx}$, 其中$ab \geq 0$, $a^2 + b^2 \neq 0$.

2.6 习题

习题 2.1. 求所有函数$f : (1,4) \to \mathbb{R}$,使得对于任意的$x,y \in (1,2)$有

$$f(x + y) = f(x) + f(y).$$

习题 2.2. 设函数 $f:(1,6) \to \mathbb{R}$，对于任意的 $x,y \in (1,3)$ 有 $f(x+y) = f(x) + f(y)$. 证明存在可加性函数 $g:\mathbb{R} \to \mathbb{R}$，使得对于任意的 $x \in (1,6)$，有 $f(x) = g(x)$．

习题 2.3. 求所有增函数 $f:\mathbb{R} \to \mathbb{R}$，使得对于任意的 $x,y \in \mathbb{R}$，有

$$f\left(\frac{x+y}{3}\right) = \frac{f(x)+f(y)}{2}.$$

习题 2.4. 求所有连续函数 $f,g:\mathbb{R} \to \mathbb{R}$，使得对于任意的 $x,y \in \mathbb{R}$，有

$$f(x) + f(y) = g(x+y).$$

习题 2.5. 求所有连续函数 $f,g,k:\mathbb{R} \to \mathbb{R}$，使得对于任意的 $x,y \in \mathbb{R}$，有

$$f(x+y) = g(x) \cdot k(y) + x + 2y$$

习题 2.6. 求所有连续函数 $f,g,k:\mathbb{R} \to \mathbb{R}$，使得对于任意的 $x,y \in \mathbb{R}$，有

$$f(xy) = g(x)k(y) + y^2.$$

习题 2.7. 求下列函数方程的所有连续解:
(i) $f(\sqrt{xy}) = \dfrac{f(x)+f(y)}{2}$, $x,y \in (0,\infty)$;

(ii) $f(\sqrt{xy}) = \sqrt{\dfrac{f^2(x)+f^2(y)}{2}}$, $x,y \in (0,\infty)$;

(iii) $f(\sqrt{xy}) = \dfrac{2}{\dfrac{1}{f(x)} + \dfrac{1}{f(y)}}$, $x,y \in (0,\infty)$;

(iv) $f\left(\sqrt{\dfrac{x^2+y^2}{2}}\right) = \dfrac{f(x)+f(y)}{2}$, $x,y \in \mathbb{R}$;

(v) $f\left(\sqrt{\dfrac{x^2+y^2}{2}}\right) = \sqrt{\dfrac{f^2(x)+f^2(y)}{2}}$, $x,y \in \mathbb{R}$;

(vi) $f\left(\sqrt{\dfrac{x^2+y^2}{2}}\right) = \dfrac{2}{\dfrac{1}{f(x)} + \dfrac{1}{f(y)}}$, $x,y \in \mathbb{R}$;

(vii) $f\left(\dfrac{2}{\dfrac{1}{x}+\dfrac{1}{y}}\right) = \dfrac{f(x)+f(y)}{2}$, $x,y \in (0,\infty)$;

(viii) $f\left(\dfrac{2}{\dfrac{1}{x}+\dfrac{1}{y}}\right) = \sqrt{f(x)f(y)}$, $x,y \in (0,\infty)$;

(ix) $f\left(\dfrac{2}{\dfrac{1}{x}+\dfrac{1}{y}}\right) = \sqrt{\dfrac{f^2(x)+f^2(y)}{2}}$, $x,y \in (0,\infty)$.

习题 2.8. r 为实数, 定义函数 $f_r\colon (0,\infty) \to (0,\infty)$

$$f_r(x) = \begin{cases} x^r, & r \neq 0 \\ \ln(x), & r = 0 \end{cases}$$

(在 $r=0$ 的情况下, 取值范围为 $\mathbb{R}$), 设 g_r 为其倒数, 即

$$g_r(x) = \begin{cases} x^{\frac{1}{r}}, & r \neq 0 \\ \mathrm{e}^x, & r = 0 \end{cases}$$

证明方程

$$f(M_k(x,y)) = M_n(f(x),f(y))$$

的连续解 $f\colon (0,\infty)$ 的形式为 $q_n(af_k(x)+b)$.

第 3 章 可化归为柯西方程的问题

3.1 实例

在前几章中,我们讨论了柯西方程的几种类型. 因为在某种意义上它们代表了函数方程的基石，所以我们用大量篇幅去介绍它们. 在完全理解和掌握柯西方程及其应用之前,我们不能称自己已经掌握了函数方程. 我们举出大量例子为柯西方程提供最好的证明.

例 3.1. 求所有连续函数 $f: \mathbb{R} \to \mathbb{R}$，使得对于任意的 $x, y \in \mathbb{R}$ ，有

$$f(f(x+y)) = f(x) + f(y).$$

解法一. 由题得 $f(x+y)+f(0) = f(f(x+y)) = f(x)+f(y)$. 所以函数 $f(x)-f(0)$ 是可加性函数，并且 $f(x) = ax + b$. 由 $f(f(x+y)) = f(x) + f(y)$ 得到 $a^2(x+y) + ab + b = a(x+y) + 2b$, 所以 $a^2 = a$ 和 $ab = b$. 因此当 $a = b = 0$ 时,解为 $f \equiv 0$. 当 $a = 1, b \in \mathbb{R}$ 时,解为 $f(x) = x + b$.

解法二. 将 Pexider 方程(见第2章) 应用于函数 $f \circ f, f$,得到 $(f \circ f)(x) = ax + b + c, f(x) = ax + b, f(x) = ax + c$. 因此 $b = c$,从而 $(f \circ f)(x) = a(ax+b)+b = a^2x + ab + b$. 由 $(f \circ f)(x) = ax + b + c = ax + 2b$ 得到 $a^2 = a, ab = b$. 因此当 $a = b = 0$ 时,解为 $f \equiv 0$;或当 $a = 1, b \in \mathbb{R}$ 时,解为 $f(x) = x + b$.

例 3.2. 求所有函数 $f: \mathbb{R} \to \mathbb{R}$,使得对于任意的 $x, y, z \in \mathbb{R}$,有

$$f(f(x) + yz) = x + f(y)f(z).$$

解. 令 $x = x_1, x_2$,当 $f(x_1) = f(x_2)$ 时,得到 $x_1 = x_2$,所以 f 是单射. 取定 y, z,若等式右边拓展到所有的 $\mathbb{R}$, 则等式左边也应对应整个实数域,所以 f 是满射.

取z_1,使得$f(z_1) = 1$,令$x = 0, z = z_1$ 得到$f(f(0) + yz_1) = f(y)$. 由f 是单射知,对于任意的y,有$f(0) + yz_1 = y$,则$f(0) = 0, z_1 = 1$. 所以$f(0) = 0, f(1) = 1$. 令$y = 0$ 得到$f(f(x)) = x$. 令$z = 1, x = f(u), y = v$ 得$f(u + v) = f(u) + f(v)$. 因此f 是可加性函数,令$x = 0$ 得到$f(yz) = f(y)f(z)$. 由于$f(1) = 1$,由推论1.1 可知,f 是恒等函数.

例 3.3. 求所有函数$f : \mathbb{R} \to \mathbb{R}$,使得对于任意的$x, y \in \mathbb{R}$,都有

$$f(f(x)^2 + y) = x^2 + f(y).$$

解. 令$x = x_1, x_2$,如果$f(x_1) = f(x_2)$,那么$x_1^2 = x_2^2$,所以$x_2 = \pm x_1$. 定义函数$h : (0, \infty) \to (0, \infty)$为$h(x) = f(\sqrt{x})^2$. 当$x > 0$时,条件重写为$f(h(x) + y) = x + f(y)$. 那么$f(h(u) + h(v) + y) = u + f(h(v) + y) = u + v + f(y) = f(h(u+v)+y)$. 因此$h(u)+h(v)+y = \pm(h(u+v)+y)$. 对于任意的$u, v \in (0, \infty)$,恒等式$h(u) + h(v) + y = -(h(u + v) + y)$ 不能适用于所有的y,所以存在y,使得$h(u) + h(v) + y = h(u + v) + y$. 因此$h$ 是可加性函数. 根据可加性函数的定义知,h 非负,且$h(x) = cx$,其中$c \geq 0$.同理可得对于任意的$x \in \mathbb{R}$,有$f(x) = \pm\sqrt{c}x$. 因此$f(cx^2 + y) = x^2 + f(y)$. 如果$f(y) = -\sqrt{c}y$,$y \neq 0$,那么$f(cx^2 + y) = x^2 - \sqrt{c}y$. 因为$(x^2 - \sqrt{c}y)^2 = c(cx^2 + y)^2$ 等价于非零多项式方程$(c^3 - 1)x^4 + 2(c^2 + \sqrt{c})yx^2 = 0$,所以存在$x$,使得$f(cx^2 + y)^2 = (x^2 - \sqrt{c}y)^2 \neq c(cx^2 + y)^2$,故$f(y) = \sqrt{c}y$. 在这种情况下,得到$(x^2 + \sqrt{c}y)^2 = c(cx^2 + y)^2$,这表明$c = 1$. 因此对于任意的$x$,$f(x) = x$. 此函数满足条件.

例 3.4. 求所有函数$f : (0, \infty) \to (0, \infty)$,使得对于任意的$x, y \in (0, \infty)$,都有

$$f(xf(x) + f(y)) = f(x)^2 + y.$$

解. 在习题4.19中我们会遇到同样的方程.本题与题4.19的不同之处仅在于将定义域由集合$\mathbb{R}$ 替换为$(0, \infty)$,但这大大增加了它的难度. 例如,我们不能使用$f(0)$的值(如在解题4.19时),也不能直接计算某个特定正数的f值.所以首先要将给定的方程简化为可加性柯西方程.

为此,令$f(1) = a$,则

$$f(f(y) + a) = a^2 + y \tag{1}$$

$$f(xf(x) + a) = f(x)^2 + 1. \tag{2}$$

由(1) 得

$$f(y) + a + a^2 = f(f(f(y) + a) + a) = f(y + a + a^2).$$

对n进行数学归纳得到，对于任意的$n \in \mathbb{N}$有

$$f(y + n(a + a^2)) = f(y) + n(a + a^2) \tag{3}$$

由(1) 和(2)得

$$xf(x) + a + a^2 = f(f(xf(x) + a) + a) = f(f(x)^2 + 1 + a).$$

将其与给定的方程联立得

$$f(f(f(x)^2 + 1 + a) + f(y)) = f(xf(x) + a + a^2 + f(y)) = f(x)^2 + y + a + a^2. \tag{4}$$

由(1)可知,函数$f(x)$ 的值大于a^2 ,因此函数$f(x)^2 + 1 + a$ 的值大于$a^4 + a + 1$.在(4)中将x替换为$f(x)^2 + 1 + a$ ，对于任意的$x > a^4 + a + 1, y > 0$,得到

$$f(f(x) + f(y)) = x + y + a^2 - 1 \tag{5}$$

由(3) 得，对于任意的$x, y > 0$，方程(5) 成立. 给定$x, y > 0$,存在$n \in \mathbb{N}$ ，使得$x + n(a + a^2) > a^4 + a + 1$. 那么

$$f(f(x) + f(y)) = f(f(x + n(a + a^2)) + f(y)) - n(a + a^2)$$

$$= x + n(a + a^2) + y + a^2 - 1 - n(a + a^2) = x + y + a^2 - 1.$$

在(5)中分别将x 和y替换为$f(x) + a$ 和$f(y) + a$ ，由(1) 得

$$f(x + y + 2a^2) = f(x) + f(y) + a^2 + 2a - 1. \tag{6}$$

因此

$$f(x + 2a^2) + f(y - 2a^2) = f(x + y + 2a^2) + 1 - 2a - a^2 = f(x) + f(y).$$

故对于任意的$x \in (0, \infty)$,有$f(x + 2a^2) - f(x) = b$ ，其中b 是常数. 设$g(x) = f(x) + c$, 其中$c = a^2 + 2a - 1 - b$. 那么(6) 可改写为$g(x + y) = g(x) + g(y)$, $x, y \in (0, \infty)$. 考虑$f(x) > 0$的情况,此时$g(x) > c$, $x \in (0, \infty)$. 于是，由定理1.1 和1.5 得到$g(x) = g(1)x$, 即$f(x) = g(1)x - c$, $x \in (0, \infty)$. 易检验函数满足给定条件当且仅当$f(x) = x$, $x \in (0, \infty)$.

例 3.5. (Bulgaria 2004) 求所有函数$f:\mathbb{R}\to\mathbb{R}$，使得对于任意的$x\neq y$，都有

$$(f(x)-f(y))f\left(\frac{x+y}{x-y}\right)=f(x)+f(y).$$

解. 如果$x\neq y$且$f(x)=f(y)$，那么

$$f(x)=f(y)=0.$$

假设存在$a\neq 0$使得$f(a)=0$，那么$f(x)=0$或

$$f\left(\frac{x+a}{x-a}\right)=1.$$

因为函数$\frac{x+a}{x-a}$在$\mathbb{R}\backslash\{a\}$上是单射，所以当$x$取最大值时，$f\left(\frac{x+a}{x-a}\right)=1$.因此除某些$x_0$外，均有$f(x)=0$. 存在$y$，使得$\frac{x_0+y}{x_0-y}\neq x_0$，则$f(x_0)=0$. 因此$f\equiv 0$或当$x\neq 0$时，$f(x)\neq 0$.

当$x\neq 0$时，$f(x)\neq 0$，得到f是单射. 当$y=0$时，得到$f(x)(f(1)-1)=f(0)(f(1)+1)$. 因为$f$不是常数，所以$f(1)=1$，$f(0)=0$. 将$y$替换为$xy$，得到

$$f\left(\frac{1+y}{1-y}\right)=\frac{f(x)+f(xy)}{f(x)-f(xy)}.$$

特别地，

$$f\left(\frac{1+y}{1-y}\right)=\frac{f(1)+f(y)}{f(1)-f(y)}.$$

因为$f(1)=1$，所以

$$\frac{f(x)+f(xy)}{f(x)-f(xy)}=\frac{1+f(y)}{1-f(y)}.$$

得到此等式等价于

$$f(xy)=f(x)f(y),$$

即f是一个可乘性函数. 特别地，当$x>0$时，$f(x)>0$，根据给定等式得到当$x>y>0$时，有$f(x)>f(y)$. 因此由定理1.11得，当$x>0$时，$f(x)=x^{\alpha}$. 将该函数代入给定等式中得到$\alpha=1$.

所以函数解是$f(x)=0$或$f(x)=x$.

例 3.6. 求所有函数$f:\mathbb{R}\to\mathbb{R}$，使得当$n\geq 2$时，对于任意的$x,y\in\mathbb{R}$，都有

$$f(x^n+f(y))=f(x)^n+y.$$

解. 令 $f(0) = a$. 得到

$$f(f(y)) = y + a^n. \tag{1}$$

两次应用这个等式得到

$$f(f(x^n + f(f(y)))) = x^n + f(f(y)) + a^n = x^n + y + 2a^n.$$

又由给定的等式和(1)得到

$$f(f(x^n + f(f(y)))) = f(f(x)^n + f(y)) = f(f(x))^n + y = (x + a^n)^n + y.$$

因此对于任意的 $x \in \mathbb{R}$, $x^n + 2a^n = (x + a^n)^n$. 等式两边 x^{n-1} 的系数对应相等, 得到 $a = 0$. 因此式(1)为 $f(f(y)) = y$, 将 $y = 0$ 代入给定条件可得

$$f(x^n) = f(x)^n. \tag{2}$$

那么对于任意的 $x \in [0, \infty)$ 和 $y \in \mathbb{R}$ 有

$$f(x + y) = f((\sqrt[n]{x})^n + f(f(y))) = f(\sqrt[n]{x})^n + f(y) = f(x) + f(y),$$

即 $f(x + y) = f(x) + f(y)$, 得出 f 在整个 $\mathbb{R}$ 上是可加性函数.

接下来将证明对于任意的 $x \in (0, \infty)$, 有 $f(x) \geq 0$ 或 $f(x) \leq 0$. 设 $f(1) = b$, 那么对于任意的 $x \in \mathbb{R}$ 和 $r \in \mathbb{Q}_+$, 有

$$\sum_{k=0}^{n} \binom{n}{k} f(x^k) r^{n-k} = f((x+r)^n) = f(x+r)^n$$

$$= (f(x) + br)^n = \sum_{k=0}^{n} \binom{n}{k} f(x)^k (br)^{n-k}.$$

比较等号两边 r^{n-2} 的系数得到 $f(x^2) = b^{n-2} f(x)^2$. 表明对于任意的 $x \in (0, \infty)$, $f(x)$ 与 b^{n-2} 的正负相同.

因此可加性函数 f 在 $(0, \infty)$ 上有上界或下界(见定理1.1), 故对于任意的 $x \in \mathbb{R}$, $f(x) = bx$. 回到给定条件得到 $b(x^n + by) = b^n x^n + y$, $x, y \in \mathbb{R}$. 由此 $b = b^n$ 和 $b^2 = 1$ 表明, 当 n 为偶数时, $b = 1$; 当 n 为奇数时, $b = \pm 1$. 因此, 解为以下函数: 当 n 为偶数时, $f(x) = x$; 当 n 为奇数时, $f(x) = -x$.

注. （a）当本题中的 $n = 2$ 时, 为1992年IMO的第2题.

（b）如果 $n = 1$, 对于任意的 $x, y \in \mathbb{R}$, 上式等价于 $f(x + y) = f(x) + f(y)$ 和 $f(f(x)) = -x$. 注意在任意无界区间上的存在函数满足这些条件(包括例1.4).

例 3.7. 求所有连续函数 $f : \mathbb{R} \to \mathbb{R}$，使得对于任意的 $x, y \in \mathbb{R}$，都有

$$f(x + y - f(y)) = f(x) + f(y - f(y)).$$

解. 应证 $f(x) = x$. 令给定方程中的 $x = 0$，得到 $f(0) = 0$. 假设 $f(x) \not\equiv x$. 由函数的连续性，$x - f(x)$ 扩张到包含0的区间. 假设其包含一个区间 $\Delta = [0, a], a > 0$（$a < 0$ 时同理）. 由归纳法得到，对于任意的 $x \in \mathbb{R}, z \in \Delta$ 和 $n \in \mathbb{N}$ 有 $f(x + nz) = f(x) + nf(z)$. 取定 $t > 0$，存在 $n \in \mathbb{N}$ 使得 $\dfrac{t}{n} \in \Delta$. 那么

$$f(x + t) = f(x) + nf\left(\frac{t}{n}\right) = f(x) + f(t).$$

在上式中，令 $x = -t$，得到 $f(-t) = -f(t)$，所以 $f : \mathbb{R} \to \mathbb{R}$ 是可加性函数. 由于 f 是连续的，所以 $f(x) \equiv x$，与假设矛盾. 原命题成立.

3.2　习题

习题 3.1. (Bulgaria 1994) 求所有函数 $f : \mathbb{R} \to \mathbb{R}$，使得对于任意的 $x, y \in \mathbb{R}$，都有

$$xf(x) - yf(y) = (x - y)f(x + y).$$

习题 3.2. 求所有函数 $f : \mathbb{R} \backslash \{0\} \to \mathbb{R}$，使得对于所有非零的且不相等的 x, y，都有

$$f(y) - f(x) = f(y)f\left(\frac{x}{x - y}\right).$$

习题 3.3. (AMM 2001, Bulgaria 2003) 求所有函数 $f : \mathbb{R} \to \mathbb{R}$，使得对于任意的 $x, y \in \mathbb{R}$，都有

$$f(x^2 + y + f(y)) = 2y + f(x)^2.$$

习题 3.4. (Vietnam TST 2004) 求 a 的所有实值，使得对于任意的 $x, y \in \mathbb{R}$，存在函数 $f : \mathbb{R} \mapsto \mathbb{R}$ 满足方程

$$f(x^2 + y + f(y)) = f(x)^2 + ay.$$

习题 3.5. 求所有函数 $f : \mathbb{R} \to \mathbb{R}$，使得对于任意的 $x, y \in \mathbb{R}$，都有

$$f(x + y) + f(xy) = f(x)f(y) + 1.$$

习题 3.6. 求所有函数 $f:\mathbb{R}\to\mathbb{R}$,使得对于任意的 $x,y\in\mathbb{R}$,都有

$$f(x+y)+f(x)f(y)=f(xy)+f(x)+f(y).$$

习题 3.7. (IMO 2007 预选题) 求所有连续函数 $f:(0,\infty)\to(0,\infty)$,使得对于任意的 $x,y\in(0,\infty)$,都有

$$f(x+f(y))=f(x+y)+f(y).$$

习题 3.8. (Romania 2009) 求所有函数 $f:\mathbb{R}\to\mathbb{R}$,使得对于任意的 $x,y\in\mathbb{R}$,都有

$$f(x^3+y^3)=xf(x^2)+yf(y^2).$$

习题 3.9. 求所有单调函数 $f:\mathbb{R}\to\mathbb{R}$,使得对于任意的 $x,y\in\mathbb{R}$和正整数 n ,都有

$$f(x+f(y))=f(x)+y^n.$$

习题 3.10. 设 T为大于1的实数集.求所有函数 $f:T\to\mathbb{R}$,使得对于任意的 $x,y\in T$和给定正整数 n ,都有

$$f(x^{n+1}+y^{n+1})=x^nf(x)+y^nf(y).$$

习题 3.11. (Russia 1993) 求所有函数 $f:(0,\infty)\to(0,\infty)$, 使得对于任意的 $x,y\in(0,\infty)$,都有

$$f(x^y)=f(x)^{f(y)}.$$

习题 3.12. (例15.3的推广) 求所有有界函数 $f:(0,\infty)\to(0,\infty)$,使得对于任意的 $x,y\in(0,\infty)$, 都有

$$f(xf(y))=yf(x).$$

习题 3.13. (例15.4的推广) 设 S 为大于 -1的实数集.求所有有界函数 $f:S\to S$, 使得对于任意的 $x,y\in S$, 都有

$$f(x+f(y)+xf(y))=y+f(x)+yf(x).$$

习题 3.14. (IMO 2002) 求所有函数 $f:\mathbb{R}\to\mathbb{R}$, 使得对于任意的 $x,y,z,t\in\mathbb{R}$,都有

$$(f(x)+f(z))(f(y)+f(t))=f(xy-zt)+f(xt+yz).$$

习题 3.15. (Romania TST 2007) 求所有函数$f\colon \mathbb{R} \to [0,\infty)$,使得对于任意的$x,y \in \mathbb{R}$,都有

$$f(x^2 + y^2) = f(x^2 - y^2) + f(2xy).$$

习题 3.16. 求所有函数$f\colon \mathbb{R} \to \mathbb{R}$,使得对于任意的$x,y,z \in \mathbb{R}$,都有

$$f(y + zf(x)) = f(y) + xf(z).$$

习题 3.17. (IMO 2012 预选题) 求所有函数$f\colon \mathbb{R} \to \mathbb{R}$,当$f(-1) \neq 0$ 时,使得对于任意的$x,y \in \mathbb{R}$,都有

$$f(xy + 1) = f(x)f(y) + f(x + y).$$

习题 3.18. 求所有函数$f\colon \mathbb{R} \to \mathbb{R}$,使得对于任意的实数$x$ 和y,都有

$$f(x)f(yf(x) - 1) = x^2 f(y) - f(x).$$

习题 3.19. (IMO 2003 预选题) 求所有非递减函数$f\colon \mathbb{R} \to \mathbb{R}$, 当$f(0) = 0$, $f(1) = 1$时,使得对于任意的$x < 1$ 和$y > 1$,都有

$$f(x) + f(y) = f(x)f(y) + f(x + y - xy).$$

习题 3.20. (China TST 2009) 设函数$f\colon \mathbb{R} \to \mathbb{R}$,对于任意两两不同的实数$a,b,c,d$满足恒等式

$$\frac{a - b}{b - c} + \frac{a - d}{d - c} = 0,$$

它们的函数值$f(a), f(b), f(c), f(d)$ 两两不同且满足

$$\frac{f(a) - f(b)}{f(b) - f(c)} + \frac{f(a) - f(d)}{f(d) - f(c)} = 0.$$

证明f 是线性函数.

第 4 章 代换法

4.1 定理与实例

几乎每一个函数方程的求解过程都涉及某种代换.代换意味着用适当的表达式替换恒等式或不等式中的某个变量. 在这一部分中,我们收集了一些用代换思想解决函数问题的例题. 这里主要是体会如何找到一个巧妙的代换,或进行一系列代换.

在许多问题中,代换的一些基本思想是很有用的.其中有一些思想(如对称化和附加变量)将在其他部分进行讨论.

下列是快速求解函数方程时可运用代换的技巧.

- 设其中一个变量等于0,1或其他常数.

- 如果涉及的变量较多,则减少函数变量.如设 $x = z, y = -z$.

- 增加函数变量.尽管这听起来不合常理, 但是此方法可以通过对称和消去来简化问题.这种方法将在下面的部分中进行讨论.

- 用函数值替换变量(如令 $x = f(y)$).

- 如果已知函数的像(通常当 f 是满射时), 则利用上面方法的逆命题(找到一个 x ,使得 $f(x) = y$,将其代入).

- 用新的变量表示给定的变量,使条件更简单直观. 例如, 如果在方程中有一项 $f(f(f(x)) + y)$, 那么设 $z = f(f(x)) + y$, 把它转换成 $f(z)$ 是有意义的. 另一个常见的替换是, 令 $x = a + b, y = a - b$,反之亦然.

- 不要修改变量,而是修改函数: 引入一个新函数 $g(x)$,使其可以用原来的 $f(x)$ 表示,这样更容易使用.

- 使函数方程中的一项等于给定常数或变量,通常在知道一些关于 f 的像或者一个中间等式之后使用此方法.

我们从简单的例子开始.

例 4.1. (IMO 2008) 求所有函数$f : (0,\infty) \to (0,\infty)$，使得对于任意的$x, y, z, t \in (0,\infty)$且$xy = zt$,有

$$\frac{f(x)^2 + f(y)^2}{f(z^2) + f(t^2)} = \frac{x^2 + y^2}{z^2 + t^2}$$

解. 令$x = y = z = t = 1$,得到$f(1)^2 = f(1)$,因此$f(1) = 1$. 令$y = 1$, $z = t = \sqrt{x}$，得到

$$\frac{f(x)^2 + 1}{2f(x)} = \frac{x^2 + 1}{2x}$$

上式等价于

$$(f(x) - x)(xf(x) - 1) = 0.$$

于是, 对于任意$x > 0$, $f(x) = x$或$f(x) = \frac{1}{x}$. 显然,函数$f(x) = x$和$f(x) = \frac{1}{x}$满足给定条件. 下证方程的解只有这两个函数.

（反证法）假设结论不成立, 即方程的解不只有这两个函数.那么存在$x, y \neq 1$使得$f(x) = x$, $f(y) = \frac{1}{y}$. 设$z = t = \sqrt{xy}$得到

$$f(xy) = \frac{xy(x^2 + y^{-2})}{x^2 + y^2}.$$

又$f(xy) = xy$或者$f(xy) = \frac{1}{xy}$，所以$y = 1$或$x = 1$, 产生矛盾.假设不成立，原命题成立.

例 4.2. (Belarus 1995) 求所有函数$f: \mathbb{R} \to \mathbb{R}$，使得对于任意的$x, y \in \mathbb{R}$有

$$f(f(x + y)) = f(x + y) + f(x)f(y) - xy$$

解. 令$y = 0$,得到$f(f(x)) = f(x)(1 + f(0))$. 所以在$\mathrm{Im}(f)$上有$f(x) = (1 + f(0))x$. 因此$f(f(x + y)) = (1 + f(0))f(x + y)$,把它代入方程,得到$f(x)f(y) - xy = f(x + y)f(0)$. 令$a = f(0)$, $x = -a$和$y = a$得到$f(a)f(-a) + a^2 = a^2$,所以$f(a)f(-a) = 0$.因此$0 \in \mathrm{Im}(f)$, $f(0) = (1 + a)0 = 0$, 所以$a = 0$. 故$f(x)f(y) = xy$. 特别地, $f(1)^2 = 1$, 即$f(1) = \pm 1$,令$y = 1$得到$f(x) = x$或$f(x) = -x$, $x \in \mathbb{R}$. 验证得到满足条件的函数只有$f(x) = x$.

例 4.3. 求所有函数 $f: \mathbb{R} \to \mathbb{R}$ ，使得对于任意的 $x, y \in \mathbb{R}$,有

$$(x-y)f(x+y) - (x+y)f(x-y) = 4xy(x^2-y^2).$$

解. 令 $v = x+y, u = x-y$，条件就简化为 $uf(v) - vf(u) = uv(u^2-v^2)$. 令 $v = 0$,则对于任意的 u,有 $uf(0) = 0$,故 $f(0) = 0$. 如果 $uv \neq 0$,令等式两端同除 uv 得到 $\dfrac{f(v)}{v} - \dfrac{f(u)}{u} = u^2 - v^2$, 因此 $\dfrac{f(v)}{v} + v^2 = \dfrac{f(u)}{u} + u^2$, $u, v \neq 0$. 因此，存在 c,使得对于任意的 $x \neq 0$ 有 $\dfrac{f(x)}{x} + x^2 = c$. 那么 $f(x) = cx - x^3$, 对于 $x = 0$ 也成立. 代入检验, $u(cv - v^3) - v(cu - u^3) = u^3v - v^3u$ 成立. 因此,所有函数解形式为 $f(x) = cx - x^3$, 其中 c 是常数.

例 4.4. (IMO 1986) 求所有满足下列条件的函数 $f: [0, \infty) \to [0, \infty)$:

　　(i) $f(2) = 0$;

　　(ii) 对于任意 $x, y \in [0, \infty)$, 有 $f(xf(y))f(y) = f(x+y)$;

　　(iii) 对于任意 $x \in [0, 2)$,有 $f(x) > 0$.

解. 将 $y = 2$ 代入(ii)得到 $f(x+2) = 0$,所以 f 在 $[2, \infty)$ 上等于零. 因此,当且仅当 $x \geqslant 2$ 时,有 $f(x) = 0$. 固定 $y < 2$. 由条件(ii) 推断当且仅当 $f(x+y) = 0$ 时,有 $f(xf(y)) = 0$,或当且仅当 $x+y \geqslant 2$ 时, 有 $xf(y) \geqslant 2$. 因此,如果 $x < 2-y$,那么 $xf(y) < 2$, 则 $f(y) < \dfrac{2}{x}$. 令 $x \uparrow 2-y$, 得 $f(y) \leqslant \dfrac{2}{2-y}$. 但是令 $x = 2-y$,得到 $x+y = 2$. 因此 $xf(y) \geqslant 2$, $f(y) \geqslant \dfrac{2}{x} = \dfrac{2}{2-y}$. 故 $f(y) = \dfrac{2}{2-y}$.实际上, 当 $x \geqslant 2$ 时,有 $f(x) = 0$,否则 $f(x) = \dfrac{2}{2-x}$ 满足条件. 如果 $y \geqslant 2$,不影响结果;如果 $y < 2$, 需要检验 $f\left(\dfrac{2x}{2-y}\right)\dfrac{2}{2-y} = f(x+y)$. 如果 $x \geqslant 2-y$, 那么 $\dfrac{2x}{2-y} \geqslant 2$, $x+y \geqslant 2$ 且两边都等于0. 如果 $x < 2-y$,那么 $\dfrac{2x}{2-y} < 2$, 所以 $f\left(\dfrac{2x}{2-y}\right) = \dfrac{2-y}{2-x-y}$, $x+y < 2$.故 $f(x+y) = \dfrac{2}{2-x-y}$,因此 $\dfrac{2}{2-y} \cdot \dfrac{2-y}{2-x-y} = \dfrac{2}{2-x-y}$.

例 4.5. 求所有函数 $f: \mathbb{R} \to \mathbb{R}$,使得对于任意的 $x, y \in \mathbb{R}$,有

$$f(f(x-y)) = f(x) - f(y) + f(x)f(y) - xy.$$

解. 令$y = x$，$d = f(f(0))$, 得到$d = f(x)^2 - x^2$. 因此对于任意的$x \in \mathbb{R}$有

$$f(x) = \pm\sqrt{x^2 + d}.$$

令$y = 0$，$c = f(0)$, 得到

$$a\sqrt{x^2 + 2d} = b(1 + c)\sqrt{x^2 + d} - c,$$

其中a, b取决于x, 即$a = \text{sgn} f(f(x)), b = \text{sgn} f(x)$. 令$x \to \infty$, 则$c = d = 0$, $a = b = \pm 1$. 所以对于任意的x有$f(x) = \pm x$.

现在我们证明对于任意的$x \in \mathbb{R}$,有$f(x) = x$. 假设$f(x_0) = -x_0$, $x_0 \neq 0$. 那么

$$\pm(x - x_0) = f(f(x - x_0)) = f(x) - f(x_0) + f(x)f(x_0) - xx_0$$

$$= (f(x) - 1)(f(x_0) + 1) - xx_0 + 1 = (x - 1)(-x_0 + 1) - xx_0 + 1 = x + x_0 - 2x_0 x$$

或$(-x - 1)(-x_0 + 1) - xx_0 + 1 = x_0 - x$. 于是等式

$$x - x_0 = x + x_0 - 2x_0 x, \ x - x_0 = x_0 - x, \ x_0 - x = x + x_0 - 2x_0 x$$

分别等价于$x = 1$, $x = x_0$, $x(x_0 - 1) = 0$.当$x_0 \neq 1$时，每个方程最多有一个解. 因此当$x_0 \neq 1$时，除了以上三个值外，对于任意的x,还有

$$f(f(x - x_0)) = x_0 - x, \ f(x) = -x.$$

然而,这是不可能的: 如果取x使得x和$x_0 - x$都不在这三个值中, 那么

$$f(f(x - x_0)) = f(x_0 - x) = x - x_0$$

然而$f(f(x - x_0)) = x_0 - x$. 所以当$x \neq 1$时, $f(x) = x$. 最后令$x = 3, y = 1$, 得到

$$2 = f(2) = f(3) - f(1) + f(3)f(1) - 3 = 3 - f(1) + 3f(1) - 3 = 2f(1)$$

则$f(1) = 1$. 因此f是常函数.验证可知,此函数满足这个条件.

例 4.6. 求所有函数$f : \mathbb{Q} \to \mathbb{Q}$，使得对于任意的$x, y \in \mathbb{Q} \setminus \{0\}$,有

$$f\left(\frac{x + y}{3}\right) = \frac{f(x) + f(y)}{2}$$

解. 设$y = 2x$,得到对于任意的x,有$f(x) = \dfrac{f(x) + f(2x)}{2}$,所以$f(2x) = f(x)$.
故f是常函数. 实际上,设S是满足对于任意的x, $f(kx) = f(x)$的所有整数k的
集合. 那么$1, 2 \in S$. 如果$a, b \in S$,那么$3a - b \in S$(令$x \to (3a-b)x, y \to bx$即可), 显然如果$a, b \in S$,那么$ab \in S$. 利用数学归纳法得到,对于任意$k \in \mathbb{Z} \setminus \{0\}$,有$k \in S$. 实际上, $4 = 2 \cdot 2 \in S, -1 = 3 \cdot 1 - 4 \in S, -2 = 3 \cdot (-1) - (-1) \in S$. 按照归纳法的步骤,必须证明每一个满足$|k| \geq 3$的$k$都
可以写成$3a - b$,其中$|a|, |b| < k$. 事实上,如果令$a = \left[\dfrac{k}{3}\right], b = -3\left\{\dfrac{k}{3}\right\}$,那
么$k = 3a - b$和$|a| \leq \left|\dfrac{k}{3}\right| < k, |b| \leq 2 < k$. 因此$\mathbb{Z}^* \subset S$. 如果$a, b \in \mathbb{Q} \setminus \{0\}$
且$\dfrac{a}{b} = \dfrac{p}{q}, p, q \in \mathbb{Z}$,,那么$qa = pb$,则$f(a) = f(qa) = f(pb) = f(b)$.所以$f$
在$\mathbb{Q} \setminus \{0\}$上是常数. 同样的,如果$x \neq 0$,由$f\left(\dfrac{x}{3}\right) = f(x)$可得$f(0) = f(x)$,那
么令$y = 0$得

$$f\left(\frac{x}{3}\right) = \frac{f(x) + f(0)}{2}.$$

所以f在$\mathbb{Q}$上是常数.综上,所有常函数都满足要求.

例 4.7. (IMO 1999) 求所有函数$f : \mathbb{R} \to \mathbb{R}$,使得对于任意的$x, y \in \mathbb{R}$有

$$f(x - f(y)) = f(f(y)) + xf(y) + f(x) - 1.$$

解. 将$x = f(y)$代入给定方程得,对于任意的$x \in \mathrm{Im}f$有

$$f(x) = \frac{c + 1 - x^2}{2} \tag{1}$$

其中$c = f(0)$. 另一方面如果$y = 0$,那么

$$f(x - c) - f(x) = f(c) + cx - 1.$$

因此$f(-c) - c = f(c) - 1$,这表明$c \neq 0$. 故对于每一个$x \in \mathbb{R}$,都存在$t \in \mathbb{R}$
使得$x = y_1 - y_2$,其中$y_1 = f(t - c), y_2 = f(t)$. 由已知方程得

$$f(x) = f(y_1 - y_2) = f(y_2) + y_1 y_2 + f(y_1) - 1$$

$$= \frac{c + 1 - y_2{}^2}{2} + y_1 y_2 + \frac{c + 1 - y_1{}^2}{2} - 1$$

$$= c - \frac{(y_1 - y_2)^2}{2} = c - \frac{x^2}{2}.$$

上式与(1)式联立得到$c = 1$，$f(x) = 1 - \dfrac{x^2}{2}$. 反之,易检验该函数满足给定方程.

注意,解决上述问题的过程中,可以得到结论$\text{Im}(f) - \text{Im}(f) = \mathbb{R}$, 即每一个数都可以写成$f$的两个函数值的差. 这个想法很少出现, 但它通常是解决问题的关键.具体看下面的例子.

例 4.8. (BMO 2007) 求所有函数$f : \mathbb{R} \to \mathbb{R}$ 使得

$$f(f(x) + y) = f(f(x) - y) + 4f(x)y,$$

其中$x, y \in \mathbb{R}$.

解. 显然函数$f \equiv 0$ 是方程的解.

设$f \not\equiv 0$. 存在$f(x_0) \neq 0$, 因为$4f(x_0)y$在$\mathbb{R}$ 上,所以y 在$\mathbb{R}$ 上.因此,给定条件表明

$$\text{Im}(f) - \text{Im}(f) = \mathbb{R}. \tag{1}$$

另一方面, 用$f(x) - y$替换y , 得到

$$f(2f(x) - y) = f(y) + 4f(x)(f(x) - y),$$

即

$$f(y) - y^2 = f(2f(x) - y) - (2(f(x) - y)^2. \tag{2}$$

现在令$y_1, y_2 \in \mathbb{R}$. 由(1)得, 存在x_1, x_2 使得

$$f(x_1) - f(x_2) = \frac{y_1 - y_2}{2}, \tag{3}$$

那么(2)式表明

$$f(y_1) - y_1^2 = f(2f(x_1) - y_1) - (2(f(x_1) - y_1)^2$$

$$f(y_2) - y_2^2 = f(2f(x_2) - y_2) - (2(f(x_2) - y_2)^2.$$

与(3)联立, 得到$f(y_1) - y_1^2 = f(y_2) - y_2^2$. 故$f(x) - x^2$ 是常数, 即$f(x^2) = x^2 + c$, $c \in \mathbb{R}$.易检验这些函数满足给定的等式.

例 4.9. (Putnam 2000) 求所有连续函数$f : [-1, 1] \to \mathbb{R}$, 使得对于任意的$x \in [-1, 1]$,有$f(2x^2 - 1) = 2xf(x)$.

解. 首先$f(1) = f(-1) = 0$. 其次，因为$2xf(x) = f(2x^2 - 1) = 2(-x)f(-x)$，其中$x \neq 0$，所以$f(x) = -f(-x)$，故$f(x)$是奇函数; 利用连续性可知,$x = 0$时也满足奇函数条件，所以$f(0) = 0$. 对于任意不是$\pi$的整数倍的$t \in \mathbb{R}$，定义$g(t) = f(\cos t)/\sin t$. 易验知，$g(t + \pi) = g(t)$. 利用函数$f$的条件可得

$$g(2t) = f(2\cos^2 t - 1)/\sin 2t = \frac{2\cos t f(\cos t)}{2\sin t \cos t} = g(t).$$

因此$g(2^k t) = g(t)$，$k \in \mathbb{Z}$. 特别地,对于任意的$k, n \in \mathbb{Z}$有

$$g(1 + n\pi/2^k) = g(2^k + n\pi) = g(2^k) = g(1)$$

注意,g在它的定义域上是连续的. 对于每一个$t \in \mathbb{R}$有一个形如$\dfrac{n}{2^k}, n, k \in \mathbb{Z}$的数列$(\delta_m)_{m \geq 1}$使得$\lim\limits_{m \to \infty} \delta_m = \dfrac{t-1}{\pi}$,即$t = \lim\limits_{m \to \infty}(1 + \pi\delta_m)$. 因此

$$g(t) = g(\lim_{m \to \infty}(1 + \pi\delta_m)) = \lim_{m \to \infty} g(1 + \pi\delta_m)$$

$$= \lim_{m \to \infty} g(1) = g(1).$$

故g是常数.因为g是奇函数，所以$g = 0$,于是$f = 0$.

4.2　习题

习题 4.1. (Vietnam 2014) 求所有函数$f: \mathbb{Z} \to \mathbb{Z}$，使得对于任意的$m, n \in \mathbb{Z}$,有

$$f(2m + f(m) + f(m)f(n)) = nf(m) + m.$$

习题 4.2. 求所有连续函数$f: \mathbb{R} \to \mathbb{R}$，使得对于任意的$x, y \in \mathbb{R}$,有

$$f(x + y) - f(x) - f(y) = xy(x + y).$$

习题 4.3. 求所有函数$f: \mathbb{R} \to \mathbb{R}$，使得对于任意的$x, y \in \mathbb{R}$,有

$$f(xy + 2x + 2y) = f(x)f(y) + 2x + 2y.$$

习题 4.4. (USAMO 2002) 求所有函数$f: \mathbb{R} \to \mathbb{R}$，使得对于任意的$x, y \in \mathbb{R}$,有

$$f(x^2 - y^2) = xf(x) - yf(y).$$

习题 4.5. (IMO 2005 预选题) 求所有函数 $f: \mathbb{R} \to \mathbb{R}$, 使得对于任意的 $x, y \in \mathbb{R}$, 有

$$f(x+y) + f(x)f(y) = f(xy) + 2xy + 1.$$

习题 4.6. 求所有函数 $f: \mathbb{R} \to \mathbb{R}$, 使得对于任意的 $x, y \in \mathbb{R}$, 有

$$f(f(x) - y^2) = f(x)^2 - 2f(x)y^2 + f(f(y)).$$

习题 4.7. 求所有函数 $f: \mathbb{R} \to \mathbb{R}$, 使得对于任意的 $x, y \in \mathbb{R}$, 有

$$f(x - f(y)) = f(x) + xf(y) + f(f(y)).$$

习题 4.8. 求所有连续函数 $f: \mathbb{R} \to \mathbb{R}$, 使得对于任意的 $x, y \in \mathbb{R}$, 有

$$f(x+y) - f(x-y) = 2f(xy+1) - f(x)f(y) - 4$$

习题 4.9. (IMO 2000 预选题) 求所有函数 $f, g: \mathbb{R} \to \mathbb{R}$, 使得对于任意的 $x, y \in \mathbb{R}$, 有

$$f(x + g(y)) = xf(y) - yf(x) + g(x).$$

习题 4.10. (Taiwan,China 2011) 设 $f: \mathbb{R}^+ \to \mathbb{R}$, 使得对于所有 $x, y > 0$, 有

$$f(x+y) = f\left(\frac{x+y}{xy}\right) + f(xy).$$

证明对于任意的 $x, y > 0$, 有 $f(xy) = f(x) + f(y)$.

习题 4.11. (Bulgaria 2008) 求所有连续函数 $f: \mathbb{R} \to \mathbb{R}$, 使得对于任意的 $x, y \in \mathbb{R}$, 有

$$(1 - f(x)f(y))f(x+y) = f(x) + f(y) + 2f(x)f(y).$$

习题 4.12. 求所有连续函数 $f: (-1, 1) \to \mathbb{R}$, 使得对于任意的 $x, y \in (-1, 1)$ 有

$$f\left(\frac{x+y}{1-xy}\right) = f(x) + f(y).$$

习题 4.13. 求所有连续函数 $f: (a, b) \to \mathbb{R}$, 使得对于任意 $xyz, x, y, z \in (a, b)$ 有

$$f(xyz) = f(x) + f(y) + f(z),$$

其中 $1 < a^3 < b$.

习题 4.14. 求所有函数 $f\colon \mathbb{R} \to \mathbb{R}$，使得对于任意的 $x, y \in \mathbb{R}$ 有

$$f(f(x) + y) = f(x^2 - y) + 4f(x)y.$$

习题 4.15. (China 1991) 求所有函数 $f\colon [0,1] \times [0,1] \to \mathbb{R}$ 使得：对于任意的 $x, y, z \in [0,1]$，存在正数 k，有

    (i) $f(x, 1) = x$;

    (ii) $f(1, y) = y$;

    (iii) $f(zx, zy) = z^k f(x, y)$;

    (iv) $f(f(x, y), z) = f(x, f(y, z))$.

习题 4.16. 求所有连续函数 $f\colon \mathbb{R} \to \mathbb{R}$，使得对于任意的 $x \in \mathbb{R}$ 有

$$3f(2x + 1) = f(x) + 5x.$$

习题 4.17. (IMO 2002 预选题) 求所有函数 $f\colon \mathbb{R} \to \mathbb{R}$, 使得对于任意的 $x, y \in \mathbb{R}$ 有

$$f(f(x) + y) = 2x + f(f(y) - x).$$

习题 4.18. (Bulgaria 1996) 求所有函数 $f\colon \mathbb{R} \to \mathbb{R}$，使得对于任意的 $x, y \in \mathbb{R}$ 有

$$f(f(x) + xf(y)) = xf(y + 1).$$

习题 4.19. (BMO 1997, BMO 2000) 求所有函数 $f\colon \mathbb{R} \to \mathbb{R}$，使得对于任意的 $x, y \in \mathbb{R}$ 有

$$f(xf(x) + f(y)) = f(x)^2 + y.$$

习题 4.20. (Ukraine 2003) 求所有函数 $f\colon \mathbb{R} \to \mathbb{R}$, 使得对于任意的 $x, y \in \mathbb{R}$ 有

$$f(xf(x) + f(y)) = x^2 + y.$$

习题 4.21. 求所有函数 $f\colon (0, \infty) \to \mathbb{R}$，使得对于任意的 $x, y \in (0, \infty)$ 有

$$f(x + y) = f(x^2 + y^2).$$

习题 4.22. (IMO 2004 预选题) 求所有函数 $f\colon \mathbb{R} \to \mathbb{R}$，使得对于任意的 $x, y \in \mathbb{R}$ 有

$$f(x^2 + y^2 + 2f(xy)) = f(x + y)^2.$$

第 5 章　对称化和附加变量

5.1　实例

有些函数方程,它们在某一侧中的x, y 是对称的,或者我们可以通过适当的替换得到这样的条件. 然后用y替换x便得到了一个新的方程, 这可能会对解题有所帮助. 其他情况下,我们可能需要添加一个额外的变量,使方程的一侧对称,然后使另一侧对称以得到一个新的方程. 在本章中,我们考虑可以用上述方法求解的函数方程.

例 5.1. 求所有函数$f\colon \mathbb{R} \to \mathbb{R}$，使得对于任意的$x, y \in \mathbb{R}$,有

$$f(x)f(y - f(x)) = 4xy - 2f(x^2).$$

解. 要使两个变量在等式左边对称: 只需用$y + f(x)$替换y 即可.此时等式变为

$$f(x)f(y) = 4x(y + f(x)) - 2f(x^2) = 4xy + 4xf(x) - 2f(x^2).$$

将x与y交换, 得到

$$f(x)f(y) = 4xy + 4yf(y) - 2f(y^2).$$

因此，比较两个获得的等式得到

$$4xf(x) - 2f(x^2) = 4yf(y) - 2f(y^2);$$

也就是说，表达式$4xf(x) - 2f(x^2)$的值与x 无关,取其值为常数值a.

特别地，$f(x)f(y) = 4xy + 4f(x) - 2f(x^2) = 4xy + a$. 很明显$a = 0$.有很多方法能够证明它. 方法一,如果$a \neq 0$, 则$f(x)f\left(-\dfrac{a}{4x}\right) = 0$. 若$f(x) \neq 0$,

则 $f\left(-\dfrac{a}{4x}\right)=0$. 特别地, 存在 y_0 使得 $f(y_0)=0$,这不可能,因为如果这样的话,对于任意的 x, $f(x)f(y_0)=4xy_0+a$ 都为0,但如果 $a\neq 0$,这不可能成立.所以假设不成立. 原命题得证.方法二, 等式一边是 $f(x)^2=4x^2+a$, 另一边是 $f(x)f(1)=4x+a$, 所以 $f(x)^2f(1)^2$ 同时等于 $f(1)^2(4x+a)^2$ 和 $4x^2+a$. 但对于任意的 x 有 $f(1)^2(4x+a)^2=4x^2+a$ 当且仅当 $a=0$.

当 $a=0$ 时, $f(x)^2=4x^2$,所以 $f(x)=\pm 2x$. 等式 $f(x)f(y)=4xy$ 表明对于任意的 x 有 $f(x)=2x$ 或 $f(x)=-2x$.这两个函数均是方程的解.

例 5.2. 求所有连续函数 $f\colon \mathbb{R}\to\mathbb{R}$,使得对于任意的 $x,y\in\mathbb{R}$,满足

$$f(xy+x+y)=f(xy)+f(x+y).$$

解. 此方程可归类为 $f(a+b)=f(a)+f(b)$, 因为 $x+y$ 和 xy 受AM-GM 不等式 $(x+y)^2\geqslant 4xy$ 的约束,所以其中的 a,b 不是任意的. 在这种情况下, 最好添加一个额外的变量,因为用三个变量解两个方程组可以更容易解题,减少限制.

更准确地, 用 $y+z$ 替换 y ,得到

$$f(xy+xz+x+y+z)=f(xy+xz)+f(x+y+z),$$

可化为

$$f(xy+xz+x+y+z)-f(xy+xz)=f(x+y+z).$$

因为等式右边 x,y,z 是对称的,所以我们可以交换它们并得到

$$f(xy+xz+x+y+z)-f(xy+xz)=f(xy+yz+x+y+z)-f(xy+yz).$$

即

$$f(xy+xz+x+y+z)-f(xy+yz+x+y+z)=f(xy+xz)-f(xy+yz).$$

如果我们设 $xy+xz=a, xy+yz=b$ 和 $x+y+z=s$, 那么得到

$$f(a+s)-f(b+s)=f(a)-f(b).$$

我们只需要令 $s^2\geqslant 4a, s^2\geqslant 4b$ 便可解出关于 x,y,z 的两个方程. 因此,对于所有足够大的 s, $f(a)-f(b)=f(a+s)-f(b+s)$. 当然,这就告诉我们 $f(a)-f(b)$ 的值只取决于 $a-b$. 特别地,

$$f(a)-f(b)=f(a-b)-f(0)$$

故 $f(x) - f(0)$ 是可加性函数,因此 f 是线性的. 将线性函数代入原始条件,得到常数项为零,因此 $f(x) = cx$.

例 5.3. 求所有连续函数 $f: \mathbb{R} \to (0, \infty)$,使得对于任意的 $x, y \in \mathbb{R}$, 有

$$f(x+y)f(x^2+y^2) = f((x+y)(x^2+y^2)).$$

解. 在某种意义上,该题与前面的问题类似, 可看作可乘性柯西方程在一组受约束的值上的解,即 $f(a)f(b) = f(ab)$,但我们需要 a, b 是 $x + y = a, x^2 + y^2 = b$ 的解,并不是所有对的解.

同样, 我们通过添加一个新的变量使其对称化.即令 $y \to y + z$ 得到

$$f(x+y+z)f(x^2+(y+z)^2) = f((x+y+z)(x^2+(y+z)^2))$$

或

$$f(x+y+z) = \frac{f((x+y+z)(x^2+(y+z)^2))}{f(x^2+(y+z)^2)}.$$

等式左边是对称的,因此我们得到

$$\frac{f((x+y+z)(x^2+(y+z)^2))}{f(x^2+(y+z)^2)} = \frac{f((x+y+z)(y^2+(x+z)^2))}{f(y^2+(x+z)^2)}$$

或

$$\frac{f(x^2+(y+z)^2)}{f(y^2+(x+z)^2)} = \frac{f((x+y+z)(x^2+(y+z)^2))}{f((x+y+z)(y^2+(x+z)^2))}.$$

令 $a = x^2 + (y+z)^2, b = y^2 + (x+z)^2, s = x + y + z$ 得

$$\frac{f(a)}{f(b)} = \frac{f(as)}{f(bs)}.$$

注.如果 s 足够小(更准确地说,如果 $s^2 \leqslant 4a, 4b$),那么存在 x, y, z 来求出 s 值: 我们求解二次方程

$$x^2 + (y+z)^2 = a, \; x + y + z = s$$

得到 $x = \dfrac{s - \sqrt{4a - s^2}}{2}$, 类似的, $y = \dfrac{s - \sqrt{4b - s^2}}{2}$. 那么 z 等于

$$s - x - y = \frac{\sqrt{4a - s^2} + \sqrt{4b - s^2}}{2}.$$

于是对于足够小的 s 有 $\dfrac{f(a)}{f(b)} = \dfrac{f(as)}{f(bs)}$ (如果 a,b 都是正的). 这意味着 $\dfrac{f(a)}{f(b)}$ 只取决于 $\dfrac{a}{b}$; 特别地,

$$\frac{f(a)}{f(b)} = \frac{f\left(\dfrac{a}{b}\right)}{f(1)},$$

即函数 $g(x) = \dfrac{f(x)}{f(1)}$ 在 $(0, \infty)$ 上是可乘的, 因此 $f(x) = f(1)x^a$, 直接验证得出 $f(1) = 1$, 所以在 $(0, \infty)$ 上, $f(x) = x^a$. 但请注意,当 $s < 0$ 时, 得到恒等式 $\dfrac{f(a)}{f(b)} = \dfrac{f(-a)}{f(-b)}$, 故存在 $c > 0$ 使得 $f(-x) = cf(x)$. 仍需注意的是,由 c 在0处的连续性知, 其值一定为1 ,其中 c 一定为1. 综上, 函数解为 $f(x) = |x|^a$.

例 5.4. 求所有连续函数 $f, g, h: \mathbb{R} \to \mathbb{R}$,使得对于任意的 $x, y \in \mathbb{R}$,满足

$$f(x + y) + g(xy) = h(x) + h(y).$$

解. 设 $y = 0$,得到 $f(x) = h(x) + h(0) - g(0)$. 因此,条件变为 $h(x + y) - h(x) - h(y) = g(xy)$,为了简单起见, 用 $g - g(0) - h(0)$ 代替 g. 因此

$$h(x + y + z) = h(x) + h(y + z) + g(xy + xz)$$

$$= h(x) + h(y) + h(z) + g(yz) + g(xy + xz).$$

利用对称化条件,化简可得

$$g(yz) + g(xy + xz) = g(xz) + g(xy + yz) = g(xy) + g(xz + yz).$$

当 $a, b, c > 0$ 时, 存在 x, y, z,使得 $yz = a, xz = b, xy = c$,故

$$g(a) + g(b + c) = g(b) + g(a + c) + g(c) + g(a + b).$$

令 $c \to 0^+$,得

$$g(a + b) + g(0) = g(a) + g(b).$$

接下来,如果取 $a > 0, b < 0, c < 0$,那么也存在 x, y, z,使得 $yz = a$, $xz = b$, $xy = c$, 故

$$g(a) + g(b + c) = g(b) + g(a + c) + g(c) + g(a + b).$$

令$c \to 0^-$,得

$$g(a) + g(b) = g(0) + g(a+b).$$

最后,如果我们取$a < 0, b < 0, c > 0$ 并令$c \to 0^+$, 在这种情况下我们也得到

$$g(a) + g(b) = g(a+b) + g(0).$$

因此,由连续性得,对于所有非零a, b,都有

$$g(a+b) + g(0) = g(a) + g(b).$$

所以$g(x) = ax + b$ 是线性的. 于是

$$h(x+y) - h(x) - h(y) = axy + b.$$

如果令$H(x) = h(x) - \frac{a}{2}x^2 + b$,那么我们得到

$$H(x) + H(y) = H(x+y)$$

所以$H(x) = cx$. 这意味着h 是一个二次函数,因为

$$f(x) = h(x) + h(0) - g(0)$$

所以

$$f(x) = ux^2 + vx + t, \quad h(x) = ux^2 + vx + w$$

从而$g(x) = 2ux + 2w - t$; 这个函数满足条件.

例 5.5. 求所有连续函数$f, g, h : (0, \infty) \to \mathbb{R}$,使得对于任意的$x, y \in (0, \infty)$,有

$$f(x+y) = h(x) + h(y) + g(xy).$$

解. 令$y = 1$,得到$g(x) = f(x+1) - h(x) - h(1)$. 因此,给定条件可化为

$$h(xy) = h(x) + h(y) + f(xy+1) - f(x+y) - h(1) \qquad (1)$$

其中$x, y \in (0, \infty)$. 应用实数的乘法结合律,即$x(yz) = (xy)z$. 并两次应用等式(1) ,得到

$$h(xyz) = h(x(yz)) = h(x) + h(yz) + f(xyz+1) - f(x+y+z) - h(1)$$

$$= h(x)+h(y)+h(z)+f(yz+1)-f(y+z)-h(1)+f(xyz+1)-f(x+y+z).$$

同理得

$$h(xyz) = h((xy)z) = h(x)+h(y)+h(z)+f(xy+1)-f(xyz)-$$

$$h(1)+f(xyz+1)-f(xy+z)-h(1).$$

比较 $h(xyz)$ 的两个表达式,可得对于任意的 $x,y,z \in (0,\infty)$ 有

$$f(xy+1)-f(x+y)-f(xy+z) = f(yz+1)-f(y+z)-f(x+yz) \quad (2)$$

现令 $x,y \in (0,\infty), z \to 0$. 由(2) 得

$$f(xy+1)-f(xy)-f(1) = f(x+y)-f(x)-f(y). \quad (3)$$

设 $F(x,y) = f(x+y)-f(x)-f(y)$. 易验证

$$F(x+y,z)+F(x,y) = F(x,y+z)+F(y,z). \quad (4)$$

又(3)可以写成 $F(x,y) = F(xy,1)$, 由(4)得

$$F((x+y)z,1)+F(xy,1) = F(x(y+z),1)+F(yz,1). \quad (5)$$

设 $k(x) = F(x,1)$. 那么(5) 可以写成

$$k(xz+yz)+k(xy) = k(xy+xz)+k(yz). \quad (6)$$

对于任意的 $u,v \in (0,\infty)$, 令(6) 中的 $x = \sqrt{uv}, y = \dfrac{v}{\sqrt{uv}}, z = \dfrac{\sqrt{uv}}{v}$,得

$$k(u+1)+k(v) = k(u+v)+k(1). \quad (7)$$

特别地, $k(u+1)+k(v) = k(v+1)+k(u)$. 设 $v=1$,得到 $k(u+1) = k(u)+k(2)-k(1)$. 此时(7)式可化为

$$k(u)+k(v) = k(u+v)+b,$$

其中 $b = 2k(1)-k(2)$. 考虑函数 $t:(0,\infty) \to \mathbb{R}$, 定义 $t(u) = k(u)-b$. 则 $t(u)+t(v) = t(u+v)$, t 是连续的,由定理1.1得 $t(x) = ax$, 即 $k(x) = ax+b$. 故对于任意的 $x,y \in (0,\infty)$,有

$$f(x+y)-f(x)-f(y) = F(x,y) = F(xy,1) = k(xy) = axy+b \quad (8)$$

函数 $f_0(x) = \dfrac{ax^2}{2} - b$ 满足等式(8). 设 $f(x) = f_0(x) + f_1(x)$，由(8)可知 $f_1 : (0, \infty) \to \mathbb{R}$ 是连续可加性函数,由定理1.1得 $f_1(x) = cx$. 因此 $f(x) = \dfrac{ax^2}{2} + cx - b$. 将 $f(x)$ 的这个表达式代入(1)中得到

$$h(xy) - h(x) - h(y) = f(xy) - f(x) - f(y) + d, \tag{9}$$

其中 $d = \dfrac{a}{2} - b + c - h(1)$. 考虑函数 $l(x) = h(x) - f(x) - d$. 由(9) 知，对于任意的 $x, y \in (0, \infty)$ 有 $l(xy) = l(x) + l(y)$.利用推论1.2 可得 $l(x) = A\log x$. 因此，方程(1) 的所有连续解 $f, g, h : (0, \infty) \to \mathbb{R}$ 为

$$f(x) = ax^2 + bx + c,\ g(x) = -A\log x - 2ax + c - 2d,\ h(x) = A\log x + ax^2 + bx + d.$$

例 5.6. (India 2003) 求所有函数 $f : \mathbb{R} \to \mathbb{R}$,使得对于任意的 $x, y \in \mathbb{R}$ 有

$$f(x + y) + f(x)f(y) = f(x) + f(y) + f(xy).$$

解. 利用 n 次给定的等式, 可以得到

$$
\begin{aligned}
f(x + y + z) &= f(x) + f(y + z) + f(xy + xz) - f(x)f(y + z) \\
&= f(x) + (1 - f(x))(f(y) + f(z) + f(yz) - f(y)f(z)) \\
&\quad + f(xy) + f(xz) + f(x^2yz) - f(xy)f(xz) \\
&= f(x) + f(y) + f(z) + f(xy) + f(yz) + f(zx) + f(x)f(y)f(z) \\
&\quad - f(x)f(y) - f(y)f(z) - f(z)f(x) \\
&\quad + f(x^2yz) - f(xy)f(xz) - f(x)f(yz).
\end{aligned}
$$

因此,最后一行的项关于 x, y, z 对称,这表明

$$f(x^2yz) - f(xy)f(xz) - f(x)f(yz) = f(xy^2z) - f(xy)f(yz) - f(y)f(xz).$$

令 $y = 1$ 得

$$f(x^2z) = (a - 1)f(xz) + f(x)f(xz),$$

其中 $a = 2 - f(1)$. 又利用给定的等式得

$$f(x^2z) = f(x + xz) + f(x)f(xz) - f(x) - f(xz).$$

因此,

$$f(x+xz) = af(xz) + f(x).$$

令$z=0$,得到$af(0)=0$.如果$a=0$,那么$f(1+z)=f(1)$,即$f \equiv 2$.设$f(0)=0$,那么$f(x)=-af(-x)=a^2 f(x)$. 假设f 不等于0, 则$a^2=1$. 如果$a=-1$, 那么$f(x+xz)=-f(xz)+f(x)$, 设$z=1$得出$f(2x)=0$, $x \in \mathbb{R}$, 产生矛盾. 因此$a=1$. 设$z=\dfrac{y}{x}$,对于任意的$x \neq 0$ 和y,有$f(x+y)=f(x)+f(y)$. 如果$x=0$,那么等式仍然成立. 由给定的等式可知$f(xy)=f(x)f(y)$, 利用推论1.1得到$f(x)=x$.

因此, 该题的函数解是$f \equiv 2$, $f \equiv 0$, $f(x)=x$.

5.2   习题

习题 5.1. 求所有函数$f\colon \mathbb{R} \to \mathbb{R}$,使得对于任意的$x,y \in \mathbb{R}$,有

$$f(xy) = f(x)y^2 + f(y) - 1.$$

习题 5.2. (MR 2012) 求所有函数$f\colon \mathbb{R} \to \mathbb{R}$,使得对于任意的$x,y \in \mathbb{R}$,有

$$f(y+f(x)) = f(x)f(y) + f(f(x)) + f(y) - xy.$$

习题 5.3. 求所有函数$f\colon \mathbb{R} \to \mathbb{R}$,使得对于任意的$x,y \in \mathbb{R}$,有

$$xf(x) - yf(y) = (x-y)f(x+y).$$

习题 5.4. 求所有函数$f,g\colon \mathbb{R} \to \mathbb{R}$,使得对于任意的$x,y \in \mathbb{R}$,有

$$f(x) - f(y) = (x-y)(g(x)+g(y)).$$

习题 5.5. 求所有函数$f\colon \mathbb{R} \to \mathbb{R}$,使得对于任意的$x,y \in \mathbb{R}$,有

$$f(x+y) = f(x)f(y)f(xy).$$

习题 5.6. 找到所有函数$f\colon \mathbb{Q} \to \mathbb{Q}$,使得对于任意的$x,y \in \mathbb{Q}$,有

$$f(xy) = f(x)f(y) - f(x+y) + 1.$$

习题 5.7. 求所有函数 $f\colon \mathbb{R} \to \mathbb{R}$,使得对于任意的 $x, y \in \mathbb{R}$,有

(a) $f(x + y) + f(xy - 1) = f(x) + f(y) + f(xy)$;

(b) $f(x + y) + f(xy) = f(x) + f(y) + f(xy + 1)$.

习题 5.8. (Hosszu函数方程) 证明满足等式

$$f(x + y - xy) + f(xy) = f(x) + f(y)$$

的函数 $f\colon \mathbb{R} \to \mathbb{R}$ 等于可加性函数加上某常数.

第 6 章　迭代与递归关系

6.1　理论与实例

通常情况下,函数方程与递归关系是相关的. 例如, 柯西方程 $f(x+y) = f(x) + f(y)$ 的解,本质上基于一个简单的递归式 $a_{n+1} = a_n + a_1$,其中 $a_n = f(nx)$,得到对于任意的 $x \in \mathbb{Q}$ 有 $f(x) = f(1)x$;推导出递归关系的另外一个方法是利用迭代函数, 再将数列中的元素设置为迭代元素. 例如, 如果我们有 $f(x) + f(f(x)) = x$,那么我们可以设 $a_n = f(f(\dots f(x)))$ (f 迭代 n 次),由此可得递归关系 $a_{n+1} + a_{n+2} = a_n$. 本章将通过构造数列并利用数列之间的递归关系来求解函数方程.

设函数 $f: D \to D,\ D \subseteq \mathbb{R}$,记 $f^{(n)}$ 为 f 的第 n 次迭代: 定义 $f^{(0)}(x) = x, f^{(n+1)}(x) = f(f^{(n)}(x)), n \geq 0$. 如果函数 f 是一一映射的, 那么我们也可以定义 $f^{(n)}$,其中 n 为负整数. 即, $f^{(-n)}(x)$ 是其反函数 $f^{-1}(x)$ 的 n 次迭代. 很容易看出

$$f^{(m+n)}(x) = f^{(m)}(f^{(n)}(x)),\ m, n \in \mathbb{Z}.$$

对于一个确定的 $x \in D$,数列

$$O(x) = \{f^{(0)}(x), f^{(1)}(x), f^{(2)}(x), \dots\}$$

称为 x 的轨道（orbit）.

例 6.1. 求以下函数的第 n 次迭代:

(a) $f(x) = \begin{cases} 1 & ,|x| \leqslant 1; \\ 0 & ,|x| > 1. \end{cases}$

(b) $f(x) = ax + b$;

(c) $f(x) = x^2 + 2x$;

(d) $f(x) = \dfrac{x-3}{x+1}, x \neq \pm 1$;

(e) $f(x) = \dfrac{x}{a+bx}$;

(f) $f(x) = \sqrt{2+x}$.

解.（a）由题可知,当$x \in [-1, 1]$时,$f(x) = 1$. 下面用数学归纳法证明,对于任意的$n \geqslant 2$,有$f^{(n)}(x) = 1$.当$|x| > 1$时

$$f(x) = 0, \ f^{(2)}(x) = f(0) = 1.$$

故,由归纳法可知,对于任意的$n \geqslant 2$,有$f^{(n)}(x) = 1$. 因此,对于任意的$x \in \mathbb{R}$和$n \geqslant 2$,有$f^{(n)}(x) = 1$.

（b）利用数学归纳法,对n 进行归纳可得

$$f^{(n)}(x) = a^n x + (a^{n-1} + \cdots + a + 1)b.$$

（c）由题知,$f(x) = (x+1)^2 - 1$. 同样由数学归纳法,对n进行归纳可得$f^{(n)}(x) = (x+1)^{2^n} - 1$.

（d）由题可知, $f^{(2)}(x) = \dfrac{-x-3}{x+1}$, $f^{(3)}(x) = x$. 因此

$$f^{(n)}(x) = \begin{cases} x & , \quad n = 3k \\ \dfrac{x-3}{x+1} & , \quad n = 3k+1 \\ \dfrac{-x-3}{x+1} & , \quad n = 3k+2 \end{cases}$$

（e）利用数学归纳法,对n 进行归纳可得

$$f^{(n)}(x) = \frac{x}{a^n + (1 + a + \cdots + a^{n-1})bx}.$$

（f）令$|x| \leqslant 2$. 设$x = 2\cos\theta, \theta \in [0, \pi]$.于是

$$f(x) = \sqrt{2 + 2\cos\theta} = 2\cos\frac{\theta}{2}.$$

因此

$$f^{(2)}(x) = \sqrt{2 + f(x)} = \sqrt{2 + 2\cos\frac{\theta}{2}} = 2\cos\frac{\theta}{2^2}$$

利用数学归纳法,对 n 进行归纳可得

$$f^{(n)}(x) = 2\cos\frac{\theta}{2^n} = 2\cos\frac{\arccos\frac{x}{2}}{2^n}, |x| \leqslant 2.$$

令 $x > 2$,则存在 $t > 1$ 使得 $x = t + \dfrac{1}{t}$,从而

$$f(x) = \sqrt{2+x} = t^{\frac{1}{2}} + \frac{1}{t^{\frac{1}{2}}}.$$

利用数学归纳法,对 n 进行归纳可得

$$f^{(n)}(x) = t^{\frac{1}{2^n}} + \frac{1}{t^{\frac{1}{2^n}}}.$$

解关于 t 的方程 $x = t + \dfrac{1}{t}, t > 1$,得到

$$t = \frac{x+\sqrt{x^2-4}}{2}, \frac{1}{t} = \frac{x-\sqrt{x^2-4}}{2}.$$

因此

$$f^{(n)}(x) = \left(\frac{x+\sqrt{x^2-4}}{2}\right)^{\frac{1}{2^n}} + \left(\frac{x-\sqrt{x^2-4}}{2}\right)^{\frac{1}{2^n}}, \quad x > 2.$$

若存在一个双射 $\varphi : D \to D$ 使得 $f(x) = \varphi^{-1}(g(\varphi(x)))$,则称两个函数 $f, g : D \to D$ 为共轭函数, 记为 $f \sim_\varphi g$.容易验证 $f^{(n)} \sim_\varphi g^{(n)}, n \in \mathbb{N}$. 下面我们将利用此性质来找到某些函数的第 n 次迭代.

例 6.2. 求下列函数的第 n 次迭代:
(a) $f(x) = \dfrac{x}{1+ax}$;
(b) $f(x) = \dfrac{x}{\sqrt{1+ax^2}}, x \geq 0$;
(c) $f(x) = 2x^2 - 1, x \in [-1, 1]$.

解. (a) 显然,对于任意的 $n \in \mathbb{N}$,有 $f^{(n)}(0) = 0$. 当 $x \neq 0$ 时, 设 $g(x) = x + a$, $\varphi(x) = \dfrac{1}{x}$,故 $\varphi^{-1}(x) = \dfrac{1}{x}$,于是

$$\varphi^{-1}(g(\varphi(x))) = \frac{1}{\frac{1}{x}+a} = \frac{x}{1+ax} = f(x).$$

即 $f \sim_\varphi g$. 因此

$$f^{(n)}(x) = \varphi^{-1}(g^{(n)}(\varphi(x))) = \frac{1}{\frac{1}{x} + na} = \frac{x}{1 + nax}.$$

（b）设 $g(x) = \dfrac{x}{1 + ax}$，$\varphi(x) = x^2$. 于是，$\phi^{-1}(x) = \sqrt{x}$. 易验证 $f \sim_\varphi g$. 因此，$f^{(n)} \sim_\varphi g^{(n)}$. 由(a) 得

$$f^{(n)}(x) = \varphi^{-1}(g^{(n)}(\varphi(x))) = \frac{x}{\sqrt{1 + nax^2}}.$$

(c) 设 $\varphi(x) = \arccos x$. 于是，$\varphi^{-1}(x) = \cos x$，故

$$g(x) = \varphi(f(\varphi^{-1}(x))) = \arccos(2\cos^2 x - 1) = \arccos(\cos 2x) = 2x.$$

即 $f \sim_\varphi g$，从而 $f^{(n)} \sim_\varphi g^{(n)}$. 又 $g^{(n)}(x) = 2^n x$，所以 $f^{(n)}(x) = \cos(2^n \arccos x)$.

接下来，我们总结一下如何解决一次方程和二次方程的递归关系.

对于形如 $x_{n+1} = ax_n + b$ 的一次方程，可以通过一个简单的代换进行求解：若 $a \neq 1$，则令 $y_n = x_n + \dfrac{b}{a-1}$，从而 $y_{n+1} = ay_n$. 于是 $y_n = a^n y_0$，因此 $x_n = a^n \left(x_0 + \dfrac{b}{a-1} \right) - \dfrac{b}{a-1}$. 若 $a = 1$，则令 $x_n = x_0 + nb$.

我们还可能遇到二次递推关系，即形如 $x_{n+2} + ax_{n+1} + bx_n = 0$ 的关系式. 解决这类问题的方法是找到特征方程 $x^2 + ax + b = 0$. 如果特征方程有两个根 r_1, r_2，那么递归关系的所有解都可以写成 $x_n = c_1 r_1^n + c_2 r_2^n$，其中 c_1, c_2 是线性方程组 $x_0 = c_1 + c_2$，$x_1 = c_1 r_1 + c_2 r_2$ 的解. 如果 $x^2 + ax + b$ 有一个二重根 r，那么递归关系的所有解都可以写成 $x_n = (un + v)r^n$，其中 u, v 是线性方程组 $v = x_0$，$(u + v)r = x_1$ 的解.

具体例子如下.

例 6.3. (IMO 1982 预选题) 求函数 $f : \mathbb{Z} \to \mathbb{R}$，使得对于任意的 $n, m \in \mathbb{Z}$ 有

$$f(n)f(m) = f(n+m) + f(n-m).$$

其中 $f(1)$ 的值有以下两种情形，请分别进行讨论：

$$(a) \quad f(1) = \frac{5}{2}; \quad (b) \quad f(1) = \sqrt{3}$$

解. 令 $m = 0$, $n = 1$,得到 $f(1)f(0) = 2f(1)$. 因为 $f(1) \neq 0$,所以 $f(0) = 2$.令 $n = 0$ 得 $f(m) = f(-m)$. 下面可以确定任意的 $n \in \mathbb{N}$ 所对应的函数值 $f(n)$. 为此,令给定的方程中的 $n = 1$,得到递归关系

$$a_{n+1} - f(1)a_n + a_{n-1} = 0, \tag{1}$$

其中 $a_n = f(n)$, $n \geq 0$.

　　（a） $f(1) = \dfrac{5}{2}$.此时,(1) 的特征方程 $x^2 - \dfrac{5}{2}x + 1 = 0$ 的根是 $x_1 = 2$, $x_2 = \dfrac{1}{2}$. 因此,存在常数 A 和 B 使得

$$a_n = A \cdot 2^n + B \cdot 2^{-n}$$

因为 $a_0 = f(0) = 2$, $a_1 = f(1) = \dfrac{5}{2}$, 所以 $A = B = 1$.即,对于任意的 $n \geq 0$ 有 $f(n) = 2^n + 2^{-n}$. 又 $f(n) = f(-n)$,所以对于任意的 $n \in \mathbb{Z}$ 有 $f(n) = 2^n + 2^{-n}$. 易验证,该函数满足给定方程.

　　（b） $f(1) = \sqrt{3}$.此时,(1) 中的特征方程 $x^2 - \sqrt{3}x + 1 = 0$ 的根是 $x_{1,2} = \cos\dfrac{\pi}{6} \pm \mathrm{i}\sin\dfrac{\pi}{6}$.于是,对于任意的 $n \geq 0$ 有

$$f(n) = a_n = A\cos\dfrac{n\pi}{6} + B\sin\dfrac{n\pi}{6}.$$

因为 $f(0) = 2$, $f(1) = \sqrt{3}$,所以 $A = 2$, $B = 0$. 同理,对于任意的 $n \in \mathbb{Z}$ 有

$$f(n) = 2\cos\dfrac{n\pi}{6}$$

　　易验证,该函数满足给定方程.

注. (a), (b) 的求解思路适用于一般情况.如果

$$f(1) = t + \dfrac{1}{t}, \ t \neq \pm 1$$

那么我们可以通过数学归纳法证明 $f(n) = t^n + \dfrac{1}{t^n}$. 从而,利用等式

$$\left(t^n + \dfrac{1}{t^n}\right)\left(t^m + \dfrac{1}{t^m}\right) = \left(t^{n+m} + \dfrac{1}{t^{n+m}}\right) + \left(t^{n-m} + \dfrac{1}{t^{n-m}}\right),$$

或特征方程的两个不同根 $t, \dfrac{1}{t}$ 满足的递归关系式 $a_{n+1} - f(1)a_n + a_{n-1} = 0$ 来求解函数方程.

例 6.4. 设 a 为正整数. 求函数 $f : \mathbb{N}_0 \to \mathbb{R}$,使得对于所有非负整数 $n \geq m$ 有

$$f(n+m) + f(n-m) = f(an).$$

解. 设 $m = 0$,得到 $2f(n) = f(an)$. 特别地, $f(0) = 0$. 令 $m = 1$,可以得到递归关系

$$a_{n+1} - 2a_n + a_{n-1} = 0,$$

其中 $a_n = f(n)$, $n \geq 0$. 它的特征方程 $x^2 - 2x + 1 = 0$ 有一个二重根 $x_1 = x_2 = 1$.于是,$f(n) = A + Bn$.因为,$0 = f(0) = A$,所以,对于任意的 $n \in \mathbb{N}_0$ 有 $f(n) = Bn$. 故对于任意的 $n \geq m$ 有 $B(n+m) + B(n-m) = Ban$.从而,$B(a-2) = 0$.因此,当 $a \neq 2$时, 方程的唯一函数解是零函数; 当 $a = 2$ 时,函数解为函数 $f(n) = Bn$, 其中 B 是任意常数.

例 6.5. 设函数 $f : [0, \infty) \to \mathbb{R}, f(0) = 0$.求函数 f,使得对于任意的 $x > 0$ 有

$$f(x) = 1 + 5f\left(\left\lfloor \frac{x}{2} \right\rfloor\right) - 6f\left(\left\lfloor \frac{x}{4} \right\rfloor\right).$$

解. 若 $0 < x < 2$, 则 $\left\lfloor \frac{x}{2} \right\rfloor = \left\lfloor \frac{x}{4} \right\rfloor = 0$,从而

$$f(x) = 1 + 5f(0) - 6f(0) = 1.$$

特别地, $f(1) = 1$.若 $2 \leq x < 4$, 则

$$\left\lfloor \frac{x}{2} \right\rfloor = 1, \quad \left\lfloor \frac{x}{4} \right\rfloor = 0.$$

从而,$f(x) = 1 + 5f(1) - 6f(0) = 6$. 对 n 使用数学归纳法易得,对于任意的 $x \in [2^n, 2^{n+1})$, $n \geq 0$,有 $f(x) = a_n$,其中 $\{a_n\}_{n=1}^\infty$ 数列定义如下: $a_0 = 1$, $a_1 = 6, a_n = 1 + 5a_{n-1} - 6a_{n-2} = 0$ ($n \geq 2$) . 设 $a_n = \frac{1}{2} + b_n$, 则 $b_0 = \frac{1}{2}$, $b_1 = \frac{11}{2}$, $b_n - 5b_{n-1} + 6b_{n-2} = 0$ ($n \geq 2$) . 该递归关系的特征方程 $x^2 - 5x + 6 = 0$ 有两个根 $x_1 = 2$ 和 $x_2 = 3$.于是,对于任意的 $n \geq 0$ 有 $b_n = \frac{1}{2}\left(3^{n+2} - 2^{n+3}\right)$, $a_n = \frac{1}{2}\left(1 + 3^{n+2} - 2^{n+3}\right)$. 因此,方程有唯一的解

$$f(x) = \begin{cases} 0 & , \quad x = 0 \\ 1 & , \quad x \in (0,2) \\ \frac{1}{2}(1 + 3^{n+2} - 2^{n+3}) & , \quad x \in [2^n, 2^{n+1}), \ n \geq 1. \end{cases}$$

例 6.6. 求函数 $f: \mathbb{Z} \to \mathbb{Z}$,使得对于任意的 $m, n \in \mathbb{Z}$,有

$$f(m+n) + f(mn-1) = f(m)f(n).$$

解. 如果 $f = c$ 是常数,那么 $2c = c^2$,从而 $c = 0, 2$.

如果 f 不是常数,设 $m = 0$,那么 $f(n)(1-f(0)) = -f(-1)$ 当且仅当 $f(-1) = 0, f(0) = 1$ 时成立. 令 $m = -1$,得 $f(n-1) + f(-n-1) = 0$. 令 $m = 1$,得 $f(n+1) + f(n-1) = f(1)f(n)$. 这是一个关于 $f(n)$ 的二次递推关系,其特征方程为 $x^2 - f(1)x + 1 = 0$.

如果 $f(1) = 0$, 那么,由 $f(n-1) + f(n+1) = 0$ 可得 $f(n+2) = -f(n)$.于是,$f(2k) = (-1)^k f(0) = (-1)^k$, $f(2k+1) = (-1)^k f(1) = 0$. 易验证该函数满足方程.

如果 $f(1) = -1$,那么利用数学归纳法,对 n 进行归纳可得,对于任意的 n 有 $f(n) = (n-1)(\bmod 3) - 1$. 检验 $m, n, \bmod 3$ 的值,可知该函数满足条件.

如果 $f(1) = 2$,那么 $f(n+1) - 2f(n) + f(n-1) = 0$, 利用数学归纳法,对 n 归纳可得,$f(n) = n+1$,因为 $(m+n+1) + mn = (m+1)(n+1)$,所以该函数满足条件.

如果 $f(1) = 1$, 那么 $f(n+1) + f(n-1) = f(n)$.又 $f(n+2) + f(n) = f(n+1)$,所以 $f(n+2) = -f(n-1)$. 特别地,$f(8) = -f(5) = f(2) = -f(-1) = 0$. 类似地,$f(15) = -1$, $f(4) = -1$.令给定的等式中 $m = n = 4$ 得 $-1 = f(8) + f(15) = f^2(4) = 1$,产生矛盾.此种情形下无解.

如果 $f(1) = -2$,那么 $f(n+1) + f(n-1) + 2f(n) = 0$,它的特征方程 $x^2 + 2x + 1$ 有二重根 $x_1 = x_2 = -1$.所以,$f(n) = (an+b)(-1)^n$. 又利用条件 $f(-1) = 0, f(0) = 1$,得 $f(n) = (-1)^n(n+1)$.检验可知,该函数不是方程的解.

最后, 如果 $f(1) \neq 0, 1, -1, 2, -2$, 那么方程 $x^2 - f(1)x + 1 = 0$ 有两个根 $\frac{f(1) \pm \sqrt{f^2(1) - 4}}{2}$, 其中一个绝对值大于 1, 而另一个绝对值小于 1.求解递推方程,可知 $f(n) = cr^n + ds^n$,其中 $c, d \neq 0$,不失一般性设 $|r| > 1, |s| < 1$. 此时,当 $n \to \infty$ 时有 $f(n) \sim cr^n$. 如果 $m = n$,当 $n \to \infty$ 时,那么等式左侧趋近于 cr^{n^2-1}, 等式右侧趋近于 $c^2 r^{2n}$,而 $n^2 - 1$ 远大于 $2n$,所以 $f(m+n) + f(mn-1) = f(m)f(n)$ 不成立.此种情形下无解.

例 6.7. 求函数 $f: \mathbb{N} \to \mathbb{N}$,使得对于任意的 $n \in \mathbb{N}$,有

$$f(n) + f(n+1) = f(n+2)f(n+3) - k,$$

其中 $k+1$ 是素数.

解. 这主要涉及的是数列问题. 设 $a_n = f(n)$,得到

$$a_n + a_{n+1} = a_{n+2}a_{n+3} - k.$$

令 $n = n - 1$ 得, $a_n + a_{n-1} = a_{n+2}a_{n+1} - k$. 两式相减得到

$$(a_{n+1} - a_{n-1}) = a_{n+2}(a_{n+3} - a_{n+1}).$$

设 $b_m = a_{m+2} - a_m$,则 $b_{n-1} = a_{n+2}b_{n+1}$, 故

$$|b_{n+1}| = \frac{|b_{n-1}|}{|a_{n+2}|}.$$

从而 $|b_{n+1}| \leqslant |b_n|$. 如果 $b_{n-1} \neq 0, a_{n+2} \neq 1$,那么 $|b_{n+1}| < |b_{n-1}|$, $b_{n+1} \neq 0$.如果 $a_{n+4} \neq 1$, 那么 $|b_{n+3}| < |b_{n+1}|$, $b_{n+3} \neq 0$.依此类推,这将产生无限递减的正整数数列,但这是不可能的. 因此, $b_{n-1} = 0$ 或数列 $a_{n+2}, a_{n+4}, \ldots$,最终等于1. 设 $n = 3$,则对于任意的 $m \geqslant m_0$ 有 $a_2 = a_4$ 或 $a_{2m+1} = 1$. 同样,如果我们设 $n = 2$,则对于任意的 $m \geqslant m_0$,有 $a_3 = a_1$ 或 $a_{2m} = 1$.

(a) 假设 $a_2 = a_4$.此时, $b_2 = 0$,利用数学归纳法得 $b_{2m} = 0$.即 $a_{2m+2} = a_{2m}$,故 $a_{2m} = a_2$. 如果 $a_2 \neq 1$,那么 $a_1 = a_3$. 利用数学归纳法得 $a_{2m+1} = a_1$. 因此,令条件中的 $n = 1$,有 $a_2 + a_1 = a_2 a_1 - k$ 或 $(a_2 - 1)(a_1 - 1) = k + 1$. 因为 $k+1$ 是素数,所以 $a_2 - 1$ 和 $a_1 - 1$ 之一是 $k+1$,另一个是1. 因此,当 n 是偶数时, $f(n) = k + 2$,当 n 是奇数时, $f(n) = 2$;或当 n 是奇数时, $f(n) = k + 2$,当 n 是偶数时, $f(n) = 2$. 这两个函数都满足条件.

如果 $a_2 = 1$, 那么 $a_{2m} = 1$,于是 $1 + f(2m + 1) = f(2m + 3) - k$, 所以 $f(2m+3) = f(2m+1) + k + 1$. 由此得出, $f(2m) = 1, f(2m+3) = m(k+1) + a$, 其中 $a = f(1)$. 该函数也满足条件.

(b) 假设对于任意的 $m \geqslant m_0$ 有 $a_{2m+1} = 1$.此时,对于任意的 $p \geqslant p_0$ 有 $a_{2p} = 1$ 或 $a_3 = a_1$. 如果 a_{2p} 最终变成1, 设 $n \geqslant 2m_0 + 1, 2p_0$ 变为 $1 + 1 = 1 - k$, 产生矛盾. 于是 $a_3 = a_1$. 由(a) 得, $a_{2m+1} = a_1$. 因为 a_{2m+1} 最终为1, 所以有 $a_1 = 1$. 由(a) 得 $f(2m) = (m - 1)(k - 1) + a$, 其中 $a = f(2)$. 此函数也满足条件.

例 6.8. 求函数 $f\colon \mathbb{N} \to \mathbb{N}$，使得对于任意的 $n \in \mathbb{N}$，有

$$f(f(f(n))) + f(f(n)) + n = 3f(n).$$

解. 对于任意一个确定的 $n \in \mathbb{N}$，设 $a_0 = n$，$a_{k+1} = f(a_k)$，$k \geq 0$. 我们可得到递推关系

$$a_{k+3} + a_{k+2} - 3a_{k+1} + a_k = 0.$$

其特征方程 $x^3 + x^2 - 3x + 1 = 0$ 的根为 1 和 $-1 \pm \sqrt{2}$，即

$$a_k = c_0 + c_1(-1+\sqrt{2})^k + c_2(-1-\sqrt{2})^k$$

其中 $k \geqslant 0$. 注意 $|-1-\sqrt{2}| > 1 > |-1+\sqrt{2}|$. 若 $c_2 > 0$，则 $a_{2k+1} \to -\infty$，产生矛盾. 同理，$c_2 < 0$ 也是不可能的. 因此 $c_2 = 0$. 利用 $a_0, a_1, a_2 \in \mathbb{Q}$，易得 $c_1 = 0$. (请读者证明它!). 于是 $a_1 = a_0$，即对于任意的 $n \in \mathbb{N}$ 有 $f(n) = n$.

例 6.9. (BMO 2002) 求函数 $f\colon \mathbb{N} \to \mathbb{N}$，使得对于任意的 $n \in \mathbb{N}$ 有

$$2n + 2001 \leqslant f(f(n)) + f(n) \leqslant 2n + 2002.$$

解. 对于任意一个确定的 n，设

$$a_0 = n, a_{k+1} = f(a_k), c_k = a_{k+1} - a_k - 667, \quad k \geqslant 0.$$

则

$$2a_k + 2001 \leqslant a_{k+2} + a_{k+1} \leqslant 2a_k + 2002,$$

$$0 \leqslant c_{k+1} + 2c_k \leqslant 1, \quad k \geqslant 0.$$

下证 $c_0 = 0$. 假设 $c_0 \neq 0$. 不妨设 $c_0 \geqslant 1$（否则 $c_1 \geqslant -2c_0 \geq 2$）. 考虑数列 $c_1, c_2, \ldots$ 有

$$c_{2k+2} \geqslant -2c_{2k+1} \geqslant 4c_{2k} - 2 \geqslant 2c_{2k}.$$

利用数学归纳法可知，$c_{2k} \geqslant 2^k, k \geqslant 0$. 于是

$$a_{2k+2} = a_{2k} + c_{2k} + c_{2k+1} + 1334 \leqslant a_{2k} + 1335 - c_{2k}$$

$$\leqslant a_{2k} + 1335 - 2^k, \quad k \geqslant 0.$$

把这些不等式相加,得

$$a_{2k} \leqslant a_0 + 1335k - 2^k, \quad k \geqslant 0.$$

这个不等式表明,对于足够大的k有$a_{2k} \leqslant 0$,产生矛盾. 因此,对于任意的n有$c_0 = 0$, $f(n) = n + 667$. 易验证,该函数满足给定条件.

注. 在第14章(问题14.5)中也考虑了上述问题, 那里利用了极值元素法来解决问题.

例 6.10. (Putnam 2001) 设$a, b \in (0, 1/2)$,连续函数$f : \mathbb{R} \to \mathbb{R}$,若对于任意的$x \in \mathbb{R}$有

$$f(f(x)) - af(x) + bx$$

证明:存在实常数c,使得对于任意的$x \in \mathbb{R}$,有$f(x) = cx$.

证明. 由题知,函数f 是单射,由其连续性知f 是严格单调的.此外,因为函数bx 是无界的,所以f 是无界的,因此f是映射.对于任意的$x_0 \in \mathbb{R}$,定义$x_{n+1} = f(x_n), n > 0$;$x_{n-1} = f^{-1}(x_n), n \leqslant 0$.于是,由题知,对于任意的$n \in \mathbb{Z}$,有$x_{n+2} = ax_{n+1} + bx_n$. 设$t_1$ 和t_2 是特征方程$x^2 - ax - b = 0$的根,那么$t_1 > 0 > t_2, 1 > |t_1| > |t_2|$,存在$c_1, c_2 \in \mathbb{R}$,使得$x_n = c_1 t_1^n + c_2 t_2^n$, $n \in \mathbb{Z}$.假设f 是递增的.如果$c_2 > 0$,那么对于足够小的奇数$n < 0$,有$0 < x_n < x_{n+2}$,$0 < x_{n+3} < x_{n+1}$.因为$f(x_n) > f(x_{n+2})$ 但$x_n < x_{n+2}$,所以产生矛盾.故$c_2 > 0$是不可能的.同理, $c_2 < 0$也是不可能的.由此得出, $c_2 = 0$.于是, $x_0 = c_1$, $x_1 = c_1 t_1 = t_1 x_0$.因此,对于任意的$x \in \mathbb{R}$,有$f(x) = t_1 x$. 同理,如果f 是递减的,那么,对于任意的$x \in \mathbb{R}$有$t_1 = 0, f(x) = t_2 x$.

6.2 习题

习题 6.1. 求下列函数的第n次迭代:

(a) $f(x) = 4x(1 - x), x \in [0, 1]$;

(b) $f(x) = ax^2 + bx + c, a \neq 0, 4ac = b^2 - 2b$.

习题 6.2. 求函数$f : \mathbb{Q}^+ \to \mathbb{R}$,使得对于任意的$x, y \in \mathbb{Q}^+$,有

$$f(x + y) + f(x - y) = (2^y + 2^{-y})f(x).$$

习题 6.3. (Bulgaria 1996) 求函数 $f\colon \mathbb{Z} \to \mathbb{Z}$,使得对于任意的 $n \in \mathbb{Z}$,有

$$3f(n) - 2f(f(n)) = n.$$

习题 6.4. (MOSP 2001) 求函数 $f\colon \mathbb{N} \to \mathbb{N}$,使得对于任意的 $n \in \mathbb{N}$,有

$$f(f(f(n))) + 6f(n) = 3f(f(n)) + 4n + 2001.$$

习题 6.5. (Putnam 1988)证明:存在唯一的函数 $f\colon (0, \infty) \to (0, \infty)$,使得对于任意的 $x \in (0, \infty)$,有

$$f(f(x)) + f(x) = 6x.$$

习题 6.6. 求函数 $f\colon (0, \infty) \to (0, \infty)$, 使得对于任意的 $x \in (0, \infty)$,有

$$f(f(f(x))) + f(f(x)) = 2x + 5.$$

习题 6.7. 求连续函数 $f\colon \mathbb{R} \to \mathbb{R}$,使得对于任意的 $x \in \mathbb{R}$,有

$$f(2x + 1) = f(x).$$

习题 6.8. 求连续函数 $f\colon \mathbb{R} \to \mathbb{R}$,使得对于任意的 $x \in \mathbb{R}$,有

$$f(f(x)) = f(x) + 2x.$$

习题 6.9. (IMO 1979 预选题) 求单调双射函数 $f\colon \mathbb{R} \to \mathbb{R}$, 使得对于任意的 $x \in \mathbb{R}$,有

$$f(x) + f^{-1}(x) = 2x.$$

习题 6.10. 求函数 $f\colon \mathbb{Z} \to \mathbb{Z}$,使得对于任意的 $m, n \in \mathbb{Z}$ 和给定的 $k \in \mathbb{Z}$ 都有

$$f(m + n) + f(mn - 1) = f(m)f(n) + k.$$

习题 6.11. (Belarus 1998) 证明:

(a) 若 $a \leqslant 1$,则不存在函数 $f\colon (0, \infty) \to (0, \infty)$,使得对于任意的 $x \in (0, \infty)$ 有

$$f\left(f(x) + \frac{1}{f(x)}\right) = x + a; \tag{1}$$

(b) 如果 $a > 1$, 则存在无限多个函数 $f\colon (0, \infty) \to (0, \infty)$ 满足方程(1).

习题 6.12. (Bulgaria 2003) 设函数 $f\colon \mathbb{R} \to \mathbb{R}$,求所有 $a > 0$,使得函数满足以下两个条件:

(i) $f(x) = ax + 1 - a, \quad x \in [2, 3)$;

(ii) $f(f(x)) = 3 - 2x, \quad x \in \mathbb{R}$.

第 7 章 构造问题

7.1 实例

本章问题涉及函数、其他"对象"或相关参数的显式构造. 我们不仅要求读者在给定条件下精确构造一个函数, 还添加了一些其他的问题, 要求读者在这些问题中必须逐步建立函数才能构建解决问题的方案.另一种对解决问题很重要的参数可能在读者构造的序列中. 因为本部分的许多问题适用于本书的其他章节, 所以这部分内容较少. 读者将在本书中遇到这类练习题.

例 7.1. 设 k 为正偶数, 若函数 $f: \mathbb{N}_0 \to \mathbb{N}_0$ 满足, 对于任意的 $n \in \mathbb{N}_0$ 有 $f(f(n)) = n + k$. 求满足条件的函数个数.

解. 由题

$$f(n + k) = f(f(f(n))) = f(n) + k,$$

对 m 应用数学归纳法可知, 对任意 $n, m \in \mathbb{N}_0$, 有

$$f(n + km) = f(n) + km.$$

因此 f 的值由集合 $\{0, 1, \ldots, k-1\}$ 决定.

取任意整数 $p, 0 \leqslant p \leqslant k-1$, 设 $f(p) = kq + r$, 其中 $q \in \mathbb{N}_0$ 且 $0 \leqslant r \leqslant k-1$. 那么

$$p + k = f(f(p)) = f(kq + r) = f(r) + kq.$$

因此当 $q = 0$ 时, 有 $f(p) = r, f(r) = p + k$ 或当 $q = 1$ 时, 有 $f(p) = r + k, f(r) = p$. 这两种情况下均有 $p \neq r$, 这表明 f 定义在集合 $A = \{0, 1, \ldots, k-1\}$ 中. 如果 $f(p) = r, f(r) = p + k$, 选取数对为 (p, r); 如果 $f(r) = p, f(p) = r + k$, 选

取数对为(r,p)．这将集合A划分为若干有序 数对．而不同的函数确定了集合A中的不同的有序数对．

相反地,在给定条件中集合A中的 任意有序数对 也可以定义一个函数$f\colon \mathbb{N}_0 \to \mathbb{N}_0$．通过任意给定的有序数对$(p,r)$,令$f(p)=r,f(r)=p+k$ 构造定义在A上的函数f 并且$f(n)=f(q)+ks,n\geqslant k+1$,其中q 和s 分别是n 除以k的商和余数．

因此，满足给定条件的函数的个数等于集合A中所有有序数对的个数. 易得该个数为$\dfrac{k!}{(k/2)!}$．

注. 以上解题过程表明，如果k 是一个正奇数，那么对于任意的$n\in\mathbb{N}_0$，不存在函数$f\colon\mathbb{N}_0\to\mathbb{N}_0$,使得

$$f(f(n))=n+k.$$

该问题可参考1987年国际数学奥林匹克竞赛题，其中$k=1987$.

例 7.2. 求函数$f\colon\mathbb{N}\to\mathbb{R}\setminus\{0\}$，使得对于任意的$n\in\mathbb{N}$,有

$$f(1)+f(2)+\ldots+f(n)=f(n)f(n+1).$$

解. 若设$f(x)=cx$,则解得$c=\dfrac{1}{2}$. 而该题中给出了关于函数f的明显的递推关系,因此$f(1)$的值有尽可能多的解. 设$f(1)=a$. 将$n=1$代入条件,得到$a=af(2)$ ，由于$a\neq 0$ 可得$f(2)=1$. 令$n=2$,得到$f(3)=a+1$. 令$n=3$,得到$f(4)(a+1)=a+1+(a+1)$,由于$a+1=f(3)\neq 0$，所以$f(4)=2$. 现在得到规律: 当k为偶数时，$f(k)=\dfrac{k}{2}$. 当k为奇数时，则附加了a. 假设

$$f(k)=\left\lfloor\frac{k}{2}\right\rfloor+(k\mod 2)a.$$

通过对k的归纳来证明上述假设. 显然，我们要按照k的奇偶性考虑两种情况.

(a) $k=2n$. 有

$$f(1)+f(2)+\ldots+f(k)=f(k)f(k+1)$$

即

$$\frac{1}{2}+\frac{2}{2}+\cdots+\frac{2n}{2}+n\left(a-\frac{1}{2}\right)=nf(2n+1).$$

所以

$$\frac{2n(2n+1)}{4}+na-\frac{n}{2}=nf(2n+1).$$

由此可推出 $f(2n+1) = n + a$,故假设成立.

(b) $k = 2n + 1$. 同理可得.

因此, 所有符合题意的函数形为 $f(k) = \left\lfloor \dfrac{k}{2} \right\rfloor + (k \mod 2)a$, 其中 a 为某一常数. 显然, 符合题意的 a 不是负整数.(因为当 a 是负整数时, $f(-2a+1) = 0$, 不符合题意.)

例 7.3. 求函数 $f \colon \mathbb{N}_0 \to \mathbb{N}_0$, 满足 $f(0) = 1$,且对于任意的 $n \in \mathbb{N}$, 有

$$f(n) = f\left(\left\lfloor \frac{n}{a} \right\rfloor\right) + f\left(\left\lfloor \frac{n}{a^2} \right\rfloor\right).$$

其中 $a \geqslant 2$ 为一确定的整数.

解. 集合 $\mathbb{N}$ 可分为若干集合

$$S_k = \{a^k, a^k + 1, \ldots, a^{k+1} - 1\},\ k = 0, 1, 2, \ldots.$$

可见,如果 $n \in S_k$,那么 $\left\lfloor \dfrac{n}{a} \right\rfloor \in S_{k-1}$, $\left\lfloor \dfrac{n}{a^2} \right\rfloor \in S_{k-2}(\ k \geqslant 2)$. 当 $n \in S_0$ 时, 有 $f(n) = 2$.当 $n \in S_1$ 时,有 $f(n) = 3$.所以,由数学归纳法易得,定义域为 S_k 的函数 f 的函数值均为常数. 若设 $g(k)$ 为函数 f 在 S_k 上的函数值, 则 $g(k) = g(k-1) + g(k-2)(k \geqslant 2)$.所以 $g(k) = F_{k+2}$, 其中 $(F_n)_{n \in \mathbb{N}_0}$ 是斐波那契数列. 因此 $f(n) = F_{\lfloor \log_a n \rfloor + 2}$ （$n \geqslant 1$）.

例 7.4. 求函数 $f \colon \mathbb{Z} \to \mathbb{Z}$,满足 m, n 是整数时,有

$$f(m+n) + f(m)f(n) = f(mn+1).$$

解. 令 $m = n = 1$,得到 $f(2) + f(1)^2 = f(2)$,所以 $f(1) = 0$.令 $m = 0$, 得到 $f(n) + f(0)f(n) = 0$, 因此 $f(0) = -1$ 或函数 f 恒等于零.排除掉几率较小的情况, 得 $f(0) = -1$. 令 $m = -1$ 得 $f(n-1) + f(-1)f(n) = f(1-n)$, 所以

$$f(n-1) - f(1-n) = -f(-1)f(n).$$

得到两种情况:

(a) $f(-1) = 0$. 此时有 $f(-x) = f(x)$. 首先, 求出函数 f 的某个确定函数值.设 $f(2) = f(-2) = a$. 通过令 $m = 2, n = -2$, 得到 $f(3) = f(-3) = a^2 - 1$.

令 $m = 2, n = -3$, 得 $f(5) = f(2)f(3) = a(a^2 - 1)$. 令 $m = n = 2$, 得 $f(4) = a^3 - a^2 - a$. 令 $m = 3, n = -3$,得 $f(8) = a^4 - 2a^2$. 接下来, 分别

令$m=4,n=-4$ 和$m=6,n=-2$ 有$f(15)=f^2(4)-1=f(6)+f(8)f(2)$，由此可推出，$f(6)=a^3+a^2-1$. 令$m=2,n=3$，得$f(7)=f(5)+f(2)f(3)=2a(a^2-1)$. 同样,令$m=4,n=-2$，有$f(7)=f(2)+f(2)f(4)=a^4-a^3-a^2+a$. 所以，$2a^2(a^2-1)=a^4-a^3-a^2-a=0$ 或$a(a-1)(a+1)(a-3)=0$.因此,a有四个可能值.

猜测f 的所有函数值仅由a 的值所确定. 接下来,对$|n|$ 用数学归纳法,证明对每一个n，$f(n)$ 的值均由$f(2)=a$的值唯一确定.

综上,对于$|n|\leqslant 8$的任意n都成立. 假设$|n|\leqslant k-1$ 成立，证明$n=k\geqslant 9$也成立($n=-k$ 时同理). 设$0<x<u<v<y$,其中$x+y=k,xy=uv.$将$m=x,n=y$ 及$m=u,n=v$ 分别代入题中关系式，得到

$$f(x+y)+f(x)f(y)=f(xy+1)=f(uv+1)=f(u+v)+f(u)f(v).$$

所以

$$f(k)=f(x+y)=f(u+v)+f(u)f(v)-f(x)f(y).$$

易知$u,v,x,y,u+v<k$.因此，$f(k)$ 是确定的，归纳假设成立. ($u+v<k=x+y$ 的原因是$(u-x)+(v-y)=u-x+\left(\dfrac{uv}{u}-\dfrac{uv}{x}\right)=\dfrac{(u-x)(x-v)}{vx}<0$). 如果$k=(2a+1)2^b$ ($a>0$)，那么设$x=2^b,y=2^{b+1}a,u=2^{b+1},v=2^ba$. 如果$k$是2的指数幂，那么$k=3p+1$，$x=1,y=3p,u=3,v=p$ 或$k=3p+2$，$x=2,y=3p,u=3,v=2p$. 所以每个a 的值至多对应一个f的函数值，特别地，"找到一个函数满足条件"表明与a值对应的只有一个函数. 四个a值中的每一个都对应着一个函数f, 所以所求的函数集合是无法确定的. 接下来我们逐个进行分析：

(i) $a=0$. 代入得到

$$f(0)=f(3)=f(6)=-1,\ f(1)=f(2)=f(4)=f(5)=f(7)=f(8)=0.$$

当x 能被3整除时，$f(x)=-1$.否则$f(x)=0$. 这符合以下条件: 若m,n 均可整除3 ,因为$3|m+n$, 而$mn+1$ 不能整除3, 得到等式$-1+1=0$；若m,n只有一个能被3整除，因为$mn+1$，$m+n$ 均不能整除3，得到等式$0+0=0$；若m,n 二者既不能被3 整除，除3的余数又不相等，那么$0+0=0$,若二者不能被3 整除,但余数相同,此时$m+n,mn+1$ 整除3, 得到等式$1+0=1.$

(ii) $a = 1$. 代入得到

$$f(2) = f(6) = 1, \ f(4) = f(8) = -1, \ f(1) = f(3) = f(5) = f(7) = -1,$$

假设 $f(4k+2) = 1, f(4k) = -1, f(2k+1) = 0$. 若 m, n 都是奇数, 由于 $mn + 1 - m - n = (m-1)(n-1)$ 是两个偶数的乘积, 又 $m + n$ 和 $mn + 1$ 除4的余数相同, 所以等式成立. 若 m, n 一个是奇数, 另一个是偶数, 那么 $mn + 1, m + n$ 都是奇数, 等式仍然成立. 若 m, n 都是偶数, 二者除4的余数相同时, 有 $-1 + 1 = 0$, 余数不同时, 有 $1 + (-1) = 0$, 等式均成立.

(iii) $a = -1$. 代入得到

$$f(2) = f(4) = f(6) = f(8) = -1, \ f(1) = f(3) = f(5) = f(7) = 0.$$

假设 $f(2k) = -1, f(2k+1) = 0$. 实际上, 若 m, n 二者至少有一个为奇数, 那么 $(mn+1) - (m+n) = (m-1)(n-1)$ 是偶数, 所以等式成立, 若二者均为偶数, 得到等式 $-1 + 1 = 0$.

(iv) $a = 3$. 计算得 $f(3) = 8, f(4) = 15, \cdots$, 假设

$$f(x) = x^2 - 1.$$

实际上

$$(m+n)^2 - 1 + (m^2 - 1)(n^2 - 1) = m^2 + n^2 + 2mn - 1 + m^2 n^2 - m^2 - n^2 + 1$$

$$= m^2 n^2 + 2mn = (mn+1)^2 - 1.$$

该种情况讨论结束.

(b) $f(-1) \neq 0$. 有

$$f(n) = -\frac{f(n-1) - f(-(n-1))}{f(-1)},$$

得到

$$f(-n) = \frac{f(n+1) - f(-n-1)}{f(-1)}.$$

若设 $a_n = f(n) - f(-n)$, 将上述两式代入, 得到递推关系式 $a_n = a(a_{n-1} + a_{n+1})$, 其中 $a = -\dfrac{1}{f(-1)}$. 上式也可变形为 $a_{n+1} = ba_n - a_{n-1}$, 其中 $b =$

$\dfrac{1}{a} = -f(-1)$. 又 $a_0 = 0, a_1 = b$,那么 $a_2 = b^2, a_3 = b^3 - b, a_4 = b^4 - 2b^2, a_5 = b^5 - 3b^3 + b, \cdots$. 又 $f(n) = \dfrac{a_{n-1}}{b}$, 因此

$$f(2) = 1, \ f(3) = b, \ f(4) - b^2 - 1, \ f(5) = b^3 - 2b, \ f(6) = b^4 - 3b^2 + 1.$$

令 $m = n = 2$, 得 $f(4) + f^2(2) = f(5)$, 即 $b^2 - 1 + 1 = b^3 - 2b$, 所以 $b^2 = b^3 - 2b$. 由于 $b \neq 0$, 又可得 $b^2 = b + 2$, 解得 $b = 2$ 或 $b = -1$.

(i) $b = 2$.假设等式 $f(x) = x - 1$. 只要用归纳法推出 $a_n = 2n$, 便可以证明其成立.(另一种证明方法,可用 a 值推导出的解的唯一性) 由于

$$(m + n - 1) + (m - 1)(n - 1) = mn = (mn + 1) - 1,$$

所以 $f(x) = x - 1$ 满足条件.

(ii) $b = -1$. 由题计算得,

$$f(-1) = 1, \ f(0) = -1, \ f(1) = 0, \ f(2) = 1,$$
$$f(3) = -1, \ f(4) = 0, \ f(5) = 1, \ f(6) = -1.$$

假设 $f(3k) = -1, f(3k+1) = 0, f(3k+2) = 1$. 可以通过归纳 $b_{3k} = 1, b_{3k+1} = 0, b_{3k+2} = 1$ 来证明等式成立; 或者验证函数 f 满足以下等式, 再利用等式的解的唯一性来证明:

若 $3|m, 3|n$, 则 $-1 + 1 = 0$. 若 $3|m, 3|n - 1$ 或 $3|n, 3|m - 1$, 则 $0 + 0 = 0$.若 $3|m, 3|n - 2$ 或 $3|n, 3|m - 2$, 则 $1 + (-1) = 0$.若 $3|m - 1, 3|n - 1$, 则 $1 + 0 = 1$.若 $3|m - 1, 3|n - 2$ 或 $3|m - 2, 3|n - 1$, 则 $0 - 1 = -1$.若 $3|m - 2, 3|n - 2$, 则 $0 + 1 = 1$.所有等式均成立, 所以该函数是一个解.

综上, 满足条件的函数有.

$$f(x) = x^2 - 1, \ f(x) = x - 1, \ f(x) = (x+1) \pmod 2, \ f(x) = x \pmod 3 - 1,$$
$$f(x) = (x + 1) \pmod 2 (x \pmod 4 + 1), \ f(x) = (x \pmod 3)^2 - 1.$$

例 7.5. 求函数 $f \colon \mathbb{R} \to \mathbb{R}$, 使得对于任意的 $x \in \mathbb{R}$, 有

$$f(-x) = -f(x), \ f(x + 1) = f(x) + 1.$$

和对任意的 $x \in \mathbb{R} \setminus \{0\}$, 有

$$f\left(\frac{1}{x}\right) = \frac{f(x)}{x^2}.$$

解. 题目条件中只有一个变量. 这种情况下, 图论可以帮助我们推断出解题思路. 图的顶点均为实数, 将实数 x 看作图的顶点分别与 $x+1, -x, \frac{1}{x}$ 连线. 该方法将函数的两个值作为两顶点连成一条边. 所以, 如果我们知道 x_0 的值, 那么我们可以由 $f(x_0)$ 推出 C 所对应的函数值 f, 这里 C 表示与 x_0 通过一些边相连的数字的集合. 当且仅当某处只有一个环时, 能够得到一个确切的条件. 所以, 找到一个可以对 $f(x_0)$ 施加条件的环, 就可能找到 $f(x_0)$ 的确切值. 为此, 我们尝试对任意的 x 构造这样一个环. 在一些尝试之后, 可以发现

$$x \to x+1 \to \frac{1}{x+1} \to -\frac{1}{x+1} \to 1-\frac{1}{x+1} = \frac{x}{x+1} \to \frac{x+1}{x} = 1+\frac{1}{x} \to \frac{1}{x} \to x.$$

设 $f(x) = y$, 则

$$f(x+1) = y+1, \ f\left(\frac{1}{x+1}\right) = \frac{y+1}{(x+1)^2}, \ f\left(-\frac{1}{x+1}\right) = -\frac{y+1}{(x+1)^2},$$

$$f\left(\frac{x}{x+1}\right) = \frac{x^2+2x-y}{(x+1)^2}, \ f\left(\frac{x+1}{x}\right) = \frac{x^2+2x-y}{x^2},$$

$$f\left(\frac{1}{x}\right) = \frac{2x-y}{x^2}, \ f(x) = 2x-y.$$

所以 $y = 2x-y$. 因此 $y = x$. 注意, 为避免除数为 0, 这里 $x \neq 0, -1$. 因为 $f(0)+1 = f(1)$, 又 $f(1) = 1$, 所以 $f(0) = 0$. 又 $f(-1) = -f(1) = 1$, 所以对任意 x 有 $f(x) = x$. 该函数满足条件.

例 7.6. 求函数 $f: \mathbb{Q}^+ \to \mathbb{Q}^+$, 使得对于任意的 $x \in \mathbb{Q}^+$, 有

$$f(x) + f\left(\frac{1}{x}\right) = 1, \ f(1+2x) = \frac{f(x)}{2}.$$

解. 首先, 我们尝试构造满足条件的函数. 假设

$$f(x) = \frac{ax+b}{cx+d}.$$

代入到 $f(x) + f\left(\frac{1}{x}\right) = 1$ 中, 得到 $\frac{(ax+b)}{(cx+d)} + \frac{bx+a}{dx+c} = 1$, 推出 $c = d$. 假设 $c = d = 1$, 否则用 a, b 除以 c, 即将上式分子分母同时除以 c, 得到

$$\frac{ax+b}{cx+c} = \frac{\frac{a}{c}x+\frac{b}{c}}{x+1}.$$

则有 $\dfrac{ax+b}{x+1} + \dfrac{bx+a}{x+1} = 1$，可推出 $a+b=1$。又由条件 $f(1+2x) = \dfrac{f(x)}{2}$ 得，$\dfrac{a(1+2x)+b}{2x+2} = \dfrac{1}{2}\dfrac{ax+b}{x+1}$，变形得到 $a(1+2x)+b = ax+b$。因此 $a=0$，且 $f(x) = \dfrac{1}{x+1}$ 满足条件。该方法的前提是 f 的所有函数值都是正的。所以我们尝试证明，如果 $f(x) \neq \dfrac{1}{1+x}$，存在函数 f 的某些函数值是负数。设 $g(x) = f(x) - \dfrac{1}{x+1}$。由题知，$g\left(\dfrac{1}{x}\right) = -g(x), g(1+2x) = \dfrac{g(x)}{2}$。因为

$$g(x) + 1 > g(x) + \frac{1}{x+1} = f(x) > 0,$$

所以 $g(x) > -1$。由于 $g(x) = -g\left(\dfrac{1}{x}\right)$，得到 $g(x) < 1$，则 $|g(x)| < 1$。第二个条件可以改写成，对于任意的 $x > 1$，有 $g\left(\dfrac{x-1}{2}\right) = 2g(x)$。如果 $g(x) = a \neq 0$，可得到关于 x_n 的递推公式为 $|g(x_n)| = 2^n a$。设 $x_0 = x$。假设已知 x_k 的值。因为 $g(1) = 0$，所以 $x_k \neq 1$。如果 $x_k > 1$，令 $x_{k+1} = \dfrac{x_k-1}{2}$，那么 $g\left(\dfrac{x_k-1}{2}\right) = 2g(x_k)$。如果 $0 < x_k < 1$，那么 $\dfrac{1}{x_k} > 1, g\left(\dfrac{1}{x_k}\right) = -g(x_k)$，令 $x_{k+1} = \dfrac{\frac{1}{x_k}-1}{2}$，所以 $g\left(\dfrac{\frac{1}{x_k}-1}{2}\right) = -2g(x_k)$。如果存在 k 使得 $2^k|a| > 1$，矛盾。因此，对于任意 x 有 $g(x) = 0$ 和 $f(x) = \dfrac{1}{x+1}$。

例 7.7. 求连续函数 $f: \mathbb{R} \to \mathbb{R}$，使得对于任意的 $x \in \mathbb{R}$ 有

$$f(1+x^2) = f(x).$$

解. 设 $g(x) = 1+x^2$。由于 g 是偶函数，得到

$$f(x) = f(g(x)) = f(g(-x)) = f(-x).$$

故 f 是偶函数，因此只需找到定义在 $[0,\infty)$ 上的函数 f 即可。可知 $f(g^{(k)}(x)) = f(x)$，又 $g(x)$ 是增函数，由 $1+x^2 > x$，得到 $g(x) > x$。令 $x=0$，得到 $f(0) = f(1)$。令 $x_k = g^{(k)}(0)$，得到 $x_0 = 0, x_1 = 1$。那么 g 将 $[x_{k-1}, x_k]$ 映射到 $[x_k, x_{k+1}]$，所以 $g^{(k)}$ 将 $[0,1]$ 映射到 $[x_k, x_{k+1}]$。由于 $g(x) > 0$ 是增函

数，当$0 < x < y < 1$时，$g(x) > 1$ ，因为我们无法通过构造g 将x 和y 建立联系，所以无法建立$f(x)$ 和$f(y)$之间的联系: 如果$g^{(k)}(x) = g^{(l)}(y)$ ，那么$g^{(k)}(x) \in (x_k, x_{k+1}), g^{(l)}(y) \in (x_l, x_{l+1})$，令$x = y$可推出$k = l$. 因此，可按照以下步骤定义f 是在$[0,1]$的连续函数,且$f(0) = f(1)$ ，通过$f(g^{(k)}(x)) = f(x)$ 将函数f 的定义域拓展到$(0,\infty)$ ，通过$f(-x) = -f(x)$将其拓展到$\mathbb{R}$. 实际上,函数f 满足$f(1 + x^2) = f(x)$. f是连续的:因为它们由在$[0,1]$ 的连续函数f 和在$[x_k, x_{k+1}]$ 的连续函数$(g^{(k)})^{-1}$构成，所以函数f 在$[x_k, x_{k+1}]$ 上的图像是连续的. 因为$f(x_k) = f(x_{k+1})$ ，所以定义在各个区间$[x_k, x_{k+1}]$ 的连续函数f的图像组合成一个连续曲线, 将函数值映射到y轴的相应位置，便可得到连续函数f的图像.

接下来的例子是对Putnam 1999的问题A1的推广.

例 7.8. 求多项式函数$f(x)$, $g(x)$ 和$h(x)$,使得

$$|f(x)| - |g(x)| + h(x) = \begin{cases} -1 \;, & x < -1 \\ 3x + 2 \;, & -1 \le x \le 0 \\ -2x + 2 \;, & x > 2 \end{cases}$$

解. 函数

$$p(x) = \begin{cases} -1 \;, & x < -1 \\ 3x + 2 \;, & -1 \leqslant x \leqslant 0 \\ -2x + 2 \;, & x > 2 \end{cases}$$

可写为

$$p(x) = a|x + 1| + b|x| + cx + d,$$

得到$a = \dfrac{3}{2}$, $b = -\dfrac{5}{2}$, $c = -1$, $d = \dfrac{1}{2}$. 因此，找到多项式函数$f(x)$, $g(x)$, $h(x)$, 使得对于任意的$x \in \mathbb{R}$,有

$$|f(x)| - |g(x)| + h(x) = \frac{3}{2}|x + 1| - \frac{5}{2}|x| - x + \frac{1}{2}. \tag{1}$$

接下来证明，所有解由

$$f(x) = \frac{3\epsilon_1}{2}(x + 1), g(x) = \frac{5\epsilon_2}{2}x, h(x) = \frac{1}{2} - x$$

给出，其中$\epsilon_1, \epsilon_2 = \pm 1$.

不失一般性，设

$$\lim_{x\to-\infty}f(x)=\lim_{x\to-\infty}g(x)=-\infty.$$

当$x_0<-1$时，对于任意$x<x_0$，有$f(x)<0$和$g(x)<0$．因此，对于任意$x<x_0$，有

$$-f(x)+g(x)+h(x)=-1. \tag{2}$$

由于$f(x),g(x),h(x)$是多项式函数，可推出对于任意的$x\in\mathbb{R}$，(2)式均成立．接下来证明$\lim\limits_{x\to+\infty}f(x)=\lim\limits_{x\to+\infty}g(x)=+\infty$．如果$\lim\limits_{x\to+\infty}f(x)=\lim\limits_{x\to+\infty}g(x)=-\infty$，那么对于任意的$x\in\mathbb{R}$有$-f(x)+g(x)+h(x)=-2x+2$，这与(2)矛盾．假设$\lim\limits_{x\to+\infty}f(x)=-\infty$和$\lim\limits_{x\to+\infty}g(x)=+\infty$．同理

$$-f(x)-g(x)+h(x)=-2x+2. \tag{3}$$

由(2)得到$g(x)=x-\dfrac{3}{2}$，$h(x)=f(x)-x+\dfrac{1}{2}$．因此，(2)式为

$$|f(x)|+f(x)=\frac{3}{2}|x+1|-\frac{5}{2}|x|+\left|x-\frac{3}{2}\right|. \tag{4}$$

当$x\in(-1,0)$时，由(4)得，$|f(x)|+f(x)=3x+3>0$．因此$f(x)>0$，且$f(x)=\dfrac{3x+3}{2}$，即对于任意的$x\in\mathbb{R}$，有$f(x)=\dfrac{3x+3}{2}$．同理，当$x\in\left(0,\dfrac{3}{2}\right)$时，对任意的$x\in\mathbb{R}$，有$f(x)=\dfrac{3-2x}{2}$，产生矛盾．

因此，$\lim\limits_{x\to+\infty}f(x)=\lim\limits_{x\to+\infty}g(x)=+\infty$，得到对于任意的$x\in\mathbb{R}$，有

$$f(x)-g(x)+h(x)=-2x+2. \tag{5}$$

由(2)和(5)得

$$h(x)=-x+\frac{1}{2},\quad g(x)=f(x)+x-\frac{3}{2}.$$

我们必须找到多项式$f(x)$，使得对于任意的$x\in\mathbb{R}$，有

$$|f(x)|-\left|f(x)+x-\frac{3}{2}\right|=\frac{3}{2}|x+1|-\frac{5}{2}|x|. \tag{6}$$

证明对于任意$x\in(-1,0)$有$f(x)=\dfrac{3}{2}(x+1)$．即对于任意的$x\in\mathbb{R}$，有$f(x)=\dfrac{3}{2}(x+1)$．为此设存在$x\in(-1,0)$使得$f(x)<0$，那么$f(x)+$

$x - \dfrac{3}{2} < 0$.由(6)得到$x = 1$，产生矛盾．因此，对于任意的$x \in (-1, 0)$，有$f(x) \geqslant 0$．假设存在$x \in (-1, 0)$，使得$f(x) + \dfrac{3}{2} - x > 0$. 那么(6) 等价于$f(x) - (f(x) + x - \dfrac{3}{2}) = 4x + \dfrac{3}{2}$. 得到$x = 0$, 再次产生矛盾．因此，对于任意的$x \in (-1, 0)$，有$f(x) > \dfrac{3}{2} - x < 0$. 由(6) 得$f(x) = \dfrac{3}{2}(x + 1)$.

7.2　迭代法构造函数

有这样一类定义在N上的函数方程, 要求从迭代中找到相应的函数.如f 是给定函数，使得$g^{(n)}(x) = f(x)$，求所有函数g 或至少举出一个满足该条件的函数. 这样的方程可通过构造关于函数f的轨道$O(x) = (x, f(x), f(f(x), \ldots))$，并且研究这些轨道上$g$所决定的函数的关系来解决. 如果轨道$O(x)$ 是有限集，那么我们定义f 在x上的顺序，记$ord_f(x)$ 是满足$f^{(m)}(x) = x$的最小正整数m . 注意，如果顺序存在，那么$f^{(k)}(x) = x$ 当且仅当$ord_f(x) \mid k$, 使用顺序的最小值作为标准参数时成立.

对于任意正整数m, k，记$E_m(k) = k/s$，其中s 是k 的最大除数，且与m互素;也就是说, $E_m(k)$ 是k 的最大除数，k的素因子均被m整除. 为此，有:

引理. 如果$ord_{f^{(k)}} x = m$, 那么$ord_f(x)$ 存在且被$E_m(k) \cdot m$整除.

证明.　首先注意到$f^{(km)}(x) = x$，所以f在x的顺序存在且整除km.　设l为$ord_f(x)$ 和k的最小公因子．那么$(f^{(k)})^{(\frac{l}{k})}(x) = x$ ，所以$m \mid \dfrac{l}{k}$.因此，$mk \mid l$.设p为m的一个素因子，令指数$\alpha > 0$且p 的k指数次幂$\beta \geqslant 0$，那么$p^{\alpha + \beta}$是p的mk指数次幂，它要比p的k指数次幂大，因为mk 能被$ord_f(x)$ 和k的最小公因子整除，所以$p^{\alpha + \beta} \mid ord_f(x)$. 但是$p$的$E_m(k) \cdot m$指数次幂恰恰为$p^{\alpha + \beta}$. p除以m的所有结果仍可以整除它，证明结束.　□

一般地，如果x的轨道有无数种，则假设x 的顺序是无穷的, 记$ord(x) = \infty$. 记$E_\infty(k) = k$.

对于函数$f\colon S \to S$, 定义集合$S_1(f)$ 为有无数顺序为x的元素的集合.由引理知, $S_1(f^{(k)}) = S_1(f)$.

轨道思想尤其适用于求解单射函数, 如果$f\colon S \to S$ ，那么S 可以分解为S的若干轨道. 这样的轨道有三种类型. 第1种是有限轨道, 它们分为集合$F(f)$. 第2 种轨道在某方向是有限的,该轨道为集合$\{x_0, x_1, x_2, \ldots\}$ ，其中$x_{i+1} = f(x_i)$ 且$x_0 \notin \mathrm{Im}(f)$. 第3种轨道在两个方向上均是无限的,该轨道为序列$(x_i)_{i \in \mathbb{Z}}$,其中对于任意的$i \in \mathbb{Z}$有$x_{i+1} = f(x_i)$. 称类型1的轨道的集合是$S_1(f)$,类型2的轨道的集合为$S_2(f)$,类型3的轨道的集合为$S_3(f)$. 易见$f^{(k)} = g$,那么$S_1(f) = S_1(g), S_2(f) = S_2(g)$,$S_3(f) = S_3(g)$. $S_1(f)$ 是有限轨道的不相交并集; $S_2(f)$ 是某方向有限的最大轨道的不相交并集, $S_3(f)$ 是在两个方向上均是有限轨道的不相交并集.

定理. 给定集合S和函数$f: S \to S$. 那么等式$g^{(k)} = f$有解$g: S \to S$ 当且仅当满足下述条件:

- 任意$m > 1$, f 顺序为m,S中元素的个数是无限的或整除$E_m(k) \cdot m$.

- 类型2的轨道的数量是无限的或整除k.

- 类型3 的轨道的数量是无限的或整除k.

证明. 只要对S_1, S_2, S_3 分开证明即可,因为$g^{(k)} = f$,所以f和g会重合.

首先处理S_1 ,假设集合中的每个元素都是有限顺序的.

注意,因为顺序为m的元素的集合可以被分割成大小为m的不相交轨道: $\{a, f(a), \ldots, f^{(m)}(a)\}$,所以该数字可以被$m$整除,假设$g^{(k)} = f$. 显然,$g$与$f$类似,因此,如果$a$有顺序$m$,那么$g(a)$也一样. 因此,含有顺序为m的f的集合S中的元素可被分为g轨道. 轨道$\{a, g(a), \ldots, \}$ 的大小与$ord_g(a)$相等. 由引理知, $ord_f(a) = m$,所以, $ord_g(a)$ 存在且整除$E_m(k) \cdot m$.

反之,假设保持这个可分性. 我们也可以推出$m = 1$,则可分性是正确的.

设O_m 是顺序为m的元素的集合. 它可被分为大小为m的f的轨道,这样的轨道的数量是无限的或整除$k' = E_m(k)$. 聚集$E_m(k)$ 轨道的集合,将O_m 分为若干集合,形如

$$T = \{a_1, a_2, \ldots, a_{k'}, f(a_1), \ldots, f(a_{k'}), \ldots, \ldots, f^{(m-1)}(a_1), \ldots, f^{(m-1)}(a_{k'})\}.$$

我们在T上构造g. 设$s = \frac{k}{k'}$,那么s 与m互素,所以,存在某c满足$cs \equiv 1 \pmod{m}$. 因为在T上$g^{(k)} = f^{(cs)} = f$,所以这足以构造满足条件的g,使得在T上有$g^{(k')} = f^c$, $f^{(m)}$ 也同理. g 可能定义为

$$g(a_1) = a_2, g(a_2) = a_3, \ldots, g(a_{k'-1}) = a_{k'},$$

$$g(a_{k'}) = f^c(a_1),\ g(f^c(a_1)) = f^c(a_2),\dots.$$

一般地，我们定义 $i < k'$，

$$g(f^{(rc)}(a_i)) = f^{(rc)}(a_{i+1}), g(f^{(rc)})(a_{k'}) = f^{((r+1)c)}(a_1).$$

可证 g 定义在 T 上，且 $g^{(k)} = f$. 在所有这样的 T 上定义 g, 对于任意的 m, 产生一个解.

　　接下来，开始讨论 S_2, 即假设 S 是类型2 轨道的不相交集合. 如果 $g^{(k)} = f$, 将 g 的每个类型2 轨道分为 f 的类型2 轨道 k ; 如果 $(x_0, x_1, x_2, \dots,)$ 是 g 的类型2的轨道, 那么 $(x_0, x_k, x_{2k}, \dots), (x_1, x_{k+1}, \dots,), \dots, (x_{k-1}, x_{2k-1}, \dots)$ 是 f 的类型2轨道. 因此, f 的类型2 轨道分为 k-群组, 这意味着轨道数量是无限的或整除 k. 相反地, 如果 f 的类型2轨道的数量整除 k 或是无限的, 那么它们可以分为 k-群组且 k-群组中的每一个都可以组合成 g 的一个轨道: 如果 $a_1, a_2, \dots, a_k$ 是 k 的轨道中的起始元素, 定义

$$g(a_1) = a_2, \dots, g(a_{k-1}) = a_k,\ g(a_k) = f(a_1),$$

$$g(f(a_1)) = f(a_2), \dots, g(f(a_{k-1})) = f(a_k),$$

$$g(f(a_k)) = f(f(a_1)),\ g(f(f(a_1)) = f(f(a_2)), \dots$$

　　集合 S_3 同理. 　　　　　　　　　　　　　　　　　　　　　　　□

　　如果函数 f 不是单射的, 我们不能再用上面的方法. 然而我们仍然可以推出同样的结论, 如果 $g^{(k)} = f$, 那么顺序为 m 的元素的数量可以整除 $E_m(k)$. 从上述定理可以看出, 在某些特殊情况下, 此方法也适用于非单射函数.

　　下面的例子很好地应用了这些思想和 Möbius (莫比乌斯)反演公式.

例 7.9. 设 $k, n \in \mathbb{N}$. 定义 W 为不与 n 互质的顺序的单位根的集合, 且 $S = \mathbb{C} - W$. 等式 $g^{(k)} = x^n$ 有解 $g: S \to S$, 当且仅当对于任意质数 q 和正整数 m, 且 q^m 被 k 整除, 有 q^{m+1} 被 $n^q - n$ 整除.

解. 设 $f(x) = x^n$. 集合 $S_1 = S_1(f)$ 包含0和 S 的所有单位根, 它们是与 n 互质的顺序的根. 这些元素 w 使得, 对于某些 $m \in \mathbb{N}$ 有 $w^{n^m-1} = 1$. 如果 a_d 是 d 的确切顺序的元素的数量(关于函数 $f(x) = x^n$), 那么满足 $f^{(m)}(x) = x$ 的元素 x 的数量

是$\sum_{d|m} a_d$. 但是$f^{(m)}(x) = x^{n^m}$ 有确切的n^m 个不动点. 由Möbius 反演公式, m的确切顺序的元素的数量是

$$p_m(n) = \sum_{d|m} \mu(d) n^{\frac{m}{d}}.$$

所以,如果$q^m \mid k$ ，那么仍需证明$E_m(k) \cdot m \mid p_m(n)$ 等价于$q^{m+1} \mid n^q - n$. 因为$p_q(n) = n^q - n$ ，且如果$q^m \mid k$ 有$q^m \mid E_q(k)$，所以显然成立.

相反地，假设$q^m \mid k$时有$q^{m+1} \mid n^q - n$. 之后,应证明对于任意的m, $E_m(k) \cdot m$ 被$p_m(n)$整除.

设q 是m的除数, 欲证q 的$p_m(n)$ 指数次幂大于等于q 的$E_m(k) \cdot m$指数次幂.如果$q \nmid k$ 是正确的，由于$m \mid p_m(n)$ ，$p_m(n)$ 是确切顺序为m的元素的数量，且可被分为每个均为m 轨道的元素，所以$q \nmid E_m(k)$.

否则, 假设$q \mid k$, 设α 是q 的k的指数幂.

$q^{\alpha+1} \mid n^q - n = p_q(n)$. 设$\beta$是$q$的$m$指数幂. 既然

$$p_q(x^q)/p_q(x) = x^{q-1} \cdot ((x^{q-1})^{q-1} + \ldots + x^{q-1} + 1)$$

整除q ，因为x 整除q 或$x^{q-1} \cong 1 \pmod{q}$ ，所以，$((x^{q-1})^{q-1} + \ldots + x^{q-1} + 1)$ 整除q. 于是q 的$p_q(x^q)$ 指数幂比q的$p_q(x)$指数幂更大. 立即推出，$q^{\alpha+\beta} \mid p_q(n^{q^{\beta-1}})$. 由于$p_q(x) \mid p_q(x^r)$，所以我们推出$q^{\alpha+\beta}$ 被$p_q(n^r)$整除，$q^{\beta-1}$ 被r整除.

最后，关于p 的性质需要用到关于μ 的可积性方程

$$p_{ab}(n) = \sum_{d|a} \mu(a) p_b(n^{\frac{a}{d}})$$

将$a = \frac{m}{q^\beta}, b = q^\beta$ 代入上式，得

$$p_m(n) = \sum_{d|\frac{m}{q^\beta}} p_{q^\beta}(n^{\frac{m}{q^\beta \cdot d}}).$$

仍可见$p_{q^\beta}(n^{\frac{m}{q^\beta \cdot d}})$等于$p_q(n^{\frac{m}{q^d}})$ ，由上知，其整除$q^{\alpha+\beta}$. 因此，$q^{\alpha+\beta} \mid E_m(n)$ ，这暗示着$\alpha + \beta$ 是q 的$E_m(k) \cdot m$指数幂.

因此，如果满足以上条件，那么当限制在S_1 时，等式$g^{(k)} = x^n$ 有解，反之亦然. 仍需讨论$S \setminus S_1$. 假设$g^{(k)} = f$ 在$S \setminus S_1$上有一解.这个函数不

是一对一的，但是我们仍然可以处理它的轨道．对于某些$m_1, m_2 \in \mathbb{N}$，设$x^{n^{m_1}} = y^{n^{m_2}}$中$x$等价于$y$．之后，$S \setminus S_1$分解为无限个等价类．每个等价类描述如下：设$T$是满足$w^{n^m} = 1$的$w$的集合，$m > 0$．选择一数列$(a_i)_{i \in \mathbb{Z}}$满足$a_i^n = a_{i+1}$；那么一个等价类包含若干形如$wa_i$的元素，其中$w \in T$．此外，因为$a_i$不在$S_1$内，所以每个数字可以唯一地代表$wa_i$．我们现在可以用$f$的$k$个等价类去构造$g$：如果等价类由数列$(a_{1,i})_{i \in \mathbb{Z}}, (a_{2,i})_{i \in \mathbb{Z}}, \ldots, (a_{k,i})_{i,\mathbb{Z}}$给定，那么定义$g(wa_{1,i}) = wa_{2,i}, g(wa_{2,i}) = wa_{3,i}, \ldots, g(wa_{k-1,i}) = wa_{k,i}, g(wa_{k,i}) = wa_{1,i+1}$．易得$g^{(k)} = f$．证明结束．

例 7.10. 证明有无限多个函数$f \colon \mathbb{Z} \to \mathbb{Z}$，使得对于任意的$k \in \mathbb{Z}$，有$f(f(k)) = -k$．

解． 设$f(0) = 0$．那么$\mathbb{Z} \setminus \{0\}$可被分为无限对$(a_1, -a_1), (a_2, -a_2), \ldots,$，这里$a_1, a_2, \ldots,$是$\mathbb{N}$的一些枚举．设

$$f(a_{2k}) = a_{2k+1}, \ f(a_{2k+1}) = -a_{2k}, \ f(-a_{2k}) = -a_{2k+1}, \ f(-a_{2k+1}) = a_{2k},$$

经验证，符合条件．

例 7.11. 找到函数$f \colon \mathbb{N} \to \mathbb{N}$，证明对任意的$n \in \mathbb{N}$，有

$$f(f(n)) = an,$$

其中$a \in \mathbb{N}$是确定的．

解． 如果$a = 1$，那么$f(f(x)) = x$．所以f是一个对合函数，它是通过将所有自然数对偶，并将一对中的一个元素映射到另一个元素而得到的．接下来，假设$a > 1$．如果$f(x) = y$，那么$f(y) = ax, f(ax) = f(f(y)) = ay$，对$k$用数学归纳法证明下述等式：

$$f(a^k x) = a^k y, f(a^k y) = a^{k+1} x. \tag{*}$$

设S是不能被a整除的所有正整数的集合．每个正整数都可以唯一地表示为$a^k b$，$b \in S$．设$s \in S$，$f(s) = a^k t$，其中$t \in S$．如果我们设$u = f(t)$，那么应用$(*)$可得$f(a^k t) = a^k u$．但$f(a^k t) = f(f(s)) = as$，所以$a^k u = as$．只要s不能被a整除，就可得$k = 1, u = s$或$k = 0, u = as$．第一种情况下$f(t) = s, f(s) = at$．

第二种情况下$f(s) = t, f(t) = as$. 任一种情况下, f 将s, t 二者之一映射到另一个上. 所以, S 分裂成(x, y) , 且满足$f(x) = y, f(y) = ax$. 因此, 由(*)得$f(a^k x) = a^k y, f(a^k y) = a^{k+1} x$. 显然, 这样的函数满足条件.

例 7.12. (Romanian TST 1991) 设$n \geqslant 2$ 为正整数, $a, b \in \mathbb{Z} \setminus \{0, 1\}$. 证明存在无限多个函数$f \colon \mathbb{Z} \to \mathbb{Z}$, 使得对于任意的$x \in \mathbb{Z}$ 有$f^{(n)}(x) = ax + b$. 说明$a = 1$时, 存在b 使得$f^{(n)}(x) = ax + b$无解.

解. 由题目的第二部分可知,当$n = 2$时, b 是奇数, 两部分的证明过程都是一样的. 如果$b = n - 1$, 设$a_i = f^{(i)}(0)$ $(a_{i+n} = a_i + b)$, 那么对于某些$0 \leqslant i < j \leqslant n - 1$, 有$a_i \equiv a_j$ ($\pmod b$)), 故$a_j = a_i + hb$. 于是, $a_{i+hn} = a_j$, 所以,对于任意的足够大的r有$a_{r+hn+i-j} = a_r$, 反过来由$hn + i - j \neq 0$ 可知$a_{r+n(hn+i-j)} = a_r$, 与结论$a_{r+n(hn+i-j)} = a_r + b(hn + i - j)$ 相矛盾. 事实上, 需证明出当且仅当$n | b$时, 函数f满足条件.

我们回到题目的第一部分, 它看起来复杂, 其实和简单情况$a = 1, n = 2$时类似. 令$g(x) = ax + b$. 首先, 考虑$a \neq -1$的情况(这种情况较特殊, 此时$g(g(x)) = x$, 然而一般情况下, 几乎对于所有x, 都有$|g^{(n)}(x)|$ 趋于无穷). 下面例子来自例6.1(b)

$$g^{(n)}(x) = a^n \left(x - \frac{b}{a-1} \right) + \frac{b}{a-1}.$$

特别地, 它保证了几乎对于所有x都有$|g^{(n)}(x)|$ 趋于无穷, 这里x不包括$x = \frac{b}{a-1}$ (此时它是整数). 如果x的轨道$O(x) = \{x, g(x), g^{(2)}(x), \dots, g^{(n)}(x), \dots\}$ 不是另一个轨道的真子集(或者说,对于所有的$y \in \mathbb{Z}$, $x \neq g(y)$), 那么称其最大. 我们称最大轨道为$\mathbb{N} \setminus \left\{ -\frac{b}{a-1} \right\}$的一个分割. 实际上, 取数字$n \neq -\frac{b}{a-1}$,那么$n = g^{(k)}(m)$ 等于

$$n = a^k \left(m + \frac{b}{a-1} \right) - \frac{b}{a-1},$$

或$(a-1)n + b = a^k((a-1)m + b)$. 取$k$为$a$的最大指数幂, 再除$(a-1)n + b$, 设

$$s = \frac{(a-1)m + b}{a^k}.$$

设 s 不能被 a 整除且 $s-b$ 被 $a-1$ 整除. 因此, 若设 $m = \dfrac{s-b}{a-1} + b$, 那么 m 是整数, 等式 $g(t) = m$ 在 $\mathbb{N}$ 上无解. (否则, $at = m-b = \dfrac{s-b}{a-1}$, 那么 $s-b$ 可被 a 整除), 因此, $O(m)$ 可能是最大轨道. 下面, 我们证明两个不同的最大轨道不相交. 当 $x \neq y$ 时, $O(x)$, $O(y)$ 相交, 那么 $m \neq n$, 有 $g^{(m)}(x) = g^{(n)}(y)$. 不失一般性, 令 $m \geqslant n$, 因为 g 是 $\mathbb{R}$ 上的逆函数, 所以 $g^{(m-n)}(x) = y$;因此 $O(y) \subset O(x)$, 这与轨道 $O(y)$ 最大矛盾. 现考虑所有最大轨道(因为每一个满足在 $\mathbb{N}$ 上 $g(y) = x$,无解的 x 都产生一个这样的轨道, 所以有许多这样的轨道). 我们可以将其分为 n-元组, 并在每一个 n-元组 $(O(x_1), O(x_2), \ldots, O(x_n))$ 上定义 f. 定义 $f(g^{(k)}(x_i)) = g^{(k)}(x_{i+1})$, $i = 1, 2, \ldots, n-1$ 及 $f(g^{(k)}(x_n)) = g^{(k+1)}(x_1)$. 定义 $f\left(-\dfrac{b}{a-1}\right) = -\dfrac{b}{a-1}$. 易知, f 满足要求.

讨论 $a = -1$ 的情况. 此时, $\mathbb{N} \setminus \{\frac{b}{2}\}$ 分为若干个不同对的 (x, y) 且 $x+y = b$. 再将每对分为 n-元组, 在每 n-元组 $((x_1, y_1), \ldots, (x_n, y_n))$ 上定义 f , 即 $f(x_i) = x_{i+1}, f(y_i) = y_{i+1}$, $i = 1, 2, \ldots, n-1$ 且 $f(x_n) = y_1, f(y_n) = x_1$. 如有必要, 可定义 $f\left(\dfrac{b}{2}\right) = \dfrac{b}{2}$. 再次发现, f 满足条件.

最后, 因为我们可以用许多方法将轨道或成对元素分为 n-元组, 所以这两种情况下均有无数个满足条件的函数.可证, 所有满足条件的函数形式如上.

下述内容是对例7.7的推广.

例 7.13. 给定一实数 a , 确定连续函数 $f : \mathbb{R} \to \mathbb{R}$, 使得对于任意的 $x \in \mathbb{R}$ 有 $f(x) = f(x^2 + a)$.

解. 因为 $f(x) = f(-x)$, 所以只需研究 $x \geq 0$ 时的 $f(x)$ 即可.

设 $\alpha(x) = x^2 + a$, $x \in \mathbb{R}$. 定义数列 $\{a_n(x)\}_{n=1}^{\infty}$ 为 $a_1(x) = \alpha(x), a_{n+1}(x) = \alpha(a_n(x)), n \geq 1$. 因为 $f(x) = f(\alpha(x))$, 所以 $f(x) = f(a_n(x))$, $n \geq 1$. 当且仅当 $a = \dfrac{1}{4}$, 等式 $\alpha(x) = x$ 有实重根; 当且仅当 $a < \dfrac{1}{4}$, 有两不同实根; 当且仅当 $a > \dfrac{1}{4}$,没有实根.

情况1. $a = \dfrac{1}{4}$.

此时 $x \leqslant \alpha(x) \leqslant \dfrac{1}{2}$, $x \in [0, \frac{1}{2}]$,当且仅当 $x = \dfrac{1}{2}$, $\alpha(x) = x$. 因此, 对于任意 $x \in \left[0, \dfrac{1}{2}\right]$, 数列 $\{a_n(x)\}_{n=1}^{\infty}$ 是递增的且以 $\dfrac{1}{2}$ 为数列的上界. 所以, 它是收敛

的.如果 $a(x) = \lim\limits_{n\to\infty} a_n(x)$,那么

$$a(x) = \lim_{n\to\infty} a_{n+1}(x) = \lim_{n\to\infty} \alpha(a_n(x)) = \alpha\left(\lim_{n\to\infty} a_n(x)\right) = \alpha(a(x)),$$

即 $a(x) = \dfrac{1}{2}$. 因此,对任意 $x \in [0, \dfrac{1}{2}]$ 有

$$f(x) = \lim_{n\to+\infty} f(a_n(x)) = f(\lim_{n\to+\infty} a_n(x)) = f\left(\frac{1}{2}\right).$$

任意 $x > \dfrac{1}{2}$, 设 $\beta(x) = \alpha^{-1}(x) = \sqrt{x - \dfrac{1}{4}}$, 定义数列 $\{b_n(x)\}_{n=1}^{\infty}$ 满足 $b_1(x) = \beta(x), b_{n+1}(x) = \beta(b_n(x)), n \geqslant 1$.

因为 $f(\beta(x)) = f(\alpha(\beta(x))) = f(x)$, 所以 $f(x) = f(b_n(x))$, $n \geq 1$. 因为 $x \geqslant \beta(x) \geqslant \dfrac{1}{2}$, 数列 $\{b_n(x)\}_{n=1}^{\infty}$ 递减且以 $\dfrac{1}{2}$ 为数列上界, 原因同上.所以, $f(x) = f\left(\dfrac{1}{2}\right)$, $x \in \left[\dfrac{1}{2}, +\infty\right)$. 因此, 此时 f 是常函数.

情况2. $a < \dfrac{1}{4}$.

此时等式 $\alpha(x) = x$ 有两个不等的实根,

$$x_1 = \frac{1 - \sqrt{1 - 4a}}{2} \quad \text{和} \quad x_2 = \frac{1 + \sqrt{1 - 4a}}{2}.$$

如果 $x \leq x_1$, 数列 $\{a_n(x)\}_{n=1}^{\infty}$ 递增且在 x_1 处收敛; 如果 $x_1 < x < x_2$, 那么它递减且在 x_1 处收敛.因此, 函数 $f(x)$ 在区间 $[0, x_2]$ 上是常数.

同样的, 如果 $x \geq x_2$, 那么数列 $\{b_n(x)\}_{n=1}^{\infty}$ 定义为

$$\beta(x) = \alpha^{-1}(x) = \sqrt{x - a},$$

其递减且在 x_2 处收敛.因此, $f(x)$ 在区间 $[x_2, +\infty)$ 上是常数.又由 $f(x) = f(-x)$, 可推出 $f(x)$ 在 $\mathbb{R}$ 上是常数.

情况3. $a > \dfrac{1}{4}$.

此时, 任意 $x \in \mathbb{R}$, 数列 $\{a_n(x)\}_{n=1}^{\infty}$ 严格递增且无界. 例如例7.7 , 所有函数 $f(x)$ 满足如下给定条件. 设 g 是区间 $[0, a_1(0)] = [0, a]$ 上的连续函数, 满足 $g(0) = g(a)$. 易知, 对于任意的 $x > 0$, 存在唯一的 $y \in [0, a]$ 和一个非负整数 n 使得 $x = a_n(y)$. 定义 $f(x) = g(y)$, 且由 $f(x) = f(-x)$ 可将 f 延拓到负数 x. 可证, 按照此种方式定义的函数 f 满足给定的函数方程, 它的所有连续解都可以用这种形式表示.

注. 在上述证明中,情况1和情况2可归类为接下来的一般情形 [12]:设 $g:\mathbb{R}\to\mathbb{R}$ 是一个连续函数满足

$$\lim_{x\to\infty}(g(x)-x)=\infty.$$

其中连续点集 g 是非空有限的. 那么对于所有 $x\in\mathbb{R}$, 任何满足方程 $f(g(x))=f(x)$ 的连续函数 $f:\mathbb{R}\to\mathbb{R}$ 都是常数.

例 7.14. 证明:对任意的 $n\in\mathbb{N}$, 不存在函数 $f:\mathbb{N}\to\mathbb{N}$ 满足

$$f^{(f(n))}(n)=n+1.$$

解: 考虑数列 $\{a_n\}_{n=1}^{\infty}$, 定义 $a_1=1$ 且 $a_n=f(a_{n-1})$, $n\geqslant 2$. 首先注意到, 该数列包含所有正整数. 下用归纳法, $a_n=x$,那么

$$a_{n+f(x)}=f^{(f(x))}(a_n)=f^{(f(x))}(x)=x+1.$$

数列的所有项都是不同的. 为验证上面结论, 假设 $a_n=a_m,\ n\neq m$. 那么数列具有周期性, 因此数列是有限值, 但这与上述证明过程相矛盾. 因为 $a_n+1=a_{n+f(a_n)}$, 在数列中 a_n+1 出现在 a_n 之后, 所以 $\{a_n\}_{n=1}^{\infty}$ 是一个递增数列. 以上证明说明, 对于任意 n, 有 $a_n=n$.因此, $f(n)=n+1$, 显然, 该函数不满足给定条件.

7.3　习题

习题 7.1. 设 $2\leq k\in\mathbb{N}$. 找到函数 $f:\mathbb{N}_0\to\mathbb{N}_0$ 满足条件:任意 $n\in\mathbb{N}$, 有 $f(0)=0$,

$$f(n)=1+f\left(\left[\frac{n}{k}\right]\right)$$

习题 7.2. 找到函数 $f:\mathbb{N}\to\mathbb{N}$ 满足条件:任意 $n\in\mathbb{N}$, 有 $f(1)=2$,且

$$f(n+1)=\lfloor 1+f(n)+\sqrt{1+f(n)}\rfloor-\lfloor\sqrt{f(n)}\rfloor$$

习题 7.3. 找到函数 $f:\mathbb{Z}\to\mathbb{Z}$ 满足条件:任意 $m,n\in\mathbb{Z}$, 有

$$f(m+n)+f(mn)=f(m)f(n)+1.$$

习题 7.4. 找到函数 $f\colon \mathbb{Z} \to \mathbb{Z}$，证明对任意的 $k \in \mathbb{Z}$，有

$$f(f(k+1)+3) = k.$$

习题 7.5. 找到函数 $f\colon \mathbb{N} \to \mathbb{N}$ 满足条件：对于任意 $m, n \in \mathbb{N}$,

$$f(m+f(n)) = n + f(m+k),$$

此时 $k \in \mathbb{N}$ 是固定的.

习题 7.6. (IMO 1995)是否存在非负整数 $F(1), F(2), F(3), \ldots$ 的数列同时满足以下三个条件?

(a) 整数 $0, 1, 2, \ldots$ 都出现在数列中.

(b) 每个正整数均无限次出现在数列中.

(c) 任意 $n \geqslant 2$, $F(F(n^{163})) = F(F(n)) + F(F(361))$.

习题 7.7. 找到函数 $f\colon \mathbb{N}_0 \to \mathbb{R}$ 满足条件：对于任意的 $n > m$，有 $f(4) = f(2) + 2f(1)$,

$$f\left(\binom{n}{2} - \binom{m}{2}\right) = f\left(\binom{n}{2}\right) - f\left(\binom{m}{2}\right)$$

习题 7.8. 找到函数 $f\colon \mathbb{Q}^+ \to \mathbb{Q}^+$ 满足条件：任意 $x \in \mathbb{Q}^+$, 有

$$f(x) + f\left(\frac{1}{x}\right) = 1 \, , \, f(f(x)) = \frac{f(x+1)}{f(x)}$$

习题 7.9. 设 g 和 h 是实数域上的连续实值双射函数. 可知 g 没有不动点(即任意 $x \subset \mathbb{R}$，$y(x) \neq x$). 构造连续函数 $f\colon \mathbb{R} \to \mathbb{R}$, 满足 $f(g(x)) = h(f(x))$.

习题 7.10. $g\colon \mathbb{C} \to \mathbb{N}$ 为给定函数, $a \in \mathbb{C}$，w 是原始的单位立方根. 找到函数 $f\colon \mathbb{C} \to \mathbb{C}$ 满足，任意的 $z \in \mathbb{C}$, 有

$$f(z) + f(wz+a) = g(z)$$

习题 7.11. 给定正整数 n, 找到单调函数 $f\colon \mathbb{R} \to \mathbb{R}$ 满足条件：任意 $x \in \mathbb{R}$, 有 $f^{(n)}(x) = -x$.

习题 7.12. (新加坡1996) 说明存在函数 $f\colon \mathbb{N} \to \mathbb{N}$ 满足条件：任意 $n \in \mathbb{N}$, 有 $f(f(n)) = n^2$.

习题 7.13. 证明：对任一整数 $n \geq 2$，都存在无数函数 $f : \mathbb{R} \setminus \{0\} \to \mathbb{R}$ 满足条件：$f^{(n)}(x) = \dfrac{1}{x}$.

习题 7.14. 证明：存在无数函数 $f : \mathbb{R} \setminus \{-1\} \to \mathbb{R} \setminus \{-1\}$ 满足条件：任意 $x \in \mathbb{R} \setminus \{-1\}$，有

$$f\left(\frac{x}{x+1}\right) = \frac{f(x)}{f(x)+1}$$

习题 7.15. 确定连续函数 $f : (0, \infty) \to (0, \infty)$ 满足条件：任意的 $x \in (0, \infty)$，有 $f(f(x)) = x$，$f(x+1) = \dfrac{f(x)}{f(x)+1}$.

习题 7.16. (Bulgaria 2009) 确定实数 a 存在：

    (i) 函数 $f : \mathbb{R} \to \mathbb{R}$ 满足条件：任意 $x \in \mathbb{R}$，有 $f(0) = a$，$f(f(x)) = x^{2009}$；

    (ii) 满足条件(i)的函数为连续函数.

习题 7.17. 设函数 $f : \mathbb{N} \to \mathbb{N}$ 满足条件：任意 $n \in \mathbb{N}$，有

$$f(f(n)) = 4n - 3 , \ f(2^n) = 2^{n+1} - 1.$$

求 $f(993), f(2007)$ 的值又为多少？

习题 7.18. (Romania TST 1989) 设 **F** 是所有满足以下条件的函数 $f : \mathbb{N} \to \mathbb{N}$ 的集合：任意 $x \in \mathbb{N}$，有 $f(0) = 10$，$f(f(x)) - 2f(x) + x = 0$. 找到集合 $A = \{f(1989) | f \in \mathbf{F}\}$.

习题 7.19. 找到连续函数 $f : \mathbb{R} \to \mathbb{R}$ 满足条件：任意 $x \in \mathbb{R}$，有

$$f(1-x) = 1 - f(f(x)).$$

第 8 章　达朗贝尔方程

8.1　达朗贝尔方程

三角函数

$$f(x) = \sin x \text{ 和} g(x) = \cos x$$

满足一些基本的自然等式和复杂的函数方程. 典型例子如下:函数方程组

$$\begin{cases} f(x+y) = f(x)g(y) + g(x)f(y) \\ g(x+y) = g(x)g(y) - f(x)f(y) \end{cases}$$

的解(由 [2]可知)为$f(x) \equiv g(x) \equiv 0$ 或$f(x) = \mathrm{e}^{ax} \sin bx$, $g(x) = \mathrm{e}^{ax} \cos bx$, 其中$a, b \in \mathbb{R}$ 是任意常数.

本文从三角函数$\sin ax$ 和$\cos ax$ 满足的一些著名的三角恒等式出发,将其作为某些单值函数方程的特征形式来构造函数方程.

我们知道,三角函数$\cos x$ 满足等式

$$\cos(x+y) + \cos(x-y) = 2\cos x \cos y,$$

其中$x, y \in \mathbb{R}$. 根据该恒等式的形式,构造函数方程

$$f(x+y) + f(x-y) = 2f(x)f(y). \tag{1}$$

达朗贝尔（d'Alembert ）在研究力学的公理化基础时,首次导出了上述方程,故方程(1)又称为达朗贝尔方程[2,4].下面研究它定义在$[0, \infty)$或整个$\mathbb{R}$上的连续函数解. 已知双曲余弦函数

$$\cosh x = \frac{\mathrm{e}^x + \mathrm{e}^{-x}}{2}$$

是达朗贝尔方程的解,所以我们接下来证明函数方程(1)的所有连续函数解均由函数$\cos x$ 和$\cosh x$确定.

定理 8.1. 设连续函数$f : [0,\infty) \to \mathbb{R}$,若对于任意的$x \geqslant y \geqslant 0$,都有达朗贝尔方程成立,则$f(x) = 0$, $f(x) = \cos ax$ 或$f(x) = \cosh ax$, 其中$a \in \mathbb{R}$ 为任意常数.

证明. 显然,零函数$f(x) \equiv 0$ 是函数方程(1)的解.

假设$f(x) \not\equiv 0$. 令(1)中$y = 0$,得$f(0) = 1$;令$x = y = \dfrac{t}{2}$,得对于任意的$t \in [0,\infty)$,有

$$f(t) + 1 = 2f\left(\frac{t}{2}\right)^2. \tag{2}$$

因为函数$f(x)$ 是连续的, 又$f(0) = 1$,所以存在$c > 0$,使得对于任意的$x \in [0,c]$,有$f(x) > 0$.

接下来,分别考虑$f(c) \leqslant 1$和$f(c) > 1$的情况.

情况1. $f(c) \leqslant 1$. 此时,存在$\alpha \in \left[0, \dfrac{\pi}{2}\right]$,使得$f(c) = \cos \alpha$. 令(2)中$t = c$,得

$$f\left(\frac{c}{2}\right) = \sqrt{\frac{1 + f(c)}{2}} = \sqrt{\frac{1 + \cos \alpha}{2}} = \cos \frac{\alpha}{2}.$$

由数学归纳法,对n归纳得到,对于任意的非负整数n,有

$$f\left(\frac{c}{2^n}\right) = \cos \frac{\alpha}{2^n}.$$

令(1)中$x = \dfrac{mc}{2^n}$, $y = \dfrac{c}{2^n}$,得到

$$f\left(\frac{(m+1)c}{2^n}\right) + f\left(\frac{(m-1)c}{2^n}\right) = 2f\left(\frac{mc}{2^n}\right) f\left(\frac{c}{2^n}\right).$$

由数学归纳法,对m 进行归纳得到,对于任意的非负整数m 和n,有

$$f\left(\frac{mc}{2^n}\right) = \cos \frac{m\alpha}{2^n}.$$

因此, 对于所有形如$\delta = \dfrac{m}{2^n}$的分式δ,都有$f(\delta c) = \cos \delta \alpha$.

现任取一个非负实数t,则存在数列$\{\delta_n\}_{n=1}^{\infty}$,使得$\lim\limits_{n\to\infty} \delta_n = t$. 由函数$f(x)$的连续性知

$$f(tc) = \lim_{n\to\infty} f(\delta_n c) = \lim_{n\to\infty} \cos \delta_n \alpha = \cos t\alpha.$$

设 $x = tc$ 和 $a = \dfrac{\alpha}{c}$,则对于任意的 $x \in [0, \infty)$,有 $f(x) = \cos ax$.

情况2. $f(c) > 1$. 此时,存在 $\alpha > 1$, 使得 $f(c) = \cosh \alpha$.同理可证,对于任意的 $x \in [0, \infty)$ 有 $f(x) = \cosh ax$.

反之, 容易验证,函数 $\cos ax$ 和 $\cosh ax$ 满足方程(1).定理得证. □

推论 8.1. 设有连续函数 $f : \mathbb{R} \to \mathbb{R}$,若函数 f 满足达朗贝尔方程,则 $f(x) = 0$, $f(x) = \cos ax$ 或 $f(x) = \cosh ax$, 其中 $a \in \mathbb{R}$ 为任意常数.

证明. 由定理8.1得,对于任意的 $x \in [0, \infty)$,有 $f(x) = 0$, $f(x) = \cos ax$ 或 $f(x) = \cosh ax$. 另一方面, 令函数方程(1)中 $x = 0$ 得到,对于任意的 $y \in \mathbb{R}$,有 $f(y) = f(-y)$. 因此,由推论可知,以上三个函数都是偶函数. □

注意, 在 $a \neq 0$ 时,$\cosh ax$ 是无界的.因此,由定理8.1可知, 达朗贝尔方程(1)的所有有界连续函数解是 $f(x) = 0$ 和 $f(x) = \cos ax$, $a \in \mathbb{R}$.

8.2　多项式的递归和函数的连续性

在第1章,我们研究了柯西方程的解,那里我们用到了这样的思想方法: 先在 $\mathbb{Q}$ 上求解函数方程, 再利用连续性求解定义在 $\mathbb{R}$ 上的函数解.这种方法称之为"柯西法".在具体解题过程中,设 $a_n = f(n)$,然后利用递归关系式 $a_n + a_1 = a_{n+1}$ 去计算数列 a_n.在本章, 我们会考虑一些能用多项式的递归关系来求解的函数方程,在处理过程中也会利用到函数的连续性.

本节主要定理如下.

定理A. 设有连续函数(a) $f : \mathbb{R} \to \mathbb{C}$; (b) $f : (0, \infty) \to \mathbb{C}$,若 f 满足如下条件:

对于任意的(a) $x \in \mathbb{R}$; (b) $r \in (0, \infty)$, 存在数 $w \subset \mathbb{C}$ （其值由 x 确定）和多项式 $f_1, f_2, f_3 \in \mathbb{C}[X]$,使得对于任意的(a) $n \in \mathbb{N}$; (b) $n \in \mathbb{Z}$,有

$$f(nx) = f_1(n)w^n + f_2(n)w^{-n} + f_3(n),$$

则存在 $t \in \mathbb{C}$ 和 $p, q, r \in \mathbb{C}[X]$,使得

$$f(x) = p(x)e^{tx} + q(x)e^{-tx} + r(x)$$

注. 定理有两个版本, 分为 f 定义在全体 $\mathbb{R}$ 上的情形和 f 定义在 $(0, \infty)$ 上的情形. 相应地,在第二种情况下,如果 $n \in \mathbb{N}$,那么无法区别 x 的正值和负值,所以第二种情况需要保证 $n \in \mathbb{Z}$.

引理. 若对于任意的 $n \in \mathbb{N}$,有

$$\sum_{i=1}^{k} p_i(n) w_i^n = \sum_{i=1}^{m} q_i(n) r_i^n,$$

其中 r_i 和 w_i 是两个不同的数列, p_i, q_i 是多项式, 则 (q_i, r_i) 是 (p_i, w_i) 的某种排列.

引理证明. 假设结论不成立,那么

$$0 = \sum_{i=1}^{k} p_i(n) w_i^n - \sum_{i=1}^{m} q_i(n) r_i^n = \sum_{i=1}^{l} s_i(n) u_i^n,$$

其中 s_i 不为零,不同的 i 对应的 u_i 的数字不同. 此时,递归数列的生成函数是零.又递归数列的生成函数可记为

$$\sum_{i=1}^{l} \frac{f_i(x)}{(x - u_i)^{deg(s_i+1)}},$$

其 中 $f_i \neq 0, deg(f_i) \leqslant deg(s_i)$ 且 二 者 均 不 为 零（如 果 我 们 乘 以 $(x - u_i)^{deg(s_i+1)}$, 那么除了项 $f_i(x)$ 外,所有项都可被 $(x - u_i)^{deg(s_i)+1}$ 整除, 所以和一定不为零）.与假设矛盾,假设不成立,引理得证.   □

证明. 步骤如下: 首先设 $p_i(t) = f_i(\frac{t}{x})$, 选取 $t \in \mathbb{C}$,使得 $e^{tx} = w$.此时,条件中的等式变为 $f(nx) = p_1(nx)e^{nxt} + p_2(nx)e^{-nxt} + p_3(nx)$.

也就是说,对于集合 $\{nx\}$ 中的任意 z,均有关系 R_x

$$f(z) = p_1(z)e^{tz} + p_2(z)e^{-tz} + p_3(z)$$

成立；接下来,我们将选取两个可通约的不同值 x, x'（即 $\frac{x}{x'} \in \mathbb{Q}$), 使得集合 $\{nx\}$ 和 $\{nx'\}$ 合并成一个新集合 $\{nx''\}$,其中 x'' 是 x 和 x' 的最小公倍数；然后利用引理比较关系 R_x 和 $R_{x'}$, 可推出两种关系下的 p_1, p_2, p_3 相同,两个 t 值也相同.这可使关系 R_x 延拓到 $\mathbb{Q}$ 或 $\mathbb{Q}^+$ 上（取决于是情况(a)或(b)）,最后利用连续性可使关系进一步延拓到整个定义域. 本质上,这里利用的是柯西法, 只不过复杂关系 R_x 使得问题处理更需要技巧性.

我们只需考虑 $x = \frac{1}{k}$, $k \in \mathbb{N}$.

若对于任意的有理数 x,有 $f_1 = f_3 = 0$,定义

$$p_3(t) = f_3\left(\frac{t}{x}\right),$$

则对于任意的n有$f(nx) = f_3(n) = p_3(nx)$.

可证p_3不依赖于x.（反证法）若x, x'是有理数, p_3由x定义且p_3'由x'定义,则$\dfrac{x}{x'} = \dfrac{p}{q}$,从而$qnx = pnx'$,所以对于任意的$n$有

$$p_3(qnx) = p_3'(pnx') = f(qnx).$$

因此,p_3和p_3'在无限多个点处重合,即$p_3 = p_3'$. 于是,对于任意的有理数x有$f(x) = p_3(x)$. 因为f是连续的,所以, 对于任意的x有$f(x) = p_3(x)$.

如上所述,设$p_1(t) = f_1\left(\dfrac{t}{x}\right), p_2(t) = f_2\left(\dfrac{t}{x}\right), p_3(t) = f_3\left(\dfrac{t}{x}\right)$,条件

$$f(nx) = f_1(n)w^n + f_2(n)w^{-n} + f_3(n)$$

等价于

$$f(nx) = p_1(nx)w^n + p_2(nx)w^{-n} + p_3(nx),$$

称新关系式为R_x'.接下来只需研究p_1, p_2, p_3 (因为它们与f的变量相同)即可.

假设存在$x = x_0$,使得p_1或p_2非零. 因为若$w = 1$,有$p_3 = p_1 + p_2 + p_3$, $p_1 = p_2 = p_0$,与假设矛盾,所以由反证法可知,此时$w \neq 1$.不失一般性,令$x_0 = 2$(下面我们将知道为什么选择2而不是1)通过缩放来进行如下处理: 设函数$g(x) = f(\dfrac{2}{x_0} \cdot x)$,为使其与函数f满足完全相同的条件,推知特殊值为2时满足条件.

定义$x = \dfrac{1}{k}$所确定的w为w_k. 注意w_k不是唯一的: 只要将t乘以$2\pi i k$就能得到相同的w^{nx}的值.因此,可以通过这样一个乘数随时改变w_k,同时令关系R_x'保持不变.

注.我们可以这种方式选取$w_1, \ldots, w_i$:只要$kl \leqslant i$,都有$w_{kl}^l = w_k$成立.关于"注"的证明在定理证明的末尾处.

将

$$f(n) = p_1(n)w_1^n + p_2(n)w_1^{-n} + p_3(n)$$

与

$$f(n) = f\left(\dfrac{nk}{k}\right) = p_1'(n)w_k^{nk} + p_2'(n)w_k^{-nk} + p_3'(n) = p_1'(n)w_1^n + p_2'w_1^{-n} + p_3$$

比较,可由引理得$p_1' = p_1, p_2' = p_2, p_3 = p_3'$,所以$p_1, p_2, p_3$不依赖于$k$值. 故存在$p_1, p_2, p_3$以及满足$w_{kl}^l = w_k$的$w_i$. 需证,存在$t \in \mathbb{C}$,使得$w_i = e^{\frac{t}{i}}$, 则可证对于

任意的 $x \in \mathbb{Q}$,有

$$f(x) = p_1(x)\mathrm{e}^{tx} + p_2(x)\mathrm{e}^{-tx} + p_3(x).$$

再利用连续性可得, $x \in \mathbb{R}$ 时,函数方程也成立, 定理得证. 最后一步具有极强的技巧性,还需要利用到函数的连续性.

设 $a_k = \ln(w_k)$. (在复数领域有很多这样的对数,但它们都相差 $2\pi i$ 的倍数,我们只需选取其中一个即可) 因为 $w_k^k = w_1$,所以 $ka_k - a_1 = r_k 2\pi i$,其中 r_k 是一个整数.设 $-\dfrac{k}{2} \leqslant r_k \leqslant \dfrac{k}{2}$,否则用 a_k 减去 $2\pi i$ 的整数倍, 记 $a_k = \dfrac{a_1}{k} + \dfrac{r_k}{k} \cdot 2\pi i$.

因为 p_1, p_2 不都为零, 所以存在整数 m,使得 $p_1(m) \neq 0$ 或 $p_2(m) \neq 0$. 因为 $\dfrac{1}{k} \to 0$ 时,有

$$f\left(m + \frac{1}{k}\right) \to f(m) = p_1(m)w_1^m + p_2(m)w_1^{-m} + p_3(m),$$

从而

$$p_1\left(m + \frac{1}{k}\right)w_1^{m+\frac{1}{k}}\mathrm{e}^{\frac{r_k i}{k}} + p_2\left(m + \frac{1}{k}\right)w_1^{-(m+\frac{1}{k})}\mathrm{e}^{-\frac{r_k i}{k}} + p_3\left(m + \frac{1}{k}\right)$$

$$\to p_1(m)w_1^m + p_2(m)w_1^{-m} + p_3(m).$$

所以 $\lim_{k \to \infty} \dfrac{r_k}{k} = 0$ (但 $\left|\dfrac{r_k}{k}\right| \leqslant \dfrac{1}{2}$). 又 $la_{lk} - a_k$ 是 $2\pi i$ 的乘积,所以 $r_{kl} - r_k$ 是 k 的乘积.特别地, $r_{2k} - r_k$ 是 k 的乘积. 对于任意的足够大的 k_0 ,当 $n \geqslant k_0$ 时,有 $\dfrac{|r_n|}{n} < \dfrac{1}{3}$.于是,

$$\frac{|r_{2k} - r_k|}{k} \leqslant 2\frac{|r_{2k}|}{2k} + \frac{|r_k|}{k} < 2 \times \frac{1}{3} + \frac{1}{3} = 1.$$

所以, $r_{2k} - r_k = 0$. 由此推出,当 $k \geqslant k_0$ 时,对于任意的 m,有 $r_{2^m k} = r_k$. 令 $k \geqslant k_0, m > k$,则 $r_{2^m k} = r_k$, $2^m | r_{2mk} - r_{2^m}$. 因为

$$|r_{2mk}| = |r_k| < \left|\frac{k}{3}\right|, \quad |r_{2^m}| < \frac{2^m}{3},$$

所以 $|r_{2mk} - r_{2^m}| < \dfrac{k}{2} + \dfrac{2^m}{3} < 2^m$,从而 $r_k = r_{2^m}$. 类似地,可得 $r_{k+1} = r_{2^m}$,于是 $r_k = r_{k+1}$.因此, r_k 是常数. 由此可知, a_k 加上或减去 $2\pi i$ 的某个倍数可将 r_k 变为常数. 事实上, 设 a 为 (原来的) r_k 的最终值, m 是使 $a_m \neq a$ 成立的最小值,那么 $m | r_m - r_{2m}$,所以我们可用 $2\pi i \cdot \dfrac{r_{2m} - r_m}{m}$ 替换 a_m,得到 $r_m = a$. 继续该操作直至对任意的 $k \geqslant 1$,有 $r_k = a$. 设 $t = a_1 + 2a\pi i$ 得 $w_k = \dfrac{t}{k}$.

定理证明结束.我们还应注意,若

$$f(x) = p_1(x)e^{tx} + p_2(x)e^{-tx} + p_3(x),$$

则

$$f(nx_0) = q_1(n)w^n + q_2(n)\left(\frac{1}{w}\right)^n + q_3(n)$$

必须匹配 f 的表达式.例如,若 $w \neq \frac{1}{w}$,则 $w = e^{tx_0}$（或 $w = e^{-tx_0}$）, $p_1(nx_0) = q_1(n)$, $p_2(nx_0) = q_2(n)$, $p_3(nx_0) = q_3(n)$. 若

$$w = \frac{1}{w} = -1,$$

则

$$e^{tx_0} = -1, \ p_1(nx_0) + p_2(nx_0) = q_1(n) + q_2(n), \ p_3(nx_0) = q_3(n).$$

最后,若 $w = \frac{1}{w} = +1$,则

$$e^{tx_0} = 1, \ p_1(nx_0) + p_2(nx_0) + p_3(nx_0) = q_1(n) + q_2(n) + q_3(n).$$

经检验,以上事实符合等式

$$f(nx_0) = p_1(nx_0)e^{ntx_0} + p_2(nx_0)e^{-ntx_0} + p_3(nx_0) = q_1(n)w^n + q_2(n)\left(\frac{1}{w}\right)^n + r(n)$$

和定理证明中的相关结论. □

下面附加了正文中的"注"的证明.

"注"的证明. 由数学归纳法,对 i 进行归纳.假设 $i < k$ 时成立, 下证当 $i = k$ 时也成立.继续以该种方式选取 w_k ,使得

$$f\left(\frac{n}{k}\right) = p_1\left(\frac{n}{k}\right)w_k^n + p_2\left(\frac{n}{k}\right)\left(\frac{1}{w_k}\right)^n + p_3\left(\frac{n}{k}\right),$$

且任意的 $d \mid k$,有 $w_k^{\frac{k}{d}} = w_d$. 由问题条件知,存在 w_k 满足第一个条件（但不一定是唯一的）. 我们从满足第一个条件的 w_k 的任意值的选取开始.

可知 $f\left(\frac{n}{k}\right) = p_1\left(\frac{n}{k}\right)w_k^n + p_2\left(\frac{n}{k}\right)w_k^{-n} + p_3\left(\frac{n}{k}\right)$.

若 $d \mid n$,则

$$f\left(\frac{n}{d}\right) = p_1\left(\frac{n}{d}\right)w_d^n + p_2\left(\frac{n}{d}\right)w_d^{-n} + p_3\left(\frac{n}{d}\right).$$

但

$$f\left(\frac{n}{d}\right) = p_1\left(\frac{n}{d}\right) w_k^{\frac{k}{d}n} + p_2\left(\frac{n}{d}\right) w_k^{-\frac{k}{d}n} + p_3\left(\frac{n}{d}\right).$$

又p_1 或p_2 非零.（反证法）如果它们都为零,特别地,当$n = 2km$时,有$f(2m) = p_3(2m)$,因为$f(2m)$ 形如

$$f_1(m)w^m + f_2(m)w^{-m} + f_3(m),$$

其中$w \neq 1$, 且f_1和f_2 均不为零,与引理矛盾,所以p_1 或p_2 不为零.

条件$p_1 \neq 0$或$p_2 \neq 0$ 可以应用引理,得到$w_k^{\frac{k}{d}} = w_d$ 或$w_k^{\frac{k}{d}} = \frac{1}{w_d}$.

若对于任意的$d|k$有$w_k^{\frac{k}{d}} = w_d$, 则w_k 满足所需条件. 若$w_k^{\frac{k}{d}} = \frac{1}{w_d}$,则对于任意的$d$,有$p_1 = q_2, p_2 = q_1$,于是可用$\frac{1}{w_k}$代替$w_k$并交换$p_1$ 和p_2 使其满足条件.

考虑"某些d 满足第一种情况,某些d 满足第二种情况"的情形.这种情况不可能发生. 的确, 不失一般性,假设$d = k$ 时出现第一种情况,d为其他值时出现第二种情况, 那么$w_k^k = w_1, w_k^{\frac{k}{d}} = \frac{1}{w_d}$.现令后一个等式自乘得到指数幂$d$.由归纳步骤知, $w_d^d = 1$, 于是$w_k^k = \frac{1}{w_1}$,从而, $w_1 = \frac{1}{w_1}$,所以$w_1^2 = 1$. 但这恰好意味着,w 由2 定义等于1, 与引理矛盾（因为我们需要二次乘方,所以我们选择$x = 2$）,最后一种情况不可能发生.

归纳完毕. $\qquad\qquad\qquad\qquad\qquad\qquad\qquad\qquad\qquad\qquad\qquad\square$

为了更好地了解定理A的重要性,我们考虑一些可以被其轻松解决的较复杂的函数方程.

例 8.1. 求连续函数$f: \mathbb{R} \to \mathbb{R}$,使得对于任意的$x, y \in \mathbb{R}$,存在非零的$a \in \mathbb{R}$,有

$$f(x + y) + af(x) + f(x - y) = 0.$$

解. 设$u_n = f(nx_0)$, 则题中方程可表示为$u_{n+1} + au_n + u_{n-1} = 0$. 这是一个二次递归式. 若其特征方程有两个不同的根r_1, r_2,则存在c_1, c_2,使得

$$u_n = c_1 r_1^n + c_2 r_2^n.$$

由定理A可知,$f(x) = \alpha e^{tx} + \beta e^{-tx}$. 利用定理A证明的末尾处的提示,可得$\alpha = c_1, \beta = c_2, e^{tx_0} = r_1$.但除了$r_1 = 1$,对于任意的$x_0$,等式$e^{tx_0} = r_1$不成立. 所以,$r_1 = r_2 = \pm 1$. 当$r_1 = r_2 = \pm 1$时, $u_n = (-1)^n(cn + d)$,所以$f(x) =$

$\mathrm{e}^{tx}(\dfrac{c}{x_0}x+d)$,从而对于任意的$x_0$一定有$\mathrm{e}^{tx_0}=-1$,产生矛盾.因此,$r_1=r_2=1,a=-2$,从而$u_n=cn+d$.于是$f(x)$是线性函数,当$a=-2$时,任意线性函数满足函数方程.

例 8.2. (达朗贝尔函数方程) 求连续函数$f\colon\mathbb{R}\to\mathbb{R}$,使得对于任意的$x,y\in\mathbb{R}$,有

$$f(x+y)+f(x-y)=2f(x)f(y).$$

解. 在第1节,我们已经看到了该方程的传统解决方案.此处提出一个完全不同的解决方案.

显然,函数$f\equiv0$满足方程. 如果$f\not\equiv0$, 令$y=0$,得$2f(x)(1-f(0))=0$,即$f(0)=1$. 设$a_n=f(nx)$,令$y=nx$,得$a_{n-1}+a_{n+1}=2aa_n$,其中$a=a_1=f(x)$. 该递归多项式的特征方程为$x^2-2ax+1=0$, 其根为$w,\dfrac{1}{w}$,其中$w=a+\sqrt{a^2-1}$是实数或绝对值为1的复数.

若$w\neq\dfrac{1}{w}$,则$a_n=cw^n+dw^{-n}$,否则$a_n=(an+b)w^n$.无论如何, 我们都可利用定理A,故令

$$f(x)=p(x)\mathrm{e}^{tx}+q(x)\mathrm{e}^{-tx}+r(x),$$

其中$t\neq0$.

此时,p,q和r的次数都不大于1.(反证法)若三者之一的次数大于1,存在x,使得

$$f(nx)=p_1(n)w^n+q_1(n)\dfrac{1}{w^n}+r_1(n),$$

(tx不是$2\pi\mathrm{i}$的倍数) 成立,p_1,q_1,r_1 和p,q,r的次数相同, 但这与上面得到的$f(x)$ 的表述式相矛盾,所以p,q 或r的次数都不大于1. 同理可知,若至少有一个x,使得$w\neq\frac{1}{w}$, 则p,q,r 是常数. 因此, $f(x)=p\mathrm{e}^{tx}+q\mathrm{e}^{-tx}+\mathrm{r}$. 因为$a_n=cw^n+dw^{-n}$,所以$r=0$, 于是$f(x)=p\mathrm{e}^{tx}+q\mathrm{e}^{-tx}$, $t\neq0$.

注意w 是实数或绝对值为1,所以t一定是实数或纯虚数. 前一种情况下可知p,q 是实数,后一种情况下可知p,q 是互为共轭的.

现在确定p 和q.回到表达式

$$a_n=cw^n+dw^{-n},w\neq\dfrac{1}{w}.$$

由 $a_0 = 1, a_1 = a = \dfrac{w + \dfrac{1}{w}}{2}$,得 $c + d = 1, cw + \dfrac{d}{w} = \dfrac{w + \dfrac{1}{w}}{2}$. 该方程组的解
为 $c = d = \dfrac{1}{2}$, 所以 $p = q = \dfrac{1}{2}$.因此, $f(x) = \dfrac{\mathrm{e}^{tx} + \mathrm{e}^{-tx}}{2}$. 若 t 是实数, 则它是双
曲余弦函数 $\cosh(tx)$. 若 $t = \mathrm{i}s$ 是纯虚数,则它是余弦函数 $\cos(sx)$. 这两个函数
均满足函数方程.

若对于任意的 x ,有 $w = \dfrac{1}{w}$, 则 $w^2 = 1$,于是 $f(2nx) = a_{2n} = 2an + b$. 令 $n = 0$ 得 $b = 1$.从而,对于任意的 x ,有 $f(nx) = f\left(2n\dfrac{x}{2}\right) = anx + 1$, 即 $f(x) = ax + 1$.

检验: $f(x + y) + f(x - y) = a(x + y) + 1 + a(x - y) + 1 = 2(ax + 1)$,
但 $2f(x)f(y) = 2(ax + 1)(ay + 1)$,为使等式成立需令 $ay + 1 = 1$,所以 $a = 0$,从
而 f 恒等于1.当 s 或 t 为0时, $\cos(sx)$ 和 $\cosh(tx)$ 恒为1,包含 $f = 1$ 的情形.

综上所述,达朗贝尔方程的解为 $f(x) = 0, f(x) = \cos(ax)f(x) = \cosh(ax)$,其中 $a \in \mathbb{R}$ 为任意常数.

达朗贝尔方程一般只考虑实值函数,但利用上述思想方法,我们可求
解函数 $f\colon \mathbb{R} \to \mathbb{C}$. 事实上,进行一些技巧性的处理之后,我们也可求解函
数 $f\colon \mathbb{C} \to \mathbb{C}$. 主要思路如下,设 $f_{\alpha,\beta}\colon \mathbb{R} \to \mathbb{C}$,定义 $f_{\alpha,\beta}(x) = f(\alpha x + \beta)$,记 $f(\alpha x + \beta)$ 为 $c_{\alpha,\beta}\mathrm{e}^{t_{\alpha,\beta}\alpha x} + d_{\alpha,\beta}\mathrm{e}^{t_{\alpha,\beta}\alpha x}$. 若 $\alpha x + \beta = \alpha_1 x + \beta_1$,则仍需要比较 $t_{\alpha,\beta}$ 和 t_{α_1,β_1} 来得出结论. 具体求解过程留给读者.

事实上,若利用下面的结论,更容易证明定理A .本质上, 它和定理A的证明
相同; 但在整体上,它增加了一些技巧性的处理. 尽管如此,本章遇到的函数方
程, 都不会超出定理A的陈述内容.

定理B. 设有连续函数 $f\colon (0, \infty) \to \mathbb{C}$ (或 $f\colon \mathbb{R} \to \mathbb{C}$),如果对于任意的 $x \in (0, \infty)$ (或 $x \in \mathbb{R}$),存在多项式 $f_1, \ldots, f_k$ 和复数 $w_1, \ldots, w_k$ (w_i 的值由 x 确定,使
得对于任意的 $n \in \mathbb{N}$ (或 $n \in \mathbb{Z}$),有

$$f(nx) = f_1(n)w_1^n + \ldots + f_k(n)w_k^n,$$

其中 $k \leqslant m, m$ 是一个与 x 无关的常数. 那么,存在整数 $k \leqslant m$,数 $t_1, \ldots, t_k \in \mathbb{C}$ 和多项式 $p_1, \ldots p_k \in \mathbb{C}[X]$,使得对于任意的 x ,有

$$f(x) = p_1(x)\mathrm{e}^{t_1 x} + \ldots + p_k(x)\mathrm{e}^{t_k x}.$$

证明. 步骤如下:设

$$p_i(t) = f_i\left(\dfrac{t}{x}\right),$$

选取$t_i \in \mathbb{C}$,使得$e^{t_i x} = w_i$.此时,条件中的等式变为

$$f(nx) = p_1(nx)e^{nxt_1} + p_2(nx)e^{nxt_2} + \ldots + p_k(nx)e^{nxt_k}.$$

也就是说,对于集合$\{nx \mid n \in \mathbb{N}\}$中的任意$z$均有

$$f(z) = p_1(z)e^{t_1 z} + p_2(z)e^{t_2 z} + \ldots p_k(z)e^{t_k z}.$$

此关系式记为R_x. 接下来,我们将选取可通约的不同值x, x' (即$\frac{x}{x'} \in \mathbb{Q}$)使得集合$\{nx\}$和$\{nx'\}$合并成一个集合$\{nx''\}$,其中$x''$是$x$和$x'$的最小公倍数.然后利用引理比较$R_x$和$R_{x'}$,可推出两种关系下的$p_1, p_2, \ldots, p_k$相同且相应的$t_i$值也相同. 于是关系$R_x$延拓到$\mathbb{Q}$或$\mathbb{Q}^+$上(取决于是情况(a) 或(b)),最后利用连续性延拓到整个定义域上. 本质上,这里利用了柯西法, 只不过复杂关系R_x使得处理过程更需技巧性. 注意t_i不是唯一的——相差$2\pi i$的倍数均可, 所以, 必须进行慎重选择(实际上,这是证明中最具有技巧性的问题).和定理A相比,需要去考虑更多的变量,由此增加了许多技巧性的问题,但这些技巧性的问题都可化归为线性代数知识进行解决.

假设$w_1, \ldots, w_k$是不同的数(若值相同则只取其中一个),多项式p_i非零(否则不考虑). 令x_0的最大值为k,设$x_0 = 1$,解$f_1(x) = f(t_0 x)$;或设$k = m$,化归为$f_1(x) = f(t_0 x)$.

设$x = \dfrac{1}{k}, k \in \mathbb{N}$, 这里只考虑$\mathbb{Q}^+$上$f$的值即可; 其余数域上的值可利用连续性进行延拓. (注意其与柯西法的相似之处!)

具体证明如下,设$x = \dfrac{1}{k}$,得到

$$f\left(\frac{n}{k}\right) = q_1\left(\frac{n}{k}\right)v_1^n + \quad + q_j\left(\frac{n}{k}\right)v_j^n,$$

其中$j \leqslant n$. 特别地,若令n等于nk,则得

$$f(n) = q_1(n)v_1^{kn} + \ldots + q_j(n)v_j^{kn}.$$

将上面等式与等式

$$f(n) = p_1(n)w_1^n + \ldots + p_k(n)w_k^n$$

比较,可推出(若有必要则交换v_j) $j = k$, $p_i = q_i$.又由引理得$v_i^k = w_i$ (注意,如果$j > k$,因为此时至少需要k个不同的项,而这是不可能的,所以将无法推出某些v_i^k的值相等).

仍需证明,存在某些与k线性无关的t_i,使得$v_i = \mathrm{e}^{\frac{t_i}{k}}$. 最后一步最具有技巧性, 这里也需要利用连续性（连续性的利用不仅限于文中提及的从$\mathbb{Q}$到$\mathbb{R}$）.

因为$x = \dfrac{1}{k}$, 所以v_i可记为$\mathrm{e}^{a_k^{(i)}}$. 又令$w_i = \mathrm{e}^{a_1^{(i)}}$, 则条件$v_i^k = w_i$变为$\mathrm{e}^{ka_k^{(i)}} = \mathrm{e}^{a_1^{(i)}}$, 于是$ka_k^{(i)} - a_1^{(i)} = r_k^{(i)} \cdot 2\pi i$是$2\pi i$的倍数. 由于$a_k^{(i)}$是$2\pi i$的倍数, 所以存在$a_k^{(i)}$, 使得$|r_k^{(i)}| \leqslant \dfrac{k}{2}$.

于是, 当$\dfrac{r_k^{(i)}}{k} \in \left[-\dfrac{1}{2}, \dfrac{1}{2} \right]$时, 有$a_k^{(i)} = \dfrac{a_1^{(i)}}{k} + \dfrac{r_k^{(i)}}{k} \cdot 2\pi i$.

下证, 当$k \to \infty$时, 有$\dfrac{r_k^{(i)}}{k} \to 0$. 为此, 对于任意确定的值$n$, 有$f(n + \dfrac{1}{k}) \to f(n)$.

特别地, 将

$$p_1 \left(n + \frac{1}{k} \right) w_1^n \cdot \mathrm{e}^{\frac{a_1^{(1)}}{k}} \cdot \mathrm{e}^{\frac{r_k^{(1)}}{k} \cdot 2\pi i} + \ldots + p_m \left(n + \frac{1}{k} \right) w_m^n \cdot \mathrm{e}^{\frac{a_1^{(m)}}{k}} \cdot \mathrm{e}^{\frac{r_k^{(m)}}{k} \cdot 2\pi i}$$

收敛到

$$p_1(n)w_1^n + p_2(n)w_2^n + \ldots + p_m(n)w_k^n.$$

又将$p_i \left(n + \dfrac{1}{k} \right)$收敛到$p_i(n)$, $\mathrm{e}^{\frac{a_1^{(i)}}{k}}$收敛到1, 所以

$$p_1(n)w_1^n \mathrm{e}^{\frac{r_k^{(1)}}{k} \cdot 2\pi i} + \ldots + p_m(n)w_m^n \mathrm{e}^{\frac{r_k^{(m)}}{k} \cdot 2\pi i} \to p_1(n)w_1^n + \ldots + p_m(n)w_m^n.$$

对于任意的$n \in \mathbb{N}$, 向量

$$(p_1(n)w_1^n, p_2(n)w_2^n, \ldots, p_m(n)w_m^n),$$

生成$\mathbb{C}^n$.（反证法）如果存在不全为0的c_i, 使得

$$\sum c_i p_i(n) w_i^n = 0,$$

那么由引理可知, 这不可能成立, 产生矛盾, 原命题成立.

于是, 存在$n_1, n_2, \ldots, n_m$使矩阵$(p_i(n_j)w_i^{n_j})$是非退化的. 特别地, 线性映射$T: \mathbb{C}^n \to \mathbb{C}^n$为

$$T(x_1, \ldots, x_m) = (p_1(n_1)w_1^{n_1}x_1 + p_2(n_1)w_2^{n_1}x_2 + \ldots + p_m(n_1)w_m^{n_1}x_m, \ldots,$$

$$p_1(n_m)w_1^{n_m}x_1 + p_2(n_m)w_2^{n_m}x_2 + \ldots + p_m(n_m)w_m^{n_m}x_m).$$

有线性逆映射,所以映射$T: 0\mathbb{C}^n \to \mathbb{C}^n$是连续的.

因为

$$T(\mathrm{e}^{\frac{r_k^{(1)}}{k}\cdot 2\pi i}, \ldots, \mathrm{e}^{\frac{r_k^{(1)}}{k}\cdot 2\pi i}) \to T(1,1,\ldots,1),$$

所以应用T^{-1}可推出

$$(\mathrm{e}^{\frac{r_k^{(1)}}{k}\cdot 2\pi i}, \ldots, \mathrm{e}^{\frac{r_k^{(1)}}{k}\cdot 2\pi i}) \to (1,1,\ldots,1).$$

于是,

$$\mathrm{e}^{\frac{r_k^{(i)}}{\cdot}\cdot 2\pi i} \to 1.$$

又由$\frac{r_k^{(i)}}{i} \in [-\frac{1}{2}, \frac{1}{2}]$ 得$\frac{r_k^{(i)}}{k} \to 0$,故当$k \to \infty$ 时,有$\frac{r_k^{(i)}}{k} \to 0$.

接下来, 比较$x = \frac{1}{k}$和$x = \frac{1}{kl}$ 时的$f\left(\frac{n}{k}\right)$的值,可得$a_k^{(i)} - la_{kl}^{(i)}$ 是$2\pi i$ 的倍数,即$r_k^{(i)} - r_{lk}^{(i)}$ 是能被k整除的整数.

特别地, $r_{2k}^{(i)} - r_k^{(i)}$ 能被k整除.又$\frac{r_k^{(i)}}{k}, \frac{r_{2k}^{(i)}}{2k} \to 0$,所以当且仅当$r_{2k}^{(i)} = r_k^{(i)}$时成立($k$ 足够大). 于是,当$k \geqslant k_0$时,有$r_{2^m k}^{(i)} = r_k^{(i)}$.

如果$k \geqslant k_0$,存在$2^p \geqslant k_0$ 使得$2^p \mid r_{2^p k}^{(i)} - r_{2^p}^{(i)} = r_k^{(i)} - r_{2^p}^{(i)}$,故只要k 足够大, 就有$r_k^{(i)} = r_{2^p}^{(i)}$. 因为p的取值与k无关,所以$r_k^{(i)}$ 是常数.

由此,$a_k^{(i)}$加上或减去$2\pi i$的某倍数可使$r_k^{(i)}$ ($k > 0$)变成常数.

$r_k^{(i)}$之前的值都不是常数,$r_{k+1}^{(i)}$之后的所有值都是常数, 即$r_{k+1}^{(i)} = r_{k+2}^{(i)} = \ldots = a_i$. 又$r_k^{(i)} - r_{2k}^{(i)} = r_k^{(i)} - a_i$ 能被k整除, 记为sk.用$a_k^{(i)} + 2 \cdot 2\pi i$ 代替$a_k^{(i)}$,使得$r^{(i)}$ 等于a_i. 重复操作直至$k = 0$. 令$t_i = a_1 + a_0 \cdot 2\pi i$, 可得$v_k^{(i)} = \mathrm{e}^{\frac{t_i}{k}}$.

因此,关系$R_{\frac{1}{k}}$成立,对于任意的$x \subset \mathbb{Q}^+$,有

$$f(x) = p_1(x)\mathrm{e}^{t_1 x} + p_2(x)\mathrm{e}^{t_2 x} + \ldots + p_m(x)\mathrm{e}^{t_m x}.$$

由连续性知,对于任意的$x \in (0, \infty)$,等式均成立.

利用连续性可知,对于任意的$x \in \mathbb{R}$,上面等式仍成立. $\square$

注. 以上定理无需对$n \in \mathbb{Z}$有更严格的限制要求,也可以使函数延拓到整个实数域$\mathbb{R}$上. 在这种情况下,对定义在$(0, \infty)$和$(-\infty, 0)$上的f分别进行处理.先在$(0, \infty)$上,求出f的表达式,在$(-\infty, 0)$上求出f的表达式;再求出两种表达式在0处值是相同的. 如果我们要求f是光滑的, 那么所有导数也必须是光滑的. 又由引理可知,这两个表达式是相同的,所以定理在$\mathbb{R}$上成立.

下面利用定理B的简单推论推导出定理A和其他结论.

命题.设$f\colon (0,\infty)\to\mathbb{C}$是连续函数.

(a) (定理A) 若对任意一个确定的$x\in (0,\infty)$,存在$w\in\mathbb{C}$,$p_1,p_2,p_3\in\mathbb{C}[X]$ (其值由x确定),使得

$$f(nx) = p_1(n)w^n + p_2(n)w^{-n} + p_3(n), \forall n\in\mathbb{N},$$

则存在$t\in\mathbb{C}$, $f_1,f_2,f_3\in\mathbb{C}[X]$,使得

$$f(x) = f_1(x)\mathrm{e}^{tx} + f_2(x)\mathrm{e}^{-tx} + f_3(x).$$

(b) (定理A的简单形式)若对于任意一个确定的$x\in (0,\infty)$,存在$w\in\mathbb{C}$及$p_1,p_2\in\mathbb{C}[X]$（其值由x确定）,使得

$$f(nx) = p_1(n)w^n + p_2(n), \forall n\in\mathbb{N},$$

则存在$t\in\mathbb{C}$, $f_1,f_2\in\mathbb{C}[X]$,使得

$$f(x) = f_1(x)\mathrm{e}^{tx} + f_2(x).$$

证明. (a) 令定理B 中的$m=3$,得

$$f(x) = f_1(x)\mathrm{e}^{t_1 x} + f_2(x)\mathrm{e}^{t_2 x} + f_3(x)\mathrm{e}^{t_3 x}.$$

所以,

$$f(nx) = f_1(nx)(\mathrm{e}^{t_1 x})^n + f_2(nx)(\mathrm{e}^{t_2 x})^n + f_3(nx)(\mathrm{e}^{t_3 x})^n.$$

将其与想要的等式进行比较,利用引理可知,对于任意的x,$\mathrm{e}^{t_1 x},\mathrm{e}^{t_2 x},\mathrm{e}^{t_3 x}$ 三者之一必是1 (p_3 恒为0时,则取$m=2$来消去一个变量),故t_1,t_2,t_3 之一必是0. 因此,对于任意的x,$\mathrm{e}^{t_1 x}\cdot\mathrm{e}^{t_2 x}$ 一定是1,于是$t_2 = -t_1$,故

$$f(x) = f_1(x)\mathrm{e}^{t_1 x} + f_2(x)\mathrm{e}^{-t_1(x)} + f_3(x).$$

得证.

(b) 令定理B中的$m=2$,得$f(x) = f_1(x)\mathrm{e}^{t_1 x} + f_2(x)\mathrm{e}^{t_2 x}$, 所以

$$f(nx) = f_1(nx)(\mathrm{e}^{t_1 x})^n + f_2(nx)(\mathrm{e}^{t_2 x})^n.$$

将它与想要的等式进行比较,对于任意的x, $e^{t_1 x}$, $e^{t_2 x}$之一必是0,可令$t_2 = 0$得出结论. □

最后, 对本节内容进行进一步完善.若多项式p_i的次数小于d,则多项式f_i的次数也小于d.反之, 若存在x,使得p_i的次数大于d, 则存在x,使得f_i的次数也大于d.或者描述为: 若存在x, 使得至少存在k个不同的数w_i,则至少存在k个不同的数t_i. 感兴趣的读者可利用本节内容自行进行证明.

8.3 习题

习题 8.1. 求函数方程

$$f(x + y) + f(x - y) = 2f(x)\cos(y), \forall x, y \in \mathbb{R}$$

的解.

习题 8.2. 求连续函数$f, g : \mathbb{R} \to \mathbb{R}$,使得对于任意的$x, y \in \mathbb{R}$,有

$$f(x - y) = f(x)f(y) + g(x)g(y).$$

习题 8.3. 求连续函数$f, g : \mathbb{R} \to \mathbb{R}$,使得对于任意的$x, y \in \mathbb{R}$,有

$$f(x + y) + f(x - y) = 2f(x)g(y).$$

习题 8.4. 求连续函数$f, g, h, k : \mathbb{R} \to \mathbb{R}$,使得对于任意的$x, y \in \mathbb{R}$,有

$$f(x + y) + g(x - y) = 2h(x)k(y).$$

习题 8.5. 求光滑函数$f : \mathbb{R} \to \mathbb{R}$,使得对于任意的$x, y \in \mathbb{R}$,有

$$f(x + y) + 2f(x)f(y) = f'(x)f(y) + f(x)f'(y).$$

习题 8.6. 求连续函数$f : \mathbb{R} \to \mathbb{R}$,使得当$x + y + z$是$2\pi$的整数倍时,有

$$f^2(x) + f^2(y) + f^2(z) - 2f(x)f(y)f(z) = 1.$$

第 9 章　Aczél–Gołąb–Schinzel 方程

9.1　理论与实例

研究函数方程的常用方法是: 利用函数周期的集合的代数结构进行求解. 一般地,我们很难描述这样的集合,但是在某些情况下, 所考虑的函数方程提供了关于函数的周期的集合的附加信息,从而有助于我们求出它的函数解. 本章我们将应用这种方法来求连续函数 $f : \mathbb{R} \to \mathbb{R}$,使得对于任意的 $x, y \in \mathbb{R}$, 有

$$f(x + yf(x)) = f(x)f(y). \tag{1}$$

Aczél [1] 和 Gołąb-Schinzel [10] ([3])首先系统研究了此类函数方程,故又称该方程为 Aczél–Gołąb–Schinzel 方程(AGS) ([6], [9]).关于该方程的研究仍在进行,如果想了解 Aczél–Gołąb–Schinzel (AGS)方程的历史研究和问题推广,建议读者参考文献 [2].

一般地,函数 $f : \mathbb{R} \to \mathbb{R}$ 的周期的集合记为

$$\mathcal{P} = \{\alpha \in \mathbb{R} | f(x + \alpha) = f(x) \quad , \quad x \in \mathbb{R}\}.$$

容易验证 $\mathcal{P}$ 是一个加法群: $0 \in \mathcal{P}$；若 $\alpha, \beta \in \mathcal{P}$, 则 $-\alpha \in \mathcal{P}, \alpha + \beta \in \mathcal{P}$.于是,对于任意的 $x \in \mathbb{R}$,有

$$f(x + \alpha - \beta) = f((x + \alpha - \beta) + \beta) = f(x + \alpha) = f(x).$$

即对于任意的 $\alpha, \alpha - \beta \in \mathcal{P}$,有 $\beta \in \mathcal{P}$.

例 9.1. 我们知道三角函数 $\sin x$ 和 $\cos x$ 以 2π 为周期, 它们的周期的集合可记为集合 $\mathcal{P} = \{2k\pi | k \in \mathbb{Z}\}$. 函数 $\tan x$ 和 $\cot x$ 定义在集合 $\mathbb{R} \setminus \{k\pi | k \in \mathbb{Z}\}$ 和 $\mathbb{R} \setminus \{(2k+1)\frac{\pi}{2} | k \in \mathbb{Z}\}$ 上, 它们周期的集合都为 $\mathcal{P} = \{k\pi | k \in \mathbb{Z}\}$.

例 9.2. 设 $f : \mathbb{R} \to \mathbb{R}$ 是狄利克雷函数,定义

$$f(x) = \begin{cases} 0 & , \quad x \text{ 是有理数} \\ 1 & , \quad x \text{ 是无理数}. \end{cases}$$

下证,函数 f 的周期的集合 $\mathcal{P}$ 是有理数集合 $\mathbb{Q}$.

证明如下,设 $\alpha \in \mathcal{P}$,即对于任意的 $x \in \mathbb{R}$,有 $f(x + \alpha) = f(x)$. 令 $x = 0$ 得 $f(\alpha) = f(0) = 0$.由题中的函数定义知,$\alpha \in \mathbb{Q}$,即 $\mathcal{P} \subseteq \mathbb{Q}$.反之, 令 $\alpha \in \mathbb{Q}$,因为数字 $x + \alpha$ 是有理数当且仅当 x 是有理数,所以对于任意的 $x \in \mathbb{R}$ 有 $f(x + \alpha) = f(x)$,即 $\mathbb{Q} \subseteq \mathcal{P}$.综上,$\mathcal{P} = \mathbb{Q}$.

一般来说,函数的周期的集合可能非常复杂,但对于连续函数来说,它的周期的集合的代数结构相对简单.

定理 9.1. 设有连续函数 $f : \mathbb{R} \to \mathbb{R}$,若 f 是连续函数,则 $\mathcal{P} = \mathbb{R}$ (即 f 是常函数)或存在 $\alpha \in \mathbb{R}$,使得 $\mathcal{P} = \{\alpha k | k \in \mathbb{Z}\}$.

证明. 因为 f 是连续函数,所以 $\mathcal{P}$ 是 $\mathbb{R}$ 的闭子集,即,若 $\alpha_1, \alpha_2, \cdots \in \mathcal{P}$ 且 $\lim \alpha_n = \alpha$, 则 $\alpha \in \mathcal{P}$. 故 $\mathcal{P}$ 是 $\mathbb{R}$ 的闭加法子群.符合定理描述, 下面进行具体地证明.

若 $\mathcal{P} \neq \mathbb{R}$.因为 $\mathcal{P} = -\mathcal{P}$ 且 $\mathcal{P}$ 是闭集,所以存在 $b > a \geq 0$,使得开区间 $(a, b) \subset \mathbb{R} \setminus \mathcal{P}$.设 $c = \inf\{a' \in [0, a] | (a', b) \subset \mathbb{R} \setminus \mathcal{P}\}$,因为集合 $\mathcal{P}$ 是闭集, 所以可推知 $c \in \mathcal{P}$,于是 $(0, b - c) = (c, b) - \{c\} \subset \mathbb{R} \setminus \mathcal{P}$.设 $\alpha = \sup\{\beta \geq b - c | (0, \beta) \subset \mathbb{R} \setminus \mathcal{P}\}$,若 $\alpha = \infty$, 则 $\mathcal{P} = \{0\}$.(否则, $(0, \alpha) \subset \mathbb{R} \setminus \mathcal{P}$ 且 $\alpha \in \mathcal{P}$.) 由数学归纳法得, 对于任意非负整数 n,有 $n\alpha \in \mathcal{P}$, $(n\alpha, (n+1)\alpha) \subset \mathbb{R} \setminus \mathcal{P}$, 因为 $\mathcal{P} = -\mathcal{P}$,所以对于任意的 $k \in \mathbb{Z}$,有 $(k\alpha, (k+1)\alpha) \in \mathbb{R} \setminus \mathcal{P}$.因此,$\mathcal{P} = \{k\alpha | k \in \mathbb{Z}\}$. $\square$

接下来我们将求解 AGS 函数方程 (1) 的所有连续函数解.

定理 9.2. 设有连续函数 $f : \mathbb{R} \to \mathbb{R}$,若 f 满足 AGS 函数方程 (1), 则 $f(x) \equiv 0$, $f(x) = ax + 1$ 或 $f(x) = \max(ax + 1, 0)$,其中 $a \in \mathbb{R}$ 是任意常数.

证明. 设 $\mathcal{P}$ 是函数 f 周期的集合.由定理 9.1 知,$\mathcal{P} = \mathbb{R}$ 或存在 $\alpha \in \mathbb{R}$,使得 $\mathcal{P} = \{\alpha k | k \in \mathbb{Z}\}$.

情况1. $\mathcal{P} = \mathbb{R}$.此时,f 是常函数,于是由 (1) 得 $f(x) = 0$ 或 $f(x) = 1$.

情况2. 存在 $\alpha \in \mathbb{R}$,使得 $\mathcal{P} = \{\alpha k | k \in \mathbb{Z}\}$ 且 $f(x) \not\equiv 0$.

利用方程(1),可证$\mathcal{P}$ 的如下性质：若$f(x_1) = f(x_2) \neq 0$, 则$x_2 - x_1 \in \mathcal{P}$.证明如下, 对于任意的$x \in \mathbb{R}$,存在$y \in \mathbb{R}$,使得$x = x_1 + f(x_1)y$. 由(1) 得

$$f(x) = f(x_1 + f(x_1)y) = f(x_1)f(y) = f(x_2)f(y) = f(x_2 + f(x_2)y) =$$
$$= f(x_2 + f(x_1)y) = f(x + x_2 - x_1),$$

即$x_2 - x_1 \in \mathcal{P}$.

令(1)中$y = 0$,因为$f(x) \not\equiv 0$,所以$f(0) = 1$.利用$f(x)$ 的连续性知,存在$y_0 \neq 0$,使得$f(y_0) \neq 0$. 假设存在$x \in \mathbb{R}$,使得$f(x) \neq 0$,则由(1)得,

$$0 \neq f(x)f(y_0) = f(x + y_0 f(x)) = f(y_0 + f(y_0)x),$$

又由$\mathcal{P}$ 的上述性质知,$t = x - y_0 + y_0 f(x) - x f(y_0) \in \mathcal{P}$.

下证$t = 0$.（反证法）若$t \neq 0$,则函数$f(x)$ 的周期为α,其中$\alpha \neq 0$.于是,取区间$[0, \alpha]$ 的所有值,由极值定理得,存在点$x_0 \in [0, \alpha]$, 使得$f(x)$的绝对值最大. 因为$f(x_0) \neq 0$,所以存在$x_1, x_2 \in \left(x_0 - \dfrac{\alpha}{3}, x_0 + \dfrac{\alpha}{3} \right)$,使得$x_1 < x_0 < x_2$且$f(x_1) = f(x_2) \neq 0$. 于是,$x_2 - x_1 \in \mathcal{P}$, 即存在$k \in \mathbb{Z}$,使得$x_2 - x_1 = k\alpha$. 但$0 < x_2 - x_1 < \dfrac{2\alpha}{3}$,产生矛盾,假设不成立. 因此, $t = 0$.

从而,当$f(x) \neq 0$时,有$x - y_0 + y_0 f(x) - x f(y_0) = 0$, 即$f(x) = ax + 1$, 其中$a = \dfrac{f(y_0) - 1}{y_0}$.因为常函数$f(x) = 1$是(1)的解,所以进一步假设$a \neq 0$. 考虑集合$\mathrm{Ker} f = \{x \in \mathbb{R} | f(x) = 0\}$.因为$f(x) \not\equiv 0$,所以$\mathrm{Ker} f \neq \mathbb{R}$.注意$\mathrm{Ker} f \neq \emptyset$.（反证法）若$\mathrm{Ker} f = \emptyset$,则对于任意$x \in \mathbb{R}$,有$f(x) = ax + 1$,但$f\left(-\dfrac{1}{a}\right) = 0$, 产生矛盾,假设不成立,原命题成立.

假设$\mathrm{Ker} f$ 包含闭区间$[a, b]$, $b > a$. 设

$$m = \inf\{c \in \mathbb{R} | [c, b] \subset \mathrm{Ker} f\}, \quad M = \sup\{c \in \mathbb{R} | [a, c] \subset \mathrm{Ker} f\}.$$

那么m 和M 中至少有一个数是有限值,否则$\mathrm{Ker} f = \mathbb{R}$.

首先假设它们都是有限数. 由f的连续性知$[m, M] \subset \mathrm{Ker} f$. 又存在数列$\{x_n\}_{n=1}^{\infty}$,使得$x_n < m$, $\lim\limits_{n \to \infty} x_n = m$ 且$f(x_n) \neq 0$.所以,

$$0 = f(m) = \lim_{n \to \infty} f(x_n) = \lim_{n \to \infty} (ax_n + 1) = am + 1,$$

即$m = -\dfrac{1}{a}$. 类似地,$M = -\dfrac{1}{a}$,产生矛盾.

假设$m = -\infty, M$ 为一个有限数. 由上述证明可知, $M = -\dfrac{1}{a}$, 对于任意的$x > -\dfrac{1}{a}$, 有$f(x) \neq 0$. 于是, 当$x \leqslant -\dfrac{1}{a}$时有$f(x) = 0$, 当$x \geqslant -\dfrac{1}{a}$时, 有$f(x) = ax + 1$. 因为$f(0) = 1$, 所以$a > 0$. 于是, 对于任意的$x \in \mathbb{R}$, 有$f(x) = \max(ax + 1, 0)$.

同理, 假设$M = +\infty, m$ 为一个有限数. 可知, $m = -\dfrac{1}{a} > 0$, 对于任意的$x \in \mathbb{R}$有$f(x) = \max(ax + 1, 0)$.

假设Ker$f$不包含任意一个区间. 此时对于任意的$x \in \operatorname{Ker} f$, 存在数列$\{x_n\}_{n=1}^{\infty}$, 使得对于任意的$n$, 有$x_n \notin \operatorname{Ker} f$, 其中$\lim\limits_{n \to \infty} x_n = x$. 所以

$$0 = f(x) = \lim_{n \to \infty} f(x_n) = \lim_{n \to \infty} (ax_n + 1) = ax + 1.$$

故Ker$f = \left\{-\dfrac{1}{a}\right\}$. 因此, 对于任意的$x \in \mathbb{R}$, 有$f(x) = ax + 1$, 定理得证.

检验. 显然$f = 0$ 满足条件. 设$y = 0$, 得$f(x) = f(x)f(0)$. 若$f \not\equiv 0$, 则$f(0) = 1$.

若$f(x) = 1 + ax$, 则

$$f(x + yf(x)) = f(x + y(1 + ax)) = f(x + y + axy) = 1 + ax + ay + a^2xy$$

$$= (1 + ax)(1 + ay) = f(x)f(y).$$

若$f(x) \neq 1$ 且$y = \dfrac{x}{1 - f(x)}$, 则$x + yf(x) = y$. 故$f(x)f(y) = f(y)$. 由$f(x) \neq 1$ 得$f\left(\dfrac{x}{1 - f(x)}\right) = 0$. 因此, 当$f \not\equiv 1$时, 满足$f(t) = 0$ 的t组成的集合A 非空. 若$t \in A, x \notin A$, 则令$y = \dfrac{t - x}{f(x)}$ 可得$x + yf(x) = t$. 于是$0 = f(t) = f(x)f(y)$, 故$f(y) = 0$, 即$\dfrac{t - x}{f(x)} \in A$. 如果$\dfrac{t - x}{f(x)}$ 是常数, 那么f 是线性函数, 线性函数已经检验完毕. 否则$\dfrac{t - x}{f(x)}$ 是一个连续的非常数函数, A 包含无穷多个数.

不失一般性, 假设A 包含无穷多个正数(第二种情况类似). 令$b = \inf A \bigcap (0, \infty)$. 因为$A$ 是闭集, 所以$b \in A$ 但$[0, b)$ 与A不相交. 又因为$f(0) = 1$, 所以在$[0, b)$上的函数值f是正数. 故, 若$x \in [0, b)$, 则$g(x) = \dfrac{c - x}{f(x)} \in A$, 其中$c \in A, c > b$. 又$g(0) = b, \lim_{x \to b} g(x) = \infty$, 所以$[b, \infty) \subset A$. 因此, 当$x \notin A$时, $y \in A$当且仅当$h_x(y) = x + yf(x) \in A$. 因此, 当$y < b$时有$h_x(y) \notin A$, 但因为A 是闭集, 所以只有$h_x(b)$ 是A 的边界点时, $h_x(b) \in A$才可能成立.

又$h_x(b)$ 在x上是连续的,b 不能记为A中除了b 点外的所有边界点的极限,所以对于任意的$x \in [0,b]$有$h_x(b) = b$. 从而, $x + bf(x) = b$.因此,对于任意的$x \in [0,b]$,有$f(x) = \dfrac{b-x}{b}$.

若A 包含负点, 则令$-d \in A, d > 0$. 令$y = -d$ 得$f\left(x - \dfrac{(b-x)d}{b}\right) = 0$.

但若x 小于b 且无限接近于b, 则$0 < x - \dfrac{(b-x)d}{b} < b$, 产生矛盾. 因此, A 不包含$(-\infty, 0)$ 中的点.又由h 在$(-\infty, b)$上的连续性知h 是常数,所以对于任意的$x \leqslant b$,有$f(x) = \dfrac{b-x}{b}$, 对于任意的$x \geqslant b$有$f(x) = 0$. 若A包含负数, 同理可得,对于任意的$x \geqslant b$,有$f(x) = \dfrac{b-x}{b}$, 对于任意的$x \leqslant b$,有$f(x) = 0$, 其中b 是负的. 经验证,这两个函数符合条件. 再加上$f = 0$ 和$f = 1 + ax$,它们构成了函数方程的解集. □

9.2　习题

习题 9.1. (IMO 1968) 设$a > 0$为一个实数, 实函数$f(x)$定义在$\mathbb{R}$ 上.若对于任意的$x \in \mathbb{R}$,有

$$f(x + a) = \frac{1}{2} + \sqrt{f(x) - f(x)^2},$$

(a) 证明函数f 是周期函数;

(b) 当$a = 1$时,请举一个非常数的函数的例子.

习题 9.2. 函数$f(x) = 2^x + 3^x + 9^x$ 能否表示成有限个周期函数的和?

习题 9.3. 设k 是一个正实数, 函数$f : (0, \infty) \to (0, \infty)$.若对于任意的$x, y \in (0, \infty)$,有

$$f(x)f(y) = kf(x + yf(x)).$$

(a) 证明f 是增函数.

(b)求满足上述函数方程的函数解.

习题 9.4. 设$a > 0$, $a \neq 1, b \neq 0$为实数.求函数$f : [0, \infty) \to (0, \infty)$,使得对于任意的$x, y \in [0, \infty)$,有

$$f(x)f(y) = af(x + yf(x)^b).$$

习题 9.5. 给定正整数 n ,求所有非常函数的连续函数 $f : \mathbb{R} \to \mathbb{R}$,使得对于任意的 $x, y \in \mathbb{R}$,有

$$f(x)f(y) = f(x + yf(x)^n).$$

第 10 章　算术函数方程

10.1　理论与实例

关于"算术"函数方程属于哪一类别一直存在争论.本书决定, 若方程的解依赖于整数的可分性和因式分解,则将该函数方程归类为代数方程. 一般地, 这里只有在N, Z上或至多在Q 上的函数, 而没有在ℝ或ℂ上的函数.

因为大多数问题都需要首先猜测方程的解,所以对算术函数的了解可以帮助读者解决算术函数方程问题. 为此,我们列出了一些重要的理论概念和算术函数.下面内容中, 若对正整数进行欧几里得因式分解,分解为不同素数的幂的乘积,则记为$p_1^{\alpha_1} \cdots p_k^{\alpha_k}$.

回忆前面章节的内容,若对于函数f的定义域中的任意x, y,都有$f(xy) = f(x)f(y)$,则称其为可乘性函数.若(算术函数)定义域超出N, Z 或Q ,则称其为强（*strong*） 或完全（*total*） 可乘性函数. 具体见下面的定义:

定义. 若对于任意互素的数x, y 有$f(xy) = f(x)f(y)$,则称算数函数f为可乘性函数(在Q的情况下, 互素意味着化为最简分数后,分子分母没有相同的素因子).

若x可分解成若干素数的乘积,即$x = \prod p_i^{\alpha_i}$, 则可乘性函数f可表示为$f(x) = \prod f(p_i^{\alpha_i})$,强可乘性函数$f$可表示为$f(x) = \prod f(p_i)^{\alpha_i}$.

下面给出一些重要的非平凡可乘性函数的例子(它们都不是强可乘性函数):

• 欧拉函数$\phi : \mathrm{N} \to \mathrm{N}$ 在n 处的值介于1到n之间,且与n互素. 由中国剩余定理知,ϕ 是可乘性函数, 但不是强可乘性函数. 事实上,

$$f\left(\prod p_i^{\alpha_i}\right) = \prod (p_i - 1)p_i^{\alpha_i - 1}.$$

欧拉函数的一个重要算数性质是任意与n 互素的a,都有$a^{\phi(n)} \equiv 1 \pmod{n}$.

• 莫比乌斯函数$\mu \colon \mathbb{N} \to \mathbb{N}$ 定义如下:

$$\begin{cases} \mu(n) = 0 & ,p^2 \mid n \\ \mu(n) = (-1)^k & ,n = p_1 p_2 \ldots p_k \end{cases}$$

换句话说, μ 在所有有平方因子的正整数n(即能被非平凡平方因子整除)处取值为0 ,在无平方因子的整数n 处取值为±1, 取值正负取决于它们的素因子数量的奇偶性.

• 下面的函数$\tau \colon \mathbb{N} \to \mathbb{N}$ 可计算$n \in \mathbb{N}$的因子(包括1和它本身)的数量:若n的欧几里得分解是$n = p_1^{\alpha_1} \ldots p_k^{\alpha_k}$,则

$$\tau(n) = (\alpha_1 + 1)(\alpha_2 + 1) \ldots (\alpha_k + 1)$$

是可乘性函数.

• 下面的函数$\sigma \colon \mathbb{N} \to \mathbb{N}$ 可计算$n \in \mathbb{N}$时的所有因子的和. 若$n = p_1^{\alpha_1} \ldots p_k^{\alpha_k}$,则

$$\sigma(n) = (1 + p_1 + \ldots + p_1^{\alpha_1}) \ldots (1 + p_k + \ldots + p_k^{\alpha_k}) = \frac{p_1^{\alpha_1+1} - 1}{p_1 - 1} \cdot \ldots \cdot \frac{p_k^{\alpha_k+1} - 1}{p_k - 1}.$$

该公式可由下面定理得到,只要令其中的函数$f(x) = 1$即可.

定理. 若对于任意的$n \in \mathbb{N}, f \colon \mathbb{N} \to \mathbb{N}$是可乘性函数,则函数$F(n) = \sum_{d|n} f(n)$ 满足

$$F(p_1^{\alpha_1} \ldots p_k^{\alpha_k}) = (1 + f(p_1) + \ldots + f(p_1^{\alpha_1})) \ldots (1 + f(p_k) + \ldots + f(p_k^{\alpha_k})).$$

若可加性函数f 是强可乘性函数, 则后面式子可改写为

$$\frac{f(p_1)^{\alpha_1+1} - 1}{f(p_1) - 1} \cdot \ldots \cdot \frac{f(p_k)^{\alpha_k+1} - 1}{f(p_k) - 1}.$$

注.上式只有在$f(p_i) \neq 1$时才有意义;若$f(p_i) = 1$,则

$$\frac{f(p_i)^{\alpha_i+1} - 1}{f(p_i) - 1} = 1 + f(p_i) + \ldots + f(p_i)^{\alpha_i}$$

用数$\alpha_i + 1$进行替换.

证明.将条件中的第一个等式右端的因子归为一类,利用可乘性函数f的性质,等式右边可化为$\sum_{0\leqslant m_i\leqslant\alpha_i}f(p_1^{m_1}\cdots p_k^{m_k})$,与等式左边形式相同. 如果$f$是可乘性函数, 那么由结论可知$f(p_i^{m_i})=f(p_i)^{m_i}$. (注意利用$f(1)=1$)　　　　□

"$f\to F$, 其中$F(n)=\sum_{d|n}f(d)$ "的逆涉及到了莫比乌斯函数:

定理. 若函数$F:\mathbb{N}\to\mathbb{R}$(其中$\mathbb{R}$可以替换为$\mathbb{Z},\mathbb{C},\mathbb{Q},\mathbb{R}$ 或者更一般的环),则$F(n)=\sum_{d|n}f(d)$, 其中f可记为

$$f(n)=\sum_{d|n}\mu\left(\frac{n}{d}\right)F(d).$$

证明.对于任意的n,由关系$F(n)=\sum_{d|n}f(d)$ 可知,$f(n)$与$f(1),\ldots,f(n-1)$ 的值和$F(n)$的值有关.令$n=1$, 有$f(1)=F(1)$, 由数学归纳法可知f 的唯一性. 下需证明f满足条件.

事实上,

$$\sum_{d|n}f(d)=\sum_{d|n,d'|d}\mu(\frac{d}{d'})F(d')=\sum_{d'|d}\sum_{m|\frac{n}{d'}}\mu(m)F(d'),$$

令m 为$\frac{d}{d'}$,可得到最后一个等式. 故,上式可改写为

$$\sum_{d'|n}E(\frac{n}{d'})F(d'),$$

其中

$$E(x)=\sum_{d|x}\mu(d).$$

仍然需要检验$x>1$时,有$E(1)=1$ 和$E(x)=0$. 显然,$E(1)=1$. 因为

$$E(p_1^{\alpha_1}\ldots p_k^{\alpha_k})=(1+\mu(p_1)+\ldots+\mu(p_1^{\alpha_1}))\ldots(1+\mu(p_k)+\ldots+\mu(p_k^{\alpha_k})),$$

又对于任意的$\alpha_1>0$,有$1+\mu(p_1)+\ldots+\mu(p_1^{\alpha_1})$等于$1-1+0+\ldots+0=0$, 所以由前面定理可推知,当$x>1$时有$E(x)=0$.　　　　□

要注意的是,这个定理不需要f的任何代数性质; 但是该定理常被用于具有良好算术属性的函数f上.

因为在$\mathbb{Z}$ 或$\mathbb{Q}$ 上的性质可以由$\mathbb{N}$上的性质进行合理定义:若$\frac{p}{q}$是不可约分数,则$f\left(\frac{p}{q}\right)$ 等于$\frac{f(p)}{f(q)}$, $f(-n)$等于$f(-1)f(n)$,所以定义域为$\mathbb{Z}$ 或$\mathbb{Q}$ 的可乘性函数理论与$\mathbb{N}$上的可乘性函数理论基本没有区别.

下面是一些算术函数方程的实例.

例 10.1. 证明:不存在双射 $f:\mathbb{N}\to\mathbb{N}_0$,使得对于任意的 $m,n\in\mathbb{N}$,有

$$f(mn)=f(m)+f(n)+3f(m)f(n).$$

解. 假设存在双射 $f:\mathbb{N}\to\mathbb{N}_0$ 满足给定条件. 设 $g(n)=3f(n)+1$,$S=\{3n+1|n\in N_0\}$. 那么 $g:\mathbb{N}\to S$ 是双射,对于任意的 $m,n\in\mathbb{N}$ 有 $g(mn)=g(m)g(n)$ (即 g 是一个强可乘性的双射). 特别地, $g(1)=g^2(1)$, 即 $g(1)=1$. 令 $p,q,r\in\mathbb{N}$ 满足:$g(p)=4$, $g(q)=10$,$g(r)=25$. 因为 $4,10$ 和 25 中的任意数字都不是集合 $S\setminus\{1\}$ 中的某两个数字的乘积,所以由可乘性函数 g 的性质知,p,q,r 是不同的素数. 另一方面,又由

$$g(pr)=g(p)g(r)=10^2=g^2(q)=g(q^2)$$

知 $pr=q^2$,产生矛盾.假设不成立,原命题成立,问题得证.

例 10.2. 说明:存在唯一的函数 $f:\mathbb{N}\times\mathbb{N}\to\mathbb{N}$ 满足下述三个条件:
    (i)对于任意的 $x,y\in\mathbb{N}$,有 $f(x,y)=f(y,x)$;
    (ii) 对于任意的 $x\in\mathbb{N}$,有 $f(x,x)=x$;
    (iii)对于任意的 $x,y\in\mathbb{N},y>x$,有 $(y-x)f(x,y)=yf(x,y-x)$.

解. 条件中的结构使我们想到欧几里得算法（辗转相除法）.但在第(iii)个条件中,除了 $y-x$ 和 x 外,有一些多余的因素,我们可通过代数学相关知识去掉它们. 设 $g(x,y)=\dfrac{xy}{f(x,y)}$,则 $g(x,y)=g(y,x)$, $g(x,x)=x$ 且 $g(x,y)=g(x,y-x),y>x$. 通过欧几里德算法,这些关系式可建立函数 $\gcd(x,y)$,即 $g(x,y)=\gcd(x,y)$. 故

$$f(x,y)=\frac{xy}{\gcd(x,y)}=\text{lcm}(x,y).$$

例 10.3. 设函数 $f:\mathbb{N}\to\mathbb{R}$, $f(1)=1$.求函数 f,使得对于任意的 $n\in\mathbb{N}$,有

$$\sum_{d|n}f(d)=n.$$

解. 利用数学文化知识可以帮助我们理解问题: 例如欧拉函数 ϕ. 尝试证明 $f=\phi$. 因为 ϕ 是可乘性函数, 所以首先证明 f 也是可乘性函数, 即

当$(m,n)=1$ 时,$f(mn)=f(m)f(n)$. 利用数学归纳法,对$m+n$进行归纳:注意到,当m,n 之一为1 时,显然成立; 现假设$m,n>1$, $(m,n)=1$,那么对于满足这样条件的mn可得$\sum_{d|mn}f(d)=mn$. 又任意的$d|mn$可被唯一地记为$d=d_1d_2$, 其中$d_1|m$且$d_2|n$. 若$d<mn$,则$d_1+d_2<m+n$,由归纳假设可得,对于任意的$d<mn$,有$f(d)=f(d_1d_2)=f(d_1)f(d_2)$. 所以

$$mn=\sum_{d|mn}f(d)=\sum_{d|mn,d<mn}f(d)+f(mn)$$

$$=\sum_{d_1|m,d_2|n}f(d_1)f(d_2)-f(m)f(n)+f(mn)$$

$$=(\sum_{d|m}f(d))(\sum_{d|n}f(d))-f(m)f(n)+f(mn)=mn-f(m)f(n)+f(mn),$$

故,$f(mn)=f(m)f(n)$. 归纳完成. 现在可以计算素数指数幂对应的函数值f. 设p 是一个素数,则当$n=p^k$时有$f(1)+f(p)+\ldots+f(p^k)=p^k$. 当$n=p^{k+1}$时,得到类似的等式,再用新等式减去上式得到$f(p^{k+1})=p^{k+1}-p^k=\phi(p^{k+1})$.因此,关系$f=\phi$ 为可乘性函数.

仍需证明$\sum_{d|n}\phi(d)=n$. 有许多方法可以证明它. 最简洁的方法是计算分母n的次幺正(和幺正)的非零分数的数量. 一方面, 该数量显然为n. 另一方面,对于任意的$d|n$,分数的最简形式会产生分母为d的分数$\phi(d)$. 又由上一节的定理证明可知,函数f 满足条件,可记为

$$\sum_{d|n}\mu(\frac{n}{d})\cdot d.$$

因为$\mu(x)\cdot\frac{1}{x}$ 是可乘性函数,所以该表达式可简化为$\phi(n)$, 故后一个和形式的值为

$$n\cdot\left(1+\mu(p_1)\frac{1}{p_1}+\mu(p_1^2)\frac{1}{p_1^2}+\ldots\right)\ldots\left(1+\mu(p_k)\frac{1}{p_k}+\mu(p_k^2)\frac{1}{p_k^2}+\ldots\right)$$

$$=n\left(1-\frac{1}{p_1}\right)\ldots\left(1-\frac{1}{p_k}\right),$$

即$\phi(n)$.问题得证.

例 10.4. (Turkey 1995) 求满射函数$f:\mathbb{N}\to\mathbb{N}$,使得$m|n$ 成立当且仅当对于任意的$m,n\in\mathbb{N}$,有$f(m)|f(n)$.

解.若对于任意的$k < l$,有$f(k) = f(l)$,则$f(l)|f(k)$,而$l|k$是不可能的,产生矛盾.所以f是双射.因为1整除任意数,所以$f(1) = 1$.因为f在n的因数构成的集合与$f(n)$的因数构成的集合间构成了双射,所以$f(n)$与n的因数一样多.

接下来,证明f是可乘性函数.当$(m,n) = 1$时,因为$f(e) = d|(f(m), f(n))$,所以$e|m, e|n$,故$e = 1$,即$(f(m), f(n)) = 1$.因此,当$(m,n) = 1$时,$f(m)|f(mn), f(n)|f(mn)$,从而$f(m)f(n)|f(mn)$.因为$f(m)$和m因数一样多,$f(n)$和n因数一样多,$f(m)$与$f(n)$互素,所以$f(m)f(n)$和mn因数一样多.从而$f(mn) = f(m)f(n)$,故f是可乘性函数.

如果p是素数,那么$f(p)$也一定是素数,它的逆也是成立的,所以f是所有素数集合上的双射.

下证,如果n是素数的幂,那么$f(p)$具有相同指数的素数的幂.利用归纳法,首先已经证明了一些基本情形,接下来,假设已经证明了$f(p^k) = q^k$,那么$q^k|f(p^{k+1})$,从而$f(p^{k+1}) = q^{k+r}M$,其中M为与q互素的素数.因为$f(p^{k+1})$有$k+2$个因子,所以一定有$(k+r+1)t = k+2$,其中t是M的因子的数量.如果$t \geqslant 2$,那么显然无解.所以$t = 1, M = 1, k+r+1 = k+2$.因此$f(p^{k+1}) = q^{k+1}$得证.归纳完成.

利用可乘性函数f的性质可推出

$$f\left(\prod p_i^{k_i}\right) = \prod q_i^{k_i},$$

其中$q_i = f(p_i)$.满足该关系式的任意f,都可建立素数集合上的双射使其满足条件.所以,该形式可以表示全部的函数解.

例 10.5. (IMO 2007 预选赛) 求满射函数$f : \mathbb{N} \to \mathbb{N}$,使得对于任意的$m, n \in \mathbb{N}$和素数$p$, $f(m + n)$可被p整除当且仅当$f(m) + f(n)$能被p整除.

解. 因为$f(1)$的素因子整除所有函数值f,所以$f(1) = 1$.

对于任意的素数p,设$g(p)$是满足$p|f(n)$的最小正整数n.因为f是满射,所以g可以很好地进行定义.显然,$g(p) > 1, p$整除$f(g(p))$.所以,当$g(p)$整除n时,p整除$f(n)$.利用辗转相除法和$g(p)$的极小值,可推出它的逆是正确的:如果$p|f(n)$,那么$g(p)$整除n.

接下来,存在正整数n,使得整除$f(n+1) - f(n)$的素数不存在.假设p整除$f(n+1) - f(n)$,则由满射的性质得,存在m使得$p|f(n)+f(m)$,所以$p|f(m+n)$

且$p|f(m+n+1)$. 故$g(p)$ 整除$m+n$和$m+n+1$, 产生矛盾. 因此,对于任意的n,有

$$|f(n+1) - f(n)| = 1.$$

由前面步骤可知$f(2) = 2$. 下面证明$f(n) = n$. （反证法）假设对于任意的$k \leqslant n$,有$f(k) = k, f(n+1) = n-1$. 因为$n+1 = f(n)+f(1)$和$n-1 = f(n+1)$有相同的素因子当且仅当它们都等于2 ,所以$n+1, n-1$ 都是2的幂且相差为2. 因此, $n-1 = 2$,即$n = 3$. 从而,$f(4) = 2$. 又$|f(5) - 2| = 1$, 但$f(5) = f(2+3)$是5的倍数, 产生矛盾. 所以$f(n+1) \neq n-1$. 故$f(n+1) = n+1$.

例 10.6. (G. Dospinescu) 求满足以下条件的函数$f : \mathbb{N} \to \mathbb{Z}$:

(i) 当a 整除b时,$f(a) \geq f(b)$;

(ii) 对于任意的$a, b \in \mathbb{N}$,有$f(ab) + f(a^2 + b^2) = f(a) + f(b)$.

解. 考虑函数$f(x) - f(1)$, 假设$f(1) = 0$, 则由第一个条件知,对于任意的n,有$f(n) \leqslant 0$. 又由第二个条件可知$f(2) = 0$.

关键问题是证明,对于任意的素数$p = 1 \pmod 4$,有$f(p) = 0$. 事实上, 取素数p, 存在正整数a,使得$p|a^2+1$. 由数论的相关结论知,这样的数是存在的. 令第二个关系式中的$b = 1$,可得$f(a^2+1) = 0$. 由第一个条件得$f(p) \geqslant f(a^2+1) = 0$. 但$f(p) \leqslant 0$,所以$f(p) = 0$. 如果n可以表示为一些$1 \pmod 4$的素数的乘积(这些素数不必不同), 那么$f(n) = 0$. 事实上, 若$f(a) = f(b) = 0$,则$f(ab) + f(a^2 + b^2) = 0$. 又$f(ab), f(a^2 + b^2) \leqslant 0$, 所以$f(ab) = 0$. 这允许我们可以通过归纳质数除以$n$的个数来证明命题.

另一个关键问题是,若$\gcd(a, b) = 1$,则$f(ab) = f(a) + f(b)$. 事实上, $a^2 + b^2$是素数的乘积,排除2的幂外,它等于$1 \pmod 4$. 又$f(2) = 0$,所以我们可以通过先前论证推得$f(a^2 + b^2) = 0$,故$f(ab) = f(a) + f(b)$.

最后,尝试计算$f(p^k)$,其中p为素数. 若$f(a) = f(b) = 0$,则$f(ab) = 0$, 所以如果$p = 2$或$p = 1 \pmod 4$,则有$f(p^k) = 0$, 假设$p = 3 \pmod 4$. 令$b = a^k$,有$f(a^k) \geqslant f(a^{k+1}), f(a) \geqslant f(a^2 + a^{2k})$, 可得这两个不等式都是等式,所以对于任意的$a$和$k$,均有$f(a^k) = f(a^{k+1})$,从而$f(p^k) = f(p)$.

综上所述,存在不同的素数$p_1, ..., p_r$ 和正整数$k_1, ..., k_r$,使得$n = p_1^{k_1}...p_r^{k_r}$, 那么$f(n) = f(p_1) + ... + f(p_r)$. 若$p_i = 2$ 或$p_i = 1 \pmod 4$,则每个$f(p_i)$ 都等于0 . 于是, 对于任意的素数$p = 3 \pmod 4$都有相应的确定的$f(p)$值,这表明f

是唯一的. 这给了我们一系列可能的解,最后一步可以检验是否允许在这些素数点处取任意值.

选择任意函数g,使其定义在素数$p \equiv 3 \pmod 4$构成的集合上.定义$f(1) = f(2) = 0$；当$p \equiv 3 \pmod 4$时,$f(p) = g(p)$；当p为其他素数时,$f(p) = 0$. 利用$f(p_1^{k_1}...p_r^{k_r}) = f(p_1) + ... + f(p_r)$可将$f$延拓到所有正整数域上. 下面检验$f$是否为函数解. 第一个关系式是显然成立的,考虑$a, b, \gcd(a,b)$的素因子分解,利用$\gcd(a,b) = 1$, $a^2 + b^2$的素因子均等于2或1 $\pmod 4$（f被消去了）,可知第二个等式也是成立的.

例 10.7. (P. Erdös) 设$f : \mathbb{N} \to \mathbb{R}$,求递增的可乘性函数$f$.

解. 首先证明对于任意的正整数n和素数p,有$f(p^{n+1}) = f(p)f(p^n)$. 因为对于任意的$(x,p) = 1$有

$$\frac{f(xp - 1)}{f(x)} \leqslant \frac{f(p^{n+1})}{f(p^n)} \leqslant \frac{f(xp + 1)}{f(x)},$$

所以对于任意的$(x,p) = 1$,有

$$f(p) \cdot \frac{f(x - p)}{f(x)} \leqslant \frac{f(p^{n+1})}{f(p^n)} \leqslant f(p) \cdot \frac{f(x + p)}{f(x)},$$

若

$$\frac{f(p^{n+1})}{f(p)f(p^n)} = r,$$

则对于任意的正整数k有$f(x + kp) \geqslant r^k f(x)$. 又对于某些足够大的$x$, 由函数的递增性得$f(2)f(x) = f(2x) > f(x + kp)$,所以对于任意的正整数$k$,有$f(2) > r^k$,于是$r \leqslant 1$. 同理可得,$r \geqslant 1$. 因此,对于任意的$p, n$,有

$$\frac{f(p^{n+1})}{f(p)f(p^n)} = r = 1.$$

由此证明了,对于任意的p, n有$f(p^n) = f(p)^n$.

现在,假设不存在常数a,使得$f(n)$的形式为n^a,则存在整数l, m,使得

$$\frac{\ln l}{\ln m} \neq \frac{\ln f(l)}{\ln f(m)}.$$

若LHS > RHS（等式左边的值大于等式右边的值）, 则存在有理数

$$\frac{\ln l}{\ln m} > \frac{s}{t} > \frac{\ln f(l)}{\ln f(m)},$$

于是, $l^t > m^s$. 又 $f(m^s) = f(m)^s > f(l)^t = f(l^t)$,产生矛盾; 类似地,RHS更大也会产生矛盾. 因此,满足条件的函数只有 $f(n) = n^a$, 其中 a 为常数.

例 10.8. (IMO 1990) 求函数 $f: \mathbb{Q}^+ \to \mathbb{Q}^+$,使得对于任意的 $x, y \in \mathbb{Q}^+$,有

$$yf(xf(y)) = f(x).$$

解. 设函数 f 满足给定条件. 令 $x = 1$,有 $yf(f(y)) = f(1)$. 所以,函数 f 是单射,$f(f(1)) = f(1)$,从而 $f(1) = 1$. 因此,

$$yf(f(y)) = 1. \tag{1}$$

将给定等式中的 x 替换为 xy 且 y 替换为 $f(y)$,得到

$$f(xy) = f(x)f(y). \tag{2}$$

反之, 任何满足(1) 和(2)的函数 $f: \mathbb{Q}^+ \to \mathbb{Q}^+$ 也满足给定条件.

由(2)可得 $1 = f(1) = f(y)f\left(\dfrac{1}{y}\right)$,再次使用(2)得到 $f\left(\dfrac{x}{y}\right) = \dfrac{f(x)}{f(y)}$.故,若函数 f 定义在素数集合 P 上,则它在 $\mathbb{Q}^+$ 上有唯一的延拓: $f(1) = 1$;若 $n \geqslant 2$ 且是一个整数,$n = p_1^{\alpha_1} \ldots p_k^{\alpha_k}$ 的正则表示为一些素数的乘积,则 $f(n) = f(p_1)^{\alpha_1} f(p_2)^{\alpha_2} \ldots f(p_k)^{\alpha_k}$;若 $r = \dfrac{m}{n} \in \mathbb{Q}^+$,则 $f(r) = \dfrac{f(m)}{f(n)}$. 此外,对于任意的 $p \in P$, 若 f 满足等式(1),则可验证, 对于任意的 $x, y \in \mathbb{Q}^+$,有等式(1) 和(2) 成立.

因此,我们必须构造函数 $f: P \to \mathbb{Q}^+$,使其满足条件(1). 为此,设素数序列 $p_1 < p_2 < \ldots$. 令 $f(p_{2n-1}) = p_{2n}$, $f(p_{2n}) = \dfrac{1}{p_{2n-1}}$ $(n \geqslant 1)$. 显然,对于任意的 $p \in P$,有 $f(f(p)) = \dfrac{1}{p}$, 即等式(1)成立.

例 10.9. (IMO 1998) 求函数 $f: \mathbb{N} \to \mathbb{N}$,使得对于任意的 $m, n \in \mathbb{N}$,有

$$f(n^2 f(m)) = mf(n)^2.$$

求 $f(1998)$ 的最小值.

解. 设 f 是满足给定条件的任意函数.设 $f(1) = a$. 令 $n = 1$ 和 $m = 1$,分别得到 $f(f(m)) = a^2 m$ 和 $f(an^2) = f(n)^2$. 因此,

$$f(m)^2 f(n)^2 = f(m)^2 f(an^2) = f(m^2 f(f(an^2))) = f(m^2 a^3 n^2) = f(amn)^2,$$

即 $f(m)f(n) = f(amn)$. 特别地, $f(am) = af(m)$.因此,

$$af(mn) = f(m)f(n). \tag{1}$$

下证,对于任意的 $n \in \mathbb{N}$,有 a 整除 $f(n)$.设 p 是素数,令 $\alpha \geqslant 0, \beta \geqslant 0$分别是 a 和 $f(n)$的正则表示中的 p 的次数. 于是,利用数学归纳法,对(1)进行归纳得,对于任意的 $k \in \mathbb{N}$,有 $f(n)^k = a^{k-1}f(n^k)$. 故 $k\beta \geqslant (k-1)\alpha$, 从而 $\beta \geqslant \alpha$. 因此,a 整除 $f(n)$.

设 $g(n) = \dfrac{f(n)}{a}$,$g: \mathbb{N} \to \mathbb{N}$,则对于任意的 $m, n \in \mathbb{N}$,有

$$g(mn) = g(m)g(n). \tag{2}$$

$$g(g(m)) = m. \tag{3}$$

反之, 给定函数 g 满足以上性质,可得对于任意的 $a \in \mathbb{N}$,函数 $f(n) = ag(n)$ 满足给定条件.

令(2)中的 $m = n = 1$,得

$$g(1) = 1. \tag{4}$$

下证,对于任意的 $p \in P$,有 $g(p) \in P$.事实上, 设 $p \in P$,$g(p) = uv$,由(3) 和(2) 得 $p = g(g(p)) = g(uv) = g(u)g(v)$. 假设 $g(u) = 1$,那么 $u = g(g(u)) = g(1) = 1$,故 $g(p) \in P$. 令 $n \geqslant 2$, $n = p_1^{\alpha_1} \ldots p_k^{\alpha_k}$ 正则表示为一些素数的乘积. 于是由(2) 得,

$$g(n) = g(p_1)^{\alpha_1} \ldots g(p_k)^{\alpha_k}. \tag{5}$$

因此,满足给定条件的任意函数 $f: \mathbb{N} \to \mathbb{N}$ 由 $f(1)$的值和满足 $g(g(p)) = p$的函数 $g: P \to P$唯一确定, 即由素数集合所确定.

现证,$f(1998)$的最小值是120. 可知

$$f(1998) = f(2 \cdot 3^3 \cdot 37) = f(1)g(2)g(3)^3 g(37).$$

因为 $g(2), g(3)$ 和 $g(37)$ 是不同的素数,所以

$$g(2)g(3)^3 g(37) \geqslant 3 \cdot 2^3 \cdot 5 = 120,$$

即 $f(1998) \geqslant 120$. 为了构造满足给定条件的函数 f ,并使得 $f(1998) = 120$,故令 $a = f(1) = 1, g(2) = 3, g(3) = 2, g(5) = 37, g(37) = 5$.对于任意的素数 $p \neq 2, 3, 5, 37$ 有 $g(p) = p$,又对于任意的 $p \in P$ 有 $g(g(p)) = p$.如上所述,这些数据可唯一地确定一个满足给定条件的函数 $f: \mathbb{N} \to \mathbb{N}$.

例 10.10. (G. Dospinescu) 求最小非负正整数n,使存在函数$f:\mathbb{Z}\to[0,\infty)$（非常函数）满足以下条件:对于任意的$x,y\in\mathbb{Z}$,有

(a) $f(xy)=f(x)f(y)$;

(b) $2f(x^2+y^2)-f(x)-f(y)\in\{0,1,2,...,n\}$.

并求出n所对应的函数.

解. 首先,当$n=1$时,存在函数满足(a) 和(b).事实上,设$f_p:\mathbb{Z}\to[0,\infty)$,定义如下：$p|x$,则对于任意的素数$p\equiv3\pmod4$,有$f_p(x)=0$;否则$f_p(x)=1$. (a)来源于：若$p|xy$,则$p|x$或$p|y$.(b)来源于：若$p|x$ 且$p|y$,则$p|x^2+y^2$. 下证,若f 不是常函数,并满足(a) 和(b),则$n>0$. 假设$n=0$, 则$2f(x^2+y^2)=f(x)+f(y)$,于是, $2f(x)^2=2f(x^2+0)=f(x)+f(0)$. 特别地, $f(0)^2=f(0)$. 若$f(0)=1$,则由(a)知$f\equiv1$,于是$f(0)=0$. 从而,对于任意的$x\in\mathbb{Z}$, 有$2f(x)^2=f(x)$. 与(a) 联立,得到$f(x)^2=f(x^2)=2f(x^2)^2=2f(x)^4$. 特别地, 对于任意的$x$有$2f(x)\neq1$,所以$f\equiv0$,产生矛盾. 因此, $n=1$是满足条件的最小整数.

下证,若$n=1$,则任意一个满足(a)和(b)的函数f （不是常函数）都形如f_p；或在非零整数处等于函数值等于1 ,在0 处函数值等于0.

已知$f(0)=0$. 因为$f(1)^2=f(1)$,f 不是常数,所以$f(1)=1$. 又对于任意的$x\in\mathbb{Z}$,有

$$2f(x)^2-f(x)=2f(x^2+0)-f(x)-f(0)\in(0,1).$$

因此, $f(x)\in(0,1)$.又$f(-1)^2=f(1)=1$, 所以$f(-1)=1$, 从而$f(-x)=f(-1)f(x)=f(x)$.因此,对于任意的素数p,都可利用(a)找到$f(p)$. 假设当$x>0$时有$f(x)=0$. 因为$x\neq1$,所以存在x的素因子p,使得$f(p)=0$. 假设存在另一个素数q使得$f(q)=0$,则$2f(p^2+q^2)\in(0,1)$,故$f(p^2+q^2)=0$. 因此,对于任意的整数a 和b,有

$$0=2f(a^2+b^2)f(x^2+y^2)=2f((ap+bq)^2+(aq-bp)^2).$$

另一方面$0\leqslant f(x)+f(y)\leqslant2f(x^2+y^2)$,由以上等式知$f(ap+bq)=f(aq-bp)=0$.又p和q 互素,由贝祖（Bezout）定理知,存在整数a 和b,使得$aq-bp=1$,则$1=f(1)=f(aq-bp)=0$, 产生矛盾.因此,只存在一个素数p,使得$f(p)=0$. 假设$p=2$.那么, 当x 是偶数时,有$f(x)=0$;当x,y是奇数时,有$2f(x^2+y^2)=0$.因此, 对于任意的奇数x和y,有$f(x)=f(y)=0$,与f 不是常数产生矛盾. 假

设$p \equiv 1 \pmod 4$,则存在正整数a和b,使得$p = a^2 + b^2$, 从而$f(a) = f(b) = 0$.又$\max(a, b) > 1$且存在素数q整除它. 所以, $f(q) = 0$,与$q < p$产生矛盾.因此, $p \equiv 3 \pmod 4$,若x能被p整除,则$f(x) = 0$,否则,$f(x) = 1$. 即, $f = f_p$.

10.2 习题

习题 10.1. 求非递减函数$f\colon \mathbb{Z} \to \mathbb{Z}$,使得对于任意的$k \in \mathbb{Z}$,存在$n \in \mathbb{N}$,使得

$$f(k) + f(k+1) + \ldots + f(k+n-1) = k.$$

习题 10.2. (IMO 2012) 求函数$f\colon \mathbb{Z} \to \mathbb{Z}$,使得满足$x + y + z = 0$的任意正整数$x, y, z$,有

$$f(x)^2 + f(y)^2 + f(z)^2 = 2f(x)f(y) + 2f(y)f(z) + 2f(z)f(x).$$

习题 10.3. (USAMO 2014) 求函数$f\colon \mathbb{Z} \to \mathbb{Z}$,使得对于任意的$x, y \in \mathbb{Z}, x \neq 0$,有

$$xf(2f(y) - x) + y^2 f(2x - f(y)) = \frac{f(x)^2}{x} + f(yf(y)).$$

习题 10.4. 设函数$f\colon \mathbb{N} \to [1, \infty)$, $f(2) = 4$.求函数f,使得对于任意的$m, n \in \mathbb{N}$,有$f(mn) = f(m)f(n)$, $\dfrac{f(n)}{n} \leqslant \dfrac{f(n+1)}{n+1}$.

习题 10.5. 设$f\colon \mathbb{N} \to \mathbb{N}, f(2) = 3$.是否存在严格递增函数,使得对于任意的$m, n \in \mathbb{N}$,有

$$f(mn) = f(m)f(n)$$

习题 10.6. (AMM 2001) 求强可乘性函数$f\colon \mathbb{N} \to \mathbb{C}$, 使得函数

$$F(n) = \sum_{k=1}^{n} f(k)$$

是强可乘性函数.

习题 10.7. (AMM 1998) 求函数$f\colon \mathbb{N}^2 \to \mathbb{N}$,使得对于任意的$m, n \in \mathbb{N}$,有

$$f(n, n) = n, \ f(m, n) = f(n, m), \ \frac{f(m, n+m)}{f(m, n)} = \frac{n+m}{n}.$$

习题 10.8. 设函数 $f: \mathbb{N}_0 \to \mathbb{N}_0, f(0) = 1$, 当 $n \in \mathbb{N}$ 时,有

$$f(n) = f\left(\left[\frac{n}{2}\right]\right) + f\left(\left[\frac{n}{3}\right]\right).$$

说明: $f(n-1) < f(n)$ 当且仅当存在 $k, h \in \mathbb{N}_0$ 使 $n = 2^k 3^h$.

习题 10.9. 求函数 $f: \mathbb{N} \to \mathbb{Z}$, 使得对于任意的 $m, n \in \mathbb{N}$,有

$$f(mn) = f(m) + f(n) - f(\gcd(m, n)).$$

习题 10.10. 求函数 $f: \mathbb{N} \to \mathbb{N}$,使得对于任意的 $m, n \in \mathbb{N}$,有 $m^2 + f(n)$ 整除 $f(m)^2 + n$.

习题 10.11. 设 p 是一个素数. 求函数 $f: \mathbb{Z} \to \mathbb{Z}$,使得对于任意的 $m, n \in \mathbb{Z}$,有以下条件成立:

(a)若 p 整除 $m - n$,则 $f(m) = f(n)$;

(b) $f(mn) = f(m)f(n)$.

习题 10.12. (Iran TST 2005) 求函数 $f: \mathbb{N} \longmapsto \mathbb{N}$,使其满足以下条件:

(1)存在 $k \in \mathbb{N}$ 和素数 p,使得对于任意的 $n \geqslant k$,有 $f(n + p) = f(n)$;

(2)若 m 整除 n ,则 $f(m+1)$ 整除 $f(n) + 1$.

习题 10.13. (IMO 2011) 设函数 $f: \mathbb{Z} \to \mathbb{N}$,对于任意的整数 m, n,有 $f(m-n)$ 整除 $f(m) - f(n)$. 证明:如果对于任意的整数 m, n ,有 $f(m) \leqslant f(n)$, 那么 $f(n)$ 能被 $f(m)$ 整除.

习题 10.14. (Iran TST 2008) 设 k 是一个正整数. 求函数 $f: \mathbb{N} \to \mathbb{N}$,使得对于任意的 $m, n \in \mathbb{N}$,有 $f(m) + f(n)$ 整除 $(m + n)^k$.

习题 10.15. (IMO 2011 预选赛) 设 $n \geqslant 1$ 是一个奇整数. 求函数 $f: \mathbb{Z} \to \mathbb{Z}$,使得对于任意的 $x, y \in \mathbb{Z}$,有 $f(x) - f(y)$ 整除 $x^n - y^n$.

习题 10.16. (MR 2009, N. Tung) 设 k 是一正整数. 求函数 $f: \mathbb{N} \to \mathbb{N}$,使得对于任意的 $a, b \in \mathbb{N}$,有 $f(a) + f(b)$ 整除 $a^k + b^k$

习题 10.17. (IMO 2004 预选赛) 设函数 $f: \mathbb{N} \to \mathbb{N}$,对于任意的 $m, n \in \mathbb{N}, (m^2 + n)^2$ 能被 $f(m)^2 + f(n)$ 整除. 证明:对于任意的 $n \in \mathbb{N}$,有 $f(n) = n$.

习题 10.18. (IMO 1996 预选赛) 求双射 $f: \mathbb{N}_0 \to \mathbb{N}_0$,使得对于任意的 $m, n \in \mathbb{N}_0$,有

$$f(3mn + m + n) = 4f(m)f(n) + f(m) + f(n).$$

习题 10.19. (IMO 2010) 求函数 $g: \mathbb{N} \to \mathbb{N}$,使得对于任意的 $m, n \in \mathbb{N}$, $(g(m) + n)(m + g(n))$ 是完全平方式.

习题 10.20. (IMO 2008 预选赛) 对于任意的 $n \in \mathbb{N}$,令 $\tau(n)$ 表示 n 的（正）因子的数量. 求函数 $f: \mathbb{N} \to \mathbb{N}$ 满足以下条件:对于任意的 $x, y \in \mathbb{N}$,

(i) $\tau(f(x)) = x$;

(ii) $f(xy)$ 整除 $(x-1)y^{xy-1}f(x)$.

习题 10.21. (IMO 2007 预选赛) 求满射函数 $f: \mathbb{N} \mapsto \mathbb{N}$,使得对于任意的 $m, n \in \mathbb{N}$ 和素数 p, $f(m+n)$ 能被 p 整除当且仅当 $f(m) + f(n)$ 能被 p 整除.

第 11 章　二进制及其他进制

11.1　理论与实例

大家都熟悉十进制,就是用10次幂表示数字的一般方法: 我们可以用 $\overline{a_n a_{n-1} \ldots a_1 a_0}$ 表示每个正整数,其中 a_i 是集合 $\{0,1,2,\ldots,9\}$ 中的数字, 该数等于 $a_n \cdot 10^n + a_{n-1} \cdot 10^{n-1} + \ldots + a_1 \cdot 10 + a_0$. 若假设 $a_n \neq 0$, 则该表示是唯一的.按照惯例,我们可以将其延拓到正整数和非整数的实数上. 对于一个数学家来说,没有什么比数字10更特别的了; 类似地,每个正整数可唯一地记为 $\overline{b_n b_{n-1} \ldots b_1 b_{0(b)}}$,它等于 $b_n \cdot b^n + b_{n-1} \cdot b^{n-1} + \ldots + b_1 \cdot b + b_0$, 其中 $b_i \in \{0,1,\ldots,b-1\}, b_n \neq 0$,b 是一个比1大的正整数, 它称为 b 进制数.公共进制是2进制,即 $b = 2$. 它只有两个数字: 0 和1 (是和否). 其被广泛应用于计算机领域中.

整个进制理论均与函数方程相关,原因如下:取一个函数,这个函数在某种程度上依赖于某个进制中某个数的展开式(例如以10为基数的数字的数位之和), 然后给出它的某些性质, 让你求这个函数! 下面将讨论的例子就是这种类型的. 通常, 很明显应该选取哪个进制: 如果基底是 $1,b,b^2,\ldots$, 那么 b 最可能出现在问题的条件中.但如果基底是更复杂的类型, 理解它就会有些复杂.

任意一个 b 进制的正整数可唯一地表示成数 $b^n, n \geq 0$ 的线性组合, 相同数字 $(b_i \leq b-1)$ 最多重复 $b-1$ 次. 如果想要每个数都能唯一地用递增数列 $0 < a_0 < a_1 < \ldots < a_n < \ldots$ 进行表示,且每个 a_i 最多重复 $c_i (c_i \in \mathbb{N})$ 次,那么会是什么情形? 数列 $(a_i)_{i \in \mathbb{N}}$ 和 $(c_i)_{i \in \mathbb{N}}$ 是否符合情况(换句话, $(a_i)_{i \in \mathbb{N}}$ 是几进制)? 有两种情况需要检验: 可表示性和唯一性.

(a) 可表示性. 显然 $a_1 > 1$. 因此,如果我们想要按照给定的形式表示1,需令$a_0 = 1$.但$c_0 + 1 = c_0a_0 + 1$ 不能只利用$a_0 = 1$ 来表示(因为我们只能用其中的c_0, 而不能用其他项).因此,我们至少需要一个a_1或更大的项, 这只有在$a_1 \leqslant c_0 + 1$的情况下才会成立.同理, $c_0a_0 + c_1a_1 + 1$ 不能仅用等于a_0 或a_1的项表示, 所以我们至少需要a_2 或更大的项, 而这只有$a_2 \leqslant c_0a_0 + c_1a_1 + 1$ 时成立. 同理,继续推导得,需对任意的$k \geqslant 1$ 有$a_k \leqslant c_0a_0 + c_1a_1 + \ldots + c_{k-1}a_{k-1} + 1$. 实际上,该条件是充分的:

(∗)因为正整数数列$a_0 < a_1 < \ldots < a_n < \ldots$ 和$c_0, c_1, \ldots, c_n, \ldots$,所以可用有限和$\sum_{i=0}^m a_ib_i$ 表示任意正整数（其中$0 \leqslant b_i \leqslant c_i$）,当且仅当对于任意的$k > 1$有$a_0 = 1$, $a_k \leqslant c_0a_0 + c_1a_1 + \ldots + c_{k-1}a_{k-1} + 1$.

我们已经证明了必要性.现在假设条件已经被满足. 下面利用归纳法证明,对于任意小于等于$c_0a_0 + c_1a_1 + \ldots + c_ka_k$ 的数都可以表示为(方式不唯一)$a_0b_0 + a_1b_1 + \ldots + a_kb_k$, 其中$a_i \leqslant c_i$. 当$a_0 = 1$时, 基底$k = 0$显然成立. 假设已经证明了$k = m$ 时成立, 令$r \leqslant c_0a_0 + \ldots + c_{m+1}a_{m+1}$.用$r$减去项的最大可能值$a_{m+1}$, 有$r = a_{m+1}b_{m+1} + r'$,其中$r' < a_{m+1}, b_{m+1} \leqslant c_{m+1}$ 或$b_{m+1} = c_{m+1}$. 若$r' < a_{m+1}$,那么由条件得$r' \leqslant a_0c_0 + \ldots + a_mc_m$.如果$b_{m+1} = c_{m+1}$,则$r' = r - c_{m+1}a_{m+1} \leqslant a_0c_0 + \ldots + a_mc_m$. 所以只要$r' \leqslant a_0c_0 + \ldots + a_mc_m$,就可利用假设演绎法表示为$a_0b_0 + a_1b_1 + \ldots + a_mb_m$, 即$r = a_0b_0 + \ldots + a_mb_m + a_{m+1}b_{m+1}$为所求.

(b) 唯一性. 现已经建立了一系列所需的不等式.下面将证明要求的数字表示是唯一的,为此,我们需要将其变成等式.

(∗∗) 正整数序列$a_0 < a_1 < \ldots < a_n < \ldots$ 和$c_0, c_1, \ldots, c_n, \ldots$, 允许我们将任何正整数唯一地表示成有限和$\sum_{i=0}^m a_ib_i$（其中$0 \leqslant b_i \leqslant c_i$）当且仅当对于任意的$k > 1$ 有$a_0 = 1$ 和$a_k = c_0a_0 + c_1a_1 + \ldots + c_{k-1}a_{k-1} + 1$.

若$a_k < c_0a_0 + c_1a_1 + \ldots + c_{k-1}a_{k-1} + 1$,则$a_k \leqslant c_0a_0 + c_1a_1 + \ldots + c_{k-1}a_{k-1}$. 由证明(∗)可知,它可被表示为$a_0b_0 + a_1b_1 + \ldots + a_{k-1}b_{k-1}$, 也可被表示为$a_k$. 所以,相同的数有两种不同的表示. 因此,等式是必要的. 假设等式存在且$N = \sum_{i=0}^m a_ib_i = \sum_{i=0}^m a_ib_i'$ 是两种不同的表示. 两式相减得$u_0a_0 + u_1a_1 + \ldots + u_ma_m = 0$, 这里不是所有的u_i 都为0且$|u_i| \leqslant c_i$. 假设$u_m \neq 0$, 否则忽略零次项$u_m > 0$, 否则改变符号.于是$u_ma_m = -u_{m-1}a_{m-1} - \ldots - u_0a_0 \leqslant c_{m-1}a_{m-1} + \ldots + c_0a_0 = u_m - 1$. $a_m \geqslant 1$时显然不成立. 因此,产生矛盾.

读者会发现,对于任意的整数$b \geqslant 2$, 数列$a_i = b^i$ 和$c_i = b-1$满足条件(∗∗),

由此验证基底. 然而, 也可能有其他基底. 特别地, 如果我们只考虑条件(∗), 基底可以表示任意的数, 但不是唯一的.但通过将大项尽可能变成小项, 得到的表示是唯一的, 反之亦然. 常见例子是所谓的斐波那契基底. 斐波那契数列定义为$F_1 = 1, F_2 = 2, F_{n+2} = F_n + F_{n+1}$. 可得到,$F_{n+2} \leqslant F_{n+1} + F_n + \ldots + F_1$.因此,令$a_i = F_{i+1}, c_i = 1$,应用(∗) 可知, 每个数都可表示为不同的斐波那契数的和, 但不一定是唯一的方式(由等式$F_{n+2} = F_{n+1} + F_n = F_{n+1} + F_{n-1} + F_{n-2}$可得).

首先研究函数方程的解为整数的二进制的情况.

例 11.1. 求函数$f \colon \mathbb{N}_0 \to \mathbb{N}_0$, 使得对于任意的$n \in \mathbb{N}_0$,有$f(0) = 0$ 且

$$f(2n + 1) = f(2n) + 1 = f(n) + 1.$$

解. 由题意, 建议考虑n 的二进制展开. 由于$f(2n + 1) = f(n) + 1$,$f(2n) = f(n)$, 可以直接观察验证得到$f(n)$ 是n的二进制表示的数量(或数位之和).

例 11.2. (Iberoamerican Olympiad 1989) 求函数$f \colon \mathbb{N} \to \mathbb{N}$, 使得对于任意的$n \in \mathbb{N}$,有$f(1) = 1$, $f(2n) = 3f(n)$, $f(2n + 1) = 3f(n) + 1$.

解. 我们推测f在某种程度上取决于n的二进制的展开, 等式右边的$3f(n), 3f(n) + 1$表明f 可能以3为基底! 不需要太多猜测就知道,f 是通过在2进制中写入n,然后以3进制读取得到的.即如果$k_0 < k_1 < \ldots < k_m$, 那么$f(2^{k_0} + 2^{k_1} + \ldots + 2^{k_n}) = 3^{k_0} + 3^{k_1} + \ldots + 3^{k_n}$. 一旦猜到解,就容易证明$f(n)$ 以n的2进制写入且以3 进制读出.

例 11.3. 求函数$f \colon \mathbb{N} \to \mathbb{N}$, 使得$f(1) = 1$,且对于任意的$n \in \mathbb{N}$,有$f(2n) < 6f(n)$, $3f(n)f(2n + 1) = f(2n)(3f(n) + 1)$.

解. 将主要条件重写为

$$3f(n)(f(2n + 1) - f(2n)) = f(2n).$$

于是,$f(2n + 1) - f(2n) > 0$.由$f(2n) < 6f(n)$, 得

$$f(2n + 1) - f(2n) < 2.$$

因此,由$f(2n + 1) - f(2n) = 1$得,$f(2n) = 3f(n)$. 由例11.2 得到, 问题的解是以n的2进制写入且3进制读出的函数$f(n)$.

例 11.4. (IMO 2000) 设函数 $f : \mathbb{N}_0 \to \mathbb{N}_0$, 对于任意的 $n \in \mathbb{N}_0$ 有 $f(4n) = f(2n) + f(n), f(4n+2) = f(4n) + 1, f(2n+1) = f(2n) + 1$. 证明, 满足 $f(4n) = f(3n)$ 且 $n < 2^m$ 的非负整数 n 的数量为 $f(2^{m+1})$.

解. 题中提示我们运用 n 的二进制进行分解. 首先由 $f(4n) = f(2n) + f(n)$ 易得 $f(2^k) = F_{k+1}$, 这里 $(F_n)_{n\in\mathbb{N}}$ 是斐波那契数列. 实际上, 令 $n = 0$ 得 $f(0) = 0$, 所以 $f(1) = 1, f(2) = 1$. 又由条件 $f(4n+2) = f(4n) + 1, f(2n+1) = f(2n) + 1$ 得知, f 是可加性函数, 至少有 $f(a+b) = f(a) + f(b)$, 其中 a 不共享2进制数位. 这种情况下, 如果我们看到 f 的某些较小的特殊值, 那么推测 $f(n)$ 实际上是 n 由2进制变为了斐波那契数列, 即 $f(b_k 2^k + \ldots + b_0) = b_k F_{k+1} + \ldots + b_0$. 对 n 用数学归纳法, 得到:若 $n = 4k$, 则 $f(n) = f(2k) + f(k)$; 若 $n - 2k + 1$, 则 $f(n) = f(2k) + 1$; 若 $n = 4k + 2$, 则 $f(n) = f(4k) + 1$. 经检验符合要求.

找到 f 后, 讨论最后一个问题. 要求 $f(4n) = f(3n)$. 实际上 f 应该是某种递增函数, 所以假设 $f(3n) \leqslant f(4n)$. 若将满足等式的特殊情况代入, 可以发现结论正确. 联系 $4n$ 和 $3n$ 会有什么结果? 由题知, $f(4n) = f(2n) + f(n)$, 但 $3n = 2n + n$. 所以假设 $f(a+b) \leqslant f(a) + f(b)$ 并考虑等式. 选用二进制处理问题. 两个二进制数的加法可以看作是相应的数字两两相加, 然后重复下面的操作若干次: 如果某些位置达到了2, 用0替代这个位置的数并在前面位置加上1. (如果我们在每步的最高位置都消去2, 那么各数位的数均比2大). 例如 $3 + 9 = 11_2 + 1001_2 = 1012_2$, 去掉2 得 1020_2, 再次去掉2得到 $1100_2 = 12$, 所以 $3+9 = 12$. 通过设 $f(b_k, \ldots, b_0) = b_k F_{k+1} + b_{k-1} F_k + \ldots + b_0$, 将 f 拓展到数列 0's, 1's 和 2's. 可看出 S 可通过增加 a 和 b 的分量形式(如向量) 来获得序列, 于是 $f(s) = f(u) + f(b)$. 需要证明移去2的操作不会使 f 值增加. 确实, 如果在位置 k 上移去2 且在位置 $k+1$ 加上1, 那么 f 的大小变化为 $F_{k+2} - 2F_{k+1}$. 这个值从来不是正的, 只有 $k = 0$ 时为0. 所以, 通过这个操作 f 值不会增加(这保证了 $f(a+b) \leqslant f(a) + f(b)$), 且在单位位置上移走2的值也不会减小. 故 $f(a+b) = f(a) + f(b)$, 当且仅当通过组件的方式添加它们, 要么没有达到统一的变换, 要么在最低层只有一个转换. 因此, $f(4n) = f(3n)$ 当且仅当添加 $2n + n$ 时, 在最低级别上最多只能达到一次转换. 但是在最低级别的转换不能发生在 $2n$ 的最后数位是0的情况. 所以 $f(4n) = f(3n)$ 当且仅当 $2n$ 和 n 没有转换, 即 $2n$ 和 n 不在相同位置上共享一个数位. 但 $2n$ 的数位恰好是 n 数位移动一个位置, 所以上面论断可能发生当且仅当 n 的二进制表示没有连续的数位. 所以需要证明确实存在 $f(2^{m+1}) = F_{m+2}$ 这样的数小于 2^m. 设 $g(m)$ 是这样的数, 则 $g(0) = 1, g(1) = 2$. 注意, 若 n 是这样的一个数, 且 $n \geqslant 2^{m-1}$, 则 $n = 2^{m-1} + n'$, 其中 $n' < 2^{m-2}$ (因为它不可能有一个 $m - 1$ 的位置与单位位置冲突), 这种情况下 $g(m - 2)$ 是可能的. 当 $n < 2^{m-1}$ 时, $g(m - 1)$ 是可能的. 所以, 利用归纳法得 $g(m) = g(m - 1) + g(m - 2)$. 问题解决.

11.2 习题

习题 11.1. 求函数 $f \colon \mathbb{N}_0 \to \{0, 1\}$, 使得对于任意的 $n \in \mathbb{N}_0$, 有

$$f(0) = 0, f(2n) = f(n), f(2n + 1) = 1 - f(2n).$$

习题 11.2. 求函数 $f \colon \mathbb{N} \to \mathbb{N}$, 使得对于任意的 $n \in \mathbb{N}$, 有

$$f(1) = 1, f(2n) = 2f(n) - 1, f(2n + 1) = 2f(n) + 1.$$

习题 11.3. 求函数 $f \colon \mathbb{N} \to \mathbb{R}$, 使得对于任意的 $n \in \mathbb{N}$, 有

$$f(2n + 1) = f(2n) + 1 = 3f(n) + 1.$$

习题 11.4. (IMO 1988) 求函数 $f \colon \mathbb{N} \to \mathbb{N}$, 使得对于任意的 $n \in \mathbb{N}$, 有

$$f(1) = 1, \ f(3) = 3 \text{ and } f(2n) = f(n),$$

$$f(4n + 1) = 2f(2n + 1) - f(n), \ f(4n + 3) = 3f(2n + 1) - 2f(n).$$

习题 11.5. 求严格递增函数 $f \colon \mathbb{N} \to \mathbb{N}$, 使得对于任意的 $n \in \mathbb{N}$, 有 $f(f(n)) = 3n$.

习题 11.6. 令 a, b 是非负整数且 $a > b$. 证明: 存在函数 $f \colon \mathbb{N} \to \mathbb{N}$, 使得对于任意的 $n \in \mathbb{N}$, 有 $f(f(n)) = an + b$.

习题 11.7. (IMO 1978) 设 $(f(n))$ 是一严格递增的正整数数列: $0 < f(1) < f(2) < f(3) < \dots$. 如果对于不属于该序列的正整数, 按照大小顺序排列的第 n 项是 $f(f(n)) + 1$. 求 $f(240)$.

习题 11.8. (IMO 1993) 证明是否存在严格递增函数 $f \colon \mathbb{N} \to \mathbb{N}$, 使得 $f(1) = 2$, 对于任意的 $n \in \mathbb{N}$ 有 $f(f(n)) = f(n) + n$.

习题 11.9. 函数 f 的定义域为区间 $[0,1]$ 上的有理数, 函数的定义如下:

$$f(0) = 0, f(1) = 1, f(x) = \begin{cases} \frac{f(2x)}{4} & , \quad x \in (0, \frac{1}{2}) \\ \frac{3}{4} + \frac{f(2x-1)}{4} & , \quad x \in [\frac{1}{2}, 1) \end{cases}$$

求出 $f(x)$, 并用 x 的二进制进行表示.

习题 11.10. (IMO 1983) 设有连续函数 $f : [0,1] \to \mathbb{R}$,

$$f(x) = \begin{cases} bf(2x) & , \quad x \in [0, \frac{1}{2}] \\ b + (1-b)f(2x-1) & , \quad x \in [\frac{1}{2}, 1] \end{cases}$$

其中 $b = \dfrac{1+c}{2+c}, c > 0$. 说明, 对于任意的 $x \in (0,1)$, 有 $0 < f(x) - x < c$.

第 12 章 几何函数方程

12.1 仿射几何基本定理

几何函数方程，是指在平面(空间)上定义的函数(映射)并满足某些几何条件的一类问题.一个典型的例子就是仿射几何基本定理，它说明平面上任意将直线映射成直线的双射都是仿射变换.本节中，我们使用加性柯西方程，给出了这个定理的一个基本证明(最早由Mikusiński[2,14] 证明). 在12.2节中我们讨论几何泛函方程的各种例子.

用坐标系Oxy表示$\mathbb{R}^2$. 如果变换A满足

$$A : (x, y) \longmapsto (a_1x + b_1y + c_1, a_2x + b_2y + c_2),$$

那么变换$A : \mathbb{R}^2 \to \mathbb{R}^2$ 称为双射.其中a_i, b_i, c_i, $i = 1, 2$为实数. 注意A 是平移变换

$$T_A : (x, y) \longmapsto (x + c_1, y + c_2)$$

和线性变换

$$L_A : (x, y) \longmapsto (a_1x + b_1y, a_2x + b_2y).$$

的组合, 因此，任何仿射变换都保留了点的共线性，即将任何直线映射成一条直线.如果线性变换L_A也是如此,当$a_1b_2 - a_2b_1 \neq 0$时,容易证明仿射变换$A : \mathbb{R}^2 \to \mathbb{R}^2$是双射. 在这种情况下，逆变换$A^{-1}$ 也是仿射变换. 接下来，我们将使用以下事实，其证明留给读者作为练习.

已知. 对于平面上任意两个(非退化的) 三角形$M_1M_2M_3$ 和$N_1N_2N_3$ 存在唯一的双射仿射变换$A : \mathbb{R}^2 \to \mathbb{R}^2$ 使得$A(M_i) = N_i$, $1 \leq i \leq 3$.

提示. 通过适当的变换将问题归结为$M_1 = N_1 = O$ 时的情况.

现在我们将证明仿射几何基本定理.

定理 12.1. 平面上将直线映射成直线的任何双射都是仿射变换.

证明. 设$T : \mathbb{R}^2 \to \mathbb{R}^2$ 是将任意直线映射到一条直线的双射. 因为点$O = (0,0), O_1 = (1,0)$, $O_2 = (0,1)$ 不共线,那么点$T(O), T(O_1)$, $T(O_2)$ 也不共线. 因此,由习题推出存在一个双射仿射变换A 使得$A(T(O)) = O, A(T(O_1)) = O_1$ 和$A(T(O_2)) = O_2$. 设$S = A \circ T$ 和$S(M) = S(x,y) = (F(x,y), G(x,y))$,其中$M = (x,y) \in \mathbb{R}^2$. 于是$S : \mathbb{R}^2 \to \mathbb{R}^2$ 是任意直线映射到一条直线的双射并且

$$F(0,0) = G(0,0) = 0, F(1,0) = G(0,1) = 1, F(0,1) = G(1,0) = 0.$$

对于任意$x \in \mathbb{R}$, 点$(0,0), (1,0)$ 和$(x,0)$ 共线, 所以点$S(0,0) = (0,0), S(1,0) = (1,0)$ 和$S(x,0) = (F(x,0), G(x,0))$ 也共线. 因此$G(x,0) = 0$. 同理,讨论点$(0,0), (0,1)$ 和$(0,y)$, 得到$F(0,y) = 0$.

由于S 是将平行线映射到平行线的双射. 特别地, S 将任意平行四边形的顶点映射到一个平行四边形的顶点. 讨论一个任意平行四边形的顶点

$$O = (0,0), \ M_1 = (x_1, y_1), \ M_2 = (x_2, y_2) \ 和M_3 = (x_1 + x_2, y_1 + y_2).$$

设

$$N_1 = S(M_1) = (F(x_1, y_1), G(x_1, y_1)), \ N_2 = S(M_2) = (F(x_2, y_2), G(x_2, y_2)$$

和

$$N_3 = S(M_3) = (F(x_1 + x_2, y_1 + y_2), G(x_1 + x_2, y_1 + y_2))$$

因为$S(O) = O = (0,0)$ 所以$ON_1N_3N_2$ 是平行四边形,即$\overrightarrow{ON_1} + \overrightarrow{ON_2} = \overrightarrow{ON_3}$. 因此

$$F(x_1, y_1) + F(x_2, y_2) = F(x_1 + x_2, y_1 + y_2),$$

$$G(x_1, y_1) + G(x_2, y_2) = G(x_1 + x_2, y_1 + y_2)$$

其中$x_1, x_2, y_1, y_2 \in \mathbb{R}$. 在上述等式中设$x_1 = x, y_1 = 0, x_2 = 0, y_2 = y$,得到

$$F(x,y) = F(x,0) + F(0,y) = F(x,0),$$

$$G(x,y) = G(x,0) + G(0,y) = G(0,y),$$

其中$x, y \in \mathbb{R}$. 设$f(x) = F(x, 0)$, $g(y) = G(0, y)$, 再次使用上述等式, 得到$S(x, y) = (f(x), g(y))$, 其中$f, g : \mathbb{R} \to \mathbb{R}$ 是$f(1) = g(1) = 1$的加性函数.

设x, y 是任意非零实数. 考虑点

$$M = (1, 0), \ N = (x, 0), \ P = (0, y), \ Q = (0, xy).$$

那么

$$M_1 = S(M) = (1, 0), \ N_1 = S(N) = (f(x), 0),$$

$$P_1 = S(P) = (0, g(y)), \ Q_1 = S(Q) = (0, g(xy)).$$

因为直线MP 和NQ 是平行的, 所以直线$M_1 P_1$ 和$N_1 Q_1$ 也是平行的. 因此$g(xy) = f(x)g(y)$. 设$y = 1$, 当$x \neq 0$时, 得到$g(x) = f(x)$. 由于f 和g 是加性方程, 我们得到$f(0) = g(0) = 0$, 即$g(x) = f(x)$, $x \in \mathbb{R}$. 因此$f(xy) = f(x)f(y)$, 其中$x, y \in \mathbb{R}$. 由于$f(1) = 1$, 推论1.1 表明$f(x) = x$, 其中$x \in \mathbb{R}$. 因此$A \circ T = S$ 是恒等变换并且$T = A^{-1}$ 是仿射变换. □

定理12.1有各种推论. 例如, 对于平面双射保持四条直线或三条直线和一点上的点的共线性的结论也是正确的.

如 [2]所述, 证明定理12.1的Mikusiński方法考虑所谓的条件函数方程. 下面的例子称为Mikusiński 方程.

例 12.1. 设函数$f : \mathbb{R} \to \mathbb{R}$, 对于$f(x + y) \neq 0$的任意$x, y \in \mathbb{R}$, 满足

$$f(x + y) = f(x) + f(y)$$

证明f 是加性函数.

解答. 我们将解答分为几个步骤. 设

$$\mathrm{Ker} f = \{x \in \mathbb{R} | f(x) = 0\}.$$

步骤1. 核f 是$\mathbb{R}$ 的加性子群.

证明如果$x, y \in \mathrm{Ker} f$, 那么$x - y \in \mathrm{Ker} f$. 为此, 我们首先注意到如果$x, y \in \mathrm{Ker} f$, 那么$x + y \in \mathrm{Ker} f$, 但有矛盾$0 = f(x) + f(y) = f(x + y) \neq 0$出现. 因此证明, 如果$x \in \mathrm{Ker} f$, 那么$-x \in \mathrm{Ker} f$. 假设相反, 即$-x \notin \mathrm{Ker} f$. 那么

$$f(-x) = f(-2x + x) = f(-2x) + f(x) = f(-2x) = f(-x - x) = 2f(-x).$$

因此 $f(-x) = 0$，矛盾.

步骤2. 对于任意 $x \in \mathbb{R}$，有 $f(2x) = 2f(x)$.

如果 $x \in \mathrm{Ker}\, f$，由步骤1得 $2x \in \mathrm{Ker}\, f$ 和 $f(2x) = 2f(x) = 0$. 如果 $x, 2x \notin \mathrm{Ker}\, f$，那么

$$f(2x) = f(x + x) = f(x) + f(x) = 2f(x).$$

因此仍需证明 $f(2x) = 0$，$f(x) \neq 0$ 是不可能的. 设存在 $x_0 \in \mathbb{R}$ 使得 $f(2x_0) = 0$，但 $f(x_0) \neq 0$. 设 $x \notin \mathrm{Ker}\, f$ 和 $f(x) \neq f(x_0)$. 那么

$$f(x) = f(x - x_0 + x_0) = f(x - x_0) + f(x_0). \tag{1}$$

因此 $f(x - x_0) \neq 0$ 并且

$$f(x - x_0) = f(x - 2x_0 + x_0) = f(x - 2x_0) + f(x_0). \tag{2}$$

另一方面

$$f(x) = f(x - 2x_0 + 2x_0) = f(x - 2x_0) + f(2x_0) = f(x - 2x_0)$$

因此由 (1) 和 (2) 可知 $f(x_0) = 0$，矛盾.

因此对于任意 $x \notin \mathrm{Ker}\, f$，有 $f(x) = f(x_0)$.

但 $f(x_0) = f(x) = f\left(\dfrac{x}{2}\right) + f\left(\dfrac{x}{2}\right) = 2f\left(\dfrac{x}{2}\right) = 2f(x_0)$，矛盾.

步骤3. 对于任意 $x \in \mathbb{R}$，有 $f(-x) = -f(x)$.

如果 $x \in \mathrm{Ker}\, f$，那么 $-x \in \mathrm{Ker}\, f$（由步骤1得）并且 $f(-x) = -f(x) = 0$. 如果 $x \notin \mathrm{Ker}\, f$，有

$$f(x) = f(2x - x) = f(2x) + f(-x) = 2f(x) + f(-x),$$

即 $f(-x) = -f(x)$.

现在证明 f 是加性的. 如果 $x, y \in \mathrm{Ker}\, f$，那么 $x + y \in \mathrm{Ker}\, f$（由步骤1得），并且 $f(x) + f(y) = f(x + y) = 0$.

设 $y \notin \mathrm{Ker}\, f$，那么

$$f(y) = f(-x + y + x) = f(-x) + f(y + x) = -f(x) + f(y + x),$$

即 $f(x) + f(y) = f(x + y)$. 与 $x \notin \mathrm{Ker}\, f$ 的情况类似，证明了函数 f 的可加性.

12.2　实例

在这一节中,我们将讨论一些几何函数方程的典型例子.

例 12.2. 设 f 为平面上的实函数,对于任意正方形 $ABCD$,有

$$f(A) + f(B) + f(C) + f(D) = 0.$$

证明 f 等于零.

解. 给定平面上的点 P,讨论以 P 为中心的正方形 $ABCD$. 用 E, F, G, H 表示线段 AB, BC, CD, DA 的中点. 那么 f 满足恒等式

$$f(A) + f(E) + F(P) + f(H) = 0$$
$$f(B) + f(F) + F(P) + f(E) = 0$$
$$f(C) + f(G) + F(P) + f(F) = 0$$
$$f(D) + f(H) + F(P) + f(G) = 0$$

将上述恒等式相加得到

$$0 = 4f(P) + (f(A) + f(B) + f(C) + f(D))$$

$$+2\left(f(E) + f(F) + f(G) + f(H)\right) = 4f(P),$$

即 $f(P) = 0$.

例 12.3. 平面的双射将圆映射为圆. 它能否将直线映射为直线?

解. 设 f 是平面上将圆映射为圆的双射. 对于平面上任意一点 X,我们令 $f(X) = X'$. 如果 A, B, C 三点的像 A', B', C' 共线,那么 A, B, C 也共线. 事实上,如果 A, B, C 不共线,那么 A, B, C 三点共圆,它们的像也共圆,这与 A', B', C' 共线矛盾. 设 A, B, C 三点在直线 g 上. 讨论直径为 AB 和 AC 的圆 c_1 和 c_2. 它们的像是交在 A' 点的圆 c_1', c_2'. $A'B'$ 因为包含点 B' 与 c_1' 不相切. c_1', c_2' 的切线在点 A' 重合,所以 $A'B'$ 与 c_2' 也不相切. 因此 $A'B'$ 与 c_2' 有一个不同于 A' 的公共点. $A'B'$ 的逆像必须在 c_2 上,由此可知它与 C 重合. 因此 C' 位于直线 $A'B'$ 上.

例 12.4. (USAMO 2001) 平面上的每个点都有一个实数,所以对于任意三个不共线的点,分配给中心的数就是分配给这三个点的数的平均值.向每个点分配相同的数字.

解. 设$f(P)$是平面上点P的值. 令P, Q是任意点并且R是线段PQ上的点. 其位置稍后将确定. 取AA'垂直于R为中点的PQ. 取AA'到P对边的矩形$ACFA'$且$AA' : AC = 3 : 2$. 设B是AC中点, B'是$A'F$中点. 取CF的点D, E, 使$AB = BC = CD = DE = EF = FB' = B'A'$. 最后在射线$RP$上取$X$. 选取$XP$和$RA$的长度使得$P$是$\triangle XAA'$的中心并且$Q$是$\triangle XBB'$的中心. 假设可以做到. 那么$\triangle ACD$和$\triangle BCE$的内圆重合, 所以$f(A) + f(D) = f(B) + f(E)$. 因此$f(D) - f(E) = f(B) - f(A)$. 同样, $\triangle A'EF$和$\triangle B'DF$的内圆重合, 所以$f(D) - f(E) = f(A') - f(B')$并且得到

$$f(P) = \frac{f(A) + f(A') + f(X)}{3} = \frac{f(B) + f(B') + f(X)}{3} = f(Q).$$

这就是我们所需要的,因为它表明相同的数字被分配给两个任意点. 它仍然证明XP和RA可以根据需要进行选择. 底边为2a,高为h的等腰三角形的中心距为$\dfrac{ah}{a + \sqrt{a^2 + h^2}}$ (如果距离是x, 由相似三角形得到$\dfrac{x}{h - x} = \dfrac{a}{\sqrt{a^2 + h^2}}$). 如果取$XR : RA = 3 : 2$和$RA : PR = \dfrac{1 + \sqrt{5}}{2}$, 那么$P$是$\triangle XAA'$的中心.

例 12.5. (AOPS) 设P和D分别是(欧几里得)平面上点和线的集合. 通过证明, 能否找到一个双射函数$f : P \to D$, 使得任意三个共线点A, B, C的直线$f(A)$, $f(B)$, $f(C)$是平行或重合的.

解. 证明这种函数不存在.假设相反,即存在这样一个双射函数$f : P \to D$. 首先,将证明以下初步结论:

引理. 如果直线d_1, d_2, d_3有一个公共点M, 并且$d_i = f(B_i)$, 其中$B_i \in P$, $i - 1, 2, 3$, 那么点D_1, D_2, D_3是共线的.

引理的证明. 如果$B_1 B_2 B_3$是三角形, 那么任意点C的像（$C \in B_i B_j$, $i \neq j$）, 是经过点M的直线$d = f(C)$. 显然平面上任意点C与三角形$B_i B_j$边上的两个不同点共线. 对于平面上任意点C,它的像必须是经过点M的直线$d = f(C)$. 这与映射f是映射的假设相矛盾. 这证明了引理. $\qquad \square$

同理可证, 如果直线d_1, d_2, d_3是共线的并且$d_i = f(B_i)$, 那么点B_1, B_2, B_3也共线. 从以上结论得到f是定义在直线d上的点与通过一点的直线束或一个平行线束(一个线束)的直线之间的双射.

讨论两条平行直线d, d', 使得点$B \in d$的像是平行线线束$\mathcal{P}$的直线. 点$B' \in d'$的像是线束$\mathcal{P}'$的直线.

如果$\mathcal{P}'$是经过点M的直线束,那么它包含一条属于线束$\mathcal{P}$的直线p, $p \in \mathcal{P}$. 由此可知p属于点d和属于点d'的像是矛盾的. 因此$\mathcal{P}'$也是一条平行线束.

设d''是与d相交的直线，使得属于点d''的像是通过一点的线束$\mathcal{P}''$的直线. 对于任意直线δ, $\delta \| d''$, 点δ的像是通过一点的线束Π的直线. 线束$\mathcal{P}''$和Π有公共直线l，因此当$B \in d'' \cap \delta$时，有$l = f(B)$，矛盾.因此,具有给定性质的函数是不存在的.

例 12.6. (Romania TST 2000) 设S是球面内点的集合并且C是空间中圆的内点的集合. 是否存在函数$f : S \to C$,使得对于任意$A, B \in S$, 有$|AB| \leq |f(A)f(B)|$. ($|XY|$是X和Y之间的欧式距离)

解. 证明这种函数不存在.设函数$f : S \to C$具有所需的性质,对于空间上的任意点A ,令$f(A) = A'$. 在球内找到一个立方体,为不失一般性,设其边长为1. 对于任意正整数n , 用平行于立方体表面的平面将立方体分割成n^3个小立方体.这些立方体的顶点集有$(n+1)^3$个点,表示为$A_1, A_2, \ldots, A_{(n+1)^3}$. 对于任意$i \neq j$,有$|A_i A_j| \geqslant \dfrac{1}{n}$,故$|A_i' A_j'| \geqslant \dfrac{1}{n}$. 因此,以$A_i'$为中心,以$\dfrac{1}{2n}$为半径的圆盘是不相交的并且包含在圆盘$C'$中,$C'$是膨胀比为$\dfrac{r + \dfrac{1}{n}}{r}$时的图像$C$, 其中r是C的半径.那么对于任意$n \in \mathbb{N}$,有

$$\sum_{i=1}^{(n+1)^3} [D_i] = (n+1)^3 \frac{\pi}{4n^2} \leqslant [C'] = \pi \left(r + \frac{1}{2n}\right)^2,$$

矛盾.

12.3 习题

习题 12.1. 求连续函数$f : \mathbb{R}^n \to \mathbb{R}$, 使得对于任意$(x_1, x_2, \ldots, x_n), (y_1, y_2, \ldots, y_n) \in \mathbb{R}^n$, 有

$$f(x_1, x_2, \ldots, x_n) + f(y_1, y_2, \ldots, y_n) = f(x_1 + y_1, \ldots, x_n + y_n).$$

习题 12.2. 设整数$n \geqslant 3$. 求连续函数$f : [0, 1] \to \mathbb{R}$, 使得对于$x_1, x_2, \ldots, x_n \in [0, 1]$和$x_1 + x_2 + \ldots + x_n = 1$,有$f(x_1) + f(x_2) + \ldots + f(x_n) = 1$.

习题 12.3. 证明 $f:\mathbb{R}\to\mathbb{R}$ 是一个加性函数,当且仅当其满足下列条件之一时成立:

(a) $f(x+y)-f(x-y)=2f(y)$;

(b) $f(xy+x+y)=f(xy)+f(x)+f(y)$;

(c) $f(xy+x+y)+f(xy-x-y)=2(f(x)+f(y))$;

(d) $f(x+y)^2=(f(x)+f(y))^2$,

其中 $x,y\in\mathbb{R}$.

习题 12.4. (German TST 2009) 求函数 $f:\mathbb{R}\mapsto\mathbb{R}$,使得 $x^3+f(y)\cdot x+f(z)=0$,和 $f(x)^3+y\cdot f(x)+z=0$.

习题 12.5. (CTSJ Competition, Romania 2008) 设 O 是平面 $\mathbb{R}^2$ 上的定点,函数 $f:\mathbb{R}^2\backslash\{O\}\to\mathbb{R}$ 对于任意四个不同的点 $A,B,C,D\in\mathbb{R}^2\backslash\{O\}$ 和 $\triangle AOB\backsim\triangle COD$,有

$$f(A)-f(B)+f(C)-f(D)=0.$$

证明 f 是常数.

习题 12.6. 设 f 是平面上的实函数, 对于任意 n 边形 $A_1A_2\ldots A_n$,有

$$f(A_1)+f(A_2)+\cdots+f(A_n)=0.$$

证明 f 等于零.

习题 12.7. (Romania TST 1996) 设整数 $n\geq3$ 和素数 $p\geq2n-3$. 设 M 是平面上 n 个点的集合,其中任意三点不共线. 函数 $f:M\to\{0,1,\ldots,p-1\}$ 满足:

(i) 仅有点 M 使 f 等于零;

(ii) 如果 $A,B,C\in M$ 是不同的点,(ABC) 是三角形 ABC 的外接圆, 那么

$$\sum_{P\in M\bigcap(ABC)}f(P)\equiv0\pmod p.$$

证明 M 的所有点都在同一个圆上.

习题 12.8. (Romania TST 1997) 设 S 是平面上 $n \geqslant 4$ 个点的集合, 不是所有点都在一个圆上, 且没有三点共线. 函数 $f : S \to \mathbb{R}$ 对于每个包含来自 S 的三点或更多点的圆, 有

$$\sum_{P \in C \bigcap S} f(P) = 0.$$

证明 f 等于 0.

习题 12.9. 映射 $f : \mathbb{R}^2 \to \mathbb{R}^2$ 使得当 $|XY| = 1$ 时, 有 $|f(X)f(Y)| = 1$. 证明对于任意 $X, Y \in \mathbb{R}^2, f$ 等距. 即, $|f(X)f(Y)| = |XY|$.

第 13 章　线性函数逼近

13.1　理论与实例

有一些函数方程在N 上不易求解. 然而，有时我们可以证明解的唯一性，在这种情况下，猜测函数对求解非常有帮助.通常,解是线性的，因此设$f(x) = cx$, 其中c 是一个整数. 但有时c也可以是有理数,甚至是无理数,故可设解为$f(x) = \lfloor cx \rfloor$. 为了克服这个困难, 在本节中，我们使用关系$f(x) \sim cx$, 意思是$f(x) - cx$ 的绝对值比x "小"，而这个 "小" 可能有不同的解释.

当函数$|f(x) - cx|$ 有界时,上述类型有最自然的关系$f(x) \sim cx$. 当$c \neq 0$ 时,对于$f(x) \sim cx$ 的另一种解释可能是当x 趋近于无穷时,$\left|\dfrac{f(x)}{cx}\right|$ 趋近于1 . 然后根据第一个定义,有$\sqrt{x^2 + 1} \sim x$, 所以仅根据第二个定义,有$2x + \log(x) \sim 2x$.因为

$$\lim_{x \to \infty} \frac{2x + \log(x)}{2x} = 1 + \lim_{x \to \infty} \frac{\log(x)}{2x} = 1.$$

无论选择哪个定义，都可以用这种关系进行某些运算:

• 如果$f_1(x) \sim c_1 x$,$f_2(x) \sim c_2 x$,那么$f_1(x) + f_2(x) \sim (c_1 + c_2)x$ (除非第二种关系的$c_1 + c_2 = 0$);

• 如果$f(x) \sim cx$,那么$af(x) \sim acx$.

更一般地，如果$|f(x) - g(x)|$ 是有界的或者$\lim\limits_{x \to \infty} \dfrac{f(x)}{g(x)} = 1$,那么我们可以写成$f(x) \sim g(x)$. 如果$|f_1 - g_1|$ 和$|f_2 - g_2|$ 都是有界的,那么$|(f_1 + f_2) - (g_1 + g_2)|$ 也是有界的, 如果$\dfrac{f_1}{g_1} \to 1, \dfrac{f_2}{g_2} \to 1$,则$\dfrac{f_1 f_2}{g_1 g_2} \to 1$. 这表明近似值可以相加和相乘.不过对此也要注意. 例如，$|f_1 - g_1|$ 和$|f_2 - g_2|$ 有界并不意味着$|f_1 f_2 - g_1 g_2|$ 是有界的. $\dfrac{f_1}{g_1} \to 1$ 和$\dfrac{f_2}{g_2} \to 1$ 并不意味着$\dfrac{f_1 + f_2}{g_1 + g_2} \to 1$, 但在$g_1, g_2 > 0$ 的情况

下是这样的,因为$\dfrac{f_1 + f_2}{g_1 + g_2}$ 介于$\dfrac{f_1}{g_1}$ 和$\dfrac{f_2}{g_2}$之间.

因为我们可以用估算来进行某些运算,所以我们可以从给定的方程中猜测出c, 然后根据一些初始的条件来猜出它的确切公式. 更准确地说,如果我们希望f 接近某个关于c 的线性函数cx , 那么在函数方程中带入cx 而不是f,就会得到更接近真实的结果.这些注意事项最好通过下面的例子来进行理解.

例 13.1. 求所有的递增函数$f:\ \mathbb{N} \to \mathbb{N}$, 使得不在$f$ 图像中的唯一正整数是$f(n) + f(n+1)$, $n \in \mathbb{N}$.

解. 首先, 假设$f(x) \sim cx$,即

$$|f(x) - cx| < A \text{ ,对于某些} A > 0$$

计算c的有效值. 如果$f(n) = m$,那么有$m - n$到m的自然数不是f的值. 它们分别为$f(1) + f(2), \ldots , f(m-n) + f(m-n+1)$. 所以$f(m-n) + f(m-n+1) < m < f(m-n+1) + f(m-n+2)$. 由$f(x) \sim cx$ 得$m \sim cn$. 因此,对于任意的n,有$2c(m-n) \sim m$ 或$2c(c-1)n \sim cn$, 即$2c - 2 = 1$, 则$c = \dfrac{3}{2}$. 假设存在a,使得$f(x) = \left\lfloor \dfrac{3}{2}x + a \right\rfloor$, 求$a$. 因为$1, 2$ 必须属于$\mathrm{Im}f$,所以$f(1) = 1, f(2) = 2$. 3 不属于$\mathrm{Im}f$,故$f(3) \geqslant 4$, 所以$f(2) + f(3) \geqslant 6$. 因此, 4属于$\mathrm{Im}f$, $f(3) = 4$. 依此类推$f(4) = 5, f(5) = 7$. 又$\left\lfloor \dfrac{3}{2} + a \right\rfloor = 1, \lfloor 3 + a \rfloor = 2$, 则$a \in \left\lfloor -\dfrac{1}{2}, 0 \right)$. 注意,对于该区间内的任意$a, b$, 都有$\left\lfloor \dfrac{3}{2}x + a \right\rfloor = \left\lfloor \dfrac{3}{2}x + b \right\rfloor$. 假设$a = -\dfrac{1}{2}$,则$f(n) = \left\lfloor \dfrac{3n-1}{2} \right\rfloor$. 为了证明它, 首先需证明$\left\lfloor \dfrac{3n-1}{2} \right\rfloor$ 满足条件. 实际上,由赫米特恒等式可得

$$\left\lfloor \dfrac{3n-1}{2} \right\rfloor + \left\lfloor \dfrac{3(n+1)-1}{2} \right\rfloor = \left\lfloor \dfrac{3n-1}{2} \right\rfloor + 1 + \left\lfloor \dfrac{3n}{2} \right\rfloor = 3n + 1.$$

我们需要证明,唯一不符合$\left\lfloor \dfrac{3n-1}{2} \right\rfloor$ 形式的数是那些除以3以后得到余数为1的数字. 事实上, 如果$n = 2k$, 那么$\left\lfloor \dfrac{3n-1}{2} \right\rfloor = 3k - 1$.如果$n = 2k + 1$,那么$\left\lfloor \dfrac{3n-1}{2} \right\rfloor = 3k$, 该结论显然成立.

由归纳可知f是唯一的,因此证得$f(n) = \left\lfloor \dfrac{3n-1}{2} \right\rfloor$. 实际上, 如果已经确定了$f(1), f(2), \ldots , f(n-1)$, 那么我们就求出了所有的$f(1) + f(2), f(2) +$

$f(3), \ldots, f(n-2) + f(n-1)$. 那么$f(n)$ 一定是大于$f(n-1)$ 的最小数,而属于$f(1) + f(2), f(2) + f(3), \ldots, f(n-2) + f(n-1)$. 这是因为: 如果$m$ 是这个最小数并且$f(n) \neq m$,那么$f(n) > m$. 然后m 既不属于$\mathrm{Im}(f)$,也不属于集合$\{f(n) + f(n+1) | n \in \mathbb{N}\}$,产生矛盾. 因此, $f(n)$是由之前的函数值f所唯一确定的, 即f 是唯一的.

例 13.2. 求所有函数$f: \mathbb{N} \to \mathbb{N}$,使得对于任意的$n \in \mathbb{N}$,有

$$f(f(n)) + f(n+1) = n + 2.$$

解. 首先,$f(n+1) \leqslant n+1$, $f(f(n)) \leqslant n+1$. 因此,当$k > 1$时, $f(k) \leqslant k$. 如果尝试设$f(x) \sim cx$, 那么得到$f(f(n)) \sim c^2 n$. 因此$c^2 n + cn \sim n$, 故$c = \dfrac{\sqrt{5}-1}{2}$. 现在计算$f(1)$. 假设$f(1) = a$, 则$f(a) + f(2) = 3$.有以下两种情况:

(a) $f(2) = 1, f(a) = 2$. $a \geqslant 3$. 设$n = a - 1$, 得到$f(f(a-1)) + 2 = a$. 因此, $f(f(a-1)) = a - 2$,当且仅当$f(a-1) = a-2, f(a-2) = a-2$时才成立.设$n = a - 2$,得到$a - 2 + a - 2 = a$, 所以$a = 4$.因为$f(a-2) = 2$,所以这与$f(2) = 1$ 矛盾. 所以这种情况是不可能的.

(b) $f(2) = 2, f(a) = 1$. 令$a = 1$. 实际上,会产生矛盾,而我们假设$a \geqslant 3$. 设$n = a - 1$,得到$f(f(a-1)) + a = a + 1$,从而$f(f(a-1)) = 1$. 设$f(a-1) = b$,则$f(b) = 1$.从而$b \geqslant 3$. 设$n = b-1$ 得到$f(f(b-1)) = b$.只有当$f(b-1) = 1$时, $f(k) \leqslant k$,$k \geqslant 2$才有可能成立,所以$b = a$. 但此时$f(a-1) = a$ 是不可能成立的. 故$f(1) = 1$.

由此得出,对于任意的k ,$f(k) \leqslant k$.我们可以通过n 上的强归纳来确定$f(n)$:如果我们找到$f(1), f(2), \ldots, f(k)$, 在给定关系中设$n - k + 1$,计算$f(k+1)$. 那么f 唯一确定的. 当$f(1) = 1, f(2) = 2$ 时可得到$f(3) = 2$.从而$f(4) = 3$, $f(5) = 4$, $f(6) = 4$. 可以推测出

$$f(x) = \lfloor cx \rfloor + 1, \ c = \frac{\sqrt{5}-1}{2},$$

它适用于$x = 1, 2, 3, 4, 5, 6$. 事实上, $f(x) = \lfloor cx \rfloor + 1$ 满足条件. 证明如下.由于

$$f(f(n)) + f(n+1) = \lfloor c(\lfloor cn \rfloor + 1) \rfloor + 1 + \lfloor cn + c \rfloor + 1,$$

我们需要证明

$$\lfloor c \lfloor cn \rfloor + c \rfloor + \lfloor cn + c \rfloor = n.$$

通过在 n 上的归纳,证明了

$$\lfloor c(n+1)+c \rfloor = \lfloor cn+c \rfloor + 1$$

和

$$\lfloor c\lfloor c(n+1) \rfloor + c \rfloor = \lfloor c\lfloor cn \rfloor + c \rfloor$$

或者

$$\lfloor c(n+1)+c \rfloor = \lfloor cn+c \rfloor$$

和

$$\lfloor c\lfloor c(n+1) \rfloor + c \rfloor = \lfloor c\lfloor cn \rfloor + c \rfloor + 1.$$

事实上, 设 $x = cn.$ 则

$$\lfloor c(n+1)+c \rfloor - \lfloor cn+c \rfloor = \lfloor x+2c \rfloor - \lfloor x+c \rfloor.$$

当 $\{x+c\} < 1-c$ 时它等于 0 ,否则为 1 .

因此当 $1-c < \{x\} < 2-2c$ 时为 0,否则为 1 . 另一方面,

$$\lfloor c\lfloor c(n+1) \rfloor + c \rfloor - \lfloor c\lfloor cn \rfloor + c \rfloor = \lfloor c\lfloor x+c \rfloor + c \rfloor - \lfloor c\lfloor x \rfloor + c \rfloor.$$

设 $\{x\} = t.$ 若 $t < 1-c,$ 则 $t < c$

$$\lfloor c\lfloor x+c \rfloor + c \rfloor - \lfloor c\lfloor x \rfloor + c \rfloor = \lfloor c\lfloor x \rfloor + c \rfloor - \lfloor c\lfloor x \rfloor + c \rfloor = 0.$$

若 $2-2c > t > 1-c,$ 则

$$\lfloor c\lfloor x+c \rfloor + c \rfloor - \lfloor c\lfloor x \rfloor + c \rfloor = \lfloor c(x-t+1)+c \rfloor - \lfloor c(x-t)+c \rfloor$$

$$= \lfloor cx+2c-ct \rfloor - \lfloor cx+c-ct \rfloor.$$

现令 $cx = c^2 n = n - cn = n - x$,得到

$$\lfloor n-x+2c-ct \rfloor - \lfloor n-x+c-ct \rfloor = \lfloor 2c-ct-x \rfloor - \lfloor c-ct-x \rfloor.$$

当 $\{x\} = t$ 时, 它等于

$$\lfloor 2c-(c+1)t \rfloor - \lfloor c-(c+1)t \rfloor.$$

现在 $t \in (1-c, 2-2c)$ 因此, $2c-(c+1)t \in (2c-2(1-c^2); 2c-(1-c^2)) = (0, c)$; 而 $c-(c+1)t \in (-c, 0)$ 差值为1. 最后,若 $t > 2-2c$, 则得到 $c-1 < 2c-(c+1)t < 0$ 和 $-1 < c-(c+1)t < -c$, 差值为0. 因此我们寻求的条件成立,从而 $f(x) = \lfloor cx \rfloor + 1$.

我们以一个方程结束,该方程的解不是 cx 的近似值,但方法与前面相同。这次的答案是 $c\sqrt{x}$ 的近似值.这表明本章的主要思想方法不一定局限于用线性函数逼近.

例 13.3. 求所有非递减函数 $f: \mathbb{N} \to \mathbb{N}$ 使得: 对于任意的 $m, n \in \mathbb{N}$,有

(i) $f(1) = 1$;

(ii) $f(n + f(n) + 1) = f(n) + 1$;

(iii) $f(m)f(n) \leqslant f(2mn + m + n)$.

解. 从推测解开始. 首先检验出线性函数不能满足方程

$$f(n + f(n) + 1) = f(n) + 1,$$

因此尝试 $f(x) = cx^{\alpha}, \alpha \neq 1$.

注意到 $c(x + cx^{\alpha})^{\alpha}$ 具有泰勒展开式 $cx^{\alpha} + \alpha c^2 x^{2\alpha-1} + \ldots$,立即考虑 $\alpha = \frac{1}{2}, c = \sqrt{2}$.因此,推测 $f(n) \sim \sqrt{2n}$.

最后一个条件给出了一个更好的近似值,注意到函数 $f(x) = 2x + 1$ 满足条件 $f(m)f(n) = f(2mn + m + n)$, 特别地,函数 $f(x) = \sqrt{2x+1}$ 也满足条件. 因此猜测 $f(n)$ 接近 $\sqrt{2n+1}$.

我们可以证明 $f(n) \leqslant \sqrt{2n+1}$. 实际上,设 $g(n) = \dfrac{f(n)}{\sqrt{2n+1}}$,得到 $g(2mn + m + n) \geq g(m)g(n)$. 特别地,如果 $g(n) > 1$,那么

$$g(2n^2 + 2n) \geqslant g^2(n), \quad g(2(2n^2 + 2n)^2 + 2(2n^2 + 2n)) \geqslant g^4(n)\ldots..$$

即 $g(n)$ 是无界的. 然而由条件 $f(n + f(n) + 1) = f(n) + 1$ 可以证明它是有界的. 注意,当 $n + 1 < n + f(n) + 1$ 时, $f(n+1) \leqslant f(n) + 1$,因此 f 是满射的. 设 a_i 是满足 $f(x) = i$ 的最大的 x . 由

$$f(a_i + f(a_i) + 1) = f(a_i) + 1 = i + 1$$

可推导出

$$a_{i+2} > a_i + f(a_i) + 1 = a_i + i + 1$$

因此$a_{i+2} \geqslant a_i + i + 2$. 通过归纳很容易得出$a_i \geqslant \dfrac{i^2}{4}$.特别地,如果$f(x) = i$,那么$x \geqslant a_{i-1} \geqslant \dfrac{(i-1)^2}{4}$. 从而$f(x) \leqslant \sqrt{4x} + 1$, 故$g(n)$ 是有界的.

这个矛盾表明$f(n) \leqslant \lfloor \sqrt{2n+1} \rfloor$. 现在将通过对n的归纳证明$f(n) = \lfloor \sqrt{2n+1} \rfloor$.

假设对于所有$n \leqslant k$该等式成立. 如果$k+1 = m + f(m)$,那么$f(k+1) = f(m) + 1$.又$k+1$ 等于$m + \lfloor \sqrt{2m+1} \rfloor + 1$, 可证$\lfloor \sqrt{2(k+1)+1} \rfloor = \lfloor \sqrt{2m+1} \rfloor + 1$.这是因为$2(k+1)+1$等于$2m+1+2\lfloor \sqrt{2m+1} \rfloor + 2$,大于$(\sqrt{2m+1}+1)^2$, 所以$f(2k+1) \geqslant \lfloor \sqrt{2m+1} \rfloor + 1$. 另一方面,如果$\lfloor \sqrt{2m+1} \rfloor = x$,那么$2m+1 < (x+1)^2$,从而$2(k+1)+1 \leqslant x^2 + 2x + 2x + 2 < (x+2)^2$, 故$f(2k+1) < x+2$. 现在假设$k+1$ 不是$m + f(m)$的形式. 因为f 至多增加了1, $m + f(m)$ 至多增加了2,所以只有当$m + f(m) = k$时才成立. 又$f(k+1) \geqslant f(k)$, 所以$f(k+1) \geqslant \lfloor \sqrt{2k+1} \rfloor$. 由于最多也是$\lfloor \sqrt{2(k+1)+1} \rfloor$.如果$\lfloor \sqrt{2k+1} \rfloor < \lfloor \sqrt{2(k+1)+1} \rfloor$,这意味着$2k+2$ 或$2k+3$ 是一个完全平方数. 回想一下,$m+f(m) < k+1 < m+1+f(m+1)$,所以$f(m+1) > f(m)$,从而$2m+2$ 或$2m+3$ 是一个完全平方数. 设该平方数为x^2. 又$2k+2 = 2m+2+2x-2$,即x^2+2x-2 或x^2+2x-1,这不是一个完全平方数. 类似地, $2k+3$ 是x^2+2x-1 或x^2+2x,这也不是一个完全平方数.

注意到,当且仅当$x = 1$时, x^2+2x-2是完全平方数. 因为$x > 1$,所以这种情况不会发生.

归纳完成,问题解为$f(n) = \lfloor \sqrt{2n+1} \rfloor$.

13.2   习题

习题 13.1. (IMO 1993) 确定是否存在严格递增的函数$f: \mathbb{N} \to \mathbb{N}$,使得$f(1) = 2$,且对于任意的$n \in \mathbb{N}$,有$f(f(n)) = f(n) + n$.

习题 13.2. (IMO 1979) 求所有递增函数$f: \mathbb{N} \to \mathbb{N}$ 满足如下性质:使得不在f 值域的自然数是$f(f(n)) + 1, n \in \mathbb{N}$.

习题 13.3. 求所有递增函数$f: \mathbb{N} \to \mathbb{N}$, 使得$f$ 值域中不存在的唯一一个自然数是$2n + f(n), n \in \mathbb{N}$.

习题 13.4. 求所有满足如下条件的函数 $f: \mathbb{N} \to \mathbb{N}$,如果 $f(f(n)-n+1)=n$,那么

$$f(1)=1, \; f(n+1)=f(n)+2,$$

否则 $f(n+1)=f(n)+1$.

习题 13.5. (China TST 2006) 假设在非负整数上定义的函数 f 满足: $f(0)=0$,对于任意的 $n \geqslant 1$,有 $f(n)=n-f(f(n-1))$. 求所有实多项式 g ,使得 $f(n)=\lfloor g(n)\rfloor, n=0,1,2\ldots$.

第 14 章　极值元素法

14.1　理论与实例

极值元素法在数学的许多领域都有应用,它利用某些集合的性质来得到最大/最小元素.通过一个集合的最大/最小元素α,可以得到一些关于这个集合的信息;相反地,比集合中任何元素都更大(小)这一性质可以得到一些关于α的信息.因为它们把不同点处的函数值联系起来,所以该方法对求解函数方程问题很有帮助.

通过一些实例可以更清楚地进行说明,但在此之前,我们先提供一些严谨的逻辑基础,回顾一些有关集合的结构的基本定义和命题.

定义. 设A是$\mathbb{R}$的子集. 若任意的$x \in A$,都有$x \leqslant a$,其中$a \in A$,则称a是集合A中的最大元素. 类似地,若对于任意的$x \in A$, 都有$x \geqslant b$,其中$b \in A$,则称b是集合A中的最小元素.

集合中的最大元素和最小元素分别称为集合的最大值和最小值,记作$\max$和$\min$.

显然,最大元素是唯一的,最小元素也是唯一的.但它们并不总是存在的, 例如实数集既没有最大元素,又没有最小元素.

定义. 若存在元素$a \in \mathbb{R}$,使得对于任意的$x \in A$,有$x < a$,则称集合A有上界.类似地,若存在元素$a \in \mathbb{R}$,使得对于任意的$x \in A$,有$x > a$,则称集合A有下界.既有上界又有下界的集合称为有界集合.

注. 集合A是有界的当且仅当集合$\{|x| | x \in A\}$有上界.A是有上/下界的当且仅当$c > 0$时,集合$c \cdot A$有上/下界,或$c < 0$ 时,集合$c \cdot A$有下/上界.集合的平移不

改变它的有界性.关于集合的有界性,还有许多类似的性质,在需要时很容易推导出来,在这里不一一进行介绍.

显然,无上界的集合没有最大元素,无下界的集合没有最小元素. 因此我们最好研究有界集合中的最大/最小元素. 但即使这样,我们的问题也并没有解决,例如有界集合$(0,1)$没有最小或最大元素(任何开集合亦如此); 集合的最小元素和最大元素是0和1,但它们不属于这个集合; 但是,它们确实属于这个集合的闭包.

注意:如果A有上界,那么集合$\{y|y \geqslant x, \forall x \in A\}$是非空的.又由于集合是封闭的.所以,它只能是半区间$[y_0, \infty)$,其中y_0是集合的最小元素.

定义/命题. 假设A是$\mathbb{R}$的非空子集.如果A有上界,那么对于任意的$x \in A$,存在一个最小元素y,使得$x \leqslant y$. 元素y称为A 的上确界,记作$\sup(A)$.这个元素在A的闭包中,也就是说,它可以被记为A 中元素(递增的)的极限. 类似地,如果A 有下界,那么对于任意的$x \in A$,存在一个最大元素y,使得$x \geqslant y$,元素y称为A 的下确界,记作$\inf(A)$.它可以被记为A中元素(递减的)的极限.

一般地,如果A没有上界的,那么我们记$\sup(A) = +\infty$. 如果A没有下界,那么记$\inf(A) = -\infty$.又,如果$\emptyset$是空集,那么我们记$\sup(\emptyset) = -\infty, \inf(\emptyset) = +\infty$.证明如下:如果$A \subset B$,那么$\sup(A) \leqslant \sup(B), \inf(A) \geqslant \inf(B)$.因为$\emptyset$是集合的子集, 所以$\sup(\emptyset)$一定小于任意实数, $\inf(\emptyset)$一定大于任意实数.因为A的任何元素都在这两者之间,所以这似乎与$\inf(A) \leqslant \sup(A)$的一般原则相矛盾, 但要注意的是$\emptyset$ 中没有元素,命题就可以更好地进行理解.

我们不在这里证明上述命题,想了解命题证明的读者可以参照微积分相关的教科书.

命题. (a)如果A有最大元素,那么最大元素为上确界,即$\max(A) = \sup(A)$. 类似地,如果最小元素存在,那么最小元素为下确界. 实际上,A有最大元素当且仅当$\sup(A) \in A, A$有最小元素当且仅当$\inf(A) \in A$.

(b)任何有限集合都有最大值和最小值.

(c)对于$\mathbb{Z}$的任意子集(或者$\mathbb{R}$的离散子集),如果它有上界,那么它存在最大元素,如果它有下界,那么它存在最小元素.

证明留给读者.特别注意(c)部分,它表明正整数的任意集合都存在最小元素; 这也是数学归纳法的基本原理之一.

极值元素法正是利用了以上介绍的概念. 通常,取f中的最小/最大值(即Im(f)的最大/最小元素),或者取f的图像上的sup/inf.有时,我们也可以使用辅助表达式,比如$f(x) - x$,或者与f类似的表达式把它们最小化/最大化,从而求解f的最小/最大值,进而求解问题.

下面是一些例子.

例 14.1. 求函数$f : \mathbb{Z} \to \mathbb{N}$,使得对于任意的$k \in \mathbb{Z}$,有

$$6f(k+3) - 3f(k+2) - 2f(k+1) - f(k) = 0.$$

解. 利用数学归纳法解决的第一个问题是: f定义在$\mathbb{Z}$上,而不是定义在$\mathbb{N}$上,计算f需要进行两个方向的归纳. 第二个问题是:$f(k+3)$前面的6表明,如果尝试用数学归纳法计算f,可能会得到非整数. 所以,我们必须采用另一种方法.由于函数f的值域在$\mathbb{N}$上(而不是像通常那样,定义在$\mathbb{Z}$上的函数,其值域也在$\mathbb{Z}$上).故,我们尝试运用$\mathbb{N}$的一些性质,这些性质在$\mathbb{N}$上成立,但在$\mathbb{Z}$上不成立.首先想到的是$\mathbb{N}$的任何子集都包含最小元素,令$6 = 1 + 2 + 3$.

令$a = \min\{\operatorname{Im}f\}, f(x) = a$.令$k = x - 3$,得到

$$6a = 3f(x-1) + 2f(x-2) + f(x-3) \geqslant 3a + 2a + a = 6a.$$

等式恒成立,所以

$$f(x-1) = f(x-2) = f(x-3) = a.$$

进行数学归纳可以推知,当$y \leqslant x$时,有$f(y) = A$. 同样由归纳法,并利用递归关系可以推知,当$y > x$时,$f(y) = a$(令条件中的$k = x - 2$得到$f(x+1) = a$,依此类推).显然,常数函数满足给定的条件.

例 14.2. (IMO 2007) 求函数$f : \mathbb{N} \to \mathbb{N}$,使得对于任意的$m, n \in \mathbb{N}$,有

$$f(m+n) \geqslant f(m) + f(f(n)) - 1.$$

并求出$f(2007)$的所有可能值.

解. 需要证明可能数字是$1, 2, \ldots, 2008$. 首先注意,如果存在n,使得$f(n) > n$,那么设$m = f(n) - n$, 则$f(f(n) - n) \leqslant 1$. 下证,对于任意的n,有$f(n) \leqslant n + 1$.

显然,f 是递增函数.假设$f \not\equiv 1$,设a为使得$f(a) > 1$成立的最小正整数.假设存在形如$f(n) - n$的正数,所有这些数字都小于a,因此存在最大值$b = f(k) - k$.于是

$$2k + b \geqslant f(2k) \geqslant f(k) + f(f(k)) - 1 \geqslant 2f(k) - 1 = 2(k + b) - 1,$$

因此,$b \leqslant 1$.证明完成.

其次,如果$1 \leqslant j \leqslant 2007$,那么函数

$$f_j(n) = \begin{cases} 1, & n < 2007 \\ j, & n = 2007 \\ n, & n > 2007 \end{cases}, \quad f(n) = \begin{cases} n, & 2007 \nmid n \\ n + 1, & 2007 \mid n \end{cases}$$

满足给定条件.由此,问题解决.

例 14.3. （Romania TST 1986）设函数$f, g : \mathbb{N} \to \mathbb{N}$,$f, g$是单射,对于任意的$n \in \mathbb{N}$, 有$f(n) \geqslant g(n)$. 证明:对于任意的$n \in \mathbb{N}$,有$f(n) = g(n)$.

解. （反证法）假设存在$n \in \mathbb{N}$,使得$f(n) \neq g(n)$.那么,根据假设有$f(n) > g(n)$.所以,$\mathbb{N}$的子集$A = \{g(n) \mid f(n) > g(n)\}$ 是非空的,即它存在最小元素.记最小元素为m_0. 设存在$n_0 \in \mathbb{N}$,使得$m_0 = g(n_0)$. 注意,因为g是单射,所以n_0是唯一的.因为f是满射,所以存在$n_1 \in \mathbb{N}$,使得$m_0 = f(n_1)$.因为

$$f(n_0) > g(n_0) = m_0 = f(n_1),$$

所以$n_0 \neq n_1$.

又由假设知,$m_0 = f(n_1) \geqslant g(n_1)$有两种可能性.若$m_0 = f(n_1) \geqslant g(n_1)$,则$g(n_1) = m_0 = g(n_0)$, 这与$g$为单射相矛盾.若$f(n_1) > g(n_1)$,则$g(n_1) \in A$. 因为$f(n_1) = m_0$,所以$g(n_1)$小于$A$中的最小元素$m_0$,产生矛盾.

综上,假设不成立,原命题成立.问题得证.

例 14.4. （IMO 2010 预选赛）假设$f, g : \mathbb{N} \to \mathbb{N}$,对于任意的$n \in \mathbb{N}$,有$f(g(n)) = f(n) + 1$,$g(f(n)) = g(n) + 1$. 证明:对于任意的$n \in \mathbb{N}$,有$f(n) = g(n)$.

解. 用$f^{(k)}$和$g^{(k)}$分别表示f和g的第k次迭代. 由题,对于任意正整数k,有

$$f(g^{(k)}(x)) = f(g^{(k-1)}(x)) + 1 = \cdots = f(x) + k.$$

同理,

$$g(f^{(k)}(x)) = g(x) + k.$$

设 a 和 b 分别是 f 和 g 的最小值,令 $f(n_f) = a, g(n_g) = b$. 于是有

$$f(g^{(k)}(n_f)) = a + k, \quad g(f^{(k)}(n_g)) = b + k,$$

所以,$\text{Im}(f) = \{a, a+1, \dots\}$, $\text{Im}(g) = \{b, b+1, \dots\}$.

接下来,由 $f(x) = f(y)$ 可知 $g(x) = g(f(x)) - 1 = g(f(y)) - 1 = g(y)$,反之亦然. 如果 $f(x) = f(y)$(等价地,$g(x) \sim g(y)$),那么称 x 和 y 是相似的,记作 $x \sim y$. 对于每一个 $x \in \mathbb{N}$,定义 $[x] = \{y \in \mathbb{N} \mid x \sim y\}$. 注意,如果 $y \in [x]$,那么 $[x] = [y]$. 下面,我们研究集合 $[x]$ 的结构.

推论1. 若 $f(x) \sim f(y)$,则 $x \sim y$,即 $f(x) = f(y)$. 因此,每个类 $[x]$ 最多包含 $\text{Im}(f)$ 和 $\text{Im}(g)$ 中的一个元素.

推论的证明. 若 $f(x) \sim f(y)$,则 $g(x) = g(f(x)) - 1 = g(f(y)) - 1 = g(y)$,于是 $x \sim y$. 由 $\text{Im } f$ 和 $\text{Im } g$ 的结构可知,推论的第二个陈述内容成立. □

推论2. 对于每一个 $x \in \mathbb{N}$,有 $[x] \subseteq \{1, 2, \dots, b-1\}$ 成立,当且仅当 $f(x) = a$;$[x] \subseteq \{1, 2, \dots, a-1\}$ 成立,当且仅当 $g(x) = b$.

推论的证明. 下证,当 $f(x) > a$ 时,有 $[x] \nsubseteq \{1, 2, \dots, b-1\}$. 注,如果 $f(x) > a$,那么存在 y 使得 $f(y) = f(x) - 1$,所以 $f(g(y)) = f(y) + 1 = f(x)$. 因此,$x \sim g(y) \geqslant b$.

反之,如果 $b \leqslant c \sim x$,那么存在 $y \in \mathbb{N}$,使得 $c = g(y)$,于是

$$f(x) = f(g(y)) = f(y) + 1 \geqslant a + 1.$$

因此,$f(x) > a$. □

推论2表明,$\{1, 2, \dots, a-1\}$ 中存在一个类(即类 $[n_g]$),$\{1, 2, \dots, b-1\}$ 中存在一个类(类 $[n_f]$). 假设 $a \leqslant b$,那么 $[n_g]$ 也包含于 $\{1, 2, \dots, b-1\}$ 中,所以它与 $[n_f]$ 重合. 由此得到

$$f(x) = a \Leftrightarrow g(x) = b \Leftrightarrow x \sim n_f \sim n_g.$$

推论3. $a = b$.

推论的证明. 由推论2得 $[a] \neq [n_f]$,又由推论2得,$[a]$ 应该包含某些元素 $a_1 \geqslant b$. 若 $a \neq a_1$,则 $[a]$ 包含两个 $\geqslant a$ 的元素,由推论1知,这是不可能的. 因此,$a = a_1 \geqslant b$. 同理,$b \geqslant a$. □

为了更好地证明问题,还需确立以下内容.

推论4.对于每一个非负整数d,有

$$f^{(d+1)}(n_f) - g^{(d+1)}(n_f) = a + d.$$

推论的证明.对d进行归纳.当$d = 0$时, 由推论3和前面提到的等价性可知推论成立. 当$d > 1$,根据归纳假设得到

$$f^{(d+1)}(n_f) = f(g^{(d)}(n_f)) = f(n_f) + d = a + d.$$

类似地,$g^{(d+1)}(n_f)) = a + d$. □

最后,对于每一个$x \in \mathbb{N}$,存在$d \geqslant 0$,使得$f(x) = a + d$. 所以,

$$f(x) = f(g^{(d)}(n_f)).$$

因此,$x \sim g^{(d)}(n_f)$. 由推论4可知,

$$g(x) = g(g^{(d)}(n_f)) = g^{(d+1)}(n_f) = a + d = f(x).$$

□

注.利用上面的内容,可以描述所有满足$f(f(n)) = f(n) + 1$($n \in \mathbb{N}$)的函数f: $\mathbb{N} \to \mathbb{N}$.对于每个这样的函数,都存在n_0,使得对于任意的$n \geqslant n_0$,有$f(n) = n + 1$,而对于任意的$n < n_0$,有$f(n)$是一个大于或等于n_0的任意正整数(对于不同的$n < n_0$,这些数字可能不同).

在域$\mathbb{N}$上常使用极值元素法,其中每个子集都有最小元素. 除此以外,它也可以在$\mathbb{R}$上使用.当然, $\mathbb{R}$ 的每个子集并不都有最小元素,但是每个有下界的子集都有下确界, 每个有上界的子集都有上确界. 这两个概念对我们使用极值元素很有帮助.

例 14.5. 求函数$f: \mathbb{R} \to [0, 2]$,使得对于任意的$x \in \mathbb{R}$,有

$$f(x + 1) = \sqrt{\frac{f(x) + 1}{2}}.$$

解.下证,对于任意的$x \in \mathbb{R}$,有$f(x) = 1$. 首先证明,对于任意的$x \in \mathbb{R}$有$f(x) \geqslant 1$. 因为$\text{Im}(f)$有下界,所以我们设$c = \inf(\text{Im}(f)) \geqslant 0$. 为了证明$f(x) \geqslant 1$,只需证明$c \geqslant 1$.

（反证法）假设 $c < 1$. 根据下确界的定义,对于给定的 $\epsilon > 0$,存在 x_0,使得 $c \leqslant f(x_0) < c + \epsilon$. 特别地,取 $\epsilon = \dfrac{1-c}{2}$,得到

$$c \leqslant f(x_0) < \frac{c+1}{2}.$$

令条件中的等式 $x = x_0 - 1$,得到

$$f(x_0) = \sqrt{\frac{f(x_0 - 1) + 1}{2}}.$$

从而,

$$f(x_0 - 1) = 2f(x_0)^2 - 1 < 2\left(\frac{c+1}{2}\right)^2 - 1 = \frac{c^2 + 2c - 1}{2}.$$

当 $c < 1$ 时,有 $\dfrac{c^2 + 2c - 1}{2} < c$,这与 f 的下确界的定义相矛盾.假设不成立,原命题成立.

同理,令 $s = \sup(\mathrm{Im}(f))$,可证明 $f(x) \leqslant 1$. 利用反证法,假设 $s > 1$. 如上所述,存在 x_0,使得 $s - \dfrac{s+1}{2} < f(x_0) \leqslant s$. 所以 $\dfrac{s+1}{2} < f(x_0) \leqslant s$, 设 $x = x_0 - 1$,可得到,当 $s > 1$ 时,有

$$f(x_0 - 1) = 2f(x_0)^2 - 1 \geqslant 2\left(\frac{s+1}{2}\right)^2 - 1 = \frac{s^2 + 2s - 1}{2} > s.$$

这与 $s = \sup(\mathrm{Im}(f))$ 的假设相矛盾. 此时,得到 $f(x) \leqslant 1$ 和 $f(x) \geqslant 1$,所以 $f(x) = 1$.

例 14.6. (Bulgaria 2007)设函数 $f : (0, 1] \to \mathbb{R}$（$f$ 不是常函数）.求所有 $a \in \mathbb{R}$,使得对于任意的 $x, y \in (0, 1]$,有

$$a + f(x + y - xy) + f(x)f(y) \leqslant f(x) + f(y).$$

解. 用 $1 - x$ 和 $1 - y$ 代替 x 和 y,设 $g(x) = 1 - f(1 - x)$, 得到 $g(xy) \geqslant g(x)g(y) + a$, $x, y \in \Delta = [0, 1)$. 下证,所求的 a 满足 $a < \dfrac{1}{4}$.

（反证法）令 $g(xy) \geqslant g(x)g(y) + \dfrac{1}{4}$,那么 $g(0) \geqslant g^2(0) + \dfrac{1}{4}$,即 $\left(g(0) - \dfrac{1}{2}\right)^2 \leqslant 0$. 因此,$g(0) = \dfrac{1}{2}$.又 $g(0) \geqslant g(0)g(x) + \dfrac{1}{4}$,所以 $g(x) \leqslant \dfrac{1}{2}$. 另一方面,因为 $g(x^2) \geqslant \dfrac{1}{4}$,所以 $m = \inf_\Delta g \geqslant \dfrac{1}{4}$.对于任意的 $\varepsilon > 0$,存在 $x \in \Delta$ 使

得 $m+\varepsilon>g(x)$,则 $m+\varepsilon>g(x)\geqslant g^2(\sqrt{x})+\dfrac{1}{4}\geqslant m^2+\dfrac{1}{4}$,于是 $m\geqslant m^2+\dfrac{1}{4}$,即 $m=\dfrac{1}{2}$. 因此,$g=\dfrac{1}{2}$. 从而,对于任意的 $a\geqslant\dfrac{1}{4}$,不存在函数满足给定条件.

现在证明,对于每一个 $a<\dfrac{1}{4}$ 都存在一个函数满足给定条件. 只需考虑 $0<a<\dfrac{1}{4}$ 的情形即可.设方程 $t^2-t+a=0$ 的根为 $0<t_1<t_2$,令 $b\in(t_1,t_2)$,则 $b>c=b^2+a$.所以,对于任意的函数 $g:\mathbb{R}\to(c,b)$,有 $g(xy)>c>g(x)g(y)+a$.

例 14.7. (Russia 2005)设有界函数 $f:\mathbb{R}\to\mathbb{R}$,对于任意的 $x,y\in\mathbb{R}$,有

$$f(x+y)^2\geqslant f(x)^2+2f(xy)+f(y)^2.$$

证明:对于任意的 $x\in\mathbb{R}$,有 $-2\leqslant f(x)\leqslant 0$.

解.首先证明,对于任意的 x,有 $|f(x)|\leqslant 2$. 设 $M=\sup\limits_{x\neq 0}|f(x)|$,则存在非零实数列 $x_1,x_2,\ldots$,使得 $|f(x_n)|\to M$,于是

$$M^2\geqslant f(2x_n)^2\geqslant 2f(x_n)^2+2f(x_n^2)\geqslant 2f(x_n)^2-2M\to 2M^2-2M,$$

即 $M^2\geqslant 2M^2-2M$. 因此,$M(M-2)\leqslant 0$,即 $M\leqslant 2$.

接下来证明,对于任意的 x,有 $f(x)\leqslant 0$.(反证法)假设存在 a,使得 $f(a)>0$,则

$$f(x+a/x)\geqslant f(x)^2+2f(a)+f(a/x)^2,\quad x\neq 0.$$

选取 $n_0\in\mathbb{N}$,使得 $2n_0f(a)>M^2$. 因为 $\lim\limits_{x\to+\infty}(x+a/x)=+\infty$,所以存在 $a_1>0$,当 $a_{n+1}=a_n+a/a_n$, $n\in\mathbb{N}$时,有 $a_n>0$($n\leqslant n_0$)(特别地,这个数列可一直定义到 a_{n_0+1}). 现在由不等式

$$f(a_{n+1})^2\geqslant f(a_n)^2+2f(a)$$

可知

$$M^2\geqslant f(a_{n_0+1})^2\geqslant f(a_1)^2+2n_0f(a)>M^2,$$

产生矛盾.假设不成立,原命题成立.

注.给定的不等式变成了关于常函数 $0,-2$ 和无界函数 x 的等式.

例 14.8. 求函数 $f:[0,\infty)\to[0,\infty)$,使得任意的 $x,y\in[0,\infty)$,有

$$f(y)f(xf(y))=f(x+y).$$

解. 令 $x = 0$,得到 $f(0)f(y) = f(y)$.于是,$f(0)^2 = f(0)$. 如果 $f(0) = 0$,那么对于任意 $y \in [0, \infty)$,有 $f(y) = 0$.如果 $f(0) = 1$,将考虑以下两种情形.

情形1. 存在 $y > 0$,使得 $f(y) = 0$.设 $a = \inf\{y > 0 | f(y) = 0\}$. 对于任意的 $x > a$,存在 y,使得 $a < y < x$ 且 $f(y) = 0$.于是

$$f(x) = f(y)f((x - y)f(y)) = 0.$$

所以,如果 $a = 0$,那么对于任意 $x > 0$,有 $f(x) = 0$.

假设 $a > 0$,令 $0 < y < a$.对于任意的 $\varepsilon > 0$,有

$$f(y)f((a + \varepsilon - y)f(y)) = f(a + \varepsilon) = 0.$$

因为 $f(y) > 0$,所以 $(a + \varepsilon - y)f(y) \geqslant a$.又

$$f\left(\frac{a + \varepsilon}{f(y)} + y\right) = f(a + \varepsilon)f(y) = 0,$$

因此,$\dfrac{a + \varepsilon}{f(y)} + y \geqslant a$. 现令两个不等式中的 $\varepsilon \to 0$,则对于任意的 $0 < y < a$,有 $f(y) = \dfrac{a}{a - y}$. 特别地,$f\left(\dfrac{a}{2}\right) = 2$.令所给等式中的 $x = y = \dfrac{a}{2}$, 得到 $2f(a) = f(a)$,即 $f(a) = 0$.

情形2. 对于任意的 $y > 0$,有 $f(y) > 0$.首先证明,对于任意的 $y \geqslant 0$,有 $f(y) \leqslant 1$. (反证法) 假设存在 $y > 0$,使得 $f(y) > 1$. 令给定的方程中的

$$x = \frac{y}{f(y) - 1},$$

得到 $f(y) = 1$,产生矛盾.

由不等式 $f(y) \leqslant 1$ 和给定等式知,函数 f 是递减的.

假设存在 $y > 0$,使得 $f(y) = 1$.那么,对于任意的 $x \geqslant 0$,有 $f(x + y) = f(x)$.由函数 f 递减可知,对于任意的 $x \geqslant 0$,有 $f(x) = 1$.

接下来,考虑对于任意的 $y > 0$,有 $f(y) < 1$ 的情形.此时, 函数 f 是严格递减的,所以 f 是单射.于是,

$$f(y)f(xf(y)) = f(x + y) = f(xf(y) + y + x(1 - f(y)))$$

$$= f(xf(y))f((y + x(1 - f(y)))f(xf(y))).$$

故
$$y = (y + x(1 - f(y)))f(xf(y)).$$

设 $y = 1$, $xf(1) = z$, $\dfrac{f(1)}{1 - f(1)} = a$, 那么对于任意 $z > 0$, 有 $f(z) = \dfrac{a}{a + z}$.

因此, 所有可能函数解如下:

$$f(x) = 0,\ f(x) = 1,\ f(x) = \frac{a}{x + a},$$

$$f(x) = \begin{cases} 1 & , x = 0 \\ 0 & , x > 0, \end{cases}$$

$$f(x) = \begin{cases} \dfrac{a}{a - x} & , 0 \leqslant x < a \\ 0 & , x \geqslant a, \end{cases}$$

其中 $a > 0$ 是任意常数. 很容易验证前四个函数是问题的解. 现在证明第五个函数也是方程的解.

如果 $x, y \geqslant 0$, $x + y < a$, 那么

$$f(y)f(xf(y)) = \frac{a}{a - y}f\left(\frac{ax}{a - y}\right) = \frac{a}{a - y} \cdot \frac{a - y}{a - (x + y)} = f(x + y).$$

令 $x, y \geqslant 0$, $x + y \geqslant a$. 此时 $f(x + y) = 0$. 如果 $y \geqslant 0$, 那么 $f(y) = 0$. 如果 $y < a$, 那么 $\dfrac{ax}{a - y} \geqslant a$, $xf(y) \geqslant a$. 因此, $f(xf(y)) = 0$. 在这两种情况下, 都有

$$f(y)f(xf(y)) = 0 = f(x + y).$$

注. 在上述问题的基础上, 附加条件 $f(2) = 0$ 和 $f(x) \neq 0$（$0 \leqslant x < 2$）. 此时问题变为 IMO 1986 中的一个题目(具体参见示例4.4), 方程有唯一函数解

$$f(x) = \begin{cases} \dfrac{2}{2 - x} & , 0 \leqslant x < 2 \\ 0 & , x \geqslant 2. \end{cases}$$

14.2 习题

习题 14.1. 求函数 $f: \mathbb{N} \to \mathbb{N}$, 使得对于任意的 $n \in \mathbb{N}$, 有

$$f(f(f(n))) + f(f(n)) + f(n) = 3n.$$

习题 14.2. 求双射

$$f, g, h\colon \mathbb{N} \to \mathbb{N},$$

使得对于任意的 $n \in \mathbb{N}$,有

$$f(n)^3 + g(n)^3 + h(n)^3 = 3ng(n)h(n).$$

习题 14.3. (IMO 1977)设函数 $f\colon \mathbb{N} \to \mathbb{N}$,对于任意的 $n \in \mathbb{N}$,有

$$f(n+1) > f(f(n)).$$

说明: 对于任意的 $n \in \mathbb{N}$ 有 $f(n) = n$.

习题 14.4. 求单射函数 $f\colon \mathbb{N} \to \mathbb{N}$,使得对于任意的 $m, n \in \mathbb{N}$,有

$$f(f(m) + f(n)) = f(f(m)) + f(n).$$

习题 14.5. (BMO 2002) 求函数 $f\colon \mathbb{N} \to \mathbb{N}$,使得对于任意的 $n \in \mathbb{N}$,有

$$2n + 2001 \leqslant f(f(n)) + f(n) \leqslant 2n + 2002.$$

习题 14.6. (IMO 1972) 设 $f, g\colon \mathbb{N} \to \mathbb{N}$,对于任意的 x, y,有

$$f(x+y) + f(x-y) = 2f(x)g(y).$$

证明: 如果 f 不等于零,对于任意的 x,有 $|f(x)| \leqslant 1$,那么对于任意的 y 有 $|g(y)| \leqslant 1$.

习题 14.7. (Bulgaria 2008)设函数 $f\colon (0, \infty) \to (0, \infty)$.找到实数 a, 使得对于任意的 $x > 0$,有

$$3f(x)^2 = 2f(f(x)) + ax^4.$$

习题 14.8. 是否存在有界函数 $f\colon \mathbb{R} \to \mathbb{R}$,满足 $f(1) = 1$; 对于任意的 $x \neq 0$,有

$$f\left(x + \frac{1}{x^2}\right) = f(x) + f\left(\frac{1}{x}\right)^2.$$

习题 14.9. (G. Dospinescu)设函数 $f\colon \mathbb{N} \to \mathbb{N}$,找到所有整数 k,使得对于任意正整数 n,有

$$f(f(f(n))) = f(n+1) + k.$$

第 15 章　不动点

15.1　理论与实例

如果$x \in X, f(x) = x$,那么称元素x为集合X到它自身的映射f的不动点. 有人可能会问,为什么这些不动点会很重要? 虽然某些映射可能根本没有不动点,但是在某些情况下,不动点对求解函数方程很有帮助.

- 函数方程最常见的解是函数$f(x) = x$, 在这种情况下,必须证明每个点都是f的不动点.

- 不论对映射f进行多少次迭代,f在不动点x处的迭代都是相同的,即$f^{(m)}(x) = x$. 函数的不动点和迭代经常与其连续性、单调性相结合. 例如,函数f在x处的轨道为$O(x) = \{x, f(x), f^{(2)}(x), \ldots\}$, 如果这个数列收敛到某点$a$, 那么只要$f$是连续的,$a$就是不动点.

- 当涉及迭代和函数的复合时, 不动点通常可以帮助我们说明给定的函数方程没有解. 例如,如果想求解函数方程$f(f(x)) = g(x)$,那么可利用f的每一个不动点都是g的不动点来进行求解. 这种情况下,我们常常研究f的不动点,并运用反证法来求解函数方程问题.

总之,不动点通常具有所考虑的映射的重要信息.

下面第一个问题的求解依赖于事实: 如果f是集合X到自身的映射,那么X就是f的不相交的轨道的并集.事实的证明留给读者.

例 15.1. 设X是有n个元素的有限集合. 映射$f : X \rightarrow X$满足：对于任意的$x \in X$,有$f^{(p)}(x) = x$,其中p是素数.证明:如果$n \equiv 1 \pmod{p}$,那么f有不动点.

解.对于f的第p次迭代,X中的所有点都是不动点, 所以f的每个轨道的长度是p的因数,即轨道长度为1或p.因为X是f的不相交轨道的并集,又$n \equiv 1$

(mod p)，所以至少有一个f的轨道的长度为1，即f有不动点.

例 15.2. (IMO 1996) 求函数$f:\mathbb{N}_0 \to \mathbb{N}_0$，使得对于任意的$m,n \in \mathbb{N}_0$，有

$$f(m+f(n)) = f(f(m)) + f(n).$$

解. 令$m = n = 0$，得到$f(0) = 0$.所以$f(f(n)) = f(n)$，即对于任意的$n \in \mathbb{N}_0$，$f(n)$是f的不动点.因此，给定的等式等价于

$$f(0) = 0 ， f(m+f(n)) = f(m) + f(n).$$

显然，零函数是问题的解.

假设存在$a \in \mathbb{N}$，使得$f(a) \neq 0$，用b表示f的最小非零不动点，那么

$$2b = 2f(b) = f(b+f(b)) = f(2b).$$

由数学归纳法可知，对于任意的$n \in \mathbb{N}_0$，有$f(nb) = nb$.如果$b = 1$，那么对于任意的$n \in \mathbb{N}_0$有$f(n) = n$，该函数也是问题的解. 假设$b \geqslant 2$，设c是f的任意不动点，那么$c = kb + r$，其中$k \in \mathbb{N}_0, 0 \leqslant r < b$，于是

$$kb + r = c = f(c) = f(kb+r) = f(f(kb)) + f(r) = kb + f(r).$$

所以$f(r) = r$.又因为$r < b$，所以$r = 0$. 因此，f的任何不动点都可表示为kb的形式. 又由等式$f(f(i)) = f(i)$知，对于任意的$i, 0 \leqslant i < b$，有$f(i) = bn_i$，其中$n_i \in \mathbb{N}_0, n_0 = 0$.因此，如果$n = kb+i$，那么$f(n) = (k+n_i)b$. 反之，容易验证，对于任何确定的整数$b \geqslant 2, n_0 = 0$和$n_1, n_2, \ldots, n_{b-1} \in \mathbb{N}_0$，函数$f(n) = \left(\left[\dfrac{n}{b}\right] + n_i\right)b$满足给定条件.

例 15.3. (IMO 1983) 求满足以下条件的函数$f:(0,\infty) \to (0,\infty)$：

(i)对于任意的$x,y \in (0,\infty)$，有$f(xf(y)) = yf(x)$；

(ii) $\lim\limits_{x\to+\infty} f(x) = 0$.

解. 由(i)得，对于任意的$x > 0$，有$f(xf(x)) = xf(x)$. 利用数学归纳法，对n进行归纳得到，如果存在$a > 0$使得$f(a) = a$，那么对于任意的$n \in \mathbb{N}$，有$f(a^n) = a^n$.还请注意$a \leqslant 1$，（反证法）否则

$$\lim_{n\to\infty} f(a^n) = \lim_{n\to\infty} a^n = +\infty,$$

与(ii)矛盾.

又$a = f(1 \cdot a) = f(1 \cdot f(a)) = af(1)$,所以

$$1 = f(1) = f(a^{-1}a) = f(a^{-1}f(a)) = af(a^{-1}),$$

也即$f(a^{-1}) = a^{-1}$. 同理,对于任意的$n \in \mathbb{N}$,有$f(a^{-n}) = a^{-n}, a^{-1} \leqslant 1$.

总之,当$a > 0$时,满足$f(a) = a$的a只有$a = 1$.因此,方程$f(xf(x)) = xf(x)$表明对于任意的$x > 0$,有$f(x) = \dfrac{1}{x}$. 容易验证,该函数满足问题中的条件(i)和(ii).

例 15.4. (IMO 1994)设S是大于-1的所有实数的集合.求满足以下条件的函数$f: S \to S$:

(i)对于任意的$x, y \in S$,有$f(x + f(y) + xf(y)) = y + f(x) + yf(x)$;

(ii) $\dfrac{f(x)}{x}$在区间$(-1, 0)$和$(0, +\infty)$上严格递增.

解. 如果$x = y > -1$,那么由(i)可得

$$f(x + (1+x)f(x)) = x + (1+x)f(x). \tag{1}$$

由(ii)可知,方程$f(x) = x$区间在$(-1, 0)$和$(0, +\infty)$上都最多有一个解.

假设存在$a \in (-1, 0)$,使得$f(a) = a$.那么,由(1)得

$$f(a^2 + 2a) = a^2 + 2a.$$

因为$a^2 + 2a = (a+1)^2 - 1 \in (-1, 0)$, 所以$a^2 + 2a = a$.因此,$a = -1$或$a = 0$,产生矛盾. 同样可说明, 在区间$(0, +\infty)$上,方程$f(x) = x$没有函数解.

由(1)可推知$x + (1+x)f(x) = 0$,即对于任意的$x > -1$,有$f(x) = -\dfrac{x}{1+x}$. 容易验证,该函数满足问题中的条件(i)和(ii).

例 15.5. (Tournament of the towns 1996)证明:不存在函数$f: \mathbb{R} \to \mathbb{R}$,使得对于任意的$x \in \mathbb{R}$,有$f(f(x)) = x^2 - 1996$.

解. 我们先证明下面这个更一般的结论.

命题. 设二次函数$g(x)$,方程$g(g(x)) = x$至少有三个不同的实根. 那么,不存在函数$f: \mathbb{R} \to \mathbb{R}$,使得对于任意的$x \in \mathbb{R}$,有$f(f(x)) = g(x)$.

证明. $g(x)$的不动点也是四次多项式$h(x) = g(g(x))$的不动点. 于是,在给定条件下,$g(x)$有一个或两个实不动点.

事实上,(反证法)如果对于任意的$x \in \mathbb{R}$,有$g(x) > x$,那么$g(g(x)) > g(x) > x$,h没有不动点. 用x_1和x_2(可能有$x_1 = x_2$)表示$g(x)$的不动点,则$h(x)$有一个或两个不同于x_1和x_2的实不动点, 记为x_3和x_4.(可能有$x_3 = x_4$)等式

$$f(g(x)) = f(f(f(x))) = g(f(x))$$

表明$\{f(x_1), f(x_2)\} = \{x_1, x_2\}$. 又

$$f(f(g(x))) = f(g(f(x))), f(f(f(g(x)))) = f(f(g(f(x)))),$$

即$f(h(x)) = h(f(x))$. 所以,$\{f(x_3), f(x_4)\} \in \{x_1, x_2, x_3, x_4\}$.

假设存在$k \in \{1,2\}$和$l \in \{3,4\}$,使得$f(x_l) = x_k$. 那么

$$x_l = h(x_l) = f(f(f(f(x_l)))) = f(g(x_k)) = f(x_k) \in \{x_1, x_2\},$$

产生矛盾.因此,当$x_3 = x_4$时,$f(x_3) = x_3$;当$x_3 \neq x_4$时,$\{f(x_3), f(x_4)\} = \{x_3, x_4\}$. 在这两种情况下都有$g(x_3) = f(f(x_3)) = x_3$,产生矛盾. 假设不成立,命题得证. □

回到本问题,因为

$$(x^2 - 1996)^2 - 1996 - x = (x^2 - 1996 - x)(x^2 + x - 1995),$$

所以

$$g(g(x)) = (x^2 - 1996)^2 - 1996 = x$$

有四个不同的实根.故由上述命题可知,不存在函数$f: \mathbb{R} \to \mathbb{R}$,使得对于任意的$x \in \mathbb{R}$,有$f(f(x)) = x^2 - 1996$.

注.考虑二次函数$g(x) = ax^2 + bx + c$,则

$$g(g(x)) - x = (ax^2 + (b-1)x + c)(a^2x^2 + a(b+1)x + ac + b + 1).$$

因此,方程$g(g(x)) = x$的四个根为

$$\frac{1 - b + \sqrt{D}}{2a}, \frac{1 - b - \sqrt{D}}{2a}, \frac{-1 - b + \sqrt{D-4}}{2a}, \frac{-1 - b - \sqrt{D-4}}{2a},$$

其中$D = (b-1)^2 - 4ac$.所有这些根都是实数当且仅当$D \geqslant 4$. 当$D > 4$时,所有根都是不同的,当$D = 4$时,其中一个等于$\frac{3-b}{2a}$,其他三个等于$-\frac{1+b}{2a}$.

上述命题表明:如果 $D > 4$,那么不存在函数 $f: \mathbb{R} \to \mathbb{R}$, 使得对于任意的 $x \in \mathbb{R}$,有 $f(f(x)) = g(x)$ 成立;如果 $D \leqslant 4$, 那么有无穷多个连续函数 $f: \mathbb{R} \to \mathbb{R}$ 满足上面的等式.此外, 参照文献 [21],对于更一般的情况: $f^{(n)}(x) = g(x)$,$(n \geqslant 2)$ 相应的命题也同样成立.

15.2   习题

习题 15.1. 证明:每个递增函数 $f: [0,1] \to [0,1]$ 都存在不动点.

习题 15.2. 设函数 $f: \mathbb{R} \to \mathbb{R}$,对于任意的 $x \in \mathbb{R}$,有

$$f(f(x)) = x^3 + \frac{3}{4}x.$$

证明:存在三个不同的实数 a, b, c,使得 $f(a) + f(b) + f(c) = 0$.

习题 15.3. 设连续函数 $f: \mathbb{R} \to \mathbb{R}$, 对于每一个 $x \in \mathbb{R}$,都存在正整数 $n = n(x)$,使得 $f^{(n)}(x) = 1$.说明:f 存在不动点.

习题 15.4. (M. Tetiva) 求连续函数 $f: \mathbb{R} \to \mathbb{R}$,使得对于任意的 $x \in \mathbb{R}$,有

$$f(f(x)) = 3f(x) - 2x.$$

第 16 章   多项式函数方程

16.1   理论与实例

多项式代表了一类非常特殊的函数,它们不仅在数学的各个领域都非常有用, 而且还具有某些与其他函数不同的性质. 我们的目的是说明这些独特的性质如何帮助我们解决以多项式为未知数的函数方程.

设$K = \mathbb{Z}, \mathbb{Q}, \mathbb{R}$ 或$\mathbb{C}$.次数为$n \geqslant 0$的多项式$p \in K[X]$ 的一般形式为$p(X) = a_n X^n + a_{n-1} X^{n-1} + \ldots + a_0$, 其中$a_i \in K$ 且$a_n \neq 0$. 多项式的次数记作$\deg(p)$,通常设$\deg(0) = -\infty$.

自然地,每个多项式都有一个多项式函数p,将数字x代入得$a_n x^n + a_{n-1} x^{n-1} + \ldots + a_0$, 叫作$p$ 在x 处取值,记作$p(x)$. 虽然多项式和多项式函数在形式上是不同的,但我们不区分它们, 而是把它们都称为多项式.

我们通过将X的相同幂的系数相加来定义加法. 由定律$x^m \cdot x^n = x^{m+n}$定义多项式乘法和乘法对加法的分配率. 我们假设$f|g$ (f 除以g) 在$K[X]$ 中,如果有另一个多项式$h \in K[X]$,那么$f = g \cdot h$. 如此很容易得到$\deg(fg) = \deg(f) + \deg(g)$ 且$\deg(f + g) \leqslant max(\deg(f), \deg(g))$.

如果$p(r) = 0$,那么r叫作p的一个零点. Bezout定理指出,如果$p(r) = 0$, 那么$x - r | p(x)$,因此$p(x) = (x - r)q(x)$, 这里q 的次数是$\deg(p) - 1$.如果$(x - r)^k | p(x)$ 但$(x - r)^{k+1} \nmid p(x)$, 那么零点r 叫作多项式的k重根.

从Bezout定理可以很容易地推导出,如果$\deg(p) = n$, 那么p 最多有n 重根(除非$p = 0$). 按照这个推论, 我们有恒等原理:如果两个多项式函数代入无穷多个x 时值是相同的, 那么我们称这两个多项式相同(形式上).事实上, 如果$p(x) \neq q(x)$,那么$p - q$ 不为零, 因此它至多只能有$\deg(p - q)$ 个零点,也就是说零点的个数是有限的. 因此,两个不同的多项式只能在有限集上相同. 当两个多项式相同时, 若$\deg(p-q) \leqslant \max(\deg(p), \deg(q))$, 则两个多项式至少在代入$\max(\deg(p), \deg(q)) + 1$时都有相同的值.

接下来,我们用代数基本定理说明每个复多项式p都有一个复零点r. 令$p = (x-r)q$,然后把代数基本定理应用到q上继续这个过程,我们得到唯一的因式分解

$$p(x) = c(x - r_1)(x - r_2)\ldots(x - r_n).$$

总而言之, 如果K 不是$\mathbb{C}$ 而是$\mathbb{R}, \mathbb{Z}$ 或$\mathbb{Q}$, 我们并不总是把多项式分解成线性因子.我们当然可以把它看成一个复多项式, 把它分解成复线性因子,但是这些因子不一定在$K[X]$中.

如果f不能分解为两个非常数多项式的乘积,那么我们称多项式f不可约. 在$\mathbb{C}[X]$中, 只有线性多项式是不可约的. 在$\mathbb{R}[X]$中, 线性多项式和判别式为负数的二次多项式是不可约的, 而当在$\mathbb{Q}[X]$ 和$\mathbb{Z}[X]$中,我们可以得到任意阶的不可约多项式.

已知多项式存在某种欧几里得算法(辗转相除法),因此可以构造多项式的整除理论, 其中不可约多项式代替素数. 我们不会深入讨论这个理论, 只是简单应用. 如果f, g 是互素多项式(即没有共同的不可约因子),即$f|gh$, 那么$f|h$. 注意,两个多项式是互素的当且仅当它们没有共同的复零点.

我们的目的不是详细描述多项式的所有性质. 而是说明如何利用其中的一些性质来解那些未知数是多项式的函数方程. 我们从一个例子开始,这个例子很难,但特别有意义, 它说明了求解包含多项式的函数方程的许多常见方法.

例 16.1. 求所有的非常数多项式$P \in \mathbb{R}[X]$,使得对于任意的$x \in \mathbb{R}$,有

$$P(x^3 + 1) = P(x+1)^3.$$

解法一. 设$P(x+1) = Q(x) = a_k x^k + a_{k-1} x^{k-1} + \cdots + a_0, a_k \neq 0$, 那么对于任意的$x \in \mathbb{R}$,有$Q(x^3) = Q(x)^3$, 即

$$a_k x^{3k} + a_{k-1} x^{3k-3} + \cdots + a_0 = (a_k x^k + a_{k-1} x^{k-1} + \cdots + a_0)^3.$$

假设存在$m < k$使得$a_m \neq 0$,取具有这个性质的最大m. 那么,$3m < 2k + m$,此时比较等式两边x^{2k+m}的系数,得到$0 = 3a_k^2 a_m$,与已知矛盾. 因此$a_k x^{3k} =$

$Q(x^3) = Q(x)^3 = a_k^3 x^{3k}$, 且 $a_k = \pm 1$. 故对于任意的 $x \in \mathbb{R}$, 有 $P(x) = a_k(x-1)^k$, 这里 $a_k = \pm 1$.

解法二. 给定的条件表明对于任意的 $n \in \mathbb{N}$, 有

$$P(3^{3^n} + 1) = P(3^{3^{n-1}} + 1)^3 = \cdots = P(4)^{3^n}.$$

设 $P(x) = a_k x^k + a_{k-1} x^{k-1} + \cdots + a_0$, $a_k \neq 0$, 那么

$$\lim_{x \to \infty} \frac{P(x)}{a_k x^k} = 1.$$

我们可以得到

$$1 = \lim_{n \to \infty} \frac{P(3^{3^n} + 1)}{a_k(3^{3^n} + 1)^k} = \lim_{n \to \infty} \frac{P(3^{3^n} + 1)}{a_k(3^{3^n})^k} = \frac{1}{a_k} \lim_{n \to \infty} \left(\frac{P(4)}{3^k} \right)^{3^n},$$

即

$$a_k = \lim_{n \to \infty} \left(\frac{P(4)}{3^k} \right)^{3^n}. \tag{1}$$

另一方面, 比较给定等式两边的首项系数, 得到 $a_k = a_k^3$, 即 $a_k = \pm 1$. 因此由(1)可知 $P(4) = \pm 3^k$, 由此得出

$$P(3^{3^n} + 1) = P(4)^{3^n} = a_k(3^{3^n})^k.$$

从而, 对于任意的 $x = 3^{3^n} + 1$, 有 $n \in \mathbb{N}$, $P(x) = a_k(x-1)^k$. 由恒等原理知, 对于任意的 $x \in \mathbb{R}$, 有 $P(x) = a_k(x-1)^k$, 这里 $a_k = \pm 1$.

例 16.2. (Romania 2001) 求多项式 $P \in \mathbb{R}[X]$, 使得对于任意的 $x \in \mathbb{R}$, 有

$$P(x)P(2x^2 - 1) = P(x^2)P(2x - 1).$$

解法一. 显然地, 常数多项式是这个问题的解. 现在假设 $\deg P = n \geqslant 1$. 那么 $P(2x - 1) = 2^n P(x) + R(x)$, 这里 $R \equiv 0$ 或 $\deg R = m < n$. 假定 $R \not\equiv 0$. 由已知的等式可得 $P(x)(2^n P(x^2) + R(x^2)) = P(x^2)(2^n P(x) + R(x))$, 即对任意的 $x \in \mathbb{R}$, 有 $P(x)R(x^2) = P(x^2)R(x)$. 因此, $n + 2m = 2n + m$, 即 $n = m$, 与假设矛盾. 故 $R \equiv 0$ 且 $P(2x - 1) = 2^n P(x)$. 设 $Q(x) = P(x + 1)$. 那么对于任意的 $x \in \mathbb{R}$, 有

$$Q(2x) = 2^n Q(x) \tag{1}$$

设

$$Q(x) = \sum_{k=0}^{n} a_k x^{n-k},$$

比较(1)式等号两边 x^{n-k} 的系数得到

$$a_k 2^{n-k} = 2^n a_k,$$

即当 $k \geqslant 1$ 时, $a_k = 0$. 故 $Q(x) = a_0 x^n$, 所以 $P(x) = a_0(x-1)^n$.

解法二. 假设 $P \not\equiv 0$, 设

$$P(x) = \sum_{k=0}^{n} a_k x^{n-k},$$

这里 $n = \deg P$ 且 $a_0 \neq 0$. 那么

$$\sum_{k=0}^{n} a_k x^{n-k} \sum_{k=0}^{n} a_k (2x^2-1)^{n-k} = \sum_{k=0}^{n} a_k x^{2(n-k)} \sum_{k=0}^{n} a_k (2x-1)^{n-k}.$$

比较给定的等式两边的项 x^{3n-k}, $k \geqslant 1$ 的系数, 得到

$$a_k a_0 + R_1(a_0, \ldots, a_{k-1}) = a_0 a_k 2^{n-k} + R_2(a_0, \ldots, a_{k-1}),$$

这里 R_1 和 R_2 是有 $k-1$ 项的多项式. 因此 a_k 被 $a_0, \ldots, a_{k-1}$ 唯一确定. 这表明对于给定的 a_0 和 n, 至多有一个多项式满足已知条件. 另一方面, 很容易检验出多项式 $P(x) = a_0(x-1)^n$ 是解, 以上就是这个问题的所有解.

解法三. 假设多项式 $P(x)$ 有复零点 $\alpha \neq 1$. 也就是说, 对于多项式的任意一个零点, $|\alpha - 1| \neq 0$ 都不成立. 设 β 是一个复数且 $\alpha = 2\beta^2 - 1$. 令给定方程中的 $x = \pm\beta$, 可以得到 $P\left(\dfrac{\alpha+1}{2}\right) = 0$ 或 $P(2\beta-1) = P(-2\beta-1) = 0$. 不等式 $\left|\dfrac{\alpha+1}{2} - 1\right| < |\alpha - 1|$ 说明 $P\left(\dfrac{\alpha+1}{2}\right) \neq 0$, 即 $P(2\beta-1) = P(-2\beta-1) = 0$. 从而

$$2|(\beta-1)(\beta+1)| = |\alpha-1| \leqslant \min(|(2\beta-1)-1|, |(-2\beta-1)-1|)$$

又 $\beta \neq \pm 1$, 则 $\max(|\beta-1|, |\beta+1|) \leqslant 1$, 即 $\beta = 0$. 因此 $\alpha = -1$, 当 $k \geqslant 1$ 且 $Q(-1) \neq 0$ 时, $P(x) = (x+1)^k Q(x)$. 代入给定的等式, 得

$$(x+1)^k x^k Q(x) Q(2x^2-1) = (x^2+1) Q(x^2) Q(2x-1).$$

令$x = 0$, 因为$Q(-1) \neq 0$, 所以$Q(0) = 0$. 从而$P(0) = 0$, 与$\alpha = -1$ 时的$|-1-1| > |0-1|$矛盾. 所以, 多项式$P(x)$ 所有的零点等于1, 存在常数a_0, 使得$P(x) = a_0(x-1)^n$.

例 16.3. (Bulgaria 2001) 求多项式$P \in \mathbb{R}[X]$, 使得对于任意的$x \in \mathbb{R}$, 有

$$P(x)P(2x^2+1) = P(x^2)(P(2x+1) - 4x).$$

解法一. 这个解法类似于前一个问题的第一个解法. 显然$P \equiv 0$ 是一个解. 现在假设$P \not\equiv 0$, 那么$P(2x+1) = 2^n P(x) + R(x)$, 这里$n = \deg P$且$R \equiv 0$或$\deg R = m < n$. 由给定方程得

$$P(x)R(x^2) = P(x^2)(R(x) - 4x).$$

因此$R \not\equiv 0$, 否则$P \equiv 0$. 假设$m \geqslant 2$. 比较等号两边的次数得$n+2m = 2n+m$, 即$n = m$, 与已知矛盾. 因此, $m \leqslant 1$, $1 \geqslant k = \deg(R(x) - 4x)$. 此时等式$n+2m = 2n+k$ 说明$n = 2, m = 1, k = 0$. 所以, $P(x)$ 是一个二次函数,

$$P(2x+1) = 4P(x) + 4x + c. \tag{1}$$

另一方面, 将$x = 1$ 代入已知恒等式中, 得$P(1) = 0$, 则可设$P(x) = a(x-1)(x-b)$. 把它代入(1), 可得出$P(x) = x^2 - 1$, 容易验证该多项式是问题的解. 综上, $P \equiv 0$ 或$P(x) = x^2 - 1$.

解法二. 首先, 我们要证明如果P是一个非常数解, 那么多项式$P(x)$的所有零点都是实数. 假设结论不成立, 设α 是$P(x)$ 的复零点, 且参数$\varphi \in (0, 2\pi)$. 由于$P(x)$ 的系数是实数, 所以$\bar{\alpha}$ 也是$P(x)$的一个零点. 因此, 当我们假定$\varphi \in (0, \pi)$ 时, φ 不可能是多项式$P(x)$复零点的参数. 代入已知恒等式中可知$\sqrt{|\alpha|}\left(\cos\dfrac{\varphi}{2} + \mathrm{i}\sin\dfrac{\varphi}{2}\right)$ 和$2\alpha + 1$ 至少有一个是$P(x)$的零点. 所以产生矛盾, 假设不成立, 原命题成立. 因为这两个数的参数都小于φ.

现假设$\deg P = n > 2$, 设

$$P(x) = \sum_{k=0}^{n} a_k x^{n-k}.$$

那么比较已知等式等号两边的系数x^{3n-1}, 可得$2^n a_0 a_1 = a_0(n \cdot 2^{n-1} a_0 + 2^{n-1} a_1)$, 即$\dfrac{a_1}{a_0} = n$. 因此, $P(x)$所有零点的和等于$-n$ (Vietta 公式). 由于1

是$P(x)$ 的一个零点(在给定等式中设$x = 1$),所以我们可以推断出$P(x)$的最小零点α 小于-1. 另一方面, 很容易看出$i\sqrt{-\alpha}$ 和$2\alpha + 1$ 至少有一个数是$P(x)$的零点.因为$i\sqrt{-\alpha}$不是实数且$2\alpha + 1 < \alpha$,所以产生矛盾,假设不成立,原命题成立.

最后, 我们可以得到方法一的解,如果$\deg P \leqslant 2$,那么$P \equiv 0$ 或$P(x) = x^2 - 1$.

例 16.4. 设$\{P_n\}_{n=1}^{\infty}$ 是多项式序列,定义

$$P_1(x) = x, P_{n+1}(x) = P_n(x)^2 + 1, \quad n \geqslant 1.$$

证明多项式P 满足等式

$$P(x^2 + 1) = P(x)^2 + 1$$

当且仅当P属于上述序列.

证明. 令P 满足已知等式.那么,$P(x)^2 = P(-x)^2$, 从而$P(x) = P(-x)$ 或$P(x) = -P(-x)$. 于是$P(x) \equiv P(-x)$ 或$P(x) \equiv -P(-x)$. 在第二种情况下,有$P(0) = 0$, 归纳表明,对于序列$n_0 < n_1 < \ldots$中的所有$n \in \mathbb{N}$,有$P(n^2 + 1) = n^2 + 1$. 这里$n_0 = 0, n_{k+1} = n_k^2 + 1$. 因此,由恒等原理可知对于所有的$x \in \mathbb{R}$,多项式$P(x) = x$ 属于给定序列. 在第一种情况下,很容易得出$P(x) = Q(x^2)$, 其中Q是一个多项式. 那么,

$$Q((x^2 + 1)^2) = P(x^2 + 1) = P(x)^2 + 1 = Q(x^2)^2 + 1.$$

令$R(x) = Q(x - 1)$,对于$y = x^2 + 1$,有$R(y^2 + 1) = R(y)^2 + 1$. 因此,对于所有的$y \in \mathbb{R}$, $R(y^2 + 1) = R(y)^2 + 1$. 从而

$$P(x) = R(x^2 + 1) = R(x)^2 + 1,$$

其中$\deg R = \dfrac{\deg P}{2}$,多项式$R$ 满足给定等式. 反之, 如果R 是一个满足给定等式的多项式,那么多项式$P(x) = R(x^2 + 1)$也是成立的. 这个结论是对$\deg P$归纳得出的.

例 16.5. 求多项式$P \in \mathbb{Q}[X]$, 使得对于任意的$|x| \leqslant 1$,有

$$P(x) = P\left(\frac{-x + \sqrt{3(1 - x^2)}}{2}\right).$$

解. 我们有

$$P(x) = P\left(\frac{-x+\sqrt{3(1-x^2)}}{2}\right) = Q(x) + \sqrt{3(1-x^2)}R(x), \qquad (1)$$

其中 $Q, R \in \mathbb{Q}[x]$. 这可以用牛顿二项式公式来证明. 因为 $\sqrt{1-x^2}$ 不是一个有理函数,所以 $R = 0$ 且 $Q = P$. 于是,

$$P(x) = P\left(\frac{-x+\sqrt{3(1-x^2)}}{2}\right) = P\left(\frac{-x-\sqrt{3(1-x^2)}}{2}\right).$$

这个条件适用于所有的 x, $|x| \le 1$,我们可以把它推广到任意的 $x \in \mathbb{C}$. 设

$$r(x) = \frac{-x+\sqrt{3(1-x^2)}}{2},$$

那么有 $r^{(3)}(x) = 1$, 这里可以动手检验或者通过

$$r(\cos t) = \cos\left(t + \frac{2\pi}{3}\right)$$

验证. 如果 w 是 P 的一个零点,那么由(1)可知, $r(w)$ 满足 $P(r(r(w))) = 0$. 因此, $(x-w)(x-r(w))(x-r(r(w)))|P$. 所以

$$Q_w(x) = (x-w)(x-r(w))(x-r(r(w))) = \left(x^3 - \frac{3}{4}x - w^3\right)$$

满足我们的已知条件,$\frac{P}{Q_w}$ 亦然, 重复这一过程,我们将在某一时刻得到一个常数.因此

$$P(x) = \prod Q_w(x) = R\left(x^3 - \frac{3}{4}x\right),$$

其中 $R(x) = \prod(x-w^3)$. 我们必须使 $R \in \mathbb{Q}[x]$, 否则如果 a_k 是最小次数 k 的无理系数,那么也就是说 $R\left(x^3 - \frac{3}{4}x\right)$ 中 x^k 的系数是无理的. 由证明可知,对于任意的 $R \in Q[x]$,多项式 $P(x) = R\left(x^3 - \frac{3}{4}x\right)$ 满足假设.

例 16.6. 对于所有的 $x \in \mathbb{R}$,求多项式 $P \in \mathbb{C}[X]$,使其仅有实零点且满足等式

$$P(x)P(-x) = P(x^2 - 1).$$

解. 如果r是P的零点, 那么令$x = r$, 我们可以推断出$g(r) = r^2 - 1$也是P的零点, 那么$g(g(r))$也是P的零点. 因为零点的个数是有限的, 所以我们总可以找到一个零点, 使得存在$n \in \mathbb{N}$, 有$g^{(n)}(s) = s$. 现在找满足条件的r. 我们有$g(r) - r = (r - u)(r - v)$, 其中$u = \dfrac{1 - \sqrt{5}}{2}, v = \dfrac{1 + \sqrt{5}}{2}$. 那么, $g(g(r)) - r = r(r+1)(r-u)(r-v)$. 如果$r < -1$, 那么令$x = \sqrt{1 + r}$, 可得到$\pm\sqrt{1 + r}$是$P$的一个零点. 又因为它不是一个实数, 所以这种情况是不可能的. 如果$r = -1$, 那么$g(r) = 0, g(g(r)) = -1$且$x(x+1)|P$; 如果$r \in (-1, u)$, 那么$g(r) \in (u, 0)$且$g(g(r)) \in (-1, u)$. 又$g(g(r)) - r = r(r+1)(r-u)(r-v) < 0$, 所以$g(g(r)) < r$. 用$g(g(r))$重复推理, 在$(-1, u)$上得到了关于$P$的零点的无限递减序列, 产生矛盾. 如果$r = u$, 那么$u - x|P$. 如果$r \in (u, 0)$, 那么$g(r) \in (-1, u)$, 我们已经证明在$(-1, u)$上没有零点; 如果$r = 0$, 那么$g(r) = -1$且$x(x+1)|P$; 如果$0 < r < v$, 那么$\pm\sqrt{1 + r}$是$P$的一个零点. 因为$P$没有小于$-1$的零点, 所以$\sqrt{1 + r}$是$P$的一个零点. 又因为$r < \sqrt{1 + r}, \sqrt{1 + r} < v$, 我们可以在$(0, v)$上构造一个关于$P$零点的递增序列. 如果$r = v$, 那么$v - x|P$. 如果$r > v$, 那么$g(r) > v$是$P$的一个零点, 并且继续这个过程我们可以得到一个关于P的零点的大于v的无限递增集合. 所以P所有的零点可能有$-1, 0, u, v$. 因为$x(x+1), u - x, v - x$全部满足条件, 所以我们可以用P除以它们中的任何一个, 然后重复这个过程可得

$$P(x) = x^m (x+1)^m (u-x)^q (v-x)^r.$$

如果P是一个常数, 那么$P = 0$或$P = 1$.

例 16.7. 求多项式$f \in \mathbb{R}[X]$使得对于任意的$x \in \mathbb{R}$, 有

$$f(x^2 + x) = f(x)f(x+1).$$

解. 首先注意, 由恒等原理知对于任意的$z \in \mathbb{C}$, 有

$$f(z^2 + z) = f(z)f(z+1).$$

因此, 如果z是f的一个复零点, 那么$z^2 + z$也是. 又因为

$$f(z-1)f(z) = f((z-1)^2 + z - 1) = f(z^2 - z),$$

所以如果z是f的零点, 那么$z^2 - z$也是. 另一方面, 由三角形不等式可得

$$|z^2 + z| + |z^2 - z| \geqslant 2|z| \tag{1}$$

当且仅当 $z=0$ 等号成立. 现假设 $z \neq 0$, 那么由 (1) 式得

$$\max\{|z^2 + z|, |z^2 - z|\} > |z|,$$

我们可以构造一个由不同的零点组成的无穷序列,这就产生了矛盾. 因此 f 是一个常数多项式或 0 是 f 的唯一零点. 从而 $f \equiv 0$, $f \equiv 1$ 或存在 $n \in \mathbb{N}$, 使得 $f(x) = x^n$.

例 16.8. 设 f 是关于 x 的有理函数,且满足对于任意的 $x \neq 0$,有

$$f(x) = f\left(\frac{1}{x}\right).$$

证明 f 是一个关于 $x + \dfrac{1}{x}$ 的有理函数.

证明. 对于一个多项式 P 有 $P(x) \neq 0$, 设

$$P^*(x) = x^{\deg(P)} P\left(\frac{1}{x}\right).$$

首先证明 $(PQ)^* = P^* Q^*$; 如果 $P(x) = a_n x^n + \ldots + a_0$,那么 $P^*(x) = a_0 x^n + \ldots + a_n$, 其中 $a_0 a_n \neq 0$; 其次, 如果 $P = a_{2n} x^{2n} + \ldots + a_0$ 是一个次数为 $2n$ 的多项式且满足 $P = P^*$, 那么 $a_{n+k} = a_{n-k}$. 因此,

$$\frac{P(x)}{x^n} = a_n + \sum_{i=1}^{n} a_{n-i}\left(x^i + \frac{1}{x^i}\right).$$

现在对于所有的 $k \in \mathbb{N}$, $x^k + \dfrac{1}{x^k}$ 是一个关于 $x + \dfrac{1}{x}$ 的多项式. 这是由关于 n 的归纳法证明的: 如果令 $q_n = x^n + \dfrac{1}{x^n}$, 那么 $q_{n+1} = q_n q_1 - q_{n-1}$, 从这里可以很清楚地看出 q_n 是关于 q_1 的多项式. 所以 $\dfrac{P(x)}{x^n}$ 是关于 $x + \dfrac{1}{x}$ 的多项式. 最后, 令 $f = \dfrac{g}{h}$, 其中 g, h 是互质多项式. 令 $\deg(g) = k, \deg(h) = l$. 假设 g, h 是一元的.我们得到了两种不同的情况:

(a) $h(0) \neq 0$. 令 $g = x^m g_1(x)$, 其中 $g_1(0) \neq 0$. 于是有

$$\frac{x^m g_1(x)}{h(x)} = \frac{g_1(\frac{1}{x})}{x^m h(\frac{1}{x})},$$

所以

$$x^{2m-k} g_1(x) h^*(x) = \frac{h(x) g_1^*(x)}{x^{l-m}}.$$

从而 $x^{l+m-k}g_1(x)h^*(x) = g_1^*(x)h(x)$.

现在可知 $l + m = k$ 且 $g_1(x)h^*(x) = g_1^*(x)h(x)$. 又因为 $(g_1, h) = 1$, 所以可推断出 $g_1 | g_1^*$, 即 $g_1^* = cg_1$ 且 $h^* = ch$. 又 g_1 的零点像 $w, \dfrac{1}{w}$ 这样成对出现,这里可以是除 $w = \pm 1$ 之外的任何数字. 因为 g_1 的系数是否是 ± 1 取决于 1 是否是 g_1 的根. 所以 $c = \pm 1$. 如果 $c = -1$, 那么 1 是 g_1 的一个根,同理也是 h 的根. 因为 g 和 h 是互质的,所以这显然是不可能的. 故 $c = 1$. 还要注意 $\deg(g_1) = \deg(h_1) - 2m$. 假设 $\deg(g_1)$ 和 $\deg(h)$ 是偶数,否则用 g_1, h 乘以 $x + 1$ 仍然可得 $g_1^* = g_1$, $h^* = h$, 这是因为 $*$ 的可乘性和 $(x + 1)^* = x + 1$.所以由以上的证明可知,$\dfrac{g_1(x)}{x^{\frac{1}{2}\deg(g_1)}}$ 和 $\dfrac{h(x)}{x^{\frac{1}{2}\deg(h)}}$ 是关于 $x + \dfrac{1}{x}$ 的多项式. 因此

$$\frac{g_1(x)}{h(x)} x^{\frac{1}{2}(\deg(h) - \deg(g_1))} = x^m \frac{g_1(x)}{h(x)} = f(x)$$

是关于 $x + \dfrac{1}{x}$ 的有理函数.

(b) $h(0) = 0$. 那么 $g(0) \neq 0$ 且 $(g, h) = 1$, 重复 (a) 中关于参数 $\dfrac{1}{f}$ 的操作.

例 16.9. (Bulgaria 2006) 求多项式 $P, Q \in \mathbb{R}[X]$,使得对于等式中的任意的 $x \in \mathbb{R}$ 有

$$\frac{P(x)}{Q(x)} - \frac{P(x + 1)}{Q(x + 1)} = \frac{1}{x(x + 2)}.$$

解. 令 $R(x) = \dfrac{P(x)}{Q(x)}$, 那么

$$R(x) - R(x + n) = \sum_{i=0}^{n-1} (R(x + i) - R(x + i + 1)) = \sum_{i=0}^{n-1} \frac{1}{(x + i)(x + i + 2)}$$

$$= \frac{1}{2} \sum_{i=0}^{n-1} \left(\frac{1}{x + i} - \frac{1}{x + i + 2} \right) = \frac{1}{2} \left(\frac{1}{x} + \frac{1}{x + 1} - \frac{1}{x + n} - \frac{1}{x + n + 1} \right).$$

所以,

$$\lim_{n \to \infty} R(x + n) = R(x) - \frac{1}{2x} - \frac{1}{2(x + 1)}.$$

因为这里极限值不取决于 x , 所以我们得到

$$R(x) = c + \frac{1}{2x} + \frac{1}{2(x + 1)}.$$

因此

$$\frac{P(x)}{Q(x)} = \frac{P_0(x)}{Q_0(x)},$$

其中

$$P_0(x) = x + \frac{1}{2} + cx(x+1), \ Q_0(x) = x(x+1).$$

因为P_0 和Q_0 是互质的,所以我们有$P(x) = R(x)P_0(x)$ 且$Q(x) = R(x)Q_0(x)$,其中R为一个任意的非零多项式,并且$c \in \mathbb{R}$. 反之,这些形式的多项式满足给定条件.

注. 下列内容需要说明:

令$a \in \mathbb{R}$ 且R是一个实系数有理函数,使得对于任意的$x \neq 0, -a$,有

$$R(x) - R(x+1) = \frac{1}{x(x+a)}.$$

那么a 是一个非零整数. 除此之外, 如果$a > 0$, 那么

$$R(x) = c + \frac{1}{a}\sum_{i=0}^{a-1}\frac{1}{x+i},$$

如果$a < 0$, 那么

$$R(x) = c - \frac{1}{a}\sum_{i=a}^{-1}\frac{1}{x+i}.$$

例 16.10. (IMO 2004) 求多项式$f \in \mathbb{R}[X]$,使得

$$f(x-y) + f(y-z) + f(z-x) = 2f(x+y+z),$$

其中对于任意的$x, y, z \in \mathbb{R}$有$xy + yz + zx = 0$.

解. 令$x = y = 0$. 那么$xy + yz + zx = 0$,从而

$$f(0) + f(-z) + f(z) = 2f(z).$$

特别地, $3f(0) = 2f(0)$ 即$f(0) = 0$, 此时对任意的$z \in \mathbb{R}$有$f(z) = f(-z)$. 因此,多项式f 是偶函数,即存在$g \in \mathbb{R}[x]$,使得$f(x) = g(x^2)$. 因此

$$g((x-y)^2) + g((y-z)^2) + g((z-x)^2) = 2g((x+y+z)^2) \tag{1}$$

其中对任意的$x, y, z \in \mathbb{R}$有$xy + yz + zx = 0$. 对于每一个$r \in \mathbb{R}$, 令$x = r(1 + \sqrt{3})$, $y = r$ 且$z = r(1 - \sqrt{3})$. 那么$xy + yz + zx = 0$ 并且代入(1)可得

$$2g(3r^2) + g(12r^2) = 2g(9r^2). \tag{2}$$

显然$f \equiv 0$ 满足给定条件. 另外令$n = \deg g$, 那么比较(2)中的首项系数得到$2 \cdot 3^n + 12^n = 2 \cdot 9^n$, 即$2 + 4^n = 2 \cdot 3^n$. 因此$n = 1$ 或$n = 2$, 又由关于n的归纳法可得对任意的$n \geqslant 3$, 有$2 + 4^n > 2 \cdot 3^n$ 因此, $g(x) = a_0 + a_1 x + a_2 x^2$, $f(x) = g(x^2) = a_0 + a_1 x^2 + a_2 x^4$. 因为$f(0) = 0$, 所以$f(x) = a_1 x^2 + a_2 x^4$. 易检验这些多项式满足给定条件.

16.2　多项式的费马定理

正如我们在前一章中所提到的, 多项式与正整数有许多共同的性质, 如除法定理、质因数唯一分解等. 这里考虑的多项式函数方程与丢番图方程类似. 这些函数方程比丢番图方程更容易求解, 费马方程$x^n + y^n = z^n$最能说明这一点. 费马的一个著名猜想是, 当$n \geqslant 3$时, 这个方程在正整数中没有解, 这个猜想一直存在了300多年. 在1995年, 安德鲁·怀尔斯运用了来自数学不同领域的深层次结论证明了它[27]. 本文的目的是证明费马方程$f^n + g^n = h^n$对于多项式的不可解性可以用初等方法证明.

定理 16.1. 方程$f^n + g^n = h^n$, $n \geqslant 3$, 对于至少有一个不是常数的互素多项式无解.

我们将分别给出定理的两个不同证明 [20] 和 [15].

证法一. 这个证明是下列一般结果的一个简单推论(参见例 [16], [17]):

梅森-斯托瑟定理(Mason-Stothers). 设a, b, c是两两互素的多项式且$a + b + c = 0$. 那么它们的次数不大于$N(abc) - 1$, 其中$N(abc)$是多项式abc互不相同零点的个数.

定理证明. 令$p = \dfrac{a}{c}$ 且$q = \dfrac{b}{c}$. 则$p + q + 1 = 0$, 对等式两边同求导可得$p' = -q'$. 因此

$$\frac{b}{a} = \frac{q}{p} = -\frac{p'/p}{q'/q}.$$

令

$$a(x) = A\prod_{i=1}^{k}(x - \alpha_i)^{a_i}, \ b(x) = B\prod_{i=1}^{l}(x - \beta_i)^{b_i}, \ c(x) = C\prod_{i=1}^{m}(x - \gamma_i)^{c_i}.$$

那么容易验证

$$\frac{p'}{p} = \sum_{i=1}^{k}\frac{a_i}{x - \alpha_i} - \sum_{i=1}^{m}\frac{c_i}{x - \gamma_i},$$

$$\frac{q'}{q} = \sum_{i=1}^{l}\frac{b_i}{x - \beta_i} - \sum_{i=1}^{m}\frac{c_i}{x - \gamma_i}.$$

用d表示零点不同于多项式abc的零点的一元多项式，那么$\dfrac{dp'}{p}$ 和$\dfrac{dq'}{q}$ 是次数不大于$\deg d - 1 = N(abc) - 1$的多项式. 又因为

$$\frac{b}{a} = -\frac{dp'/p}{dq'/q},$$

多项式a 和b 是互素多项式,用a 和b 分别除以$\dfrac{dp'}{p}$ 和$\dfrac{dq'}{q}$. 那么它们的次数不大于$N(abc) - 1$. 同理可证该命题对多项式c成立，定理得证. $\qquad\qquad\square$

现在证明定理16.1. 为此设$\alpha = \deg f$, $\beta = \deg g$, $\gamma = \deg c$, 将梅森-斯托瑟定理应用于多项式$a = f^n$, $b = g^n$ 和$c = -h^n$. 因为a, b, c 两两互素, $\deg a = n\alpha$, $\deg b = n\beta$, $\deg c = n\gamma$, 且$N(abc) = N\left((fgh)^n\right) = N(fgh) \leqslant \alpha + \beta + \gamma$. 得到$n\alpha \leqslant \alpha + \beta + \gamma - 1$, $n\beta \leqslant \alpha + \beta + \gamma - 1$, $n\gamma \leqslant \alpha + \beta + \gamma - 1$.加上这个不等式得到$n(\alpha + \beta + \gamma) \leqslant 3(\alpha + \beta + \gamma - 1) < 3(\alpha + \beta + \gamma)$, 因此$n < 3$. $\quad\square$

证法二. 这个证明使用了费马(Fermat)的无限下降法. 更精确地说, 如果f, g, h 是满足定理条件的多项式, 那么多项式f_0, g_0, h_0 具有如下相同的性质:

$$\max(\deg f_0, \deg g_0, \deg h_0) < \max(\deg f, \deg g, \deg h).$$

为此, 首先注意费马方程(Fermat equation)可写成

$$f^n + g^n + (\varepsilon h)^n = 0,$$

其中ε 是一个复数满足$\varepsilon^n = -1$. 为不失一般性,设$\max(\deg f, \deg g, \deg h) = \deg h = m$. 用$\varepsilon_1, \varepsilon_2, \ldots, \varepsilon_n$表示$-1$的$n$次根,那么

$$z^n + 1 = (z - \varepsilon_1)(z - \varepsilon_2)\cdots(z - \varepsilon_n)$$

表明

$$h^n = f^n + g^n = (f - \varepsilon_1 g)(f - \varepsilon_2 g) \cdots (f - \varepsilon_n g).$$

因为多项式$f - \varepsilon_i g$ 是互素多项式, 它们的乘积是n 次多项式,它从多项式的唯一因子分解得到不可约因子$f - \varepsilon_i g = u_i^n$, $1 \leqslant i \leqslant n$, 其中$u_i$ 是一个多项式. 不失一般性, 设$\max\limits_{1 \leqslant i \leqslant n}(\deg u_i) = \deg u_1 = m_1$.证明$0 < m_1 < m$. 显然$m_1 \leqslant m$. 如果$m_1 = m$,那么多项式$f - \varepsilon_i g, 2 \leqslant i \leqslant m$是常数. 令$f - \varepsilon_2 g = A$, $f - \varepsilon_3 g = B$. 整理等式得到$g = \dfrac{B - A}{\varepsilon_2 - \varepsilon_3}$, 与多项式$g$ 不是常数相矛盾. 因此$m_1 < m$. 上述证明也表明了$m_1 > 0$.

令$c_1 = \dfrac{\varepsilon_2 - \varepsilon_3}{\varepsilon_2 - \varepsilon_1}$, $c_2 = \dfrac{\varepsilon_1 - \varepsilon_3}{\varepsilon_1 - \varepsilon_2}$, 那么$c_1 + c_2 = 1$, $c_1 \varepsilon_1 + c_2 \varepsilon_2 = \varepsilon_3$. 因此$c_1 u_1^n + c_2 u_2^n = c_1(f - \varepsilon_1 g) + c_2(f - \varepsilon_2 g) = f - \varepsilon_3 g = u_3^n$, 令$f_0 = \sqrt[n]{c_1} u_1$, $g_0 = \sqrt[n]{c_2} u_2$, $h_0 = u_3$, 得到$f_0^n + g_0^n = h_0^n$. 容易证明多项式f_0, g_0, h_0是两两互素的且至少有一个不是常数. 重复证明f_0, g_0, h_0, 得到一个正整数的严格递减序列, 这是一个矛盾. $\qquad\square$

正如在 [20]中所述，梅森-斯托瑟(Mason-Stothers) 定理有许多有趣的结论. 这里，我们只考虑其中的两项.

定理 16.2. (Davenport) 设f 和g 为正次的共素数多项式, $h = f^3 - g^2 \neq 0$. 那么$\deg f \leqslant 2 \deg h - 2$.

证明. 如果$\deg f^3 \neq \deg g^2$, 那么

$$\deg(f^3 - g^2) \geqslant \deg f^3 = 3 \deg f \geqslant \dfrac{\deg f}{2} + 1.$$

因此设$\deg f^3 = \deg g^2 = 6k$. 令多项式$F = f^3, G = g^2$ 和$H = F - G$. 由梅森-斯托瑟(Mason-Stothers) 定理得到

$$max(\deg F, \deg G, \deg H) \leqslant N(FGH) - 1 \leqslant \deg F + \deg G + \deg H - 1.$$

因此$6k \leqslant 2k + 3k + \deg H - 1$,即$\deg H \geqslant k + 1 = \dfrac{\deg f}{2} + 1$. $\qquad\square$

定理 16.3. 方程$f^a + g^b = h^c$在成对互素的多项式中有解当且仅当(a, b, c)是三元组$(1, m, n)$, $m, n \geqslant 1$, $(2, 2, n)$, $n \geqslant 2$, $(2, 3, 3)$, $(2, 3, 4)$ 和$(2, 3, 5)$中的一个排列.

证明. 不失一般性,设$2 \leqslant a \leqslant b \leqslant c$. 令$\alpha = \deg f$, $\beta = \deg g$ 和$\gamma = \deg h$. 那么由梅森-斯托瑟定理,得到

$$\alpha a \leqslant \alpha + \beta + \gamma - 1, \tag{1}$$

$$\beta b \leqslant \alpha + \beta + \gamma - 1, \tag{2}$$

$$\gamma c \leqslant \alpha + \beta + \gamma - 1. \tag{3}$$

因此

$$a(\alpha + \beta + \gamma) \leqslant \alpha a + \beta b + \gamma c \leqslant 3(\alpha + \beta + \gamma - 1) < 3(\alpha + \beta + \gamma),$$

并且$a < 3$. 由于$a \geqslant 2$,推出$a = 2$. 不等式(1) 化为

$$\alpha \leqslant \beta + \gamma - 1 \tag{4}$$

将(2), (3) 和(4)相加,得到

$$\beta b + \gamma c \leqslant 3(\beta + \gamma) + \alpha - 3.$$

上式和(4)表明

$$b(\beta + \gamma) \leqslant \beta b + \gamma c \leqslant 3(\beta + \gamma) + \alpha - 3 \leqslant 4(\beta + \gamma) - 3,$$

即$b < 4$. 因此$b = 2$ 或$b = 3$, 我们需证明如果$b = 3$, 那么$c \leqslant 5$. 当$b = 3$时, 由(2) 得到$2\beta \leqslant \alpha + \gamma - 1$, 这个不等式与(4) 联立可得$\beta \leqslant 2\gamma - 2$ 和$\alpha \leqslant 3\gamma - 3$. 由(3)得到

$$\gamma c \leqslant \alpha + \beta + \gamma - 1 \leqslant 6\gamma - 6,$$

即$c \leqslant 5$.

为证明定理, 还需要证明方程对$(2,2,4)$, $(2,3,3)$, $(2,3,4)$ 和$(2,3,5)$中每一个给定的三元组都有解. 下面的例子取自 [13]:

$$\left(\frac{x^4+1}{2}\right)^2 + \left(\frac{\mathrm{i}(x^4-1)}{2}\right)^2 = x^4,$$

$$\left(\sqrt{12\mathrm{i}\sqrt{3}}\,(x^5-x)\right)^2 + \left(x^4 - 2\mathrm{i}\sqrt{3}x^2+1\right)^3 = \left(x^4 + 2\mathrm{i}\sqrt{3}x^2+1\right)^3,$$

$$\left(x^2 - 33x^8 - 33x^4 + 1\right)^2 + \left(-x^8 - 14x^4 - 1\right)^3 = \left(\sqrt{i\sqrt{108}}\left(x^5 - x\right)\right)^4,$$

$$\left(x^{30} + 522(x^25 - x^5) - 10005(x^{20} + x^{10}) + 1\right)^2 +$$

$$\left(-x^{20} + 228(x^{15} - x^5) - 494x^{10} - 1\right)^3 = \left(\sqrt[5]{1728}x(x^{10} + 11x^5 - 1)\right)^5. \quad \Box$$

我们推荐读者参考 [13],里面讨论了满足方程 $f^a + g^b = h^c$ 的多项式与正多面体的关系.

16.3 习题

习题 16.1. 设 n 是一个正整数.求所有的实系数多项式 P ,满足对于任意 $x \in \mathbb{R}$,都有

$$P\left(x + \frac{1}{n}\right) + P\left(x - \frac{1}{n}\right) = 2P(x).$$

习题 16.2. (MR 2008, O. Furdui) 求所有的一元实系数多项式 P 和 Q ,满足对于任意 $n \geqslant 1$,都有

$$P(1) + P(2) + \cdots + P(n) = Q(1 + 2 + \cdots + n).$$

习题 16.3. 求所有多项式 $F, G \in \mathbb{R}[X]$,满足对于任意 $x \in \mathbb{R}$,都有

$$F(G(x)) = F(x)G(x).$$

习题 16.4. (Putnam 2010)求实系数方程对 $P(x)$ 和 $Q(x)$,满足对于任意 $x \in \mathbb{R}$,都有

$$P(x)Q(x+1) - P(x+1)Q(x) = 1$$

习题 16.5. (Bulgaria 2001)求所有的多项式 $P \in \mathbb{R}[X]$,满足对于任意 $x \in \mathbb{R}$,都有

$$P(x)P(x+1) = P(x^2).$$

习题 16.6. (Bulgaria 2013) 设 a 是实数和 $P(x)$ 是实系数非常数多项式,满足对于任意 $x \in \mathbb{R}$,都有 $P(x^2 + a) = P^2(x)$.证明 $a = 0$.

习题 16.7. (IMO 1979 预选题) 求所有多项式 $P \in \mathbb{R}[X]$,满足对于任意 $x \in \mathbb{R}$,都有

$$P(x)P(2x^2) = P(2x^3 + x).$$

习题 16.8. (Romania 1990) 求所有多项式 $P \in \mathbb{R}[X]$,满足对于任意 $x \in \mathbb{R}$.,都有

$$2P(2x^2 - 1) = P(x)^2 - 2.$$

习题 16.9. 设 $k, l \in \mathbb{N}$, 求所有非常数多项式 $P \in \mathbb{R}[X]$,满足对于任意 $x \in \mathbb{R}$, 都有

$$xP(x - k) = (x - l)P(x).$$

习题 16.10. (H. Shapiro)求所有多项式 $P \in \mathbb{R}[X]$,满足对于任意 $x \in \mathbb{R}$, 都有

$$P(x)P(x + 1) = P(x^2 + x + 1).$$

习题 16.11. 求所有多项式 $P \in \mathbb{C}[X]$,满足对于任意 $x \in \mathbb{C}$, 都有

$$P(x)P(-x) = P(x^2).$$

习题 16.12. (Putnam 2003) 是否存在多项式 $A(x)$, $B(x)$, $C(y)$, $D(y)$ 满足

$$1 + xy + x^2y^2 = A(x)C(y) + B(x)D(y).$$

习题 16.13. 求多项式 $P \in \mathbb{C}[x]$,满足对于任意 $x, y \in \mathbb{C}$,

$$P(x^2 - y^2) = P(x - y)P(x + y).$$

习题 16.14. 设 $a, b \in \mathbb{R}$, $(a, b) \neq (0, 0)$. 求所有多项式 $P(x, y) \in \mathbb{R}[x, y]$,满足对于任意 $x, y \in \mathbb{R}$,都有

$$P(x + a, y + b) = P(x, y).$$

习题 16.15. (IMO 1975) 函数 $f(x, y)$ 是在 x 和 y 上的 n 次齐次多项式.如果 $f(1, 0) = 1$,那么对于任意 a, b, c,有

$$f(a + b, c) + f(b + c, a) + f(c + a, b) = 0,$$

证明 $f(x, y) = (x - 2y)(x + y)^{n-1}$.

习题 16.16. (MR 6, 2008, M. Beckeanu, T. Dimitrescu) 设多项式 $P \in \mathbb{Z}[X]$ 满足 $P(1) = P(-1)$. 证明存在整系数多项式 $Q(x, y)$,使得对于任意 $t \in \mathbb{R}$,有

$$P(t) = Q(t^2 - 1, t^3 - t).$$

习题 16.17. 设多项式 $P \in \mathbb{R}[X]$ 满足 $P(\sin t) = P(\cos t)$,其中 t 是实数. 证明: 存在多项式 $Q \in \mathbb{R}[X]$ 使得对于任意 $x \in \mathbb{R}$,有 $P(x) = Q(x^4 - x^2)$.

习题 16.18. (G. Dospinescu) 求所有实系数多项式 $f(x, y, z)$,满足对于任意 $abc = 1$,都有

$$f\left(a + \frac{1}{a}, b + \frac{1}{b}, c + \frac{1}{c}\right) = 0.$$

习题 16.19. 证明等式 $f^4 + g^4 = h^2$ 在 $\mathbb{C}[X]$ 上存在唯一平凡解.

习题 16.20. 证明不存在非常数多项式 $f, g \in \mathbb{C}[X]$ 使得 $f^3 - g^2$ 是非零常数.

习题 16.21. 证明等式 $f^2 = g^3 + g$ 在复数域上只有一个有理函数平凡解.

第 17 章　函数不等式

17.1　实例

本节讨论的是有关不等式的条件的问题,而不是关于某个函数值的等式. 不等式比等式弱一些,它不能精确地确定一个数字. 因此从不等式条件中确定一个函数更为困难,但在某种情况下我们可以确定. 当方程没有解时,我们可以使用反证法,另一种方法是用代换法把不等式转化为等式, 例如,如果我们得到一个形如 $E^2 \leqslant 0$ 的条件,那么表明 $E = 0$.

最重要的是方法是猜测一个解 f_0 ,证明 $f = f_0$. 如果 $f(x) \neq f_0(x)$,可以提供一个反例来说明不等式. 例如, 设函数 $f: \mathbb{R} \to \mathbb{R}$ 对于任意 $x \in \mathbb{R}$,有 $f(2x) = 2f(x)$ 和 $|f(x) - x| \leqslant 1$. 我们可以猜想解是 $f(x) = x$ 并且证明这是唯一解: 如果 $f(x_0) \neq x_0$,那么当 $\epsilon \neq 0$ 时,有 $f(x_0) = x_0 + \epsilon$. 于是 $f(2^n x_0) = 2^n x_0 + 2^n \epsilon$,选取 n 使得 $2^n |\epsilon| > 1$. 与 $|f(2^n x_0) - 2^n x_0| \leqslant 1$ 矛盾. 因此 $f(x_0) = x_0$.

注意在条件中经常有一个伴随不等式的等式, 但是有时候可以处理不等式.

例 17.1. (Vietnam 1991) 求函数 $f: \mathbb{R} \to \mathbb{R}$,使得对于任意 $x, y, z \in \mathbb{R}$,有

$$\frac{1}{2} f(xy) + \frac{1}{2} f(xz) - f(x) f(yz) \geqslant \frac{1}{4}.$$

解. 令 $x = y = z = 1$,条件等价于

$$-\left(f(1) - \frac{1}{2}\right)^2 \geqslant 0,$$

得到 $f(1) = \frac{1}{2}$. 令 $y = z = 1$,得到 $f(x) - \frac{1}{2} f(x) \geqslant \frac{1}{4}$,所以 $f(x) \geqslant \frac{1}{2}$. 设 $y = z = \frac{1}{x}, x \neq 0$,得到 $f(1) - f(x) f\left(\frac{1}{x^2}\right) \geqslant \frac{1}{4}$. 因此 $f(x) f\left(\frac{1}{x^2}\right) \leqslant \frac{1}{4}$. 但 $f(x) \geqslant$

$\frac{1}{2}$，$f\left(\frac{1}{x^2}\right) \geqslant \frac{1}{2}$，所以$f(x)f\left(\frac{1}{x^2}\right) \geqslant \frac{1}{4}$. 因此等式成立,当$x \neq 0$时,$f(x) = \frac{1}{2}$. 令$x = y = z = 0$,得到$f(0) - f(0)^2 \geqslant \frac{1}{4}$, 即$f(0) = \frac{1}{2}$.由$f(x) \geqslant \frac{1}{2}$,得到$f(0) = \frac{1}{2}$. 因此$f(x) = \frac{1}{2}$ 满足条件.

例 17.2. 求函数$f: \mathbb{R} \to \mathbb{R}$,使得对于任意$x \in \mathbb{R}$,有

$$f(x + 19) \leqslant f(x) + 19,$$

$$f(x + 94) \geqslant f(x) + 94.$$

解. 对于任意$m, n \in \mathbb{N}$,归纳得到

$$f(x + 19m) \leqslant f(x) + 19m,$$

$$f(x + 94n) \geqslant f(x) + 94n.$$

特别地, $f(x + 95) = f(x + 19 \cdot 5) \leqslant f(x) + 95$ 和

$$f(x + 95) = f(x + 1 + 94) \geqslant f(x + 1) + 94.$$

表明$f(x + 1) \leqslant f(x) + 1$. 也有$f(x + 94 \cdot 18) \geqslant f(x) + 94 \cdot 18$ 和$f(x + 1 + 19 \cdot 89) \leqslant f(x + 1) + 19 \cdot 89$. 但$18 \cdot 94 = 1692 = 19 \cdot 89 + 1$ 和上述不等式表明$f(x + 1) \geqslant f(x) + 1$. 因此$f(x + 1) = f(x) + 1$, 我们通过对$n$进行归纳,对于任意$x \in \mathbb{R}$ 和$n \in \mathbb{N}$得到$f(x + n) = f(x) + n$. 对于每个实数x用$[x]$和$\{x\}$分别表示它的整数和小数部分,那么$f(x) = f(\{x\} + [x]) = f(\{x\}) + [x]$ 表示每个函数f满足给定不等式$f(x) = g(\{x\}) + [x]$,其中$g : [0, 1] \to \mathbb{R}$ 是一个任意函数.

例 17.3. (Belarus 1997) 函数$f: (0, \infty) \to (0, \infty)$ 对于任意$x \in (0, \infty)$满足$f(2x) \geqslant x + f(f(x))$. 证明对于任意$x \in (0, \infty), f(x) \geqslant x$.

解. 首先$f(x) > \frac{x}{2}$. 对于任意$x \in (0, \infty)$, 设$f(x) > ax$,其中$a > 0$ 是常数. 那么

$$f(x) \geqslant \frac{x}{2} + f\left(f\left(\frac{x}{2}\right)\right) > \frac{x}{2} + af\left(\frac{x}{2}\right) > \frac{1 + a^2}{2}x.$$

表明对于任意$n \in \mathbb{N}$, $f(x) > a_n x$. 其中数列$\{a_n\}_{n=1}^{\infty}$ 定义为

$$a_1 = \frac{1}{2}, a_{n+1} = \frac{1 + a_n^2}{2}, n \geqslant 1.$$

那么

$$a_{n+1} - a_n = \frac{(1-a_n)^2}{2} \geqslant 0,$$

即这个数列是单调递增的.对 n 进行归纳,对于任意 $n \in \mathbb{N}$,得到 $a_n < 1$. 因此数列是收敛的,它的极限是 a,那么 $a = \dfrac{1+a^2}{2}$, 即 $a = 1$.在不等式中 $f(x) > a_n x$,令 $n \to \infty$,得到 $f(x) \geqslant x$.

例 17.4. 求函数 $f: [1,\infty) \to [1,\infty)$ 使得对于任意 $x \geqslant 1$,有

$$f(x) \leqslant 2(1+x) \, , \, xf(x+1) = f(x)^2 - 1.$$

解. 猜想解为 $f(x) = x+1$, 现在证明它是唯一解. 一般情况下设 $f(x_0) \neq x_0 + 1$,尝试找到一个 x,使得 $f(x) < 1$ 或 $f(x) > 2(1+x)$. $xf(x+1) = f(x)^2 - 1$ 可以解释为由 $a_{n+1} = \dfrac{a_n^2 - 1}{n + x_0}$ 推出的递归关系 $a_n = f(n + x_0)$. 考虑 $b_n = \dfrac{a_n}{n+1+x_0}$,那么

$$b_{n+1} = \frac{(n+1+x_0)^2 b_n^2 - 1}{(n+x_0)(n+2+x_0)} = b_n^2 + \frac{b_n^2 - 1}{(n+2)(n+2+x_0)}.$$

如果 $b_0 > 1$,那么由归纳法证明 $b_n > 1$, 因此 $b_{n+1} > b_n^2$ 表明存在 n,使得 $b_n > 2$. 因此 $f(n + x_0) > 2(1 + n + x_0)$, 矛盾. 如果 $b_0 < 1$,那么由归纳法证明 $b_n < 1$, 因此 $b_{n+1} < b_n^2$. 所以 $b_n < b_0^{2^n}$ 和 $\dfrac{1}{b_n} > \left(\dfrac{1}{b_0}\right)^{2^n}$. 然而 $\dfrac{1}{b_n} = \dfrac{n+1+x_0}{f(n+x_0)} < n+1+x_0$,得到 $\left(\dfrac{1}{b_0}\right)^{2^n} < n+1+x_0$. 另一方面, $\dfrac{1}{b_0} > 1$.当 $x > 0$ 时,令 $\dfrac{1}{b_0} = 1+x$,得到 $1 + 2^n x < (1+x)^{2^n} < n+1+x_0$, 即对于任意 $n \in \mathbb{N}$,有 $0 < x < \dfrac{n+x_0}{2^n}$.与 $\lim\limits_{n\to\infty} \dfrac{n+x_0}{2^n} = 0$ 矛盾.

所以 $b_0 = 1$,因此 $f(x_0) = x_0 + 1$.由于 x_0 是任意的,解是 $f(x) = x+1$.

例 17.5. 设函数 $f: [0,1] \to \mathbb{R}$ 满足 $f(0) = f(1) = 0$, 对于任意 $x, y \in [0,1]$,有

$$f\left(\frac{x+y}{2}\right) \leqslant f(x) + f(y).$$

(i) 证明对于任意 $x \in [0,1]$,$f(x) \geqslant 0$,并且 f 有无穷多零解.

(ii) 根据给定条件构造一个非常函数 f .

解. (i) 设存在 $\alpha \in (0,1)$,使得 $f(\alpha) = -a < 0$.那么

$$f\left(\frac{\alpha}{2}\right) \leqslant f(\alpha) + f(0) = -a,$$

$$f\left(\frac{\alpha}{4}\right) \leqslant f\left(\frac{\alpha}{2}\right) + f(0) \leqslant -a,$$

$$f\left(\frac{3\alpha}{4}\right) \leqslant f\left(\frac{\alpha}{2}\right) + f(\alpha) \leqslant -2a < -a.$$

由于

$$f\left(\frac{\alpha}{2}\right) \leqslant f\left(\frac{\alpha}{2} - \frac{\alpha}{2^n}\right) + f\left(\frac{\alpha}{2} + \frac{\alpha}{2^n}\right),$$

$$f\left(\frac{\alpha}{2} - \frac{\alpha}{2^{n+1}}\right) \leqslant f\left(\frac{\alpha}{2}\right) + f\left(\frac{\alpha}{2} - \frac{\alpha}{2^n}\right),$$

$$f\left(\frac{\alpha}{2} + \frac{\alpha}{2^{n+1}}\right) \leqslant f\left(\frac{\alpha}{2}\right) + f\left(\frac{\alpha}{2} + \frac{\alpha}{2^n}\right).$$

对$n \geqslant 1$进行归纳,得到

$$f\left(\frac{\alpha}{2}\right) \leqslant -2^{n-1}a, \ f\left(\frac{\alpha}{2} - \frac{\alpha}{2^n}\right) \leqslant -2^{n-1}a, \ f\left(\frac{\alpha}{2} + \frac{\alpha}{2^k}\right) < -2^{n-1}a.$$

由于第一个不等式不能对所有$n \in \mathbb{N}$都成立,矛盾. 对n进行归纳有$f\left(\frac{k}{2^n}\right) = 0$, 其中$n \in \mathbb{N}$和$k = 0, 1, \ldots, 2^n$.

(ii) 当$x = \frac{k}{2^n}$, $n \in \mathbb{N}$, $k = 0, 1, \ldots, 2^n$,时,定义$f(x) = 0$,否则$f(x) = 1$. 容易验证f满足给定条件.

例 17.6. 证明不存在函数$f: \mathbb{R} \to \mathbb{R}$ 满足$f(0) > 0$以及对于任意$x, y \in \mathbb{R}$,有

$$f(x + y) \geqslant f(x) + yf(f(x)).$$

解. 假设存在函数f 满足给定条件.如果对于任意$x \in \mathbb{R}$,有$f(f(x)) \leqslant 0$,那么对于任意$y \leqslant 0$,有

$$f(x + y) \geqslant f(x) + yf(f(x)) \geqslant f(x),$$

因此函数f 是递减的. 不等式$f(0) > 0 \geqslant f(f(x))$ 表明对于任意x,有$f(x) > 0$,与$f(f(x)) \leqslant 0$矛盾. 因此存在z,使得$f(f(z)) > 0$.那么不等式

$$f(z + x) \geqslant f(z) + xf(f(z))$$

表明$\lim\limits_{x \to +\infty} f(x) = +\infty$,因此$\lim\limits_{x \to \infty} f(f(x)) = +\infty$. 特别地, 存在$x, y > 0$ 使得

$$f(x) \geqslant f(f(x)) > 1, \ y \geqslant \frac{x+1}{f(f(x)) - 1}, \ f(f(x + y + 1)) \geqslant 0.$$

那么

$$f(x + y) \geqslant f(x) + yf(f(x)) \geqslant x + y + 1.$$

因此

$$f(f(x+y)) \geqslant f(x+y+1) + (f(x+y) - (x+y+1))f(f(x+y+1))$$

$$\geqslant f(x+y+1) \geqslant f(x+y) + f(f(x+y))$$

$$\geqslant f(x) + yf(f(x)) + f(f(x+y) > f(f(x+y)),$$

矛盾.

注意. 存在唯一函数$f: \mathbb{R} \to \mathbb{R}$使得$f(0) = 0$,满足给定不等式的值是常数0. 在上述解决方案的第二部分中得到对于任意$x \in \mathbb{R}$,有$f(f(x)) \leqslant 0$. 另一方面,在原不等式中令$x = 0$,对于任意y,得到$f(y) \geqslant 0$. 因此对于任意$x, y \in \mathbb{R}, f(x+y) \geqslant f(x)$,表明对于任意$x, f(x) = 0$.

作者不知道是否存在函数$f: \mathbb{R} \to \mathbb{R}$使得$f(0) < 0$且满足不等式要求.

例 17.7. (Bulgaria 2008) 求函数$f: \mathbb{R} \to \mathbb{R}$,使得对于任意$x, y \in \mathbb{R}$,有

$$f(x + y^2) \geqslant (y+1)f(x)$$

解法一. 由于$f(x) \geqslant 0. f(x-1) = 0$, 那么当$y \geqslant 0$时,有

$$f(x + y^2) \geqslant (y+1)f(x) \geqslant f(x).$$

因此f是一个增函数. 令$a_0 = b_0 = 0$,

$$a_n = \sum_{i=1}^{n} \frac{1}{i^2}, b_n = \sum_{i=1}^{n} \frac{1}{i}.$$

由于$f(x + y^2) - f(x) \geqslant yf(x)$, 那么

$$f(x + a_{k+1}) - f(x + a_k) \geqslant \frac{f(x + a_k)}{k+1} \geqslant \frac{f(x)}{k+1}.$$

当$k = 0, 1, \ldots, n-1$得到的不等式相加,得到

$$f(x + a_n) - f(x) \geqslant b_n f(x).$$

已知对于任意n,有$a_n < 2$以及$b_n \to \infty$ (验证!). 那么

$$f(x+2) \geqslant (1 + b_n)f(x)$$

令$n \to \infty$,得到$f(x) \leqslant 0$. 另一方面, $f(x) \geqslant 0$,因此对于任意$x, f(x) = 0$.显然函数满足给定条件.

注意. 在证明了f的非负性和单调性以后, f的不确定性也可以用下面的方式证明.有

$$\frac{f(x+y^2) - f(x)}{y^2} \geqslant \frac{f(x)}{y}, \ y \neq 0.$$

已知,任何单调函数几乎在任何地方都是可微的.特别地, 对于任意$x \in A$, 其中A是$\mathbb{R}$的一个无界子集.对于$x \in A$和$y \to 0+$, 有$f(x) \leqslant 0$. 对于每一个$x \in \mathbb{R}$, 存在$y > 0$使得$x + y^2 \in A$,得到$0 \geqslant f(x+y^2) \geqslant (y+1)f(x) \geqslant f(x)$.

解法二. 以上证明$f(x) \geqslant 0$. 对于$x > 0$ 和$k = 0, 1, \ldots, n-1$,有

$$f\left(x\left(2 - \frac{k}{n}\right)\right) \geqslant \left(1 + \sqrt{\frac{x}{n}}\right) f\left(x\left(2 - \frac{k+1}{n}\right)\right).$$

将这些不等式相乘得到

$$f(2x) \geqslant \left(1 + \sqrt{\frac{x}{n}}\right)^n f(x).$$

由于$\left(1 + \dfrac{t}{n}\right)^n \to e^t$, 那么对于$x > 0$, $\left(1 + \sqrt{\dfrac{x}{n}}\right)^n \to +\infty$. 因此对于$x > 0$, $f(x) \leqslant 0$. 对于每个x,取$y > 0$使得$x + y^2 > 0$. 由给定条件得到$f(x) \leqslant 0$.对于任意x,得到$f(x) = 0$.

17.2 习题

习题 17.1. (Romania 2011) 求函数$f : [0,1] \to \mathbb{R}$,使得对于任意$x, y \in [0,1]$,有

$$|x-y|^2 \leqslant |f(x) - f(y)| \leqslant |x-y|.$$

习题 17.2. (Romania TST 2007). 证明函数$f : \mathbb{Q} \to \mathbb{R}$,使得对于任意$x, y \in \mathbb{Q}$,有

$$|f(x) - f(y)| \leqslant (x-y)^2.$$

习题 17.3. (Bulgaria 2008)函数$f:(0,\infty)\to(0,\infty)$ 对于任意$x>0$,满足

$$2f(x^2)\geqslant xf(x)+x.$$

证明对于任意$x>0$, $f(x^3)\geqslant x^2$.

习题 17.4. (Bulgaria 2014) 函数$f\colon\mathbb{R}\to\mathbb{R}$ 对于任意$x>y$,满足$f(x)^2\leqslant f(y)$.证明对于任意$x\in\mathbb{R},f(x)\in[0,1]$.

习题 17.5. (China 1990)函数$f:[0,\infty)\to\mathbb{R}$对于任意$x,y\geqslant0$,满足

$$f(x)f(y)\leqslant y^2f\left(\frac{x}{2}\right)+x^2f\left(\frac{y}{2}\right).$$

对于任意$0\leqslant x\leqslant1$,满足$|f(x)|\leqslant M$,其中M 是一个固定常数. 证明对于任意$x\geqslant0$, $f(x)\leqslant x^2$.

习题 17.6. (IMO 2013) 设函数$f:\mathbb{Q}^+\to\mathbb{R}$ 对于任意$x,y\in\mathbb{Q}^+$满足:
   (i) $f(x)f(y)\geqslant f(xy)$;
   (ii) $f(x+y)\geqslant f(x)+f(y)$.
证明如果存在$a>1$使得$f(a)=a$, 那么对于任意$x\in\mathbb{Q}^+$,有$f(x)=x$.

习题 17.7. (Iran 2012) 设函数$f:\mathbb{R}^+\to\mathbb{R}$ 对于任意$a,b\in\mathbb{R}^+$满足
   (i)$f(ab)=f(a)f(b)$;
   (ii)$f(a+b)\leqslant2\max\{f(a),f(b)\}$.
证明对于任意$a,b\in\mathbb{R}^+$, $f(a+b)\leqslant f(a)+f(b)$.

习题 17.8. (G. Dospinescu) 求函数$f\colon\mathbb{N}\to\mathbb{N}$使得对于任意$n\in\mathbb{N}$,有

$$f(n+1)>\frac{f(n)+f(f(n))}{2}.$$

习题 17.9. (Romania 2001) 证明不存在函数$f:(0,\infty)\to(0,\infty)$ 使得对于任意$x,y\in(0,\infty)$,有

$$f(x+y)\geqslant f(x)+yf(f(x)).$$

习题 17.10. 求函数$f\colon\mathbb{R}\to\mathbb{R}$使得对于任意$x,y\in\mathbb{R}$,有

$$f(x)\geqslant x+1\ ,\ f(x+y)\geqslant f(x)f(y).$$

习题 17.11. 求函数 $f : \mathbb{R} \to \mathbb{R}$ 使得对于任意 $x, y \in \mathbb{R}$, 有

$$f(x + y) \geqslant f(y + 1)f(x).$$

习题 17.12. (Hungary 2008). 求函数 $f : \mathbb{R} \to \mathbb{R}$ 使得对于任意实数 x 和 y, 有 $f(xy) \leqslant xf(y)$.

习题 17.13. (Bulgaria 1998) 证明不存在函数 $f : (0, \infty) \to (0, \infty)$ 使得对于任意 $x, y \in (0, \infty)$, 有

$$f(x)^2 \geqslant f(x + y)(f(x) + y).$$

习题 17.14. 求函数 $f : \mathbb{R} \to \mathbb{R}$ 在 0 上是连续的, 对于任意 $x \in \mathbb{R}$, 有

$$f(2x) - 3x^2 - x \leqslant f(x) \leqslant f(3x) - 8x^2 - 2x.$$

习题 17.15. (Bulgaria 2011) 求函数 $f : \mathbb{R} \to \mathbb{R}$, 使得对于任意 $x \in \mathbb{R}$, 有

$$6f(x) \geqslant f^4(x + 1) + f^2(x - 1) + 4.$$

习题 17.16. (ZIMO 2009) 求出所有实数 a, 使得存在函数 $f : \mathbb{R} \to \mathbb{R}$ 对于任意 $x, y \in \mathbb{R}$, 满足不等式

$$x + af(y) \leqslant y + f(f(x)).$$

习题 17.17. (IMO 2009) 求函数 $f : \mathbb{N} \to \mathbb{N}$, 使得对于任意 $x, y \in \mathbb{N}$, 满足 $x, f(y)$ 和 $f(y + f(x) - 1)$ 是一个三角形的边.

习题 17.18. (IMO 2011) 设函数 $f : \mathbb{R} \to \mathbb{R}$, 使得对于任意 $x, y \in \mathbb{R}$, 满足

$$f(x + y) \leqslant yf(x) + f(f(x))$$

证明对于任意 $x \leqslant 0, f(x) = 0$.

习题 17.19. (IMAR 2009) 证明对于每一个函数 $f : (0, \infty) \to (0, \infty)$, 存在 $x, y \in (0, \infty)$, 使得 $f(x + y) < yf(f(x))$.

习题 17.20. (IMO 2009 预选题) 证明对于每个函数 $f : \mathbb{R} \to \mathbb{R}$ 存在 $x, y \in \mathbb{R}$, 使得 $f(x - f(y)) > yf(x) + x$.

第 18 章　其他问题

18.1　与归纳论证相关的问题

习题 18.1. 求所有函数 $f: \mathbb{N} \to \mathbb{R}$,满足 $f(1) \neq 0$,对于任意 $n \in \mathbb{N}$,有

$$f(1)^2 + f(2)^2 + \ldots + f(n)^2 = f(n)f(n+1).$$

习题 18.2. 求所有函数 $f: \mathbb{N} \to \mathbb{N}$,满足对于任意 $n \in \mathbb{N}$,都有

$$f(1)^3 + f(2)^3 + \ldots + f(n)^3 = (f(1) + f(2) + \ldots + f(n))^2.$$

习题 18.3. (IMO 1981) 设函数 $f(x, y)$ 定义在非负整数 x 和 y 上,满足下列方程:

(i) $f(0, y) = y + 1$;

(ii) $f(x + 1, 0) = f(x, 1)$;

(iii) $f(x + 1, y + 1) = f(x, f(x + 1, y))$.

求 $f(4, 1981)$.

习题 18.4. (Putnam 1992) 证明 $f(n) = 1 - n$ 是唯一整数值函数,满足以下条件:

(i)对于任意整数 n, $f(f(n)) = n$;

(i)对于任意整数 n, $f(f(n + 2) + 2) = n$;

(iii) $f(0) = 1$.

习题 18.5. 求所有函数 $f: \mathbb{N} \to \mathbb{N}$,使得对于任意 $n \in \mathbb{N}$,有

$$f^{(19)}(n) + 97f(n) = 98n + 232.$$

习题 **18.6.** (IMO 2011 预选题) 求所有从正整数集合映到自身的函数对(f, g),使得对于每个正整数n,有

$$f^{(g(n)+1)}(n) + g^{(f(n))}(n) = f(n+1) - g(n+1) + 1.$$

习题 **18.7.** (Canada 2002) 求所有函数$f : \mathbb{N}_0 \to \mathbb{N}_0$,使得对于任意$m, n \in \mathbb{N}_0$,有

$$mf(n) + nf(m) = (m+n)f(m^2 + n^2).$$

习题 **18.8.** 找到所有函数$f : \mathbb{Z} \to \mathbb{Z}$,使得对于所有$m, n \in \mathbb{Z}$,有

$$f(m+n) + f(mn-1) = f(m)f(n) + 2.$$

习题 **18.9.** (Nordic Contest 1999) 函数$f : \mathbb{N} \to \mathbb{R}$ 对于任意$n \in \mathbb{N}$ 和某些正整数m,满足条件

$$f(m) = f(1995), \ f(m+1) = 1996, \ f(m+2) = 1997 \ \text{和} f(n+m) = \frac{f(n) - 1}{f(n) + 1}.$$

证明$f(n + 4m) = f(n)$,求使函数f存在的最小m.

习题 **18.10.** 若$f : \mathbb{Q} \to \{0, 1\}$ 使$f(1) = 1, f(0) = 0$.当$f(x) = f(y)$时,有$f\left(\dfrac{x+y}{2}\right) = f(x) = f(y)$. 证明当$x \geqslant 1$时,$f(x) = 1$.

习题 **18.11.** (Nordic Contest 1998) 求所有函数$f : \mathbb{Q} \to \mathbb{Q}$,使得对于任意$x, y \in \mathbb{Q}$,有

$$f(x+y) + f(x-y) = 2(f(x) + f(y)).$$

习题 **18.12.** (Iran 1995) 求所有函数$f : \mathbb{Z} \setminus \{0\} \to \mathbb{Q}$,使得对于任意$x, y \in \mathbb{Z} \setminus \{0\}$和$\frac{x+y}{3} \in \mathbb{Z} \setminus \{0\}$, 有

$$f(\frac{x+y}{3}) = \frac{f(x) + f(y)}{2}.$$

习题 **18.13.** (Bulgaria 2014) 求所有函数$f : \mathbb{Q}^+ \to \mathbb{R}^+$,使得对于任意$x, y \in \mathbb{Q}^+$,有

$$f(xy) = f(x+y)(f(x) + f(y)).$$

习题 18.14. (IMO 1982) 函数$f(n)$ 定义所有正整数n，取非负整数值. 对于任意m,n,有

$$f(m+n) - f(m) - f(n) = 0 \text{ 或} 1;$$

$$f(2) = 0, \ f(3) > 0, \ f(9999) = f(3333).$$

求$f(1982)$.

习题 18.15. (Romania TST 2004)求所有单射函数$f : \mathbb{N} \to \mathbb{N}$,使得对于任意$n \in \mathbb{N}$,有

$$f(f(n)) \leqslant \frac{n + f(n)}{2}.$$

习题 18.16. (Romania 1986) 求所有满射函数$f : \mathbb{N} \to \mathbb{N}$,使得对于所有$n \in \mathbb{N}$,有

$$f(n) \geqslant n + (-1)^n.$$

习题 18.17. 求所有函数$f: \mathbb{N} \to \mathbb{N}$ 使得对于任意$n \in \mathbb{N}$,有$f(1) = 1$ 和

$$f(n+1) = \left[f(n) + \sqrt{f(n)} + \frac{1}{2} \right].$$

习题 18.18. (IMO 2001 预选题) 求所有满足$f(p,q,r) = 0$的函数$f: \mathbb{N}_0^3 \to \mathbb{R}$.如果$pqr = 0$,那么

$$f(p,q,r) = 1 + \frac{1}{6}(f(p+1,q-1,r) + f(p-1,q+1,r) + f(p-1,q,r+1)$$

$$+ f(p+1,q,r-1) + f(p,q+1,r-1) + f(p,q-1,r+1)).$$

习题 18.19. (IMO 1988 预选题) 求所有函数$f: \mathbb{N} \to \mathbb{N}$，使得对于所有$m, n \in \mathbb{N}$，有

$$f(f(m) + f(n)) = m + n.$$

习题 18.20. 求所有函数$f: \mathbb{N} \to \mathbb{N}$,使得对于所有$m, n \in \mathbb{N}$，有

$$f(m^2 + f(n)) = f(m)^2 + n.$$

习题 18.21. 求所有函数$f: \mathbb{N}_0 \to \mathbb{N}_0$,使得对于所有$m, n \in \mathbb{N}_0$，有

$$f(f(m)^2 + f(n)^2) = m^2 + n^2.$$

习题 **18.22.** (BMO 2009) 求所有函数 $f: \mathbb{N} \to \mathbb{N}$,使得对于所有 $m, n \in \mathbb{N}$,有

$$f(f(m)^2 + 2f(n)^2) = m^2 + 2n^2.$$

习题 **18.23.** (Korea 1998) 求所有函数 $f: \mathbb{N}_0 \to \mathbb{N}_0$,使得对于所有 $m, n \in \mathbb{N}_0$,有

$$2f(m^2 + n^2) = f(m)^2 + f(n)^2.$$

习题 **18.24.** 求所有函数 $f: \mathbb{Z} \to \mathbb{R}$,使得对于任意 $a, b, c \in \mathbb{Z}$,有

$$f(a^3 + b^3 + c^3) = f(a)^3 + f(b)^3 + f(c)^3.$$

习题 **18.25.** 求所有函数 $f: \mathbb{Q}^+ \to \mathbb{Q}^+$,使得对于任意 $m, n \in \mathbb{Q}^+$,有

$$f(m^{2010} + f(n)) = m^{10}f(m^{50})^{40} + n.$$

习题 **18.26.** (IMO 2010 预选题) 求所有函数 $f: \mathbb{Q}^+ \to \mathbb{Q}^+$,使得对于所有 $x, y \in \mathbb{Q}^+$,有

$$f(f(x)^2 y) = x^3 f(xy).$$

18.2 与函数基本性质相关的问题

习题 **18.27.** (Belarus 2014) 是否存在函数 $f: \mathbb{R} \to \mathbb{R}$ 和 $g: \mathbb{R} \to \mathbb{R}$,使得对于任意 $x, y \in \mathbb{R}$,有

$$f(x + f(y)) = g(x) + y^2.$$

习题 **18.28.** (Serbia 2014) 求所有函数 $f: \mathbb{R} \to \mathbb{R}$,使得对于任意 $x, y \in \mathbb{R}$,有

$$f(xf(y) - yf(x)) = f(xy) - xy.$$

习题 **18.29.** (Iran 1998) 设 $f: (0, \infty) \to (0, \infty)$ 是递减函数, 对于任意 $x, y \in (0, \infty)$ 满足

$$f(x + y) + f(f(x) + f(y)) = f(f(x + f(y)) + f(y + f(x))).$$

证明 $f(f(x)) = x$.

习题 18.30. (Bulgaria 2011) 求所有函数 $f : \mathbb{Q} \to \mathbb{R}$ ，使得对于任意 $x, y, z \in \mathbb{Q}$，有

$$(f(x) + f(y) - 2f(xy)) \cdot (f(x) + f(z) - 2f(xz)) \geq 0.$$

习题 18.31. 求所有函数 $f : \mathbb{R} \setminus \{0\} \to \mathbb{R}$ ，使得对于任意 $x, y \in \mathbb{R} \setminus \{0\}$，有

$$f(x^2)(f(x)^2 + f\left(\frac{1}{y^2}\right)) = 1 + f\left(\frac{1}{xy}\right).$$

习题 18.32. (Bulgaria 2011) 证明每一个非常数函数 $f : \mathbb{Q}^+ \to \mathbb{R}$ ，存在 $x, y, z \in \mathbb{Q}^+$ ，使得

$$(f(x) + f(y) - 2f(xy)) \cdot (f(x) + f(z) - 2f(xz)) < 0.$$

习题 18.33. 是否存在一个函数 $f : \mathbb{R} \to \mathbb{R}$，使得对于所有 $x, y \in \mathbb{R}$，有

$$f(xy) = \max\{f(x), y\} + \min\{f(y), x\}.$$

习题 18.34. (RMM 2013) 是否存在函数 $g, h : \mathbb{R} \to \mathbb{R}$ 使得对于任意 $x \in \mathbb{R}$,满足 $f(g(x)) = g(f(x))$ 和 $f(h(x)) = h(f(x))$ 的唯一函数 $f : \mathbb{R} \to \mathbb{R}$ 是 $f(x) = x$?

习题 18.35. 证明不存在函数 $f : (0, \infty) \to (0, \infty)$ 满足以下条件:

(i)对于任意 $x, y > 0$，有 $f(x + f(y)) = f(x)f(y)$;

(ii) 最多存在有限个 x，使得 $f(x) = 1$.

习题 18.36. (Iran 2012) 设 g 为次数至少为2且系数非负的多项式. 求所有函数 $f : \mathbb{R}^+ \to \mathbb{R}^+$ ，使得对所有 $x, y \in \mathbb{R}^+$，有

$$f(f(x) + g(x) + 2y) = f(x) + g(x) + 2f(y).$$

习题 18.37. (IMO 1997 预选题) 证明函数 $f : \mathbb{R} \to \mathbb{R}$ ，满足对于任意 $x \in \mathbb{R}$, 有 $|f(x)| \leqslant 1$ 和

$$f(x) + f\left(x + \frac{13}{42}\right) = f\left(x + \frac{1}{6}\right) + f\left(x + \frac{1}{7}\right),$$

那么它是周期性的.

习题 18.38. (Ukraine 2014) 设 A 为有限函数集 $f:\mathbb{R}\to\mathbb{R}$,具有如下性质:

(i) 如果 $f,g\in A$, 那么 $f(g(x))\in A$;

(ii) 对于任意 $f\in A$, 存在 $g\in A$,使得对于任意 $x,y\in\mathbb{R}$,有

$$f(f(x)+y)=2x+g(g(y)-x).$$

证明集合 A 包含恒等函数 $h(x)=x, x\in\mathbb{R}$.

习题 18.39. (Romania TST 2007) 设 $f\in\mathbb{R}[X]$ 为 n 次多项式.证明:

(i) f 不能写成 n 个周期函数的和;

(ii) 如果 $n=1$, 那么 f 可以写成两个实周期函数的和;

(iii) 如果 $n=1$,并且 f 是两个周期函数的和,那么它们在每个区间上是无界的;

(iv) f 可以写成 $n+1$ 个周期函数的和;

(v) 有些实函数不能写成周期函数的有限和.

习题 18.40. (Kiev 2007)求所有函数 $f:\mathbb{R}\to\mathbb{R}$,使得对于任意 $x,y\in\mathbb{R}$,有

$$f(x^2-f(y)^2)=xf(x)-y^2.$$

习题 18.41. (IMO 2005 预选题) 求所有函数 $f:(0,\infty)\to(0,\infty)$,使得对任意正实数 x 和 y,有

$$f(x)f(y)=2f(x+yf(x)).$$

习题 18.42. (EGMO 2013) 求所有函数 $f:\mathbb{R}\to\mathbb{R}$,使得对于任意实数 x 和 y,有

$$f(y^2+2xf(y)+f(x)^2)=(y+f(x))(x+f(y)).$$

习题 18.43. (India 2008) 求所有函数 $f:(0,\infty)\to(0,\infty)$, 使得对于任意 $x,y\in(0,\infty)$,有 $f(x+f(y))=yf(xy+1)$.

习题 18.44. 求所有函数 $f:\mathbb{R}\to\mathbb{R}$,使得对于任意 $x,y\in\mathbb{R}$,

$$f(x+y)f(x-y)=f(x^2)-f(y^2).$$

习题 18.45. 求所有函数 $f:(0,\infty)\to(0,\infty)$, 使得对于任意 $x,y\in(0,\infty)$,有

$$f(x)f(yf(x))=f(x+y).$$

习题 18.46. (G. Dospinescu) 求所有函数 $f : \mathbb{R} \to \mathbb{R}$,使得对于任意 $x, y \in \mathbb{R}$,

$$f(xf(y)) + f(yf(x)) = 2xy.$$

习题 18.47. (Japan 2009) 求所有函数 $f : (0, \infty) \to (0, \infty)$,使得对于任意 $x, y \in (0, \infty)$,

$$f(x^2) + f(y) = f(x^2 + y + xf(4y)).$$

习题 18.48. (G. Dospinescu) 求所有函数 $f : (0, \infty) \to (0, \infty)$,使得对于任意 $x, y \in (0, \infty)$,有

$$f(1 + xf(y)) = yf(x + y).$$

习题 18.49. (Ukraine TST 2007) 求所有函数 $f : \mathbb{Q} \to \mathbb{Q}$,使得对于任意 $x, y \in \mathbb{Q}$,有

$$f(x^2 + y + f(xy)) = 3 + (x + f(y) - 2)f(x).$$

习题 18.50. 令 $f : \mathbb{R} \to \mathbb{R}$ 满足方程 $f(x^2) = f(x)^2$ 和 $f(x+1) = f(x) + 1$. 证明对于任意 $x \in \mathbb{R}$,$f(x) = x$.

习题 18.51. 求所有单调函数 $f : [0, \infty) \to \mathbb{R}$,使得对于任意 $x, y \geq 0$ 和 $f(3) + 3f(1) = 3f(2) + f(0)$,有

$$f(x + y) - f(x) - f(y) = f(xy + 1) - f(xy) - f(1).$$

习题 18.52. (IMO 2009 预选题) 求所有函数 $f : \mathbb{R} \to \mathbb{R}$,使得对于任意 $x, y \in \mathbb{R}$,有

$$f(xf(x + y)) = f(y(f(x))) + x^2.$$

习题 18.53. (IMO 2008 预选题) 设函数 $f : \mathbb{R} \to \mathbb{N}$. 对于任意 $x, y \in \mathbb{R}$,有

$$f\left(x + \frac{1}{f(y)}\right) = f\left(y + \frac{1}{f(x)}\right).$$

证明函数 f 不是满射.

习题 18.54. 求所有函数 $f : \mathbb{R}^+ \to \mathbb{R}$,使得对于任意 $x, y \in \mathbb{R}^+$,有

$$f(xy) = f(x + y)(f(x) + f(y)).$$

18.3 与连续函数相关的问题

习题 18.55. 求所有连续函数 $f: (0, \infty) \to (0, \infty)$，使得对于任意 $x \in (0, \infty)$，有

$$f(x) + \frac{1}{f(x)} = x + \frac{1}{x}.$$

习题 18.56. (Bulgaria 2013) 求所有在区间 $(0, 1)$ 有限的函数 $f: \mathbb{R} \to \mathbb{R}$，对于任意 $x, y \in \mathbb{R}$，有

$$x^2 f(x) - y^2 f(y) = (x^2 - y^2) f(x + y) - xy f(x - y).$$

习题 18.57. (Bulgaria 2006) 设函数 $f: (0, \infty) \to (0, \infty)$ 对于任意 $x > y > 0$，有

$$f(x + y) - f(x - y) = 4\sqrt{f(x) f(y)}.$$

(a) 证明对于任意 $x \in (0, \infty)$，$f(2x) = 4f(x)$．

(b) 求所有这样的函数 f．

习题 18.58. 求所有连续函数 $f: \mathbb{R} \to \mathbb{R}$，使得对于任意 $x, y \in \mathbb{R}$，有

$$f(f(x)y - xf(y)) = yf(f(x)) - f(x)f(y).$$

习题 18.59. 设函数 $f: \mathbb{R} \to \mathbb{R}$，对于任意实数 x 和 y 满足

$$f(x + y) = f(x + f(y)).$$

证明：

(a) 如果 f 连续，那么它是常数；

(b) 给定的函数方程存在非连续解．

习题 18.60. 证明不存在连续函数 $f: [0, 1] \to \mathbb{R}$，使得对于任意 $x \in [0, 1]$，有

$$f(x) + f(x^2) = x.$$

习题 18.61. 确定所有连续函数 $f: \mathbb{R} \to \mathbb{R}$，使得对于任意 $x \in \mathbb{R}$，有

$$f(x + f(x)) = f(x).$$

习题 18.62. (Tuymaada 2003) 求所有连续函数 $f: (0, \infty) \to \mathbb{R}$，使得对于任意 $x, y \in (0, \infty)$，有

$$f\left(x + \frac{1}{x}\right) + f\left(y + \frac{1}{y}\right) = f\left(x + \frac{1}{y}\right) + f\left(y + \frac{1}{x}\right).$$

习题 18.63. 求所有连续函数 $f: \mathbb{R} \to \mathbb{R}$，使得对于任意实值 x, y，有

$$f(xf(y)) + f(yf(x)) = \frac{1}{2}f(2x)f(2y).$$

习题 18.64. (IMC 2008) 求所有连续函数 $f: \mathbb{R} \to \mathbb{R}$，使得对于任意实数 x, y，$f(x) - f(y)$ 和 $x - y$ 都是有理的.

18.4 与函数的奇偶性相关的问题

习题 18.65. 求所有连续函数 $f: \mathbb{R} \to \mathbb{R}$，使得对于任意 $x, y \in \mathbb{R}$，有

$$f(x + y) + f(x)f(y) = f(xy + 1).$$

习题 18.66. 求所有连续函数 $f, g, h: \mathbb{R} \to \mathbb{R}$，使得对于任意 $x, y \in \mathbb{R}$，有

$$f(x + y) + g(xy) = h(x)h(y) + 1.$$

18.5 与构造法相关的问题

习题 18.67. (Romania 2001 预选题)

(a) 设 $g, h : \mathbb{Z} \to \mathbb{Z}$ 是一对一函数. 证明由 $f(x) = g(x)h(x)$ 定义的函数 $f : \mathbb{Z} \to \mathbb{Z}$ 对于任意 $x \in \mathbb{Z}$ 不满射.

(b) 设 $f : \mathbb{Z} \to \mathbb{Z}$ 为满射函数. 证明存在满射函数 $g, h : \mathbb{Z} \to \mathbb{Z}$，使得对于任意 $x \in \mathbb{Z}$，有 $f(x) = g(x)h(x)$.

习题 18.68. (G. Dospinescu) 求所有定义在非负实数上的函数 f，其值在同一集合中使得对于任意 $x \geqslant 0$，有

$$f([f(x)]) + \{f(x)\} = x.$$

这里 $[a]$ 和 $\{a\}$ 是实数 a 的整数和小数部分.

习题 18.69. (IMO 1997 预选题) 是否存在函数 $f, g : \mathbb{R} \to \mathbb{R}$ ，使得对于任意 $x \in \mathbb{R}$，有：

(a) $f(g(x)) = x^2$ 和 $g(f(x)) = x^4$；

(b) $f(g(x)) = x^2$ 和 $g(f(x)) = x^3$.

习题 18.70. 求方程的解:

(a)对于任意 $x \in (0, \infty)$，有 $f(x^2) = 1 + f(x)$ ；

(b)对于任意 $x \in \mathbb{R}$，有 $f(x + 1) = f(x)^2$.

习题 18.71. (Bulgaria 2014) 求系数为整数和首项系数为正 n 次多项式 f 和系数为整数的多项式 g，对于任意 $x \in \mathbb{R}$，满足

$$xf^2(x) + f(x) = (x^3 - x)g^2(x)$$

的所有正整数 n.

习题 18.72. (IMC 2003)(a) 证明对于任意函数 $f : \mathbb{Q} \times \mathbb{Q} \to \mathbb{R}$ 存在函数 $g : \mathbb{Q} \to \mathbb{R}$ ，使得对于任意 $x, y \in \mathbb{Q}$，有

$$f(x, y) \leqslant g(x) + g(y).$$

(b) 求函数 $f : \mathbb{R} \times \mathbb{R} \to \mathbb{R}$,而函数 $g : \mathbb{R} \to \mathbb{R}$ 不存在,使得对于任意 $x, y \in \mathbb{R}$，有

$$f(x, y) \leqslant g(x) + g(y).$$

习题 18.73. (IMO 2008 预选题) 设 $S \subseteq \mathbb{R}$ 是一个实数集. 函数对 (f, g) 是在 S 上的从 S 到 S 的西班牙对, 满足下列条件:

(i) 两个函数都严格递增, 即对于任意 $x, y \in S$ 与 $x < y$, 有 $f(x) < f(y)$ 和 $g(x) < g(y)$ ；

(ii) 对于任意 $x \in S$, 不等式 $f(g(g(x))) < g(f(x))$ 成立.

判断是否存在西班牙对

(a) 在正整数集 $S = \mathbb{N}$ 上；

(b) 在集合 $S = \{a - \dfrac{1}{b} | a, b \in \mathbb{N}\}$ 上.

18.6   与利用特殊群的函数方程相关的问题

习题 18.74. (IMO 2001 预选题) 求所有函数 $f : \mathbb{R} \to \mathbb{R}$，使得对于任意 $x, y \in \mathbb{R}$，有

$$f(xy)(f(x) - f(y)) = (x - y)f(x)f(y).$$

习题 18.75. 求所有函数 $f : \mathbb{Q} \to \mathbb{Q}$，使得对于任意 $x, y \in \mathbb{Q}$，有

$$f(x + y + f(x)) = x + f(x) + f(y).$$

18.7   与稠密性相关的问题

习题 18.76. (IMO 2003 预选题) 求所有在区间 $[1, \infty)$ 递增的函数 $f : (0, \infty) \to (0, \infty)$，使得对于任意 $x, y, z \in (0, \infty)$，有

$$f(xyz) + f(x) + f(y) + f(z) = f(\sqrt{xy})f(\sqrt{yz})f(\sqrt{zx}).$$

习题 18.77. 证明存在一个连续函数 $f : \mathbb{R} \to \mathbb{R}$，使得对于任意 $x \in \mathbb{R}$，有

$$f(x) + f(2x) + f(3x) = 0.$$

习题 18.78. 求所有函数 $f : \mathbb{R} \to \mathbb{R}$，使得对于任意 $x, y \in \mathbb{R}$，有

$$f(xy(x + y)) = f(x)f(y)(f(x) + f(y)).$$

习题 18.79. (Tuymaada 2006) 求所有函数 $f : (0, \infty) \to (0, \infty)$，对于任意 $x \in (0, \infty)$，满足以下两个条件：

  (i) $f(x + 1) = f(x) + 1$;
  (ii) $f\left(\dfrac{1}{f(x)}\right) = \dfrac{1}{x}$.

18.8   与迭代次数相关的问题

习题 18.80. 求所有函数 $f : \mathbb{R} \backslash \{0, 1\} \to \mathbb{R}$，使得对 f 中的所有 x，有

$$f(x) + f\left(\frac{1}{1 - x}\right) = \frac{2(1 - 2x)}{x(1 - x)}.$$

习题 18.81. (China 1988) 设 $f(n)$ 是不能被 n 整除的最小正整数. 使得对于任意 $n \geqslant 3$ 的整数, 有 $f^{(k)}(n) = 2$, 求正整数 k.

习题 18.82. (Bulgaria 2014) 设 k 是正整数. 求所有函数 $f : \mathbb{N} \to \mathbb{N}$, 使得对于任意正整数 m 和 n, 有

$$f(m + f^{(k)}(n)) = n + f(m + 2014),$$

其中 $f^{(k)}$ 是 f 的 k 次迭代.

习题 18.83. 对于给定的正整数 m, 求所有正整数 a, 使得对于任意 $x \in \mathbb{N}$, 存在函数 $f, g : \mathbb{N} \to \mathbb{N}$, 其中 g 为双射且

$$f^{(m)}(x) = g(x) + a.$$

习题 18.84. (Bulgaria 1996) 求所有严格单调的函数 $f : (0, \infty) \to (0, \infty)$, 使得对于任意 $x \in (0, \infty)$, 有

$$f\left(\frac{x^2}{f(x)}\right) = x.$$

习题 18.85. 设 $a, b \in (0, 1/2)$, $f : \mathbb{R} \to \mathbb{R}$ 是连续函数, 使得对于任意 $x \in \mathbb{R}$, 有

$$f(f(x)) = af(x) + bx.$$

证明存在实常数 c, 使得对于任意 $x \in \mathbb{R}$, 有 $f(x) = cx$.

习题 18.86. 求所有连续函数 $f : \mathbb{R} \to \mathbb{R}$ 使得函数 $f(f(x)) - 2f(x) + x$ 是常数.

习题 18.87. 设 $f : \mathbb{R} \to \mathbb{R}$ 是连续函数, 使得存在整数 $n \geq 2$ 和任意 $x \in \mathbb{R}$, 有

$$f^{(n)}(x) = x.$$

证明:

    (i) 对于任意 $x \in \mathbb{R}$, 如果 n 是奇数, 那么 $f(x) = x$;

    (ii) 对于任意 $x \in \mathbb{R}$, 如果 n 是偶数, 那么 $f^{(2)}(x) = x$.

习题 18.88. (Romania TST 2011) 设 $g : \mathbb{R} \to \mathbb{R}$ 是连续递减函数, 使得 $g(\mathbb{R}) = (-\infty, 0)$. 证明当 $k \geqslant 2$ 时, 不存在连续函数 $f : \mathbb{R} \to \mathbb{R}$, 使得 $f^{(k)} = g$.

习题 18.89. 设 $f: \mathbb{R} \to \mathbb{R}$ 是连续函数,对于任意 $x \in \mathbb{R}$, 有

$$f^{(2)}(x) = x.$$

证明对于任意 $x \in \mathbb{R}$, 不存在 $f(x) = x$, 也不存在 f 使得 $f(x) = f_0(x-p) + p$, 其中 $p \in \mathbb{R}$ 和

$$f_0(x) = \begin{cases} g(x) & , x \geqslant 0 \\ g^{-1}(x) & , x < 0 \end{cases}$$

对于某个连续函数 $g: \mathbb{R} \to \mathbb{R}$, 当 $x > 0$ 时, 使得 $g(0) = 0, g(x) < 0$. 当 $x > 0$ 时, $g(x)$ 递减, 且 $g^{-1}(x)$ 是 $g(x)$ 的反函数.

习题 18.90. (IMO 2013 预选题) 求所有函数 $f: \mathbb{N}_0 \to \mathbb{N}_0$, 使得对于任意 $n \in \mathbb{N}_0$, 有

$$f(f(f(n))) = f(n+1) + 1.$$

习题 18.91. (IMO 2009 预选题) 设 $P(x)$ 是系数为整数的非常数多项式. 证明不存在函数 $T: \mathbb{Z} \to \mathbb{Z}$, 使得对于任意 $n \geqslant 1$, 使得 $T^{(n)}(x) = x$ 成立的整数 x 等于 $P(n)$, 其中 $T^{(n)}$ 是 T 的 n 次迭代.

18.9　与离散次调和函数相关的问题

习题 18.92. 设 $f: \mathbb{Z} \to \mathbb{R}$ 为离散次调和函数,即对于任意 $k \in \mathbb{Z}$, 有

$$f(k) \leqslant \frac{f(k-1) + f(k+1)}{2}.$$

证明如果 f 有界, 那么它是常数.

习题 18.93. 求所有函数 $f: \mathbb{R} \to \mathbb{R}$, 使得对于任意 $x \in \mathbb{R}$, 有

$$4f(x) = 2f^2(x+1) + 2f^2(x-1) + 1.$$

习题 18.94. 设 $f: \mathbb{Z}^2 \to \mathbb{R}$ 为离散次调和函数,即对于任意 $x, y \in \mathbb{Z}$, 有

$$f(x,y) \leqslant \frac{f(x+1,y) + f(x,y+1) + f(x-1,y) + f(x,y-1)}{4}.$$

证明如果 f 有界, 那么它是常数.

习题 18.95. 求所有正常数 c ，使得

$$g(x,y) = \ln(x^2 + y^2 + c)$$

是 $\mathbb{Z}^2$ 上的离散次调和函数.

习题 18.96. 空间中的每一个格点都从 $(0,1)$ 区间上取一个实数，使得这些数都等于相邻六个格点的算术平均值. 证明所有的数都是相等的.

第 19 章　参考答案

19.1　柯西方程

习题1.1. 设 $f : \mathbb{R} \to \mathbb{R}$ 是可加性函数,且 $f(1) = 0$. 则对于每一个非空区间 $I \subset \mathbb{R}$ 都有 $f(I) = f(\mathbb{R})$.

解. 由命题1.1 知,对于每个有理数 q 都有 $f(q) = qf(1) = 0$. 令 $y_0 = f(x_0) \in f(\mathbb{R})$ 且 $I = [a, b], a < b$. 取有理数 $q \in [a - x_0, b - x_0]$, 则 $x_0 + q \in I$ 且

$$f(x_0 + q) = f(x_0) + f(q) = f(x_0) = y_0.$$

因此, $y_0 = f(x_0 + q) \in f(I)$.

习题1.2. 设函数 $f : \mathbb{R} \to \mathbb{R}$,令 $\mathrm{Ker}\, f = \{x \in \mathbb{R} \,|\, f(x) = 0\}$ 且 $\mathrm{Im}\, f = \{f(x) \,|\, x \in \mathbb{R}\}$. 若 f 是可加性函数,证明:

(a) $\mathrm{Ker}\, f = \{0\}$ 或 $\mathrm{Ker}\, f$ 是 $\mathbb{R}$ 的稠密子集;

(b) $\mathrm{Im}\, f = \{0\}$ 或 $\mathrm{Im}\, f$ 是 $\mathbb{R}$ 的稠密子集.

解. (a) 如果 $\mathrm{Ker}\, f \neq \{0\}$,那么存在 $x_0 \neq 0$ 使得 $f(x_0) = 0$. 设集合 $A = \{qx_0 \mid q \in \mathbb{Q}\}$. 因为

$$f(qx_0) = qf(x_0) = 0,$$

所以 $A \in \mathrm{Ker}\, f$.另一方面, 因为任何开区间 (a, b) ,区间 $\left(\dfrac{a}{x_0}, \dfrac{b}{x_0} \right)$ 都包含一个有理数 q,即 $qx_0 \in (a, b)$.所以,A 是 $\mathbb{R}$ 的稠密子集. 因此, $\mathrm{Ker}\, f$ 也是 $\mathbb{R}$ 的稠密子集.

(b) 如果 $\mathrm{Im}\, f \neq \{0\}$,那么存在 x_0 使得 $y_0 = f(x_0) \neq 0$. 设集合 $B = \{qy_0 / q \in \mathbb{Q}\}$.因为集合 $qy_0 = qf(x_0) = f(qx_0)$,所以 $B \subset \mathrm{Im}\, f$.由(a)得, B 是 $\mathbb{R}$ 的稠密子集,所以 $\mathrm{Im}\, f$ 也是 $\mathbb{R}$ 的稠密子集.

习题1.3. 设 $f: \mathbb{R} \to \mathbb{R}$ 是非单射的可加性函数. 证明: 对于任意的 $a \in \mathbb{R}$, 有集合 $F_a = \{x \in \mathbb{R} \mid f(x) = f(a)\}$ 是 $\mathbb{R}$ 的稠密子集.

解. 因为 f 不是单射, 所以存在 $x_1 \neq x_2$ 使得 $f(x_1) = f(x_2)$, 即 $f(x_1 - x_2) = 0$. 设 $x_0 = x_1 - x_2$, 集合 $A = \{a + qx_0 \mid q \in \mathbb{Q}\}$. 由习题1.2的(a)知, A 是 $\mathbb{R}$ 的稠密子集. 又因为 $f(a + qx_0) = f(a) + f(qx_0) = f(a) + qf(x_0) = f(a)$, 所以集合 $A \subset F_a$ 且 F_a 是 $\mathbb{R}$ 的稠密子集.

习题1.4. (Romania TST 2006) 给定 $r, s \in \mathbb{Q}$, 求所有函数 $f: \mathbb{Q} \to \mathbb{Q}$, 使得对于任意的 $x, y \in \mathbb{Q}$, 有

$$f(x + f(y)) = f(x + r) + y + s.$$

解. 设 $g(x) = f(x) - r - s$, 于是

$$g(x + g(y)) = g(x + f(y) - r - s) = f((x + r - s) + f(y)) - r - s$$
$$= f(x - s) + (y - s) - r - s = g(x - s) + y + s$$

且

$$g^2(x + g(y)) = g(y + s + g(x - s)) = g(y) + x - s + s = x + g(y).$$

所以, $g^2 = id$, 故 g 是一一映射. 用 $g(y)$ 代替 y 得

$$g(x + y) = g(x - s) + g(y) + s.$$

则, $g(y + x) = g(y - s) + g(x) + s$, 那么

$$g(x) - g(x - s) = g(y) - g(y - s) = k,$$

是常数. 从而 $g(x + y) = g(x) + g(y) + (s - k)$. 因此,

$$h(x) = g(x) + s - k$$

在 $\mathbb{Q}$ 上是可加性函数. 由命题1.1 得 $h(x) = xh(1)$, $x \in \mathbb{Q}$. 所以函数 g 的表达式为 $g(x) = px + q$. 把它代入给定的关系式中, 利用对应项系数相等得 $p = 1, q = 0$, 或 $p = -1, q = -2s$. 因此, 函数解为 $f(x) = x + r + s$, $f(x) = -x + r - s$.

习题1.5. 找到所有函数 $f: \mathbb{Q} \to \mathbb{Q}$, 使得对于任意的 $x, y \in \mathbb{Q}$, 有

$$f(x + f(x) + 2y) = 2x + 2f(f(y)).$$

解. 令给定方程中$x = y = 0$ 得$f(f(0)) = 0$. 如果$f(u) = 0$,令$x = u, y = 0$ 得$u = 0$,则$f(0) = 0$. 当$x = 0$时,有$f(2y) = 2f(f(y))$,$y \in \mathbb{R}$.则给定的方程化为

$$f(x + y + f(x)) = 2x + f(y) \qquad (1)$$

对于$x, y \in \mathbb{R}$. 特别地,$f(x + f(x)) = 2x$,且令$y + f(y)$ 替换y 可将(1)式化为

$$f(x + f(x) + y + f(y)) = 2x + 2y.$$

令$y = -x$ 有$f(f(x) + f(-x)) = 0$,即$f(-x) = -f(x)$.由(1)得,$f(f(x)) + f(x) = 2x$. 因此,函数$f(x) + x$ 是满射. 又(1)式可记为

$$f((x + f(x)) + y) = f(x + f(x)) + f(y),$$

所以, f在$\mathbb{Q}$上是可加性函数. 故$f(x) = xf(1)$,代入原方程后可知$f(x) = x$是唯一解.

习题1.6.设$f : \mathbb{R} \to \mathbb{R}$ 是可加性函数,且当$x \neq 0$时,有

$$f(\frac{1}{x}) = \frac{f(x)}{x^2}.$$

证明$f(x) = cx, c \in \mathbb{R}$.

解. 因为f是可加性函数,所以$f(x - y) = f(x) - f(y)$,$x, y \in \mathbb{R}$. 当$x \neq 0, 1$时,由于

$$\frac{1}{x-1} - \frac{1}{x} = \frac{1}{x(x-1)},$$

所以有

$$f\left(\frac{1}{x-1}\right) - f\left(\frac{1}{x}\right) = f\left(\frac{1}{x(x-1)}\right).$$

因此,

$$\frac{f(x-1)}{(x-1)^2} - \frac{f(x)}{x^2} = \frac{f(x(x-1))}{x^2(x-1)^2}$$

等价于

$$x^2 f(x-1) - (x-1)^2 f(x) = f(x^2 - x).$$

于是,

$$x^2(f(x) - f(1)) - (x-1)^2 f(x) = f(x^2) - f(x)$$

所以,

$$f(x^2) = 2xf(x) - x^2 f(1). \tag{1}$$

用$x + x^{-1}$替换x得

$$f(x^2 + x^{-2} + 2) = 2(x + x^{-1})f(x + x^{-1}) - (x^2 + x^{-2} + 2)f(1).$$

所以,

$$f(x^2) + x^{-4}f(x^2) + f(2) = 2xf(x) + 4x^{-1}f(x) + 2x^{-3}f(x).$$

由(1)知,

$$f(x) = \left(\frac{f(2) + 2f(1)}{4}\right)x, x \neq 0, 1.$$

又$f(2) = 2f(1)$,所以当$x = 0, 1$时, $f(x) = f(1)x$也成立.

习题1.7. 设$f: \mathbb{R} \to \mathbb{R}$ 是可加性函数,且$f(1) = 1$,当$x \neq 0$时,有

$$f(x)f(\frac{1}{x}) = 1.$$

证明$f(x) = x$.

解. 首先证明f 在区间$\left(0, \frac{1}{2}\right)$ 上有界. 若$y \geqslant 2$,那么存在$x > 0$使得$y = x + \frac{1}{x}$. 于是

$$(f(y))^2 = \left(f(x) + f\left(\frac{1}{x}\right)\right)^2 \geqslant 4f(x)f\left(\frac{1}{x}\right) = 4.$$

从而$|f(y)| \geqslant 2$. 令$y \in \left(0, \frac{1}{2}\right)$, 则$\frac{1}{y} \geqslant 2$,于是有

$$|f(y)| = \left(\left|f\left(\frac{1}{y}\right)\right|\right)^{-1} \leqslant \frac{1}{2}.$$

由1.1,(ii)得$f(x) = x$.

习题1.8. 求所有连续函数$f: (0, \infty) \to \mathbb{R}$,使得对于任意的$x, y \in (0, \infty)$,有

$$f(xy) = xf(y) + yf(x).$$

解. 设$g(x) = f(x)/x$.则对数柯西方程$g(xy) = g(x) + g(y)$成立. 由推论1.2得$g(x) = a\lg x$. 因此,

$$f(x) = ax\lg x,$$

其中a是常数.

习题1.9. 设$\mathbb{Z}(\sqrt{2}) = \{a + b\sqrt{2}|a,b \in \mathbb{Z}\}$. 找到所有单调递增的可加性函数$f: \mathbb{Z}(\sqrt{2}) \to \mathbb{R}$.

解. 因为$f(0) = f(0) + f(0)$, $f(0) = 0$ 且$f(x) \geqslant 0$,$x \geqslant 0$. 令$f(1) = u$, $f(\sqrt{2}) = v$.由第1章的命题1.1 得$f(a + b\sqrt{2}) = au + bv$, $a,b \in \mathbb{Z}$. 因为f是单调递增的, 且对于每一个正整数n有

$$f(\lfloor n\sqrt{2}\rfloor) \leqslant f(n\sqrt{2}) \leqslant f(\lfloor n\sqrt{2}\rfloor + 1),$$

所以

$$\lfloor n\sqrt{2}\rfloor u \leqslant nv \leqslant (\lfloor n\sqrt{2}\rfloor + 1)u.$$

因此

$$\begin{aligned}
\left(\sqrt{2} - \frac{1}{n}\right)u &\leqslant &\left(\frac{\lfloor n\sqrt{2}\rfloor}{n}\right)u \\
&\leqslant &v \\
&\leqslant &\frac{1}{n}(\lfloor n\sqrt{2}\rfloor + 1)u \\
&\leqslant &\left(\sqrt{2} + \frac{1}{n}\right)u.
\end{aligned}$$

等式两端同时取极限$n \to \infty$ 有$\sqrt{2}u \leqslant v \leqslant \sqrt{2}u$, 即$v = \sqrt{2}u$.因此

$$f(a + b\sqrt{2}) = (a + b\sqrt{2})u,$$

即$f(x) = f(1)x$, $x \in \mathbb{Z}(\sqrt{2})$. 因此,所有满足条件的函数形如$f(x) = cx$,其中$c \geqslant 0$.

习题1.10. 设非空集合$D \subset \mathbb{R}$,且对于任意的$x, y \in D$,有$x + y \in D$. 令$f: D \to \mathbb{R}$ 是一个单调递增的可加性函数. 证明$f(x) = ax$, $x \in D$,其中$a \geqslant 0$ 且其为常数.

解. 若$D = \{0\}$, 由于$f(0) = 0$,所以结论显然成立. 因此,假设存在$x_0 \in D$ 且$x_0 > 0$ (同理可证$x_0 < 0$的情况). 令$a = \dfrac{f(x_0)}{x_0}$, 利用归纳法可得$f(nx_0) = anx_0$, $n \in \mathbb{N}$.又因为对于任意的$x \in D$,都存在$n_0 \in \mathbb{N}$使得$x + n_0x_0 > 0$. 当n充分大时,存在$a_n \in \mathbb{N}$使得

$$a_nx_0 \leqslant n(x + n_0x_0) \leqslant (a_n + 1)x_0. \tag{1}$$

因此, $f(a_n x_0) \leqslant f(n(x + n_0 x_0)) \leqslant f((a_n + 1)x_0)$, 即$n \in \mathbb{N}$充分大时,

$$a \frac{a_n}{n} x_0 \leqslant f(x + n_0 x_0) \leqslant a \frac{a_n + 1}{n} x_0 \tag{2}$$

由(1)得,

$$\lim_{n \to \infty} x_0 a_n / n = x + n_0 x_0.$$

由(2) 得, $f(x + n_0 x_0) = a(x + n_0 x_0)$. 因此,对于任意的$x \in D$,有

$$f(x) = f(x + n_0 x_0) - f(n_0 x_0) = a(x + n_0 x_0) - a n_0 x_0 = ax.$$

习题1.11. 找到所有连续函数$f, g : \mathbb{R} \to \mathbb{R}$,使得对于任意的$x, y \in \mathbb{R}$,有

$$\begin{cases} f(x + y) = f(x)f(y) + g(x)g(y) \\ g(x + y) = f(x)g(y) + g(x)f(y) \end{cases}$$

解. 方程组等价于

$$\begin{cases} f(x + y) + g(x + y) = (f(x) + g(x))(f(y) + g(y)) \\ f(x + y) - g(x + y) = (f(x) - g(x))(f(y) - g(y)) \end{cases}$$

设$h(x) = f(x) + g(x), t(x) = f(x) - g(x)$. 于是$h(x+y) = h(x)h(y)$ 且$t(x+y) = t(x)t(y)$, $x, y \in \mathbb{R}$. 由推论1.2得, $h = 0$ 或$h = a^x$ 及$t(x) = 0$ 或$t(x) = b^x$,其中$a, b > 0$. 因此,满足题意的所有函数解为

$$f = g = 0; \quad f(x) = g(x) = \frac{1}{2}a^x, \quad f(x) = -g(x) = \frac{1}{2}b^x;$$

$$f(x) = \frac{a^x + b^x}{2}, \quad g(x) = \frac{a^x - b^x}{2}.$$

习题1.12.(Romania TST 1996) 设$a \in \mathbb{R}$,函数$f_1, f_2, \ldots, f_n : \mathbb{R} \to \mathbb{R}$ 是可加性函数,且对于任意的$x \in \mathbb{R}$,有

$$f_1(x)f_2(x) \ldots f_n(x) = ax^n.$$

证明:

(a) 如果$a \neq 0$,那么$f_1, f_2, \ldots, f_n$ 是线性函数;

(b) 如果$a = 0$,那么存在i使得$f_i \equiv 0$.

解. 对于任意可加性函数$f : \mathbb{R} \to \mathbb{R}$ 有$f(0) = 0$且$f(m) = mf(1)$, $m \in \mathbb{Z}$. 令$f_i(1) = c_i, 1 \leqslant i \leqslant n$,且$x \in \mathbb{R}$可取任意值. 那么对于任意整数$m$,有

$$\prod_{i=1}^{n} f_i(1 + mx) = \prod_{i=1}^{n} [c_i + mf_i(x)] = a(1 + mx)^n.$$

考虑多项式

$$P_x(t) = \prod_{i=1}^{n} (c_i + f_i(x)t),$$

$$Q_x(t) = a(1 + tx)^n.$$

(a)若$a \neq 0$,则

$$a = \prod_{i=1}^{n} f_i(1) = \prod_{i=1}^{n} c_i \neq 0.$$

因此,$c_i \neq 0, 1 \leqslant i \leqslant n$. 此时,多项式$P_x(t)$和$Q_x(t)$都不为0且$P_x(t) \equiv Q_x(t)$. 因此,多项式的唯一线性因子分解式表明,存在实数$b_i, 1 \leqslant i \leqslant n$, 使得$c_i + f_i(x)t = b_i(1 + xt)$, $t \in \mathbb{R}$.因此, $f_i(x) = b_i x$, $x \in \mathbb{R}$,即f_i是线性函数.

(b) 令$a = 0$,则

$$\prod_{i=1}^{n} f_i = 0.$$

对n使用归纳法可得,存在i使得$f_i(x) = 0, x \in \mathbb{R}$. 当$n = 1$时,结论显然成立. 假设其对于$n$也成立,且$f_1, f_2, \ldots, f_n, f_{n+1}$是可加性函数,则对于任意的$x \in \mathbb{R}$,有

$$\prod_{i=1}^{n} f_i(x) = 0.$$

假设存在$x_0 \in \mathbb{R}$ 使得$f_{n+1}(x_0) \neq 0$. 对于固定的$y \in \mathbb{R}$ 以及每一个m,都有

$$0 = \prod_{i=1}^{n} f_i(x_0 + my) = \prod_{i=1}^{n} [f_i(x_0) + mf_i(y)],$$

因此,多项式

$$\prod_{i=1}^{n} [f_i(x_0) + tf_i(y)]$$

恒为零. 因为 $f_{n+1}(x_0) + t f_{n+1}(y)$ 不恒为零,所以

$$\prod_{i-1}^{n} [f_i(x_0) + t f_i(y)] \equiv 0,$$

这表明

$$\prod_{i=1}^{n} f_i(y) \equiv 0.$$

因此,由归纳假设法,由 $f_i(y) \equiv 0, 1 \leqslant i \leqslant n$.

习题1.13. 设函数 $f : \mathbb{R} \to \mathbb{R}$,且对于任意的 $x, y \in \mathbb{R}$,都有

$$|f(x + y) - f(x) - f(y)| \leqslant 1.$$

证明存在可加性函数 $g : \mathbb{R} \to \mathbb{R}$,使得对于任意的 $x \in \mathbb{R}$, 有

$$|f(x) - g(x)| \leqslant 1.$$

解. 对于确定的 $x \in \mathbb{R}$,考虑数列 $a_n = f(nx), n \geqslant 1$.于是 $|a_{m+n} - a_m - a_n| \leqslant 1$, $m, n \in \mathbb{N}$. 于是,由归纳法易得 $|a_{mn} - m a_n| \leqslant m - 1$, $|a_{mn} - n a_m| \leqslant n - 1$.因此, $|m a_n - n a_m| < m + n$,即 $|\frac{a_m}{m} - \frac{a_n}{n}| \leqslant \frac{1}{m} + \frac{1}{n}$. 这表明 $\left\{ \frac{a_n}{n} \right\}$ 是柯西数列,因此其收敛. 对于任意的 $x \in \mathbb{R}$,令 $g(x)$ 为 $f(nx)/n$ 的极限.因为 $|f(n(x + y))/n - f(nx)/n - f(ny)/n| \leqslant 1/n$, $n \in \mathbb{N}$. 所以,g 是可加性函数. 对 n 进行数学归纳法可知, $|f(nx) - n f(x)| \leqslant n - 1$.于是,$|f(x) - g(x)| \leqslant 1$.

19.2 广义柯西方程

习题2.1. 找到所有函数 $f : (1, 4) \to \mathbb{R}$ 使得

$$f(x + y) = f(x) + f(y)$$

对于所有 $x, y \in (1, 2)$.

解. 如果 $x, y \in (1, 2)$,那么 $\frac{x + y}{2} \in (1, 2)$,则

$$f(x + y) = f\left(2 \frac{x + y}{2} \right) = f\left(\frac{x + y}{2} \right) + f\left(\frac{x + y}{2} \right) = 2 f\left(\frac{x + y}{2} \right).$$

因此f满足詹森方程,由定理2.1可知$f(x) = g(x) + a$, 其中$g : \mathbb{R} \to \mathbb{R}$ 是加性函数并且a 是常数.

令$z \in (2,4)$. 那么$z = x + y$, 其中$x, y \in (1,2)$,得到

$$f(z) = f(x+y) = f(x) + f(y) = g(x) + a + g(y) + a = g(x+y) + 2a = g(z) + 2a.$$

因此,所需要的函数具有这种形式

$$f(x) = \begin{cases} g(x) + a & , \quad x \in (1,2) \\ b & , \quad x = 2 \\ g(x) + 2a & , \quad x \in (2,4) \end{cases}$$

其中$g : \mathbb{R} \to \mathbb{R}$ 是加性函数, a是任意常数,$b = g(2) + a$.

习题2.2. 设函数$f : (1,6) \to \mathbb{R}$ 满足$f(x+y) = f(x) + f(y)$,对于所有1 $x, y \in (1,3)$. 证明存在加性函数$g : \mathbb{R} \to \mathbb{R}$ 使得对于所有$x \in (1,6)$, $f(x) = g(x)$.

解. 在习题2.1的解中得到

$$f(x) = \begin{cases} g(x) + a, & x \in (1,3) \\ g(x) + 2a, & x \in (2,6) \end{cases}$$

其中$g : \mathbb{R} \to \mathbb{R}$ 是加性函数,a是常数. 那么

$$g(5/2) + a = f(5/2) = g(5/2) + 2a,$$

即$a = 0$. 因此$f(x) = g(x)$ 对于$x \in (1,6)$.

习题2.3. 找到所有增函数$f : \mathbb{R} \to \mathbb{R}$ 使得

$$f\left(\frac{x+y}{3}\right) = \frac{f(x) + f(y)}{2}$$

对于所有$x, y \in \mathbb{R}$.

解. 由

$$\frac{f\left(\frac{x+y}{2}\right) + f\left(\frac{x+y}{2}\right)}{2} = f\left(\frac{x+y}{3}\right) = \frac{f(x) + f(y)}{2}$$

推导出f满足詹森方程

$$\frac{f(x) + f(y)}{2} = f\left(\frac{x+y}{2}\right).$$

因为f是递增的,所以$f(x) = ax + b$. 因此

$$a\frac{x+y}{3} + b = a\frac{x+y}{2} + b$$

和$a = 0$. 因此只有常函数满足问题的条件.

习题2.4. 找到所有连续函数对$f, g : \mathbb{R} \to \mathbb{R}$满足

$$f(x) + f(y) = g(x + y)$$

对于所有$x, y \in \mathbb{R}$.

解. 由于$f(x+y)+f(0)=f(x)+f(y)=g(x+y)$. 因此$f(x)-f(0)+f(y)-f(0)=f(x+y)-f(0)$, 所以$f(x)-f(0)$是加性函数, 因此$f(x)=cx+d$对于某些$c$和$g(x)=cx+2d$. 或者可以使用普希德（Pexider）方程(见第1章) 求g, f, f 得到

$$g(x) = ax + b + c, \ f(x) = ax + b, \ f(x) = ax + c$$

因此$b = c$和$f(x) = ax + c, g(x) = ax + 2c$.

习题2.5. 找到所有连续函数$f, g, k : \mathbb{R} \to \mathbb{R}$使得

$$f(x + y) = g(x) \cdot k(y) + x + 2y$$

对于所有$x, y \in \mathbb{R}$.

解. 给出的方程可以写成$F(x+y) = g(x) \cdot k(y) + y$, 其中$F(x) = f(x) - x$. 这是方程(13) $h(y) = y$. 假设$F(x)$不是常数. 由定理2.3得到$y = ay + c$,即$a = 1, c = 0$. 因此$f(x) = F(x) + x = 2x + b$, $g(x) = \dfrac{x+b}{d}$和$k(y) = d$, 其中b和$d \neq 0$是常数.如果$F(x)$是常数, 即$f(x) = x + a$, 那么容易得到$g(x) = b$和$k(y) = \dfrac{a-y}{b}$, 其中a和$b \neq 0$是常数.

习题2.6. 找到所有连续函数$f, g, k :\to \mathbb{R}$使得

$$f(xy) = g(x)k(y) + y^2.$$

解. 这是方程(13)$k(y) = y^2$. 假设f是一个非常数函数. 由定理2.4 得到$y^2 = (c-b)y^t + b$和$c = 1, b = 0, t = 2$. 因此

$$f(x) = ax^2, \ d(x) = \frac{ax^2 - 1}{d}, \ k(y) = dy^2,$$

其中$a \neq 0$, $d \neq 0$ 是常数. 如果$f(x) \equiv a$, 那么容易得到$g(x) \equiv b$ 和$k(y) = \dfrac{a - y^2}{b}$, 其中$a$ 和$b \neq 0$ 常数.

习题2.7. 确定下列函数方程的所有连续解:

(i) $f(\sqrt{xy}) = \dfrac{f(x) + f(y)}{2}$, $x, y \in (0, \infty)$;

(ii) $f(\sqrt{xy}) = \sqrt{\dfrac{f^2(x) + f^2(y)}{2}}$, $x, y \in (0, \infty)$;

(iii) $f(\sqrt{xy}) = \dfrac{2}{\dfrac{1}{f(x)} + \dfrac{1}{f(y)}}$, $x, y \in (0, \infty)$;

(iv) $f\left(\sqrt{\dfrac{x^2 + y^2}{2}}\right) = \dfrac{f(x) + f(y)}{2}$, $x, y \in \mathbb{R}$;

(v) $f\left(\sqrt{\dfrac{x^2 + y^2}{2}}\right) = \sqrt{\dfrac{f^2(x) + f^2(y)}{2}}$, $x, y \in \mathbb{R}$;

(vi) $f\left(\sqrt{\dfrac{x^2 + y^2}{2}}\right) = \dfrac{2}{\dfrac{1}{f(x)} + \dfrac{1}{f(y)}}$, $x, y \in \mathbb{R}$;

(vii) $f\left(\dfrac{2}{\dfrac{1}{x} + \dfrac{1}{y}}\right) = \dfrac{f(x) + f(y)}{2}$, $x, y \in (0, \infty)$;

(viii) $f\left(\dfrac{2}{\dfrac{1}{x} + \dfrac{1}{y}}\right) = \sqrt{f(x)f(y)}$, $x, y \in (0, \infty)$;

(ix) $f\left(\dfrac{2}{\dfrac{1}{x} + \dfrac{1}{y}}\right) = \sqrt{\dfrac{f^2(x) + f^2(y)}{2}}$, $x, y \in (0, \infty)$.

解. (i) 令$g(x) = f(10^x)$, 得到$f(x) = a \log x + b$.

(ii) 令$g(x) = f^2(10^x)$, 那么

$$g\left(\frac{x + y}{2}\right) = f^2\left(\sqrt{10^x \cdot 10^y}\right) = \frac{f^2(10^x) + f^2(10^y)}{2} = \frac{g(x) + g(y)}{2}.$$

由定理2.1 得到$g(x) = ax + b$. 但$g(x) \geqslant 0$ 对于所有$x \in \mathbb{R}$,推出$a = 0$, $b \geqslant 0$. 因此$f(x) = b$, 其中$b \geqslant 0$ 是常数.

(iii) 令$g(x) = \dfrac{1}{f(10^x)}$,那么$g(x) \neq 0$ 对于所有$x \in \mathbb{R}$,容易验证

$$g\left(\frac{x+y}{2}\right) = \frac{g(x) + g(y)}{2}.$$

定理2.1表示$g(x) = ax + b$,由于$g(x) \neq 0$ 得到$a = 0$, $b \neq 0$. 因此$f(x) = b$, 其中b是非零常数.

(iv) 考虑函数$g : [0, \infty) \to \mathbb{R}$, 由$g(x) = f(\sqrt{x})$定义,那么对于所有$x, y \in [0, \infty)$ 有

$$g\left(\frac{x+y}{2}\right) = g\left(\frac{(\sqrt{x})^2 + (\sqrt{y})^2}{2}\right) = f\left(\sqrt{\frac{(\sqrt{x})^2 + (\sqrt{y})^2}{2}}\right)$$
$$= \frac{f(\sqrt{x}) + f(\sqrt{y})}{2} = \frac{g(x) + g(y)}{2}.$$

因此由定理2.1 得到$g(x) = ax + b$ 和

$$f(x) = g(x^2) = ax^2 + b$$

对于$x \in [0, \infty)$. 另一方面,在给定的方程中令$x = y$ 得到$f(x) = f(|x|)$ 对于所有$x \in \mathbb{R}$. 因此$f(x) = ax^2 + b$ 对于所有$x \in \mathbb{R}$.

(v) 设$g(x) = f^2(\sqrt{x})$, $x \in [0, \infty)$, 那么

$$g\left(\frac{x+y}{2}\right) = \frac{g(x) + g(y)}{2}$$

且定理2.1 表示$g(x) = ax + b$, 其中$a, b \geqslant 0$,因为$g(x) \geqslant 0$ 对于$x \in [0, \infty)$.因此$f(x) = \sqrt{ax^2 + b}$ 对于$x \in [0, \infty)$. 对于所有$x \in \mathbb{R}$ 有$f(|x|) = |f(x)|$,因此$f^2(x) = ax^2 + b$ 对于所有$x \in \mathbb{R}$. 假设$b = 0$, 那么f的连续性意味着$f(x) = \sqrt{ax^2}$ 或者$f(x) = -\sqrt{ax^2}$ 对于所有$x > 0$. 因此,这种情况下唯一的解是$f(x) = \sqrt{d}x$ 和$f(x) = \sqrt{d}|x|$, 其中$d \geq 0$ 是一个任意常数.

如果$b > 0$ 考虑集合

$$A = \{x \in \mathbb{R} \mid f(x) = \sqrt{ax^2 + b}\}, \; B = \{x \in \mathbb{R} \mid f(x) = -\sqrt{ax^2 + b}\}.$$

那么A和B是$\mathbb{R}$的闭子集,使得$A \cup B = \mathbb{R}$, $A \cap B = \emptyset$.

由$[0, \infty) \subset A$得到$A = \mathbb{R}$, 因此$f(x) = \sqrt{ax^2 + b}$对于所有$x \in \mathbb{R}$.

因此,给定方程的所有解为函数$f(x) = ax$, $f(x) = a|x|$和$f(x) = \sqrt{ax^2 + b}$, 其中$a \geq 0$和$b > 0$是任意常数.

(vi) 设$g(x) = \dfrac{1}{f(\sqrt{x})}$对于$x \in [0, \infty)$, 那么对于所有$x, y \in [0, \infty)$有

$$g\left(\frac{x+y}{2}\right) = \frac{1}{f\left(\sqrt{\dfrac{x+y}{2}}\right)} = \frac{\dfrac{1}{f(\sqrt{x})} + \dfrac{1}{f(\sqrt{y})}}{2} = \frac{g(x) + g(y)}{2}.$$

由定理2.1 得到$g(x) = ax + b$, 因此$f(x) = ax^2 + b$, $x \in [0, \infty)$. 此外$ab > 0$,因为$g(x) \neq 0$. 另一方面给定方程表明$f(x) = f(|x|) = ax^2 + b$对于所有$x \in \mathbb{R}$.

(vii) 设$g(x) = f\left(\dfrac{1}{x}\right)$,使用定理2.1. 得到

$$f(x) = \frac{a}{x} + b, \; a, b \in \mathbb{R}.$$

(viii) 设$g(x) = f\left(\dfrac{1}{x}\right)$,由例2.7,解是

$$f(x) = A \cdot a^{\frac{1}{x}}, \; A \geq 0, \; a > 0.$$

(ix) 设$g(x) = f^2\left(\dfrac{1}{x}\right)$, 解是$f(x) = \sqrt{\dfrac{a}{x} + b}$, $a, b \geq 0$.

习题2.8. 对于实数r, 定义函数

$$f_r : (0, \infty) \to (0, \infty), \; f_r(x) = \begin{cases} x^r & , r \neq 0 \\ \ln(x) & , r = 0 \end{cases}$$

(在$r = 0$的情况下, 取值范围是$\mathbb{R}$) ,设g_r 为其倒数,即

$$g_r(x) = \begin{cases} x^{\frac{1}{r}} & , r \neq 0 \\ e^x & , r = 0 \end{cases}$$

证明方程

$$f(M_k(x,y)) = M_n(f(x), f(y))$$

的连续解 $f\colon (0,\infty)$ 形式为

$$g_n(af_k(x) + b).$$

解. 观察

$$M_k(x,y) = g_k\left(\frac{f_k(x) + f_k(y)}{2}\right).$$

可以看出如果 $f(M_k(x,y)) = M_n(f(x), f(y))$,那么如果设 $h = f_n \circ f \circ g_k$,即
设 $f(x) = g_n(h(f_k(x)))$ 推出

$$g_n h\left(\frac{f_k(x) + f_k(y)}{2}\right) = g_n\left(\frac{h(f_k(x)) + h(f_k(y))}{2}\right)$$

也就是说

$$h\left(\frac{f_k(x) + f_k(y)}{2}\right) = \frac{h(f_k(x)) + h(f_k(y))}{2}.$$

令 $u = f_k(x), v = f_k(y)$ 得到

$$h\left(\frac{u+v}{2}\right) = \frac{h(u) + h(v)}{2}.$$

这是詹森方程, 所以 $h(t) = at + b$ 是线性的, 因此

$$f(x) = g_n(af_k(x) + b),$$

是所求. (注意不是所有 a, b 都有解:需要对所有 x 验证 $af_k(x) + b \in (0,\infty)$.所有
的解都是这种类型的.)

19.3   可化归为柯西方程的问题

习题3.1. (Bulgaria 1994) 找到所有函数 $f\colon \mathbb{R} \to \mathbb{R}$ 使得

$$xf(x) - yf(y) = (x - y)f(x + y)$$

对于所有 $x, y \in \mathbb{R}$.

解. 由已知方程可得

$$(x + y)f(x + y) - yf(y) = xf(x + 2y).$$

减去这两个恒等式得到

$$f(x) + f(x + 2y) = 2f(x + y)$$

等于

$$f(x) + f(y) = 2f\left(\frac{x + y}{2}\right) \tag{1}$$

对于所有 $x, y \in \mathbb{R}$, 令 $b = f(0)$, 那么

$$f(x) + b = 2f\left(\frac{x}{2}\right)$$

加上(1)得到

$$f(x) + f(y) = f(x + y) + b.$$

用给定的方程得到

$$x(f(y) - b) = y(f(x) - b).$$

因此 $f(x) - b = x(f(1) - b)$, 即 $f(x) = ax + b$, 其中 a 和 b 是常数.

相反,容易检查所有线性函数是否满足给定的方程.

习题3.2. 找到所有函数 $f: \mathbb{R} \setminus \{0\} \to \mathbb{R}$ 使得对于所有非零的 x, y 和 $x \neq y$ 有

$$f(y) - f(x) = f(y)f\left(\frac{x}{x - y}\right).$$

解. 考虑函数 $g(x) = f\left(\frac{1}{x}\right)$. 方程变成

$$g(y) - g(x) = g(y)g\left(1 - \frac{x}{y}\right).$$

取 $y = 1$. 那么对于 x 不等于 0 和 1 有

$$g(1) - g(x) = g(1)g(1 - x).$$

因此如果 $g(1) = 0$,那么得到零函数. 假设 $g(1) \neq 0$. 得到

$$g\left(1 - \frac{x}{y}\right) = 1 - \frac{g\left(\dfrac{x}{y}\right)}{g(1)}$$

加上g的第一个恒等式就得到

$$g(y)g\left(\frac{x}{y}\right) = g(x)g(1)$$

对于所有x, y 非零且不同. 因此

$$g(y)g\left(1 - \frac{x}{y}\right) = g(1)g(y - x),$$

对于不同的非零的x, y 的关系是

$$g(y) - g(x) = g(1)g(y - x)和g(xy)g(1) = g(x)g(y).$$

因此$g(u+v) = g(u) + g(1)g(v)$ 对于u, v 是非零和. 交换它们,会发现如果$g(1) \neq 1$,那么g是零函数,这是一个矛盾. 因此$g(1) = 1$, g 是加法和乘法函数. 因此由推论1.2得到$g(x) = x$ 和$f(x) = \frac{1}{x}$.

习题3.3. (AMM 2001, Bulgaria 2003) 找到所有函数$f: \mathbb{R} \to \mathbb{R}$ 使得

$$f(x^2 + y + f(y)) = 2y + f(x)^2$$

对于所有$x, y \in \mathbb{R}$.

解. 由给定条件可得f是一个满射函数. 此外, $f(x)^2 = f(-x)^2$. 令a使得$f(a) = 0$, 那么$f(-a) = 0$. 在给定的恒等式中,令$x = 0, y = \pm a$ 得到$0 = f(\pm a) = (f(0))^2 \pm 2a$, 即$a = 0$. 代入$y = -\frac{f(x)^2}{2}$ 得到$f(x^2 + y + f(y)) = 0$, 这样$y + f(y) = -x^2$. 这样$y + f(y)$张成所有非正实数. 由于$f(0) = 0$, 在给定条件下,令$y = 0$ 和$x = 0$ 得到$f(x^2) = f(x)^2 \geqslant 0$ 和$f(y + f(y)) = 2y$. 令$z = x^2$, $t = y + f(y)$ 推出$f(z+t) = f(z) + f(t)$ 对于所有$z \geqslant 0 \geqslant t$. 那么对于$z = -t$ 得到$f(-t) = -f(t)$, 容易看到$f(z+t) = f(z) + f(t)$ 对于任意z 和t. 由$f(x) \geqslant 0$ 对于$x \geqslant 0$, 从定理1.1推出$f(x) = x$ 对于所有x ,这个函数显然满足给定的恒等式.

习题3.4. (Vietnam TST 2004) 求出a的所有实值,其中存在且只有一个函数$f: \mathbb{R} \mapsto \mathbb{R}$ 满足方程

$$f(x^2 + y + f(y)) = f(x)^2 + ay$$

对于所有$x, y \in \mathbb{R}$.

提示. 如果 $a = 0$,有两个不同的常数解,假设 $a \neq 0$ 和 f 是解. 那么与问题3.3的解相同的参数表示 $f(x) = x$ 和 $a = 2$.所以对于 $a \neq 0, 2$ 没有这样的函数并且解是 $a = 2$.

习题3.5. 找到所有函数 $f \colon \mathbb{R} \to \mathbb{R}$ 满足

$$f(x + y) + f(xy) = f(x)f(y) + 1$$

对于所有 $x, y \in \mathbb{R}$.

解. 可以把 $f(x) = x + 1$ 作为解.如果 $x = y = 0$ 得到 $2f(0) = f(0)^2 + 1$,所以 $f(0) = 1$. 令 $y = 1$, 得到 $f(x+1) + f(x) = f(x)f(1) + 1$. 令 $f(1) = a$,那么 $f(x+1) = (a-1)f(x)+1$. 如果 $a = 1$ 得到 $f(x+1) = 1$, 即 $f \equiv 1$. 否则得到 $1 = f(-1+1) = (a-1)f(-1)+1$ 和 $f(-1) = 0$. 而且 $f(2) = a(a-1)+1 = a^2 - a + 1$, $f(3) = (a-1)(a^2-a+1)+1 = a^3 - 2a^2 + 2a$, $f(4) = (a-1)(a^3 - 2a^2 + 2a)+1 = a^4 - 3a^3 + 4a^2 - 2a + 1$. 将 $x = y = 2$ 代入条件得到 $2f(4) = f(2)^2 + 1$. 所以 $2(a^4 - 3a^3 + 4a^2 - 2a + 1) = a^4 - 2a^3 + 3a^2 - 2a + 2$, 即 $a^4 - 4a^3 + 5a^2 - 2a = 0$,因此 $a(a - 2)(a - 1)^2 = 0$.

由 $a \neq 1$ 有 $a = 2$ 或者 $a = 0$. 如果 $a = 0$ 得到 $f(x+1) = 1 - f(x)$,因此 $f(x+2) = f(x)$. 那么将 $y = 2$ 代入条件得到 $f(x+2) + f(2x) = f(2)f(x) + 1 = f(x) + 1$. 由 $f(x+2) = f(x)$ 有 $f(2x) = 1$ 和对于 $x = \frac{1}{2}$ 得到 $f(1) = 1$, 是一个矛盾. 所以 $a = 2$ 和 $f(x+1) = f(x) + 1$. 因此 $f(x) = x + 1$ 对于 $x \in \mathbb{Z}$. 由于 $x + 1$ 是一个解, 假设 $f(x) = g(x) + 1$,证明 $g(x) = x$. 条件转化为 $g(x + y) + g(xy) = g(x)g(y) + g(x) + g(y)$. 那么 $g(x) = x$ 对于 $x \in \mathbb{N}$ 和 $g(x + 1) = g(x) + 1$. 设 $y = k \in \mathbb{N}$, 那么 $g(x+k)+g(kx) = kg(x)+g(x)+k$, 所以 $g(kx) = kg(x), y = x$,得到 $g(x^2) + g(2x) = g(x)^2 + 2g(x)$ 和当 $g(2x) = 2g(x)$ 得到 $g(x^2) = g(x)^2$. 所以在 $(0, \infty)$ 上 $g \geqslant 0$.

用 $y+1$ 替换 y 得到 $g(x+y+1)+g(xy+x) = g(x)g(y+1) + g(x) + g(y+1)$. 当 $g(x + y + 1) = g(x + y) + 1, g(y + 1) = g(y) + 1$ 和 $g(x + y) + g(xy) = g(x)g(y)+g(y)$, 减去这两个关系式,得到 $g(xy+x) = g(xy) + g(x)$. 如果 $u, v \neq 0$, 令 $y = \frac{v}{u}, x = u$ 得到 $g(u+v) = g(u) + g(v)$, 对于 $u, v \neq 0$.当 $g(0) = 0$ 得出结论 g 是加性的. 由于 $g \geqslant 0$, 那么 $g(x) = cx$. 但是 $g(x) = x$ 对于 $x \in \mathbb{N}$,因此 $c = 1$. 得到两个解 $f(x) = x + 1$ 和 $f(x) = 1$.

习题3.6. 找到所有函数 $f : \mathbb{R} \to \mathbb{R}$ 使得

$$f(x+y) + f(x)f(y) = f(xy) + f(x) + f(y)$$

对于所有 $x, y \in \mathbb{R}$.

解. 令 $f(1) = a$. 那么 $f(2) = 3a - a^2$ 和 $f^2(2) = 2f(2)$ 表示 $(3a - a^2)^2 = 2(3a - a^2)$, 即 $a(a-1)(a-2)(a-3) = 0$.

情况1. $a = 0$. 令 $y = 1$ 得到 $f(x+1) = 2f(x)$, 所以 $f(x+y+1) + f(x)f(y+1) = f(xy+x) + f(x) + f(y+1)$, 因此 $2f(x+y) + 2f(x)f(y) = f(xy+x) + f(x) + 2f(y)$. 加上给定的恒等式, 得到 $2f(xy) + f(x) = f(xy + x)$. 在等式中令 $x \neq 0$ 和 $y = \frac{1}{x}$, 得到 $f(x+1) = f(x)$, 由于 $f(x+1) = 2f(x)$ 得到 $f(x) = 0$ 对于所有 $x \neq 0$. 将 $x = 1, y = -1$ 代入给定条件, 得到 $f(0) = 0$, 所以 $f(x) = 0$ 是方程的一个解, 对于所有 x.

情况2. $a = 1$. 令 $y = 1$ 得到 $f(x+1) = f(x) + 1$, 所以 $f(n) = n$ 对于所有 $n \in \mathbb{Z}$. 那么 $f(x+y+1) + f(x)f(y+1) = f(xy+x) + f(x) + f(y+1)$, 所以 $f(x+y) + f(x)f(y) = f(xy+x) + f(y)$. 从等式中减去初始恒等式, 得到 $f(xy+x) = f(xy) + f(x)$. 令 $x = u \neq 0$ 和 $y = \frac{v}{u}$, 得到 $f(u+v) = f(u) + f(v)$ 对于所有 $u \neq 0, v$ 因为 $f(0) = 0$, 可以看到 $f(x+y) = f(x) + f(y)$ 对于所有 x, y. 给定恒等式的形式是 $f(xy) = f(x)f(y)$, 根据定理1.1得到 $f(x) = x$ 是方程的一个解.

情况3. $a = 2$. 令 $y = 1$ 得到 $f(x+1) = 2$. 所以方程的一个解是 $f(x) = 2$ 对于所有 x.

情况4. $a = 3$. 令 $x = y = 1$ 得到 $f(2) = 0$. 对于 $y = 1$ 给定恒等式的形式是 $f(x+1) = 3 - f(x)$, 所以 $f(x+2) = 3 - f(x+1) = f(x)$. 但是令 $y = 2$ 得到 $f(x+2) = f(2x) + f(x)$. 所以 $f(2x) = 0$ 不可能, 例, $f(2 \cdot \frac{1}{2}) = 3$.

因此给定方程有三个解: $f(x) = 0$, $f(x) = 2$ 和 $f(x) = x$.

习题3.7. (IMO 2007 预选题) 找到所有函数 $f : (0, \infty) \to (0, \infty)$ 使得

$$f(x + f(y)) = f(x+y) + f(y)$$

对于所有 $x, y \in (0, \infty)$.

解. 首先, 对于所有 $y \in (0, \infty)$, 证明 $f(y) > y$. 很明显 $f(y) \neq y$, 否则, 从条件 $f(y) = 0$ 推出矛盾. 如果 $f(y) < y$ 对于某些 y, 设 $x = y - f(y)$ 得到矛盾. $f(2y - f(y)) = 0$.

设$g(x) = f(x) - x$, 那么$g > 0$,令$t = x + y$,得到$g(t + g(y)) = g(t) + y$ 对于任意$t > y > 0$. 这个等式表明g是一个内射函数.

另一方面,如果$t > x + y$, 那么

$$g(t + g(x) + g(y)) = g(t + g(x)) + y = g(t) + x + y = g(t + g(x + y)).$$

由于g是单射的,因此$g(x + y) = g(x) + g(y)$, 即g 是加性函数. 正如已知(定理1.1)和$g > 0$ 表明$g(x) = cx$,那么$f(x) = (c + 1)x$,直接验证得到问题唯一解$f(x) = 2x$.

习题3.8. (Romania 2009)找到所有函数$f : \mathbb{R} \to \mathbb{R}$ 使得

$$f(x^3 + y^3) = xf(x^2) + yf(y^2)$$

对于所有$x, y \in \mathbb{R}$.

解. 令$y = 0$ 得到$f(x^3) = xf(x^2)$,然后是

$$f(x^3 + y^3) = f(x^3) + f(y^3).$$

因此f 在$\mathbb{R}$上是加性函数和$f(nx) = nf(x)$ 对于每个正整数n 和实数x. 对于给定方程的每个解f并且对于每个实数c,函数cf也是解,假设$f(1) = 1$,或者$f(1) = 0$. 设$f(1) = 1$. 由f是加性的,从$f((x + 1)^3) = (x + 1)f((x + 1)^2)$ 得到$2f(x^2) + f(x) = 2xf(x) + x$. 用$x + 1$替换$x$得到

$$2f((x + 1)^2) + f(x + 1) = (2x + 2)f(x + 1) + x + 1$$

再次使用f是加性的得到恒等式

$$2f(x^2) + 3f(x) = 2xf(x) + 3x.$$

再加上等式$2f(x^2) + f(x) = 2xf(x) + x$,得到$f(x) = x$.考虑$f(1) = 0$的情况.使用与上面相同的参数,得到$2f(x^2) + f(x) = 2xf(x)$, 用$x + 1$ 替换x 得到$f = 0$. 因此,给定方程的所有解是$f(x) = cx$, 其中c 是实数.

习题3.9. 设n 为正整数. 找到所有单调函数$f : \mathbb{R} \to \mathbb{R}$ 使得

$$f(x + f(y)) = f(x) + y^n$$

对于所有$x, y \in \mathbb{R}$,

解. 令$y = 0$, 得到$f(x + f(0)) = f(x)$.如果$f(0) \neq 0$, 那么$f(x)$ 是周期单调函数,所以是常数,这是不可能的.因此$f(0) = 0$,将$x = 0$代入给定方程得到$f(f(y)) = y^n$. $f(x)$ 单调表示$f(f(x))$递增,所以n 一定是偶数.

在给定方程中令$x = 0, y = f(x)$,得到$f(x^n) = f(x)^n$. 因此,用$f(y)$ 替换y得到$f(x+y^n) = f(x)+f(y)^n = f(x)+f(y^n)$.因为n 是奇数,得到$f(x+y) = f(x) + f(y)$. 但f是单调的,由定理1.1 得出结论$f(x) = ax$. 回到给定的方程,得到$n = 1$ 和$a = \pm 1$.

因此,方程只有$n = 1$ 的解,在这种情况下$f(x) = x$ 和$f(x) = -x$.

习题3.10. 用T 表示大于1的实数集.给定一个正整数n 找到所有函数$f: T \to \mathbb{R}$使得

$$f(x^{n+1} + y^{n+1}) = x^n f(x) + y^n f(y)$$

对于所有$x, y \in T$.

解. 设$x = y$, 得到$f(2x^{n+1}) = 2x^n f(x)$. 因此

$$2f(x^{n+1} + y^{n+1}) = f(2x^{n+1}) + f(2y^{n+1}),$$

即

$$2f(x + y) = f(2x) + f(2y)$$

对于所有$x, y > 1$, 那么

$$f(x+y) + f(z) = f\left(2\frac{x+y}{2}\right) + f\left(2\frac{z}{2}\right) = 2f\left(\frac{x+y+z}{2}\right) = f(x) + f(z+y)$$

对于所有$x, z > 2$ 和$y > 0$. 这表明函数$f(x + y) - f(x)$, 其中$x > 2, y > 0$, 只依赖于y. 设$g(y) = f(x + y) - f(x)$, 那么

$$\frac{f(2x)}{2} + \frac{f(2y)}{2} = f(x + y) = f(x) + g(y),$$

对于$x > 2, y > 1$, 因此$f(2x) = 2f(x) + a$,其中a 是常数.通过对k的归纳得到

$$f(2^k) = 2^{k-2}f(4) + a(2^{k-2} - 1)$$

对于所有$k \geqslant 2$. 因此

$$f(2 \cdot 4^{n+1}) = f(2^{2n+3}) = 2^{2n+1}f(4) + a(2^{2n+1} - 1) = 2 \cdot 4^n f(4) + a(2^{2n+1} - 1).$$

另一方面,有

$$f(2 \cdot 4^{n+1}) = 2 \cdot 4^n f(4),$$

因此$a = 0$, 那么

$$f(x + y) = f(x) + f(y), f(x^{n+1}) = x^n f(x),$$

对于所有$x, y > 2$.由对k的归纳可知$f(kx) = kf(x)$对于所有$k \in \mathbb{N}$.特别地,对于所有$s \in \mathbb{N}$, 有$f(3^s) = 3^{s-1}f(3) = 3^s \cdot 2qc$, 其中$c = \dfrac{f(3)}{3}$.因此对于所有$x > 2$得到

$$f(x + 3^s) = f(x) + f(3^s) = f(x) + 3^s \cdot c. \tag{1}$$

令$k = 3^s$, 其中$s \in \mathbb{N}$. 那么

$$\sum_{j=0}^{n+1} \binom{n+1}{j} f(x^j) k^{n+1-j} = f((x+k)^{n+1})$$

$$= (x+k)^n f(x+k) = \sum_{j=0}^{n} \binom{n}{j} x^j k^{n-j} (f(x) + kc),$$

在上一个恒等式中使用(1). 比较两边k^n 的系数,得到$(n+1)f(x) = f(x) + nxc$,即$f(x) = xc$ 对于所有$x > 2$. 设$x > 1$,取$y > 2$, 那么

$$c(x^{n+1} + y^{n+1}) = x^n f(x) + y^n f(y) = x^n f(x) + cy^{n+1}$$

表明$f(x) = cx$. 因此,问题的解是函数$f(x) = cx$, 其中$c \in \mathbb{R}$.

习题3.11. (Russia 1993)找到所有函数$f : (0, \infty) \to (0, \infty)$ 使得

$$f(x^y) = f(x)^{f(y)}$$

对于所有$x, y \in (0, \infty)$.

解. 显然函数$f \equiv 1$满足条件. 证明函数$f(x) = x$ 是这个问题唯一的非常数解.设$f(a) \neq 1$ 对于某些$a > 0$, 那么

$$f(a)^{f(xy)} = f(a^{xy}) = f(a^x)^{f(y)} = f(a)^{f(x)f(y)},$$

即$f(xy) = f(x)f(y)$,因此

$$f(a)^{f(x+y)} = f(a^{x+y}) = f(a^x)f(a^y) = f(a)^{f(x)+f(y)},$$

即 $f(x+y) = f(x) + f(y)$. 推论1.1 表示 $f(x) = cx$, 其中 $c > 0$. 因此 $cx^y = (cx)^{cy}$. 特别地, $c = c^{cy}$ 对于所有 $y > 0$ 表明 $c = 1$.

习题3.12. (Generalization of Example 15.3) 找到所有函数 $f: (0, \infty) \to (0, \infty)$ 它们在一个区间上有界,使得

$$f(xf(y)) = yf(x)$$

对于所有 $x, y \in (0, \infty)$.

解. 对于任意 $z > 0$,设 $x = \dfrac{z}{f(1)}$ 和 $y = 1$, 那么

$$f(f(z)) = f(f(xf(1))) = f(1 \cdot f(x)) = xf(1) = z,$$

即 $f(f(z)) = z$. 因此 $f(xy) = f(xf(f(y))) = f(y)f(x)$. 设

$$g(x) = \lg f(10^x), \ x \in \mathbb{R}.$$

那么

$$g(x) + g(y) = \lg f(10^x) + \lg f(10^y) = \lg f(10^x)f(10^y)$$
$$= \lg f(10^x \cdot 10^y) = \lg f(10^{x+y}) = g(x+y),$$

即 $g(x+y) = g(x) + g(y)$ 对于所有 $x, y \in \mathbb{R}$. 函数 $g(x)$ 在一个区间上有界,因为 $f(x)$ 是这样.那么定理1.1表示 $g(x) = cx$ 对于所有 $x \in \mathbb{R}$, 其中 $c \in \mathbb{R}$. 因此 $\lg f(10^x) = cx$,即 $f(10^x) = (10^x)^c$ 表示 $f(x) = x^c$ 对 $x \in (0, \infty)$. 现在给出的方程是 $(xf(y))^c = yx^c$,即 $x^c \cdot y^{c^2} = yx^c$. 因此 $c^2 = 1$, 即 $c = \pm 1$.因此 $f(x) = x$ 对于所有 $x \in (0, \infty)$ 或者 $f(x) = \dfrac{1}{x}$ 对于所有 $x \in (0, \infty)$.

习题3.13. (Generalization of Example 15.4) 设 S 为所有大于 -1 的实数集.找到所有在区间上有界的函数 $f: S \to S$,使得

$$f(x + f(y) + xf(y)) = y + f(x) + yf(x)$$

对于所有 $x, y \in S$.

解. 用 $x - 1$ 和 $y - 1$ 分别替换 x 和 y ,得到

$$f(x(f(y-1)+1) - 1) = y(f(x-1)+1) - 1$$

对于所有$x,y>0$. 因此函数$g(x)=f(x-1)+1$满足函数方程$g(xg(y))=yg(x)$对于$x,y\in(0,\infty)$. 从题3.12推出$g(x)=x$或者$g(x)=\dfrac{1}{x},x\in(0,\infty)$. 因此问题的解是$f(x)=x$和$f(x)=-\dfrac{x}{1+x}$.

习题3.14. (IMO 2002) 找到所有函数$f\colon\mathbb{R}\to\mathbb{R}$使得

$$(f(x)+f(z))(f(y)+f(t))=f(xy-zt)+f(xt+yz)$$

对于所有$x,y,z,t\in\mathbb{R}$.

解. 令$y=z=t=0$得到$2(f(x)+f(0))f(0)=2f(0)$. 因此$2(f(0))^2=f(0)$, 得到$f(0)=\dfrac{1}{2}$或者$f(0)=0$. 如果$f(0)=\dfrac{1}{2}$, 那么$f(x)=\dfrac{1}{2}$对于所有$x\in\mathbb{R}$并且这个函数是问题的解.

假设$f(0)=0$. 令$z=t=0$, 得到$f(x)f(y)=f(xy)$. 特别地, $f^2(1)=f(1)$, 即$f(1)=0$或者$f(1)=1$. 如果$f(1)=0$, 那么$f(x)=f(x)f(1)=0$对于所有$x\in\mathbb{R}$并且这个函数是问题的解.

假设$f(1)=1$. 令$x=0,y=t=1$, 得到$f(z)=f(-z)$, 即f是偶函数. 那么等式$f(x^2)=f^2(x)$表明$f(x)\geqslant0$对于所有x. 令$x=t,y=z$, 得到

$$(f(x)+f(y))^2=f(x^2+y^2).$$

考虑函数$g(x)=\sqrt{f(x)}$, 那么$g(x^2)=\sqrt{f(x^2)}=f(x)=g^2(x)$, 上面的恒等式表示

$$g(x^2)+g(y^2)=g(x^2+y^2).$$

因此g是一个非负偶函数, 它在$(0,\infty)$上是加性的, $g(1)=1$(函数在$(0,\infty)$是乘法的). 由定理1.5得到$g(x)=x$对于$x\in(0,\infty)$. 事实上, g甚至表明$g(x)=|x|$对于所有$x\in\mathbb{R}$. 因此$f(x)=x^2$, 容易检查这个函数是否满足给定的条件(事实上, 必须检查拉格朗日恒等式).

习题3.15. (Romania TST 2007)找到所有函数$f\colon\mathbb{R}\to[0,\infty)$满足

$$f(x^2+y^2)=f(x^2-y^2)+f(2xy)$$

对于所有$x,y\in\mathbb{R}$.

解. 对于$x=y=0$得到$f(0)=0$. 对于$x=0$得到

$$f(y^2)=f(-y^2);$$

因此, f 是偶函数, 对于正数是满足的. 设 a, b 为正实数. 那么代数系统

$$x^2 - y^2 = a, \quad 2xy = b$$

总有实解. 为了证明这一点, 可以观察到解可以作为两个双曲线的交点.

取上述方程组的解 (x, y), 得到

$$x^2 + y^2 = \sqrt{a^2 + b^2}.$$

对于所有的正数 a 和 b, 函数 f 满足

$$f(a) + f(b) = f(\sqrt{a^2 + b^2}).$$

设 $g : [0, \infty) \to [0, \infty)$ 由 $g(a) = f(\sqrt{a})$ 定义, 那么

$$g(a^2) + g(b^2) = g(a^2 + b^2),$$

对于所有 $a, b \in \mathbb{R}$. 对于 $x \geqslant 0, y \geqslant 0$, 在上面的等式中, 令 $a = \sqrt{x}, b = \sqrt{y}$, 得到 $g(x + y) = g(x) + g(y)$. 因此, 由定理1.5, 得到 $g(x) = kx$ 和 $f(x) = kx^2$, 对于所有 $x \geqslant 0$.

习题3.16. 找到所有函数 $f : \mathbb{R} \to \mathbb{R}$ 满足

$$f(y + zf(x)) = f(y) + xf(z)$$

对于所有 $x, y, z \in \mathbb{R}$.

解. 如果 $f \not\equiv 0$, 那么 $f(x_1) = f(x_2)$ 表明 $x_1 = x_2$. 所以 f 是单射的. f 也是满射的. 如果用 $f(z) \neq 0$ 固定 y, z, 那么给定的条件RHS是一个线性函数, 因此 f 是双射. 如果 $x = 0$, 那么 $f(y + zf(0)) = f(y)$, f 的单射意味着 $y + zf(0) = y$ 对于所有 z, 只有 $f(0) = 0$ 是可能的. 如果令 $y = 0, x = 1$, 得到 $f(zf(1)) = f(z)$, 因此 $zf(1) = z$ 对于所有 z, 所以 $f(1) = 1$. 令 $y = 0, z = x$, 得到 $f(f(x)) = x$. 因此如果令 $y = 0$, 用 $f(x)$ 代替 x 得到 $f(zx) = f(z)f(x)$, 所以 f 是乘法的. 如果令 $z = 1, x \to f(x)$, 得到 $f(y + x) = f(y) + f(x)$, f 是加法的. 从定理1.1 知道唯一的加法和乘法函数是 $f(x) = 0$ 和 $f(x) = x$, 它们是给定方程的唯一解.

习题3.17. (IMO 2012 预选题) 找到所有函数 $f : \mathbb{R} \to \mathbb{R}$ 满足条件 $f(-1) \neq 0$ 和

$$f(xy + 1) = f(x)f(y) + f(x + y)$$

对于所有 $x, y \in \mathbb{R}$.

解. 唯一的解是函数 $f(x) = x - 1, x \in \mathbb{R}$.

设 $g(x) = f(x) + 1$,证明 $g(x) = x$ 对于所有 $x \in \mathbb{R}$. 条件形式为 $g(-1) \neq 1$ 和

$$g(1 + xy) = (g(x) - 1)(g(y) - 1) + g(x + y) \tag{1}$$

对于所有 $x, y \in \mathbb{R}$, 表示 $c = g(-1) - 1 \neq 1$. 在(1)中,令 $y = -1$ 得到

$$g(1 - x) = c(g(x) - 1) + g(x - 1). \tag{2}$$

在(2)中令 $x = 1$,得到 $c(g(1) - 1) = 0$. $c \neq 0$,因此 $g(1) = 1$. 分别代入 $x = 0$ 和 $x = 2$,得到 $g(0) = 0$ 和 $g(2) = 2$. 继续讨论

$$g(x) + g(2 - x) = 2 \tag{3}$$

$$g(x + 2) - g(x) = 2 \tag{4}$$

对于所有 $x \in \mathbb{R}$.

在(2)中用 $1 - x$ 替换 x , 在所得方程中的 x 变为 $-x$, 得到关系式

$$g(x) - g(-x) = c(g(1 - x) - 1), g(-x) - g(x) = c(g(1 + x) - 1).$$

把它们加起来得到 $c(g(1 - x) + g(1 + x) - 2) = 0$. 因此 $c \neq 0$ 表明(3).

令 u, v 使得 $u + v = 1$. 将(1) 应用于 (u, v) 和 $(2 - u, 2 - v)$:

$$g(1 + uv) = g(1) + (g(u) - 1)(g(v) - 1),$$

$$g(3 + uv) = g(3) + (g(2 - u) - 1)(g(2 - v) - 1).$$

注意后两个方程由(3)等于RHS. 因此 $u + v = 1$ 表明

$$g(uv + 3) - g(uv + 1) = g(3) - g(1).$$

每个 $x \leqslant \dfrac{5}{4}$ 可以表示为 $x = uv + 1$ 和 $u + v = 1$. 因此 $g(x + 2) - g(x) = g(3) - g(1)$ 当 $x \leqslant \dfrac{5}{4}$. 因为 $g(x) = x$ 对于 $x = 0, 1, 2$ 成立, 令 $x = 0$,得到 $g(3) = 3$. 证明(4) 对于 $x \leqslant \dfrac{5}{4}$. 如果 $x \geqslant \dfrac{5}{4}$,那么由上述得 $-x \leqslant \dfrac{5}{4}$ 和 $g(2 - x) - g(-x) = 2$. 另一

方面, (3) 给出 $g(x+2) - g(x) = g(2-x) - g(-x) = 2$. 因此(4) 对于所有$x$是正确的.

在(3)中用$-x$替换x, 得到$g(-x) + g(2+x) = 2$. 考虑方程(4) 得到$g(-x) = -g(x)$ 对于所有x. 将(1) 应用于$(-x, y)$ 和$(x, -y)$:

$$g(1-xy) = (g(x)+1)(1-g(y)+g(-x+y),$$

$$g(1-xy) = (1-g(x))(g(y)+1) + g(x-y).$$

相加得到$g(1-xy) = 1 - g(x)g(y)$, 因此, 由(3)得到$g(1+xy) = 1 + g(x)g(y)$. 原来方程(1)的形式是$g(x+y) = g(x) + g(y)$, 即g 是加法的. 因此$g(1+xy) = g(1) + g(xy)$, 上面的等式表明$g(xy) = g(x)g(y)$. 我们知道(见推论1.1)这些恒等式意味着$g(x) = g(1)x = x$ 对于所有$x \in \mathbb{R}$.

总之$f(x) = x - 1$, 检查这个函数是否满足要求是很简单的.

注. 有些函数满足给定条件, 但在-1处不满足, 例如常函数0 和$f(x) = x^2 - 1$.

习题3.18. 找到所有函数$f: \mathbb{R} \to \mathbb{R}$ 使得

$$f(x)f(yf(x) - 1) = x^2 f(y) - f(x)$$

对于所有实数x 和y.

解. 令$y = 0$, 得到$f(x)(1 + f(-1)) = x^2 f(0)$. 如果$f(-1) \neq -1$, 表明$f(x) = ax^2$, 在原方程中得到$a = 0$, 即$f(x) = 0$ 对于所有$x \in \mathbb{R}$.

假设$f(x)$ 不等于零, 那么$f(-1) = -1$ 和$f(0) = 0$.

证明f 是满射. 如果$f(x) = 0$, 那么$x^2 f(y) = 0$, 所以$x = 0$. 在给定方程中令$y = x$ 和$x = -1, y = -xf(x)$, 分别得到

$$f(x)f(xf(x) - 1) = x^2 f(x) - f(x) , f(xf(x) - 1) = -f(-xf(x)) - 1.$$

因此

$$f(x)f(xf(x) - 1) = -f(x)f(-xf(x)) - f(x) , f(x)f(-xf(x)) = -x^2 f(x).$$

所以$f(-xf(x)) = -x^2$ 对于所有$x \in \mathbb{R}$. 得到每个非正实数都属于$f(\mathbb{R})$. 设$x > 0$ 和u 使得$f(u) = -(x+1)$. 那么在给定方程中$x = -1, y = -u - 1$, 得到

$$-f(u) - 1 = f(-u-1), x = f(u+1),$$

正实数也属于 $f(\mathbb{R})$,因此 $f(x)$ 是满射.

下一步是证明 f 是一个加法函数. 为此,我们在给定的方程中设 $x = -1, y = -yf(x)$,得到

$$f(yf(x) - 1) = -f(-yf(x)) - 1$$

和

$$f(x)f(yf(x) - 1) = -f(x)f(-yf(x)) - f(x).$$

与初始恒等式相比,得到 $x^2 f(y) = -f(x)f(-yf(x))$. 在给定方程中令 $y = \dfrac{1}{f(x)} - y$,得到

$$f(x)f(-yf(x)) = x^2 f\left(\frac{1}{f(x)} - y\right) - f(x).$$

因此

$$-x^2 f(y) = x^2 f\left(\frac{1}{f(x)} - y\right) - f(x),$$

令 $y = 0$ 得到 $0 = x^2 f\left(\dfrac{1}{f(x)}\right) - f(x)$, 因此

$$-x^2 f(y) = x^2 f\left(\frac{1}{f(x)} - y\right) - x^2 f\left(\frac{1}{f(x)}\right)$$

和

$$-f(y) = f\left(\frac{1}{f(x)} - y\right) - f\left(\frac{1}{f(x)}\right)$$

对于所有 $x \neq 0$. 因为 $f(x)$ 是满射, $\dfrac{1}{f(x)}$ 可以取任何非零的值,得到 $f(z - y) = f(z) - f(y)$ 对于所有 $y, z \neq 0$. 交换 y 和 z, 得到 $f(-x) = -f(x)$ 和 $f(z - y) = f(z) - f(y)$ 对于所有 z, y.

现在证明 $f(x)f(\dfrac{1}{x}) = 1$ 对于所有 $x \neq 0$. 设 $x \neq 0$, 然后在初始恒等式中令 $x = -1, y = f(x)$,得到 $f(-f(x) - 1) = -f(f(x)) - 1$ 和 $f(x)f(-f(x) - 1) = -f(x)f(f(x)) - f(x)$. 与给定条件下设 $y = -1$ 得到的恒等式相比, 得到 $f(f(x)) = \dfrac{x^2}{f(x)}$. 令 $x \neq 0$ 使得 $f(x) \neq 0$. 在给定方程中设 $y = \dfrac{1}{f(x)}$,得到 $x^2 f\left(\dfrac{1}{f(x)}\right) = f(x)$. 因此 $f\left(\dfrac{1}{f(x)}\right) = \dfrac{f(x)}{x^2}$ 和 $f(f(x))f\left(\dfrac{1}{f(x)}\right) = 1$, $\forall x \neq 0$. 现在利用函数 $f(x)$ 是满射的事实,得到 $f(x)f\left(\dfrac{1}{x}\right) = 1$, 对于所有 $x \neq 0$.因此, 由问题 1.7 推出 $f(x) = x$.

因此有两个解: $f(x) = 0$ 和 $f(x) = x$.

习题3.19. (IMO 2003 预选题) 找出所有非递减函数 $f: \mathbb{R} \to \mathbb{R}$ 使得 $f(0) = 0$, $f(1) = 1$ 和

$$f(x) + f(y) = f(x)f(y) + f(x + y - xy)$$

对于所有 $x < 1$ 和 $y > 1$.

解. 设 $g(x) = f(x+1) - 1$. 函数 g 是非递减的和 $g(0) = 0$, $g(-1) = -1$. 令 $r < 0$ 和 $s > 0$, 那么 $r = x - 1$ 和 $s = y - 1$ 对于 $x < 1$ 和 $y > 1$. 因此

$$g(-rs) = g(-(x-1)(y-1)) = f(x+y-xy) - 1 = f(x) + f(y) - f(x)f(y) - 1$$

$$= -(f(x) - 1)(f(y) - 1) = -g(r)g(s)$$

表示 $g(rs) = -g(-r)g(s)$ 对于所有 $r, s > 0$.

首先考虑 $g(1) = 0$ 的情况. 那么对于所有 $s > 0$, 有 $g(s) = -g(-s)g(1) = 0$. 所以每个非递减函数 g 使得 $g(-1) = -1$ 和 $g(s) = 0$ 对于 $s \geqslant 0$ 满足函数方程 g. 接下来考虑 $g(1) \neq 0$ 的情况. 注意对于所有 $x > 0$, $g(x) = -g(-x)g(1)$. 设 $h(x) = g(x)/g(1)$, 那么

$$h(xy) = g(xy)/g(1) = -g(-x)g(y)/g(1) = h(x)h(y).$$

此外, $h(0) = 0$ 和 $h(1) = 1$. 因为 h 是单调的, 从定理1.11 得出存在某个 $k > 0$ 使得 $h(x) = x^k$ 对于所有 $x > 0$. 因此 $g(x) = cx^k$, 其中 $c = g(1)$. 对于 $x > 0$, 有 $g(-x) = -g(x)/g(1) = -x^k$. 因此在第一种情况下 f 的解被给出

$$f(x) = \begin{cases} 1, & x \geqslant 1, \\ 0, & x = 0, \\ \text{任意值}, & x < 0. \end{cases}$$

在第二种情况下, 完整的解是

$$f(x) = \begin{cases} 1 + c(x-1)^k, & x > 1, \\ 1, & x = 1, \\ 1 - c(1-x)^k, & x < 1. \end{cases}$$

习题3.20. (China TST 2009) 设函数 $f : \mathbb{R} \to \mathbb{R}$ 满足恒等式

$$\frac{a-b}{b-c} + \frac{a-d}{d-c} = 0,$$

对于任意两两不同的实数 a, b, c, d 的取值 $f(a), f(b), f(c), f(d)$ 是两两不同的和

$$\frac{f(a)-f(b)}{f(b)-f(c)} + \frac{f(a)-f(d)}{f(d)-f(c)} = 0.$$

证明 f 是线性函数.

解. 假设 $f(0) = 0$ 和 $f(1) = 1$ (考虑函数 $f(x) - f(0)$ 的常数倍). 很容易地证明如果 $f(a) = 0$, 那么 $a = 0$. 在条件中设 $a = 0$, 得到如果不同的非零实数 b, c, d 满足 $\frac{1}{b} + \frac{1}{d} = \frac{2}{c}$, 那么

$$\frac{1}{f(b)} + \frac{1}{f(d)} = \frac{2}{f(c)}.$$

建议考虑一个新函数 $g : \mathbb{R} \setminus \{0\} \to \mathbb{R} \setminus \{0\}$ 定义为

$$g(x) = \frac{1}{f\left(\frac{1}{x}\right)}.$$

很容易检查对于 $x + y \neq 0$ 的不同非零实数 x 和 y, 有 $g(x) + g(y) = 2g\left(\dfrac{x+y}{2}\right)$ 和 $g(1)=1$. 现在证明 g 是单调函数. 由下式得出

引理. 如果 $\frac{1}{x} + \frac{1}{y} \neq \frac{1}{z}$ 对于非零实数 $x > y > z$, 那么 $g(x) - g(z)$ 和 $g(y) - g(z)$ 都是正数或负数.

引理的证明. 设

$$a = x, \ c = y, \ b = z + \sqrt{(x-z)(y-z)}, \ d = z - \sqrt{(x-z)(y-z)}.$$

根据 $x > y > z$, 有 $a > b > c > d$. 如果 b 或者 d 为0, 那么 $z^2 = (x-z)(y-z)$, 得到 $\frac{1}{x} + \frac{1}{y} = \frac{1}{z}$, 这是矛盾的. 因此, a, b, c, d 是非零实数满足原问题的条件. 因此, 得到

$$\frac{f(a)-f(b)}{f(b)-f(c)} + \frac{f(a)-f(d)}{f(d)-f(c)} = 0,$$

可以写成

$$(2g(a) - g(b) - g(d))(2g(c) - g(b) - g(d)) = (g(b) - g(d))^2.$$

因为 $g(b) + g(d) = 2g\left(\dfrac{b+d}{2}\right)$，得到

$$\left(g(a) - g\left(\frac{b+d}{2}\right)\right)\left(g(c) - g\left(\frac{b+d}{2}\right)\right) = \frac{(g(b) - g(d))^2}{4}.$$

所以

$$(g(x) - g(z))(g(y) - g(z)) = \frac{(g(b) - g(d))^2}{4} \geqslant 0,$$

引理得到证明.

现在用两种方法来解决这个问题.由于 g 是单调的,在 $(0, \infty)$ 和 $(-\infty, 0)$ 上满足詹森方程, 由定理2.1 和定理1.1可知,在 $(0, \infty)$ 和 $(-\infty, 0)$ 上 g 的限制条件为线性函数. 这表明 f 对上述区间的限制形式为 $\dfrac{x}{px+q}$,使用给定条件,得到 $f(x) = x$.

下面证明 $f(x) = x$ 的另一种方法. 由詹森方程得到 $g(z) = z$ 对于所有非零有理数. 假设 $g(x) \neq x$ 对于实数 x. 如果 $g(x) > x$, 那么可以找到一个有理数 y 满足 $x < y < g(x)$ 和一个有理数 z 满足 $g(z) > g(x)$ 和 $\dfrac{1}{z} + \dfrac{1}{y} \neq \dfrac{1}{x}$. 所以 $g(z) = z$ 和 $g(y) = y$. 由于 $z > y > x$,而当 $g(y) - g(x)$ 是负数时,$g(z) - g(x)$ 是正数,得到了与引理矛盾的结论. 在 $g(x) < x$ 的情况下,同样得到矛盾.

19.4　代换法

习题4.1. (Vietnam 2014) 找到所有函数 $f : \mathbb{Z} \to \mathbb{Z}$ 使得

$$f(2m + f(m) + f(m)f(n)) = nf(m) + m$$

对于所有 $m, n \in \mathbb{Z}$.

解. 设 $f(0) = a$. 注意 $f \not\equiv 0$ 和 f 是单射,因为如果 $f(k) = f(l)$,那么 $kf(m) = lf(m)$ 对于所有 $m \in \mathbb{Z}$. 看到这个函数也是满射的,因为

$$f(2m + f(m) + f(m)f(0)) = m. \tag{$*$}$$

特别是 b 使得 $f(b) = -1$. 代入 $m = n = b$,得到 $f(2b) = 0$. 另一方面, 如果 $m = n = 0$, 那么 $f(a^2 + a) = 0$, 所以 $b = \dfrac{a^2+a}{2}$. 如果 $n = b$, 那么

$$f(2m) = \frac{a^2 + a}{2}f(m) + m, \quad \forall m \in \mathbb{Z}. \tag{$**$}$$

对于$m = 0$,有$f(af(n) + a) = an$, $\forall n \in \mathbb{Z}$. 在(*) 中代入$m = an$,得到$(a + 1)f(an) + 2an = af(n) + a$. 但$n = b$, 结果是$\frac{a(a^2+a)}{2} = f(0) = a$,因此$a \in 0, 1, -2$. 如果$a = -2$,有$f(-2n)+4n = 2f(n)+2$ 和$f(-2n) = f(-n)-n$(比较(**)) 表示$f(-n)+3n = 2f(n)+2$. n 和$-n$ 互换后得到$f(n) = n-2, \forall n \in \mathbb{Z}$. 很容易看出这个函数是问题的解.

如果$a = 0$,那么由(**) 得到$f(2m) = m, \forall m \in \mathbb{Z}$. 因此$f(2k+1)$ 对于$k \in \mathbb{Z}$ 将重复取值,这与注入性矛盾.

如果$a = 1$, 在(*)中也会遇到类似的矛盾.

习题4.2. 找到所有连续函数$f : \mathbb{R} \to \mathbb{R}$ 使得

$$f(x + y) - f(x) - f(y) = xy(x + y)$$

对于所有$x, y \in \mathbb{R}$.

解. 我们可以猜测解$f(x) = \dfrac{x^3}{3}$. 因此,函数

$$g(x) = f(x) - \frac{x^3}{3}$$

是加性和连续的. 由定理1.1 得到$g(x) = cx$ 和

$$f(x) = \frac{x^3}{3} + cx.$$

习题4.3. 找到所有函数$f : \mathbb{R} \to \mathbb{R}$ 使得

$$f(xy + 2x + 2y) = f(x)f(y) + 2x + 2y$$

对于所有$x, y \in \mathbb{R}$.

解. 代入$y = -2$,得到$f(-4) = f(x)f(-2) + 2x - 4$. 因此,得到$f(-2) \neq 0$ (或者$2x - 4 = f(-4)$ 对于所有$x \in \mathbb{R}$), 那么

$$f(x) = \frac{4 + f(-4) - 2x}{f(-2)}.$$

因此f 是线性的, 设$f(x) = ax + b$,有

$$a(xy + 2x + 2y) + b = (ax + b)(ay + b) + 2x + 2y,$$

即$(a-a^2)xy+(2a-ab-2)(x+y)+(b-b^2)=0$. 所以$a^2=a, a(2-b)=2$和$b=b^2$ 得到$a=1, b=0$ 和$f(x)=x$.

习题4.4. (USAMO 2002) 找到所有函数$f\colon \mathbb{R}\to\mathbb{R}$ 使得

$$f(x^2-y^2)=xf(x)-yf(y)$$

对于所有$x,y\in\mathbb{R}$.

解. 设$y=0$ 得到$f(x^2)=xf(x)$, 这意味着$f(0)=0$. 如果$x\neq 0$, 那么$xf(x)=f(x^2)=-xf(-x)$, 即$f(-x)=-f(x)$. 因此$f(-x)=-f(x)$ 和$f(x^2-y^2)=f(x^2)-f(y^2)$ 对于所有$x,y\in\mathbb{R}$. 这两个方程表明

$$f(x)+f(y)=f(x+y)$$

对于所有$x,y\in\mathbb{R}$. 注意, 上面的方程与$f(x^2)=xf(x)$ 等价于给定的方程. 对于任意x 和$y=1-x$ 得到

$$f(x)-f(y)=f(x-y)=f(x^2-y^2)=xf(x)-yf(y)$$

$$=xf(x)-(1-x)f(y)=x(f(x)+f(y))-f(y)=xf(1)-f(y),$$

即$f(x)=xf(1)$. 因此$f(x)=cx$, 其中$c\in\mathbb{R}$.

习题4.5. (IMO 2005 预选题) 找到所有函数$f\colon \mathbb{R}\to\mathbb{R}$ 使得

$$f(x+y)+f(x)f(y)=f(xy)+2xy+1$$

对于所有$x,y\in\mathbb{R}$.

解. 很容易检验函数$f(x)=2x-1$, $f(x)=-x-1$ 和$f(x)=x^2-1$ 是否满足给定条件. 证明这些是解决这个问题的唯一办法.

设$y=1$ 得到

$$f(x+1)=af(x)+2x+1, \tag{1}$$

其中$a=1-f(1)$. 然后在初始条件下用$y+1$替换y, 用(1) 展开$f(x+y+1)$ 和$f(y+1)$. 结果是

$$a(f(x+y)+f(x)f(y))+(2y+1)(1+f(x))=f(x(y+1))+2xy+1,$$

因此

$$a(f(xy) + 2xy + 1) + (2y + 1)(1 + f(x)) = f(x(y + 1)) + 2xy + 1.$$

设 $x = 2t$ 和 $y = -\dfrac{1}{2}$ 得到

$$a(f(-t) - 2t + 1) = f(t) - 2t + 1.$$

用 $-t$ 替换 t 也得到

$$a(f(t) + 2t + 1) = f(-t) + 2t + 1.$$

现在从最后两个方程中消去 $f(-t)$, 那么

$$(1 - a^2)f(t) = 2(1 - a)^2 t + a^2 - 1.$$

注意 $a \neq -1$ (或者对于任意 t,, $8t = 0$ 是错误的). 另外, 如果 $a \neq 1$, 那么 $1 - a^2 \neq 0$; 因此

$$f(t) = 2\frac{1 - a}{1 + a}t - 1.$$

设 $t = 1$, 回想 $f(1) = 1 - a$, 得到 $a = 0$ 或 $a = 3$, 得到前两个解.

设 $a = 1$, 那么 f 是偶函数. 在原方程中设 $y = x$ 和 $y = -x$, 分别得到

$$f(2x) + f^2(x) = f(x^2) + 2x^2 + 1, \ f(0) + f^2(x) = f(x^2) - 2x^2 + 1,$$

相减得到 $f(2x) = 4x^2 + f(0)$. 在 (1) 中设 $x = 0$, 由于 $f(1) = 1 - a = 0$, 得到 $f(0) = -1$, 因此 $f(2x) = (2x)^2 - 1$, 即 $f(x) = x^2 - 1$. 完成解决方案.

习题4.6. 找到所有函数 $f : \mathbb{R} \to \mathbb{R}$ 使得

$$f(f(x) - y^2) = f(x)^2 - 2f(x)y^2 + f(f(y))$$

对于所有 $x, y \in \mathbb{R}$.

解. 函数 $f(x) = 0$ 是一个解, 从现在开始假设 f 不等于零.

表示 $A = f(\mathbb{R})$. 设 $x = y = 0$, 得到 $f(f(0)) = f(0)^2 + f(f(0))$, 所以 $f(0) = 0$. 设 $y = 0$, 得到 $f(f(x)) = f(x)^2$, 所以 $f(x) = x^2$ 对于所有 $x \in A$.

给定的方程可以写成

$$f(f(x) - y^2) = f(x)^2 - 2f(x)y^2 + f(y)^2.$$

因此,如果$y \in A$,得到$f(f(x)-f(y)) = f(x)^2 - 2f(x)f(y) + f(y)^2$,所以$f(f(x)-f(y)) = (f(x) - f(y))^2$ 对于所有$x \in \mathbb{R}, y \in A$.

设u 使得$f(u) \neq 0$,那么$f(f(u)) = f(u)^2$ 表明$f(v) > 0$, 其中$v = f(u)$. 取$t \leqslant 0$ 和s 使得$s^2 = \dfrac{f(v)^2 - t}{2f(v)}$. 那么$f(f(v) - s^2) - f(f(s)) = t$,所以任何非正实数$t$都可以写成$t = f(x) - f(y)$,其中$x \in \mathbb{R}$ 和$y \in A$. 但已知$f(f(x) - f(y)) = (f(x) - f(y))^2$ 对于所有$x \in \mathbb{R}, y \in A$,所以$f(x) = x^2$ 对于所有$x \leqslant 0$. 由于$x = f(-\sqrt{x})$,因此$x \in A$ 对于所有$x \geqslant 0$. 已知$f(x) = x^2$ 对于所有$x \in A$,得到$f(x) = x^2$ 对于所有$x \geqslant 0$. 因此,对于所有x , $f(x) = x^2$ 是一个解.

习题4.7. 找到所有函数$f: \mathbb{R} \to \mathbb{R}$ 使得

$$f(x - f(y)) = f(x) + x \cdot f(y) + f(f(y))$$

对于所有$x, y \in \mathbb{R}$.

解. 设$f(x)$ 是一个不等于零的解, 那么u 使得$f(u) \neq 0$,给定的恒等式意味着

$$f\left(\frac{x - f(f(u))}{f(u)} - f(u)\right) - f\left(\frac{x - f(f(u))}{f(u)}\right) = x$$

因此,对于某些$a, b \in \mathbb{R}$,任何实数u 可以写成$f(a) - f(b)$.

给定方程表明

$$f(f(x)) = \frac{f(0) - f(x)^2}{2}$$

和

$$f(f(x) - f(y)) = f(f(x)) + f(x)f(y) + f(f(y))$$

因此

$$\begin{aligned}
f(f(x) - f(y)) &= \frac{f(0) - f(x)^2}{2} + f(x)f(y) + \frac{f(0) - f(x)^2}{2} \\
&= f(0) - \frac{(f(x) - f(y))^2}{2}.
\end{aligned}$$

所以,对于任意u, $f(u) = a - \dfrac{u^2}{2}$,其中$u$ 可以写成$f(x) - f(y)$,对于任意实数u,上式得证.

现在只需要将$f(x) = a - \dfrac{x^2}{2}$ 代入原始方程得到$a = 0$,那么这个问题的两个解是: $f(x) = 0$ 和$f(x) = -\dfrac{x^2}{2}$.

习题4.8. 找到所有连续函数 $f: \mathbb{R} \to \mathbb{R}$ 使得

$$f(x+y) - f(x-y) = 2f(xy+1) - f(x)f(y) - 4,$$

对于所有 $x, y \in \mathbb{R}$.

解. 如果设 $x = 0$, 得到 $f(y) - f(-y) = 2f(1) - f(0)f(y) - 4$. 如果令 $y = 0$, 得到 $2f(1) - f(x)f(0) - 4 = 0$. 所以如果 f 不是常数,那么 $f(0) = 0$. 因此 $f(1) = 2$,从第一个关系式我们得到 $f(y) - f(-y) = 0$. 所以 f 是偶数. (注意如果 $f = c$, 那么 $2c - c^2 - 4 = 0$ 没有实根, 所以 f 不是常数). 接下来设 $y = 1$, 得到

$$f(x+1) - f(x-1) = 2f(x+1) - 2f(x) - 4,$$

所以 $f(x+1) - 2f(x) + f(x-1) = 4$. 归纳推导出对于所有 $n \in \mathbb{N}$, 得到 $f(n) = 2n^2$, 对于某些 b, c, $f(x+n) = 2n^2 + bn + c$ 仅取决于 x, 而非 $n \in \mathbb{N}$. 对于 $x = \dfrac{1}{2}$, 有 $b = 0$, 因为

$$f\left(\frac{1}{2}\right) = f\left(-\frac{1}{2}\right).$$

设 $y = \dfrac{1}{2}$, 得到

$$f\left(x + \frac{1}{2}\right) - f\left(x - \frac{1}{2}\right) = 2f\left(\frac{x}{2} + 1\right) - f(x)f\left(\frac{1}{2}\right) - 4.$$

如果 $x = 2k$, 其中 $k \in \mathbb{N}$, 得到

$$\left(2\left(2k + \frac{1}{2}\right)^2 + c\right) - \left(2\left(2k - \frac{1}{2}\right)^2 + c\right) = 2(k+1)^2 - 8k^2\left(\frac{1}{2} + c\right) - 4$$

推导出 $c = 0$. 所以

$$f\left(k + \frac{1}{2}\right) = 2\left(k + \frac{1}{2}\right)^2.$$

现在我们用 k 的归纳法来证明 $f(t) = 2t^2$ 对于所有 $t = \dfrac{a}{2^k}$ 其中 $a, k \in \mathbb{N}$. 这个基础得到了证明. 对于归纳步骤, 写出之前得到的关系式

$$f\left(x + \frac{1}{2}\right) - f\left(x - \frac{1}{2}\right) = 2f\left(\frac{x}{2} + 1\right) - f(x)f\left(\frac{1}{2}\right) - 4.$$

如果$t = \dfrac{a}{2^k}$, 其中$k > 1$和a是偶数,取$x = 2(t-1)$, 把它代入我们得到$f(t) = 2t^2$. 因为数字$\dfrac{a}{2^k}$在$(0, \infty)$很密集, f是偶数. 那么$f(x) = 2x^2$. 注意,这个函数满足给定的条件.

习题4.9. (IMO 2000 预选题) 找到所有函数对$f, g \colon \mathbb{R} \to \mathbb{R}$满足

$$f(x + g(y)) = xf(y) - yf(x) + g(x)$$

对于所有$x, y \in \mathbb{R}$.

解. 如果$f \equiv 0$, 那么g也是如此. 假设$f \not\equiv 0$. 证明g取0.设$x = 0$,得到$f(g(y)) = -yf(0) + g(0)$. 特别地, f取0 ,因为如果$f(0) \neq 0$, 那么$-yf(0) + g(0)$是满射. 接下来用$g(x)$替换x得到

$$f(g(x) + g(y)) = g(x)f(y) - yf(0) + xyf(0) + g(g(x)).$$

交换x和y得到

$$f(g(x) + g(y)) = f(x)g(y) - xf(0) + xyf(0) + g(g(y)).$$

因此

$$g(x)f(y) - yf(0) + f(f(x)) = g(y)f(x) - xf(0) + g(g(x)). \tag{1}$$

设$y = t$,令$f(t) = 0$得到

$$-tf(0) + g(g(x)) = g(t)f(x) - xf(0) + g(g(t))$$

所以$g(g(x)) = c - ax + uf(x)$, 其中$c = tf(0) + g(g(t)), a = f(0), u = g(t)$.
代入(1), 得到

$$g(x)f(y) + uf(x) = g(y)f(x) + uf(y),$$

因此

$$(g(x) - u) = \frac{g(y) - u}{f(y)}f(x)$$

如果$f(y) \neq 0$. 取一个f不消失的y的固定值,得到$g(x) = kf(x) + u$或g与f线性相关. 如果$k = 0$,那么g是常数和$f(x+u) = xf(y) - yf(x) + u$. 所以设$y = x$得到$f(x + u) = u$, 那么$f = g = u$.假设$k \neq 0$, 有$g(g(x)) = c - ax + uf(x)$和$f(g(x)) = -xf(0) + g(0)$. 但

$$g(g(x)) = kf(g(x)) + u = k(-xf(0) + g(0)) + u = -kf(0)x + kg(0) + u.$$

所以$c - ax + uf(x) = -kf(0)x + kg(0) + u$. 如果$u \neq 0$, 然后把$f$ 表示成一个线性函数, 因此g也是. 如果$u = 0$, 那么$g(t) = 0$ 和$-kf(0)x + g(0) = c - ax$. 因此$f(0) = a = -kf(0)$, $c = g(0)$. 设$y = t$ 得到

$$f(x) = -tf(x) + kf(x) = (k - t)f(x)$$

和$k - t = 1$. 现在原始条件可以重写为

$$f(x + kf(y)) = xf(y) - yf(x) + kf(x).$$

特别地, 推导出f 是单射. 如果$f(y_1) = f(y_2)$, 那么通过设$y = y_1, y_2$,得到$y_1f(x) = y_2f(x)$ 对于所有x, 即$y_1 = y_2$. 如果$f(0) = 0$, 那么$f(g(y)) = g(0)$. 所以f的单射性意味着g 是常数,因此f也是常数. 否则我们得到

$$f(kf(y)) = -yf(0) + g(0) = (k - y)f(0).$$

用$kf(x)$ 替换x 得到

$$f(kf(x) + kf(y)) = kf(x)f(y) + (k - y)f(kf(x)) = kf(x)f(y) + (k - y)^2 f(0).$$

通过对称性,还推导出

$$f(kf(x) + kf(y)) = kf(x)f(y) + (k - x)^2 f(0)$$

所以,对于所有x, y , $(k - x)^2 f(0) = (k - y)^2 f(0)$ 不可能.

证明f, g 是线性函数. 设

$$f(x) = ax + b, \ g(x) = cx + d.$$

代入得到
$$f(x + cy + d) = x(ay + b) - y(ax + b) + cx + d$$
或
$$ax + acy + ad + b = (b - d)x - by + d + cx$$

所以$(a + d - b - c)x + (ac + b)y + ad + b - d = 0$. 所以$b = -ac$, $d = b + c - a = c - ac - a$, 那么$ad + b - d = 0$,所以$a(c - ac - a) - ac - c + ac + a = 0$ 或$ac - a^2c - a^2 - c + a = 0$,所以$c(a^2 - a + 1) = a(1 - a)$,因此$c = \dfrac{a(1 - a)}{a^2 - a + 1}$.

习题4.10. (Taiwan,China 2011) 设$f : \mathbb{R}^+ \to \mathbb{R}$ 使得

$$f(x + y) = f\left(\frac{x + y}{xy}\right) + f(xy)$$

对于所有$x, y > 0$. 证明$f(xy) = f(x) + f(y)$ 对于所有$x, y > 0$.

解. 如果$a^2 b \geqslant 4$, 证明$f(ab) = f(a) + f(b)$. 事实上,在这种情况下,数字

$$x = \frac{a + \sqrt{a^2 - \frac{4}{b}}}{\frac{2}{b}}, y = \frac{a - \sqrt{a^2 - \frac{4}{b}}}{\frac{2}{b}}$$

是正数并且$x + y = ab$, $xy = b$, 那么

$$f(ab) = f(x + y) = f\left(\frac{x + y}{xy}\right) + f(xy) = f(a) + f(b).$$

设$x, y > 0$ 和

$$z = \max\left\{\frac{4}{x^2 y^2}, \frac{4}{x^2 y}, \frac{4}{y^2}\right\} > 0.$$

那么$(xy)^2 z \geqslant 4$, $x^2(yz) \geqslant 4$, $y^2 z \geqslant 4$ 表明

$$f(xyz) = f(xy) + f(z), f(xyz) = f(x) + f(yz) , f(yz) = f(y) + f(z).$$

因此

$$f(xy) = f(xyz) - f(z) = f(x) + f(yz) - f(x)$$
$$= f(x) + (f(y) + f(z)) - f(z) - f(x) + f(y).$$

习题4.11. (Bulgaria 2008) 找到所有连续函数$f : \mathbb{R} \to \mathbb{R}$ 满足

$$(1 - f(x)f(y))f(x + y) = f(x) + f(y) + 2f(x)f(y)$$

对于所有$x, y \in \mathbb{R}$.

解. 假设$f(x_0) = -1$ 对于某些x_0. 在给定方程中设$x = y = x_0/2$,得到$(f(x_0/2) + 1)^2 = 0$, 即$f(x_0/2) = -1$. 因此$f(x_0/2^n) = -1$ 对于所有$n \in \mathbb{N}$. 因为f 是连续的(在0 处), 得到$f(0) = -1$. 在初始条件中设$y = 0$, 得到$(f(x) + 1)^2 = 0$, 即$f(x) = -1$. 显然$f \equiv -1$ 是一个解.

设$f(x) \neq -1$ 对于所有x. 如果$g(x) = \dfrac{f(x)}{f(x)+1}$, 那么给定条件的形式为$g(x+y) = g(x) + g(y)$. 因为$g$ 是连续的, 所以对于某个$a \in \mathbb{R}$, $g(x) = ax$. 但对于所有x $g(x) \neq 1$, 因此$a = 0$, 即$f \equiv 0$. 这个函数也是一个解.

习题4.12. 找到所有连续函数$f : (-1, 1) \to \mathbb{R}$ 使得

$$f\left(\frac{x+y}{1-xy}\right) = f(x) + f(y)$$

对于所有$x, y \in (-1, 1)$.

解. 设$g(\alpha) = f(\tan \alpha), \alpha \in \left(-\dfrac{\pi}{4}, \dfrac{\pi}{4}\right)$, 那么

$$g(\alpha + \beta) = f(\tan(\alpha + \beta)) = f\left(\frac{\tan \alpha + \tan \beta}{1 - \tan \alpha \tan \beta}\right)$$

$$= f(\tan \alpha) + f(\tan \beta) = g(\alpha) + g(\beta).$$

因此定理2.1 表明(见问题2.2的解) $g(\alpha) = c\alpha$, 其中c 是一个常数. 因此$f(\tan \alpha) = c\alpha$,设$\alpha = \arctan x, x \in (-1, 1)$ 得到$f(x) = c \arctan x$.

习题4.13. 找到所有连续函数$f : (a; b) \to \mathbb{R}$ 满足$f(xyz) = f(x) + f(y) + f(z)$ 当$xyz, x, y, z \in (a, b)$时, 其中$1 < a^3 < b$.

解. 设$a = e^k, b = e^l$,其中$0 < 3k < l$. 考虑函数$g : (0, l-k) \to \mathbb{R}$ 使得$g(t) = f(e^{k+t})$. 条件重写为$g(u+v+w+2k) = g(u)+g(v)+g(w)$ 当$u+v+w < l-3k$时. 特别地$g(u+v+2k) = g(u)+g(v)+g(0) = g(u+v)+2g(0)$ 对于$u+v < k-2l$. (注意$g(0)$ 实际上没有定义,但我们可以定义$g(0) = \frac{1}{3}g(2k)$,并观察当$c \to 0$ 时,有$g(3c+2k) \to g(2k) = 3g(0)$; 所以,当$x \to 0$时, $g(x) \to g(0)$.) 得到条件$g(u) + g(v) + g(0) = g(u+v) + 2g(0)$ 通过在$g(u) + g(v) + g(2c) = g(u+v) + 2g(c)$中取$c \to 0$. 那么函数$g - g(0)$ 在$[0, l-3k]$ 上是加性和连续的表明在$[0, l-3k]$上, $g(x) = cx + d$. 那么如果$t < l - 3k$, 有

$$g(2k+t) = g\left(\frac{t}{3}\right) + g\left(\frac{t}{3}\right) + g\left(\frac{t}{3}\right) = ct + 3d.$$

所以$f(x) = c \ln x + d$ 对于$x \in \left(a, \frac{b}{a^2}\right)$ 和$f(x) = x \ln x + 3d$ 对于$x \in (a^3, b)$. 注意如果$b < a^5$, 那么条件没有提到f 在$\left(\frac{b}{a^2}, a^3\right)$ 上除了它是连续的: 如果$xyz \in (a, b)$, 那么$xyz > a^3$ 和$x, y, z < \dfrac{b}{a^2}$ 因为$b > xyz > xa^2, ya^2, za^2$.

在这种情况下,每个连续函数都满足 $f(x) = c\ln x + d$ 对于 $x \in \left(a, \dfrac{b}{a^2}\right)$ 和对于 $x \in (a^3, b)$, $f(x) = c\ln x + 3d$ 是解. 如果 $b \geqslant a^5$, 那么 $\dfrac{b}{a^2} > a^3$,因此,一边得到 $f\left(\dfrac{b}{a^2}\right) = c\ln\left(\dfrac{a}{b^2}\right) + d$, 另一边得到 $c\ln\left(\dfrac{a}{b^2}\right) + 3d$. 所以 $d = 0$,由于区间 $\left(a, \dfrac{b}{a^2}\right]$ 和 $[a^3, b)$ 覆盖 (a, b) ,得到 $f(x) = c\ln x$ 是唯一解.

习题4.14. 找到所有函数 $f: \mathbb{R} \to \mathbb{R}$ 满足

$$f(f(x) + y) = f(x^2 - y) + 4f(x)y$$

对于所有 $x, y \in \mathbb{R}$.

解. 猜测解 $f(x) = x^2$ 和平凡解 $f \equiv 0$. 通过设 $y = 0$ 得到 $f(f(x)) = f(x^2)$. 如果 f 是单射的,可以得出 $f(x) = x^2$. 假设 $f \not\equiv 0$ 和 $f(x_1) = f(x_2)$. 那么将 $x = x_1, x = x_2$ 代入条件,得到 $f(x_1^2 - y) = f(x_2^2 - y)$. 所以 $f(t) = f(t+b)$, 其中 $b = x_1^2 - x_2^2$. 如果 $b \neq 0$, 那么找到 t_0 使得 $(t_0 + b)^2 - t_0^2 = a$, 其中 $0 \leqslant a \leqslant \dfrac{b^2}{2}$ 是一个固定的数字. 因此设 $x_1 = t_0, x_2 = t_0 + b$,得到 $f(t + a) = f(t)$. 因此,如果 $|x - y| \leqslant \dfrac{b^2}{2}$,可以断言 $f(x) = f(y)$. 因此 f 是一个常数函数,把它替换成我们得到 $f \equiv 0$ 的条件,这是矛盾的. 因此,只有 $y = \pm x$ 时, $f(x) = f(y)$. 回到 $f(f(x)) = f(x^2)$,推出 $f(x) = \pm x^2$ 对于任意 x. 假设对于某些 $x_0 \neq 0$,有 $f(x_0) = -x_0^2$. 那么设 $x = x_0$, 得到 $f(-x_0^2 + y) = f(x_0^2 - y) - 4x_0^2 y$. 因此

$$f(-x_0^2 + y) - f(x_0^2 - y) = -4x_0^2 y.$$

由于 $f(-x_0^2 + y) = \pm(x_0^2 - y)^2, f(x_0^2 - y) = \pm(x_0^2 - y)^2$, 有

$$f(-x_0^2 + y) - f(x_0^2 - y) = 0,\ 2(x_0^2 - y)^2 或 -2(x_0 - y)^2.$$

所以对于任意 y,它可以推出 $-4x_0^2 y \in \{0, 2(x_0^2 - y)^2, -2(x_0 - y)^2\}$. 然而,这对于最多5个 y 值是成立的,这是一个矛盾.所以 $f(x) = x^2$.

习题4.15. (China 1991) 找到所有函数 $f: [0,1] \times [0,1] \to \mathbb{R}$ 使得:

(i) $f(x, 1) = x$;

(ii) $f(1, y) = y$;

(iii) $f(zx, zy) = z^k f(x, y)$;

(iv) $f(f(x,y),z) = f(x, f(y,z))$

对于所有 $x, y, z \in [0,1]$ 和某个正数 k.

解. 由(iv)得到 $f(0,0) = 0$. 设 $x \leqslant y, y > 0$, 那么

$$f(x,y) = f\left(y\frac{x}{y}, y\right) = y^k f\left(\frac{x}{y}, 1\right) = y^k \frac{x}{y} = xy^{k-1}.$$

如果 $y \leqslant x, x > 0$, 那么用同样的方式得到 $f(x,y) = yx^{k-1}$. 因此 $f(x,y) = \min\{x,y\} \max\{x,y\}^{k-1}$. 这个函数显然满足条件(i)~(iii)我们必须检查(iv). 假设 $x < y = z$, 那么

$$f(f(x,y),z) = f(xy^{k-1}, z) = f(xy^{k-1}, y).$$

如果 $x < \left(\dfrac{1}{y}\right)^{2-k}$, 那么 $xy^{k-1} < y$, 因此

$$f(f(x,y),z) = xy^{k-1}y^{k-1} = xy^{2k-2}.$$

另一方面, $f(x, f(y,z))) = f(x, y^k)$, 如果 $x < y^k$, 那么

$$f(x, f(y,z)) = xy^{k(k-1)}.$$

所以 $xy^{2k-2} = xy^{k(k-1)}$ 对于所有 $x, y \in [0,1]^2$ 满足 $x < y^k, x < y^{2-k}$. 只有当 $k(k-1) = 2k-2$ 时才有可能, 所以 $k = 1$ 或 $k = 2$. 如果 $k = 1$, 那么 $f(x,y) = \min\{x,y\}$, 如果 $k = 2$, 那么 $f(x,y) = xy$. 很明显, 这两个函数都满足(iv).

习题4.16. 找到所有连续函数 $f: \mathbb{R} \to \mathbb{R}$ 满足

$$3f(2x+1) = f(x) + 5x$$

对于所有 $x \in \mathbb{R}$.

解. 如果求 $f(x) = ax + b$, 那么必须有

$$3(2ax + a + b) = (a+5)x + b$$

因此 $3b + 3a = b, 6a = a + 5$, 即 $a = 1, b = -\dfrac{3}{2}$. 如果设

$$g(x) = f(x) + \frac{3}{2} - x,$$

得到$3g(x) = g(2x+1)$. 如果设$h(x) = g(x-1)$, 得到$3h(x+1) = h(2x+2)$或$h(x) = \dfrac{1}{3}h(2x)$. 因此$h(x) = \dfrac{1}{3^n}h\left(\dfrac{x}{2^n}\right)$. 由于$\dfrac{x}{2^n} \to 0$,当$n \to \infty$ 时,那么$f\left(\dfrac{x}{2^n}\right) \to f(0)$,所以$\dfrac{1}{3^n}f\left(\dfrac{x}{2^n}\right) \to 0$. 因此$h = 0$ 和$f(x) = x - \dfrac{3}{2}$.

习题4.17. (IMO 2002 预选题) 找到所有函数$f\colon \mathbb{R} \to \mathbb{R}$ 使得

$$f(f(x)+y) = 2x + f(f(y)-x)$$

对于所有$x, y \in \mathbb{R}$.

解. 在给定方程中设$y = -f(x)$,得到

$$f(f(-f(x))-x) = -2x + f(0) , x \in \mathbb{R}.$$

由于当x 在$\mathbb{R}$上取值时,函数$-2x + f(0)$ 取所有可能的实数,因此函数$f(x)$ 是满射的. 因此, $a \in \mathbb{R}$ 使得$f(a) = 0$. 在给定方程中设$x = a$,得到

$$f(y) = 2a + f(f(y)-a)$$

对于所有$y \in \mathbb{R}$.令$z = f(y) - a$,则由于$f(y) - a$可取任意实数$f(z) = z - a$对任意$z \in \mathbb{R}$均成立. 设相反,很容易检查对于所有$a \in \mathbb{R}$,函数$f(x) = x - a$ 满足给定条件.

习题4.18. (Bulgaria 1996) 找到所有函数$f\colon \mathbb{R} \to \mathbb{R}$ 使得

$$f(f(x)+xf(y)) = xf(y+1)$$

对于所有$x, y \in \mathbb{R}$.

解. 设$f(0) = a$. 对于$x = 0$, 由给定方程得到$f(a) = 0$,设$y = a$ 得到

$$f(f(x)) = xf(a+1). \tag{1}$$

考虑两种情形.

情形1. 设$f(a+1) = 0$, 那么$f(f(x)) = 0$ 对于所有$x \in \mathbb{R}$. 假设$f(y+1) \neq 0$ 对于某些$y \in \mathbb{R}$. 那么给定方程表明函数$f(x)$ 是满射的. 因此函数$f(f(x))$ 也是满射的,与$f(f(x)) \equiv 0$矛盾. 因此$f(x) \equiv 0$.

情形2. 设$f(a+1) \neq 0$. 那么由(1) 得到函数$f(x)$ 是单射(如果$f(x_1) = f(x_2)$,那么$x_1 f(a+1) = f(f(x_1)) = f(f(x_2)) = x_2 f(a+1)$, 即$x_1 = x_2$).初始条件设$x = 1$,得到

$$f(f(1)+f(y)) = f(y+1),$$

即 $f(1) + f(y) = y + 1$. 特别地, $f(1) + f(1) = 1 + 1$,即 $f(1) = 1$. 因此 $f(y) = y$ 对于所有 $y \in \mathbb{R}$.

因此,有两个函数满足给定的函数方程: $f(x) = 0$ 和 $f(x) = x$.

习题4.19. (BMO 1997, BMO 2000) 找到所有函数 $f: \mathbb{R} \to \mathbb{R}$ 使得

$$f(xf(x) + f(y)) = f(x)^2 + y$$

对于所有 $x, y \in \mathbb{R}$.

解. 令 $x = 0$,得到 $f(f(y)) = f(0)^2 + y$. 特别地, $f(f(b)) = 0$ 对于 $b = -f(0)^2$, 那么

$$f(f(y)) = f(f(b)f(f(b)) + f(y)) = f(f(b))^2 + y = y$$

表明 $f(0) = 0$ 和 $f(f(y)) = y$ 对于 $y \in \mathbb{R}$. 在给定方程中设 $y = 0$, 得到 $f(xf(x)) = f(x)^2$. 因此

$$f(x)^2 = f(xf(x)) = f(f(x)f(f(x))) = f(f(x))^2 = x^2,$$

即 $f(x) = \pm x$ 对于所有 $x \in \mathbb{R}$. 假设 $f(x) = x$ 和 $f(y) = -y$ 对于某些 x 和 y. 从给定方程中得到 $\pm(x^2 - y) = x^2 + y$ 表明 $x = 0$ 或 $y = 0$.

因此,这个问题的唯一解是函数 $f(x) = x$ 和 $f(x) = -x$.

习题4.20. (Ukraine 2003) 找到所有函数 $f: \mathbb{R} \to \mathbb{R}$ 使得

$$f(xf(x) + f(y)) = x^2 + y$$

对于所有 $x, y \in \mathbb{R}$.

提示. 请查看前面问题的解决方案!

习题4.21. 找到所有函数 $f: (0, \infty) \to \mathbb{R}$ 使得

$$f(x + y) = f(x^2 + y^2)$$

对于所有 $x, y \in (0, \infty)$.

解. 令 u, v 使得 $v\sqrt{2} > u \geqslant v > 0$,设 $w \in \left[\dfrac{u^2}{2}, v^2\right]$. 那么 $u^2 > w \geqslant \dfrac{u^2}{2}$, 所以系统 $x + y = u, xy = \dfrac{u^2 - w}{2}$ 至少有两个正根 x_1, y_1 ,把它们代入已知恒等式得到 $f(u) = f(w)$.

如果 $v^2 > w \geqslant \dfrac{v^2}{2}$，那么系统 $x + y = v, xy = \dfrac{v^2 - w}{2}$ 至少有两个正根 x_2, y_2，把它们代入已知恒等式得到

$$f(v) = f(w).$$

所以对于所有 u, v，$f(u) = f(v)$ 使得 $v\sqrt{2} > u \geqslant v > 0$，容易得出结论 $f(x)$ 是常数.

因此唯一的解是常数函数.

习题4.22. (IMO 2004预选题) 找到所有函数 $f : \mathbb{R} \to \mathbb{R}$ 满足方程

$$f(x^2 + y^2 + 2f(xy)) = f(x + y)^2$$

对于所有 $x, y \in \mathbb{R}$.

解. 换元令 $z = x + y, t = xy$. 给定 $z, t \in \mathbb{R}$, x, y 是实数当且仅当 $4t \leqslant z^2$. 定义 $g(x) = 2(f(x) - x)$. 然后将给定的函数方程转化为

$$f(z^2 + g(t)) = f(z)^2 \tag{1}$$

对于所有 $t, z \in \mathbb{R}$，其中 $z^2 \geqslant 4t$. 设 $c = g(0) = 2f(0)$. 在(1)中代入 $t = 0$，得到

$$f(z^2 + c) = f(z)^2 \tag{2}$$

对于所有 $z \in \mathbb{R}$. 如果 $c < 0$, 那么取 z，使得 $z^2 + c = 0$, 从(2)得到 $f(z)^2 = \dfrac{c}{2}$ 矛盾; 因此 $c \geqslant 0$. 也从(2) 中得到

$$x > c \Rightarrow f(x) \geqslant 0. \tag{3}$$

如果 g 是一个常数函数,很容易得出 $c = 0$, 因此 $f(x) = x$ 是一个解. 假设 g 是非常数, 设 $a, b \in \mathbb{R}$, 使得 $g(a) - g(b) = d > 0$. 对于一些足够大的 K 和每个 $u, v \geqslant K$ 且 $v^2 - u^2 = d$，由(1) 和(3)等式 $u^2 + g(a) = v^2 + g(b)$ 表明 $f(u) = f(v)$. 进一步推出

$$g(u) - g(v) = 2(u - v) = \frac{d}{u + (u^2 + d)^{1/2}}.$$

因此每个值从一些合适的选择部分 $[\delta, 2\delta]$ 可以表示为 $g(u) - g(v)$, 关于某些 M 的 u 和 v 的上界. 考虑任意的 x, y, 其中 $y > x \geqslant 2M^{1/2}$ 和 $\delta < y^2 - x^2 < 2\delta$.

由上述考虑,存在$u,v \leqslant M$ 使得$g(u)-g(v)=y^2-x^2$,即$x^2+g(u)=y^2+g(v)$. 由于$x^2 \geqslant 4u$ 和$y^2 \geqslant 4v$, (1) 推出$(f(x))^2=(f(y))^2$. 此外, 如果假设$4M \geqslant c^2$, 从(3) 推出$f(x)=f(y)$. 因为这适用于所有$x,y \geqslant 2M^{\frac{1}{2}}$ 和$y^2-x^2 \in [\delta,2\delta]$, 得到$f(x)$ 最终是常数, 例如$f(x)=k$ 对于$x \geqslant N=2M^{\frac{1}{2}}$. 在(2)中设$x>N$, 得到$k^2=k$, 所以$k=0$ 或$k=1$. 通过(2)有$f(-z)=|f(z)|$, 所以$|f(z)| \leqslant 1$ 对所有$z \leqslant -N$. 因此,对于$u \leqslant -N$, $g(u)=2f(u)-2u \geqslant -2-2u$ 表明g 是无界的. 因此对于每个z存在t 使得$z^2+g(t)>N$, 因此$f(z)^2=f(z^2+g(t))=k=k^2$. 因此$f(z)=\pm k$ 对于每个z. 如果$k=0$, 那么$f(x) \equiv 0$是解. 假设$k=1$, 那么$c=2f(0)=2$ (因为$c \geqslant 0$), 和(3) 一起表明$f(x)=1$ 对于所有$x \geqslant 2$. 假设$f(t)=-1$ 对于某些$t<2$, 那么$t-g(t)=3t+2>4t$. 如果$t-g(t) \geqslant 0$, 那么对于某些$z \in \mathbb{R}$,有$z^2=t-g(t)$, 由(1)得到$(f(z))^2=f(z^2+g(t))=f(t)=-1$不可能. 因此$t-g(t)<0$, 得到$t<-2/3$. 另一方面, 如果$X$ 是$(-\infty,-2/3)$的任意子集, 对于$x \in X$,函数f由$f(x)=-1$ 定义, 否则$f(x)=1$ 满足方程. 综上所述,解是$f(x)=x, f(x)=0$ 以及上述形式的所有函数.

19.5　对称化和附加变量

习题5.1. 找到所有函数$f: \mathbb{R} \to \mathbb{R}$ 满足

$$f(xy)=f(x)y^2+f(y)-1$$

对于所有$x,y \in \mathbb{R}$.

解. 左边是对称的, 所以交换x 和y 得到

$$f(x)y^2+f(y)-1=f(y)x^2+f(x)-1$$

或者$f(x)(y^2-1)=f(y)(x^2-1)$, 结果是$\dfrac{f(x)}{x^2-1}=\dfrac{f(y)}{y^2-1}$ 对于$x,y \neq \pm 1$. 这表明$f(x)=c(x^2-1)$ 对于所有$x \neq \pm 1$.同样适用于$x=\pm 1$,因为$f(\pm 1)(y^2-1)=f(y)((\pm 1)^2-1)=0$,所以$f(\pm 1)=0$. 将$f(x)=c(x^2-1)$ 代回方程,得到$cx^2y^2-c=c^2y^2-cy^2+cy^2-1$,意味着$c=1$,所以$f(x)=x^2-1$ 是解.

习题5.2. (MR 2012) 找到所有函数$f: \mathbb{R} \to \mathbb{R}$ 满足

$$f(y+f(x))=f(x)f(y)+f(f(x))+f(y)-xy$$

对于所有 $x, y \in \mathbb{R}$.

解. 对于 $y = 0$,有 $f(x)f(0) + f(0) = 0$, 所以 $f(0) = 0$ 或 $f(x) = -1$ 对于所有 x. 但后者不可能, 因此 $f(0) = 0$. 在给定方程中用 $f(y)$ 替换 y 使它的左边在 x 和 y 对称. 右边也是对称的,得到

$$\frac{f(f(x)) + x}{f(x)} = \frac{f(f(y)) + y}{f(y)} = k.$$

因此 $f(f(x)) = kf(x) - x$,这个方程也满足 $x = 0$. 给定方程变成

$$f(y + f(x)) = f(x)f(y) + kf(x) - x + f(y) - xy.$$

令 $b = f(-1)$. 将 $y = -1$ 代入上面的方程,得到

$$f(f(x) - 1) = (b + k)f(x) + b$$

y 用 $f(y) - 1$ 替换,得到

$$f(f(x) + f(y) - 1) = ((k+b)f(y)+b)f(x)+kf(x)-x+(k+b)f(y)+b-xf(y)+x$$

$$= (k + b)[f(x)f(y) + f(x) + f(y)] + b - xf(y).$$

这个方程显然表示 $xf(y) = yf(x)$, 所以

$$\frac{f(x)}{x} = \frac{f(y)}{y}$$

对于所有 $x, y \neq 0$. 因此 $f(x) = cx$ 对于 $x = 0$ 也成立. 现在将 $f(x) = cx$ 代入给定的方程,很容易得到 $c = \pm 1$. 因此 $f(x) = -x$ 和 $f(x) = x$ 是唯一解.

习题5.3. 找到所有函数 $f: \mathbb{R} \to \mathbb{R}$ 使得

$$xf(x) - yf(y) = (x - y)f(x + y)$$

对于所有 $x, y \in \mathbb{R}$.

解. 添加一个新变量来得到关系

$$xf(x) - zf(z) = (x - z)f(x + z).$$

有

$$xf(x) - zf(z) = xf(x) - yf(y) + yf(y) - zf(z) = (x - y)f(x + y) + (y - z)f(x + z).$$

因此

$$(x-z)f(x+z) = (x-y)f(x+y) + (y-z)f(y+z).$$

如果想要 $x+z=u, x+y=1, y+z=0$, 通过解方程组我们得到 $x = \dfrac{u+1}{2}, y = \dfrac{1-u}{2}, z = \dfrac{u-1}{2}$, 因此条件变成 $f(u) = uf(1) + (1-u)f(0)$. 因此 $f(x) = ax + b$ 是线性函数, 线性函数满足条件.

习题5.4. 找到所有函数对 $f, g : \mathbb{R} \to \mathbb{R}$ 使得

$$f(x) - f(y) = (x-y)(g(x) + g(y))$$

对于所有 $x, y \in \mathbb{R}$.

解. 恒等式

$$(f(x) - f(y)) + (f(y) - f(z)) + (f(z) - f(x)) = 0$$

为我们提供了宝贵的见解. 得到

$$(x-y)(g(x) + g(y)) + (y-z)(g(y) + g(z)) + (z-x)(g(z) + g(x)) = 0.$$

令 $y=1, z=0$, 得到 $g(x) = -(x-1)g(0) + xg(1)$, 即 $g(x) = ax + b$. 那么得到 $f(x) - f(y) = (x-y)(a(x+y) + 2b)$, 令 $y=0$, 得到 $f(x) = ax^2 + 2bx + c$. 检查对于每一个 $a, b, c \in \mathbb{R}$, 这些函数是否满足习题条件是很简单的.

习题5.5. 找到所有函数 $f : \mathbb{R} \to \mathbb{R}$ 使得

$$f(x+y) = f(x)f(y)f(xy)$$

对于所有 $x, y \in \mathbb{R}$.

解. 如果 $f(u) = 0$ 对于某些 u, 那么 $f(x+u) = 0$, 推出 $f(x) = 0$ 对于所有 x. 如果 $f \not\equiv 0$, 那么 f 在 $\mathbb{R}$ 上非零. 通过展开来添加一个新的变量 z:

$$f(x+y+z) = f(x)f(y+z)f(xy+yz) = f(x)f(y)f(z)f(yz)f(xy)f(xz)f(x^2yz).$$

由于左边是对称的通过交换 x 和 y, 得到了关系式

$$f(x+y+z) = f(x)f(y+z)f(xy+yz) = f(x)f(y)f(z)f(yz)f(xy)f(xz)f(xy^2z).$$

因此$f(x^2yz) = f(xy^2z)$. 然后取$u, v \neq 0$ 和令$x = u, y = v, z = \dfrac{1}{uv}$, 得到$x^2yz = u, y^2xz = v$,因此$f(u) = f(v)$. 所以f 在$\mathbb{R} \setminus \{0\}$上是常数. 如果$f = c$, 那么$c = c^3$,所以$c = 0$ 或$c = \pm 1$. 任何情况下令$y = -x \neq 0$,得到$f(0) = c^3 = c$, 因此$f \equiv 0$, $f \equiv -1$ 或者$f \equiv 1$. 所有这些函数都满足给定条件.

习题5.6. 找到所有函数$f : \mathbb{Q} \to \mathbb{Q}$ 使得

$$f(xy) = f(x)f(y) - f(x + y) + 1$$

对于所有$x, y \in \mathbb{Q}$.

解. 令$x = y = 0$,得到$f^2(0) - 2f(0) + 1 = 0$,即$f(0) = 1$. 令$x = 1, y = -1$,得到$f(-1) = f(-1)f(1)$, 因此$f(-1) = 0$ 或者$f(1) = 1$.

例1. 设$f(-1) = 0$. 在给定等式中用yz 替换y , 得到

$$f(xyz) = f(x)f(yz) - f(x + yz) + 1$$

$$= f(x)(f(y)f(z) - f(y + z) + 1) - f(x + yz) + 1.$$

另一方面,在初始恒等式中用xy替换x 和用z替换y ,得到

$$f(xyz) = f(xy)f(z) - f(xy + z) + 1$$

$$= (f(x)f(y) - f(x + y) + 1)f(z) - f(xy + z) + 1$$

上面的两个恒等式意味着

$$f(x)f(y + z) - f(x) + f(x + yz) = f(z)f(x + y) - f(z) + f(xy + z). \quad (1)$$

现在令$x = 1, z = -1$,用$y + 1$ 替换y , 得到

$$f(y)(1 - f(1)) = f(-y) - f(1) \quad (2)$$

对于所有$y \in \mathbb{Q}$. 特别地, 对于$y = 1$,得到$f(1)(2 - f(1)) = 0$, 即$f(1) = 0$ 或$f(1) = 2$. 假设$f(1) = 0$, 那么(2) 表明$f(y) = f(-y)$,在初始恒等式中用$-y$替换y,得到

$$f(xy) = f(x)f(y) - f(x - y) + 1.$$

因此,对于所有$x, y \in \mathbb{Q}$, $f(x+y) = f(x-y)$ 表明f 是一个常数. 但这是矛盾的,因为$f(0) = 1$ 和$f(1) = 0$. 因此$f(1) = 2$,由(2) 得到$f(y) + f(-y) = 2$. 令$g(x) = f(x) - 1$, 初始恒等式可以写成

$$g(xy) = g(x) + g(y) + g(x)g(y) - g(x+y).$$

另一方面$g(y) = -g(-y)$,在上面的恒等式中用$-y$ 替换y ,得到

$$-g(xy) = g(x) - g(y) - g(x)g(y) - g(x-y).$$

因此

$$2g(x) = g(x+y) + g(x-y)$$

对于所有$x, y \in \mathbb{Q}$. 通过对n 归纳,得到$g(nx) = ng(x)$ 对于所有$n \in \mathbb{N}$ 和$x \in \mathbb{Q}$. 因为每个$r \in \mathbb{Q}$ 都可以写成$r = \frac{p}{q}$, 其中$p \in \mathbb{Z}$ 和$q \in \mathbb{N}$ 得到$qg(r) = g(qr) = g(p) = pg(1)$. 所以$g(x) = xg(1)$ 对于所有$x \in \mathbb{Q}$,因此$f(x) = x + 1$.

例2. 令$f(1) = 1$. 在(1)中令$y = -1$ 和$z = 1$, 使用$f(0) = 1$,得到$f(1-x) = 1$,因此$f(x) \equiv 1$.

因此,习题的所有解都是函数$f(x) = x + 1$ 和$f(x) = 1$.

习题5.7. 找到所有连续函数$f: \mathbb{R} \to \mathbb{R}$ 使得

(a) $f(x+y) + f(xy - 1) = f(x) + f(y) + f(xy)$;

(b) $f(x+y) + f(xy) = f(x) + f(y) + f(xy + 1)$.

对于所有$x, y \in \mathbb{R}$.

解. (a) 如果$g(x) = f(x) - f(x-1)$,那么有

$$f(x+y) - f(x) - f(y) = g(xy).$$

从这里

$$f(x+y+z) = f(x) + f(y+z) + g(xy+xz) = f(x) + f(y) + f(z) + g(yz) + g(xy+xz).$$

以前遇到过这种方程,证明g 是线性的. 因此$f(x+1) - f(x) = cx + d$. 令$y = 1$,得到

$$f(x+1) - f(x) - f(1) = g(x) = cx + d$$

所以$f(0) = 0$. 那么令$y = 0$,得到$g(0) = 0$,所以$g(x) = cx$. 有$f(x+y) - f(x) - f(y) = cxy$. 这个恒等式意味着$f(x) - \frac{c}{2}x^2$是一个连续加性函数. 因此$f(x) = \frac{c}{2}x^2 + dx$, 有

$$f(x) - f(x-1) = \frac{c}{2}(2x-1) + d.$$

因此$\frac{c}{2} = d$ 和$f(x) = dx^2 + dx$.

(b) 设$g(x) = f(x+1) - f(x)$, 那么$f(x+y) - f(x) - f(y) = g(xy)$, 那么

$$f(x+y+z) - f(x+y) - f(z) = g(xz+yz)$$

所以$f(x+y+z) - f(x) - f(y) - f(z) = g(xz+yz) + g(xy)$. 由于$x,y,z$ 之间的对称性,得出

$$f(x+y+z) - f(x) - f(y) - f(z) = g(xz+yz) + g(xy)$$

$$= g(xz+xy) + g(yz) = g(xy+yz) + g(xz).$$

如果令$a = xy, b = yz, c = xz$, 得到

$$g(a+b) + g(c) = g(a+c) + g(b) = g(b+c) + g(a).$$

条件$a = xy, b = xz, c = yz$,满足如果$abc > 0$,令

$$x = \frac{\sqrt{abc}}{c}, \ y = \frac{\sqrt{abc}}{b}, \ z = \frac{\sqrt{abc}}{a}.$$

因此得到$g(a+b) + g(c) = g(a+c) + g(b) = g(b+c) + g(a)$ 对于$abc > 0$. 现在$g(x+y) + g(0) = g(x) + g(y)$ 对于$xy \neq 0$. 事实上, 对于$z < 0$ 或对于$z > 0$,有$xyz > 0$, 因此$g(x+y)+g(z) = g(x+z)+f(y)$. 取$z \to 0$,得到$g(x+y) + g(0) = g(x) + g(y)$. 即使当$xy = 0$连续性也是成立的.因此$g(x) - g(0)$ 是加性的,因此$g(x) = ax + b$ 是线性函数,所以$f(x+y) - f(x) - f(y) = axy + b$. 如果令$h = f(x) - \frac{a}{2}x^2 + b$, 那么看出$h$ 是加性的,所以$h(x) = cx$. 得出f是一个至多2次的多项式, 设$f(x) = ax^2 + bx + c$. 代入给定的方程,得到$a + b + c = 0$. 因此$f(x) = ax^2 + bx - a - b$, 所有这些函数都满足条件.

习题5.8. (Hosszu's functional equation) 证明一个函数$f : \mathbb{R} \to \mathbb{R}$ 满足恒等式

$$f(x+y-xy) + f(xy) = f(x) + f(y)$$

L

是一个加上某个常数的加性函数.

解. 这个习题的形式是 $f(a) + f(b) = f(c) + f(d)$, 其中 $a + b = c + d$. 不便之处在于 (a,b) 和 (c,d) 是相互关联的, 所以不能说 $f(a) + f(b) = f(c) + f(d)$, 无论何时 $a + b = c + d$. 我们试图通过添加一个新的变量和对称来消除这种不便:

$$f(x) + f(y) + f(z) = f(x + y - xy) + f(xy) + f(z)$$

$$= f(x + y - xy) + f(xy + z - xyz) + f(xyz).$$

根据对称性,它也等于

$$f(x + z - xz) + f(xz + y - xyz) + f(xyz)$$

和

$$f(y + z - yz) + f(yz + x - xyz) + f(xyz).$$

因此推出

$$f(x + y - xy) + f(xy + z - xyz) = f(x + z - xz) + f(xz + y - xyz)$$

$$= f(y + z - yz) + f(yz + x - xyz).$$

这又是一个形式为 $f(a) + f(b) = f(c) + f(d)$ 的方程,其中 $a + b = c + d$, 但这次的限制条件更温和. 事实上, 可以求出 x, y, z, 用 $(1-x)(1-y) = a$, $(1-z)(1-xy) = b$, $(1-x)(1-z) = c$. 为方便起见,设 $u = 1 - x, v = 1 - y, w = 1 - z$, 得到 $uv = a, w(u + v - uv) = b, uw = c$. 因此 $w = \dfrac{c}{u}, v = \dfrac{a}{u}$ 和 $\dfrac{c}{u}\left(u + \dfrac{a}{u} - a\right) = b$ 或 $(c - b)u^2 - acu + ac = 0$. 这个方程要有一个非零解需要一个正的判别式,所以 $a^2c^2 - 4ac(c - b) \geqslant 0$ 或 $(ac - 2c)^2 + 4(abc - c^2) \geqslant 0$. 当 $abc > c^2$ 时,这是正确的. 现在用 $a + b = c + d$ 考虑 (a, b) 和 (c, d). 如果 ab, cd 有相同的符号,那么我们可以找到一个足够小的 e 绝对值,使得 $abe > e^2, cde > e^2$. 令 $e_1 = a + b - e = c + d - e$, 得到 $f(a) + f(b) = f(e) + f(e_1) = f(c) + f(d)$, 所以 $f(a) + f(b) = f(c) + f(d)$.当 $a + b = c + d$ 和 $abcd > 0$ 时,所以 $f(a) + f(b) = f(c) + f(d)$. 接下来如果 $a + b = c + d = s \notin [0, 4]$ 和 $abcd < 0$, 则有 u, v 使得 $u + v = s$, $u + v - uv < 0$ (取 $u = v = \dfrac{s}{2}$). 那么由 $uvuv(u + v - uv) = u^2v^2(u + v - uv) < 0$,得到 $u + v = uv + (u + v - uv)$. 假设 $ab > 0, cd < 0$, 那么如果 $s > 0$, 有

$$f(a) + f(b) = f(u) + f(v) = f(uv) + f(u + v - uv) = f(c) + f(d)$$

和如果 $s < 0$,有

$$f(c) + f(d) = f(u) + f(v) = f(uv) + f(u + v - uv) = f(a) + f(b).$$

最后, 即使 $s \in [0,4]$ (不能有 $s = 0$ 和 $abcd < 0$ 作为 $abcd = a^2c^2$), 也可以找到一个足够大的 e ,使得

$$a + c + e, b + d + e, a + b + 2e, c + d + 2e > 4$$

和 $f(a + e) + f(b + e) = f(c + e) + f(d + e)$,当

$$f(a) + f(c + e) = f(c) + f(a + e)$$

和

$$f(b) + f(d + e) = f(d) + f(b + e).$$

因此,在最后一种情况下 $f(c+e) - f(c) = f(a+e) - f(a), f(b+e) - f(b) = f(d+e) - f(d)$ 和 $f(a+e) + f(b+e) = f(c+e) + f(d+e)$ 表明 $f(a) + f(b) = f(c) + f(d)$.

当 $a + b = c + d$ 和 $abcd \neq 0$ 时, $f(a) + f(b) = f(c) + f(d)$. 当 $abcd = 0$ 时, 若其中一个数是零,比如说 d, 必须证明当 $ab \neq 0$ 时, $f(a) + f(b) = f(a + b) + f(0)$. 如果 $a + b \notin [0,4]$, 我们推导出 $x, y \neq 0$ 的存在性,使得 $xy = x + y = a + b$. 因此 $f(a) + f(b) = f(x) + f(y) = f(x + y - xy) + f(xy) = f(a + b) + f(0)$. 如果 $a + b \in [0,4]$, 又找到一个足够大的 e ,使得 $a + b + e, 2a + b + e > 4$,推出当 $f(a+e) + f(a+b) = f(a) + f(a+b+e)$ 时, $f(a+b+e) + f(0) = f(a+e) + f(b)$. 因此,添加这些表达式并消去常见项,得到 $f(a+b) + f(0) = f(a) + f(b)$. 如果其中两个数是零,那么得到 $(a, b) = (c, d)$ 或者 (a, b) 和 (c, d) 中的一个是 $(0,0)$. 第一个例子很清楚.在第二种情况下,我们需要证明对于 $a \neq 0$, $f(a) + f(-a) = ?f(0)$ 在这种情况下当 $f(2a) + f(-a) = f(a) + f(0)$ 时, $f(2a) + f(0) = 2f(a)$. 减去这两个关系式,得到 $f(0) - f(-a) = f(a) - f(0)$,所以 $f(a) + f(-a) = 2f(0)$. 如果 a, b, c, d 中有三个是零,那么第四个也是零,结论很明显.

结论如下,当 $a + b = c + d$ 时,已经建立 $f(a) + f(b) = f(c) + f(d)$, 那么 $f(a + b) + f(0) = f(a) + f(b)$,因此 $f(x) - f(0)$ 是加性函数.

19.6 迭代和递归关系

习题6.1. 求函数的 n 次迭代:

(a) $f(x) = 4x(1-x), x \in [0,1]$;

(b) $f(x) = ax^2 + bx + c, a \neq 0, 4ac = b^2 - 2b$.

解. (a) 设 $\varphi(x) = \arcsin\sqrt{x} \in [0, \frac{\pi}{2}]$ 和 $g(x) = 2x$, 那么

$$\varphi^{-1}(x) = \sin^2 x$$

并且得到

$$\varphi^{-1}(g(\varphi(x))) = \sin^2(2\arcsin\sqrt{x}) = (2\sin(\arcsin\sqrt{x})\cos(\arcsin\sqrt{x}))^2$$
$$= (2\sqrt{x} \cdot \sqrt{1-x})^2 = f(x).$$

因此

$$f^{(n)}(x) = \varphi^{-1}(g^{(n)}(\varphi(x))) = \sin^2(2^n \arcsin\sqrt{x}).$$

(b) 设 $\varphi(x) = x + \frac{b}{2a}$, 那么 $\varphi^{-1}(x) = x - \frac{b}{2a}$, 得到

$$g(x) = \varphi(f(\varphi^{-1}(x)))$$
$$= a\left(x - \frac{b}{2a}\right)^2 + b\left(x - \frac{b}{2a}\right) + \frac{b^2 - 2b}{4a} + \frac{b}{2a}$$
$$= ax^2.$$

因此

$$f^{(n)}(x) = \varphi^{-1}(g^{(n)}(\varphi(x))) = a^{2^n - 1}\left(x + \frac{b}{2a}\right)^{2^n} - \frac{b}{2a}.$$

习题6.2. 找到所有函数 $f \colon \mathbb{Q}_+ \to \mathbb{R}$ 满足

$$f(x+y) + f(x-y) = (2^y + 2^{-y})f(x)$$

对于所有 $x, y \in \mathbb{Q}_+$.

解. 令 $t \in \mathbb{Q}_+$, 定义 $f(nt) = a_n$. 设 $x = nt, y = t$, 得到二阶递归关系 $a_{n+1} + a_{n-1} = (2^t + 2^{-t})a_n$. 特征多项式 $x^2 - (2^t + 2^{-t})x + 1$ 有 2^t 和 2^{-t} 为零, 因此 $a_n = c_1(2^t)^n + c_2(2^{-t})^n$, 即 $f(nt) = c_1 2^{nt} + c_2 2^{-nt}$. 那么说 $f(x) = c_1 2^x + c_2 2^{-x}$ 对于所有 $x \in \mathbb{Q}_+$. 假设

$$f(x_0) \neq c_1 2^{x_0} + c_2 2^{-x_0}.$$

存在c_1', c_2' 使得$f(mx_0) = c_1'2^{mx_0} + c_2'2^{-mx_0}$ 对于每个$m \in \mathbb{N}$. 如果$\frac{t}{x_0} = \frac{m}{n}$,那么$a = mx_0 = nt$,因此$f(a) = c_12^a + c_22^{-a} = c_1'2^a + c_2'2^{-a}$,类似的$f(2a) = c_12^{2a} + c_22^{-2a} = c_1'2^{2a} + c_2'2^{-2a}$. 系统$x2^a + y2^{-a} = f(a), x2^{2a} + y2^{-2a} = f(2a)$只有一个解,因此$c_1 = c_1', c_2 = c_2'$. 很容易检查函数

$$f(x) = c_12^x + c_22^{-x}$$

是否满足习题的要求.

习题6.3. (Bulgaria 1996) 找到所有函数$f\colon \mathbb{Z} \to \mathbb{Z}$ 使得

$$3f(n) - 2f(f(n)) = n$$

对于所有$n \in \mathbb{Z}$.

解. 对于给定n ,令

$$a_0 = n, a_{k+1} = f(a_k), \quad k \geqslant 0.$$

那么给定恒等式意味着

$$3a_{k+1} - 2a_{k+2} = a_k, \quad k \geqslant 0.$$

这个递归式的特征方程是$3x - 2x^2 = 1$,根分别是1 和$\frac{1}{2}$. 因此

$$a_k = c_0 \cdot 1^k + c_1 \cdot \left(\frac{1}{2}\right)^k,$$

其中$c_0 = 2a_1 - a_0$ 和$c_1 = 2(a_0 - a_1)$. 由于a_k 和c_0是整数, 因此对于任意$k \geqslant 0$, 2^k 整除c_1 . 因此$c_1 = 0$, $a_k = c_0 = 2a_1 - a_0$ 对于任意$k \geqslant 0$. 特别地, $a_1 = a_0$, 即$f(n) = n$.

习题6.4. (MOSP 2001) 找到所有函数$f\colon \mathbb{N} \to \mathbb{N}$ 使得

$$f(f(f(n))) + 6f(n) = 3f(f(n)) + 4n + 2001$$

对于所有$n \in \mathbb{N}$.

解. 设$n \in \mathbb{N}$.令$x_0 = n$ 和$x_{k+1} = f(x_k), k \geqslant 0$, 那么给定方程就变成了线性递归方程

$$x_{k+3} - 3x_{k+2} + 6x_{k+1} - 4x_k = 2001.$$

在$y_k = x_k - 667k$的变化下, 它退化为齐次方程

$$y_{k+3} - 3y_{k+2} + 6y_{k+1} - 4y_k = 0.$$

相关特征方程为

$$Y^3 - 3Y^2 + 6Y - 4 = (Y - 1)(Y^2 - 2Y + 4) = 0$$

根为$1, \exp(\pi/3), \exp(-\pi/3)$.

在$\mathbb{R}$中齐次方程的解由

$$y_k = a(n) + 2^k \left(b(n) \cos \frac{k\pi}{3} + c(n) \sin \frac{k\pi}{3} \right)$$

给出,其中a, b, c与k无关. 但

$$b(n) \cos \frac{k\pi}{3} + c(n) \sin \frac{k\pi}{3}$$

不可能是所有k的有理数(为什么?), 所以齐次方程N中的解对应于$b = c = 0$和$y_k = a(n)$, 其中$a : \mathbb{N} \to \mathbb{N}$与$k$无关, 得到$x_k = a(n) + 667k$. 由于$n = x_0 = a(n)$, 得到$f(n) = x_1 = n + 667$.

习题6.5. (Putnam 1988) 证明存在唯一函数$f : (0, \infty) \to (0, \infty)$ 使得

$$f(f(x)) + f(x) = 6x$$

对于所有$x \in (0, \infty)$.

解. 对于给定$x \in (0, \infty)$, 设

$$a_0 = x, a_{k+1} = f(a_k), \quad k \geqslant 0.$$

然后得到递归关系

$$a_{k+2} + a_{k+1} = 6a_k, \quad k \geqslant 0.$$

它的特征方程$x^2 + x = 6$ 有根2 和-3. 因此

$$a_k = c_0 2^k + c_1 (-3)^k,$$

其中$c_0 = \dfrac{3a_0 + a_1}{5}$ 和$c_1 = \dfrac{2a_0 - a_1}{5}$. 注意$\lim\limits_{k \to \infty} \dfrac{3^k}{2^k} = \infty$. 因此,如果$c_1 < 0$, $\lim\limits_{k \to \infty} a_{2k} = -\infty$, 如果$c_1 > 0$, $\lim\limits_{k \to \infty} a_{2k+1} = -\infty$. 因此$c_1 = 0$, 即$a_{k+1} = 2a_k$,因此$f(x) = 2x$ 对于所有$x \in (0, \infty)$.

习题6.6. 找到所有函数 $f:(0,\infty)\to(0,\infty)$ 使得

$$f(f(f(x)))+f(f(x))=2x+5$$

对于所有 $x\in(0,\infty)$.

解. 使用与前一个习题的解相同的符号,有

$$a_{k+3}+a_{k+2}=2a_k+5,\quad k\geqslant 0. \tag{1}$$

从

$$a_{k+4}+a_{k+3}=2a_{k+1}+5$$

减去这个等式,得到

$$a_{k+4}=a_{k+2}+2a_{k+1}+2a_k,\quad k\geqslant 0.$$

特征方程 $x^4=x^2+2x+2$ 可以写成 $(x-1)^2(x^2+2x+2)=0$,即它有一个二重根1和两个复根 $\sqrt{2}\left(\cos\dfrac{\pi}{4}\pm i\sin\dfrac{\pi}{4}\right)$. 因此

$$a_k=c_0+c_1 k+2^{\frac{k}{2}}\left(c_2\cos\frac{k\pi}{4}+c_3\sin\frac{k\pi}{4}\right),$$

其中常数 $c_n,0\leqslant n\leqslant 3$ 为实数,仅依赖于序列的前四项. 考虑到指数分别与0, 2, 4, 6 模8相一致的子序列,得出与上个习题的解一样 $c_2\geqslant 0,c_3\geqslant 0,c_2\leqslant 0,c_3\leqslant 0$, 即 $c_2=c_3=0$. 因此 $a_{k+1}=a_k+c_1$, 使用(1)得到 $c_1=1$. 因此 $f(x)=x+1$ 是习题的解.

习题6.7. 找到所有连续函数 $f:\mathbb{R}\to\mathbb{R}$ 满足

$$f(2x+1)=f(x)$$

对于所有 $x\in\mathbb{R}$.

解. 对于任意 $x\in\mathbb{R}$,定义 $x_0=x$, $x_{n+1}=\dfrac{x_n-1}{2}$, $n\geqslant 0$, 那么

$$x_{n+1}+1=\frac{x_n+1}{2}$$

表明 $(x_n+1)_{n\geqslant 0}$ 是比为 $\frac{1}{2}$ 的几何级数. 因此 $\lim\limits_{n\to\infty}(x_n+1)=0$, 即 $\lim\limits_{n\to\infty}x_n=-1$. 另一方面,

$$f(x_n)=f(2x_{n+1}+1)=f(x_{n+1}),n\geqslant 0$$

得到 $f(x_n) = f(x_0) = f(x)$ 对于任意 $n \geqslant 0$. 因此

$$f(x) = \lim_{n \to \infty} f(x_n) = f(\lim_{n \to \infty} x_n) = f(-1)$$

表明 f 是常数 t.

习题6.8. 找到所有连续函数 $f: \mathbb{R} \to \mathbb{R}$ 满足

$$f(f(x)) = f(x) + 2x$$

对于所有 $x \in \mathbb{R}$.

解法一. 很显然 f 是单射的. 现在我们证明它是满射. 对于矛盾, 假设 $f(x) \neq a$ 对于所有 $x \in \mathbb{R}$. 那么由于 f 是连续的, 有 $f(x) > a$ 或 $f(x) < a$ 对于所有 $x \in \mathbb{R}$. 如果 $f(x) > a$, 那么由 $f(f(x)) - f(x) = 2x$, 推出 $f(x) > a - 2x$. 由于 f 是单射连续的, 它是递增或递减的. 如果 f 是递增的, 那么 $f(-n) \geqslant 2n + a$ 对于 $n \in \mathbb{N}$. 因此, 对于任意 $n \in \mathbb{N}$, $f(0) > f(-n) \geqslant 2n + a$ 是不可能的. 如果 f 是递减的, 那么 $f(f(x)) \leqslant f(a)$. 因此, 当 x 足够大时, $f(x) \leqslant f(a) - 2x < a$ 矛盾. 假设 $f(x) < a$. 那么推出 $f(x) < a - 2x, f(f(x)) < 2x - a$. 如果 f 是递增的, 对于 $x > a$, 由 $f(x) < x$, 得到 $x > a$ 时 $2x = f(f(x)) - f(x) < 0$, 如果 $x > 0$ 是不可能的. 如果 f 是递减的, 那么 $f(n) < a - 2n$ 对于 $n \in \mathbb{N}$. 因此, 对于所有 $n \in \mathbb{N}$, $f(0) < a - 2n$, 矛盾. 所以, 已经证明 f 是单射和满射, 因此它有一个逆 g.

如果我们尝试通常的模式: 设 $a_n = f_n(x)$, 并使用递归式 $a_{n+2} = a_{n+1} + 2a_n$, 这没有任何意义, 因为我们不能把递归式和 f 的连续性联系起来, 因为方程的根是 -1 和 2; 因此序列会随着 n 的增加而变大和变稀疏, 但是我们可以使用向后的公式: 如果 $y = g(x)$, 那么 $2y + x = f(x)$, 所以 $y = \dfrac{f(x) - x}{2}$. 如果设 $a_n = g^{(n)}(x)$, 那么 a_n 满足递归式 $a_{n+2} = \dfrac{a_n}{2} - \dfrac{a_{n+1}}{2}$. 特征方程 $x^2 + \dfrac{x}{2} - \dfrac{1}{2} = 0$ 有根 $-1, \dfrac{1}{2}$, 因此 $a_n = u(-1)^n + v\left(\dfrac{1}{2}\right)^n$. 因此, 序列的奇项收敛于 $-u$, 偶项收敛于 u. 由 $f(a_{n+1}) = a_n$ 使用连续性推导出 $f(u) = -u, f(-u) = u$. 现在 u 可以由初值计算得到: 如果 $a_0 = f(x), a_1 = x$, 有 $u + v = f(x), -u + \dfrac{v}{2} = x$, 所以 $u = \dfrac{f(x) - 2x}{3}$. 设 $h(x) = \dfrac{f(x) - 2x}{3}$ 和 $A = \mathrm{Im}(h)$. 因为 h 是连续的, 所以 h 必须是连通的. h 关于原点也是对称的, 因为如果 $t \in A$, 那么 $f(t) = -t$, 因此 $\dfrac{f(t) - 2t}{3} = -t$, 所以 $-t \in A$. 注意到 $A \neq \emptyset$. 因此, A 由一个点 0 和 $f(x) = 2x$ 组成或者 A 包含一个区间 $(-a, a)$.

证明如果A 包含一个区间,那么$A = \mathbb{R}$. 在不失一般性的前提下,可以假设$A = [-a, a]$ 或$A = (-a, a)$. 假设$h(x) = t \neq 0$, $|t| < a$. 由于$a_{2n} \to t, a_{2n-1} \to -t$, 对于某些$n$ 有$a_{2n} \in A$,所以$a_{2n-1} \in A$. 因此,有$a_{2n} = -a_{2n-1}$,通过对k的归纳得出结论$a_{2n-2k} = a_{2n}, a_{2n-2k-1} = a_{2n-1}$. 所以$f(x) = -x$. 只有一个习题: 如果$A$ 在$[-a, a]$ 中并且$t = \pm a$. 那么当t 在A的边界上时, 我们不能说$a_{2n} \in A$,对于某些n, 可以这样处理. 设B 是$f(x) \neq -x$的所有x 的集合, 那么$B = (-\infty, -a) \cup (a, +\infty)$. 注意$B$ 可以分成两组: $C = \{x | h(x) = a\}$ 和$D = \{x | h(x) = -a\}$. 这两个集合都是闭区间,因此$C = B$, $D = B$, $C = (-\infty, -a), D = (a, +\infty)$ 或者$D = (-\infty, -a), C = (a, +\infty)$.然而如果$x \in C$,那么$f(x) = 2x + 3a$;如果$x \in D$,那么$f(x) = 2x - 3a$. 因此,如果$(a, +\infty) \subset C$, 得到$f(x_0) = 2x_0 + 3a$ 对于$x_0 > a$.取a 的极限,得到$f(a) = 5a$ 是不可能的. 因此$(a, +\infty) \subset D$. 类似的$(-\infty, -a) \subset C$. 因此,得出结论如果$|x| \leqslant a$,那么$f(x) = -x$, 如果$x < -a$, $f(x) = 2x + 3a$. 如果$x > 2a$, 那么$f(x) = 2x - 3a, f(f(x)) = 2f(x) - 3a = 4f(x) - 9a$, 但$2x + f(x) = 4x - 3a \neq f(f(x))$ 对于$a > 0$. 所以$A = \mathbb{R}$,解是$f(x) = 2x$ 和$f(x) = -x$.

解法二. 在解法一中,我们得出函数$f : \mathbb{R} \to \mathbb{R}$ 是一对一的和$f(0) = 0$. 因为f 是连续的,它是严格递增或者严格递减的.

例1. 设f 是严格递增的, 令$h(x) = f(x) - 2x$. 那么$h(0) = 0$ 和

$$h(f(x)) = f(f(x)) - 2f(x) = f(x) + 2x - 2f(x) = -h(x).$$

因此

$$h(f^{(2)}(x)) = -h(f(x)) = h(x)$$

通过对n的归纳得到

$$h(f^{(2n)}(x)) = h(x), x \in \mathbb{R}, n \in \mathbb{N}.$$

设$f^{-1}(x)$ 是$f(x)$的反函数. 那么令$x = f^{(-2n)}(y)$,得到

$$h(y) = h(f^{(-2n)}(y)), y \in \mathbb{R}.$$

另一方面

$$2f^{(-n-2)}(x) = f^{(-n)}(x) - f^{(-n-1)}(x).$$

通过归纳得到

$$|f^{(-n-2)}(x)| \leqslant \frac{|f^{(-n)}(x)|}{2}.$$

因此

$$|f^{(-2n)}(x)| \leqslant \frac{|x|}{2^n}, n \in \mathbb{N}.$$

所以

$$h(x) = h(f^{(-2n)}(x)) = \lim_{x \to \infty} h(f^{(-2n)}(x))$$

$$= h(\lim_{x \to \infty} f^{(-2n)}(x)) = h(0) = 0.$$

因此 $h(x) \equiv 0$ 和 $f(x) = 2x$.

例2. 设 $f(x)$ 是严格递减的函数. 这次令 $h(x) = f(x) + x$, 那么

$$h(f(x)) = f(f(x)) + f(x) = 2f(x) + 2x = 2h(x),$$

对 n 进行归纳, 得到

$$h(f^{(n)}(x)) = 2^n h(x), n \in \mathbb{N}.$$

另一方面, 从初始条件得到

$$|f^{(2)}(x)| \leqslant 2|x|, x \in \mathbb{R},$$

通过归纳得出结论

$$|f^{(2n)}(x)| \leqslant 2^n |x|, x \in \mathbb{R}.$$

因此 $h(x) = f(f(x)) - x \in (-|x|, |x|)$ 和

$$|h(x)| = \frac{|h(f^{(2n)}(x))|}{2^{2n}} \leqslant \frac{|f^{(2n)}(x)|}{2^{2n}} \leqslant \frac{2^n|x|}{2^{2n}} = \frac{|x|}{2^n}.$$

所以 $h(x) \equiv 0$ 和 $f(x) = -x$.

习题6.9. (IMO 1979 入围赛) 求所有单调双射 $f : \mathbb{R} \to \mathbb{R}$ 使得

$$f(x) + f^{-1}(x) = 2x$$

对于所有 $x \in \mathbb{R}$.

解. 设 $g(x) = f(x) - x$. 首先, 通过归纳证明

$$f(x + kg(x)) = x + (k+1)g(x), \ k \in \mathbb{Z}.$$

根据定义, 对 $k = 0$ 成立. 假设

$$f(x \pm (k-1)g(x)) = x \pm kg(x), \ k \in \mathbb{Z}.$$

那么

$$f(x \pm kg(x)) = 2(x \pm kg(x)) - f^{-1}(x \pm kg(x))$$

$$= 2(x \pm kg(x)) - (x \pm (k-1)g(x)) = x \pm (k+1)g(x)$$

归纳完成.

假设 $g(x) < g(y)$ 对于某些 $x, y \in \mathbb{R}$, 那么可以选择 $k \in \mathbb{N}$ 使得 $x - kg(x) > y - kg(y)$. 注意 f 是增函数. 否则 f 和 f^{-1} 是减函数, 因此与 $2x = f(x) + f^{-1}(x)$ 是这样的函数矛盾. 因此, f 的 n 次迭代 $f^{(n)}$ 也是一个增函数. 由此可见

$$f^{(n)}(x - kg(x)) \geqslant f^{(n)}(y - kg(y)).$$

由于

$$f^{(n)}(x - kg(x)) = f^{(n-1)}(x + (1-k)kg(x)) = \cdots = x + (n-k)g(x),$$

类似的

$$f^{(n)}(x - kg(y)) = y + (n-k)g(y),$$

得到

$$x + (n-k)g(x) \geqslant y + (n-k)g(y).$$

但这并不适用于所有 n 足够大的情况, 否则

$$\frac{x}{n-k} + g(x) \geqslant \frac{y}{n-k} + g(y).$$

令 $n \to \infty$, 得到 $g(x) \geqslant g(y)$ 矛盾.

所以 $g(x)$ 是常数. 因此 $f(x) = x + c, c \in \mathbb{R}$, 所有函数满足给定方程.

习题6.10. 找到所有函数 $f: \mathbb{Z} \to \mathbb{Z}$ 满足

$$f(m+n) + f(mn-1) = f(m)f(n) + k$$

对于所有 $m, n \in \mathbb{Z}$ 和给定 $k \in \mathbb{Z}$.

解. 例6.6 和习题18.8分别研究了$k = 0$ 和$k = 2$的情况. 所以假设$k \neq 0, 2$. 如果$f = c$ 是常数, 那么$2c = c^2 + k$, 所以$(c - 1)^2 = 1 - k$. 因此,如果$\sqrt{1 - k}$ 是整数, 那么$f(x) = 1 \pm \sqrt{1 - k}$. 所以假设$f$ 不是常数. 令$m = 0$, 得到$f(n)(1 - f(0)) = k - f(-1)$, 仅对$f(0) = 1, f(-1) = k$有可能. 接下来设$m = -1$, 得到$f(n - 1) + f(-n - 1) = kf(n) + k$. 如果用$-n$ 替换n, 左边不变,因此右边不变. 所以f 是偶数(回想$k \neq 0$). 因此写$f(n - 1) + f(n + 1) = kf(n) + k$. 如果$k = -1$, 得到$f(n - 1) + f(n) + f(n + 1) = -1$, 推出$f(3k) = 1, f(3k \pm 1) = -1$ 满足方程. 如果$k = 1$, 得到$f(n + 1) + f(n - 1) = f(n) + 1$. 在这种情况下,我们通过对$|n|$ 归纳证明$f(n) = 1$, 所以f 是常数. 如果$k = -2$, 那么有$f(n - 1) + 2f(n) + f(n + 1) = -2$, 所以$a_n = f(n) + \frac{1}{2}$ 满足方程$a_{n-1} + 2a_n + a_{n+1} = 0$. 它的特征方程$x^2 + 2x + 1 = 0$ 有一个二重根-1, 因此$a_n = (an + b)(-1)^n$. 由于f 是偶数,仅对$a = b = 0$, $a_n = a_{-n}$是不可能的. 所以$a_n = 0$,因此f 等于$-\frac{1}{2}$不可能.最后如果$|k| > 2$, 那么令$a_n = f(n) + \frac{k}{k - 2}$.满足$a_{n-1} - ka_n + a_{n+1} = 0$ 的条件,特征方程为$x^2 - kx + 1 = 0$. 方程有两个根r 和$\frac{1}{r}$, 其中$|r| > 1$. 那么找到a_n 等于$cr^n + d(\frac{1}{r})^n$. 由于f 是偶数, $a_n = a_{-n}$,所以$cr^n + \frac{d}{r^n} = \frac{c}{r^n} + dr^n$ 或者$(c - d)\left(r^n - \frac{1}{r^n}\right)$. 由于函数不是常数,因此$c = d \neq 0$. 那么$f(n) \sim cr^n$ 对于$n \to \infty$. 令$m = n \to \infty$,得到$f(2n) + f(n^2 - 1) = f^2(n) + k$. 但$f(2n) + f(n^2 - 1) \sim cr^{n^2-1}$, $f^2(n) + k \sim c^2 r^{2n}$, 对于$n \to \infty$ 得到矛盾. 所以在这种情况下无解.

习题6.11. (Belarus 1998) 证明:

(a) 如果$a \leqslant 1$,那么不存在函数$f : (0, \infty) \to (0, \infty)$ 使得

$$f\left(f(x) + \frac{1}{f(x)}\right) = x + a \tag{1}$$

对于所有$x \in (0, \infty)$;

(b) 如果$a > 1$,那么有无穷多个函数$f : (0, \infty) \to (0, \infty)$ 满足(1).

解. (a) 假设$f : (0, \infty) \to (0, \infty)$ 满足(1). 令

$$g(x) = f(x) + \frac{1}{f(x)}.$$

如果$f(x) > 1$,那么$y = f(x) - a > 0$ 和$f(g(y)) = f(x)$. 但(1) 表明函数f 是单射, 所以$x = g(y) \geqslant 2$. 因此,对于任意$x \in (0, 2)$, $f(x) < 1$ 最多有一个例外. 对

于任意$x \in (0,2)$ 有

$$y = \frac{1}{f(x)} - a > 0, z = f(g(y)) \geqslant 2, f(z) = \frac{1}{f(x)},$$

$$z + a = f(g(z)) = f(g(x)) = x + a.$$

因此$2 \leqslant z = x < 2$矛盾.

(b) 设$a > 1$和f 是区间$[0,2]$上任意严格递增的连续函数,使得$f(0) = 1$和$f(2) = a$. 那么(1) 定义了在$[0, \infty)$上的一个唯一的严格递增连续函数f. 令

$$g(x) = f(x) + \frac{1}{f(x)}$$

将序列$\{a_n\}_{n=0}^{\infty}$定义为: $a_0 = 0, a_n = g(a_{n-1}), n \in \mathbb{N}$. 假设$f$ 被定义为一个在区间$(a_{n-1}, a_n]$ 上大于1的强递增连续函数. 那么很容易证明$g(x)$是在这个区间上的严格递增的连续函数

$$g(a_{n-1}) = a_n, g(a_n) = a_{n+1}.$$

因此对于任意$x \in (a_n, a_{n+1}]$ 存在特殊$y \in (a_{n-1}, a_n]$ 使得$x = g(y)$,设$f(x) = y + a$. 通过归纳函数$f(x)$ 定义在$[0, \infty)$, 满足(1).

习题6.12. (Bulgaria 2003) 找到所有$a > 0$, 存在一个函数$f \colon \mathbb{R} \to \mathbb{R}$ 且具有以下两个属性的:

(i) $f(x) = ax + 1 - a$, 对于所有$x \in [2,3)$;

(ii) $f(f(x)) = 3 - 2x$, 对于所有$x \in \mathbb{R}$.

解. 设$h(x) = f(x+1) - 1$. 那么条件(i) 和(ii) 可以写成$h(x) = ax$ 对于$x \in [1,2)$和$h(h(x)) = -2x$ 对于所有$x \in \mathbb{R}$, 那么$h(-2x) = h(h(h(x))) = -2h(x)$; 特别地$h(0) = 0$. 由归纳可知,对于所有$n \in \mathbb{Z}$, $h(4^n x) = 4^n h(x)$.因此对于$x \in [4^n, 2 \cdot 4^n), h(x) > 0$. 另一方面,对于$x \in [1,2)$, $0 > -2x = h(h(x)) = h(ax)$.因此,对于$k \in \mathbb{Z}$, $[a, 2a] \subset [2 \cdot 4^k, 4^{k+1})$ 因此$a = 2 \cdot 4^k$. 相反, 令$a = 2 \cdot 4^k$ 对于某些整数k. 可以很容易地检查函数

$$h(x) = \begin{cases} ax & , \quad x \in [4^n, 2 \cdot 4^n), \\ -\dfrac{2x}{a} & , \quad x \in [2 \cdot 4^n, 4^{n+1}), \\ 0 & , \quad x = 0, \\ ax & , \quad x \in (-4^{n+1}, -2 \cdot 4^n], \\ -\dfrac{2x}{a} & , \quad x \in (-2 \cdot 4^n, -4^n], \end{cases}$$

其中n个整数上的范围具有所需的属性.我们可以很容易地证明这是唯一具有给定属性的函数.

19.7 构造问题

习题7.1. 设$2 \leqslant k \in \mathbb{N}$.找到所有函数$f: \mathbb{N}_0 \to \mathbb{N}_0$,使得$f(0) = 0$且对于任意的$n \in \mathbb{N}$有

$$f(n) = 1 + f\left(\left\lfloor \frac{n}{k} \right\rfloor\right).$$

解. 该式可看作一个递归式. 为了计算$f(n)$,我们首先需要计算$f\left(\left\lfloor \frac{n}{k} \right\rfloor\right)$.为了计算$f\left(\left\lfloor \frac{n}{k} \right\rfloor\right)$,我们需计算

$$f\left(\left\lfloor \frac{\left\lfloor \frac{n}{k} \right\rfloor}{k} \right\rfloor\right) = f\left(\left\lfloor \frac{n}{k^2} \right\rfloor\right),$$

依此类推. 因此,如果$n \geqslant k^{r-1}$,重复此操作可得

$$f(n) = r + f\left(\left\lfloor \frac{n}{k^r} \right\rfloor\right).$$

那么,若$k^r \leqslant n < k^{r+1}$,则$f(n) = r + 1 + f(0) = r + 1$,从而$f(n) = 1 + \lfloor \log_k n \rfloor$, $n > 0$. 它显然满足命题条件.

注. 我们曾证明过下面等式成立:

$$\left\lfloor \frac{\left\lfloor \frac{x}{m} \right\rfloor}{n} \right\rfloor = \left\lfloor \frac{x}{mn} \right\rfloor,$$

其中$m, n \in \mathbb{N}$.事实上,如果$a = \left\lfloor \frac{x}{mn} \right\rfloor, b = \left\lfloor \frac{x}{m} \right\rfloor$, 那么$mna \leqslant x < mna + mn$,从而$na \leqslant \frac{x}{m} < na + n$. 因此,$na \leqslant b < n(a+1)$,则$\left\lfloor \frac{b}{n} \right\rfloor = a$,证明结束.如果我们用$k$进制表示$x$,那么该问题无需利用此等式.

习题7.2. 找到函数$f: \mathbb{N} \to \mathbb{N}$,使得$f(1) = 2$且对于任意的$n \in \mathbb{N}$,有

$$f(n+1) = \lfloor 1 + f(n) + \sqrt{1 + f(n)} \rfloor - \lfloor \sqrt{f(n)} \rfloor.$$

解. 因为 $\lfloor\sqrt{1+f(n)}\rfloor = \lfloor\sqrt{f(n)}\rfloor$,其中 $1+f(n)$ 是完全平方,那么 $f(n+1) = f(n)+1$, $f(n)+1$ 是完全平方. 因此, f 不是完全平方式,且 $f(n)$ 是第 n 个非完全平方式. 为求出 f 的确切表达式,假设 $f(n) = k$. 那么存在某 $\lfloor\sqrt{k}\rfloor$ 的完全平方小于 k ,所以 $k-\lfloor\sqrt{k}\rfloor$ 的值不是完全平方. 因为 k 是递归序列中的第 n 个数,所以 $k-\lfloor\sqrt{k}\rfloor = n$,从而 $k-\sqrt{k} < n < k-\sqrt{k}+1$. 下证 $k = n+\left\lfloor\sqrt{n}+\dfrac{1}{2}\right\rfloor$.

(反证法) 事实上,如果 $n+\left\lfloor\sqrt{n}+\dfrac{1}{2}\right\rfloor = m^2$,那么 $n < m^2$, 从而 $\left\lfloor\sqrt{n+\dfrac{1}{2}}\right\rfloor \leqslant m-1$ 且 $n \geqslant m^2-m+1$,所以 $n+\left\lfloor\sqrt{n}+\dfrac{1}{2}\right\rfloor$ 不是完全平方式. 由 $\left\lfloor\sqrt{n}+\dfrac{1}{2}\right\rfloor \geqslant m$ 知, $n+\left\lfloor\sqrt{n}+\dfrac{1}{2}\right\rfloor \geqslant m^2+1$,产生矛盾. 下证

$$\left\lfloor\sqrt{n+\left\lfloor\sqrt{n}+\dfrac{1}{2}\right\rfloor}\right\rfloor = \left\lfloor\sqrt{n}+\dfrac{1}{2}\right\rfloor.$$

事实上,如果 $m(m-1) \leqslant n \leqslant m(m+1)$,那么 $\left\lfloor\sqrt{n}+\dfrac{1}{2}\right\rfloor = m$. 所以

$$n+\left\lfloor\sqrt{n}+\dfrac{1}{2}\right\rfloor = n+m,$$

因此, $m^2 \leqslant n+\left\lfloor\sqrt{n}+\dfrac{1}{2}\right\rfloor \leqslant m^2+2m$ 且

$$\left\lfloor\sqrt{n+\left\lfloor\sqrt{n}+\dfrac{1}{2}\right\rfloor}\right\rfloor = m.$$

习题7.3. 找到所有函数 $f: \mathbb{Z} \to \mathbb{Z}$,使得对于任意的 $m, n \in \mathbb{Z}$,有

$$f(m+n) + f(mn) = f(m)f(n)+1.$$

解. 令 $m = 0, n = 0$ 得 $2f(0) = f^2(0)+1$,所以 $f(0) = 1$. 下设 $m = -1, n = 1$ 得 $f(0)+f(-1) = f(1)f(-1)+1$,所以 $f(-1)(f(1)-1) = 0$. 如果 $f(1) = 1$,那么令 $m = 1$ 得 $f(n+1)+f(n) = f(n)+1$. 因此, $f \equiv 1$ 满足条件. 如果 $f(-1) = 0$,令 $m = -1$ 得 $f(n-1)+f(-n) = 1$. 设 $m = 1$ 得 $f(n+1) = f(n)(f(1)-1)+1$.

如果 $a = f(1) - 1$,则 $f(n + 1) = af(n) + 1$. 从而 $(a - 1)f(n + 1) - 1 = a((a - 1)f(n) - 1)$. 因此,

$$(a - 1)f(n + k) - 1 = a^k((a - 1)f(n) - 1).$$

所以,当 $f(n) = \dfrac{1}{a - 1}$ 或 $a = \pm 1$ 时,对于任意的都有 k, $a^k | (a - 1)f(n) - 1$. 如果 $f(n) = \dfrac{1}{a - 1}$, 那么 $f(1) = a + 1 = \dfrac{1}{a - 1}$. 所以 $a^2 = 2$ 是不可能成立的. 因此 $a = \pm 1$. 如果 $a = 1$, 则 $f(n + 1) = f(n) + 1$,对 $|n|$ 进行数学归纳法可得 $f(n) = n + 1$, 且其符合等式

$$(m + n + 1) + (mn + 1) = (m + 1)(n + 1) + 1.$$

如果 $a = -1$,则 $f(n + 1) = 1 - f(n)$.对 $|n|$ 进行数学归纳法得, n 是偶数时有 $f(n) = 1$ 且 n 是奇数时有 $f(n) = 0$. 事实上,如果 m, n 有相同的奇偶性,那么 $m + n$ 是偶数,则 $f(m + n) = 1$ 且 $f(m)f(n) = f(mn)$. 条件成立.当 m, n 二者之一为偶数,另一个为奇数时,有 $f(m + n) = 0, f(mn) = 1, f(m)f(n) = 0$.条件同样成立. 因此,满足条件的所有函数解为

$$f(n) = 1, \ f(n) = n + 1 , \ f(n) = 1 - n \quad (\bmod\ 2).$$

习题7.4. 找到所有函数 $f : \mathbb{Z} \to \mathbb{Z}$,使得对于任意的 $k \in \mathbb{Z}$ 有

$$f(f(k + 1) + 3) = k$$

解. 我们从 f 是单射入手,如果 $f(m) = f(n)$,那么将 $k = m - 1, n - 1$ 代入得 $m = n$.因此,如果 $k = f(n)$,则 $f(f(f(n) + 1) + 3) = f(n)$,由单射性质知, $f(f(n) + 1) + 3 = n$ 或 $f(f(n) + 1) = n - 3$. 将 $k = n - 3$ 代入条件得 $f(f(n - 2) + 3) = n - 3$, 且由单射性的性质知 $f(n - 2) + 3 = f(n) + 1$,所以 $f(n) = f(n - 2) + 2$. 从而,如果 $f(0) = a, f(1) = b$,那么 $f(2n) = 2n + a, f(2n + 1) = 2n + b$. 由给定条件知 f 是满射,所以 a 和 b 有不同的奇偶性,分为以下两种情况:

(a) a 是偶数, b 是奇数. 令 $k = 2n$ 得 $f(f(2n + 1) + 3) = 2n$ 或 $f(2n + b + 3) = 2n$,所以 $2n + b + 3 + a = 2n$,从而 $a + b + 3 = 0$. 令 $k = 2n - 1$ 得 $f(f(2n) + 3) = 2n - 1$ 或 $f(2n + a + 3) = 2n - 1$,所以 $2n + a + 2 + b = 2n - 1$,即 $a + b + 3 = 0$.

反之,如果$a+b+3=0$, 那么f 定义为$f(2n)=2n+a, f(2n+1)=2n+b$ 满足条件.

(b) a 是奇数, b 是偶数. 令$k=2n$ 得

$$f(2n+b+3)=2n.$$

所以, $2n+2b+2=2n$.因此,$b=-1$.这与b是偶数相矛盾.

综上,所有函数解为$f(2n)=2n+a, f(2n+1)=2n+b$,其中a是偶数, b 是奇数且$a+b+3=0$.

习题7.5. 找到所有函数$f\colon \mathbb{N}\to \mathbb{N}$, 使得对于任意的$m,n\in \mathbb{N}$有

$$f(m+f(n))=n+f(m+k),$$

这里$k\in \mathbb{N}$ 是确定的数.

解. 显然f是单射(如果$f(n_1)=f(n_2)$,分别令$n=n_1,n_2$,代入条件中的等式,此时等式左端相同,而等式右端分别为$n_1+f(m+k), n_2+f(m+k)$,所以$n_1=n_2$). 为使等式对称,令n 为$f(n+k)$得$f(m+f(f(n+k)))=f(n+k)+f(m+k)$. 交换$m$ 和n的值可得$f(n+f(f(m+k)))=f(n+k)+f(m+k)$,由$f$ 的单射性可得$n+f(f(m+k))=m+f(f(n+k))$. 如果令

$$x=m+k,\ y=n+k$$

可得$f(f(x))-x=f(f(y))-y=a$,所以$f(f(x))=x+a$,那么$a\geq 0$. 现令$n\to f(n)$ 得

$$f(m+n+a)=f(n)+f(m+k).$$

交换m,n 得

$$f(m+n+a)=f(m)+f(n+k)$$

所以$f(n+k)-f(n)=f(m+k)-f(m)=b$. 从而$f(n+k^2)=f(n)+bk$,故

$$f(f(n+k^2))=f(f(n)+bk)=f(f(n))+b^2.$$

但$f(f(n+k^2))=n+k^2+a, f(f(n))=n+a$,则$b^2=k^2$;所以当$b\geq 0$时有$b=k$,故$f(m+n+a)=f(m)+f(n)+k$. 这个柯西型方程可以用常规方法描述为

$$f(m+n+a)=f(m+n-1)+f(1)+k=f(m)+f(n)+k.$$

所以 $f(m+n-1)+f(1) = f(m)+f(n)$. 现令 $m = 2$ 得

$$f(n+1)+f(1) = f(2)+f(n),$$

因此, f 是线性函数. 如果 $f(x) = cx+d$, 那么将其代入条件得 $c(m+cn+d)+d = n+c(m+k)+d$, 所以 $c(cn+d-k) = n$ 当且仅当 $c = 1$ (因为 $c \geqslant 0$) 且 $d = k$. 所以 $f(x) = x+k$ 满足条件.

习题7.6. (IMO 1995 预选题) 是否存在非负整数数列 $F(1), F(2), F(3), \ldots$ 同时满足以下三个条件:

    (a) 整数 $0, 1, 2, \ldots$ 按顺序出现在数列中;

    (b) 每个正整数在数列中出现无数次;

    (c) $F(F(n^{163})) = F(F(n))+F(F(361))$, $n \geqslant 2$?

解法一. 令 $F(1) = 0$ 且 $F(361) = 1$, 条件 (c) 等价于

$$F(F(n^{163})) = F(F(n)), n \geqslant 2.$$

令 $F(n) = n$, $n = 2, 3, \ldots, 360$, 按照下列方式定义 $F(n), n \geqslant 362$: 如果 $n = m^{163}, m \in \mathbb{N}$, $F(n) = F(m)$, 否则 $F(n) = $ 集合 $\{F(k)|k < n\}$ 中的最小数. 易发现 $F(1), F(2), F(3), \ldots$ 满足给定条件.

解法二. 满足条件的另一数列如下. 如果

$$n = p_1^{\alpha_1} p_2^{\alpha_2} \cdots p_k^{\alpha_k}$$

是 n 的素数因式分解式, 令

$$F(n) = \alpha_1 + \alpha_2 + \cdots + \alpha_k$$

且 $F(1) = 0$. 显然其满足条件 (a) 和 (b), 因为 163 是素数, 所以

$$F(F(n^{163})) = F(163F(n)) = F(F(n))+1,$$

条件 (c) 成立, 且 $F(F(361)) = F(F(19^2)) = F(2) = 1$.

习题7.7. 找到所有函数 $f: \mathbb{N}_0 \to \mathbb{R}$ 使得 $f(4) = f(2)+2f(1)$, 且当 $n > m$ 时有

$$f\left(\binom{n}{2} - \binom{m}{2}\right) = f\left(\binom{n}{2}\right) - f\left(\binom{m}{2}\right).$$

解. 函数 $f(x) = cx$, $c \in \mathbb{R}$, 显然满足条件. 令 $f(1) = a$ 和 $f(2) = b$. 自然地, 想到证明 $b = 2a$. 为此, 我们必须计算 f 的某些值. 如果

$$S = \left\{ \binom{n}{2} \middle| n \in \mathbb{N} \right\} = \{0, 1, 3, 6, 10, 15, 21, 28, \ldots\},$$

那么对于任意的 $x, y \in S$, 有 $f(x - y) = f(x) - f(y)$. 显然可知

$$f(3) = f(2) + f(1) = a + b, \quad f(4) = 2a + b, \quad f(6) = 2f(3) = 3(a + b),$$

$$f(5) = f(6) - f(1) = a + 2b, \quad f(10) = f(6) + f(4) = 4a + 3,$$

$$f(7) = f(10) - f(3) = 3a + 2b.$$

依此类推, 有更多的函数满足条件, 产生矛盾. 如果我们自己观察这些计算值, 可以发现

$$f(3k) = k(a + b), \quad f(3k + 1) = (k + 1)a + kb, \quad f(3k + 2) = ka + (k + 1)b$$

接下来寻找 n 除以 3 的余数, 发现 $g(x) = x \pmod 3$, 其中 $2 \pmod 3 = -1$. 因为 S 不包括 2 除以 3 的余数, 所以它满足结论, 从而 $f(x) = cx + dg(x)$ 也满足结论. 现证明它们是唯一的解. 令 $c = \dfrac{a + b}{3}$, $d = \dfrac{2(a - b)}{3}$, 且令 $h(x) = f(x) - cx - dg(x)$. 此函数满足结论且 $h(1) = h(2) = h(3) = \ldots = h(7) = 0$. 我们需要证明对于任意的 x 有 $h(x) = 0$. 对 x 进行数学归纳法. 假设 $h(x) = 0$, $x = 1, 2, \ldots, n$, 证 $h(n + 1) = 0$. 首先, 因为 $\binom{m+1}{2} - \binom{m}{2} = m$, 所以 $h\left(\binom{k}{2}\right) = 0$, $k \leqslant n + 1$, 下证 $h\left(\binom{n+2}{2}\right) = 0$. 如果可以找到 $k, x, y \leqslant n + 1$ 使得

$$\binom{n+2}{2} - \binom{n+2-k}{2} = \binom{x}{2} - \binom{y}{2},$$

则可进行证明. 此关系等价于 $k(2n + 3 - k) = (x - y)(x + y - 1)$. 下找到一个 $k \leqslant 3$ 使得 $3 \mid 2n + 3 - k$, 那么

$$k(2n + 3 - k) = 3k\left(\frac{2n + 3 - k}{3}\right),$$

且$3k, \dfrac{2n+3-k}{3}$ 由相反的奇偶性. 因此,令

$$2x = \frac{2n+3-k}{3} + 3k, \quad 2y = \frac{2n+3-k}{3} - 3k.$$

只需证$x, y \leqslant n+1$（$y < 0$ 但 $\dbinom{y}{2} = \dbinom{-y+1}{2}$，所以此处可合理假设）等价于$2n+4 > \dfrac{2n+3-k}{3} + 3k$ 或$4n+9 > 8k$. 因为当$n \geqslant 4$时, $k \leqslant 3$ 满足结论,且已知$h(1), h(2), h(3), h(4)$ 为零,所以命题得证.

习题7.8.找到所有函数$f : \mathbb{Q}^+ \to \mathbb{Q}^+$ 使得对于任意的$x \in \mathbb{Q}^+$,有

$$f(x) + f\left(\frac{1}{x}\right) = 1 \text{ 且} f(f(x)) = \frac{f(x+1)}{f(x)}.$$

解. 由前面内容知

$$f(x) + f\left(\frac{1}{x}\right) = 1,$$

的某解为$f(x) = \dfrac{1}{x+1}$. 它的解很多,但它确实满足条件.下证$f(x) = \dfrac{1}{x+1}$. 令$x = 1$, 得$f(1) + f(1) = 1$,从而$f(1) = \dfrac{1}{2}$. 令A为$f(x) = \dfrac{1}{x+1}$,$x \in \mathbb{Q}^+$的函数域. 如果$x \in A$,那么

$$f\left(\frac{1}{x}\right) = 1 - f(x) = 1 - \frac{1}{x+1} = \frac{x}{x+1} = \frac{1}{1+\frac{1}{x}}.$$

关于x的第二个条件可变形为$f\left(\dfrac{1}{x+1}\right) = \dfrac{f(x+1)}{\dfrac{1}{x+1}}$,所以

$$f\left(\frac{1}{x+1}\right) = (x+1)f(x+1).$$

由$f\left(\dfrac{1}{x+1}\right) = 1 - f(x+1)$ 得$(x+2)f(x+1) = 1$,所以$f(x+1) = \dfrac{1}{x+2}$. 因此,如果$x \in A$,那么$\dfrac{1}{x}$且$x+1$也属于A. 需证,当$x \to \dfrac{1}{x}, x \to x+1$ 时,正有理数$\dfrac{p}{q}$可以等于1.对$p + 2q \geqslant 3$进行数学归纳法可以进行证明. 因为$p + 2q = 3, p = q = 1$成立. 如果$p > q$,则$\dfrac{p-q}{q}$ 遵循归纳法的步骤,令$x \to x+1$ 有$\dfrac{p-q}{q}$变为$\dfrac{p}{q}$. 若$p < q$,则$\dfrac{q}{p}$ 遵循归纳法步骤,令$x \to \dfrac{1}{x}$ 由$\dfrac{q}{p}$ 变为$\dfrac{p}{q}$.

习题7.9. 设g和h在实数域内是连续实值双射. 且g没有不动点(即$g(x) \neq x, x \in \mathbb{R}$). 构造一个连续函数$f: \mathbb{R} \to \mathbb{R}$使得$f(g(x)) = h(f(x))$.

解. 因为g是一个连续双射函数,所以它一定是单调递增或单调递减的. 假设g是单调递增的. 因为函数$g(x) - x$连续且不为零,所以$g(s) < s$和$g(t) > t$不会同时成立.假设$g(x) > x$, $x \in \mathbb{R}$(同理可证第二种情况). 定义$a_0 = 0, a_1 = g(a_0), a_i = g(a_{i-1})$, $i > 0$且$a_i = g^{-1}(a_{i+1})$,$i < 0$.那么对于任意的i有$a_i < a_{i+1}$. 因为g单调递增,所以它可以构造一个集合$[a_{i-1}, a_i]$和$[a_i, a_{i+1}]$间的双射. 需证$f(a_1) = h(f(a_0))$. 假设任何连续函数f在区间$[a_0, a_1]$满足$f(a_1) = h(f(a_0))$(几何表示为(a_0, t)到$(a_1, h(t))$的连续曲线,其中$t = f(a_0)$). 下证函数f可以用唯一地方式延拓到整个实线. 事实上,我们可以将函数f拓展到区间$[a_1, a_2]$:$[a_1, a_2]$中的任何x可以唯一地记为$g(y)$,其中$y \in [a_0, a_1]$,设$f(x) = h(f(x))$.这样,可以确定条件$f(g(x)) = h(f(x))$对于所有$x \in [a_0, a_1]$均成立. 同理,可以将f拓展到$[a_2, a_3]$, $[a_3, a_4]$等等. 因为a_i单调递增,如果$(a_n)_{n>0}$一致收敛到a,那么$g(a) = a$是不可能的. 因此, a_n趋于无穷意味着函数f定义在$[a_0, +\infty)$,从而对于任意的$x \in [a_0, +\infty)$,有$f(g(x)) = h(f(x))$. 同理,设$f(x) = h^{-1}(y)$,可将函数f拓展到$[a_{-1}, a_0]$,其中$y = g(x) \in [a_0, a_1]$. 然后,我们利用数学归纳法定义$[a_{i-1}, a_i]$, $i < 0$上的函数f.因为随着i递增a_i趋于$-\infty$,所以可将函数f定义到整个$\mathbb{R}$. 函数f满足习题中的条件,且其定义由区间$[a_0, a_1]$上的限制唯一地决定.

注. 如果g有不动点x_0,令$x = x_0$得

$$f(x_0) = h(f(x_0)),$$

所以h也有一个不动点$y = h(x_0)$. 反之,如果y是一个固定点,则$f(x) = y$满足条件. 更有趣的是找到所有f,方法同上. 既然如此,$\mathbb{R}$可分为若干区间,其中$g(x) - x$是常数,且在此区间上, $g(x) - x$是正数或负数.请读者研究更普遍的问题,并给出完整的解决方案.

习题7.10. 设$g: \mathbb{C} \to \mathbb{N}$是给定函数, $a \in \mathbb{C}$是一给定常数且w是一原始立方根. 找到所有函数$f: \mathbb{C} \to \mathbb{C}$使得对于任意的$z \in \mathbb{C}$有

$$f(z) + f(wz + a) = g(z).$$

解. 此种情形下,迭代$wz + a$而不是f. 设$h(z) = wz + a$,那么$f(z) + f(h(z)) = $

$g(z)$, 又

$$h(h(z)) = w(wz + a) + a = w^2z + (w + 1)a,$$

$$h(h(h(z))) = w(w^2z + (w + 1)a) + a = w^3z + (w^2 + w + 1)a = z.$$

所以,$h(h(h(z))) = z$. 从而

$$f(z) + f(h(z)) = g(z), \ f(h(z)) + f(h(h(z))) = g(h(z)),$$

$$f(h(h(z))) + f(z) = f(h(h(z))) + f(h(h(h(z)))) = g(h(h(z))).$$

如果我们解这个非奇异线性系统$f(z), f(f(z)), f(f(f(z)))$,可得

$$f(z) = \frac{g(z) + g(w^2z + (w + 1)a) - g(wz + a)}{2},$$

同样地,可解$f(h(z))$ 和$f(h(h(z)))$. 易见,函数 f 满足条件.

习题7.11. 给定正整数n ,找到所有函数$f\colon \mathbb{R} \to \mathbb{R}$ 使得$f^{(n)}(x) = -x$,$x \in \mathbb{R}$,其中$f^{(n)}$ 是指f迭代n次后的函数.

解. 函数f不是递增的,这是因为,若$f^{(n)}(x) = -x$ 也是递增的,产生矛盾,因此f是递减的. 设

$$a_m = f^{(m)}(x).$$

因为$f^{(2n)}(x) = -f^{(n)}(x) = x$, 数列$A = \{a_k | k \in \mathbb{N}\}$以$2n$为周期,所以数列是有限的.设$a_k$ 是A中的最小项. 由f递减可知$a_{k+1} = f(a_k)$ 是A中的最大项. 又$a_{i+n} \geqslant a_k$,因此$a_i = -a_{i+n} \leqslant -a_k$,所以$a_{k+n} = -a_k$ 是A中的最大项,即$f(a_k) = -a_k$. 又$f(a_{k+1})$ 应是A的最大项,所以$f(-a_k) = a_k$,从而对p用数学归纳法可推知$a_{k+p} = (-1)^p a_k$.因为A 有周期性,所以对于某p,有$a_{k+p} = a_0 = x$,故$f(x) = -x$. 当且仅当n是奇数时函数满足条件.

习题7.12. (Romanian TST 1979, Singapore 1996) 证明存在函数$f\colon \mathbb{N} \to \mathbb{N}$ 满足$f(f(n)) = n^2, n \in \mathbb{N}$.

解. 此问题对于我们来说没有困难,我们有足够能力可以解决这种问题. 如果m不是完全平方,定义链 $C(m)$ 为$(x_n)_{n\in\mathbb{N}}$,其中$x_i = m^{2^i}$. 此链将$\mathbb{N}\backslash\{1\}$分配(因为我们仅设$f(1) = 1$ 且忽视其数值,所以1不影响问题解决). 通过将无限个链进行配对: $(C(x_1), C(y_1)), (C(x_2), C(y_2)), \ldots$ 且设$f(x_i^{2^k}) = y_i^{2^k}, f(y_i^{2^k}) = x_i^{2^{k+1}}$ 可以构造出所求函数. 不难证明,所有函数解可以写成该种形式.

习题7.13. 证明任意整数$n \geqslant 2$都存在无限多的函数$f : \mathbb{R} \setminus \{0\} \to \mathbb{R}$使得$f^{(n)}(x) = \dfrac{1}{x}$.

解. 设$A_1, A_2, \ldots, A_n$是集合$\mathbb{R} \setminus \{0\}$的分割,使得$x \in A_i$则$\dfrac{1}{x} \in A_i$.且存在双射$f_i : A_i \to A_{i+1}, i = 1, 2, \ldots, n-1$.定义$f(x) = f_i(x), x \in A_i$且

$$f\left(f_{n-1}(f_{n-2}(\ldots(f_1(x))))\right) = \frac{1}{x},$$

其中$x \in A_1$. 因为每一个$y \in A_n$都可以唯一地表示为

$$y = f_{n-1}\left(f_{n-2}(\ldots(f_1(x)))\right),$$

其中$x \in A_1$, 于是f定义在$\mathbb{R} \setminus \{0\}$上且$f^{(n)}(x) = \dfrac{1}{x}$.

习题7.14. 证明存在无限多函数$f : \mathbb{R} \setminus \{-1\} \to \mathbb{R} \setminus \{-1\}$,使得

$$f\left(\frac{x}{x+1}\right) = \frac{f(x)}{f(x)+1}$$

其中$x \in \mathbb{R} \setminus \{-1\}$.

解. 设$\alpha(x) = \dfrac{x}{x+1}$, 则给定方程形如$f(\alpha(x)) = \alpha(f(x))$,显然,它的解为$\alpha(x)$的迭代$\alpha^{(n)}(x)$. 因为$\alpha^{(n)}(x) = \dfrac{x}{nx+1}$,所以函数$f(x) = \dfrac{x}{cx+1}$,其中$c$是满足给定方程的常数.可进一步证明,满足给定方程的有理数函数解形如上式.

习题7.15. 确定所有连续函数$f : (0, \infty) \to (0, \infty)$使得$f(f(x)) = x$且$f(x+1) = \dfrac{f(x)}{f(x)+1}$, $x \in (0, \infty)$.

解. 首先证明$f(1) = 1$. 事实上, 利用等式

$$f(x+1) = \frac{f(x)}{f(x)+1},$$

对n进行数学归纳法可得$f(n+1) = \dfrac{a}{1+an}, a = f(1)$. 因此

$$f\left(\frac{a}{1+an}\right) = f(f(n+1)) = n+1.$$

从而

$$f\left(\frac{1+(n+1)a}{1+na}\right) = f\left(1 + \frac{a}{1+na}\right) = \frac{f\left(\dfrac{a}{1+na}\right)}{1 + f\left(\dfrac{a}{1+na}\right)} = \frac{n+1}{n+2}.$$

令 $n \to \infty$,利用 f 的连续性可得 $f(1) = 1$.

现考虑集合 $M = \left\{ x \in | f(x) = \dfrac{1}{x} \right\}$. 显然 $1 \in M$,且由 $f(x)$ 知,若 $x \in M$,则 $x + 1 \in M$, $\dfrac{1}{x} \in M$. 需证 M 包含正有理数集 $\mathbb{Q}^{+}$. 首先,因为 $1 \in M$ 且 $x + 1 \in M$,其中 $x \in M$. 所以 M 包含正整数. 又因为对于任意的正整数 m 有 $\dfrac{1}{2} \in M$ 且 $\dfrac{2m+1}{2} = \dfrac{1}{2} + m \in M$, 所以 M 包含形如 $\dfrac{n}{2}$ 的正有理数. 假设 M 包含形如 $\dfrac{n}{j}$ 的正有理数,其中 $1 \leqslant j \leqslant k$. 为证 $\dfrac{n}{k+1} \in M$, 定义 p 为 n 除以 $k + 1$ 的余数,即 $n = m(k+1) + p$.若 $p = 0$,则 $\dfrac{n}{k+1} = m \in M$. 否则 $0 < p \leqslant k$ 且 $\dfrac{k+1}{p} \in M$.因此, $\dfrac{p}{k+1} \in M$ 且 $\dfrac{n}{k+1} = m + \dfrac{p}{k+1} \in M$. 于是,对 M 进行数学归纳法可知其包含正有理数 $\mathbb{Q}^{+}$. 从而 $f(x) = \dfrac{1}{x}$, $x \in \mathbb{Q}^{+}$.利用 $f(x)$ 的连续性可将该等式拓展到 $x \in (0, \infty)$.

习题7.16. (Bulgaria 2009) 定义所有实数 a 使得:

(i) 函数 $f: \mathbb{R} \to \mathbb{R}$,且对于任意的 $x \in \mathbb{R}$ 有 $f(0) = a$, $f(f(x)) = x^{2009}$;

(ii) 满足条件(i)的是连续函数.

解. (i)因为 $f(x)^{2009} = f(f(f(x))) = f(x^{2009})$, 所以 $a^{2009} = a$,即 $a = 0, \pm 1$.设 $\{b, c, d\} = \{-1, 0, 1\}$,按照如下方式定义函数 $f: \mathbb{R} \to \mathbb{R}$:

$$f(x) = \frac{1}{x} , \ |x| > 1,$$

$$f(x) = \frac{1}{x^{2009}} , \ 0 < |x| < 1,$$

$$f(b) = b, \ f(c) = d, \ f(d) = c.$$

则 $f(f(x)) = x^{2009}$, $x \in \mathbb{R}$,从而所求 a 值为 $a = 0, \pm 1$.

(ii) 显然 f 是单射的函数(如果 $f(x) = f(y)$,那么 $x^{2009} = y^{2009}$,即 $x = y$.) 假设 $a = f(0) = -1$,那么 $f(-1) = f(f(0)) = 0$. 由 $e = f(1)$ 得 $e \neq 0, -1$ 且 $e^{2009} = e$,即 $e = 1$. 因为 $f(0)f(1) = -1 < 0$,所以由中值定理得 $f(x) = 0$, $x \in (0, 1)$,这与 f 是单射矛盾. 同理可证 $a \neq 1$. 因为 $a = 0$,所以 f 性质如下:当 $x > 0$ 时,有 $f(x) = x^{\sqrt{2009}}$, $f(0) = 0$ 且当 $x < 0$ 时,有 $f(x) = -(-x)^{\sqrt{2009}}$.

习题7.17 设函数 $f: \mathbb{N} \to \mathbb{N}$,使得任意的 $n \in \mathbb{N}$ 有

$$f(f(n)) = 4n - 3 , \ f(2^n) = 2^{n+1} - 1$$

求 $f(993)$. $f(2007)$ 的值又为多少?

解. 显然 $f(x) = 2x - 1$ 满足条件. 试证 $f(993) = 1995$. 若可证 $f(t) = 2t - 1$,则利用第一个条件可证得 $f(2t-1) = 4t - 3$, $f(4t-3) = 8t - 7$ 等等,所以 $f(t_n) = 2t_n - 1$, t_n 可按照如下递归方式进行定义

$$t_0 = t, \ t_{k+1} = 2t_k - 1.$$

可知 $f(2^n) = 2^{n+1} - 1$. 试令 $993 = t_n$, 其中存在 k 使得 $t_0 = 2^k$.

我们尝试逆向思考:

$$993 = 2 \cdot 497 - 1, \ 497 = 2 \cdot 249 - 1, \ 249 = 2 \cdot 125 - 1, \ 125 = 2 \cdot 63 - 1, \ 63 = 2 \cdot 32 - 1$$

且 32 是 2 的幂. 该操作对于任何形如 $2^m(2^n - 1) + 1$ 的数均可进行. 但因为 $2007 = 2 \cdot 1004 - 1$ 且在 1004 处停止运行,所以我们用此方法求 $f(2007)$ 的值是行不通的. 现在我们尝试构造一个不同于 $2x - 1$ 的函数来解决第二个问题. 考虑不满足 1 $(\bmod \ 4)$ 的 $x > 1$,定义数列 $S(x) = (x_n)_{n \in \mathbb{N}}$,使得 $x_1 = x$, $x_{k+1} = 4x_k - 3$,令 x 为数列的首项. 易证 f 是单射且这些数列将 $\mathbb{N} \setminus \{1\}$ 进行分割. 设 $g(x) = 4x - 3$ 且 $g^{(n)}(x)$ 是 g 的 n 次递归式. 现证若 $f(n) = m$,则 $f(m) = g(n)$,从而 $f(g(n)) = g(m)$ 等等, 故 $f(g^{(k)}(n)) = g^{(k)}(m)$. 因此, f 在这些数列间提供了更直观的映射,定义如下. 设 x, y 是两序列的原始因子,假设 $f(x) = y_m$. 令 $f(y) = u$,则 $f(g^{(m)}(y)) = g^{(m)}(f(y)) = g^{(m)}(u)$. 然而 $f(g^{(m)}(y)) = f(y_m) = g(x)$. 所以 $g(x) = g^{(m)}(u)$,从而 $x = g^{(m-1)}(u)$ ($m > 0$).

因为 $x \not\equiv 1 \ (\bmod \ 4)$, 当且仅当 $m = 1$ 或 $m = 0$ 时成立. 第一种情况下有 $f(y) = x$,第二种情况下有 $f(x) = y$. 无论如何, f 将一个原始因子映射到另一个原始因子,且 f 可用递归法定义而与这些原始因子的序列不相矛盾. 在定义条件下, f 是 2 的幂或 -2 的幂. 然而,我们有无限多的原始因子可以按照想要的方式进行配对. 特别地,将 2007 分为不同对原始因子会得到不同 $f(2007)$ 的值,所以 $f(2007)$ 不能被唯一确定. 如果 2007 不能与原始因子 u 配对,那么 $f(2007) = u$ 或 $f(u) = 2007$ 且 $f(2007) = 4u - 3$. 因此, $f(2007)$ 的所有可能值是 u 或 $4u - 3$,其中 u 是一个数,不是 1 $(\bmod \ 4)$ 且不是 2 的幂或 2 的幂减去 1.

习题 7.18. (Romania TST 1989) 设 $\mathbf{F}$ 是所有满足 $f(0) = 10$ 且 $f(f(x)) - 2f(x) + x = 0, x \in \mathbb{N}$ 的函数 $f : \mathbb{N} \to \mathbb{N}$ 的集合. 求集合 $A = \{f(1989) | f \in \mathbf{F}\}$.

解. 由推论知,对于任意的 $n, x \in \mathbb{N}$ 有

$$f^{(n)}(x) = nf(x) - (n-1)x.$$

由 $f^{(n)}(x) \geqslant 0$ 得 $f(x) \geqslant \left(1 - \dfrac{1}{n}\right)x, n \in \mathbb{N}$.因此对于任意的 $x \in \mathbb{N}$ 有 $f(x) \geqslant x$. 设 $f(x) = x + r(x)$,对于任意的 $x \in \mathbb{N}$ 有 $r(x) \geqslant 0$. 对上述等式进行数学归纳法可知 $f^{(n)}(x) = x + nr(x)$. 特别地,若 $f(0) = 10$,则 $f^{(n)}(0) = 10n$. 设 $f(1989) = 1989 + r$. 如果 r 与 10 互素,则存在 a 和 $b, 0 \leqslant a \leqslant 9$,使得 $1989 + ar = 10b$. 因此

$$f^{(a)}(1989) = 1989 + ar = 10b = f^{(b)}(0).$$

显然,任何单射的函数 $f \in \mathbf{F}$ 不满足上述等式,所以 r 与 10 互素且 $\gcd(r, 10) \in \{2, 5, 10\}$. 于是 $f(1989) = 1989 + 2m$ 或 $f(1989) = 1989 + 5m$,或 $f(1989) = 1989 + 10m$. 这表明集合 A 包含所有大于 1989 的奇整数和大于 1989 且等于 4 $\pmod 5$ 的偶整数. 注意函数

$$f(x) = \begin{cases} x + 10 & , x \text{ 为偶数} \\ x + 2m & , x \text{ 为奇数} \end{cases}$$

和

$$f(x) = \begin{cases} x + 10 & , x \text{ 为偶数} \\ x + 5m & , x \text{ 为奇数} \end{cases}$$

满足问题条件. 所以

$$A = \{2k + 1 \mid k \geqslant 994\} \cup \{5l + 4 \mid l \geqslant 339\}.$$

习题7.19. 找到所有函数 $f : \mathbb{R} \to \mathbb{R}$ 使得对于任意的 $x \in \mathbb{R}$ 有

$$f(1 - x) = 1 - f(f(x)).$$

解. 设 $g(x) = \dfrac{1}{2} - f\left(\dfrac{1}{2} - x\right)$. 方程变为

$$-g\left(x - \frac{1}{2}\right) = g\left(g\left(\frac{1}{2} - x\right)\right)$$

我们需找到所有连续函数$g:\mathbb{R}\to\mathbb{R}$使得

$$g(g(x)) = -g(-x).$$

首先需证$g(x)=x$, $x\in g(\mathbb{R})=A$. 上述等式表明$a\in A\implies -a\in A$.因为$g(x)$是连续的,所以$A=\mathbb{R}$或$A=[-u,u]$, $u\geqslant 0$.

可知

$$g(g(g(g(x)))) = -g(-g(g(x))) = -g(g(-x)) = g(x),$$

所以$g(g(g(x)))=x$, $x\in A$. 令$g_r:A\to A$是g到A的限制条件. 那么$g_r(g_r(g_r(x)))=x$, $x\in A$.所以g_r是双射,因此它是单调的. 另一方面,等式$g(g(x))=-g(-x)$表明$g_r(g_r(x))=-g_r(-x)$,所以$-g_r(-x)$是单调递增的,所以$g_r(x)$是单调递增的. 则$g_r(a)>a$表明$g_r(g_r(a))>g_r(a)>a$,所以$a=g_r(g_r(g_r(a)))>g_r(a)>a$,这是不可能的. 因此, $g_r(a)\leqslant a$. 但$g_r(a)<a$表明$g_r(g_r(a))<g_r(a)<a$,所以$a=g_r(g_r(g_r(a)))<g_r(a)<a$,产生矛盾. 因此, $g_r(x)=x$,$x\in A$.原方程变为$g(x)=-g(-x)$ (因为$g(g(x))=g_r(g(x))=g(x)$).

因此,方程$g(g(x))=-g(-x)$的连续解是连续奇函数$g(x)$且$g(x)=x$,$x\in g(\mathbb{R})$. 构建方法如下. 如果$g(\mathbb{R})=\mathbb{R}$,则对于任意的x有$g(x)=x$. 如果$g(\mathbb{R})=[-u,u]$, $u\geqslant 0$,那么令任何连续函数$h:[u,+\infty)\to[-u,+u]$有$h(u)=u$成立,按照如下方式定义$g(x)$:对于任意的$x\in(-\infty,-u)$有$g(x)=-h(-x)$, 对于任意的$x\in[-u,+u]$有$g(x)=x$ 且对于任意的$x\in(u,+\infty)$有$g(x)=h(x)$. 注:$u=0$给出了函数解$g(x)=0$.

最后,原始方程的所有解有

$$f(x) = \frac{1}{2} - g\left(\frac{1}{2}-x\right)$$

给定,其中$g(x)$是按照上述方式描述的函数. 下面是一些例子:

(1) $g(x)=0$ 给出函数解$f(x)=\frac{1}{2}$;

(2) $g(x)=x$ 给出函数解$f(x)=x$;

(3) $u=1$ 且$d\, h(x)=\sin\left(\frac{\pi}{2}x\right)$ 给出解: 如果$\left|x-\dfrac{1}{2}\right|<1$,那么$f(x)=x$且如果$\left|x-\dfrac{1}{2}\right|\geqslant 1$,那么$f(x)=\dfrac{1}{2}+\sin\left(\dfrac{\pi}{2}x-\dfrac{\pi}{4}\right)$.

(4) $u = 2$ 和$h(x) = 4\left|2\left\{\dfrac{x-2}{8}\right\} - 1\right| - 2$ 给出解

$$f(x) = \frac{5}{2} - 4\left|2\left\{\frac{-2x-3}{16}\right\} - 1\right|.$$

这里$\{a\}$ 是实数a的小数部分.

19.8　达朗贝尔方程

习题8.1. 找到函数方程

$$f(x+y) + f(x-y) = 2f(x)\cos y, x, y \in \mathbb{R}$$

的所有解.

解. 分别令$(x,y) = (0,t), \left(\dfrac{\pi}{2}+t, \dfrac{\pi}{2}\right), \left(\dfrac{\pi}{2}, \dfrac{\pi}{2}+t\right)$ 得

$$f(t) + f(-t) = 2a\cos t, f(\pi+t) + f(t) = 0, f(\pi+t) + f(-t) = -2b\sin t,$$

其中$a = f(0), b = f\left(\dfrac{\pi}{2}\right)$. 因此,$f(t) = a\cos t + b\sin t$ 满足条件.

习题8.2. 找到连续函数$f, g : \mathbb{R} \to \mathbb{R}$使得对于任意的$x, y \in \mathbb{R}$,有

$$f(x-y) = f(x)f(y) + g(x)g(y)$$

解. 令$y = x$ 得$f^2(x) + g^2(x) = c = f(0)$. 特别地,令$x = 0$ 得$c^2 + g^2(0) = c$,所以$0 \leqslant c \leqslant 1$.若$c < 1$,令$y = 0$ 得$f(x) = cf(x) + g(0)g(x)$,所以$g(x) = \dfrac{1-c}{g(0)}f(x)$. 则

$$c = f^2(x) + g^2(x) = f^2(x)\left(1 + \frac{(1-c)^2}{g^2(0)}\right) = f^2(x)\left(1 + \frac{(1-c)^2}{c-c^2}\right) = \frac{f^2(x)}{c}$$

从而$f^2(x) = c^2$.故$f(x) = \pm c$,由连续性知,$f(x) = c, g(x) = \sqrt{c-c^2}$ 或$g(x) = -\sqrt{c-c^2}$. 不要忘记讨论$c = 1$的情况,此时$f(0) = 1, g(0) = 0, f^2(x) + g^2(x) = 1$.正弦函数和余弦函数满足上式. 如果将给定方程中的x 替换为y 可得f 是偶函数. 若设$y \to -y$ 得

$$f(x+y) = f(x)f(y) + g(x)g(-y).$$

类似地,有$f(x+y) = f(x)f(y) + g(-x)g(y)$. 因此

$$g(x)g(-y) = g(y)g(-x).$$

若$g(x) \neq 0$,则$g(-y) = g(y)\dfrac{g(-x)}{g(x)}$. 如果对于任意的x均有$g(x) = 0$,那么立即可推出$f(x) = 1$. 如果$g(x_0) \neq 0$, 那么由于

$$f^2(x_0) + g^2(x_0) = 1 = f^2(-x_0) + g^2(-x_0)$$

且f 是偶函数,可得$\dfrac{g(-x_0)}{g(x_0)} = \pm 1$. 故对于任意的$y \in \mathbb{R}$,有

$$g(-y) = g(y)\frac{g(-x_0)}{g(x_0)} = \pm g(y).$$

从而g 为奇函数或偶函数. 若g 是偶函数,令$y \to -y$ 得$f(x+y) = f(x)f(y) + g(x)g(y) = f(x-y)$,从而f使常数. 若f 不是常数,那么g 是奇函数.令$y \to -y$得

$$f(x+y) + f(x-y) = 2f(x)f(y).$$

该方程为达朗贝尔方程,因为函数$f(x)$是连续的,所以$f(x) = \cos \alpha x$, $\alpha \in \mathbb{R}$. 给定方程变形为$g(x)g(y) = \sin \alpha x \sin \alpha y$, 那么

$$g(x) = \sin \alpha x \text{ 或} g(x) = -\sin \alpha x = \sin(-\alpha x).$$

因此,给定函数的所有连续解形如

$$f(x) = \cos \alpha x, \ g(x) = \sin \alpha x, \ \alpha \in \mathbb{R}.$$

习题8.3. 找到所有连续函数$f, g \colon \mathbb{R} \to \mathbb{R}$,使得对于任意的$x, y \in \mathbb{R}$,有

$$f(x+y) + f(x-y) = 2f(x)g(y)$$

解. 该方程与达朗贝尔方程相似,可看作达朗贝尔方程的推广. 我们尝试将其变形为达朗贝尔方程进行求解. 如果f 恒为0,那么g可以为任意函数. 否则,若$f(x_0) \neq 0$可得$f(x_0+y)+f(x_0-y) = 2f(x_0)g(y) = f(x_0-y)+f(x_0+y) = 2f(x_0)g(-y)$,所以$g$是偶函数. 令$y = 0$得$g(0) = 1$.下面分两种情况进行讨论:

(a) $f(0) = 0$.令 $x = 0$ 得 $f(y) + f(-y) = 0$,所以 f 是奇函数. 因此

$$f(x+y) + f(x-y) = 2f(x)g(y),$$

$$f(x+y) - f(x-y) = f(y+x) + f(y-x) = 2g(x)f(y).$$

从而

$$f(x+y) = f(x)g(y) + g(x)f(y), \ f(x-y) = f(x)g(y) - g(x)f(y).$$

它与正弦的和差公式类似,其中 f 是正弦函数且 g 是余弦函数(可以确定函数 f 是奇函数,函数 g 是偶函数). 我们现在缺少余弦的和差公式,所以尝试令上面第二个式子中的 x 替换为 $x + y$,得

$$f(x) = f(x+y)g(y) - g(x+y)f(y) = (f(x)g(y) + g(x)f(y))g(y) - g(x+y)f(y).$$

因此

$$g(x+y) = g(x)g(y) - \frac{f(x)(1 - g^2(y))}{f(y)}.$$

这与我们想要的公式有所不同,但若我们将 y 替换为 $-y$,可得

$$g(x-y) = g(x)g(y) + \frac{f(x)(1 - g^2(y))}{f(y)}.$$

所以,当 $f(y) \neq 0$ 时有 $g(x+y) + g(x-y) = 2g(x)g(y)$. 因此,函数 g 可利用达朗贝尔方程进行求解,但是这里存在一个问题: 如果 $f(y) = 0$, 那么条件 $g(x+y) + g(x-y) = 2g(x)g(y)$ 可能不成立. 若存在数列 y_n 趋于 y 且 $f(y_n) \neq 0$,那么由连续性可知该条件成立.否则,将存在一个包含 y 的区间 I 使得在区间 I 上有 $f \equiv 0$. 设 I 的区间长度为 l. 若定义 $X - Y$ 在集合 $\{x - y | x \in X, y \in Y\}$ 上,那么公式

$$f(x-y) = f(x)g(y) - f(y)g(x)$$

说明,如果在 X 和 Y,上有 $f \equiv 0$,那么在 $X - Y$ 上有 $f \equiv 0$. 因此,$f \equiv 0$ 定义在 $I - I = (-l, l)$ 上. 那么 $f \equiv 0$ 也定义在 $(l, -l) - (l, -l) = (2l, -2l)$ 上,依此类推, $f \equiv 0$ 定义在 $(2^k l, -2^k l)$ 上,其中 k 为任意值,所以 $f \equiv 0$ 定义在 $\mathbb{R}$ 上,产生矛盾. 因此,对于任意的 x 和 y,函数 g 满足达朗贝尔方程. 因此,$g(x) = \cos(ax)$ 或 $g(x) = \cosh(ax)$,其中 a 为某常数. 不失一般性,假设 $g(x) = \cos(ax)$; 第二

种情况可用类似的方法得出相应的结论. 若$a = 0$ 有$g = 1$,可得$f(x + y) = f(x) + f(y)$. 因此, $f(x) = cx, c \in \mathbb{R}$. 若$a \neq 0$. $f(x) = b_x \sin(ax), f(x) \neq 0$, 因为$c \sin(ax)$且$\cos(ax)$满足给定条件,所以可对$n$运用数学归纳法得$f(nx) = b_x \sin(anx)$. 要求对任意的$x, y$,有$b_x = b_y$. 如果$\dfrac{x}{y} \in \mathbb{Q}$, 那么存在$z$ 使得$x = mz, y = nz$, $m, n \in \mathbb{N}$,从而$b_x = b_z = b_y$.如果$\dfrac{x}{y} \notin \mathbb{Q}$,那么存在数列$x_n$使得$\dfrac{x_n}{x} \in \mathbb{Q}, x_n \to y$, 则$b_{x_n} = x$.利用$f$ 的连续性可得$f(y) = b_y \sin(ay)$; 所以$b_x = b_y$. 因此, $f(x) = b_{x_0} \sin(ax), f(x) \neq 0$. 如果$f(x) = 0$, 那么存在数列$x_n \to x$ 使得$f(x_n) \neq 0$.由连续性知$f(x) = b_{x_0} \sin(ax)$. 所以$f(x) = b \sin(ax), g(x) = \cos(ax)$. 显然满足条件. 当$g(x) = \cosh(ax)$时,可用同样的方法得到$f(x) = b \sinh(ax)$.

(b) $f(0) \neq 0$. 利用a)中的相应方法. 设

$$f^+(x) = f(x) + f(-x), \ f^-(x) = f(x) - f(-x).$$

如果f 满足条件,那么$-f$也满足条件. 因此f^+, f^- 也满足条件(条件中的f 是线性的). 但f^- 按照情况(a)的步骤进行得到$g(x) = \cos(ax), f^-(x) = b \sin(ax)$ 或$g(x) = \cosh(ax), f^-(x) = b \sinh(ax)$. 假设$f^+(0) = 1$, 因为我们可用任何常数乘以或除以$f$,若$x, y$交换位置,则有$f^+(x + y) + f^+(x - y) = 2f^+(x)g(y)$ 和$f^+(x + y) + f^+(y - x) = 2g(x)f^+(y)$. 因为f^+ 是偶函数,所以$f^+(y - x) = f^+(x - y)$,从而$f^+(x)g(y) = f^+(y)g(x)$. 特别地, $f^+(x)g(0) = f^+(0)g(x)$. 因为$f^+(0) = g(0) = 1$,所以$f^+ = g$.

综上,满足条件的函数有

$$f(x) = bx + c, g(x) = 1, \ f(x) = c\sin(ax) + d\cos(ax), \ g(x) = \cos(ax);$$

$$f(x) = c\sinh(ax) + d\cosh(ax), g(x) = \cosh(ax).$$

习题8.4. 找到连续函数$f, g, h, k \colon \mathbb{R} \to \mathbb{R}$使对于任意的$x, y \in \mathbb{R}$有$f(x + y) + g(x - y) = 2h(x)k(y)$.

解. 该题是习题8.3的推广. 首先,尝试消去g. 将y 替换为$-y$ 得$f(x - y) + g(x + y) = 2h(x)k(-y)$. 用此式减去条件中的等式,令$u = f - g, l(x) = k(x) - k(-x)$,得

$$u(x + y) - u(x - y) = 2h(x)l(y). \tag{*}$$

这里可以利用8.2节的定理A来确定函数u.事实上,如果令$a_n = f(nx)$,并用nx替换x,x替换y得$a_{n+1} - a_{n-1} = 2h(nx)l(x)$. 如果$l(x) = 0$,那么$a_{2n} = a_0$,因此$f(2nx)$是常数. 如果$l(x) \neq 0$,那么令$y = 2x$可推出$a_{n+2} - a_{n-2} = 2h(nx)l(2x)$,因此$a_{n+2} - a_{n-2} = b(a_{n+1} - a_{n-1})$, 这里$b = \dfrac{l(2x)}{l(x)}$. 该递推式的特征多项式是

$$x^4 - b(x^3 - x) - 1 = (x+1)(x-1)(x^2 - bx + 1).$$

如果$b \neq \pm 2$,这个多项式有四个不同的零点$1, -1, w, \dfrac{1}{w}$. 因此

$$a_n = \alpha + \beta(-1)^n + \gamma w^n + \theta \frac{1}{w^n}.$$

从而

$$a_{2n} = \alpha + \beta + \gamma w^n + \theta \frac{1}{w^n}.$$

如果$b = 2$,多项式有三重零点1 ,则$a_n = p(n) + c(-1)^n$, 其中p是次数小于等于2的多项式. 所以$u(2nx) = p(2nx)$,这里p是次数小于等于2的多项式. 最后,若$b = -2$,可得三重零点-1 和一个单值零点-1. 同理$u(nx) = p(2nx)$,这里p是次数小于等于2的多项式. 因此,应用定理A 可得$u(x)$ 是次数小于等于2的多项式或

$$u(x) = \alpha e^{ax} + \beta e^{-ax} + \gamma. \tag{1}$$

如果在开始时将两式相加而不是相减,结果则为

$$v(x+y) + v(x-y) = 2h(x)j(y), \tag{**}$$

这里$j(y) = k(y) + k(-y)$. 按照上面的步骤可知v 是线性的或是$\alpha' e^{a'x} + \beta' e^{-a'x}$. 如果$v$ 是线性的,那么h也是.因此,$a \neq 0$ 时, u的形式不是$\alpha e^{ax} + \beta e^{-ax}$.这是因为,如若如此有

$$l(y) = \frac{u(x+y) - u(x-y)}{2h(x)} = \frac{\alpha e^{ax} - \beta e^{ax}}{2h(x)}(e^{ay} - e^{-ay})$$

且其与x无关. 所以u 的次数小于等于2.因此

$$f = \frac{u+v}{2}, \quad g = \frac{v-u}{x}.$$

如果$f(x) = ax^2 + bx + c, g(x) = -ax^2 + dx + e$ (x^2的系数是复数,因为它们只来自于u), 于是

$$f(x+y) - g(x-y) = a((x+y)^2 - (x-y)^2) + b(x+y) + d(x-y) + c + e$$
$$= 4axy + (b+d)x + (b-d)y + c + e.$$

因为h是线性的, $h(x) = kx + l$, 所以$k(y)$也是线性的. 因此,

$$k(x)h(y) = (kx+l)(my+n) = mnxy + knx + lmy + ln.$$

所以
$$a = \frac{mn}{4}, \ b = \frac{kn+lm}{2}, \ c = \frac{kn-lm}{2}, \ c+e = ln.$$

假设v形如$\alpha' e^{a'x} + \beta' e^{-a'x}$,那么可推出

$$h(x) = c(\alpha' e^{a'x} + \beta' e^{-a'x}).$$

此时$a = a'$或$a = -a'$,由$(*)$得

$$k(y) = \frac{u(x+y) - u(x-y)}{h(x)}.$$

因为k与x无关但h以$a'x$为指数幂, 又u形如$\alpha e^{ax} + \beta e^{-ax} + \gamma$,为了使$k(y)$的表达式中消去$h(x)$可得$a = \pm a'x$. 将u, v替换为f, g 得$f(x) = ke^{ax} + le^{-ax} + m, g(x) = re^{ax} + se^{-ax} - m$, 那么

$$f(x+y) + g(x-y) = (ke^{ay} + re^{-ay})e^{ax} + (le^{-ay} + se^{ay})e^{-ax} = h(x)k(y).$$

如果不考虑无关情况, $k = r = l = s = 0$, 那么h, k不同时为零函数. 因此,选择$x = x_0$ 使得$h(x_0) \neq 0$,那么$k(y)$可表示为

$$k_1 e^{ay} + k_2 e^{-ay},$$

选择某$y = y_0$ 使得$k(y_0) \neq 0$, 那么可取

$$h(x) = h_1 e^{ax} + h_2 e^{-ax}.$$

因此,将
$$k = h_1 k_1, \ l = k_2 h_2, \ r = h_1 k_2, \ s = h_2 k_1$$

代入上面所得等式,便可得 f, g, h, k 的参数表达式.

习题8.5. 找到光滑函数 $f : \mathbb{R} \to \mathbb{R}$ 使对任意的 $x, y \in \mathbb{R}$,都有

$$f(x + y) + 2f(x)f(y) = f'(x)f(y) + f(x)f'(y).$$

解. 去掉对称元素和附加变量. 此时 $f(x)$ 和 $f(y)$ 非零且整除 $f(x)f(y)$,条件可变形为

$$\frac{f(x + y)}{f(x)f(y)} = \frac{f'(x)}{f(x)} + \frac{f'(y)}{f(y)} - 2$$

由此,

$$\frac{f(x + y)}{f(x)f(y)} + \frac{f(z + t)}{f(z)f(t)} = \frac{f'(x)}{f(x)} + \frac{f'(y)}{f(y)} + \frac{f'(z)}{f(z)} + \frac{f'(t)}{f(t)} - 4$$

又由对称性得

$$\frac{f(x + y)}{f(x)f(y)} + \frac{f(z + t)}{f(z)f(t)} = \frac{f(x + t)}{f(x)f(t)} + \frac{f(y + z)}{f(y)f(z)}$$

上式两端同乘 $f(x)f(y)f(z)f(t)$,有

$$f(x + y)f(z)f(t) + f(z + t)f(x)f(y) = f(x + t)f(y)f(z) + f(y + z)f(x)f(t).$$

用这种表达式更加直观,且不需要限制 $f(x), f(y), f(z), f(t)$ 非零.

为使结论具有一般性,这里需要避免除法运算. 将条件 x, y 扩大为 $f(z)f(t)$,将条件 z, t 扩大为 $f(x)f(y)$,注意到等式右端是对称的.

将 (x, y, z, t) 替换为 $(nx, x, x, -x)$,条件变为

$$a_{n+1}a_1a_{-1} + a_na_{-1}a_0 = a_{n+1}a_1^2 + a_na_2a_{-1},$$

这里 $a_k = f(kx)$.

这是一个二次递归式,由定理B可知,存在 a, b 使得

$$f(x) = p(x)e^{ax} + q(x)e^{bx}.$$

既然该递归式是二次的,那么 p, q 是常数或 $q = 0$ 且 p 至少是线性的; 否则,选择某合适的 x 会使 a_k 过于复杂以至于不满足二次递归式.

下面分两种情况进行验证.

首先,代入已知条件验证 $f(x) = c_1e^{ax} + c_2e^{bx}$,其中 $a \neq b$, $c_1, c_2 \neq 0$. 在等式左端,e^{ax+by} 的系数是 $2c_1c_2$,而在等式右端,e^{ax+by} 的系数是 $(a + b)c_1c_2$.因

此$a+b=2$.另一方面,等式左端的e^{ax+ay} 的系数是$c_1+2c_1^2$,而右端的系数是$2ac_1^2$. 所以, $c_1=\dfrac{1}{2(a-1)}$.同理, $c_2=\dfrac{1}{2(b-1)}$. 如果令$a=1+s,b=1-s$, $s\neq 0$, 那么

$$f(x)=\frac{\mathrm{e}^{(1+s)x}-\mathrm{e}^{(1-s)x}}{2s}$$

反之,利用等式的等价性可知, 所有形如上式的函数均满足条件.

其次,代入已知条件验证$f(x)=(ux+v)\mathrm{e}^{ax}$.等式左端$xy\mathrm{e}^{ax+ay}$ 的系数是$2u^2$,而等式右端对应系数为$2u^2a$.因此$a=1$ 或$u=0$.如果$u=0$,那么$f(x)=v\mathrm{e}^{ax}$. 于是

$$v\mathrm{e}^{ax+ay}+2v^2\mathrm{e}^{ax+ay}=2va\mathrm{e}^{ax+ay}$$

所以$2v^2+v=2va$, 则$v=0,f=0$ 或$v=a-\dfrac{1}{2}$, $f(x)=\left(a-\dfrac{1}{2}\right)\mathrm{e}^{ax}$. 这两个情况均满足条件. 若$a=1$, 则

$$f(x)=(ux+v)\mathrm{e}^x.$$

从而

$$(ux+uy+v)\mathrm{e}^{x+y}+2(ux+v)(uy+v)\mathrm{e}^{x+y}$$

$$=(ux+u+v)(uy+v)\mathrm{e}^{x+y}+(uy+u+v)(ux+v)\mathrm{e}^{x+y}$$

故$ux+uy+v=u(ux+v+uy+v)$, 即$v=2uv,u=u^2$,所以$u=0$,$f=0$; 或$u=1,v=2v$,从而$v=0$,则$f(x)=x\mathrm{e}^x$ 满足条件.

综上,方程的解为以下函数:

$$f(x)=0, f(x)=\frac{\mathrm{e}^{(1+s)x}-\mathrm{e}^{(1-s)x}}{2s}, f(x)=\left(a-\frac{1}{2}\right)\mathrm{e}^{ax}, f(x)=x\mathrm{e}^x.$$

习题8.6. 找到连续函数$f\colon \mathbb{R}\to\mathbb{R}$,使

$$f^2(x)+f^2(y)+f^2(z)-2f(x)f(y)f(z)=1$$

其中$x+y+z$ 是2π的整数倍.

解. 众所周知,

$$\cos^2(u)+\cos^2(v)+\cos^2(w)-2\cos u\cos v\cos w=1$$

其中$u+v+w$是2π的整数倍,所以余弦函数满足题中的函数方程. 下面证明,函数方程的所有解都与余弦函数有关.

如果我们将以上等式看作关于$f(z)$的二次方程,那么它的判别式是$4(f^2(x)-1)(f^2(y)-1)$. 因为该方程有函数解,所以判别式非负,则对于任意的x有$|f(x)|\geqslant 1$ 或$|f(x)|\leqslant 1$.

现证,对任意的x有$f(x)=f(x+2\pi)$. 假设此结论不成立,那么存在$f(x_0)\neq f(x_0+2\pi)$. 选择y,z 使得x_0+y+z 是2π的倍数,于是$f(x_0),f(x_0+2\pi)$ 满足相同的二次方程,即$t^2-2f(y)f(z)t+f^2(y)+f^2(z)-1=0$. 则$f(x_0)=f(x_0+2\pi)$ 或$f(x_0)\neq f(x_0+2\pi)$.第二种情况下判别式为正,且$f(x_0)+f(x_0+2\pi)=2f(y)f(z),f(x_0)f(x_0+2\pi)=f^2(y)+f^2(z)-1$. 此时,判别式$4(f^2(y)-1)(f^2(z)-1)$ 等价于$(f(x_0)-f(x_0+2\pi))^2$. 这与y,z的选取无关,因此,对于任意的y,z 有x_0+y+z是2π的倍数积,且$f(x_0)+f(x_0+2\pi)=2f(y)f(z),f(x_0)f(x_0+2\pi)=f^2(y)+f^2(z)-1$. 显然$f(y)f(z),f^2(y)+f^2(z)$ 与y,z无关.因此,由Vietta 关系知, $\{f^2(y),f^2(z)\}=\{f^2(y_1),f^2(z_1)\}$,其中$x_0+y+z,x_0+y_1+z_1$ 是2π的倍数. 特别地,集合$\{f^2(y)\mid y\in\mathbb{R}\}$ 最多有两个元素,因为连续函数是个区间,所以f^2是常数.如果$f^2\equiv a$,那么$a=0$ 或$a>0$,$f(x)=\pm\sqrt{a}$. 因为满足$x_0+y+z=2\pi$的任意y,z必使$f(y)f(z)$为常数,所以利用连续性可知, $f\equiv\sqrt{a}$ 或$f\equiv-\sqrt{a}$. 至于另一种情况, f 恒为常数,与假设$f(x_0)\neq f(x_0+2\pi)$矛盾.

因此,f是以2π为周期的二次函数.

令$x=y=z=0$ 得$f(0)$ 满足三次方程$3t^2-2t^3=1$,其根为1, $-\frac{1}{2}$.下面分别讨论两种情况.

● 若$f(0)=1$,令$y=-z$ 得$(f(y)-f(-y))^2=0$,所以f是偶函数. 特别地,由于$f(x+y)=f(-x-y)$ 且$x+y+(-x-y)=0$, 所以$f(x+y)$ 是方程$t^2-2f(x)f(y)t+f^2(x)+f^2(y)-1=0$ 的根. 同理,$f(x-y)$ 也是该方程的根(利用$f(y)=f(-y)$). 按照上面的步骤可知$f(x+y)=f(x-y)$ 或$f(x+y)+f(x-y)=2f(x)f(y)$. 特别地,令$x=y$ 得$f(2x)=1$或$f(2x)=2f^2(x)-1$. 若$f(2x)=f(-2x)=1$,令$y+z+2x$是2π的倍数,有$f(y)=f(z)$,于是$f(2x+y)=f(-2x-y)=f(y)$,所以f是以$2x$ 为周期的二次函数. f的周期集合是任何数或者表示为$\{na\mid n\in\mathbb{Z}\}$,其中$a$ 是最小非零正周期. 第一种情况下,f是常数,所以$f\equiv 1$. 至于第二种情况,因为$|x|<\frac{a}{2}$,所以$f(2x)\neq 1$,于是$f(2x)=2f^2(x)-1$. 注意$a=\frac{2\pi}{k}$,因为2π 是f的周期. 根据达朗贝尔方程的

证明过程可知,定义在$(-\frac{a}{2}, \frac{a}{2})$ 的方程$f(2x) = 2f^2(x) = 1$解为$f(x) = \cos(cx)$ 或$\cosh(cx)$,这里$c \in \mathbb{R}$是固定常数. 因为f是偶数,所以$f(x) = \cos(cx)$,又f 以$\frac{2\pi}{k}$为周期,所以c 是k的倍数,利用周期性可知,$x \in \mathbb{R}$时也成立.该函数满足条件.

● 若$f(0) = -\frac{1}{2}$,注意到函数arccos 在$[-1, 1)$上是连续的,所以$g(x) = \arccos(f(x))$ 在0处是连续的; 因为对任意的x 有$|f(0)| < 1$,所以$|f(x)| \leq 1$ (见证明的开始). 众所周知,

$$\cos^2(u) + \cos^2(v) + \cos^2(w) - 2\cos(u)\cos(v)\cos(w) = 1$$

当且仅当$w = \pm u \pm v$ (对2π进行模运算)时成立.因为三元二次方程$\cos^2(u) + \cos^2(v) + t^2 - 2\cos(u)\cos(v)t = 1$ 的解是$\cos(u \pm v)$. 特别地,如果$u + v + w$ 是2π的倍数,那么$g(u) \pm g(v) \pm g(w)$也是2π的倍数. 因为$g(0) = \frac{2\pi}{3}$,所以可利用连续性知0处的值,又$u + v + w = 0$,所以$g(u) + g(v) + g(w) = 2\pi$. 特别地,在无穷小区间$(-2\epsilon, 2\epsilon)$有

$$g(u+v) = 2\pi - g(-u) - g(-v) = 2\pi - (2\pi - g(u) - g(0)) - (2\pi - g(v) - g(0))$$
$$= g(u) + g(v) - \frac{2\pi}{3}$$

利用连续性可知$g(x) = kx + \frac{2\pi}{3}$.

下面对n进行数学归纳法来证明

$$f(x) = \cos\left(kx + \frac{2\pi}{3}\right)$$

这里$x \in (-n\epsilon, n\epsilon)$; 显然$n = 2$ 时是成立的. 假设$n = m$时成立,证明$n = m + 1$时也成立. 令$m\epsilon \leqslant x < (m+1)\epsilon$; 当$x$为负数时同理. 若$u, v \subset (0, mc)$且$u+v - x$,那么令$y = -u, y = -v$ 得

$$f(x) \in \left\{\cos\left(kx + \frac{2\pi}{3}\right), \cos(k(u-v))\right\}.$$

因为余弦函数在任何点附近不是常函数,所以$u - v$的可能值的范围不止一个点,$\cos(u-v) = f(x)$不一定适用于所有满足$u+v = x$的u, v ,故$f(x) = \cos(kx + \frac{2\pi}{3})$. 归纳完成.因此,对于任意的$x \in \mathbb{R}$有$f(x) = \cos(kx + \frac{2\pi}{3})$. 因为f 以2π为周期,所以k 一定是整数.反之,该函数也满足条件.因为$x + y + z$ 是2π的倍数,所以

$$\left(kx + \frac{2\pi}{3}\right) + \left(ky + \frac{2\pi}{3}\right) + \left(kz + \frac{2\pi}{3}\right)$$

也是2π的倍数.

综上,方程的解集为

$$\{f(x) = \cos(kx) \mid k \in \mathbb{Z}\} \cup \left\{f(x) = \cos\left(kx + \frac{2\pi}{3}\right) \mid k \in \mathbb{Z}\right\}.$$

19.9　Aczél–Gołąb–Schinzel 方程

习题9.1. (IMO 1968) 设$a > 0$ 是实数, $f(x)$为实数函数,定义在所有的$\mathbb{R}$, 满足对于所有$x \in \mathbb{R}$

$$f(x + a) = \frac{1}{2} + \sqrt{f(x) - f(x)^2}.$$

(a) 证明函数f是周期函数;

(b) 给出一个关于$a = 1$的非常数函数的例子.

解. (a) 将证明$2a$ 是f的周期. 事实上

$$f(x + 2a) = \frac{1}{2} + \sqrt{f(x+a)(1 - f(x+a))} =$$

$$\frac{1}{2} + \sqrt{\left(\frac{1}{2} + \sqrt{f(x) - f(x)^2}\right)\left(\frac{1}{2} - \sqrt{f(x) - f(x^2)}\right)} =$$

$$\frac{1}{2} + \sqrt{\frac{1}{4} - f(x) + f(x)^2} = \frac{1}{2} + \sqrt{\left(f(x) - \frac{1}{2}\right)^2} = \frac{1}{2} + f(x) - \frac{1}{2} = f(x),$$

由于$f(x) \geqslant \frac{1}{2}$ 对于所有$x \in \mathbb{R}$.

(b) 下面的函数满足问题的条件:

$$f(x) = \begin{cases} 1/2 & , \quad 2n \leqslant x < 2n + 1 \\ 1 & , \quad 2n + 1 \leqslant x < 2n + 2 \end{cases}$$

对于$n = 0, 1, 2, \ldots$.

习题9.2. 能否把函数$f(x) = 2^x + 3^x + 9^x$ 表示为有限多个周期函数的和?

解. 假设$f = f_1 + f_2 + \cdots + f_n$, 其中$f_i$ 的周期是$t_i > 0$. 考虑和

$$S = \sum_{\epsilon_j \in \{0,1\}} (-1)^{n - \sum_j \epsilon_j} f\left(\sum_j \epsilon_j t_j\right).$$

那么直接计算表明

$$S = \prod_j (2^{t_j} - 1) + \prod_j (3^{t_j} - 1) + \prod_j (9^{t_j} - 1) > 0.$$

另一方面,利用 f_i 的周期性,得到

$$S = \sum_{\epsilon_j \in \{0,1\}} (-1)^{n - \sum_j \epsilon_j} f_i\left(\sum_j \epsilon_j t_j\right)$$

$$= \sum_{\epsilon_j \in \{0,1\}, j \neq i} (-1)^{n - \sum_{j \neq i} \epsilon_j} f_i\left(\sum_{j \neq i} \epsilon_j t_j\right) - f_i\left(\sum_{j \neq i} \epsilon_j t_j + t_i\right) = 0,$$

矛盾.

习题9.3. 设 k 为正实数,函数 $f : (0, \infty) \to (0, \infty)$ 使得

$$f(x)f(y) = kf(x + yf(x))$$

对于所有 $x, y \in (0, \infty)$.

 (a) 证明 f 是增函数.

 (b) 确定满足上述函数方程的所有函数.

解. (a) 假设 $f(x) < f(z)$ 对于某些 $x > z > 0$, 那么

$$y = \frac{x - z}{f(z) - f(x)} > 0$$

和 $x + yf(x) = z + yf(z)$. 因此

$$f(x)f(y) = kf(x + yf(x)) = kf(z + yf(z)) = f(z)f(x),$$

即 $f(y) = f(z)$, 矛盾.

 (b) 因为 $x + yf(x) > x$,从(a) 得到

$$f(x)f(y) = kf(x + yf(x)) \geqslant kf(x),$$

即 $f(y) \geqslant k$ 对于所有 $y > 0$. 假设 $f(y_0) = k$ 对于某些 $y_0 > 0$,那么

$$k^2 = f^2(y_0) = kf((k+1)y_0),$$

得到$f((k+1)y_0) = k$. 接下来对n 进行归纳,得到

$$f((k+1)^n y_0) = k$$

对于所有非负整数n. 另一方面, $\lim\limits_{n \to \infty}(k+1)^n y_0 = \infty$,由于f 是一个增函数,对于所有$x \in (0,\infty)$, $f(x) \geqslant k$,得出结论$f \equiv k$.

假设$f(y) > k$ 对于所有$y > 0$. 如果$z > x$,设$y = \dfrac{z-x}{f(x)}$,得到$kf(x) < f(x)f(y) = kf(x+yf(x)) = kf(z)$, 表明$f$ 是一个严格递增的函数. 那么等式

$$kf(x+f(x)) = f(x)f(1) = f(1)f(x) = kf(1+xf(1))$$

表明$x + f(x) = 1 + xf(1)$, 即$f(x) = cx + 1$, 其中$c > 0$. 很容易证明这样一个函数是给定方程的解只有$k = 1$. 因此,所需函数如下: 如果$k \neq 1$, $f(x) = k$ 和如果$k = 1, f(x) = cx + 1, c \geqslant 0$.

习题9.4. 设$a > 0$, $a \neq 1$ 和$b \neq 0$ 是实数. 找到所有函数$f : [0,\infty) \to (0,\infty)$ 使得

$$f(x)f(y) = af(x+yf(x)^b)$$

对于所有$x, y \in [0,\infty)$.

解. 设$x = y = 0$,得到$f(0) = a$.设$x = 0$, 给出$f(y) = f(a^b \cdot y)$. 另一方面,可以在习题9.3 中看到f 是一个增函数. 因为$a^b \neq 1$,得出结论$f \equiv a$.

习题9.5. 给定一个正整数n ,尽可能多地找到函数方程

$$f(x)f(y) = f(x+yf(x)^n)$$

的非常数连续解$f : \mathbb{R} \to \mathbb{R}$.

解.容易检验如果n 是奇数,那么函数

$$f(x) = (cx+1)^{\frac{1}{n}} , f(x) = (\max(cx+1, 0))^{\frac{1}{n}},$$

其中$c \neq 0$ 为非常数连续解,如果n 是偶数,那么第二类函数就是解. 证明了 [7] 是给定函数方程的唯一非常数连续解.

19.10 算术函数方程

习题10.1. 找出所有非递减函数$f\colon \mathbb{Z} \to \mathbb{Z}$ 满足

$$f(k) + f(k+1) + \ldots + f(k+n-1) = k$$

对于所有$k \in \mathbb{Z}$, 和固定的$n \in \mathbb{N}$.

解. 从$k+1$ 的条件中减去k,得到$f(k+n) = f(k) + 1$. 因此f 取决于它在$\{0, 1, \ldots, n-1\}$ 上的值和关系式$f(k) = \lfloor \frac{k}{n} \rfloor + f(k \bmod n)$. 由于$f$ 非递减且$f(n) = f(0)+1$, 有$0 \leqslant m \leqslant n-1$, 使得$f(0) = f(1) = \ldots = f(m), f(0)+1 = f(m+1) = \ldots = f(n)$. 通过写出$k = 0$ 的条件,得到$nf(0) + (n-m-1) = 0$. 因此n 除以$m+1$ 表明$m = n-1$, 所以$f(0) = f(1) = \ldots = f(n-1) = 0$. 很明显$f(k) = \left\lfloor \dfrac{k}{n} \right\rfloor$. 这个值显然满足条件,因为它是Hermite's恒等式的结果

$$\lfloor x \rfloor + \left\lfloor x + \frac{1}{n} \right\rfloor + \ldots + \left\lfloor x + \frac{n-1}{n} \right\rfloor = \lfloor nx \rfloor.$$

注意,在证明过程中还通过归纳证明了恒等式.

习题10.2. (IMO 2012) 找到所有函数$f\colon \mathbb{Z} \to \mathbb{Z}$ 使得

$$f(x)^2 + f(y)^2 + f(z)^2 = 2f(x)f(y) + 2f(y)f(z) + 2f(z)f(x)$$

对于所有满足$x + y + z = 0$的整数x, y, z.

解. 设$x = y = z = 0$, 得到$f(0) = 0$. 那么对于$z = 0$ 和$y = -x$, 得到$f(x) = f(-x)$. 现在给定的条件可以与成

$$f(x)^2 + f(y)^2 + f(x+y)^2 = 2f(x)f(y) + 2f(x+y)(f(x) + f(y)), \quad x, y \in \mathbb{Z}.$$

设$f(1) = k$. 如果$k = 0$, 令$y = 1$, 则$f(x+1) = f(x)$, 即$f \equiv 0$.

设$k \neq 0$. 对于$x = y$, 得到$f(2x) = 0$ 或$f(2x) = 4f(x)$. 特别地, $f(2) = 0$ 或$f(2) = 4k$.

如果$f(2) = 0$, 那么对于$y = 2$, 得到$f(x) = f(x+2)$, 因此

$$f(x) = \begin{cases} 0, & x\text{为偶数,} \\ k, & x\text{为奇数.} \end{cases}$$

设 $f(2) = 4k$. 如果 $f(4) = 0$, 设 $y = 4$, 有 $f(x+4) = f(x)$. 特别地, $f(3) = f(-1) = f(1) = k$. 因此

$$f(x) = \begin{cases} 0, & x = 4x_1 \\ k, & x \text{为奇数} \\ 4k & x = 4x_1 + 2 \end{cases}$$

最后设 $f(4) = 4f(2) = 16k$. 然后替换 $x = 1, y = 2$ 和 $x = 1, y = 3$,得到 $f(3) \in \{k, 9k\} \cap \{9k, 25k\} = 9k$ (由于 $k \neq 0$). 因此 $f(n) = kn^2, n = 1, 2, 3$. 假设 $f(n) = kn^2$ 对于整数 $n \geqslant 3$. 替换 $x = 1, y = n, x = 2, y = n - 1$,得到

$$f(n+1) \in \{k(n+1)^2, k(n-1)^2\} \cap \{k(n+1)^2, k(n-3)^2\} = k(n+1)^2$$

(因为 $k \neq 0$ 和 $n \neq 2$). 根据归纳 $f(x) = kx^2$ 对于任意 $x \in \mathbb{N}$. 因为 f 是偶函数, $f(0) = 0$, 推出 $f(x) = kx^2$ 对于任意 $x \in \mathbb{Z}$.

直接验证表明,所找到的函数均满足给定条件.

习题10.3. (USAMO 2014) 找到所有函数 $f : \mathbb{Z} \to \mathbb{Z}$ 使得

$$xf(2f(y) - x) + y^2 f(2x - f(y)) = \frac{f(x)^2}{x} + f(yf(y))$$

对于所有 $x, y \in \mathbb{Z}$,其中 $x \neq 0$.

解. 首先证明 $f(0) = 0$. 假设矛盾的对立面,代入 $x = 2f(0), y = 0$. 得到

$$4f(0) - 2 = \left(\frac{f(2f(0))}{f(0)} \right)^2$$

这是一个矛盾, 因为右边是一个能被2整除但不能被4整除的平方.

把 $y = 0$ 代入原方程,得到 $x^2 f(-x) = f(x)^2$, 那么

$$x^6 f(x) = x^4 (-x)^2 f(-(-x)) = x^4 f(-x)^2 = f(x)^4$$

表明 $f(x) = x^2$ 对于所有 x 或存在 $a \neq 0$ 使得 $f(a) = 0$. 第一种情况给出了一个有效的解决方案. 在第二种情况下,我们让原方程中的 $y = a$ 化简得到

$$xf(-x) + a^2 f(2x) = \frac{f(x)^2}{x}.$$

但由于 $xf(-x) = \frac{f(x)^2}{x}$, 所以 $a^2 f(2x) = 0$. 因为 $a \neq 0$, $f(2x) = 0$ 对于所有 x (包括0). 现在要么 $f(x) = 0$ 对于所有 x, 要么存在 $m \neq 0$ 使得 $f(m) = m^2$. 那

么m 是偶数. 在原方程中设$x = 2k$, 因为对于所有x, $f(2x)$ 等于0,所以消去,得到$y^2 f(4k - f(y)) = f(yf(y))$, $k \neq 0$. 设$y = m$, 得到$m^2 f(4k - m^2) = f(m^3)$. 因此,要么两边都是0,要么都等于m^6. 如果都等于m^6,那么$m^2(4k - m^2)^2 = m^6$ 简化为$4k - m^2 = \pm m^2$. 因为$k \neq 0$ 和m 是偶数, 两种情况都不可能, 所以必须有$m^2 f(4k - m^2) = f(m^3) = 0$. 那么可以令$k$ 是除0外的任何值, 得到$f(x) = 0$ 对于所有除$-m^2$ 外的$x \equiv 3 \pmod 4$. 因为$x^2 f(-x) = f(x)^2$, 有$f(x) = 0 \Rightarrow f(-x) = 0$, 所以$f(x) = 0$,对于所有除$m^2$ 外的$x \equiv 1 \pmod 4$. 所以$f(x) = 0$,对于所有除$\pm m^2$ 外的x. 因为$f(m) \neq 0$, $m = \pm m^2$, 得到$m = m^3$. 因为$f(m^3) = 0$, $f(m) = 0$, 矛盾, 所以唯一解是$f(x) = 0$ 和$f(x) = x^2$.

习题10.4. 找到所有函数$f : \mathbb{N} \to [1, \infty)$,其中有$f(2) = 4$, $f(mn) = f(m)f(n)$ 和$\dfrac{f(n)}{n} \leqslant \dfrac{f(n+1)}{n+1}$ 对于所有$m, n \in \mathbb{N}$.

解. 显然,由$g(n) = \dfrac{f(n)}{n}$ 定义的函数g 是递增的和乘法的. $g(2) = \dfrac{f(2)}{2} = 2$,从例10.7 得到$g$ 是恒等函数. 因此$f(n) = n^2$ 对于所有$n \in \mathbb{N}$.

习题10.5. 是否存在严格的递增函数$f : \mathbb{N} \to \mathbb{N}$ 使得$f(2) = 3$ 和$f(mn) = f(m)f(n)$ 对于所有$m, n \in \mathbb{N}$?

解. 不!假设有一个具有给定属性的函数. 设$f(3) = k$, 那么$3^3 = f^3(2) = f(2^3) < f(3^2) = k^2$,得到$k > 5$. 另一方面$2^5 > 3^3$,因此$3^5 = f^5(2) = f(2^5) > f(3^3) = k^3$. 所以$k < 7$,得出结论$k = 6$. 现在$f(6561) = f(3^8) = 6^8$ 和$f(8192) = f(2^{13}) = 3^{13}$. 因此$6^8 < 3^{13}$,得到$256 = 2^8 < 3^5 = 243$, 矛盾.

习题10.6. (AMM 2001) 求所有完全可乘函数$f : \mathbb{N} \to \mathbb{C}$ 使得函数

$$F(n) = \sum_{k=1}^{n} f(k)$$

也是完全可乘的.

解. 有两个这样的函数: 等于1的函数, 和对于$n \geqslant 2$, $f(1) = 1$ 和$f(n) = 0$ 的函数f. 对于$k > 1$, 有$f(2k) = f(2)f(k)$ 和

$$
\begin{aligned}
f(2k - 1) &= F(2k) - F(2k - 2) - f(2k) = F(2)(F(k) - F(k-1)) - f(2k) \\
&= (1 + f(2))f(k) - f(2)f(k) = f(k).
\end{aligned}
$$

因此,每个$f(n)$的值都是$f(2)$的幂. 此外

$$f(2) = f(3) = f(5) = f(9) = f(3)^2 = f(2)^2.$$

因此$f(2) \in \{0,1\}$, 结果如下.

习题10.7. (AMM 1998) 找到所有函数$f\colon \mathbb{N}^2 \to \mathbb{N}$ 满足

$$f(n,n) = n, \ f(m,n) = f(n,m) \ , \ \frac{f(m, n+m)}{f(m,n)} = \frac{n+m}{n}$$

对于所有$m, n \in \mathbb{N}$.

解. 马上就能看到求f的算法, 因为这三个条件完全遵循欧几里得算法的三个可能步骤. 实际上,根据欧几里得算法,通过第二个和第三个恒等式,将得到从(m,n) 到(d,d), 其中$d = \gcd(m,n)$. 注意到这三个步骤都保留了$\frac{f(m,n)}{mn}$的数量. 因此

$$\frac{f(m,n)}{mn} = \frac{f(d,d)}{d^2} = \frac{d}{d^2} = \frac{1}{d}.$$

所以$f(m,n) = \dfrac{mn}{d} = \operatorname{lcm}(m,n)$. 事实上, lcm 满足前两个条件.对于第三个等式,使用众所周知的等式$\gcd(m, n+m) = \gcd(m,n)$ 和$\gcd(m,n)\operatorname{lcm}(m,n) = mn$. 因此

$$\frac{\operatorname{lcm}(m, n+m)}{\operatorname{lcm}(m,n)} = \frac{n+m}{n}.$$

习题10.8. 设函数$f\colon \mathbb{N}_0 \to \mathbb{N}_0$ 使得$f(0) = 1$ 和

$$f(n) = f\left(\left\lfloor \frac{n}{2} \right\rfloor\right) + f\left(\left\lfloor \frac{n}{3} \right\rfloor\right),$$

当$n \in \mathbb{N}$时. 表明$f(n-1) < f(n)$ 当且仅当$n = 2^k 3^h$ 对于某些$k, h \in \mathbb{N}_0$.

解. 用归纳法求解(回忆f 不是通过相同的归纳减少的). $n \leqslant 6$的基很容易检验。现在我们来做归纳步骤. 对于$\lfloor \frac{n}{2} \rfloor$ 和$\lfloor \frac{n}{3} \rfloor$, $n \pm 6$的余数很重要.所以区分6种情况:

(a) $n = 6k$. 当$f(n-1) = f(2k-1)+f(3k-1)$ 时,那么$f(n) = f(2k)+f(3k)$. 所以$f(n-1) < f(n)$ 当且仅当$f(2k-1) < f(2k)$ 或$f(3k-1) < f(3k)$, 因此$2k$ 或$3k$的形式为$2^i 3^j$, 相当于$n = 6k$的形式.

(b) $n = 6k + 1$. 在这种情况下, n 不是$2^i 3^j$ 的形式,

$$f(n-1) = f(n) = f(2k) + f(3k).$$

(c) $n = 6k+2$. 当$f(n-1) = f(3k)+f(2k)$ 时,那么$f(n) = f(3k+1)+f(2k)$. $f(n-1) < f(n)$ 当且仅当$3k+1$ 的形式为$2^i 3^j$,相当于$n = 6k+2$ 的形式.

(d)$n = 6k + 3$. 那么$f(n) = f(3k+1) + f(2k+1)$ 和

$$f(n-1) = f(3k+1) + f(2k)$$

所以$f(n-1) < f(n)$ 当且仅当$f(2k) < f(2k+1)$, 或$2k+1 = 2^i 3^j$, 等价于$6k + 3 = 2^i 3^{j+1}$.

(e) $n = 6k + 4$. 有

$$f(n) - f(n-1) = (f(3k+2) + f(2k+1)) - (f(3k+1) + f(2k+1))$$

$$= f(3k+2) - f(3k+1)$$

这是可能的,当且仅当$3k + 2$ 的形式为$2^i 3^j$, 或对于$n = 2(3k + 2)$的相同条件.

(f) $n = 6k + 5$. 比如在情形(b)中, 有$f(n) = f(n-1)$ 并且n 不是期望的形式, 因为它既不是偶数也不可被3整除.

归纳完毕.

习题10.9. 找到所有函数$f\colon \mathbb{N} \to \mathbb{Z}$ 验证

$$f(mn) = f(m) + f(n) - f(\gcd(m, n))$$

对于所有$m, n \in \mathbb{N}$.

解. 再次找到f 和n 的初分解之间的依赖关系. 设$m = p^k$, $n = p$, $k > 0$, 其中p 是素数, 那么$f(p^{k+1}) = f(p^k) + f(p) - f(p) = f(p^k)$, 所以$f(p^k) = f(p)$. 对于任意$k > 0$. 接下来考虑两个共素数$m, n$, 那么$f(mn) = f(m) + f(n) - f(1)$, 很容易推断出更一般的形式

$$f(m_1 m_2 \dots m_k) = f(m_1) + f(m_2) + \dots + f(m_k) - (k-1)f(1)$$

当$m_1, m_2, \dots, m_k$ 是成对的共素数时. 特别地, 如果

$$n = \prod_{i=1}^{m} p_i^{k_i}$$

(p_i 是不同的素数) , 那么

$$f(n) = \sum_{i=1}^{m} f(p_i^{k_i}) - (m-1)f(1) = \sum_{i=1}^{m} f(p_i) - (m-1)f(1).$$

如果使用$f(x)-f(1)$,就会得到一个更方便的设置. 如果表示$g(n)=f(n)-f(1)$,那么得到$g(n)=\sum_{p|n}g(p)$,其中对n的所有质因数求和. 注意,任何具有此属性的函数g都是由它在素数处的值唯一确定的. 相反, 设$f(n)=g(n)+f(1)$, 其中g具有上述性质. 检查这个函数是否满足条件很简单: 如果

$$m=\prod_{i=1}^{k}p_i^{k_i}\prod_{i=1}^{l}q_i^{m_i},\ n=\prod_{i=1}^{j}r_i^{j_i}\prod_{i=1}^{l}q_i^{n_i},$$

其中p_i,q_i,r_i是不同的素数和$k_i,m_i,j_i,n_i>0$,那么

$$\gcd(m,n)=\prod_{i=1}^{l}q_i^{\min\{m_i,n_i\}}$$

有

$$f(mn)=\sum_{i=1}^{k}g(p_i)+\sum_{i=1}^{l}g(q_i)+\sum_{i=1}^{j}g(r_i)+f(1),$$

$$f(m)=\sum_{i=1}^{k}g(p_i)+\sum_{i=1}^{l}g(q_i)+\sum_{i=1}^{j}g(r_i)+f(1),$$

$$f(n)=\sum_{i=1}^{j}g(r_i)+\sum_{i=1}^{l}g(q_i)+g(r_i)+f(1),$$

$$f(\gcd(m,n))=\sum_{i=1}^{l}g(q_i)+f(1).$$

因此

$$f(mn)=f(m)+f(n)-f(\gcd(m,n)).$$

注意. 为了得到满足习题10.9 条件的函数f的一个例子, 取素数上定义的函数g,其中$g(2)=1$和如果$p\geqslant3,g(p)=0$. 那么得到,如果n是偶数, $g(n)=1$和如果n是奇数,$g(n)=0$. 设$f(1)=0$,得到下列函数: 如果n是偶数,$f(n)=1$; 如果n是奇数,$f(n)=0$.

习题10.10. 找到所有函数$f:\mathbb{N}\to\mathbb{N}$,使得$m^2+f(n)$除$f(m)^2+n$对于所有$m,n\in\mathbb{N}$.

解. 因为$n^2+f(n)|f(n)^2+n$,得到$f(n)^2+n\geqslant n^2+f(n)$表明$f(n)\geqslant n$. 取任意$p,q\in\mathbb{N}$,设

$$n>\max(f(p)^2-2p^2,f(q)^2-2q^2).$$

那么

$$f(p)^2 + n < 2(p^2 + n) \leqslant 2(p^2 + f(n)),$$

因为 $p^2 + f(n) | f(p)^2 + n$,得到 $f(p)^2 + n = p^2 + f(n)$. 类似的, $f(q)^2 + n = q^2 + f(n)$,因此 $f(p)^2 - p^2 = f(q)^2 - q^2$ 对于所有 $p, q \in \mathbb{N}$. 所以 $f(n) = \sqrt{n^2 + a}$ 对于所有 $n \in \mathbb{N}$, 其中 a 是非负整数. 但 $f(n) \in \mathbb{N}$ 对于所有 $n \in \mathbb{N}$,推出 $a = 0$, 即 $f(n) = n$ 是一个解.

习题10.11. 设 p 是素数. 找到所有函数 $f\colon \mathbb{Z} \to \mathbb{Z}$ 满足:

(a) 如果 p 除 $m - n$,得到 $f(m) = f(n)$;

(b) $f(mn) = f(m)f(n)$

对于所有 $m, n \in \mathbb{Z}$.

解. $f(n)$ 取其中一个 p 值 $f(0), f(1), \ldots, f(p-1)$. 因此,可以得到使 $|f(a)|$ 最大的 a , 那么 $|f(a^2)| = |f(a)|^2 \leqslant |f(a)|$. 因此 $|f(a)| \leqslant 1$ 和 $f(n) \in \{-1, 0, 1\}$. 如果把 $m = 0$ 代入(b), 得到 $f(0)(f(n) - 1) = 0$. 所以要么 $f \equiv 1$ (这是一个解),要么 $f(0) = 0$,因此 $f(n) = 0$ 当 n 被 p 整除时, $f(n) = 0$. 如果对于 k 不被 p 整除时, $f(k) = 0$,那么对于任意 n ,找到 l 使得 $p | kl - n$. 所以 $f(n) = f(kl) = f(k)f(l) = 0$, 即 $f \equiv 0$ 是一个解. 假设 $f \not\equiv 0$, 那么如果 n 不被 p 整除时, $f(n) \neq 0$. 如果 n 是二次剩余模 p, 那么有一个 b 使得 $p | n - b^2$,所以 $f(n) = f(b^2) = f(b)^2 = 1$. 然后取一个二次非剩余 r. 那么对于每一个 n 就是一个非二次剩余模 p, 找到 b 使得 $p | n - rb^2$. 因此 $f(n) = f(rb^2) = f(r)f(b)^2 = f(r)$. 如果 $f(r) = 1$,那么 $f(n) = 1$ 对于所有 n 不被 p 整除. 如果 $f(r) = -1$, 那么 f 二次余为1 ,那么二次非余为-1.

总之,我们的问题有四个解决方案: 对于 n 不被 p 整除, $f \equiv 1$, $f \equiv 0$, $f(n) = 1$ 和对于 n 被 p 整除, $f(n) = 0$ 以及勒让德符号 [23].

习题10.12. (Iran TST 2005) 找到所有函数 $f\colon \mathbb{N} \longmapsto \mathbb{N}$ 满足:

(1) 存在 $k \in \mathbb{N}$ 和一个素数 p 使得 $f(n + p) = f(n)$,对于所有 $n \geqslant k$;

(2) 如果 m 整除 n ,那么 $f(m + 1)$ 整除 $f(n) + 1$.

解. (来自Omid Hatami) 假设 $n \geqslant k$ 和 p 不整除 $n - 1$. 那么 k 使得 $n - 1 | n + kp$. 所以 $f(n) | f(n + kp) + 1$,但 $f(n) = f(n + kp)$, 因此 $f(n) | 1$ 和 $f(n) = 1$. 考虑一个任意 $n \neq 1$, 有 $n - 1 | (n-1)kp$, 所以 $f(n) | f((n-1)kp) + 1 = 2$. 所以对于每一个 $n \neq 1$, $f(n) \in \{1, 2\}$. 有两种情况:

(a) $f(n) = 2, \forall n \geqslant k$ 和 $p \mid n-1$. 考虑 n 使得 p 不整除 $n-1$. 存在 m 使得 $n-1 \mid m$ 和 $p \mid m-1$. 所以 $f(n) \mid f(m) + 1 = 3$ 和 $f(n) = 1$. 因此 $f(n) = 1$ 对于所有 $n \geqslant k$ 或 m 不整除 n, 对于每一个 $n < k$ 和 $p \mid n-1$ 都是任意定义的.

(b) $f(n) = 1, \forall n \geqslant k$ 和 $p \mid n-1$. 在这种情况下, $f(n) = 1, \forall n \geqslant k$, 如果设 $S = \{a \mid f(a) = 2\}$, 那么不存在 $m, n \in S$, 使得 $m-1 \mid n$. 所以所有具有问题性质的函数都是这样定义的: 假设 S 是一个有限的正整数集, 这样就不存在 $m, n \in S$ 与 $m-1 \mid n$. 那么如果 $n \in S$ 对于 $n > 1$, $f(n) = 2$, $f(1)$ 是任意定义的, 条件是 $f(2) \mid f(1) + 1$.

习题10.13. (IMO 2011) 设函数 $f : \mathbb{Z} \to \mathbb{N}$ 使得 $f(m-n)$ 整除 $f(m) - f(n)$ 对于所有整数 m, n. 证明对于 $f(m) \leqslant f(n)$ 所有整数 m 和 n, $f(n)$ 可以被 $f(m)$ 整除.

解. 设 $n = 0$ 和 $m = 0$, 分别得到 $f(m) \mid f(0)$ 和 $f(-n) \mid f(n)$ 对于所有 $m, n \in \mathbb{Z}$. 因此 $f(n) \mid f(-n)$ 和 $f(-n) \mid f(n)$ 表明 $f(n) = f(-n)$ 对于所有 $n \in \mathbb{Z}$. 现在从初始条件得到 $f(m-n) \mid f(m) - f(n)$, $f(m) \mid f(n) - f(n-m)$ 和 $f(n) \mid f(m) - f(m-n)$ 对于所有 $m, n \in \mathbb{Z}$. 因此, 表示 $\{a, b, c\} = \{f(n), f(m), f(m-n)\}$ 使得 $a \geqslant b \geqslant c$, 看到这三个可分性等价于 $a \mid b - c$, $b \mid c - a$ 和 $c \mid a - b$. 但 $a > b - c \geqslant 0$ (因为 $a \geqslant b, c > 0$), 因此 $b = c$. 所以 $b \mid a$ 表明如果 $f(m) \geqslant f(n)$, 那么 $f(m) = f(n)$ 或 $f(n) \mid f(m)$.

习题10.14. (Iran TST 2008) 设 k 是正整数. 找到所有函数 $f : \mathbb{N} \to \mathbb{N}$, 使得 $f(m) + f(n)$ 整除 $(m+n)^k$ 对于所有 $m, n \in \mathbb{N}$.

解. 第一步是证明 f 是单射. 注意如果 $f(a) = f(b)$, 那么 $\gcd(a+n, b+n) \neq 1$ 对于所有 n, 由于 $(n+a)^k, (n+b)^k$ 是 $f(a) + f(n)$ 的双倍数. 对于所有素数 $p > b$, 有 $\gcd(a-b+p, p) \neq 1$, 所以 $p \mid a - b$ 和 $a = b$. 接下来, 证明对于所有 a, $f(a+1) - f(a) = \pm 1$. 假设可以找到整除 $f(a+1) - f(a)$ 的 a 和素数 p. 选择 l 使得 $p^l > k$, 观察 $f(p^l - b) + f(b) \mid p^{lk}$, 所以 $p \mid f(b) + f(p^l - b)$. 但得到 $p \mid f(b+1) + f(p^l - b) \mid (p^l + 1)^k$ 矛盾. 结合前两个步骤和 f 总是取正值的事实 (因此不能永远减小), 推导出对于所有 a, $f(a+1) - f(a) = 1$ 和 $f(n) = n + f(1) - 1$. 那么对于所有 m, n, 得到 $2(f(1) - 1) + m + n \mid (m+n)^k$, 通过选择 $m+n$ 的一个大素数, 得到 $f(1) = 1$ 和 f 是恒等式.

习题10.15. (IMO 2011 预选题) 设 $n \geqslant 1$ 为奇数. 找到所有函数 $f : \mathbb{Z} \to \mathbb{Z}$, 使得 $f(x) - f(y)$ 整除 $x^n - y^n$, 对于所有 $x, y \in \mathbb{Z}$.

解. (来自P. Mebane) 将证明存在一个正整数d 整除n, 整除整数a和整除$\mathrm{e} = \pm 1$, 使得$f(x) = \mathrm{e} \cdot x^d + a$ 对于所有x都成立. 很容易地检查所有这些解是否都有效.

首先,注意如果$f(x)$ 是解,那么对于任意a, $f(x) + a$ 是解. 所以,假设$f(0) = 0$. 在给定方程中设$x = 1, y = 0$. 得到$f(1) \mid 1$, 所以$f(1) = \pm 1$. 如果$f(x)$ 是解, 那么$-f(x)$ 是解, 所以假设$f(1) = 1$. 通过取$x = -1$ 和$y = 0$,得到$f(-1) \mid 1$. 取$x = -1$ 和$y = 1$,得到$f(-1) - 1 \mid 2$, 所以$f(-1) = -1$.

考虑任意奇数素数p. 有$f(p) - f(0) \mid p^n$, 所以$f(p)$ 是p^d 或$-p^d$ 对于某些d. 首先考虑$f(p) = -p^d$的情况. 有$f(p) - f(-1) \mid p^n + 1$, 所以$p^d - 1 \mid p^n + 1$. 如果我们用除法写$n = qd + r$, 得到$p^d - 1 \mid p^r + 1$. 已知$0 \leqslant r < d$,因为$p > 2$, 所以$0 < p^r + 1 < p^d - 1$,矛盾. 所以这种情况不可能.

那么必须有$f(p) = p^d$. 再次用除法写$n = qd + r$, 得到$p^d - 1 \mid (-1)^q p^r - 1$. 因为$0 \leqslant r < d$, 只有$r = 0$时才有可能. 因此,$d$整除$n$.

设b 为任意整数, 设q 大于$b^n + 2|f(b)|^n$的素数. 已知对于某些d, $f(q) = q^d$ 整除n. 考虑$x = b$和$y = q$, 得到$f(b) - q^d \mid b^n - q^n$. 把$q^n$ 写成$(q^d)^{n/d}$,得到

$$f(b) - q^d \mid b^n - (f(b))^{n/d}.$$

假设$b^n - (f(b))^{n/d}$ 非零. 那么知道

$$|b^n - (f(b))^{n/d}| \leqslant b^n + |f(b)|^n < q - |f(b)|^n \leqslant q^d - f(b).$$

这是矛盾的, 所以$b^n - (f(b))^{n/d} = 0$ 和$f(b) = b^d$. 如果把这个过程应用到两个任意整数b, c, 对它们取同样大的q和相同的d 得到$f(b) = b^d$ 和$f(c) = c^d$. 因此,存在一个d 整除n ,使得$f(x) = x^d$ 对于所有整数x. 在第二段中,颠倒了转换,得到了第一段中描述的一组解决方案,所以就完成了.

习题10.16. (MR 2009, N. Tung) 设k 是正整数. 找到所有函数$f : \mathbb{N} \to \mathbb{N}$ 使得$f(a) + f(b)$ 整除$a^k + b^k$ 对于所有$a, b \in \mathbb{N}$.

解. (来自G. Dospinescu) 显然$f(a) \mid a^k$, 这意味着$f(1) = 1$ 和如果p 是素数,对于某些$\alpha_p \geqslant 0$,那么$f(p) = p^{\alpha_p}$. 但$f(p) + f(1) \mid p^k + 1 \Rightarrow p^{\alpha_p} + 1 \mid p^k + 1$. 设$\alpha_p > 0$ 和$k = q\alpha_p + r, 0 \leqslant r < \alpha_p$. 那么$p^{\alpha_p} + 1 \mid (p^{\alpha_p})^q \cdot p^r + 1$,因此$p^{\alpha_p} + 1 \mid (-1)^q p^r + 1$. 但$|(-1)^q p^r + 1| < p^{\alpha_p} + 1$, 表明$(-1)^q p^r + 1 = 0$. 因此$r = 0$ 和q 是奇数, 所以$\dfrac{k}{\alpha_p}$ 是奇数, 保持p 不变, 写出$f(a) + p^{\alpha_p} \mid a^k + p^k, \forall a \geqslant 1$. 因为$\dfrac{k}{\alpha_p}$ 是奇数,得

到

$$a^k + p^k \equiv a^k + (p^{\alpha_p})^{\frac{k}{\alpha_p}} \equiv a^k + (-f(a))^{\frac{k}{\alpha_p}} \equiv a^k - f(a)^{\frac{k}{\alpha_p}} \bmod (f(a) + p^{\alpha_p}),$$

所以$p^{\alpha_p} + f(a) \mid a^k - f(a)^{\frac{k}{\alpha_p}}$，这是对于所有素数$p$和所有$a \geqslant 1$.

引理. 对于所有p，有$f(p) \geqslant p$，即$\alpha_p > 0$.

引理的证明. 假设对于某些p，$f(p) = 1$. 那么$f(a) + 1 \mid a^k + 1$和$f(a) + 1 \mid a^k + p^k, \forall a$. 所以对于所有$a \in \mathbb{N}$，$f(a) + 1 \mid p^k - 1$，因此$f$有界. 但$f(2^{2^n}) + 1 \mid 2^{k \cdot 2^n} + 1$，任何$2^{k \cdot 2^n} + 1$的质因数的形式为$l2^{n+1} + 1$，这是矛盾的. □

固定$a \in \mathbb{N}$，取$p > a^k + f(a)^k$. 因为$p^{\alpha_p} + f(a) \mid a^k - f(a)^{\frac{k}{\alpha_p}}$，那么$a^k = f(a)^{\frac{k}{\alpha_p}}$，即$f(a) = a^{\alpha_p}$，如果$p$足够大. 最终序列$(\alpha_p)_p$是常数，对于$p \geqslant p_0$和某些$d$，$\alpha_p = d$使得$\frac{k}{d}$是奇数. 看到上面$\forall a \geqslant 1$，$f(a) = a^{\alpha_p} = a^d$，这些都是解.

习题10.17. (IMO 2004 预选题)函数$f : \mathbb{N} \to \mathbb{N}$使得对于所有$m, n \in \mathbb{N}$，$(m^2 + n)^2$被$f(m)^2 + f(n)$整除. 证明$f(n) = n$对于所有$n \in \mathbb{N}$.

解. 对于$m = n = 1$得到$f(1)^2 + f(1)$整除$(1^2 + 1)^2 = 4$，表明$f(1) = 1$. 接下来,证明对于每个素数p，$f(p-1) = p-1$. 根据假设$m = 1$和$n = p-1$，得到$f(p-1) + 1$整除p^2，所以$f(p-1)$等于$p-1$或p^2-1. 如果$f(p-1) = p^2 - 1$，那么$f(1) + f(p-1)^2 = p^4 - 2p^2 + 2$整除$(1 + (p-1)^2)^2 < p^4 - 2p^2 + 2$，矛盾. 因此$f(p-1) = p-1$. 对于任意的$n \in \mathbb{N}$，得到$A = f(n) + (p-1)^2$整除$(n + (p-1)^2)^2 \equiv (n - f(n))^2 \pmod A$，因此$A$整除$(n - f(n))^2$对于任意素数$p$. 取$p$足够大时，得到$A$大于$(n - f(n))^2$，表明$f(n) = n$对于每一个$n$.

习题10.18. (IMO 1996 预选题) 找到一个双射$f : \mathbb{N}_0 \to \mathbb{N}_0$满足

$$f(3mn + m + n) = 4f(m)f(n) + f(m) + f(n)$$

对于所有$m, n \in \mathbb{N}_0$.

解. 如果表示$g(3k+1) = f(k)$，那么条件就是

$$g((3m+1)(3n+1)) = 4g(3m+1)g(3n+1) + g(3m+1) + g(3n+1).$$

接下来如果设$4g(x) + 1 = h(x)$，条件被重写为

$$h((3m+1)(3n+1)) = h(3m+1)h(3n+1).$$

因此需要构造一个从 A 到 B 的乘法双射 h，其中

$$A = \{3k + 1 | k \in \mathbb{N}\}, B = \{4k + 1 \in \mathbb{N}\}.$$

设 $h(1) = 1$，考虑设所有素数的集合 U 形式为 $3k - 1$，所有素数的集合 V 的形式为 $3k + 1$，所有素数的集合 X 的形式为 $4k - 1$ 和所有素数的集合 Y 的形式为 $4k + 1$。这四个集合都是无限的，但都是可数的。所以可以在 U 和 X 之间和 V 和 Y 之间提供一个双射 h。然后通过乘法推广到整个 A。将证明这是必要的双射。假设 $3k + 1 = \prod p_i^{a_i} \prod q_i^{b_i}$，其中 $p_i \in U, q_i \in V$。那么 p_i 等于 $-1 \pmod 3$，q_i 等于 $1 \pmod 3$，所以 $\sum a_i$ 一定是偶数，那么 $h(3k + 1) = \prod h(p_i)^{a_i} \prod h(q_i)^{b_i}$，其中 $h(p_i) \in X, h(q_i) \in Y$。由于 $h(p_i)$ 等于 $-1 \pmod 4$，$h(q_i)$ 等于 $1 \pmod 4$ 和 $\sum a_i$ 是偶数，得出结论 $h(3k + 1)$ 是 $1 \pmod 4$，所以 $h(3k + 1) \in B$。可以类推地证明相反的含义。假设 $4k + 1 = \prod p_i^{a_i} \prod q_i^{b_i}$，其中 $p_i \in X, q_i \in Y$。由于 p_i 等于 $-1 \pmod 4$，但 q_i 等于 $1 \pmod 4$，$\sum a_i$ 的和一定是偶数。那么 $x = \prod h^{-1}(p_i)^{a_i} \prod h^{-1}(q_i)^{b_i}$ 满足 $h(x) = 4k + 1$。此外，由于 $h^{-1}(p_i)$ 等于 $-1 \pmod 3$，$h^{-1}(q_i)$ 等于 $1 \pmod 3$ 和 $\sum a_i$ 是偶数，得出结论 x 为 $1 \pmod 3$，所以 $x \in A$。最后，由于正整数分解为素数乘积的唯一性，h 是单射。

习题10.19. (IMO 2010) 找到所有函数 $f : \mathbb{N} \to \mathbb{N}$ 使得对于所有 $m, n \in \mathbb{N}, (f(m) + n)(m + f(n))$ 是一个完全平方。

解. 将证明解都是形式为 $f(n) = n + c$ 的函数，其中 c 是非负整数。首先，很明显任何这样的函数都是一个解，我们必须证明没有其他解。为此，我们从下面开始

引理. 假设 $p \mid f(k) - f(l)$ 对于某些素数 p 和正整数 k, l，那么 $p \mid k - l$。

引理的证明. 首先假设 $p^2 \mid f(k) - f(l)$，所以 $f(l) = f(k) + p^2 u$ 对于某些整数 a。取某些正整数 $D > \max\{f(k), f(l)\}$，不能被 p 整除和设 $n = pD - f(k)$。那么正整数 $n + f(k) = pD$ 和 $n + f(l) = pD + (f(l) - f(k)) = p(D + pa)$ 都能被 p 整除，但不能被 p^2 整除。现在，应用这个问题条件，得到 $(f(k) + n)(f(n) + k)$ 和 $(f(l) + n)(f(n) + l)$ 都是能被 p 整除的完全平方，因此也能被 p^2 整除。表明乘数 $f(n) + k$ and $f(n) + l$ 也能被 p 整除，因此 $p \mid (f(n) + k) - (f(n) + l) = k - l$。另一方面，如果 $f(k) - f(l)$ 能被 p 整除，但不能被 p^2 整除，然后选择相同的 D，令 $n = p^3 D - f(k)$。那么正整数 $f(k) + n = p^3 D$ 和 $f(l) + n = p^3 D + (f(l) - f(k))$ 分别能被 p^3 (但不能被 p^4 整除) 和 p 整除 (但不能被 p^2 整除)。同理，得到 $f(n) + k$ 和 $f(n) + l$ 能被 p 整除，因此 $p \mid k - l$。引理得到证明。 $\square$

开始讨论这个问题. 首先假设$f(k) = f(l)$ 对于某些$k, l \in \mathbb{N}$. 根据引理$k - l$ 可以被所有素数整除, 所以$k = l$. 因此函数f 是单射. 接下来考虑$f(k)$ 和$f(k + 1)$. 由于$(k + 1) - k = 1$ 没有素数因子, 引理同样适用于$f(k + 1) - f(k)$, 即$|f(k + 1) - f(k)| = 1$. 设$f(2) - f(1) = q, |q| = 1$. 然后通过归纳证明$f(n) = f(1) + q(n - 1)$. $n = 1, 2$ 的基数对于q的定义成立. 对于第一步, 如果$n > 1$,有$f(n + 1) = f(n) \pm q = f(1) + q(n - 1) \pm q$. 因为$f(n) \neq f(n - 2) = f(1) + q(n - 2)$, 得到$f(n) = f(1) + qn$.最终, 有$f(n) = f(1) + q(n - 1)$. 那么$q$ 不能等于-1 , 否则$n \geqslant f(1) + 1$ 时,有$f(n) \leqslant 0$ 不可能. 因此得到$q - 1$ 和$f(n) = (f(1) - 1) + n$ 对于每一个$n \in \mathbb{N}$ 和$f(1) - 1 \geqslant 0$.

习题10.20. (IMO 2008 预选题) 对于每一个$n \in \mathbb{N}$ 设$\tau(n)$ 表示n的(正)因数的个数. 找到所有函数$f : \mathbb{N} \to \mathbb{N}$ 具有以下属性:

(i) $\tau(f(x)) = x$;

(ii) $f(xy)$ 整除$(x - 1)y^{xy-1}f(x)$.

对于所有$x, y \in \mathbb{N}$.

解. 有一个唯一解: 函数$f : \mathbb{N} \to \mathbb{N}$ 被定义为$f(1) = 1$ 和

$$f(n) = p_1^{p_1^{\alpha_1}-1} p_2^{p_2^{\alpha_2}-1} \ldots p_k^{p_k^{\alpha_k}-1},$$

其中$n = p_1^{\alpha_1} p_2^{\alpha_2} \ldots p_k^{\alpha_k}$ 是$n > 1$ 的质因数分解.直接验证表明,该函数满足要求.

相反, 设$f : \mathbb{N} \to \mathbb{N}$ 满足问题的条件. 那么(i) 对于$x = 1$ 给出$\tau(f(1)) = 1$, 所以$f(1) = 1$. 注意(i) 表明函数f 是单射. 接下来将使用著名的公式

$$\tau(p_1^{\alpha_1} p_2^{\alpha_2} \ldots p_k^{\alpha_k}) = (\alpha_1 + 1)(\alpha_2 + 1) \ldots (\alpha_k + 1).$$

设p 是素数. 因为$\tau(f(p)) = p$, 刚才提到的公式得到$f(p) = q^{p-1}$ 对于某些素数q; 特别地, $f(2) = q^{2-1} = q$ 是素数. 证明$f(p) = p^{p-1}$ 对于所有素数p. 假设p 是奇数和$f(p) = q^{p-1}$ 对于某些素数q. 应用(ii)得到$x = 2, y = p$,那么应用$x = p, y = 2$ 证明$f(2p)$ 分为$(2-1)p^{2p-1}f(2) = p^{2p-1}f(2)$ 和$(p-1)2^{2p-1}f(p) = (p-1)2^{2p-1}q^{p-1}$. 如果$q \neq p$,那么奇素数$p$ 不能整除$(p-1)2^{2p-1}q^{p-1}$, 因此$p^{2p-1}f(2)$ 和$(p - 1)2^{2p-1}q^{p-1}$ 的最大公约数是$f(2)$的一个约数. 因此$f(2p)$除$f(2)$ 得到一个素数. 因为$f(2p) > 1$, 得到$f(2p) = f(2)$,与f是单射矛盾. 所以$q = p$, 即$f(p) = p^{p-1}$. 对于$p = 2$

同理可得$x = 2, y = 3$ 和$x = 3, y = 2$ 表明$f(6)$ 分为$3^5 f(2)$ 和$2^6 f(3)$. 如果素数$f(2)$ 是奇数,那么$f(6)$ 分为$3^2 = 9$, 所以$f(6) = 1, 3$ 或9. 但6 $=$

$\tau(f(6)) = \tau(1), \tau(3)$ 或$\tau(9)$ 矛盾,因为$\tau(1) = 1, \tau(3) = 2$ 和$\tau(9) = 3$. 结论$f(2) = 2$. 现在证明对于每一个$n > 1$, $f(n)$ 的质因数是n的一个. 设p 为n的最小素数因子.应用(ii)得到$x = p$和$y = n/p$,得到$f(n)$ 除$(p-1)y^{n-1}f(p) = (p-1)y^{n-1}p^{p-1}$. 写成$f(n) = lP$, 其中$l$ 与n互质,且P 是素数除以n的乘积. 因为l 整除$(p-1)y^{n-1}p^{p-1}$ 并且与$y^{n-1}p^{p-1}$互质, 整除$p-1$. 因此$\tau(l) \leqslant l < p$. 但(i) 给出$n = \tau(f(n)) = \tau(lP) = \tau(l)\tau(P)$,因为$l$ 和P 互质. 因此$\tau(l)$ 是n 小于p的因数, 表明$l = 1$,证明这个命题. 如果p 是素数和$a \geqslant 1$,由上可知$f(p^a)$ 的唯一质因数是p, 所以$f(p^a) = p^b$ 对于某些$b \geqslant 1$. 因此(i) 得到$p^a = \tau(f(p^a)) = \tau(p^b) = b+1$, 即$f(p^a) = p^{p^a-1}$. 现在考虑一般情况当$n = p_1^{\alpha_1}p_2^{\alpha_2}\ldots p_k^{\alpha_k}$时. 看到$f(n)$ 的质因数分解形式是$f(n) = p_1^{\beta_1}p_2^{\beta_2}\ldots p_k^{\beta_k}$. 对于$i = 1,2\ldots,k$ 设$x = p_i^{\alpha_i}$ 和在(ii)中的$y = n/x$, 推出$f(n)$ 整除$(p_i^{\alpha_i}-1)y^{n-1}f(p_i^{\alpha_i})$. 因此$p_i^{\beta_i}$ 整除$f(p_i^{\alpha_i}) = p_i^{p_i^{\alpha_i}-1}$,因为它与$(p_i^{\alpha_i}-1)y^{n-1}$互质, 所以$b_i \leqslant p_i^{\alpha_i}-1$ 对于所有$i = 1,2,\ldots,k$. 结合(i), 这些结论意味着

$$p_1^{\alpha_1}p_2^{\alpha_2}\ldots p_k^{\alpha_k} = n = \tau(f(n)) = \tau(p_1^{\beta_1}p_2^{\beta_2}\ldots p_k^{\beta_k})$$

$$= (\beta_1+1)(\beta_2+1)\ldots(\beta_k+1) \leqslant p_1^{\alpha_1}p_2^{\alpha_2}\ldots p_k^{\alpha_k}.$$

因此,所有不等式$b_i \leqslant p_i^{\alpha_i}-1$ 必须相等, 这意味着唯一的解就是上面给出的解.

习题10.21 (IMO 2007 预选题) 找到所有满射函数$f: \mathbb{N} \mapsto \mathbb{N}$ 使得对于每一个$m,n \in \mathbb{N}$ 和每一个素数p, $f(m+n)$ 被p整除当且仅当$f(m)+f(n)$ 被p整除.

解. 将证明$f(n) = n$. 假设f 满足问题条件.

引理. 对于每一个素数p 和所有$x,y \in \mathbb{N}$, 有$x \equiv y \pmod p$;如果$f(x) \equiv f(y) \pmod p$. 此外, $p \mid f(x)$, 如果$x \mid p$.

证明. 考虑一个任意素数p. 因为f 是满射, 存在$x \in \mathbb{N}$ 使得$p \mid f(x)$. 设

$$d = \min(x \in \mathbb{N} : p \mid f(x)).$$

对k归纳,得到$p \mid f(kd)$ 对于所有$k \in \mathbb{N}$. 基为真,因为$p \mid f(d)$. 如果$p \mid f(kd)$ 和$p \mid f(d)$, 那么通过习题条件得到$p \mid f(kd+d) = f((k+1)d)$. 假设存在一个$x \in \mathbb{N}$,使得$d \nmid x$ 但$p \mid f(x)$. 设

$$y = \min(x \in \mathbb{N} : d \nmid x, p \mid f(x)).$$

选择d, 有$y > d$, 和$y - d$ 是一个不能被d整除的正整数. 那么$p \nmid f(y - d)$, 然而$p \mid f(d)$ 和$p \mid f(d + (y - d)) = f(y)$. 这与问题条件相矛盾.因此没有这样的$x$和$p \mid f(x)$ 如果$d \mid x$. 取任意$x, y \in \mathbb{N}$ 使得$x \equiv y \pmod{d}$. 有$p \mid f(x + (2xd - x)) = f(2xd)$; 此外,因为$d \mid 2xd + (y - x) = y + (2xd - x)$, 得到$p \mid f(y(2xd - x))$. 那么由习题条件得到$p \mid f(x) + f(2xd - x), p \mid f(y) + f(2xd - x)$, 因此$f(x) \equiv -f(2xd - x) \equiv f(y) \pmod{p}$. 假设$f(x) \equiv f(y) \pmod{p}$. 根据假设有$p \mid f(x) + f(2xd - x)$, 表明$p \mid f(x) + f(2xd - x) + (f(y) - f(x)) = f(y) + f(2xd - x)$. 因此由问题条件$p \mid f(y) + f(2xd - x)$ 和$0 \equiv y + (2xd - x) \equiv y - x \pmod{d}$. 因此证明$x \equiv y \pmod{d}$ 如果$f(x) \equiv f(y) \pmod{p}$, 要证明$p = d$. 首先注意数字$f(1), f(2), \ldots, f(d)$ 有不同的余数模p, 因此$p \geqslant d$. 另一方面, f 是满射, 所以存在$x_1, x_2, \ldots, x_p \in \mathbb{N}$ 使得$f(x_i) = i$ 对于$i = 1, 2, \ldots, p$. 因此,所有这些$x_i's$ 都有不同的余数模d ,表明$d \geqslant p$. 因此$d = p$ 证明引理.

对n进行归纳证明$f(n) = n$. 如果$n = 1$,那么由引理$p \nmid f(1)$ 对于所有素数p, 所以$f(1) = 1$. 假设$n > 1$,表示$k = f(n)$. 注意存在一个素数$q \mid n$, 由引理所以$q \mid k$和$k > 1$. 如果$k > n$,那么$k - n + 1 > 1$, ,存在一个素数$p \mid k - n + 1$. 有$k \equiv n - 1 \pmod{p}$. 归纳假设,有$f(n - 1) = n - 1 \equiv k = f(n) \pmod{p}$. 通过引理得到$n - 1 \equiv n \pmod{p}$,矛盾. 类似的, 如果$k < n$, 归纳假设那么$f(k - 1) = k - 1$. 此外, $n - k + 1 > 1$, 所以有一个素数$p \mid n - k + 1$ 和$n \equiv k - 1 \pmod{p}$. 由引理再一次得到$k = f(n) \equiv f(k - 1) = k - 1 \pmod{p}$ 是错误的. 因此$k = n$, 所以$f(n) = n$. 函数$f(n) = n$ 显然满足问题的条件.

19.11　二进制及其他进制

习题11.1. 找到所有函数$f: \mathbb{N}_0 \to \{0, 1\}$,其中

$$f(0) = 0, f(2n) = f(n), f(2n + 1) = 1 - f(2n)$$

对于所有$n \in \mathbb{N}_0$.

提示. 证$f(n)$是n模2的二进制数之和.

习题11.2. 找到所有函数$f: \mathbb{N} \to \mathbb{N}$,其中

$$f(1) = 1, f(2n) = 2f(n) - 1, f(2n + 1) = 2f(n) + 1$$

对于所有$n \in \mathbb{N}$.

提示. 设 $n = \overline{1a_{k-1}\ldots a_1a_0}_{(2)}$ 为 n 的二进制表示,表示 $f(n) = \overline{a_{k-1}\ldots a_1a_01}_{(2)}$.

习题11.3. 找到所有函数 $f: \mathbb{N} \to \mathbb{R}$,其中

$$f(2n+1) = f(2n) + 1 = 3f(n) + 1$$

对于所有 $n \in \mathbb{N}$.

解. 如果看 n 的二进制表示,这个问题就得到解决. 设 $f(1) = r$ 和 $n = \overline{1a_{k-1}\ldots a_1a_0}_{(2)}$,那么通过对 k 的归纳很容易证明 $f(n) = r3^k + a_{k-1}3^{k-1} + \cdots + 3a_1 + a_0$.

习题11.4. (IMO 1978) 找到所有函数 $f: \mathbb{N} \to \mathbb{N}$ 满足

$$f(1) = 1, \ f(3) = 3 \ \text{和} f(2n) = f(n),$$

$$f(4n+1) = 2f(2n+1) - f(n) \ \text{和} f(4n+3) = 3f(2n+1) - 2f(n)$$

对于所有 $n \in \mathbb{N}$.

解. 函数是唯一确定的,找到它的关键应该是 n 的二进制表示. 通过直接计算,得到 $f(1) = 1$, $f(2) = 1$, $f(3) = 3$, $f(4) = 1$, $f(5) = 5$, $f(6) = 3$, $f(7) = 7$, $f(8) = 1$, $f(9) = 9$, $f(10) = 5$, $f(11) = 13$. 在 $f(11)$ 之前,可以推测 $f(n)$ 是通过删除结尾处的零从 n 获得的. 然而,如果在基2中写11,得到 $11 = 1011_2$ 和 $f(11) = 13 = 1101_2$. 因此,很自然地假设 $f(n)$ 是通过倒转 n 的数字得到的. 事实上,所有先前计算的 f 值都证实了这一点,因为所有小于11的数字, 如果我们删除最后的零就会变成回文.这种说法很容易用强归纳法加以证实. 事实上,假设所有小于 $k - 1$ 的数字都是正确的,证明它是对于 k 的. 当然,我们需要根据条件的三种可能考虑三种情况:

(a) k 是偶数. 在这种情况下 $f(k) = f\left(\dfrac{k}{2}\right)$,要求从归纳步骤开始.

(b) k 的形式为 $4n + 1$. 假设 n 有 r 位数字, 设 $m = f(n)$ 通过倒转其二进制数字从 n 获得. 那么从 k 中通过倒数得到的数字是 $2^{r+1} + m$.又 $f(2n+1) = 2^r + m$,所以 $f(k) = 2f(2n+1) - f(n) = 2^{r+1} + 2m - m = 2^{r+1} + m$,在这种情况下成立.

(c) k 的形式为 $4k + 3$. 再次假设 n 有 k 位数字, $m = f(n)$,那么 k 的倒数是 $2^{r+1} + 2^r + m$,而

$$f(k) = 3f(2n+1) - 2f(n) = 3(2^r + m) - 2m = 2^{r+1} + 2^r + m,$$

这种情况也成立.

习题11.5. 找到所有严格递增函数$f : \mathbb{N} \to \mathbb{N}$ 使得$f(f(n)) = 3n$ 对于所有$n \in \mathbb{N}$.

解. 有$f(f(1)) = 3$,所以$f(1) \neq 1$. 因此$f(1) > 1$,那么$f(f(1)) > f(1)$. 所以$f(1) < 3$ 和$f(1) = 2$. 得到$f(2) = 3$, 那么$f(3) = f(f(2)) = 6$,对k归纳得到$f(3^k) = 2 \cdot 3^k, f(2 \cdot 3^k) = 3^{k+1}$. 那么$f(3) = 6, f(6) = 9$,因为$f$ 是递增的,得到$f(4) = 7, f(5) = 8$. 因此$f(7) = 12, f(8) = 15$. 得出以下猜想: 如果$3^k \leqslant n < 3^{k+1}$, 那么对于$n \leqslant 2 \cdot 3^k$, $f(n) = n + 3^k$,对于$n \geqslant 2 \cdot 3^k$, $f(n) = 3(n - 3^k)$. 实际上,这个函数在增加,假设$k = 1$. 通过归纳推理. 假设它适用于$k = m-1$,那么证明它适用于$k = m$. 假设$3^m \leqslant n < 2 \cdot 3^m$. 如果$n = 3s$, 那么通过归纳假设$f(n) = f(3s) = f(f(f(s))) = 3f(s) = 3(s + 3^{m-1}) = n + 3^m$. 如果$3s < n < 3s + 3$,那么$f(3s) < f(3s+1) < f(3s+2) < f(3s+3)$. 但已经证明$f(3s) = 3^m + 3s, f(3s+3) = 3^m + 3s + 3$. 由于$f$递增, 仅有$f(3s+1) = 3^m + 3s + 1, f(3s+2) = 3^m + 3s + 2$, 所以$f(n) = n + 3^m$. 如果$2 \cdot 3^m \leqslant n < 3^{m+1}$, 那么$3^m \leqslant n - 3^m < 2 \cdot 3^{m+1}$. 因此$f(n - 3^m) = n$,所以$f(n) = f(f(n - 3^m)) = 3(n - 3^m)$. 归纳步骤被证明,所以找到$f$.

如果使用基3 ,那么$f(\overline{1 a_0 a_1 \ldots a_{k}}_{(3)}) = \overline{2 a_0 a_1 \ldots a_{k}}_{(3)}$ 和

$$f(\overline{2 a_0 a_1 \ldots a_{k}}_{(3)}) = \overline{1 a_0 a_1 \ldots a_k 0}_{(3)}.$$

习题11.6. 设a 和b 为$a > b$的非负整数. 证明函数$f : \mathbb{N} \to \mathbb{N}$ 使得$f(f(n)) = an + b$ 对于所有$n \in \mathbb{N}$.

解. 如果$a = 1$,那么$b = 0$,函数$f(n) = n$ 满足条件. 如果$a > 1$,那么任意正整数n 都可以用基数a写成

$$n = \overline{\ldots c_n d_n \underbrace{b \ldots bb}_{k_n}},$$

其中$k_n \geqslant 0$, $c_n, d_n \in [0, a)$, $d_n \neq b$. 有序对集合$\{(c_n, d_n) | n \in \mathbb{N}\}$ 有$a(a-1)$ 个元素,它是一个偶数. 因此,有序对(c_n, d_n) 和(c'_n, d'_n) 分别称为左邻 和右邻. 用以下方式定义函数$f : \mathbb{N} \to \mathbb{N}$:

$$f(n) = \begin{cases} \overline{\ldots c'_n d'_n \underbrace{b \ldots bb}_{k_n}}, & \text{如果}(c_n, d_n) \text{ 是}(c'_n, d'_n)\text{的一个左邻}; \\ \overline{\ldots c'_n d'_n \underbrace{b \ldots bb}_{k_n+1}}, & \text{如果}(c_n, d_n) \text{ 是}(c'_n, d'_n)\text{的一个右邻}. \end{cases}$$

将证明这个函数满足问题的条件. 在基 a 中将 n 写成 $n = \overline{\ldots c_n d_n \underbrace{b \ldots bb}_{k_n}}$.

- 如果 (c_n, d_n) 是 (c'_n, d'_n) 的一个左邻,那么 (c'_n, d'_n) 是 (c_n, d_n) 的一个右邻和

$$f(f(n)) = f(f(\overline{\ldots c_n d_n \underbrace{b \ldots bb}_{k_n}})) = f(\overline{\ldots c'_n d'_n \underbrace{b \ldots bb}_{k_n}})$$

$$= \overline{\ldots c_n d_n \underbrace{b \ldots bb}_{k_n+1}} = an + b.$$

- 如果 (c_n, d_n) 是 (c'_n, d'_n) 的一个右邻,那么 (c'_n, d'_n) 是 (c_n, d_n) 的一个左邻和

$$f(f(n)) = f(f(\overline{\ldots c_n d_n \underbrace{b \ldots bb}_{k_n}})) = f(\overline{\ldots c'_n d'_n \underbrace{b \ldots bb}_{k_n+1}})$$

$$= \overline{\ldots c_n d_n \underbrace{b \ldots bb}_{k_n+1}} = an + b.$$

因此 f 具有所需的性质.

注. 如果 a 和 b 是任意正整数,则函数 $f : \mathbb{N} \to \mathbb{N}$ 满足 $f(f(n)) = an + b$ 可能不存在,见例7.1.

习题11.7. (IMO 1978) 设 $(f(n))$ 为正整数的严格递增序列: $0 < f(1) < f(2) < f(3) < \ldots$. 在不属于该序列的正整数中, 第 n 个数量级是 $f(f(n)) + 1$. 确定 $f(240)$.

解法一. 由于第 n 个缺失数字(间隙) 是 $f(f(n)) + 1$ 和 $f(f(n))$ 是序列的一个, 存在 $n - 1$ 个间隙小于 $f(f(n))$. 推出

$$f(f(n)) = f(n) + n - 1. \tag{1}$$

因为1 不是一个间隙, 有 $f(1) = 1$. 第一个间隙是 $f(f(1)) + 1 = 2$. 两个连续整数不能都是间隙(间隙的前导形式为 $f(f(m))$). 因此 $f(2) = 3$,重复应用(1) 得到

$$f(3) = 3 + 1 = 4, \ f(4) = 4 + 2 = 6, \ f(6) = 9, \ f(9) = 14,$$

$$f(14) = 22, \ f(22) = 35, \ f(35) = 56, \ f(56) = 90,$$

$$f(90) = 145, \ f(145) = 234, \ f(234) = 378.$$

$$f(f(35)) + 1 = 91$$ 是一个间隙,所以 $f(57) = 92$. 由(1)得

$$f(92) = 148, \ f(148) = 239, \ f(239) = 386.$$

最终, $f(f(148)) + 1 = 387$ 是一个间隙, 所以 $f(240) = 388$.

解法二. 如上所述,得出公式(1). 通过简单的归纳,得出 $f(F_n + 1) = F_{n+1} + 1$, 其中 F_k 是斐波那契序列 $(F_1 = F_2 = 1)$.

通过对 n 的归纳证明,对于所有 $1 \leqslant x \leqslant F_{n-1}$ 的 x, $f(F_n + x) = F_{n+1} + f(x)$. 对于 $n = 0, 1$ 是正确的. 假设它适用于 $n - 1$, 证明它适用于 n. 如果对于某些 $y, x = f(y)$,那么通过归纳假设和(1)得到

$$f(F_n + x) = f(F_n + f(y)) = f(f(F_{n-1} + y))$$

$$= F_n + f(y) + F_{n-1} + y - 1 = F_{n+1} + f(x).$$

假设 $x = f(f(y)) + 1$ 是一个间隙, 那么

$$f(F_n + x - 1) + 1 = F_{n+1} + f(x - 1) + 1$$

也是一个间隙和

$$F_{n+1} + f(x) + 1 = F_{n+1} + f(f(f(y))) + 1$$

$$= f(F_n + f(f(y))) + 1 = f(f(F_{n-1}) + f(y))) + 1.$$

因此

$$f(F_n + x) = F_{n+1} + f(x - 1) + 2 = F_{n+1} + f(x).$$

已知每个正整数 x 都可以写成

$$x = F_{k_1} + F_{k_2} + \cdots + F_{k_r},$$

其中 $0 < k_r \neq 2, k_i \geqslant k_{i+1} + 2$. 因此

$$f(x) = F_{k_1+1} + F_{k_2+1} + \cdots + F_{k_r+1}.$$

特别地, $240 = 233 + 5 + 2 = F_{13} + F_5 + F_3$,因此

$$f(240) = F_{14} + F_6 + F_4 = 377 + 8 + 3 = 388.$$

注. 如习题13.1 所示$f(x) = \lfloor cx \rfloor$, 其中

$$c = \frac{\sqrt{5}+1}{2}.$$

习题11.8. (IMO 1993) 确定是否存在严格递增函数$f : \mathbb{N} \to \mathbb{N}$ 使得$f(1) = 2$ 和$f(f(n)) = f(n) + n$ 对于所有$n \in \mathbb{N}$.

提示. 考虑斐波那契类型序列$\{F_n\}_{n=0}^{\infty}$ 确定的基被定义

$$F_0 = 1, F_1 = 2, F_{n+1} = F_n + F_{n-1}, n \geqslant 1.$$

然后用以下方式定义函数$f : \mathbb{N} \to \mathbb{N}$. 如果

$$n = F_{i_1} + F_{i_2} + \ldots + F_{i_k}$$

那么

$$f(n) = F_{i_1+1} + F_{i_2+1} + \ldots + F_{i_k+1}.$$

这个函数定义得很好,因为上面的n表示是唯一的. 证明它满足问题条件.

注. 第13 章(习题13.1) 考虑了习题11.8,给出了不同的解决方案.

习题11.9. 函数f 在区间$[0,1]$ 中的有理数集合上定义如下:

$$f(0) = 0, f(1) = 1, f(x) = \begin{cases} f(2x)/4 & , \quad x \in (0, 1/2) \\ 3/4 + f(2x-1)/4 & , \quad x \in [1/2, 1) \end{cases}$$

根据x的二进制表示找到$f(x)$.

解. 设$x = 0.x_1 x_2 \ldots$ 是x的二进制表示. 如果$x_1 = 0$,那么$x < \dfrac{1}{2}$ 和

$$f(x) = 0.x_1 x_1 + \frac{1}{4} f(0.x_2 x_3 \ldots).$$

如果$x_1 = 1$, 那么$a \geqslant \dfrac{1}{2}$和

$$f(x) = 0.x_1 x_1 + \frac{1}{4} f(0.x_2 x_3 \ldots).$$

用同样的方式继续,得到$f(x) = 0.x_1 x_1 x_2 x_2 \ldots$.

习题11.10. (IMO 1983 预选题)设$f : [0,1] \to \mathbb{R}$ 是一个连续的函数,满足

$$f(x) = \begin{cases} bf(2x) & , \quad x \in [0, 1/2] \\ b + (1-b)f(2x-1) & , \quad x \in [1/2, 1] \end{cases},$$

其中 $b = \dfrac{1+c}{2+c}, c > 0$. 证明 $0 < f(x) - x < c$ 对于所有 $x \in (0,1)$.

解. 首先假设 x 的二进制表示是有限的:

$$x = 0, a_1 a_2 \ldots a_n = \sum_{j=1}^{n} a_j 2^{-j},$$

其中 $a_j = 0$ 或 1. 在 n 上通过归纳法证明

$$f(x) = \sum_{j=1}^{n} b_0 \ldots b_{j-1} a_j,$$

其中

$$b_k = \begin{cases} b & , \quad a_k = 0 \\ 1 - b & , \quad a_k = 1 \end{cases}.$$

(这里 $a_0 = 0$.) 实际上,通过递归关系,如果 $a_1 = 0$,那么

$$f(x) = bf\left(\sum_{j=1}^{n-1} a_{j+1} 2^{-j}\right) = b \sum_{j=1}^{n-1} b_1 \ldots b_j a_{j+1}$$

因此

$$f(x) = \sum_{j=0}^{n-1} b_0 \ldots b_j a_{j+1}$$

由于 $b_0 = b_1 = b$. 如果 $a_1 = 1$,那么

$$f(x) = b + (1 - b) f\left(\sum_{j=1}^{n-1} a_{j+1} 2^{-j}\right) = \sum_{j=0}^{n-1} b_0 \ldots b_j a_{j+1},$$

由于 $b_0 = b, b_1 = 1 - b$.

明显, $f(0) = 0, f(1) = 1, f(1/2) = b > 1/2$. 对于 $k \geqslant 2$,设

$$v = x + 2^{-n-k+1}, \quad u = x + 2^{-n-k} = (v + x)/2.$$

那么

$$f(v) = f(x) + b_0 \ldots b_n b^{k-2}, \quad f(u) = f(x) + b_0 \ldots b_n \cdot b^{k-1} > (f(v) + f(x))/2.$$

这意味着点 $(u, f(u))$ 位于连接线 $(x, f(x))$ 和 $(v, f(v))$ 上方. 通过归纳每一点 $(x, f(x))$, 其中如果 $0 < x < 1/2$, x 有一个有限的二进制展开, 位于连接 $(0,0)$ 和 $(1/2, b)$ 或如果 $1/2 < x < 1$, 连接 $(1/2, b)$ 和 $(1,1)$ 的直线上方. 接下来得到 $f(x) > x$. 对于第二个不等式, 观察

$$f(x) - x = \sum_{j=1}^{\infty} (b_0 \ldots b_{j-1} - 2^{-j}) a_j$$

$$< \sum_{j=1}^{\infty} (b^j - 2^{-j}) a_j < \sum_{j=1}^{\infty} (b^j - 2^{-j}) = \frac{b}{1-b} - 1 = c.$$

通过连续性, 这些不等式也适用于无穷二进制表示的 x.

19.12 几何函数方程

习题12.1. 求解对于所有 $(x_1, x_2, \ldots, x_n), (y_1, y_2, \ldots, y_n) \in \mathbb{R}^n$. 都满足恒等式

$$f(x_1, x_2, \ldots, x_n) + f(y_1, y_2, \ldots, y_n) = f(x_1 + y_1, \ldots, x_n + y_n)$$

的所有连续函数 $f: \mathbb{R}^n \to \mathbb{R}$.

解. 如果我们设 $f_i(x) = f(0, 0, \ldots, 0, x, 0, \ldots, 0)$, 其中 x 在第 i 顺位, 那么 $f(x_1, x_2, \ldots, x_n) = f_1(x_1) + f_2(x_2) + \ldots + f_n(x_n)$. 既然 f 是可加性的, 那么 f_i 也是可加性的(只需令 $x_k = 0, y_k = 0$ 且 $k \neq i$, 就可以得到 $f_i(x_i) + f_i(y_i) = f_i(x_i + y_i)$). 而且, 由于 f 是连续的, 那么 f_i 也是连续的. 因此 $f_i(x) = c_i x$. 因此 $f(x_1, x_2, \ldots, x_n) = c_1 x_1 + \ldots + c_n x_n$, 这个函数显然满足该条件.

习题12.2. 设 $n \geqslant 3$ 为正整数. 求所有连续函数 $f: [0, 1] \to \mathbb{R}$, 其中 $f(x_1) + f(x_2) + \ldots + f(x_n) = 1$, 每当 $x_1, x_2, \ldots, x_n \in [0, 1]$ 和 $x_1 + x_2 + \ldots + x_n = 1$.

解. 如果 $x, y \in [0, 1]$ 且 $x + y \leqslant 1$, 我们可以得到

$$f(x) + f(y) + f(1 - x - y) + f(0) + \ldots + f(0) = 1$$

和

$$f(x + y) + f(0) + f(1 - x - y) + f(0) + \ldots + f(0) = 1.$$

因此 $f(x) + f(y) = f(x + y) + f(0)$, 所以 $f(x) = ax + b$. 如下

$$f(x_1) + f(x_2) + \ldots + f(x_n) = a(x_1 + x_2 + \ldots + x_n) + nb = a + nb$$

对于 $x_1 + x_2 + \ldots + x_n = 1$. 因此 $a = 1 - nb$, $f(x) = (1 - nb)x + b$, $b \in \mathbb{R}$.

习题12.3. 证明 $f : \mathbb{R} \to \mathbb{R}$ 是一个加法函数,当且仅当它满足下列条件之一时:

(a) $f(x + y) - f(x - y) = 2f(y)$;

(b) $f(xy + x + y) = f(xy) + f(x) + f(y)$;

(c) $f(xy + x + y) + f(xy - x - y) = 2(f(x) + f(y))$;

(d) $f(x + y)^2 = (f(x) + f(y))^2$,

对于所有的 $x, y \in \mathbb{R}$.

解. (a) 设 $y = 0$,我们得到 $f(0) = 0$, 然后设 $x = y$ 得到 $f(2x) = 2f(x)$. 同时令 $x = 0$, 得到 $f(y) - f(-y) = 2f(y)$, 即 $f(-y) = -f(y)$. 对于任意 $t, s \subset \mathbb{R}$ 有 $x + y = t$, $y - x = s$. 然后

$$f(t) + f(s) = f(x + y) - f(x - y) = 2f(y) = 2f\left(\frac{t + s}{2}\right) = f(t + s).$$

因此函数 f 是可加的.

(b) 分别设 $x = y = 0$ 和 $y = -1$, 我们得到 $f(0) = 0$ 和 $f(-x) = -f(x)$, $x \in \mathbb{R}$. 现在用 $-x$ 和 $-y$ 替换 x 和 y, 可以得到 $f(xy - x - y) = f(xy) - f(x) - f(y)$. 因此

$$f(xy + x + y) + f(xy - x - y) = 2f(xy). \tag{$*$}$$

注意,如果 $a \leqslant 0$ 且 $xy = a$, 则 $x + y$ 在整个 $\mathbb{R}$ 上运行, 因为方程 $b = x + y = x + \dfrac{a}{x} \Leftrightarrow x^2 - bx + a = 0$ 有实数根 $(b^2 - 4a \geqslant 0)$. 因此设 $xy = u$, $x + y = v$,由 $(*)$ 得到

$$f(u + v) + f(u - v) = 2f(u) \tag{$**$}$$

对于任意的 $u \leqslant 0$ 且 $v \in \mathbb{R}$. 现在使用恒等式 $f(-x) = -f(x)$, 我们看到 $(**)$ 对于任意的 $u, v \in \mathbb{R}$ 成立. 因此 (a) 表明 f 是一个加性函数.

(c) 代入 $x = y = 0$ 得到 $f(0) = 0$, 而 $y = 0$ 得到 $f(-x) = -f(x)$, 对于所有实数 x. 现在对于 $y = 1$ 和 $y = -1$ 我们分别得到

$$f(2x + 1) = 2f(x) + f(1) , f(2x - 1) = 2f(x) - f(1).$$

此外, 表示 $x * y = xy + x + y$,注意这个操作是关联的,也就是说, $x * (y * z) = (x * y) * z$. 因此, 通过插入 $x = 1$, 我们得到 $y * 1 = 2y + 1$, 并且 $f(y * 1) = 2f(y) + f(1)$ 对于所有的 y. 因此利用上面的恒等式

$$f(x * (y * 1)) = f(x * (2y + 1)) = f(x(2y + 1) - x - 2y - 1) + 2f(x) + 2f(2y + 1)$$

$$= f(2(xy-y)-1) + 2f(2y+1) + 2f(x) = 2(f(xy-y) + f(x) + 2f(y) + f(1)$$

和

$$f((x*y)*1) = 2f(x*y) + f(1) = 2(2(f(x) + 2f(y)) + 2f(xy-x-y) + f(1)$$

$$= 2f(xy-x-y) + 2f(x) + 2f(y) + f(1).$$

现在, 对于所有的$x, y \in \mathbb{R}$.注意最后两个关系和" $*$ "的结合度生成

$$f(xy-x-y) + f(x) = f(xy-y),$$

这意味着$f(u+v) = f(u) + f(v)$ 对于所有实数u, v, 可以用$u = x$, $v = xy - x - y$的形式写, 即存在$x, y \in \mathbb{R}$ 使得$x = u$ 和$y = \dfrac{v+u}{u-1}$; 如果$u \neq 1$ 或$u = 1 = -v$就会发生这种情况.

对于所有的$v \in \mathbb{R}$,仍然需要检查$f(1+v) = f(1) + f(v)$. 这是从恒等式$f(2x+1) = 2f(x+1) - f(1) = 2f(x) + f(1)$ 中得出的:

(d) 我们有$f(x+y) = \pm(f(x) + f(y))$, 因此对于任意$x \in \mathbb{R}$有$f(2x) = \pm 2f(x)$, 尤其是$f(0) = 0$. 假设$x_0 \in \mathbb{R}$ 使得$f(2x_0) \neq 2f(x_0)$, 即$f(2x_0) = -2f(x_0)$, 那么

$$f(3x_0) = f(2x_0 + x_0) = \varepsilon_1\left(f(2x_0) + f(x_0)\right) = \varepsilon_1\left(-2f(x_0) + f(x_0)\right) = -\varepsilon_1 f(x_0),$$

在$\varepsilon_1 \in \{-1, 1\}$. 因此

$$f(4x_0) = f(3x_0 + x_0) = \varepsilon_2\left(f(3x_0) + f(x_0)\right) = \varepsilon_2(1-\varepsilon_1)f(x_0),$$

在$\varepsilon_2 \in \{-1, 1\}$. 另一方面

$$f(4x_0) = f(2x_0 + 2x_0) = 2\varepsilon_3 f(2x_0) = -4\varepsilon_3 f(x_0),$$

在$\varepsilon_3 \in \{-1, 1\}$, 我们得到$f(x_0) = 0$,因此$\varepsilon_2(1-\varepsilon_1) \neq -4\varepsilon_3$. 因此$f(2x_0) = -2f(x_0) = 0 = 2f(x_0)$, 这就表明$f(2x) = 2f(x)$, 对于所有的$x \in \mathbb{R}$.

假设现在存在x 和y 使得$f(x+y) = -f(x) - f(y)$, 那么

$$f(2x+y) = f(x + (x+y)) = \varepsilon_1\left(f(x) + f(x+y)\right) = -\varepsilon_1 f(y)$$

和

$$f(2x+y) = \varepsilon_2\left(f(2x) + f(y)\right) = \varepsilon_2\left(2f(x) + f(y)\right)$$

在$\varepsilon_1, \varepsilon_2 \in \{-1, 1\}$. 因此$2f(x) + f(y) = \varepsilon_3 f(y)$. 和类似的

$$2f(y) + f(x) = \varepsilon_4 f(x).$$

如果$\varepsilon_3 = -1$,那么$f(x) + f(y) = 0$, 因此

$$f(x + y) = -f(x) - f(y) = f(x) + f(y).$$

如果$\varepsilon_3 = \varepsilon_4 = 1$, 那么$f(x) = f(y) = 0$,然后再次$f(x + y) = f(x) + f(y)$. 因此函数f 是可加的.　　　　　　　　　　　　　　　　□

习题12.4. (German TST 2009) 求所有函数$f : \mathbb{R} \mapsto \mathbb{R}$,如果$x^3 + f(y) \cdot x + f(z) = 0$, 则$f(x)^3 + y \cdot f(x) + z = 0$.

解. 取$y = z = 0$ 和x_0, 令$x_0^3 + f(0)x_0 + f(0) = 0$, 我们得到$f(x_0) = 0$. 现在, 取$x = 0, y = 0, z = x_0$, 然后$x = 0, y = 1, z = x_0$ 得到$f(0) = 0$ (通过减去从函数方程中得到的两个关系). 现在, 为任意的z选择$y = 0$ 和$x = -\sqrt[3]{f(z)}$. 得到$f(-\sqrt[3]{f(z)}) = -\sqrt[3]{z}$, 这就说明$f$ 是双射的.

现在, 固定x, y 并选择$z = f^{-1}(-x^3 - xf(y))$ 来得到

$$-(f(x)^3 + yf(x)) = f^{-1}(-x^3 - xf(y)).$$

那么

$$f(-f(x)^3 - yf(x)) = -x^3 - xf(y).$$

选择$y = f^{-1}(-x^2)$, 使$x^3 + xf(y) = 0$. 使用内射性和最后一个关系式是$f(x)(y + f(x)^2) = 0$. 对于所有的$x \neq 0$ 我们有$f(x)^2 + f^{-1}(-x^2) = 0$, 所以$f(-f(x)^2) = -x^2$,这显然也适用于$x = 0$.通过改变x 和$-x$ 并且利用f 的单射性我们推导得到f 是奇数. 因此$f(f(x)^3 + yf(x)) = x^3 + xf(y)$ 和$f(f(x)^2) = x^2$. 把$f(x)^2$ 替代x 代入到最后一个关系式中,推导得到$f(x^4) = f(x)^4$. 对于$x = 1$ 我们得到$f(1) = 1$. 通过上面的等式中取$x = 1$, 我们也得到$f(y + 1) = f(y) + 1$.

现在, 我们将找到满足$f(x^4) = f(x)^4$和$f(x+1) = f(x)+1$的所有双射奇函数f . 注意$f(x) \geqslant 0$ 对于$x \geqslant 0$用第一个关系式表示. 另外,由于第二个关系,对所有整数n 的$f(n) = n$. 因此, $f(x) - \lfloor x \rfloor = f(x - \lfloor x \rfloor) \geqslant 0$ 和$f(x) - (\lfloor x \rfloor + 1) = -f(\lfloor x \rfloor + 1 - x) \leqslant 0$, 说明$x - 1 \leqslant f(x) \leqslant x + 1$. 因此,对于$x > 0$有$1 - \dfrac{1}{x} \leqslant \dfrac{f(x)}{x}$

和对于 $x \to \infty$, $\frac{f(x)}{x}$ 趋近于1. 把它和 $(f(x)/x)^{4^n} = f(x^{4^n})/x^{4^n}$ 进行组合我们推断对于 $x > 1$ 有 $f(x) = x$. (事实上, 如果 $x > 1$ 是固定的, 那么 $(f(x)/x)^{4^n}$ 在 $f(x) < x$ 时趋近于0 在 $f(x) > x$ 时趋近于 ∞.) 这与 $f(x+1) = f(x) + 1$ 一起表明 $f(x) = x$ 对于所有 $x \in \mathbb{R}$. 因此方程的唯一解是恒等函数.

习题12.5. (CTSJ竞赛,Romania 2008) 设 O 是平面 $\mathbb{R}^2$ 上的一个定点, $f : \mathbb{R}^2 \backslash \{O\} \to \mathbb{R}$ 是这样一个函数

$$f(A) - f(B) + f(C) - f(D) = 0$$

使得所有四个不同的点 $A, B, C, D \in \mathbb{R}^2 \backslash \{O\}$ 具有 $\triangle AOB \sim \triangle COD$. 证明 f 是常数.

解. 设 $X, Y \in \mathbb{R}^2 \backslash \{O\}$ 为任意点. 用 A 表示 OY 线上的点使得 $OA = OX$ 并且 O 在 A 和 Y 之间, 用 B 表示 OX 线上的点使得 $OB = OY$ 并且 O 在 B 和 X 之间. 然后用 $\triangle AOX \backsim \triangle BOY$ 和 $\triangle AOX \backsim \triangle YOB$, 因此 $f(A) - f(X) + f(B) - f(Y) = 0$ 和 $f(A) - f(X) + f(Y) - f(B) = 0$. 把这些恒等式相加得到 $f(A) = f(X)$ 和 $f(B) = f(Y)$. 另一方面 $\triangle AOB \cong \triangle XOY$, 因此 $f(A) - f(B) + f(X) - f(Y) = 0$, 其中 $f(X) = f(Y)$.

习题12.6. 设 f 为平面上的一个实函数对于所有正则 n 多边形 $A_1 A_2 \ldots A_n$ 有

$$f(A_1) + f(A_2) + \cdots + f(A_n) = 0.$$

证明 f 等于0.

解法一. 假设 P 是平面上的一个点,我们考虑正则 n-多边形 $P A_1 A_2 \ldots A_{n-1}$. 通过给定的 n-多边形的角 $2k\pi/n$, $k = 0, 1, \ldots, n-1$,以 P 为中心旋转后, 我们得到一个规则的 n-多边形 $A_{k0} A_{k1} \ldots A_{k(n-1)}$, 其中 $A_{k0} = P$ 和 A_{ki} 是通过旋转 A_i 得到的点, 对于所有的 $i = 1, 2, \ldots, n-1$. 考虑到之前得到的每个正则 n-多边形的假设, 我们得到

$$\sum_{k=0}^{n-1} \sum_{i=0}^{n-1} f(A_{ki}) = 0.$$

在这个总和中, 数字 $f(P)$ 出现 n 次, 然后

$$n f(P) + \sum_{k=0}^{n-1} \sum_{i=1}^{n-1} f(A_{ki}) = 0.$$

但是经过对和的一部分进行分析后很明显

$$\sum_{k=0}^{n-1}\sum_{i=1}^{n-1}f(A_{ki}) = \sum_{i=1}^{n-1}\sum_{k=0}^{n-1}f(A_{ki}) = 0$$

因为 $A_{0i}A_{1i}\ldots A_{(n-1)i}$ 都是正则 n-多边形. 因此, 从前面两个关系式中, 我们得到 $f(P) = 0$, 因此 $f \equiv 0$. □

解法二. 我们将使用复数. 设 $\omega = \cos\dfrac{2\pi}{n} + \mathrm{i}\sin\dfrac{2\pi}{n}$. 那么条件是对于任意的 $z \in \mathbb{C}$ 和任意正实数 t 我们都有

$$\sum_{j=1}^{n}f(z + t\omega^j) = 0.$$

特别地, 对于每一个 $k = 1, 2, \ldots, n$, 我们有

$$\sum_{j=1}^{n}f(z - \omega^k + \omega^j) = 0.$$

对 k 求和我们得到

$$\sum_{m=1}^{n}\sum_{k=1}^{n}f(z - (1 - \omega^m)\omega^k) = 0.$$

对于 $m = n$ 内部和等于 $nf(z)$. 因为 $\omega^n = 1$, 对于其他的 m 内部和在正多边形上运行, 因此消失. 因此对于所有 $z \in \mathbb{C}$ 都有 $f(z) = 0$.

习题12.7. (TST 1996, Romania) 设 $n \geqslant 3$ 为正整数, $p \geqslant 2n - 3$ 为素数. 设 M 为平面中 n 个点的集合, 其中三个点共线, $f : M \to \{0, 1, \ldots, p-1\}$ 是这样一个函数:

(i) 对于 M 的一个点, f 为 0;

(ii) 如果 $A, B, C \in M$ 是不同的点, (ABC) 是三角形 ABC 的外接圆, 那么

$$\sum_{P \in M \bigcap (ABC)} f(P) \equiv 0 \pmod{p}.$$

证明 M 的点都在同一圆上.

解. 设 $X \in M$ 是 $f(X) = 0$ 的点. 首先要注意, 如果通过 X 和 M 的另外两个点的每一个圆都包含 M 的一个点, 那么 M 的所有点都在同一个圆上. 这可以通过使用极点 X 的逆来看出, 它将上述问题简化为众所周知的问题: 如果一个

有线点集N具有这样的性质,即包含两个点的N的直线也包含第三个点N的性质, 那么所有的点N都是共线的. 假设不是M的所有的点都在同一个圆上.然后存在一个通过X的圆,它只通过M的另外两个点A和B. 设$f(A) = i$. 那么$f(B) = p - i$, 因为$f(A) + f(B) + f(X) = 0$. 设a为通过X, A和M其他点的圆的个数, b为X和B所确定的类似数, 然后设S为M点上f值的和. 考虑到通过X和A的圆我们得到

$$S + (a - 1)i \equiv 0 \pmod p.$$

类似的, $S + (b - 1)(p - i) \equiv 0 \pmod p$. 因此$(a + b - 2)i \equiv 0 \pmod p$, 这意味着$a + b \equiv 2 \pmod p$. 但是$1 \leqslant a, b \leqslant n - 2$, 因此$2 \leqslant a + b \leqslant 2n - 4 < p$. 因此$a + b = 2$, 即$a = b = 1$. 这表明所有的$M$的点都在圆$(XAB)$上, 这是一个矛盾.

习题12.8. (TST 1997,Romania) 假设平面S上有一组$n \geqslant 4$个点,并非所有点都位于一个圆上,而且没有三个点共线. 设$f : S \to \mathbb{R}$为一个函数,这样对于每个包含S中三个或更多点的圆C,我们有

$$\sum_{P \in C \cap S} f(P) = 0.$$

证明f等于0.

解. 设$A_1, A_2, \ldots, A_n, n \geqslant 4$, 为集合$S$中的点,设$a_1, a_2, \ldots, a_n$是这些点上$f$的值.对于$S$中的每两个点$A$和$B$, 用$n(A, B)$表示通过$A, B$和$S$中的其他点的圆的个数.然后$n(A, B) \geqslant 2$ 并将f的值相加在这些圆中我们得到0. 另一方面在这个总和中我们有f在所有点$a_1 + a_2 + \cdots + a_n$的值的和$(n(A, B) - 1)(a + b)$, 因为f的值在A和B处计算了$n(A, B)$次. 因此

$$a_1 + a_2 + \cdots + a_n = (1 - n(A, B))(a + b).$$

但是$1 - n(A, B) < 0$, 所以$a + b$和$a_1 + a_2 + \cdots + a_n$, 要么有相反的符号,要么两者都消失. 将此应用于$(A_1, A_2), (A_2, A_3), \ldots, (A_n, A_1)$并且相加起来,我们看到$2(a_1 + a_2 + \cdots + a_n)$和$a_1 + a_2 + \cdots + a_n$有相反的符号或者消失. 由于第一个选项是不可能的,我们得出结论$a_1 + a_2 = 0, a_2 + a_3 = 0, \ldots, a_n + a_1 = 0$, 这显然意味着$a_1 = a_2 = \cdots = a_n = 0$.

习题12.9. 设$f : \mathbb{R}^2 \to \mathbb{R}^2$ 是一个映射, 如果$|XY| = 1$, 则$|f(X)f(Y)| = 1$. 证明f 是一个等值线, 即对于所有的$X, Y \in \mathbb{R}^2$有$|f(X)f(Y)| = |XY|$.

解. 我们说一个正数d 有性质P (写成$P(d)$),如果当$|XY| = d$ 时我们有$|f(X)f(Y)| = d$. 首先注意$P(1) \Rightarrow P(\sqrt{3})$, 由边为1的两个等边三角形黏合而成. 同样很容易看出$p(d) \Rightarrow P(nd)$, $n \in \mathbb{N}$. 五边形$ABCDE$且$BC = CD = DE = EB = \sqrt{3}, AB = AD = 1$ 在f下是等距不变的, 因为$AC = \sqrt{2}$,所以有$P(\sqrt{2})$. 因此边距为1 的正方形在f下是等距不变的, 现在不难证明五边形$ABCDE$与边为1的正方形$ABCD$ 和外侧的一个等边三角形CDE是等距不变的(需要一些工作来证明$f(E)$在$f(ABCD)$外, 我们有$P(|AE|)$. 设$d = |AE|$ 并注意$d > \sqrt{3}$. 考虑到两个边为d的正方形$ABCD$ 和$ABEF$,AB边上有G, H两点使得$AH = HB = BG = GA$, 我们看到$P(|GH|)$ 与$t = |GH| < 1$. 接下来是归纳(缩放上面所有的结构)我们得到$P(t^n)$, 所以$P(mt^n)$ 对于所有$m, n \in \mathbb{N}$. 因此我们有一个$(0, \infty)$密度子集$\{a_n\}$ $P(a_n)$. 现在假设$|f(X)f(Y)| > |XY|$ 对于某个$X, Y \in \mathbb{R}^2$. 我们可以找到n 使得$|XY| < 2a_n < |f(X)f(Y)|$ 和一个点A 使得$|AX| = |AY| = a_n$. 然后$|f(A)f(X)| = |f(A)f(Y)| = a_n$ 通过三角不等式得到$|f(X)f(Y)| \leqslant 2a_n$, 这是一个矛盾. 因此$|f(X)f(Y)| \leqslant |XY|$ 对所有的$X, Y \in \mathbb{R}^2$, 我们很容易得到$|f(X)f(Y)| = |XY|$, 即f 是等距的.

19.13　线性函数逼近

习题13.1. (IMO 1993) 判断是否存在严格递增函数$f : \mathbb{N} \to \mathbb{N}$ 使得$f(1) = 2$ 和$f(f(n)) = f(n) + n$ 对于所有$n \in \mathbb{N}$.

解. 我们尝试设$f(x) \sim cx$, 那么我们得到$f(f(n)) \sim c^2 n$. 因此$c^2 n \sim cn + n$, 所以$c^2 = c + 1$,所以$c = \dfrac{\sqrt{5} + 1}{2}$. 我们会证明

$$f(n) = \left\lfloor cn + \frac{1}{2} \right\rfloor$$

(最接近cn的整数) 满足的需求. 注意f 是严格递增的, $f(1) = 2$. 根据f的定义,

$$| f(n) - cn | \leqslant \frac{1}{2}$$

和 $f(f(n)) - f(n) - n$ 是一个整数. 在另一方面,

$$| f(f(n)) - f(n) - n |=| f(f(n)) - f(n) - c^2n + cn |$$

$$=| (c-1)(f(n) - cn) + (f(f(n)) - cf(n)) |$$

$$\leqslant (c-1) | f(n) - cn | + | f(f(n)) - cf(n) |$$

$$\leqslant \frac{c-1}{2} + \frac{1}{2} = \frac{c}{2} < 1.$$

这就表明 $f(f(n)) - f(n) - n = 0$.

习题13.2. (IMO 1979) 求所有的递增函数 $f: \mathbb{N} \to \mathbb{N}$, 其性质是所有不在 f 象中自然数都是形式 $f(f(n)) + 1, n \in \mathbb{N}$ 的自然数.

解. 我们将证明 f 是唯一的. 如果 $f(x) \sim cx$, 那么我们得到 $m \sim c^2(m - n)$, 其中 $m = f(n) \sim cn$, 所以 $c = c^2(c-1)$ 或 $c^2 - c - 1 = 0$, 即 $c = \frac{1 + \sqrt{5}}{2}$ 是方程的正根. 我们把 $f(x) = \lfloor cx + d \rfloor$ 设为某个常数 d. 现在我们计算 $f(1) = 1$, $f(2) = 3$, $f(3) = 4, f(4) = 6, f(5) = 8$, 我们可以试着令 $d = 0$, 所以 $f(n) = \lfloor cn \rfloor$. 让我们来证明他满足假设. 如果 $f(n) = m$, 则 $m < cn < m + 1$, 所以 $\frac{m}{c} < n < \frac{m+1}{c}$. 当 $\frac{1}{c} = c - 1$ 时, 得到 $(c-1)m < n < (c-1)(m+1)$, 所以 m 在 $\mathrm{Im}(f)$ 中, 当且仅当 $(cm, cm + c - 1)$ 包含一个整数, 该整数等价于 $\{cm\} > 2 - c$. 然后如果 $f(f(n)) + 1 = m$, 那么 $\lfloor c\lfloor cn \rfloor \rfloor = m - 1$, 所以 $\lfloor cn \rfloor \in ((m-1)(c-1), m(c-1))$, 所以

$$n \in ((m-1)(c-1)^2,\ m(c-1)^2 + (c-1)) = ((2-c)m+c-2, (2-c)m+c-1),$$

所以 $n = \lfloor (2-c)m+c-1 \rfloor = 2m - \lfloor c(m-1) \rfloor - 2$. 因此 $m = f(f(n)) + 1$, 当且仅当数 $n = 2m - \lfloor c(m-1) \rfloor - 2$ 满足条件时, 有 $f(f(n)) + 1 = m$. 设 $u = \{c(m-1)\}$, 那么 $n = (2 - c)m + c - 2 + u$, 所以

$$f(n) = \lfloor c(2-c)m + cu - 2c + c^2 \rfloor = \lfloor (c-1)m + cu - c + 1 \rfloor = \lfloor (c-1)(m-1) + cu \rfloor$$

$$= \lfloor c(m-1) - m + 1 + cu \rfloor = c(m-1) - m + 1 + cu - \{u(c+1)\}.$$

设 $s = \{u(c+1)\}$, 那么

$$f(f(n)) = \lfloor c(c-1)(m-1) + c^2u - cs \rfloor = \lfloor m - 1 + (c+1)u - cs \rfloor.$$

所以 $f(f(n))+1 = m$ 当且仅当 $0 < (c+1)u-cs < 1$. 如果 $t = u(c+1) \in (0, 1+c)$ 它等价于 $t - c\{t\} \in (0,1)$. 当 $t < 1$ 时,这是错误的, 因为请求的值是负的. 当 $1 < t < 2$, 我们有

$$t - c\{t\} = t - c(t-1) = c - (c-1), t \in (0,1),$$

当 $t > 2$, 我们得到

$$t - c\{t\} = t - c(t-2) = 2c - (c-1)t > 2c - (c-1)(c+1) = 2c - c^2 + 1 = c > 1.$$

所以条件等于 $t \in (1, 2)$ 或

$$u \in \left(\frac{1}{c+1}, \frac{2}{c+1} \right) = (2-c, 4-2c)$$

所以 $\{cm - c\} \in (2-c, 4-2c)$ 或 $\{cm\} \in \{0, 2-c\}$. 这种条件就等价于 $\{cm\} < 2 - c$.

由此可知,条件 $m = f(n)$ 等价于 $\{cm\} > 2 - c$,条件 $m = f(f(n)) + 1$ 等价于 $\{cm\} < 2 - c$. 所以这两个条件是互补的,那么证明就完成了.

习题13.3. 求所有的递增函数 $f: \mathbb{N} \to \mathbb{N}$ 使 f 图像中唯一不存在的自然数是 $2n + f(n), n \in \mathbb{N}$ 形式的自然数.

解. 就像之前的问题一样,我们证明了 f 是唯一的, 现在还需要找到它. 再一次设 $f(x) \sim cx$, 得到 $m \sim 2(m-n) + c(m-n)$, 其中 $m = f(n)$. 因此 $c = 2(c-1) + c(c-1)$, 所以 $c^2 = 2$. 所以 $f(n) \sim n\sqrt{2}$, 我们可以假设 $f(n) = \lfloor n\sqrt{2} + a \rfloor$. 通过计算 f 的一些值我们可以推断出 $a = 0$, 所以 $f(n) = \lfloor n\sqrt{2} \rfloor$. 为了证明这个函数满足这个条件,我们必须证明集合 $\{\lfloor n\sqrt{2} \rfloor | n \in \mathbb{N}\}$ 和 $\{\lfloor (2 + \sqrt{2})n \rfloor | n \in \mathbb{N}\}$ 划分 $\mathbb{N}$ 的集合. 这是由于

$$\frac{1}{\sqrt{2}} + \frac{1}{2 + \sqrt{2}} = \frac{1}{\sqrt{2}} + \frac{2 - \sqrt{2}}{2} = 1$$

和我们为完整性证明的下列已知定理:

定理(比蒂). 如果 $\alpha, \beta \in \mathbb{R} \setminus \mathbb{Q}$ 和 $\frac{1}{\alpha} + \frac{1}{\beta} = 1$, 然后集合

$$A = \{\lfloor n\alpha \rfloor | n \in \mathbb{N}\}, \quad B = \{\lfloor n\beta \rfloor | n \in \mathbb{N}\}$$

划分 $\mathbb{N}$.

证明. 请注意

$$|A \cap \{1, 2, \ldots, n\}| = \left\lfloor \frac{n+1}{\alpha} \right\rfloor$$

(m的数量与$m\alpha < n+1$) 和

$$|B \cap \{1, 2 \ldots, n\}| = \left\lfloor \frac{n+1}{\beta} \right\rfloor.$$

因此

$$|A \cap \{1, 2, \ldots, n\}| + |B \cap \{1, 2, \ldots, n\}| = \left\lfloor \frac{n+1}{\alpha} \right\rfloor + \left\lfloor \frac{n+1}{\beta} \right\rfloor.$$

另一方面

$$\left\lfloor \frac{n+1}{\alpha} \right\rfloor \in \left(\frac{n+1}{\alpha} - 1, \frac{n+1}{\alpha} \right)$$

和

$$\left\lfloor \frac{n+1}{\beta} \right\rfloor \in \left(\frac{n+1}{\beta} - 1, \frac{n+1}{\beta} \right)$$

因此

$$\left\lfloor \frac{n+1}{\alpha} \right\rfloor + \left\lfloor \frac{n+1}{\beta} \right\rfloor \in \left(\frac{n+1}{\alpha} + \frac{n+1}{\beta} - 2, \frac{n+1}{\alpha} + \frac{n+1}{\beta} \right) = (n-1, n+1).$$

由于这个数是整数,我们最后得出结论

$$|A \cap \{1, 2, \ldots, n\}| + |B \cap \{1, 2, \ldots, n\}| = n.$$

通过编写n 和$n+1$ 的条件并减去它们, 我们推断出

$$|A \cap \{n\}| + |B \cap \{n\}| = 1$$

这就意味着A 和B 划分N. □

习题13.4. 找到所有函数$f : \mathbb{N} \to \mathbb{N}$ 满足

$$f(1) = 1, \ f(n+1) = f(n) + 2, \ f(f(n) - n + 1) = n$$

否则为$f(n+1) = f(n) + 1$.

解. 让我们把$f(n) \sim cn$, 然后$1 < c < 2$. 同样$f(f(n) - n + 1)$ 也必须乘n无数次. 所以$c(cn - n + 1) \sim n$ 或$c(c - 1) = 1$, 因此$c = \dfrac{1 + \sqrt{5}}{2}$. 接下来我们计

算 $f(2) = 3, f(3) = 4$. 我们假设 $f(n) = \lfloor cn \rfloor$. 首先, 我们证明了 $\lfloor cn \rfloor$ 满足该条件. 实际上, 令 $t = \{cn\}$. 当 $\lfloor c(n+1) \rfloor - \lfloor cn \rfloor = \lfloor cn + c \rfloor - \lfloor cn \rfloor$ 是 $t \geqslant 2 - c$ 为 2 否则为 1. 然而

$$\lfloor c(\lfloor cn \rfloor - n + 1) \rfloor = \lfloor c(cn - t - n + 1) \rfloor = \lfloor (c^2 - c)n + c - ct \rfloor = \lfloor n + c(1 - t) \rfloor.$$

当 $1 - t < \dfrac{1}{c}$ 或者 $t > 1 - \dfrac{1}{c} = 1 - (c - 1) = 2 - c$ 时, 等于 n, 否则为 $n + 1$. 因此我们看出

$$\lfloor c(n+1) \rfloor - \lfloor cn \rfloor = 2 , \lfloor c(\lfloor cn \rfloor - n + 1) \rfloor = n$$

等同于相同条件的 $\{cn\} > 2 - c$, 因此 $\lfloor cn \rfloor$ 满足该条件.

现在我们通过对 n 的归纳法证明 $f(n) = \lfloor cn \rfloor$. 对于 $n \leqslant 3$ 是成立的. 接下来假设它适用于所有 $n \leqslant k$. 我们证明它适用于 $k+1$. 如果 $f(f(k) - k + 1) = k$, 我们有 $f(k+1) = f(k) + 2 = \lfloor ck \rfloor + 2$, 否则 $f(k+1) = f(k) + 1 = \lfloor ck \rfloor + 1$. 注意 $f(k) - k + 1 < ck - k + 1 = k + 1 - (2 - c)k < k + 1$. 因此运用归纳步骤 $f(f(k) - k + 1) = \lfloor c(f(k) - k + 1) \rfloor = \lfloor c(\lfloor ck \rfloor - k + 1) \rfloor$. 然而我们已经证明 $\lfloor c(n+1) \rfloor - \lfloor cn \rfloor + 2$, 如果 $\lfloor c(\lfloor ck \rfloor - k + 1) \rfloor = k$, 否则 $\lfloor c(n+1) \rfloor = \lfloor cn \rfloor + 1$. 因此 $f(k+1) = \lfloor c(k+1) \rfloor$, 那么归纳证明就完成了.

习题13.5. (China TST,2006) 当 $n \geqslant 1$ 时, 假设定义在非负整数上的函数 f 满足 $f(0) = 0$, $f(n) = n - f(f(n-1))$. 求所有实多项式 g 使得 $f(n) = \lfloor g(n) \rfloor, n = 0, 1, 2 \ldots$.

解. (来自A. Frimu) 设 $f(n) \sim \dfrac{n}{\alpha}$, 我们从 f 给定条件得到 α 是方程 $x^2 + x - 1 = 0$ 的正根. 我们将通过对 n 的归纳证明 $f(n) = \left\lfloor \dfrac{n+1}{\alpha} \right\rfloor$. 前面几个值很容易验证. 假设对于任意的 $k \leqslant n - 1$ 都是成立的, 那么 $f(n-1) = \left\lfloor \dfrac{n}{\alpha} \right\rfloor$. 设 $k = \left\lfloor \dfrac{n}{\alpha} \right\rfloor$. 我们必须证明

$$\left\lfloor \dfrac{n+1}{\alpha} \right\rfloor + \left\lfloor \dfrac{f(n-1)+1}{\alpha} \right\rfloor = n,$$

或者

$$\left\lfloor \dfrac{n+1}{\alpha} \right\rfloor + \left\lfloor \dfrac{k+1}{\alpha} \right\rfloor = n.$$

例题1. $k < \dfrac{n}{\alpha} < \dfrac{n+1}{\alpha} < k + 1$. 然后我们要证明

$$E = k + \left\lfloor \dfrac{k+1}{\alpha} \right\rfloor = n.$$

很明显 E 是一个整数并且这足以证明 $E > n-1$ 和 $E < n+1$. 实际上, 我们有

$$k + \left\lfloor \frac{k+1}{\alpha} \right\rfloor > k + \frac{k+1}{\alpha} - 1 = k\alpha + \frac{1}{\alpha} - 1.$$

然后 $k\alpha + \frac{1}{\alpha} - 1 > n-1$ 变成 $k\alpha + \frac{1}{\alpha} > n$ 或 $k + \frac{1}{\alpha^2} > \frac{n}{\alpha}$. 在两边同时添加一个 $\frac{1}{\alpha}$, 我们得到 $k+1 > \frac{n+1}{\alpha}$, 这说明我们的假设是正确的.对于 $E < n+1$, 我们利用 $E < k + \frac{k+1}{\alpha} = k\alpha + \frac{1}{\alpha} < n+1$, 因为左边的每一个术语都小于左边的相应项.

例题2. $k < \frac{n}{\alpha} < k+1 < \frac{n+1}{\alpha}$. 我们必须证明这一点

$$E = k + 1 + \frac{k+1}{\alpha} = n.$$

跟例题1一样, E 是一个整数, 然后我们证明了 $n - 1 < E < n+1$. 实际上 $E < k+1 + \frac{k+1}{\alpha} = (k+1)\alpha < n+1$, 或者 $k+1 < \frac{n+1}{\alpha}$, 从我们的假设看是正确的. 同样

$$E > k + 1 + \frac{k+1}{\alpha} - 1 = (k+1)\alpha - 1 > \frac{n}{\alpha} \cdot \alpha - 1 = n - 1,$$

这就是我们的假设.

现在, 很显然 g 的阶数是1.设 $g = ux + v$. 因为

$$f(n) = \left\lfloor \frac{n+1}{\alpha} \right\rfloor = \lfloor g(n) \rfloor,$$

我们得到 $\left| n \left(\frac{1}{\alpha} - u \right) + \frac{1}{\alpha} - v \right| < 1$ 对于 $n = 0, 1, 2 \cdots$. 显然这意味着 $u = \frac{1}{\alpha}$, 然后用密度 $\left\{ \frac{n}{\alpha} \right\}$ 在 $(0,1)$ 中我们看到 $v = \frac{1}{\alpha}$. 所以

$$g(n) = \frac{n+1}{\alpha}.$$

19.14 极值元素法

习题14.1. 找出所有函数 $f : \mathbb{N} \to \mathbb{N}$ 满足

$$f(f(f(n))) + f(f(n)) + f(n) = 3n$$

对于所有 $n \in \mathbb{N}$.

解.我们将用归纳法证明,对于所有 $n \in \mathbb{N}, f(n) = n$. 我们有

$$f(f(f(1))) + f(f(1)) + f(1) = 3$$

并且因此

$$f(f(f(1))) = f(f(1)) = f(1) = 1.$$

对于所有 $k \leqslant n$,假设 $f(k) = k$.在给定条件下,函数 f 是单射的.这意味着 $m > n$,则 $f(m) > n$,所以

$$f(n + 1) \geqslant n + 1, f(f(n + 1)) \geqslant n + 1$$

且

$$f(f(f(n + 1))) \geqslant n + 1.$$

求和得到

$$f(f(f(n + 1))) + f(f(n + 1)) + f(n + 1) \geqslant 3(n + 1).$$

另一方面,我们有

$$f(f(f(n + 1))) + f(f(n + 1)) + f(n + 1) = 3(n + 1)$$

因此

$$f(f(f(n + 1))) = f(f(n + 1)) = f(n + 1) = n + 1.$$

因此,接下来由归纳法, 对于所有 $n \in \mathbb{N}$,有

$$f(n) = n.$$

习题14.2. 找出所有双射 $f, g, h : \mathbb{N} \to \mathbb{N}$, 每当 $n \in \mathbb{N}$,使得

$$f(n)^3 + g(n)^3 + h(n)^3 = 3ng(n)h(n).$$

解. 函数 $f(n) = g(n) = h(n) = n$ 满足条件.其次,根据均值不等式有 $f(n)^3 + g(n)^3 + h(n)^3 \geqslant 3f(n)g(n)h(n)$,当且仅当 $f(n) = g(n) = h(n)$ 时取等号.所以

当且仅当$f(n) = g(n) = h(n)$时,$f(n) \leqslant n$取等号.现在的问题很明显地来自于这样一个事实:f是一个双射函数.如果$f(1) = a$,那么$1 \geqslant a$, 因此$a = 1$,等式成立,所以$f(1) = g(1) = h(1) = 1$. 然后进行归纳:如果我们已经证明了$k \leqslant n$时$f(k) = g(k) = h(k) = k$,设$f(n+1) = m$,那么$n+1 \leqslant m$(所有小于$n+1$的数字都已被占用).另一方面,$n+1 \geqslant m$, 因此,根据需要我们有$f(n+1) = g(n+1) = h(n+1) = n+1$.

习题14.3. (IMO 1977) 使函数$f: \mathbb{N} \to \mathbb{N}$满足

$$f(n+1) > f(f(n))$$

对于所有$n \in \mathbb{N}$. 说明$f(n) = n$对于所有$n \in \mathbb{N}$.

解. 首先注意,如果对某些$k \in \mathbb{N}$和所有$n \geqslant k$,有$f(n) \geqslant k$,那么

$$f(n+1) > f(f(n)) \geqslant f(k) \geqslant k.$$

因此,通过对k的归纳,可以得出$f(n) \geqslant k$适用于所有$n \geqslant k$. 特别地,$f(k) \geqslant k$适用于所有$k \in \mathbb{N}$. 假设对某些$k \in \mathbb{N}$,有$f(k) > k$.用$f(m)$表示集合$A = \{f(n) | n \geqslant k\}$中的最小元素. 如果$m-1 > k$,那么$f(m-1) \geqslant m-1 > k$,如果$m-1 = k$,那么$f(m-1) = f(k) > k$. 因此$f(m-1) \in A$.另一方面,$f(m) > f(f(m-1))$是一个矛盾.因此$f(k) = k$适用于所有$k \in \mathbb{N}$.

习题14.4. 找出所有单射的函数$f: \mathbb{N} \to \mathbb{N}$满足$f(1) = 2$, $f(2) = 4$和

$$f(f(m) + f(n)) = f(f(m)) + f(n)$$

其中$m, n \in \mathbb{N}$.

解. 分别设$n = 1$和$m = 1$,得到$f(f(n)) = f(n) + 2$对于所有$n \in \mathbb{N}$. 由于$f(2) = 4$,我们可以归纳出对所有$n \in \mathbb{N}$,$f(n) = n+2$.所以,每个偶数都是1的像或者一个偶数, 考虑到函数f是单射,我们得出结论:$f(2n+1)$对所有的$n \in \mathbb{N}$都是奇数. 记所有奇数的集合为A,$x > 1$时,$f(x) = x+2$.由于$f(f(n)) = f(n) + 2$,因此集合A不是空集,我们用a表示它的最小元素.如果$a > 3$,我们知道对于所有奇数$x \in [3, a)$,$f(x) \in A$,因此$f(x) \geqslant a$.但如果$f(x) \geqslant a+2$,那么$f(x) - 2 \in A$和$f(f(x) - 2) = f(x)$矛盾. 因此,$f(x) = a$,因为f是单射的,所以$a = 5$(否则区间$[3, a)$至少包含两个具有相同的图像a的奇数).但是$a = 5$意味着$f(3) = 5$,这

是矛盾的.因此$a = 3$, 这表明,对于所有$n > 1$,唯一的解是$f(1) = 2$和$f(n) = n + 2$定义的函数.

习题14.5. (BMO 2002) 找出所有函数$f: \mathbb{N} \to \mathbb{N}$满足

$$2n + 2001 \leqslant f(f(n)) + f(n) \leqslant 2n + 2002$$

其中$n \in \mathbb{N}$.

解.首先,我们将证明对所有的$n \in \mathbb{N}$,有$f(n) > n$. 做相反的假设,设$m \in \mathbb{N}$使$f(m) \leqslant m$并且$k = f(m)$最小. 对于$l = f(k)$我们有

$$k + l \geqslant 2m + 2001 \text{ 和} f(l) + l \leqslant 2k + 2002.$$

因此

$$2k + 2002 \geqslant f(l) + 2m + 2001 - k,$$

我们得到

$$f(l) \leqslant 3k - 2m + 1 < k < m < l,$$

矛盾.因此函数$g(n) = f(n) - n$是正的. 设$g(p)$ 为其最小值,并设$q = f(p)$.然后根据给定的条件

$$2g(p) + g(q) \geqslant 2001, 2g(q) + g(f(q)) \leqslant 2002.$$

这些不等式意味着

$$4g(p) \geqslant 4002 - 2g(q) \geqslant 2000 + g(f(q)) \geqslant 2000 + g(p),$$

即$g(p) \geqslant 667$.现在由不等式

$$2g(n) + g(f(n)) \leqslant 2002$$

得出$g(n) = 667$,即对于所有$n \in \mathbb{N}$, $f(n) = n + 667$.相反,很容易知道这个函数是否满足给定的条件.

习题14.6. （IMO 1972）设f 和g 是定义在所有实值x和y上的实值函数,满足等式

$$f(x + y) + f(x - y) = 2f(x)g(y)$$

对于所有x,y. 证明如果f不等于零,并且如果对于所有x, $|f(x)| \leqslant 1$,那么对于所有y,$|g(y)| \leqslant 1$.

解法一.设$M = \sup |f(x)| \leqslant 1$且数列$\{x_k\}_{n=1}^{\infty}$, 满足$|f(x_k)| \to M, k \to \infty$.则三角形不等式意味着

$$|g(y)| = \frac{|f(x_k + y) + f(x_k - y)|}{2|f(x_k)|} \leqslant \frac{2M}{2|f(x_k)|}$$

并使$k \to \infty$我们有$|g(y)| \leqslant 1$.

解法二.假设$f(x_0) \neq 0$,对于给定的y,定义一个序列$\{x_k\}$为

$$x_{k+1} = \begin{cases} x_k + y & , |f(x_k + y)| \geqslant |f(x_k - y)| \\ x_k - y, & 否则 \end{cases}$$

由给定的方程可推出$|f(x_{k+1})| \geqslant |g(y)||f(x_k)|$,我们通过对$k$的归纳得到$|f(x_{k+1})| \geqslant |g(y)|^k |f(x_0)|$.由$f(x_k)| \leqslant 1$, 我们得到$|g(y)| \leqslant 1$.

习题14.7.(Bulgaria 2008)找所有实数a 使得存在这样一个函数$f : (0,\infty) \to (0,\infty)$满足

$$3f(x)^2 = 2f(f(x)) + ax^4$$

对于所有$x > 0$.

解.设$m = \inf\{f(x) \mid x^2 : x > 0\}$.我们有$m \geqslant 0$且

$$3f(x)^2 \geqslant 2mf(x)^2 + ax^4 \geqslant (2m^3 + a)x^4.$$

因此$3m^2 \geqslant 2m^3 + a$, 则等式$2m^3 - 3m^2 + 1 = (m-1)^2(2m+1)$ 意味着$a \leqslant g(m) = 3m^2 - 2m^3 \leqslant 1$. 另一方面,因为$g(1) = 1$,$\lim_{m \to +\infty} g(m) = -\infty$且$g$是一个连续函数,由此推断出对任意$a \leqslant 1$, 等式$g(c) = a$有一个解$c_a \geqslant 1$. 则函数$f(x) = c_a x^2$满足给定条件.

注.我们给出另外两种方法来证明$a \leqslant 1$.

通过对n的归纳,得到$f(x) > a_n x^2$,其中(a_n)是由

$$a_0 = 0, a_n = \sqrt{\frac{2a_{n-1}^3 + a}{3}}, n \in \mathbb{N}$$

定义的数列. 因此$a \leq 1$,否则数列(a_n)将增加并趋于∞,矛盾.

第三种证明$a \leqslant 1$的方法是设$b_n = f^{(n)}(x)$, $c_{n+1} = b_{n+1}/b_n^2$,并且注意$c_{n+1} = \dfrac{3 - a/c_n^2}{2} > 0$. 如果$a > 1$,那么$c_{n+1} < c_n$,因此这个数列收敛.对它的极限$c$,我们有$2c^3 - 3c^2 + a = 0$.这个方程只有一个实根,它小于$-1/2$,矛盾.

习题14.8 是否存在一个有界函数$f: \mathbb{R} \to \mathbb{R}$满足$f(1) = 1$和

$$f\left(x + \frac{1}{x^2}\right) = f(x) + f\left(\frac{1}{x}\right)^2$$

对于所有$x \neq 0$.

解法一. 我们会证明答案是否定的. 所以为了矛盾,假设存在这样一个函数f.那么,$f(2) = 2$,令$x = 1$就可以得出.因此$\sup|f(x)| \geqslant 2$并设$\sup|f(x)| = 2 + a$,其中$a \geqslant 0$. (我们知道$\sup|f(x)|$是有限的,因为函数是f有界的.) 假设$a > 0$,然后取x满足$|f(x)| = 2 + a - \epsilon$,其中$\epsilon < \dfrac{a^2}{2(2+a)}$. 然后将$\dfrac{1}{x}$代入式子,得

$$f\left(x^2 + \frac{1}{x}\right) \geqslant -2 - a + (2 + a - \epsilon)^2 = 2 + 3a + a^2 - 2\epsilon(2+a) + \epsilon^2 > 2 + a,$$

矛盾. 所以$\sup|f(x)| = 2$.现在使$x = \dfrac{1}{2}$得

$$f\left(\frac{9}{2}\right) \geqslant f\left(\frac{1}{2}\right) + 4 \geqslant 2$$

并且因为$f\left(\dfrac{9}{2}\right) \leqslant 2$, 上式仅在$f\left(\dfrac{1}{2}\right) = -2$时成立.然后让$x = 2$,则有

$$f\left(\frac{9}{4}\right) = 6,$$

这是不可能的.因此,我们从假设中推断不存在满足要求的函数f.

解法二. 假设f是一个满足问题条件的函数.用c表示$1/4$的最小整数倍,使$f(x) \leqslant c$对于所有x.因为$f(2) = 2$,所以得到$c \geqslant 2$. 此外,根据c的定义,存在一个实数x,使得$f(x) \geqslant c - 1/4$.因此

$$c \geqslant f\left(x + \frac{1}{x^2}\right) = f(x) + f\left(\frac{1}{x}\right)^2 \geqslant c - \frac{1}{4} + f\left(\frac{1}{x}\right)^2$$

所以$f\left(\dfrac{1}{x}\right) \geqslant -1/2$, 那么

$$c \geqslant f\left(\frac{1}{x} + x^2\right) = f\left(\frac{1}{x}\right) + f(x)^2 \geqslant -\frac{1}{2} + \left(c - \frac{1}{4}\right)^2$$

与$c \geqslant 2$矛盾.

习题14.9. (G. Dospinescu)找出所有整数k使得函数$f: \mathbb{N} \to \mathbb{N}$满足

$$f(f(f(n))) = f(n+1) + k$$

对于所有正整数n.

解.（解由Bojan Basic, G. Dospinescu简化）注意,对于$k = 0$,有常数解, 对于$k \geqslant -1$,我们有解

$$f(n) = n + \frac{k+1}{2}.$$

我们将证明这些是唯一的可能性.

步骤1.我们将在这里证明不存在整数$k \leqslant -2$ 满足条件. 假设我们有一个函数f,对于所有的n,使得$f(n+1) \geqslant 2 + f(f(f(n)))$. 我们将通过对$j$的归纳证明对于所有$n \geqslant j, f(n) \geqslant j$. 对于$j = 1$,这很明显,所以假设它适用于$j$,然后取$n \geqslant j + 1$, 那么$n-1 \geqslant j$,所以$f(n-1) \geqslant j$,我们可以重复得到$f(f(f(n-1))) \geqslant j$. 因此$f(n) \geqslant j+1$,完成.所以,如果$n \geqslant j$, 我们有$f(n) \geqslant j$.取$j = n$,得到$f(n) \geqslant n$.因此,$f(n+1) \geqslant f(n)+2$且$f$ 递增.但是由于$f(f(f(n)) < f(n+1)$,我们可以推导出$f(f(n)) \leqslant n$.因此,对于所有的$n, f(n) = n$很明显是不可能的.

步骤2.我们在这里证明了没有$k \geqslant 2$满足条件.假设对于这样的k,存在一个解f.首先,我们将证明这个f是单射. 确实,如果$f(a) = f(b)$,我们显然有$f(a+1) = f(b+1)$,所以$f(a+n) = f(b+n)$,这意味着f只能取有限个值.我们将证明不是这样的,但是这相当难,所以我们把它分解成小的问题.

步骤3.我们将找到$\mathrm{Im}(f)$.假设f有一个有限的图像,注意, 如果$x \in \mathrm{Im}(f)$且$x \neq f(1)$,那么$x + k \in \mathrm{Im}(f)$.因此, 通过将x看作$\mathrm{Im}(f)$的最大元素,我们发现$x = f(1)$,而且对于所有$n \geqslant 2, f(n) \leqslant f(1) - k$.我们设有一个$n$,满足$f(n) = 1$.做相反假设, 则有$f(f(n)) \neq 1$,因此$f(f(f(n))) \leqslant f(1) - k$,所以$f(n) \leqslant f(1) - 2k$, 其中$n \geqslant 2$. 通过归纳得,对于所有的$j$和$n \geqslant 2, f(n) \leqslant f(1) - jk$,矛盾.

现在选择 n 使 $f(n) = 1$,并定义 $x_0 = n$,如果 x_{j-1} 有定义且 $x_{j-1} > 1$,定义 $x_j = f(f(x_{j-1} - 1))$. 否则,我们停止这个序列. 利用函数方程,当定义了 x_j 时,我们得到 $f(x_j) = 1 + kj$.当然,x_1 有定义,正如我们知道 $f(1) \geqslant 1 + k > 1$.现在,由于 $\operatorname{Im}(f)$ 是有界的, 因此不是所有的 j 都能定义序列 x_j,存在一个最大的 j,使 x_j 有定义, 则 $x_j = 1$(因为 x_{j+1} 没有定义)且 $f(1) = 1 + kj$, 而且 $f(x_1) = 1 + k, ..., f(x_{j-1}) = 1 + k(j-1)$. 因此,$\operatorname{Im}(f)$ 包含 $1, 1+k, ..., 1+jk$.

最后,我们有 $\operatorname{Im}(f) = \{1, 1+k, ..., 1+jk\}$. 假设存在不同于 $1 \pmod k$ 的 r,即对某些 n 有 $f(n) = r$.如上定义 $y_0 = n, y_i = f(f(y_{i-1} - 1))$,再次注意存在 i 使 $y_i = 1$,那么 $1 \mid jk = f(1) = f(y_i) = r \mid ki$,矛盾.

现在考虑一些 n,使 $f(n) = 1 + k(j-1)$.(我们已知 $j \geqslant 1$ 且这样的 n 存在)则 $f(f(f(n-1))) = f(1)$,这导致 $f(f(n-1)) = 1$.特别是,$f(n-1) \neq 1$,所以 $f(n-1) \in \{1+k, ..., 1+jk\}$. 因此存在 m 使 $f(m) = f(n-1) - k$.显然,$m > 1$,并且因为 $f(f(f(m-1))) = f(n-1)$ 和 $f(f(n-1)) = 1$,我们有

$$f(1 + f(m-1)) + k = f(f(f(f(m-1)))) = f(f(n-1)) = 1,$$

这显然是不可能的. 最后证明了 f 不能是周期性的,所以 f 是单射.

步骤4. 定义 $A = \mathbb{N} \setminus f(\mathbb{N})$, $B = f(A)$ 且 $C = f(B)$. 这些集合是成对不相交的,因为 f 是单射的.显然

$$B = f(\mathbb{N}) \setminus f(f(\mathbb{N})), \ C = f(f(\mathbb{N})) \setminus f(f(f(\mathbb{N})))$$

且

$$B \cup C = f(\mathbb{N}) \setminus f(f(f(\mathbb{N}))).$$

注意,从给定的函数方程也可以得到

$$s \in f(f(f(\mathbb{N}))) \iff s - k \in f(\mathbb{N}) \setminus \{f(1)\}.$$

对于 $0 \leqslant i \leqslant k-1$, 让我们定义 $r_i = \min\{f(x) | f(x) \equiv p \pmod k\}$. 记 $r_k = \min\{f(1) + jk | f(1) + jk \in f(\mathbb{N}), j \in \mathbb{N}\}$. 也有可能 r_i 不存在,在这种情况下,我们只需继续忽略它.我们有 $B \cup C = \{r_i | 0 \leqslant i \leqslant k\}$. 对于一个起点,很明显,对每个 $0 \leqslant i \leqslant k$ 都有 $r_i \in f(\mathbb{N})$.另一方面, 如果对于一个 i,有 $r_i \in f(f(f(\mathbb{N})))$,那么我们将有 $r_i - k \in f(\mathbb{N}) \setminus \{f(1)\}$,这与 r_i 的最小值矛盾. 现在让我们检查一个不同于每个 r_i 的元素是否都属于所考虑的并集. 如果可能的话,把它写

成 $x = r_k + jk$ 形式,否则,对于 $0 \leqslant i \leqslant k-1$, 它不能以 $x = r_i + jk$ 的形式出现,其中 $j \in \mathbb{N}$. 那么它使得 $x - k \in f(\mathbb{N}) \setminus \{f(1)\}$, 推断出 $x \in f(f(f(\mathbb{N})))$,因此 $x \notin B \cup C$.

因此,$B \cup C$ 有有限多的元素,因此它也有有限多的元素同样适用于 A,即除了有限的自然数外,所有自然数都包含在函数 f 的值的集合中.我们得出这样的结论: 每个 r_i 都存在,因此 $B \cup C$ 恰好有 $k+1$ 个元素. 但是,由于 B 和 C 是不相交的,并且与相同数量的元素,它们的并集必须包含偶数个元素,而 $k+1$ 是奇数.矛盾!

19.15 不动点

习题15.1. 证明每个递增函数 $f | [0,1] \to [0,1]$ 都有一个不动点.

解. 假设 f 没有不动点.那么 $f(0) > 0$,设

$$\alpha = \sup\{x \in [0,1] \mid f(x) > x\}.$$

注意 $f(\alpha) \geqslant \alpha$. 实际上,取一个数列 $\{x_n\}_{n=1}^{\infty}$ 趋向于 α,且对于所有 n 满足 $f(x_n) > x_n$.因为 $\alpha > x_n$, 我们有 $f(\alpha) > f(x_n) > x_n$,这意味着 $f(\alpha) \geqslant \alpha$. 如果 $f(\alpha) > \alpha$,那么 $f(f(\alpha)) > f(\alpha)$,这意味着 $f(\alpha) < \alpha$,矛盾.因此,α 是 f 的一个不动点.

习题15.2. 令函数 $f : \mathbb{R} \to \mathbb{R}$ 满足

$$f(f(x)) = x^3 + \frac{3}{4}x.$$

对于所有 $x \in \mathbb{R}$. 证明存在三个不同的实数 a, b, c 满足 $f(a) + f(b) + f(c) = 0$.

解. 设 $g(x) = x^3 + \frac{3}{4}x$,那么 $f(f(x)) = g(x)$, 由此得出 $f(g(x)) = f(f(f(x))) = g(f(x))$. 同时注意,函数 $g(x)$ 是单射, 因此函数 $f(x)$ 也是单射.

设 x_0 是 $g(x)$ 的一个不动点,即 $g(x_0) = x_0$,那么

$$f(x_0) = f(g(x_0)) = g(f(x_0)),$$

$f(x_0)$ 也是 $g(x)$ 的一个不动点. 因为 $g(x)$ 的不动点是 $-\frac{1}{2}, 0, \frac{1}{2}$,由此得出 f 是集合 $\left\{ -\frac{1}{2}, 0, \frac{1}{2} \right\}$ 上的一个双射.因此

$$f\left(-\frac{1}{2}\right) + f(0) + f\left(\frac{1}{2}\right) = -\frac{1}{2} + 0 + \frac{1}{2} = 0.$$

习题15.3. 令 $f : \mathbb{R} \to \mathbb{R}$ 是一个连续函数, 对于每一个 $x \in \mathbb{R}$ 都有一个正整数 $n = n(x)$ 满足 $f^{(n)}(x) = 1$.说明 f 有一个不动点.

解. 我们将证明1是 f 的一个不动点. 假设 $f(1) \neq 1$,那么 f 没有不动点,因为如果有一个不动点 $a \neq 1$, 那么对于所有 $n \in \mathbb{N}, f^{(n)}(a) = a \neq 1$.现在,根据介值定理,对于所有 $x \in \mathbb{R}$,要么 $f(x) < x$,要么 $f(x) > x$.在前一种情况下,数列 $2, f(2), f^{(2)}(2), \ldots$ 递增,且对于所有 $n \in \mathbb{N},\ f^{(n)}(2) > 1$,矛盾.在后一种情况下,数列 $2, f(2), f^{(2)}(2), \ldots$ 递减,且对于所有 $n \in \mathbb{N}, f^{(n)}(2) < 1$,矛盾.因此 $f(1) = 1$.

习题15.4. (M. Tetiva) 找出所有连续函数 $f : \mathbb{R} \to \mathbb{R}$ 满足

$$f(f(x)) = 3f(x) - 2x$$

对于所有 $x \in \mathbb{R}$.

解. 首先,很明显, f 是单射,所以由于连续性它是单调的. 然而 $f \circ f$ 是递增的,因为 $f(x) = (2x + f(f(x))/3, f$ 本身就是递增的.那么 f 在 ∞ 和 $-\infty$ 处有极限,由函数方程得它们分别是 ∞ 和 $-\infty$.所以 f 是满射,且 f 是递增的双射.因此,对于任何实数 a,我们都可以对所有整数 n 定义 $x_n = f^{(n)}(a)$,由函数方程可得对所有整数 $n, x_{n+2} = 3x_{n+1} - 2x_n$.现在对所有整数 n,使用双归纳法得到 $x_n = 2a - f(a) + 2^n(f(a) - a)$. 因为 $f(x_n) = x_{n+1}$,通过取 $n \to -\infty$,得到 $f(2a - f(a)) = 2a - f(a)$.

现在让我们考虑 f 不动点的集合 A.由前面的结果, A 非空,我们将证明 A 是一个非常特殊的类型的区间.取 A 中的两个元素 $a < b$.但是对于所有的 $c \in (a, b)$,函数 $g(x) = f(x) - (2x - c)$ 在 a 和 b 处取符号相反的值,因此, $c = 2x - f(x)$,且由上一段,有 $c \in A$.因此,如果 $a, b \in A$, 还有 $[a, b] \subset A$.现在,如果 $A = \mathbb{R}$,那么对于所有 x,我们有 $f(x) = x$,这是有效的.

假设对于某个 $a, A = (-\infty, a]$.那么对于所有 x,因为 $2x - f(x) \in A$,我们有 $2x - f(x) \leqslant a$.我们说如果 $x > a$,实际上我们有 $2x - f(x) = a$.选择 $x > 0$,像往常一样定义 $x_n = f^{(n)}(x)$,然后我们得到 $x_n = 2x - f(x) + 2^n(f(x) - x)$.如果 $2x - f(x) < a$,则有 n 满足 $x_n \leqslant a$,则 $f(x_n) = x_n$,因此 $x_n = x_{n+1}$,这使得 $f(x) = x$ 且 $x \in A$,矛盾为 $x > a$.那么对于 $x \leqslant a, f(x) = x$,对于 $x \geqslant a, f(x) = 2x - a$,并且很容易知道它是对的.

我们还有两个例题采用了类似的解题方法.如果 $A = [a, \infty)$,那么对于 $x \geqslant a, f(x) = x$,对于 $x \leqslant a, f(x) = 2x - a$; 如果 $A = [a, b]$,那么对于 $x \leqslant a, f(x) = $

$2x-a$,对于$x \in [a,b],f(x)=x$,且对于$x \geqslant b,f(x)=2x-b$.这给出了一整套的解,我们证明了这些是对的.

19.16 多项式函数方程

习题16.1. 设n是一个正整数.对任意的$x \in \mathbb{R}$, 找出所有的实系数多项式P 使满足

$$P\left(x+\frac{1}{n}\right) + P\left(x-\frac{1}{n}\right) = 2P(x).$$

解. 设$Q(x)=P\left(x+\frac{1}{n}\right)-P(x)$. 那么$Q(x)=Q\left(x-\frac{1}{n}\right)$, 由归纳法可得对任意的$k \in \mathbb{N}$, $Q(x)=Q\left(x-\frac{k}{n}\right)$. 令$x_0$ 是$Q(x)$的(复) 零点. 那么对任意的$k \in \mathbb{N}$, $x_0-\frac{k}{n}$ 是$Q(x)$的零点. 因此对某个$c \in \mathbb{R}$,有$Q(x)=c$,即$P(x+\frac{1}{n})-P(x)=c$. 如果我们设$R(x)=P(x)-cnx$,则有$R(x)=R\left(x-\frac{1}{n}\right)$. 如上所示, R 是一个常数. 所以, 对某个常数$a,b \in \mathbb{R}$有$P(x)=ax+b$. 可以很容易地检验,所有线性多项式是满足问题条件的.

习题16.2. (MR 2008, O. Furdui) 对任意的$n \geqslant 1$,找出所有的实系数首一多项式P 和Q, 使满足

$$P(1)+P(2)+\cdots+P(n)=Q(1+2+\cdots+n).$$

解. 因为

$$1+2+\cdots+n=\frac{n(n+1)}{2},$$

所以对任意的$x \in \mathbb{N}$,有

$$P(x)=Q\left(\frac{x(x+1)}{2}\right)-Q\left(\frac{x(x-1)}{2}\right) \tag{1}$$

因此对$x \in \mathbb{R}$,等式恒成立. 令$\deg(Q)=n$, 那么很容易得到(1)中右边的项的导数是$\frac{nx^{2n-1}}{2^{n-1}}$, 从而有$n=2^{n-1}$. 当$n \in \{1,2\}$ 时代入上式,并由归纳法得对任意的$n \geqslant 3$,有$2^{n-1}>n$. 另一方面,我们从给定条件可得$P(1)=Q(1)$, 且由(1)得$P(1)=Q(1)-Q(0)$. 因此$Q(0)=0$,所以设$Q(x)=x$ 或$Q(x)=x^2+bx$.代

入(1) 中分别可得$P(x) = x$ 或$P(x) = x^3 + bx$. 检验这些多项式是否满足问题的条件是很容易的.

习题16.3. 对任意的$x \in \mathbb{R}$,找出所有的多项式$F, G \in \mathbb{R}[X]$,使满足

$$F(G(x)) = F(x)G(x).$$

解. 如果$G \equiv 0$, 那么F 是一个满足$F(0) = 0$的多项式. 如果$F \equiv 0$, 那么对所有的$G \in \mathbb{R}[X]$方程恒成立. 现在假设$F, G \not\equiv 0$. 那么$\deg F \cdot \deg G = \deg F + \deg G$, 只有当$\deg F = \deg G = 0$ 或$\deg F = \deg G = 2$时成立. 第一种情况下F 和G 是常数多项式,所以有$F \equiv c$ 和$G \equiv 1$. 现在令F 和G是二次多项式. 如果x_0是G的复零点, 那么

$$F(0) = F(G(x_0)) = F(x_0)G(x_0) = 0.$$

因此对某些实常数$a \neq 0$ 和c, 有$F(x) = ax(x + c)$. 所以

$$aG(x)(G(x) + c) = ax(x + c)G(x).$$

因为$a \neq 0$ 且$G \not\equiv 0$, 所以可得$G(x) = x^2 + cx - c$.

习题16.4. (Putnam 2010)对任意的$x \in \mathbb{R}$, 找出所有的实系数方程对$P(x)$ 和$Q(x)$, 使满足

$$P(x)Q(x + 1) - P(x + 1)Q(x) = 1.$$

解. 满足给定方程的方程对(P, Q) 的形式为$P(x) = ax + b, Q(x) = cx + d$, 其中$a, b, c, d \in \mathbb{R}$ 满足$bc - ad = 1$.

假设P 和Q 满足给定方程;注意P 或Q 都不为零. 由方程

$$P(x)Q(x + 1) - P(x + 1)Q(x) = P(x - 1)Q(x) - P(x)Q(x - 1) = 1,$$

可得方程

$$P(x)(Q(x + 1) + Q(x - 1)) = Q(x)(P(x + 1) + P(x - 1)).$$

原始方程表示$P(x)$ 和$Q(x)$ 没有公共的非常数因子,所以$P(x)$ 整除$P(x + 1) + P(x - 1)$. 由于$P(x + 1)$ 和$P(x - 1)$的次数和导数系数都与P相同,所以$P(x+1) + P(x-1) = 2P(x)$. 如果我们规定多项式$R(x) = P(x+1) - P(x)$,

$S(x) = Q(x+1) - Q(x)$, 那么有$R(x+1) = R(x)$, 同理$S(x+1) = S(x)$. 设$a = R(0), b = P(0), c = S(0), d = Q(0)$. 因此可推断对任意的$x \in \mathbb{Z}$, 有$R(x) = a, S(x) = c$; 同理可推得对任意的$x \in \mathbb{Z}$, 有$P(x) = ax + b, Q(x) = cx + d$, 对于这种形式的$P$和$Q$, 有

$$P(x)Q(x+1) - P(x+1)Q(x) = bc - ad,$$

因此我们得到了如上所述的解当且仅当$bc - ad = 1$.

习题16.5. (Bulgaria 2001)对任意的$x \in \mathbb{R}$, 找出所有的多项式$P \in \mathbb{R}[X]$, 使

$$P(x)P(x+1) = P(x^2).$$

解. 如果$P \equiv \mathrm{const}$, 那么$P \equiv 0$或$P \equiv 1$. 现在设$P \neq \mathrm{const}$. 注意, 给定的恒等式对任意的$x \in \mathbb{C}$都是成立的. 如果$\alpha \in \mathbb{C}$是P的一个零点, 那么$P(\alpha^2) = 0$, 且对于n通过归纳法可得$P(\alpha^{2^n}) = 0$. 因此$\alpha = 0$或$|\alpha| = 1$, 否则P会有无穷多个零点.

另一方面, 可由等式得到$(\alpha - 1)^2$是P的一个零点, 那么$\beta = ((\alpha-1)^2 - 1)^2$也是$P$的一个零点. 因此$\beta = 0$或$|\beta| = 1$, 即$\alpha = 0, \alpha = 2$或$|\alpha(\alpha-2)| = 2$. 如果$\alpha \neq 0$, 那么$|\alpha| = 1$且$|\alpha - 2| = 1$, 即$\alpha = 1$.

因此多项式$P(x)$所有的零点等于0或1. 由此可见$P(x) = cx^n(x-1)^m$, 给定条件说明$P(x) = x^n(x-1)^n$, 其中$n \in \mathbb{N}$.

习题16.6. (Bulgaria 2013) 设a是实数且$P(x)$是实系数非常数多项式, 满足$P(x^2 + a) = P^2(x)$, 其中任意的$x \in \mathbb{R}$. 证明$a = 0$.

解法一. 根据等式$P^2(x) = P^2(-x)$, 多项式P或为奇函数或为偶函数. 如果P既是奇函数又是偶函数, 那么$P(x) = Q(x^2)$. 因此, $Q((x^2+a)^2) = Q^2(x^2)$, 故$Q((x+a)^2) = Q^2(x)$对所有x均成立. 因此$Q(x^2) = Q^2(x-a)$, 即多项式$Q(x-a)$满足给定条件$\deg P = 2\deg Q$. 用同样的方法可以得到满足给定条件的奇数次多项式, 它不是偶函数. 因此, 当多项式P是奇函数时, 仍然要考虑这种情况. 这里, 我们可以用$P(x) = xR(x^2)$的形式来表示P, 其中R是一个具有实系数的偶数多项式. 因此$(x^2+a)R((x^2+a)^2) = x^2R^2(x^2)$, 故有$(x+a)R((x+a)^2) = xR^2(x)$, 即说明$P(x) = (x-a)R^2(x-a)$对于所有$x$均成立. 设$R(x-a) = x^k S(x)$, 其中$S(0) \neq 0$. 易证

$$(x-a)R^2(x-a) = x^{2k+1}T(x) - aS^2(0)x^{2k},$$

又由于P为奇函数,故可得$a = 0$.

解法二. (R. Rafailov) 令

$$P(x) = c(x - \alpha_1)^{n_1} \ldots (x - \alpha_k)^{n_k},$$

其中$c \neq 0$, 且$\alpha_1, \ldots, \alpha_k$均为$P$的复根.于是

$$c(x^2 + a - \alpha_1)^{n_1} \ldots (x^2 + a - \alpha_k)^{n_k} = c^2(x - \alpha_1)^{2n_1} \ldots (x - \alpha_k)^{2n_k};$$

特别地, $c - c^2$, $c - 1$.此外, 如果$\alpha_j \neq a, \alpha_l$,则$x^2 + a - \alpha_j$有两个不同的根, 它们不是$x^2 + a - \alpha_l$的根.因此$P(x^2 + a)$有$2n - 1$或$2n$个不同的根, 而$P^2(x)$有$n$个.因此, $k = 1, \alpha_1 = a = 0$, $P(x) = x^{n_1}$.

注. 在解法二中, 证明了所有与多项式$Q(x) = x^2$可交换的非常数多项式$P(x)$的形式为$P(x) = x^n, n = 1, 2, ..$这个结果是J.F.Ritt [22]定理的一个特殊情形, 描述了所有对交换多项式的形式.

习题16.7. (IMO 1979 预选题)找到所有多项式$P \in \mathbb{R}[X]$,满足

$$P(x)P(2x^2) = P(2x^3 + x)$$

对任意$x \in \mathbb{R}$均成立.

解法一. 如果$P \equiv \text{const}$,则$P \equiv 0$或$P \equiv 1$. 现在令

$$P(x) = \sum_{k=0}^{n} a_k x^{n-k},$$

其中$n = \deg P \geqslant 1$且$a_0 \neq 0$.比较恒等式两端x^{3n}的系数, 可得$a_0^2 = a_0, a_0 = 1$. 令$P(x) = x^k P_1(x)$,其中$k \geqslant 0$且$P_1(0) \neq 0$. 于是, 上述等式可改写为

$$2^k x^{2k} P_1(x) P_1(2x^2) = (2x^2 + 1)^k P_1(2x^3 + x).$$

因此$k = 0$, 否则$P_1(0) = 0$,产生矛盾.在上式中令$x = 0$, 可得$a_n = P(0) = 1$.因此由维塔斯定理可知, P的所有根乘积为1.

现在令$\alpha \in \mathbb{C}$为P的根, 且保证其模最大.于是有$P(2\alpha^3 + \alpha) = 0$,进而$|\alpha| \leqslant 1$,否则

$$|2\alpha^3 + \alpha| \geqslant |\alpha|(2|\alpha|^2 - 1) > |\alpha|,$$

产生矛盾.另一方面，由于P的所有根的乘积为1,故$|\alpha| \geqslant 1$.因此$|\alpha| = 1$,$|2\alpha^2 + 1| = 1$.令

$$\alpha = \cos\varphi + \mathrm{i}\sin\varphi,$$

于是有$2\alpha^2 + 1 = (2\cos 2\varphi + 1) + \mathrm{i} \cdot 2\sin 2\varphi, (2\cos 2\varphi + 1)^2 + (2\sin 2\varphi)^2 = 1$.进而有$\cos 2\varphi = -1$.因此，$\alpha = \pm\mathrm{i}$.又由于$P(x)$的系数是实数，我们得出结论，i和$-$i是$P(x)$的根.令

$$P(x) = (x^2 + 1)^m Q(x),$$

其中$m \geqslant 1$,$Q(\mathrm{i})Q(-\mathrm{i}) \neq 0$. 于是，由等式

$$(x^2 + 1)((2x^2)^2 + 1) = ((2x^3 + x)^2 + 1)$$

可得$Q(x)$满足给定条件.同理可得$Q \equiv 0$ 或$Q \equiv 1$ (由$Q(\mathrm{i})Q(-\mathrm{i}) \neq 0$).按照上述方法，我们得出问题的解是多项式$Q \equiv 0, Q \equiv 1$ 和$Q(x) = (x^2 + 1)^n$, 其中$n \in \mathbb{N}$.

解法二. 如果u 是多项式$P \not\equiv \mathrm{const}$的根，则令$x = u$,可得$2u^3 + u$也是$P$的根.令$r$为绝对值最大的根，则$|2r^3 + r| \leqslant |r|$.因此，$2|r|^3 - |r| \leqslant |r|$,进而$|r| \leqslant 1$.所以$P$ 的所有根，其最大模为1.用$-x$替代x可得

$$P(-x)P(2x^2) = P(-2x^3 - x).$$

把它和我们得到的条件进行比较可得

$$\frac{P(x)}{P(-x)} = \frac{P(2x^3 + x)}{P(-2x^3 \quad x)}.$$

因此如果令$P(x) = Q(x^2)R(x)$, 其中R没有两个加起来等于0的根(因此$R(x)$和$R(-x)$ 没有公共根)，则上式又可写作

$$\frac{R(x)}{R(-x)} = \frac{R(2x^3 + x)}{R(-2x^3 - x)}.$$

现在$R(2x^3 + x)$ 和$R(-2x^3 - x)$也没有公共根:如果w 是$R(2x^3 + x)$ 和$R(-2x^3 - x)$的公共根，则$2w^3 + w, -2w^3 - w$为$R(x)$ 的两个和为0的根.因此，$R(2x^3 + x)R(-x) = R(-2x^3 - x)R(x)$,从而$R(2x^3 + x)|R(x)$. 这只有在$R$ 是常数时才可能，否则$R(2x^3 + x)$ 的次数大于R的次数. 所以$P(x) = Q(x^2), Q(x^2)Q(4x^4) = $

$Q(4x^6 + 4x^4 + x^2)$. 现在用x替代x^2,有$Q(x)Q(4x^2) = Q(4x^3 + 4x + 1)$. Q的所有零点的绝对值最大为1,如上讨论. 现在令

$$Q(x) = a \prod_{i=1}^{n}(x - r_i).$$

于是,

$$Q(4x^2) = 4^n a \prod_{i=1}^{n} \left(x - \sqrt{\frac{r_i}{4}}\right)\left(x + \sqrt{\frac{r_i}{4}}\right)$$

且

$$Q(4x^3 + 4x^2 + x) = 4^n a \prod_{i=1}^{n}\left(x^3 + x^2 + \frac{x}{4} - r_i\right).$$

现在考虑$Q(x)Q(4x^2)$和$Q(4x^3 + 4x^2 + 1)$的零点的和. $Q(x)$零点的和为$\sum_{i=1}^{n}r_i$, $Q(4x^2)$的零点的和为0, $Q(4x^3 + 4x^2 + 1)$零点的和为$-n$,因为有n个因子$x^3 + x^2 + \frac{x}{4} - r_i$的根的和为$-1$. 所以$\sum_{i=1}^{n}r_i = -n$,且$|r_i| \leqslant 1$ 仅当$r_i = -1$时成立. 因此$Q(x) = a(x+1)^n$. 现在若$Q \neq 0$, 则$a^2 = a$, 又由多项式

$$Q(x)Q(4x^2) = Q(4x^3 + 4x^2 + x)$$

可得$a = 1$. 最后因为$(x+1)(4x^2 + 1) = (4x^3 + 4x^2 + x + 1)$,可推得$Q(x) = (x+1)^n$满足条件.

因为在常数多项式中只有0和1是解,所以问题的所有解都是$P \equiv 0$, $P \equiv 1$ 和$P(x) = (x^2 + 1)^n$, 其中$n \in \mathbb{N}$.

习题16.8. (Romania 1990) 对任意的$x \in \mathbb{R}$, 找出所有的多项式$P \in \mathbb{R}[X]$, 使满足

$$2P(2x^2 - 1) = P(x)^2 - 2.$$

解. 假设$P(x) \not\equiv P(1)$,并令$P(x) = (x-1)^n Q(x) + P(1)$,其中$n \in \mathbb{N}$且$Q(1) \neq 0$. 那么

$$2^{n+1}(x-1)^n(x+1)^n Q(2x^2 - 1) + 2P(1)$$

$$= (x-1)^{2n}Q(x)^2 + 2(x-1)^n Q(x)P(1) + P(1)^2 - 2.$$

因此$2P(1) = P(1)^2 - 2$ 且

$$2^{n+1}(x+1)^n Q(2x^2 - 1) = (x-1)^n Q(x) + 2Q(x)P(1).$$

当 $x = 1$ 时得到等式 $Q(1)(2^{2n+1} - P(1)) = 0$. 由于 $P(1) = 1 \pm \sqrt{3} \notin \mathbb{Q}$, 我们得到 $Q(1) = 0$, 矛盾. 从而 $P(x) \equiv P(1)$ 的解是常数多项式 $P(x) \equiv 1 + \sqrt{3}$ 和 $P(x) \equiv 1 - \sqrt{3}$.

习题16.9. 设 $k, l \in \mathbb{N}$. 对任意的 $x \in \mathbb{R}$, 找出所有的多项式 $P \in \mathbb{R}[X]$, 使满足

$$xP(x - k) = (x - l)P(x)$$

解. 如果 $\deg P = n \geqslant 1$ 且 $P(x) = ax^n + bx^{n-1} + \dots$, 那么

$$P(x - k) = ax^n + (b - nak)x^{n-1} + \dots.$$

因此 $xP(x - k) = ax^{n+1} + (b - nak)x^n + \dots$ 且

$$(x - l)P(x) = ax^{n+1} + (b - la)x^n + \dots.$$

所以 $l = nk$, 从而 $xP(x - k) = (x - nk)P(x)$. 那么 $x | P(x)$, k 是 $P(x)$ 的一个零点, 从而 $2k$ 是 $P(x - k)$ 的一个零点. 又 $P(x - k) | (x - nk)P(x)$, 我们可推断出 $2k$ 是 $P(x)$ 的零点, 如果 $n > 2$, 依此类推

$$x(x - k)\dots(x - (n - 1)k) | P(x).$$

由 $P(x) = x(x - k)\dots(x - (n - 1)k)Q(x)$ 可得 $Q(x - k) = Q(x)$, 只有当 Q 是一个常数时才成立. 因此多项式 P 具有给定性质当且仅当对于某些 $n \in \mathbb{N}$ 有 $l = nk$. 此时 $P(x) = cx(x - k)\dots(x - (n - 1)k)$, $c \neq 0$, 这显然是一个解.

习题16.10. (H. Shapiro) 对任意的 $x \in \mathbb{R}$, 找出所有的多项式 $P \in \mathbb{R}[X]$, 使满足恒等式

$$P(x)P(x + 1) = P(x^2 + x + 1).$$

解. 设 w 是 $P \neq \mathrm{const}$ 的一个零点, 且绝对值最大. 令 $x = w$, 可推断出 $w_1 = w^2 + w + 1$ 是 P 的一个零点, 且令 $x = w - 1$, 可推断出 $w_2 = w^2 - w + 1$ 是 P 的一个零点. 那么 $|w_1 - w_2| = 2|w|$, 所以 $|w_1 - w_2| \leqslant |w_1| + |w_2| = 2|w|$. 只有当 $w_1 + w_2 = 0$ 时等号成立. 所以 $w^2 + 1 = 0$, 因此 $w = \pm i$. 假若 $(w_1, w_2) = (i, -i)$ 且 $x^2 + 1 | P(x)$. 因此 $Q(x) = x^2 + 1$ 满足 $Q(x)Q(x + 1) = Q(x^2 + x + 1)$, 所以 $\dfrac{P}{Q}$ 也满足已知条件. 我们可以重复同样的操作直到得到一个常数多项式, 那么很容易看出所有的解是 $P \equiv 0$ 和 $P(x) = (x^2 + 1)^n$, $n \in \mathbb{N}_0$.

习题16.11. 找到所有多项式 $P \in \mathbb{C}[X]$ 满足

$$P(x)P(-x) = P(x^2)$$

对任意 $x \in \mathbb{C}$ 均成立.

解. 如果 $P \equiv c$, 则 $c^2 = c$, $c = 0, 1$. 考虑 P 不是常数的情况. 如果 $r \neq 0$ 是 P 的根, 则 r^2 也是 P 的根. 通过对 k 的归纳可知 r^{2^k} 也是 P 的零点. 因为 P 有有限多个零点, 且有 $r^{2^k} = r^{2^m}$, 所以 $|r| = 1$. 至此, 我们发现了零点 w 满足 $w^{2^n} = w$, 因此 $w^{2^n-1} = 1$. 如果 n 是满足此性质的最小值, 那么 $w, w^2, \ldots, w^{2^{n-1}}$ 为 P 的互不相同的零点, 因此 $Q(x) = (x-w)(x-w^2)\ldots(x-w^{2^{n-1}})$ 整除 P. 因为 $w^{2^n} = w$, 所以

$$Q(x)Q(-x) = (x-w)(-x-w)\ldots(x-w^{2^{n-1}})(-x-w^{2^{n-1}})$$

$$= (-1)^n(x^2-w^2)\ldots(x^2-w^{2^n}) = (-1)^nQ(x^2).$$

由于 $(-1)^nQ$ 满足初始条件, 所以我们用 P 除以 Q, $(-1)^n\dfrac{P}{Q}$ 也满足初始条件. 重复上述讨论, 我们将得到一个没有非零零点的多项式. 于是, 如果 $P(x) = cx^n$, 我们有 $cx^n cx^n (-1)^n = cx^{2n}$, 其中 $c = (-1)^n$.

最后, 此问题化为

$$P(x) = (-x)^n \prod Q_i(x),$$

其中

$$Q_i(x) = (w-x)(w^2-x)(w^4-x)\ldots(w^{2^{m-1}}-x)$$

且复数 w 满足 $w^{2^m} = w$.

习题16.12. (Putnam 2003) 存在多项式 $A(x)$, $B(x)$, $C(y)$, $D(y)$ 使等式

$$1 + xy + x^2y^2 = A(x)C(y) + B(x)D(y)$$

成立吗?

解. 不存在. 假设存在, 设 $y = -1, 0, 1$ 依次可得到关于 $A(x)$ 和 $B(x)$ 的线性组合 $1-x+x^2, 1, 1+x+x^2$. 但是这三个多项式是线性无关的, 所以其中一个不能写成其他两个多项式的线性组合, 矛盾.

习题16.13. 对任意的 $x, y \in \mathbb{C}$, 找出所有的多项式 $P \in \mathbb{C}[X]$, 使满足

$$P(x^2 - y^2) = P(x-y)P(x+y).$$

解. 假设 w 是 P 的一个零点, 那么 $x - y = w$ 说明

$$x^2 - y^2 = w(x + y) = w(2x - w)$$

也是 P 的一个零点. 现在如果 $w \neq 0$, 那么 $w(2x - w)$ 是关于任意 x 的非常数线性函数. 所以 $P \equiv 0$. 如果 $P = cx^n$, 可得

$$c(x^2 - y^2)^n = c(x - y)^n c(x + y)^n = c^2(x^2 - y^2)^n$$

且 $c = 1$. 因此全部解为 $P \equiv 0$, $P \equiv 1$ 和 $P(x) = x^n$, $n \in \mathbb{N}$.

习题16.14. 令 $a, b \in \mathbb{R}$, $(a, b) \neq (0, 0)$. 多项式 $P(x, y) \in \mathbb{R}[x, y]$ 满足

$$P(x + a, y + b) = P(x, y)$$

对任意 $x, y \in \mathbb{R}$ 均成立.

解. 设 $b \neq 0$. 定义 $R \in \mathbb{R}[x, y]$,

$$R(x, y) = P\left(x + \frac{a}{b}y, y\right).$$

于是,

$$P(x, y) = R\left(x - \frac{a}{b}y, y\right).$$

所以 $P(x + a, y + b) = P(x, y)$ 用 R 的形式可表述为

$$R\left((x + a) - \frac{a}{b}(y + b), y + b\right) = R\left(x - \frac{a}{b}y, y\right)$$

或

$$R\left(x - \frac{a}{b}y, y + b\right) = R\left(x - \frac{a}{b}y, y\right).$$

如果用 $x - \frac{a}{b}y$ 代替 x, 则有 $R(x, y) = R(x, y + b)$. 然后对 n 作归纳, 即对任意 $n \in \mathbb{N}$, 有 $R(x, y) = R(x, y + nb)$. 对于一个固定的 $x \in \mathbb{R}$, 令 $Q_x(y) = R(x, y)$, 则对任意 $n \in \mathbb{N}$, 有 $Q_x(y) = Q_x(y + nb)$. 因此, Q_x 为常数. 所以, $Q_x(y) = Q_x(0) = R(x, 0)$. 于是 $R(x, y)$ 是关于 x 的多项式, 从而对于 $Q \in \mathbb{R}[x]$, 有 $R(x, y) = Q(x)$. 进而,

$$P(x, y) = R\left(x - \frac{a}{b}y, y\right) = Q\left(x - \frac{a}{b}y\right) = S(bx - ay).$$

注意所有此形式的多项式均满足条件, 因为

$$P(x + a, y + b) = S(b(x + a) - a(y + b)) = S(bx - ay) = P(x, y).$$

如果$b = 0$, 则$a \neq 0$.我们用a代替b,用x 代替y,重复上述操作, 可得$P(x,y) = S(bx - ay)$.

习题16.15. (IMO 1975)函数$f(x,y)$是关于x 和y的n次齐次多项式.如果$f(1,0) = 1$,且对于所有的a,b,c,

$$f(a+b,c) + f(b+c,a) + f(c+a,b) = 0,$$

则要证明$f(x,y) = (x - 2y)(x + y)^{n-1}$.

解. 我们可以证明$f(x,y) = x - 2y$对任意x,y, $x + y = 1$均成立. 实际上, $f(x,y) = f(x,1-x)$ 可看作多项式$f(x,1-x) = F(z)$,其中$z = x - 2y = 3x - 2$.将满足给定关系的$a = b = x/2, c = 1 - x$代入, 可得$f(x,1-x) + 2f(1-x/2,x/2) = 0$. 因此$F(z) + 2F(-z/2) = 0$. 因为$F(1) = f(1,0) = 1$,所以$F((-2)^k) = (-2)^k, k \in \mathbb{N}_0$. 由于对任意$z$,有$F(z) = z$,故$F(z) \equiv z$. 因此, 若$x + y = 1$,则$f(x,y) = x - 2y$. 于是, 对任意满足$x + y \neq 0$ 的x,y,有

$$f(x,y) = (x+y)^n f\left(\frac{x}{x+y}, \frac{y}{x+y}\right)$$

$$= (x+y)^n \left(\frac{x}{x+y} - 2\frac{y}{x+y}\right) = (x+y)^{n-1}(x - 2y).$$

因为f为多项式, 所以$x + y = 0$时仍成立.

注. 利用上述问题可以描述满足给定条件的所有多项式.由于每个多项式都可以唯一地用齐次多项式的和表示, 故结论显然成立.因此, 所有满足条件的多项式都可表示为$f(x,y) = (x - 2y)p(x + y)$,其中多项式$p(t)$ 满足$p(1) = 1$.

习题16.16. (MR 6, 2008, M. Becheanu, T. Dumitrescu) 令多项式$P \in \mathbb{Z}[X]$满足$P(1) = P(-1)$. 证明存在整系数多项式$Q(x,y)$,使得

$$P(t) = Q(t^2 - 1, t^3 - t)$$

对任意$t \in \mathbb{R}$均成立.

提示. 对P的次数进行归纳.在归纳步骤中,令首个P的系数为a,考虑多项式

$$R(x) = P(x) - a(x^2 - 1)^n \text{,其中次数}P = 2n \text{ 是偶数},$$

$$R(x) = P(x) - a(x^2 - 1)^{n-1}(x^3 - x) \text{,其中次数}P = 2n + 1 \text{ 是奇数}.$$

习题16.17. 令多项式$P \in \mathbb{R}[X]$满足$P(\sin t) = P(\cos t)$,对任意实数t均成立. 证明存在一多项式$Q \in \mathbb{R}[X]$,使得

$$P(x) = Q(x^4 - x^2) \, , \, x \in \mathbb{R}.$$

解. 因为$P(\sin t) = P(\cos t) = P(\cos(-t)) = P(\sin(-t)) = P(-\sin t)$, 所以$P(u) = P(-u)$,对于任意$u \in [-1,1]$均成立.因此$P(x) = P(-x)$,对任意$x \in \mathbb{R}$均成立. 通过比较这个恒等式中的系数, 可得其不含奇次项, 所以$P(x) = T(x^2)$,其中$T \in \mathbb{R}[X]$. 因此,

$$T(\sin^2 t) = T(\cos^2 t) = T(1 - \sin^2 t)$$

其中$T(x) = T(1-x)$.令

$$R(y) = T\left(\frac{1}{2} + y\right).$$

对于$x = \frac{1}{2} + y$, 有$R(y) = R(-y)$,且由上可推得$R(y) = S(y^2)$.因此

$$T(x) = R\left(x - \frac{1}{2}\right) = S\left(x^2 - x + \frac{1}{4}\right).$$

令$Q(x) = S\left(x + \frac{1}{4}\right)$, 则

$$T(x) = Q(x^2 - x) \, , \, P(x) = T(x^2) = Q(x^4 - x^2).$$

注意到这些多项式都满足条件, 如

$$\sin^4 x - \sin^2 x = \cos^4 x - \cos^2 x = -\sin^2 x \cos^2 x.$$

习题16.18. (G. Dospinescu) 找到所有实系数多项式$f(x,y,z)$, 当$abc = 1$时,

$$f\left(a + \frac{1}{a}, b + \frac{1}{b}, c + \frac{1}{c}\right) = 0.$$

解. 设$x = a + \frac{1}{a}$, $y = b + \frac{1}{b}$, $z = c + \frac{1}{c}$. 现在证明的关键在于条件$abc = 1$等价于

$$x^2 + y^2 + z^2 - xyz - 4 = 0, \ |x|, |y|, |z| \geqslant 2.$$

因此，可以被$x^2+y^2+z^2-xyz-4$整除的多项式$f(x,y,z)$显然是问题的解.下面我们将证明这些都是解.利用多项式的长除法定理，我们可以看到实系数多项式$g(x,y,z),h(y,z),k(y,z)$满足

$$f(x,y,z)=(x^2+y^2+z^2-xyz-4)g(x,y,z)+xh(y,z)+k(y,z).$$

对于任意y,z,其中$\min(|y|,|z|)>2$, 令

$$x=\frac{yz+\sqrt{(y^2-4)(z^2-4)}}{2}.$$

又$x^2+y^2+z^2-xyz-4=0$,且当$\min(|y|,|z|)>2$时,

$$(yz+\sqrt{(y^2-4)(z^2-4)})h(y,z)+k(y,z)=0.$$

注意现在函数$\sqrt{x^2-4}$ 不是有理的(不是两个多项式的比). 实际上，如果

$$\sqrt{x^2-4}=\frac{p(x)}{q(x)}$$

且$p(x)$ 和$q(x)$ 为互素多项式,则2为x^2-4的二重根,矛盾. 因此，上式说明对任意满足$|z|>2$的z, $h(y,z)=k(y,z)=0$, $|y|>2$. 于是，对任意y,z, $h(y,z)=k(y,z)=0$ 同样成立，故$f(x,y,z)$ 可被$x^2+y^2+z^2-xyz-4$整除.

习题16.19. 证明方程$f^4+g^4=h^2$ 在$\mathbb{C}[X]$中有唯一解.

证明. 运用定理16.3.

习题16.20. 证明存在非常值多项式$f,g\in\mathbb{C}[X]$,使得f^3-g^2为非零常数.

解法一. 令$h=f^3-g^2$ 为非零常数. 对互素多项式f 和g 应用Davenport定理(定理16.2)可得, $\deg f\leqslant 2\deg h-2=-2$, 矛盾.

解法二. 首先，注意到不存在非常值多项式$p,q\in\mathbb{C}[X]$,及非零常数$\alpha\in\mathbb{C}[X]$ 使得$p(x)^2=\alpha+q(x)^2$. 事实上,如果

$$\alpha=p(x)^2-q(x)^2=(p(x)-q(x))(p(x)+q(x)),$$

那么多项式$p(x)-q(x)$ 和$p(x)+q(x)$ 为常数,从而$p(x)$ 和$q(x)$ 为常数, 矛盾.回到问题令$a=f^3-g^2$ 为非零常数.然后

$$g(x)^2=(f(x)-b)(f(x)^2+bf(x)+b^2),$$

其中$b = a^{1/3} \neq 0$. 多项式$f(x) - b$ 和$f(x)^2 + bf(x) + b^2$ 互素. 事实上, 如果它们有一公共根x_0, 则

$$f(x_0) = b, f(x_0)^2 + bf(x_0) + b^2 = 3b^2 = 0,$$

矛盾. 所以, 任意这些多项式在$\mathbb{C}[X]$中均为一个多项式的平方. 因此$f(x) = h(x)^2 + b$, 从而

$$(h(x)^2 + b)^2 + b(h(x)^2 + b) + b^2 = h(x)^4 + 3bh(x)^2 + 3b^2$$

$$= (h(x)^2 + c)(h(x)^2 + d),$$

其中

$$c = \frac{-3b + \mathrm{i}b\sqrt{3}}{2}, d = \frac{-3b - \mathrm{i}b\sqrt{3}}{2}.$$

与上述相同的论证同理, 多项式$h(x)^2 + c$ 和$h(x)^2 + d$ 互素. 因此$h(x)^2 + c = p(x)^2$, 再由证明开始的注可得$c = 0$, 矛盾.

习题16.21. 证明方程$f^2 = g^3 + g$ 在复系数有理函数中只有平凡解.

解. 令$f = \dfrac{n}{N}, g = \dfrac{m}{M}$, n, m, N, M均为复系数多项式, 其中n, N互素, m, M 互素. 将上述f, g代入方程中, 消去分母可得$n^2 M^3 = m^3 N^2 + mM^2 N^2$. 这说明, $N^2 | M^3$, $M^2 | N^2$. 因此, $N = PM, P \in \mathbb{C}[X]$, 且$P^2 | M$. 于是, $M = QP^2, N = QP^3$, $P, Q \in \mathbb{C}[X]$. 同理, 由上述性质可得$Q | m^3$, 且因为m, M互素, 所以可得Q为常数. 因此, 令$Q = c, c \in \mathbb{C}$, 可得$M^3 = cN^2$. 将N 写成$\sqrt{c}N$, 即可得到$M^3 = N^2$. 现在, 由复系数多项式可唯一分解表明, $M = e^2, N = e^3$, $e \in \mathbb{C}[X]$. 于是, $n^2 e^6 = m^3 e^6 + me^{10}$, 即$n^2 = m(m^2 + e^4)$. 因为多项式$m$ 和$m^2 + e^4$ 互素, 所以$m = k^2$, 进而$n^2 = k^2(k^4 + e^4)$. 这意味着对某些$z \in \mathbb{C}[X]$, 有$k^4 + e^4 = z^2$, 与问题16.19矛盾.

19.17　函数不等式

习题17.1. (Romania 2011)找到函数$f : [0, 1] \to \mathbb{R}$ 满足

$$|x - y|^2 \leqslant |f(x) - f(y)| \leqslant |x - y|$$

对任意$x, y \in [0, 1]$.

解. 确定 $P(x,y)$ 满足 $|x-y|^2 \leqslant |f(x)-f(y)| \leqslant |x-y|$. 设 $y \to x$ 到 $P(x,y)$ 中, 我们可以得到 $f(x)$ 是连续的. 如果 $f(a)=f(b)$, 然后 $P(a,b) \Rightarrow (a-b)^2 \leqslant 0$, 同样 $a=b$ 和 $f(x)$ 是单射. 现在 $f(x)$ 既连续又单射就说明单调. 还要注意如果 $f(x)$ 是一个解,那么 $f(x)+c$ 和 $c-f(x)$ 也是解. 因此我们可以猜想 $f(0)=0$ 和 $f(x)$ 是递增的. 然后 $P(1,0) \Rightarrow f(1)=1$, 因此 $f(x) \in [0,1]$. 由于 $P(x,0) \Rightarrow f(x) \leqslant x$ 和 $P(x,1) \Rightarrow 1-f(x) \leqslant 1-x$. 因此 $f(x)=x$ 确实是一个解. 因此,问题的所有解都是函数 $f(x)=x+a$ 和 $f(x)=a-x$,此时 a 是一个实数.

习题17.2. (Romania TST 2007). 证明所有函数 $f: \mathbb{Q} \to \mathbb{R}$ 满足

$$|f(x)-f(y)| \leqslant (x-y)^2$$

对任意 $x,y \in \mathbb{Q}$ 都是恒定的.

解法一. 我们有

$$\left| f(x) - f\left(\frac{x+y}{2} \right) \right| \leqslant \frac{|x-y|^2}{4}$$

和

$$\left| f(y) - f\left(\frac{x+y}{2} \right) \right| \leqslant \frac{|x-y|^2}{4}.$$

因此三角不等式意思是

$$|f(x)-f(y)| \leqslant \frac{|x-y|^2}{2}.$$

接下来是在 n 的归纳法有

$$|f(x)-f(y)| \leqslant \frac{|x-y|^2}{2^n},$$

对任意 $n \in \mathbb{N}$ 也就是说 $f(x)=f(y)$. 因此 $f(x)$ 等于常数.

解法二. 取两个有理数 $x < y$. 用 n 把 $[x,y]$ 分割成由 $x=x_0 < x_1 < \cdots < x_n = y$ 构成的小区间,同时 $x_{i+1}-x_i = \dfrac{y-x}{n}$, 对 $0 \leqslant i \leqslant n-1$. 然后 $|f(x_{i+1})-f(x_i)| \leqslant (x_{i+1}-x_i)^2 = \dfrac{(y-x)^2}{n^2}$.

不过, 通过伸缩和三角不等式

$$|f(y)-f(x)| \leqslant \sum_{i=0}^{n-1} |f(x_{i+1})-f(x_i)| \leqslant \sum_{i=0}^{n-1} (x_{i+1}-x_i)^2 = \frac{(y-x)^2}{n}.$$

从而n可取任意大, 也就是说$f(y) = f(x)$, 因此,这样的函数只有常数函数.

习题17.3. (Bulgaria 2008)使函数$f : (0, \infty) \to (0, \infty)$满足

$$2f(x^2) \geqslant xf(x) + x$$

对任意$x > 0$. 证明$f(x^3) \geqslant x^2$ 对任意$x > 0$.

解. 很明显$f(x^2) > x/2$. 假设我们已经证明了

$$f(x) > x^{a_n}/2^{1/2^n}$$

对任意$x > 0$ $(a_0 = 1/2)$.由于$f(x^2) \geqslant x\sqrt{f(x)}$, 然后

$$f(x) \geqslant \sqrt{x}\sqrt{f(\sqrt{x})} > x^{a_{n+1}}/2^{1/2^{n+1}},$$

当$a_{n+1} = 1/2 + a_n/4$时. 现在等式$a_{n+1} - 2/3 = (a_n - 2/3)/4$, 也就是$a_n \to 2/3$. 考虑到$2^{1/2^n} \to 1$, 我们可以得到$f(x) \geqslant x^{2/3}$ 对$x > 0$.

习题17.4. (Bulgaria 2014)使函数$f : \mathbb{R} \to \mathbb{R}$满足$f(x)^2 \leqslant f(y)$ 当$x > y$. 证明$f(x) \in [0, 1]$ 对任意$x \in \mathbb{R}$.

解. 很明显$f(x) \geqslant 0$ 对任意$x \in \mathbb{R}$. 反设$f(x_0) = a > 1$ 对某些$x_0 \in \mathbb{R}$. 确定$x < x_0$ 并定义数列$(x_n)_{n=1}^\infty$ 如下: $x_{i+1} = (x + x_i)/2$, $i = 0, 1, \ldots$. 然后得出$f(x) > f^2(x_i) \geqslant a^{2^{i+1}}$, $i = 1, 2, \ldots$, 矛盾.

习题17.5. (China 1990)使函数$f : [0, \infty) \to \mathbb{R}$满足

$$f(x)f(y) \leqslant y^2 f\left(\frac{x}{2}\right) + x^2 f\left(\frac{y}{2}\right)$$

对任意$x, y \geqslant 0$ 和$|f(x)| \leqslant M$ 在$0 \leqslant x \leqslant 1$, 此时$M$ 是个固定常数.证明$f(x) \leqslant x^2$ 对任意$x \geqslant 0$.

解. 我们将要证明更重要的不等式$f(x) \leqslant \dfrac{x^2}{2}$. 由此我们设$x = y$ 在给定的不等式中得到

$$f(x)^2 \leqslant 2x^2 f(\frac{x}{2}).$$

特别地, $f(x) \geqslant 0$ 对任意$x \geq 0$ 和$f(0) = 0$.因此, 我们需要证明期望的不等式在$x > 0$. 设$g(x) = \dfrac{2f(x)}{x^2}$ 在$x > 0$. 然后$g^2(x) \leqslant g\left(\frac{x}{2}\right)$ 通过归纳得到

$$g^{2^n}(x) \leqslant g\left(\frac{x}{2^n}\right)$$

对任意 $x > 0$ 和 $n \in \mathbb{N}$. 注意 $g(x) \geqslant 0$, 因此

$$g(x) \leqslant \sqrt[2^n]{g\left(\frac{x}{2^n}\right)} \leqslant \sqrt[2^n]{M\frac{2^{2n+1}}{x^2}}$$

如果 $\frac{x}{2^n} \in (0, 1)$. 现在使 $n \to \infty$, 利用这个事实 $\lim\limits_{n\to\infty} \frac{n}{2^n} = 0$, 我们得到 $g(x) \leqslant 1$. 因此 $f(x) \leqslant \frac{x^2}{2}$ 对任意 $x \geqslant 0$.

习题17.6. (IMO 2013) 使函数 $f : \mathbb{Q}^+ \to \mathbb{R}$ 满足以下条件:

(i) $f(x)f(y) \geqslant f(xy)$;

(ii) $f(x+y) \geqslant f(x) + f(y)$.

对任意 $x, y \in \mathbb{Q}^+$. 证明如果 $f(a) = a$ 对某个 $a > 1$, 则有 $f(x) = x$ 对任意 $x \in \mathbb{Q}^+$.

解. 设 $x = 1$, $y = a$ 在(i)中给出了 $f(1) \geqslant 1$. 根据(ii), 接下来是对 n 归纳有

$$f(nx) \geqslant nf(x),\ n \in \mathbb{N}. \tag{1}$$

然后 $f(n/m)f(m) \geqslant f(n)$ $(m \in \mathbb{N})$, 也就是说当 $f > 0$ 时 $\mathbb{Q}^+$. 现在(ii) 和(i) 说明

$$f(x) \geqslant f(\lfloor x \rfloor) \geq \lfloor x \rfloor) > x - 1,\ x \geqslant 1.$$

然后, 通过(i) 对 n 进行归纳, 我们

$$f(x)^n \geqslant f(x^n) \geqslant x^n - 1\ ,\ f(x) \geqslant \sqrt[n]{x^n - 1},\ x \geqslant 1.$$

因此 n 是任意的我们可以得出结论 $f(x) \geqslant x$ 在 $x \geqslant 1$ 时.

此外, $a^n = f(a)^n \geqslant f(a^n) \geqslant a^n$, 导出 $f(a^n) = a^n$. 当 $x \geqslant 1$ 时对 n 有 $a^n - x \geqslant 1$. 然后

$$a^n = f(a^n) \geqslant f(x) + f(a^n - x) \geqslant x + a^n - x = a^n.$$

因此 $f(x) = x$ 当 $x \geqslant 1$ 时. 最后, (i) 和(1)说明

$$nf(x) = f(n)f(x) \geqslant f(nx) \geqslant nf(x).$$

因此 $f(nx) = nf(x)$. 所以 $f\left(\frac{m}{n}\right) = \frac{f(m)}{n} = \frac{m}{n}$.

注. 条件 $f(a) = a > 1$ 是重要的. 的确, 当 $a \geqslant 1$ 时, 函数 $f(x) = ax^2$ 满足给出的不等式, 它有一个唯一的不动点 $1/a$ $(\leqslant 1)$.

习题17.7. (Iran 2012) 使函数 $f : \mathbb{R}^+ \to \mathbb{R}$ 满足

(i) $f(ab) = f(a)f(b)$;

(ii) $f(a+b) \leqslant 2\max\{f(a), f(b)\}$.

对任意 $a, b \in \mathbb{R}^+$. 证明 $f(a+b) \leqslant f(a) + f(b)$ 对任意 $a, b \in \mathbb{R}^+$.

解. 第一个条件意味着要么 $f \equiv 0$, 要么 $f(1) = 1$, 或是在 $\mathbb{R}^+$ 上 $f > 0$. 第一种情况是很明显的. 在第二种情况下, 我们首先证明

$$f(a_1 + \cdots + a_n) < 2n \max_{1 \leqslant i \leqslant n} f(a_i). \tag{1}$$

根据归纳法可得 k 有

$$f(a_1 + \cdots + a_{2^k}) \leqslant 2^k \max_{1 \leqslant i \leqslant 2^k} f(a_i).$$

因此 (1) 适用于 $n \leqslant 2$. 假设对任意 $n \leq 2^k$. 设 $n = 2^k + m$, $1 \leqslant m < 2^k$. 然后

$$f(a_1 + \cdots + a_n) \leqslant 2\max\{f(a_1 + \cdots + a_{2^k}), f(a_{2^k+1} + \cdots + a_n)\}$$

$$\leqslant 2\max\{2^k \max_{1 \leqslant i \leqslant 2^k} f(a_i), 2m \max_{1 \leqslant i \leqslant m} f(a_{2^k+i})\} < 2n \max_{1 \leqslant i \leqslant n} f(a_i)$$

(因为 $n > \max\{2^k, 2m\}$) 和 (i) 根据归纳法.

特别地, $f(n) < 2n$.

现在我们有

$$
\begin{aligned}
(f(a+b))^n &= f((a+b)^n) = f\left(\sum_{i=0}^{n} \binom{n}{i} a^i b^{n-i}\right) \\
&\leqslant 2(n+1) \max_{0 \leqslant i \leqslant n}\{f\left(\binom{n}{i} a^i b^{n-i}\right)\} \\
&= 2(n+1) \max_{0 \leqslant i \leqslant n}\{f\left(\binom{n}{i}\right) f(a)^i f(b)^{n-i}\} \\
&< 4(n+1) \sum_{i=0}^{n} \binom{n}{i} f(a)^i f(b)^{n-i} \\
&= 4(n+1) (f(a) + f(b))^n.
\end{aligned}
$$

然后

$$f(a+b) \leqslant \sqrt[n]{4(n+1)}(f(a) + f(b))$$

预期的不等式中

$$\lim_{n\to\infty} \sqrt[n]{4(n+1)} = 1.$$

习题17.8. (G. Dospinescu) 找到所有的函数 $f: \mathbb{N} \to \mathbb{N}$ 使得

$$f(n+1) > \frac{f(n) + f(f(n))}{2}$$

对所有 $n \in \mathbb{N}$ 均成立.

解. 我们将首先证明 $f(n) \geqslant n$. 为此, 已经足够证明 $f(n) \geqslant j$ 当 $n \geqslant j$ 时. 我们通过对 j 进行归纳证明. 对于 $j = 1$ 是明显的.如果它适合 j, 然后满足 $n > j$. 我们有 $n - 1 \geqslant j$, 因此 $f(n-1) \geqslant j, f(f(n-1)) \geqslant j$, 根据函数等式我们可以知道 $f(n) > j$, 因此 $f(n) \geqslant j + 1$.

接下来,我们证明 $f(n) - \leqslant 1$对任意 n. 假设对某个 n_0 有 $f(n_0) - n_0 \geqslant 2$. 然后 $f(f(n_0)) \geqslant f(n_0 + 2) \geqslant n_0 + 2$, 从函数等式我们可以得到 $f(n_0 + 1) \geqslant n_0 + 3$. 通过归纳我们得到 $f(n) \geqslant n + 2$ 对任意 $n \geqslant n_0$. 然而 $2f(n+1) > f(n) + f(n+2)$ 当 $n \geqslant n_0$, 说明这个数列 $f(n+1) - f(n)$ 是从 n_0 开始递增, 这显然不可能.

最后, 恒等函数是一个解, 因此我们可以猜想 n_0 是最小的整数, 对 $f(n_0) = n_0 + 1$来说.利用前面的步骤和函数方程我们得到 $f(n) = n + 1$ 对任意 $n \geqslant n_0$. 我们可以很容易地检查出所有这些函数都是解.

习题17.9. (Romania 2001) 证明不存在这样的函数 $f: (0, \infty) \to (0, \infty)$ 满足

$$f(x + y) \geqslant f(x) + yf(f(x))$$

对任意 $x, y \in (0, \infty)$.

提示. 使用与解决问题方案的第二部分相同的部分17.6.

习题17.10. 找到所有函数 $f: \mathbb{R} \to \mathbb{R}$,满足

$$f(x) \geqslant x + 1, f(x + y) \geqslant f(x) + f(y),$$

对任意 $x, y \in \mathbb{R}$.

解. 由给定的第二个条件可得.

$$f(x_1 + x_2 + \cdots + x_n) \geqslant f(x_1) + f(x_2) + \cdots + f(x_n),$$

对任意 $x_i \in \mathbb{R}, 1 \leqslant i \leqslant n$ 均成立. 特别地, $f(x) \geqslant f\left(\frac{x}{n}\right)^n$, 对任意 $x \in \mathbb{R}$ 和 $n \in \mathbb{N}$ 均成立. 因此

$$f(x) \geqslant f\left(\frac{x}{n}\right)^n \geqslant \left(1 + \frac{x}{n}\right)^n$$

令 $n \to \infty$, 则 $f(x) \geqslant \mathrm{e}^x$. 特别地, $f(0) \geqslant 1$. 另一方面, $f(0) \geqslant f^2(0)$, 故 $f(0) = 1$. 现在,

$$1 = f(0) \geqslant f(x)f(-x) \geqslant \mathrm{e}^x \cdot \mathrm{e}^{-x} = 1,$$

表明 $f(x) = \mathrm{e}^x$. 容易验证此函数也满足问题中的条件.

习题17.11. 找到任意函数 $f : \mathbb{R} \to \mathbb{R}$ 满足

$$f(x + y) \geqslant (y + 1)f(x)$$

对任意 $x, y \in \mathbb{R}$.

解. 就像问题的解答中 17.6 我们得到 $f \geqslant 0$,

$$f(x) \geqslant \left(1 + \frac{x}{n}\right)^n \cdot f(0), \; f(0) \geqslant \left(1 - \frac{x}{n}\right)^n \cdot f(x).$$

因此 $\left(1 \pm \frac{x}{n}\right)^n \to \mathrm{e}^{\pm x}$, 它依据 $f(x) = f(0)\mathrm{e}^x$. 相反, 对每个 $c \geqslant 0$, 函数 $f(x) = c\mathrm{e}^x$ 满足给定条件当 $\mathrm{e}^y \geqslant 1 + y$ 对任意 $y \in \mathbb{R}$ (证明!).

习题17.12. (Hungary 2008) 确定任意函数 $f : \mathbb{R} \to \mathbb{R}$ 对所有实数满足 x 和 y 的关系为 $f(xy) \leqslant xf(y)$.

解. 设 $y = 0$, 为了得到 $(1 - x)f(0) \leqslant 0$ 对任意 $x \in \mathbb{R}$, 也就是说 $f(0) = 0$. 在另一方面, 当 $x, y > 0$, 我们有

$$xf(y) = xf(\frac{y}{x}x) \leqslant x\frac{y}{x}f(x) = yf(x).$$

同理, $yf(x) \leqslant xf(y)$, 因此 $xf(y) = yf(x)$, 或者 $\dfrac{f(x)}{x} = \dfrac{f(y)}{y}$. 因此这里是个矛盾. a 满足 $f(x) = ax$ 对任意 $x \geqslant 0$.

我们同样有

$$xf(-y) = xf\left(\left(\frac{y}{x}\right)(-x)\right) \leqslant x\frac{y}{x}f(-x) = yf(-x).$$

同理, $yf(-x) \leqslant xf(-y)$. 因此 $xf(-y) = yf(-x)$, 这里表示是个矛盾. b 满足 $f(x) = bx$ 对任意 $x < 0$.

然后$a = f(1) = f((-1)(-1)) \leqslant -f(-1) = -(-b) = b$, 因此我们需要$a \leq b$. 相反, 很容易验证, 对任意$a \leqslant b$, 该函数

$$f(x) = \begin{cases} ax, x \geqslant 0 \\ bx, x \leqslant 0 \end{cases}$$

满足已知不等式

习题17.13. (Bulgaria 1998) 证明不存在这样的函数$f : (0, \infty) \to (0, \infty)$ 满足

$$f(x)^2 \geqslant f(x+y)(f(x)+y)$$

对任意$x, y \in (0, \infty)$.

解. 假设存在这样的函数f 满足已知条件. 然后

$$f(x) - f(x+y) \geqslant \frac{f(x)y}{f(x)+y} \tag{1}$$

那说明f 是一个严格递减函数.给出$x \in (0, \infty)$. 我们选择$n \in \mathbb{N}$ 满足$nf(x+1) \geqslant 1$. 然后

$$f\left(x + \frac{k}{n}\right) - f\left(x + \frac{k+1}{n}\right) \geqslant \frac{f(x + \frac{k}{n}) \cdot \frac{1}{n}}{f(x + \frac{k}{n}) + \frac{1}{n}} > \frac{1}{2n}$$

对任意$k \in \mathbb{N}, k < n$. (注意$nf\left(x + \frac{k}{n}\right) > nf(x+1) > 1$.) 把这些不等式加起来当$k = 0, 1, \ldots, n-1$时我们得到

$$f(x) - f(x+1) > \frac{1}{2}.$$

现在选择一个$m \in \mathbb{N}$ 满足$m \geqslant 2f(x)$. 然后

$$f(x) - f(x+m) = (f(x) - f(x+1)) + \cdots + (f(x+m-1) - f(x+m)) > \frac{m}{2} \geqslant f(x).$$

因此$f(x+m) < 0$, 矛盾.

习题17.14.寻找任意函数$f : \mathbb{R} \to \mathbb{R}$ 在0处连续以及

$$f(2x) - 3x^2 - x \leqslant f(x) \leqslant f(3x) - 8x^2 - 2x$$

对任意$x \in \mathbb{R}$.

解. 对所有$t \in \mathbb{R}$ 和$k \in \mathbb{N}$我们有

$$f(t) - f\left(\frac{t}{2^n}\right) = \sum_{k=1}^{n}\left(f\left(\frac{t}{2^{k-1}}\right) - f\left(\frac{t}{2^k}\right)\right) \leqslant \sum_{k=1}^{n}\left(\frac{3t^2}{4^k} + \frac{t}{2^k}\right).$$

使$n \to \infty$, 得到$f(t) - f(0) \leqslant t^2 + t$. 用不等式的相同办法接着得到$f(3x) - f(x) \geqslant 8x^2 + 2x$, 我们得到$f(t) - f(0) \geqslant t^2 + t$. 因此,具有所需属性的所有函数都具有该性质$f(x) = x^2 + x + a$, $a \in \mathbb{R}$.

习题17.15. (Bulgaria 2011) 找到所有函数$f: \mathbb{R} \to \mathbb{R}$ 满足

$$6f(x) \geqslant f^4(x+1) + f^2(x-1) + 4$$

对任意$x \in \mathbb{R}$.

解. 根据AM-GM 不等式可以得到

$$3f^2(x) + 3 \geqslant 6f(x) \geqslant f^4(x+1) + f^2(x-1) + 4 \geq 2f^2(x+1) + f^2(x-1) + 3$$

进而

$$f^2(x) - f^2(x-1) \geqslant 2(f^2(x+1) - f^2(x)).$$

假设$f(x+1) \geqslant f(x)$ 对某些x. 根据归纳法可得$n \in \mathbb{N}$,

$$f^2(x) \geqslant f^2(x-n+1) - f^2(x-n) \geqslant 2^n(f^2(x+1) - f^2(x))$$

这在n上是个极大的矛盾. 因此$f(x+1) \leqslant f(x)$ 对任意x成立.

当$f > 0$, 根据$l(x) = \lim\limits_{n \to \infty} f(x+n)$ 存在

$$6l(x) \geqslant l^4(x) + l^2(x) + 4 \iff 0 \geqslant (l(x)-1)^2(l^2(x) + 2l(x) + 4),$$

即$l(x) = 1$.

另外, 对不等式求和

$$6f(x+k) \geqslant f^4(x+k+1) + f^2(x+k-1) + 4$$

当$k = 1, 2, \ldots, n$, 然后用这个不等式$6t \leqslant t^4 + t^2 + 4$, 我们得到

$$6f(x+1) + 6f(x+n) \geqslant f^4(x+n+1) + f^4(x+n) + f^2(x+1) + f^2(x) + 8.$$

使 $n \to \infty$ 我们得到

$$6f(x+1) - 4 - f^2(x) \geqslant f^2(x+1).$$

当 $f(x) \geqslant f(x+1)$ 根据

$$f^2(x+1) - 3f(x+1) + 2 \leqslant 0$$

因此 $f(x+1) \leqslant 2$ 对任意 x. 然后极限 $L(x) = \lim\limits_{n \to -\infty} f(x+n)$ 存在, 通过以上我们得到 $L(x) = 1$.

所以 $1 - l(x) \leqslant f(x) \leqslant L(x) = 1$, 因此 $f(x) - x$ 对任意 x 成立.

习题17.16. (ZIMO 2009) 找到任意实数 a 满足存在这样的函数 $f: \mathbb{R} \to \mathbb{R}$ 满足不等式

$$x + af(y) \leqslant y + f(f(x))$$

对任意 $x, y \in \mathbb{R}$.

解. 首先 $a \geqslant 0$. 设 $c_1 = af(0)$ 和 $c_2 = f(f(0))$, 根据

$$x + c_1 \leqslant f(f(x)), \quad af(y) \leqslant y + c_2.$$

因此

$$a^2(x + c_1) \leqslant a^2 f(f(x)) \leqslant a(f(x) + c_2) \leqslant x + c_2(a+1)$$

那么 $(a^2 - 1)x \leqslant c_2(a+1) - c_1 a^2$ 对任意 x. 这只有在 $a = 1$ 时成立. 这种情况下函数 $f(x) = x$ 显然满足期望条件.

如果 $a < 0$, 然后, 例如, 函数 $f(x) = c|x|$, 当 $c = \max\{1, -1/a\}$ 时, 同样满足已知不等式.

习题17.17. (IMO 2009) 找到所有函数 $f: \mathbb{N} \to \mathbb{N}$ 满足 $x, f(y)$ 和 $f(y + f(x) - 1)$ 是三角形的所有边, $x, y \in \mathbb{N}$.

解. 令 $x = 1$, 然后由条件可知 $f(y) = f(y + f(1) - 1)$. 我们表示成 $f(1) = 1$. 另外 $f(1) - 1 > 0$, 意思是 f 代替了自己每个 $f(1) - 1$ 的数. 也就是说 f 可以取有限个值, 因此如果我们取 x 足够大, $x, f(y), f(y + f(x) - 1)$ 不能成为三角中的边. 条件 $y = 1$ 意思是 $f(f(x)) = x$, 我们可以得出结论 f 是双射.

现在我们需要通过归纳法证明 n 有 $f(n) = (n-1)f(2) - (n-2)$ 对任意 $n \in \mathbb{N}$. 由于 f 是双射, 根据 $x, y, f(f(x) + f(y) - 1)$ 是三角的边, 也就是

说 $f(f(x) + f(y) - 1) < x + y$. 取 $x = y = 2$, 然后 $f(2f(2) - 1) < 4$,即它既可以是 $1, 2$, 也可以是 3. 但是前两种情况是可能的,因为都能得到 $f(2) = 1$, 与 f 的双射矛盾. 第三种情况我们得到 $2f(2) - 1 = f(3)$, 证明假设 $n = 3$. 归纳步骤包含完全相同的论证,通过取 $a = 2, b = n$, 我们认为 $f(f(2) + f(n) - 1) = n + 1$.

关于 f 的公式我们知道 f 是严格递增的. 假设 $f(i) = i$, 当 $i = 1, 2, ..., k - 1$. 如果 $f(k) > k$, 然后随着 f 的增加可以映射到 k, 是与 f 的双射性相矛盾的. 因此 $f(k) = k$. 通过归纳得 $f(n) = n$ 对任意 n.

习题17.18. (IMO 2011) 使 $f : \mathbb{R} \to \mathbb{R}$ 成为一个这样的函数

$$f(x + y) \leqslant yf(x) + f(f(x))$$

对任意 $x, y \in \mathbb{R}$. 证明 $f(x) = 0$ 对任意 $x \leqslant 0$.

解. 代入 $y = t - x$, 我们可以把给定的条件重写为

$$f(t) \leqslant tf(x) - xf(x) + f(f(x)). \tag{1}$$

现在设 $t = f(a)$, $x = b$ 和 $t = f(b)$, $x = a$, 我们得到

$$f(f(a)) - f(f(b)) \leqslant f(a)f(b) - bf(b), \quad f(f(b)) - f(f(a)) \leqslant f(a)f(b) - af(a)$$

因此 $af(a) + f(b) \leqslant 2f(a)f(b)$. 如果 $b = f(a)$, 根据 $af(a) \leqslant 0$ 对任意 a. 特别地, $f(a) \geqslant 0$ 当 $a < 0$. 假设现在 $f(x) > 0$ 对某个 x. 然后 (1) 也就是说 $f(t) < 0$ 如果 $t < x - f(f(x))/f(x)$, 矛盾. 因此 $f(x) \leqslant 0$ 对任意 x, 和 $f(x) = 0$ 对于 $x < 0$. 最后, 设 $t = x < 0$ 在 (1) 中, 我们得到 $f(x) \leqslant f(f(x))$. 因此 $f(x) = 0$, 意思是 $0 \leqslant f(0)$.另外, $f(0) \leqslant 0$, 因此 $f(x) = 0$ 对任意 $x \leqslant 0$.

注. 以上方法说明函数满足 (1) 有 $f(x) = 0$ 对于 $x \leqslant 0$ 和 $f(x) = -g(x)$ 对于 $x > 0$, 当 $g : (0, \infty) \to [0, \infty)$ 是个任意函数满足 $g(x + y) \leqslant yg(x)$, $x, y > 0$. 例如,我们可以取 $g(x) = ce^x - d$, 当 $c \geqslant \max(d, 0)$ (用到 $e^x \geqslant 1 + x$).

习题17.19. (IMAR 2009) 对每个函数 $f : (0, \infty) \to (0, \infty)$ 都存在 $x, y \in (0, \infty)$ 满足 $f(x + y) < yf(f(x))$.

解法一. 假设 $f(x + y) \geqslant yf(f(x))$ 对任意 $x, y > 0$. 取 $a > 1$ 和 $t = f(f(a)) > 0$. 然后有 $b \geqslant a\left(1 + \dfrac{1}{t} + \dfrac{1}{t^2}\right) > a$, 我们有

$$f(b) = f(a + (b - a)) \geqslant (b - a)f(f(a)) = (b - a)t \geqslant a\left(1 + \dfrac{1}{t}\right) > a.$$

我们得到

$$f(f(b)) = f(a + (f(b) - a)) \geqslant (f(b) - a)t \geqslant a.$$

此外, 如果我们取 $x \geqslant \dfrac{ab+2}{a-1} > b$, 其结果为

$$f(x) = f(b + (x - b)) \geqslant (x - b)f(f(b)) \geqslant (x - b)a \geqslant x + 2,$$

因此 $f(x) > x + 1$. 但是现在

$$f(f(x)) = f(x + (f(x) - x)) \geqslant (f(x) - x)f(f(x))$$

也就是说 $1 \geqslant f(x) - x$, 即 $f(x) \leqslant x + 1$, 矛盾.

解法二. 假设, 可能的话, 有 $f(x + y) \geqslant yf(f(x))$, 无论 $x > 0$ 还是 $y > 0$. 确定一个正实数 a, 有 $\alpha = f(f(a))$ 得到 $f(t) = f(a + (t - a)) \geqslant \alpha(t - a)$ 当 $t > a$, 然后推断出 $f(t) > a$ 对任意大的 t. 对这样的 t, 写出

$$f(f(t)) = f(a + (f(t) - a)) \geqslant \alpha(f(t) - a) \geqslant \alpha(\alpha(t - a) - a),$$

推断出 $\beta = f(f(b)) > 1$, 对任意大的 b.

因此对于 $t > b + (b - 1)/(\beta - 1)$, 我们得到

$$f(t) = f(b + (t - b)) \geqslant \beta(t - b) > t + 1. \tag{1}$$

然后

$$f(f(t)) = f(t + (f(t) - t)) \geqslant (f(t) - t)f(f(t))$$

也就是说 $f(t) \leqslant t + 1$, 与(1)矛盾.

习题17.20. (IMO 2009 预选题)证明对每个函数 $f : \mathbb{R} \to \mathbb{R}$ 都存在 $x, y \in \mathbb{R}$ 满足 $f(x - f(y)) > yf(x) + x$.

解. 假设

$$f(x - f(y)) \leqslant yf(x) + x \tag{1}$$

对任意实数 x, y. 令 $a = f(0)$. 设 $y = 0$ 在(1) 给出 $f(x - a) \leqslant x$ 对任意实数 x, 或等价

$$f(y) \leqslant y + a \tag{2}$$

对任意实数y. 设$x = f(y)$ 在(1) 考虑到(2)

$$a = f(0) \leqslant yf(f(y)) + f(y) \leqslant yf(f(y)) + y + a.$$

这意味着$0 \leqslant y(f(f(y)) + 1)$, 因此

$$f(f(y)) \geqslant -1 \qquad (3)$$

对任意$y > 0$. 从(2) 和(3) 我们得到$-1 \leqslant f(f(y)) \leqslant f(y) + a$ 对任意$y > 0$, 因此

$$f(y) \geqslant -a - 1 \qquad (4)$$

对任意$y > 0$. 现在我们得到$f(x) \leqslant 0$ 对任意函数x. 反设, 即$f(x) > 0$ 对某个x. 取任意y 满足$y < x - a$ 和$y < \dfrac{-a-x-1}{f(x)}$. 然后根据(2), $x - f(y) \geqslant x - (y + a) > 0$ 通过(1) 和(4)我们得到

$$yf(x) + x \geqslant f(x - f(y)) \geqslant -a - 1,$$

由此

$$y \geqslant \frac{-a - x - 1}{f(x)}$$

与我们选择的y相反. 因此$f(x) \leqslant 0$ 对任意实数x. 特别地, $a = f(0) \leqslant 0$ 和(2), 然后有$f(x) \leqslant x$ 对任意实数x.现在取y 满足$y > 0$ 和$y > -f(-1) - 1$, 然后令$x = f(y) - 1$. 从(1),(4) 和以上不等式我们有

$$f(-1) = f(x - f(y)) \leqslant yf(x) + x = yf(f(y) - 1) + f(y) - 1$$

$$\leqslant y(f(y) - 1) - 1 \leqslant -y - 1,$$

即$y \leqslant -f(-1) - 1$, 与y矛盾.

19.18 其他问题

19.18.1 与归纳论证相关的问题

习题18.1. 求所有函数$f: \mathbb{N} \to \mathbb{R}$, 使得对于所有的$n \in \mathbb{N}$, $f(1) \neq 0$ 和

$$f(1)^2 + f(2)^2 + \ldots + f(n)^2 = f(n)f(n+1).$$

解. 很明显$f(n) \neq 0$,因为条件的左峰值是正的. 现在通过从$n+1$的条件中减去n 的条件,我们得到

$$f(n+1)^2 = f(n+1)(f(n+2) - f(n)).$$

因此,通过$f(n+1) \neq 0$的减少,我们得到斐波那契型关系

$$f(n+2) = f(n+1) + f(n).$$

如果我们设$a = f(1)$, 然后取$n = 1$ 我们得到$f(2) = a$. 因此使用循环关系,通过对n 的归纳$f(n) = aF_n$, 很明显,这个函数通过归纳满足条件, 因为$n = 1$ 的条件是明确的,并且归纳步骤被证明等价于真实关系

$$f(n+2) = f(n+1) + f(n).$$

习题18.2. 求所有函数$f \colon \mathbb{N} \to \mathbb{N}$使得对于所有$n \in \mathbb{N}$.

$$f(1)^3 + f(2)^3 + \ldots + f(n)^3 = (f(1) + f(2) + \ldots + f(n))^2$$

解. 从著名的恒等式

$$1^3 + 2^3 + \ldots + n^3 = \left(\frac{n(n+1)}{2}\right)^2 = (1 + 2 + \ldots + n)^2.$$

我们想到了函数$f(x) = x$, 我们将证明这是唯一的解法, 同时也证明了等式. 通过设$n = 1$, 我们得到$f(1) = 1$. 如果我们从$n+1$ 的恒等式中减去n的恒等式我们得到

$$f(n+1)^3 = f(n+1)(2f(1) + 2f(2) + \ldots + 2f(n) + f(n+1))$$

所以我们得到了一个较小程度的恒等式

$$f(n+1)^2 = 2f(1) + 2f(2) + \ldots + 2f(n) + f(n+1).$$

通过设$n = 1$, 我们得到$f(2) = 2$, 用上面的恒等式做同样的步骤,我们得到

$$f(n+2)^2 - f(n+1)^2 = f(n+2) + f(n+1),$$

即$f(n+2) - f(n+1) = 1$. 通过对n 的归纳可以清楚地看出$f(n) = n$. 通过相同的归纳, 验证是清楚的,因为我们实际上是通过等价进行的.

习题18.3.(IMO 1981) 假设 $f(x,y)$ 是为所有非负函数 x 和 y 定义的, 并且满足以下三个方程:

(i) $f(0,y) = y+1$;

(ii) $f(x+1,0) = f(x,1)$;

(iii) $f(x+1,y+1) = f(x,f(x+1,y))$.

确定 $f(4,1981)$.

解. 我们有 $f(1,0) = f(0,1) = 2$. 然后我们得到

$$f(1,y+1) = f(0,f(1,y)) = f(1,y)+1;$$

因此对于 $y \geqslant 0$, $f(1,y) = y+2$. 接下来我们发现 $f(2,0) = f(1,1) = 3$ 和 $f(2,y+1) = f(1,f(2,y)) = f(2,y)+2$, 其中 $f(2,y) = 2y+3$. 特别的, $f(2,2) = 7$. 此外, $f(3,0) = f(2,1) = 5$ 和 $f(3,y+1) = f(2,f(3,y)) = 2f(3,y)+3$. 这由感应式 $f(3,y) = 2^{(y+3)}-3$ 得出. 特别是, $f(3,3) = 61$. 最后, 从 $f(4,0) = f(3,1) = 13$ 和 $f(4,y+1) = f(3,f(4,y)) = 2^{f(4,y)+3}-3$, 我们得出

$$f(4,y) = 2^{2^{\cdot^{\cdot^{\cdot^2}}}} - 3,$$

其中 $y+3$ 为2.

习题18.4. (Putnam 1992) 证明 $f(n) = 1-n$ 是在满足以下条件的整数上定义的唯一整数值函数:

(i)对于所有整数 n, $f(f(n)) = n$;

(i)对于所有整数 n, $f(f(n+2)+2) = n$;

(iii) $f(0) = 1$.

解. 我们表明,对于每个 $k \geqslant 0$, $f(k) = 1-k$ 和 $f(1-k) = k$. 对于 $k=0$ 和1 ,我们有 $f(0) = 1$ 和 $f(1) = f(f(0)) = 0$. 对于 $k \geqslant 2$ 的归纳, 我们有 $f(k-2) = 3-k$ 和 $f(3-k) = k-2$. 注意

$$f(n+2)+2 = f(f(f(n+2)+2)) = f(n)$$

所以 $f(k) = f(k-2)-2 = 1-k$ 和 $f(1-k) = f(3-k)+2 = k$ 是所希望的. 对于 $k \geqslant 1$,k 和 $1-k$ 覆盖整数,我们完成了.

习题18.5. 找到所有函数 $f : \mathbb{N} \to \mathbb{N}$, 使得对于所有 $n \in \mathbb{N}$,

$$f^{(19)}(n) + 97f(n) = 98n + 232$$

有界.

解. 当$n \leqslant 59$ 时,我们有

$$f(n) < \frac{98n + 232}{97} = n + 2 + \frac{n + 38}{97}.$$

所以$f(n) \leqslant n + 2$. 现在不难证明,对于所有$n \leqslant 21$, $f^{(19)}(n) \leqslant n + 38$. 然后对于$n \leqslant 21$, 我们有

$$f^{(19)}(n) + 97f(n) = 98n + 232 = 97(n + 2) + n + 38f(n) \geqslant f^{(19)}(n) + 97f(n)$$

这表明$f(n) = n + 2, f^{(19)}(n) = n + 38$. 实际上, $f^{(19)}(20) = 20 + 38$ 和$f^{(19)}(21) = 21 + 38$, 意味着$f(n) = n + 2$ 对于所有$n \leqslant 57$.

现在我们将通过归纳法证明对于所有$n, f(n) = n + 2$. 假设对于所有$n < m, f(n) = n + 2$. 然后我们有

$$f^{(19)}(m - 36) = f(m) = 98(m - 36) + 232 - 97f(m - 36)$$

$$= 98(m - 36) + 232 - 97(m - 34) = m + 2.$$

因此,方程的唯一解是$f(n) = n + 2$.

习题18.6. (IMO 2011预选题) 对于每个正整数n,确定从正整数集到满足

$$f^{(g(n)+1)}(n) + g^{(f(n))}(n) = f(n + 1) - g(n + 1) + 1$$

的函数对(f, g) .

解. 给定的恒等式意味着对于所有$n \geqslant 1$, $f(n + 1) \geqslant g(n + 1) + 1 \geqslant 2$,对于所有$n \geqslant 2, f(n) \geqslant 2$. 因此我们得到对于所有$n \geqslant 2$, $f(n+1) \geqslant g(n+1)+2 \geqslant 3$,对于所有$n \geqslant 3, f(n) \geqslant 3$. 使用相同的推理,我们很容易归纳得出对于所有$n \geqslant 1$, $f(n) \geqslant n$. 所以

$$f(n + 1) = f^{(g(n))}(f(n)) + g^{(f(n))}(n) + g(n + 1) - 1 \geqslant f(n) + 1$$

和$f(n)$ 是递增的.

如果对于某些$n, f(n) \geqslant n + 1$, 则$f(f(n)) \geqslant f(n + 1)$,因此$f^{(g(n)+1)}(n) \geqslant f(n + 1)$,然后左边$\geqslant f(n + 1) + 1$, 而右边$\leqslant f(n + 1)$, 矛盾.

因此对于所有$n, f(n) = n$ 并且该等式采用形式$g^{(n)}(n) = 2 - g(n+1)$. 因此对于所有$n \geqslant 2$, $g(n) = 1$. 设$n = 1$, 得到$g(1) = 2 - g(2) = 1$.因此对于所有$n \in \mathbb{N}$, $f(n) = n$ 且$g(n) = 1$,显然这些函数满足给定的方程.

习题18.7. (Canada 2002) 找到所有函数$f : \mathbb{N}_0 \to \mathbb{N}_0$使得对于所有$m, n \in \mathbb{N}_0$

$$mf(n) + nf(m) = (m+n)f(m^2 + n^2).$$

解法一. 我们将证明唯一的解是常函数. 为此我们首先插入$m = 0$ 和$n = 1$, 以得到$f(0) = f(1)$.现在假设存在$a, b \in \mathbb{N}_0$ 既不等于0也不满足$f(a) > f(b)$. 然后$af(b) + bf(a) = (a+b)f(a^2 + b^2)$, 因此

$$(a+b)f(b) < (a+b)f(a^2 + b^2) < (a+b)f(a),$$

即$f(b) < f(a^2 + b^2) < f(a)$.用同样的方法处理$a$ 和$a^2 + b^2$, 我们得到另一个正整数$c = (a^2 + b^2)^2 + a^2$, 使得$f(a^2 + b^2) < f(c) < f(a)$, 然后通过归纳得出区间$(f(b), f(a))$中存在无穷多的正整数, 这是一个矛盾. 因此, 唯一的解是常函数.

解法二. 对于所有n, 我们有$0f(n) + nf(0) = nf(n^2)$. 所以$f(n^2) = f(0)$.现在恒等式

$$3n^2 f(4n^2) + 4n^2 f(3n^2) = 7n^2 f(25n^4)$$

意味着

$$3n^2 f(0) + 4n^2 f(3n^2) = 7n^2 f(0),$$

因此对于所有n, $f(3n^2) = f(0)$.

另一方面,

$$12n^2 f(5n^2) + 5n^2 f(12n^2) = 17n^2 f(169n^4)$$

利用上述恒等式我们得到

$$12n^2 f(5n^2) + 5n^2 f(0) = 17n^2 f(0),$$

所以对于n, $f(5n^2) = f(0)$.

然后利用恒等式

$$2n^2 f(n^2) + n^2 f(2n^2) = 3n^2 f(5n^4)$$

我们得到

$$2n^2 f(0) + n^2 f(2n^2) = 3n^2 f(0),$$

所以对于所有n, $f(2n^2) = f(0)$.

最后我们得到

$$2nf(n) = nf(n) + nf(n) = 2nf(2n^2) = 2nf(0)$$

它表明对于所有n, $f(n) = f(0)$.

习题18.8. 求所有函数$f: \mathbb{Z} \to \mathbb{Z}$, 对于所有$m, n \in \mathbb{Z}$. 满足

$$f(m+n) + f(mn-1) = f(m)f(n) + 2.$$

解. 如果$f = c$是常函数, 我们得到$2c = c^2 + 2$. 因此$(c-1)^2 + 1 = 0$是不可能的. 现在设$m = 0$, 得到$f(n) + f(-1) = f(0)f(n) + 2$, 所以$f(n)(1 - f(0)) = 2 - f(-1)$. 由于$f$不是常数, 我们得到$f(0) = 1, f(-1) = 2$. 接下来设$m = -1$得到$f(n-1) + f(-n-1) = 2f(n) + 2$. 如果我们将$n$换成$-n$, 则左侧不会改变, 因此右侧也不会改变, 因此$f$是偶数. 因此$f(n-1) + f(n+1) = 2f(n) + 2$. 现在我们可以很容易地通过对$n \geqslant 0$的归纳来证明$f(n) = n^2 + 1$, 并且$f$的均匀性意味着对于所有$n$, $f(n) = n^2 + 1$. 很容易检查这个函数是否满足给定的恒等式.

习题18.9. (Nordic Contest 1999) 函数$f: \mathbb{N} \to \mathbb{R}$满足某些正整数$m$的条件

$$f(m) = f(1995), \quad f(m+1) = 1996, \quad f(m+2) = 1997$$

和

$$f(n+m) = \frac{f(n) - 1}{f(n) + 1}$$

对于所有$n \in \mathbb{N}$. 证明$f(n+4m) = f(n)$, 并找到使这样的函数f存在的最小m.

解. 如果$h(x) = \dfrac{x-1}{x+1}$, 则$f(n+m) = h(f(n))$, 因此$f(n+4m) = h^{(4)}(f(n))$. 我们需要检查$h^{(4)}(x) = x$. 实际上

$$h^{(2)}(x) = \frac{\dfrac{x-1}{x+1} - 1}{\dfrac{x-1}{x+1} + 1} = \frac{-1}{x}$$

因此 $h^{(4)}(x) = h^{(2)}(h^{(2)}(x)) = x$. 我们已经解决了问题的第一部分.如果 m 的最小可能值是1,则 $f(n+4) = f(n)$,那么 $f(1997) = f(5) = f(1)$.但我们知道

$$f(1997) - f(3) = h^{(2)}(f(1)) = \frac{-1}{f(1)}.$$

因此 $m = 1$,给出 $f(1)^2 = -1$ 是不可能的. 同样,$m = 2$ 给出

$$f(1995) = f(3) = f(2), \ f(1996) = f(4) = f(3), \ f(1997) = f(5) = f(4)$$

因此 $f(2) = f(3) = f(4) = f(5)$,则 $h(f(2)) = f(2)$. 但方程式 $\dfrac{x-1}{x+1} = x$ 给出 $x - 1 = x^2 + x$,因此 $x^2 = -1$ 也是不可能的.最后,如果 $m = 3$,那么对于 $f(1), f(2), f(3)$ 的任意值,我们可以计算 f. 因为12|1992,我们得到 $f(1995) = f(3) = f(m)$ 等,因此 $m = 3$ 就是答案.

习题18.10. 假设 $f : \mathbb{Q} \to \{0, 1\}$ 使得 $f(1) = 1, f(0) = 0$,并且如果 $f(x) = f(y)$,那么 $f\left(\dfrac{x+y}{2}\right) = f(x) = f(y)$. 当 $x \geq 1$ 时,证明 $f(x) = 1$.

解. 设 $A = \{x | f(x) = 1\}$,$B = \{x | f(x) = 0\}$. 我们有,如果 x, y 属于 A 或 B 之一,则 $\dfrac{x+y}{2}$ 也属于同一个组合.如果 $2 \in B$,则 $1 = \dfrac{2+0}{2} \in B$,矛盾. 因此 $2 \in A$. 接下来我们通过对 n 的归纳证明 $n \in A$. 如果 $n = 2k$,那么当 $0 \in B$ 时,$2k \in B$ 意味着 $\dfrac{2k+0}{2} = k \in B$, 这与归纳步骤是矛盾的. 如果 $n = 2k+1$,那么我们证明如上所述 $2k, 2k+2 \in A$,所以 $2k+1 = \dfrac{2k+2k+2}{2} \in A$. 现在假设对于 $a > 0$, $f(1+a) = 0$.我们通过对 n 的归纳证明了 $1 + na \in B$ 如上所述:如果 $n = 2k$,那么 $1 + 2ka \in A$ 和 $1 \in A$ 意味着 $1 + ka \in A$ 与归纳假设相矛盾,如果 $n = 2k+1$,那么我们证明 $1 + 2ka, 1 + (2k+2)a \in B$;因此它们的平均值 $1 + (2k+1)a$ 也在 B 中. 最后,如果 n 是 $na \in B$,那么 $1 + na \in B$ 与我们上面的结论相矛盾,即所有正整数都在 A 中.

习题18.11. (Nordic Contest 1998) 找到所有函数 $f : \mathbb{Q} \to \mathbb{Q}$ 使得对于所有 $x, y \in \mathbb{Q}$,

$$f(x+y) + f(x-y) = 2(f(x) + f(y)).$$

证明. 设 $x = y = 0$ 得到 $f(0) = 0$.然后设 $y = -x$ 并推导出对于任意 $x \in \mathbb{Q}$, $f(x) = f(-x)$. 通过设 $y = \dfrac{n}{t}, x = \dfrac{1}{y}$,我们通过在 n 上的归纳证明了对于任

何 $n, t \in \mathbb{N}$,

$$f\left(\frac{n}{t}\right) = n^2 f\left(\frac{1}{t}\right).$$

解为 $f(x) = cx^2$, 其中 c 是有理数.

习题18.12. (Iran 1995) 找到所有函数 $f : \mathbb{Z} \setminus \{0\} \to \mathbb{Q}$, 使得对于所有 $x, y \in \mathbb{Z} \setminus \{0\}$ 有

$$f\left(\frac{x+y}{3}\right) = \frac{f(x) + f(y)}{2}.$$

解. 我们首先用归纳法证明对于 $x \in \mathbb{N}$, $f(x) = c$. 设 $f(1) = c$. 然后取 $x = 1, y = 2$ 得到 $f(2) = f(1) = c$. 现在代入 $x = y = 3$, 我们得到 $f(3) = c$. 假设对于每个 $1 \leqslant x \leqslant n$, 其中 $n \geqslant 3$, 我们有 $f(x) = c$. 设 t 为区间 $[1,3]$ 中的整数, 使得 $(n+1) + t$ 是3的倍数, 那么

$$f\left(\frac{n+1+t}{3}\right) = \frac{f(n+1) + f(t)}{2}.$$

它从 $t \leqslant 3, \dfrac{n+1+t}{3} \leqslant n$ 开始, 并且归纳假设 $f(n+1) = c$. 因此对于每个 $x \geqslant 1$, $f(x) = c$.

现在, 设 k 为负整数. 有一个整数 $l > 0$ 使得 $l + k > 0$ 和 $l + k$ 是3 的倍数. 然后在给定方程中代入 $x = l, y = k$, 我们得到 $f(k) = c$. 因此, 对于常数 $c \in \mathbb{Q}$, $f(x) = c$.

习题18.13. (Bulgaria 2014) 找到所有函数 $f : \mathbb{Q}^+ \to \mathbb{R}^+$ 使得所有对于 $x, y \in \mathbb{Q}^+$,

$$f(xy) = f(x+y)(f(x) + f(y)).$$

解. 考虑函数 $g(x) = \dfrac{1}{f(x)}$. 然后 $g : \mathbb{Q}^+ \to \mathbb{R}^+$ 满足恒等式

$$g(x+y)g(x)g(y) = g(xy)(g(x) + g(y)). \tag{$*$}$$

设 $f(1) = c > 0$, 那么 $g(1) = \dfrac{1}{c}$ 和 $(*)$ 意味着 $g(x+1) = cg(x) + 1$. 因此 $g(2) = 2$, $g(3) = 2c+1$, $g(4) = 2c^2 + c + 1$, $g(5) = 2c^3 + c^2 + c + 1$, $g(6) = 2c^4 + c^3 + c^2 + c + 1$. 另一方面, 在 $(*)$ 中插入 $x = 2, y = 3$ 得到

$$g(5)g(2)g(3) = g(6)(g(2) + g(3)),$$

可写为

$$4c^5 - 3c^3 - c^2 - c + 1 = 0 \Leftrightarrow (c-1)(c+1)(2c-1)(2c^2+2c+1) = 0.$$

因此 $c = 1$ 或 $\frac{1}{2}$.

情况1. 如果 $c = 1$, 那么 $g(x+1) = g(x) + 1$. 因此通过对 n 的归纳, 对于所有 $n \in \mathbb{N}$ $g(n) = n$. 此外对于每个 $x \in \mathbb{Q}^+$ 和 $n \in \mathbb{N}$, $g(x+n) = g(x) + n$. 现在在 $(*)$ 中插入 $y = n$ 得到

$$(g(x) + n)g(x)n = g(nx)(g(x) + n),$$

即 $g(nx) = ng(x)$. 然后如果 $x = p/q$, $n = q$, 其中 $p,q \in \mathbb{N}$ 对于所有 $x \subset \mathbb{Q}^+$, 我们得到 $g(x) = x$. 因此, 对于所有 $x \in \mathbb{Q}^+$, $f(x) = \frac{1}{x}$.

情况2. 如果 $c = \frac{1}{2}$, 则 $g(x+1) = \frac{1}{2}g(x) + 1$. 因此 $g(n) = 2$ 和

$$g(x+n) - 2 = \frac{g(x) - 2}{2^n}, x \in \mathbb{Q}^+, \ n \in \mathbb{N}.$$

现在在 $(*)$ 中插入 $y = n$ 得到

$$2g(x+n)g(x) = g(nx)(g(x) + 2),$$

这意味着对于所有 $x \in \mathbb{Q}^+$, $g(x) = 2$. 因此在这种情况下 $f \equiv \frac{1}{2}$.

因此问题有两种解法 $f \equiv \frac{1}{2}$ 和 $f \equiv \frac{1}{x}$.

注. 注意(见问题18.54) 满足给定标识的所有函数 $f : \mathbb{R}^+ \to \mathbb{R}$ 都是 $f \equiv 0$, $f = \frac{1}{2}$ 和 $f \equiv \frac{1}{x}$.

习题18.14. (IMO 1982) 函数 $f(n)$ 定义为所有正值整数 n 并接受非负整数值. 而且, 对于所有 m, n,

$$f(m+n) - f(m) - f(n) = 0$$

或1; $f(2) = 0$, $f(3) > 0$ 且 $f(9999) = f(3333)$. 确定 $f(1982)$.

解. 从 $f(1) + f(1) \leqslant f(2) = 0$, 我们得到 $f(1) = 0$. 由于 $0 < f(3) \leqslant f(1) + f(2) + 1$, 因此 $f(3) = 1$. 注意, 如果 $f(3n) \geqslant n$, 则 $f(3n+3) \geqslant f(3n) + f(3) \geqslant n+1$. 因此通过归纳 $f(3n) \geqslant n$ 对所有 $n \in \mathbb{N}$ 都成立. 此外, 如果不等式对某些 n

严格, 那么对于大于n 的所有整数也是如此. 由于$f(9999) = f(3333)$, 我们推导出对于所有$n \leqslant 3333$, $f(3n) = n$.在给定条件下,我们得到$3f(n) \leqslant f(3n) \leqslant 3f(n) + 2$.因此对于$n \leqslant 3333$, $f(n) = \lfloor f(3n)/3 \rfloor = \lfloor n/3 \rfloor$. 特别地, $f(1982) = \lfloor 1982/3 \rfloor = 660$.

习题18.15. (Romania TST 2004) 找出所有内设函数$f : \mathbb{N} \to \mathbb{N}$ 使得对于所有$n \in \mathbb{N}$

$$f(f(n)) \leqslant \frac{n + f(n)}{2}.$$

解. 我们将证明$f(n) \leqslant n$ 对于所有非负n ,其与f 的注入性一起意味着$f(n) = n$的归纳.

通过矛盾的方式, 假设对于某些非负的n, $f(n) > n$,用$f^{(k)}$ 表示f的k 次迭代. 我们很容易通过对k 的归纳得到对于所有$k = 2, 3, \ldots,$ $f^{(k)}(n) < f(n)$. 实际上, 如果对于$m = 2, \ldots, k, f^{(m)}(n) < f(n)$, 那么

$$f^{(m+1)}(n) \leqslant \frac{f^{(m)}(n) + f^{(m-1)}(n)}{2} < f(n).$$

因此$\{f^{(k)}(n)\}_{k=1}^{\infty}$是非负整数的有界序列, 而对于某些$p < q$, $f^{(p)}(n) = f^{(q)}(n)$是有界序列.由于f 是内射的,因此$f^{(q-p)}(n) = n$, 因此$f^{(q-p+1)}(n) = f(n)$,与上面证明的不等式矛盾. 因此解决这个问题的唯一方法是标识函数.

注. 该问题可以通过众所周知的事实来解决,即如果$\{a_k\}_{k=1}^{\infty}$ 是个次加性序列, 即$a_{k+1} \leqslant \dfrac{a_k + a_{k-1}}{2}$, 那么它有一个有限极限. 在我们的例子中, 对于每一个$n \in \mathbb{N}$, 序列$\{f^{(k)}(n)\}_{k=1}^{\infty}$是次加法,作为一个收敛的整数序列,从某个项开始是常数. 这与f 的内射性相矛盾,如果它不是同一函数.

习题18.16. (Romania 1986) 找到所有的主观函数$f : \mathbb{N} \to \mathbb{N}$使得对于所有$n \in \mathbb{N}$,

$$f(n) \geqslant n + (-1)^n.$$

解. 设S_n 为正整数x 的集合, 使得$x + (-1)^x \leqslant n$. 显然, 这是所有偶数$\leqslant n - 1$ 和所有奇数$\leqslant n + 1$的集合. 所以$S_{2k} = \{1, 2, 3, ..., 2k - 1, 2k + 1\}$ 且$S_{2k+1} = \{1, 2, 3, ..., 2k + 1\}$. 特别是, $S_1 = \{1\}$ 和$f(1) = 1$.

我们显然有

$$f^{-1}([1, n]) \subseteq \cup_{k \in [1,n]} S_k.$$

因此

$$f^{-1}([1, 2k]) \subseteq \{1, 2, 3, ..., 2k - 1, 2k + 1\}$$

和

$$f^{-1}([1, 2k + 1]) \subseteq \{1, 2, 3, ..., 2k + 1\}.$$

所以 $|f^{-1}([1, n])| = n$, 这意味着

$$f^{-1}(\{n\}) = f^{-1}([1, n]) \setminus f^{-1}([1, n - 1]).$$

因此,我们有一个由 $f(1) = 1$ 定义的唯一的解 f ,对于所有的 $k \geq 1$, $f(2k) = 2k + 1$ 和 $f(2k + 1) = 2k$.

习题18.17. 找到所有函数 $f \colon \mathbb{N} \to \mathbb{N}$ 使得对于所有 $n \in \mathbb{N}$, $f(1) = 1$ 和

$$f(n + 1) = \left\lfloor f(n) + \sqrt{f(n)} + \frac{1}{2} \right\rfloor.$$

解. 注意 $f(n + 1)$ 取决于 $\left\lfloor \sqrt{f(n)} + \frac{1}{2} \right\rfloor$. 因此假设

$$\left\lfloor \sqrt{f(n)} + \frac{1}{2} \right\rfloor = m,$$

因此

$$\left(m - \frac{1}{2} \right)^2 \leqslant f(n) < \left(m + \frac{1}{2} \right)^2$$

或 $m^2 - m \leqslant f(n) \leqslant m^2 + m$. 由于 $f(n + 1) = f(n) + m$, 因此

$$m^2 \leqslant f(n + 1) \leqslant m^2 + 2m < (m + 1)(m + 2).$$

因此

$$\left\lfloor \sqrt{f(n + 1)} + \frac{1}{2} \right\rfloor$$

为 m 或 $m + 1$, $f(n + 2)$ 是 $f(n) + 2m$ 或 $f(n) + 2m + 1$, 即 $m^2 + m \leqslant f(n + 2) \leqslant m^2 + 3m + 1$, $m(m + 1) \leqslant f(n + 2) \leqslant (m + 1)(m + 2)$. 因此,如果我们表示

$$g(x) = \left\lfloor \sqrt{x} + \frac{1}{2} \right\rfloor$$

则

$$g(f(n + 2)) = g(f(n)) + 1.$$

当$g(f(1)) = 1$ 和$g(f(2)) = 1$, 我们通过归纳得出

$$g(f(n)) = \left\lfloor \frac{n+1}{2} \right\rfloor.$$

因此

$$f(n+1) = f(n) + \left\lfloor \frac{n+1}{2} \right\rfloor,$$

并且很容易通过对n 的归纳来证明

$$f(n) = \left\lfloor \frac{n}{2} \right\rfloor \left\lfloor \frac{n+1}{2} \right\rfloor + 1.$$

习题18.18. (IMO 2001 预选题) 找到所有函数$f: \mathbb{N}_0^3 \to \mathbb{R}$满足$f(p,q,r) = 0$, 如果$pqr = 0$ 和

$$f(p,q,r) = 1 + \frac{1}{6}(f(p+1,q-1,r) + f(p-1,q+1,r) + f(p-1,q,r+1)$$

$$+ f(p+1,q,r-1) + f(p,q+1,r-1) + f(p,q-1,r+1))$$

否则.

解. 很明显,第二个最重要的条件是用$f(p,q,r)$ 等来计算$f(p+1,q-1,r)$ 等. 并且坐标之和保持不变: 如果$p+q+r = s$, 然后$(p+1) + (q-1) + r = s$ 等. 这意味着在每个平面$p+q+r = s$上计算f 就足够了, 因为条件发生在这个平面内. 当$pqr = 0$时, $f(p,q,r) = 0$ 这一事实也表明$f(p,q,r) = kpqr$. 因此,让我们尝试设$f(p,q,r) = kpqr$. 然后

$$\frac{1}{6}(f(p+1,q-1,r) + f(p-1,q+1,r) + f(p-1,q,r+1) + f(p+1,q,r-1)$$

$$+ f(p,q+1,r-1) + f(p,q-1,r+1)) - f(p,q,r)$$

$$= \frac{k}{6}((p+1)(q-1)r + (p-1)(q+1)r + (p+1)q(r-1)$$

$$+ (p-1)q(r+1) + p(q-1)(r+1) + p(q+1)(r-1) - 6pqr)$$

$$= \frac{k}{6}(6pqr - 2p - 2q - 2r - 6pqr) = -\frac{k}{3}(p+q+r)$$

和

$$k = \frac{3}{p+q+r}, p+q+r \neq 0.$$

所以我们发现$p + q + r \neq 0$.

$$f(p, q, r) = \frac{3pqr}{p + q + r}.$$

我们试着证明它是唯一的. 当满足条件时,它足以证明f的值可以在每个(x, y, z)上被归纳推导出来$x + y + z = s$. 注意,我们已经知道了边界$xyz = 0$上. 因此我们可以考虑从边界开始并使用问题的条件逐个计算函数的其他值. 实际上, 我们可以对

$$s^2 - x^2 - y^2 - z^2 = (x + y + z)^2 - x^2 - y^2 - z^2 = 2xy + 2yz + 2zx.$$

进行归纳.当它为零时, 条件如下：两个数字必须为零. 现在假设我们在$s^2 - x^2 - y^2 - z^2 \leqslant k$时证明了这个主张, 并且当$s^2 - x^2 - y^2 - z^2 = k + 1$时,让我们证明它. 不失一般性$x \leqslant y \leqslant z$. 如果$x = 0$, 则完成; 否则设$p = x - 1, q = y$, $r = z + 1$. 我们看到

$$(p^2 + q^2 + r^2) - (x^2 + y^2 + z^2) = 2(z - x + 1) > 0$$

因此归纳假设适用于(p, q, r).此外,它也适用于$(p - 1, q + 1, r)$, $(p - 1, q, r + 1)$, $(p, q - 1, r + 1)$, $(p, q + 1, r - 1)$, $(p + 1, q + 1, r)$ 因为它很容易检查, 因为这些数字的坐标平方和等于$p^2 + q^2 + r^2$ 加上$2(p - q + 1)$, $2(q - p + 1)$, $2(q - r + 1)$, $2(r - q + 1)$, $2(p - r + 1)$.而x, y, z的坐标平方和是$p^2 + q^2 + r^2 + 2(r - p + 1)$, 并且明显小于其他数字, 因为$p < q < r$. 因此,归纳假设允许我们说$f$ 是根据所有计算的点(p, q, r), $(p - 1, q, r + 1)$, $(p, q + 1, r - 1)$, $(p, q - 1, r + 1)$, $(p - 1, q, r + 1)$, $(p + 1, q - 1, r)$ 并且写入(p, q, r) 的条件允许我们计算$f(p + 1, q, r - 1) = f(x, y, z)$的值. 因此$f$ 是唯一的,当$(p, q, r) \neq (0, 0, 0)$ 时, 它等于$\frac{3pqr}{p + q + r}$,当$p = q = r = 0$时为0 .

习题18.19. 找到所有函数$f : \mathbb{N} \to \mathbb{N}$ 使得

$$f(f(m) + f(n)) = m + n$$

对所有$m, n \in \mathbb{N}$.

解.如果$f(m_1) = f(m_2)$, 则通过设$m = m_1, m_2$, 我们得出$m_1 + n = m_2 + n$, 因此$m_1 = m_2$. 因此f 是单射的.因此,如果$m + n = k + l$, 则$f(f(m) + f(n)) = f(f(k) + f(l))$, 所以$f(m) + f(n) = f(k) + f(l)$.因此$f(m + n - 1) + f(1) =$

$f(m) + f(n)$. 因此,通过设$m = 2$, 我们得到$f(n + 1) = f(n) + f(2) - f(1)$. 如果我们设$f(2) - f(1) = a, f(1) = b$, 我们通过归纳推导出在$n$ 上$f(n) = a(n - 1) + b = an + b - a$. 因此

$$f(f(m) + f(n)) = f(am + b - a + an + b - a) = f(a(m + n) + 2(b - a))$$

$$= a(a(m + n) + 2(b - a)) + (b - a) = a^2(m + n) + (2a + 1)(b - a).$$

当$f(f(m) + f(n)) = m + n$ 时,得到$a^2 = 1$.因此$a = 1$ ($a = -1$ 产生$f(n) < 0$,对于足够大的n) 和$(2a + 1)(b - a) - 3(b - a) - 0$, 所以$b - a - 1$, f 是同一函数. 它满足了我们的条件.

习题18.20. 找到满足

$$f(m^2 + f(n)) = f(m)^2 + n,$$

$m, n \in \mathbb{N}$的所有函数$f : \mathbb{N} \to \mathbb{N}$.

解. 设$a = f(1)$, 然后$f(1 + f(n)) = a^2 + n$, 因此

$$f(1 + a^2 + n) = f(1 + f(1 + f(n))) = a^2 + 1 + f(n),$$

即$f(n + b) = f(n) + b$, 其中$b = a^2 + 1$. 通过对k 的归纳,对于任何k, $f(n + kb) = f(n) + kb$. 然后

$$f(m)^2 + n + (2m + b)b = f(m^2 + f(n)) + (2m + b)b = f((m + b)^2 + f(n))$$

$$= f(m + b)^2 + n = (f(m) + b)^2 + n = f(m)^2 + n + (2f(m) + b)b.$$

比较上面的第一个和最后一个项,我们得到所有$m \in \mathbb{N}$, $f(m) = m$, 并且该函数满足给定条件.

习题18.21. 找到满足

$$f(f(m)^2 + f(n)^2) = m^2 + n^2$$

的所有函数$f : \mathbb{N}_0 \to \mathbb{N}_0$, 对于所有$m, n \in \mathbb{N}_0$.

解. 如果$f(n_1) = f(n_2)$, 则设$n = n_1, n = n_2$ 我们得出结论$n_1 = n_2$. 因此f 是单射的.

首先, 我们会发现$f(i)$, $0 \leqslant i \leqslant 6$. 如果$f(0) = a$, 那么$f(2a^2) = 0$. 因此设$m = n = 2a^2$, 我们得到$f(0) = 8a^4$. 所以$a = 8a^4$, 因此$a = 0$. 现在, 观察如果$m^2 + n^2 = x^2 + y^2$, 那么

$$f(f(m)^2 + f(n)^2) = m^2 + n^2 = x^2 + y^2 = f(f(x)^2 + f(y)^2).$$

因此当且仅当$m^2 + n^2 = x^2 + y^2$, f 的内射性意味着$f(m)^2 + f(n)^2 = f(x)^2 + f(y)^2$. 如果$f(1) = b$, 则设$m = 0, n = 1$ 并且$m = 0, n = b^2$以得到$f(b^2) = 1$并且$f(1) = b^4$. 因此$b^4 = b$, 即$f(1) = 1$ 或$f(1) = 0$. 当$f(0) = 0$ 时,我们得出结论$f(1) = 1$. 设$m = n = 1$, $m = 2, n = 0$, $m = 2, n = 1$ 和$m = n = 2$得到$f(2) = 2$, $f(4) = 4$, $f(5) = 5$ 和$f(8) = 8$. 当$3^2 + 4^2 = 5^2 + 0^2$, 我们得到$f(3) = 3$. 设$m = 1, n = 3$得到$f(10) = 10$, 然后作为$6^2 + 8^2 = 10^2 + 0^2$, 我们的得到了$f(6) = 6$.

现在, 等式

$$(4k + i)^2 = (4k - i)^2 + (2k + 2i)^2 - (2k - 2i)^2,$$

$$(4k + 4) = (4k)^2 + (2k + 5)^2 - (2k - 3)^2$$

表明对于每个$n \geqslant 7$ 存在小于n 的正整数x, y, m 并且使得$n^2 = x^2 + y^2 - m^2$. 那么等式

$$f(n)^2 = f(x)^2 + f(y)^2 - f(m)^2$$

允许我们通过归纳得出对于所有$n \in \mathbb{N}_0$, $f(n) = n$.

习题18.22. (BMO 2009) 找到所有函数$f : \mathbb{N} \to \mathbb{N}$ 使得

$$f(f(m)^2 + 2f(n)^2) = m^2 + 2n^2,$$

对于所有$m, n \in \mathbb{N}$.

解法一. 注意f 是单射的,因此

$$f(m)^2 + 2f(n)^2 = f(p)^2 + 2f(q)^2 \Leftrightarrow m^2 + 2n^2 = p^2 + 2q^2. \qquad (1)$$

现在设$f(1) = a$, 我们得到$f(3a^2) = 3$ 和$f(5a^2)^2 + 2f(a^2)^2 = 3f(3a^2)^2 = 27$. 由于正整数方程$x^2 + 2y^2 = 27$ 的解是$(x, y) = (3, 3)$ 和$(x, y) = (5, 1)$, 因

此 $f(a^2) = 1$ 和 $f(5a^2) = 5$. 通过(1), $2f(4a^2)^2 - 2f(2a^2)^2 = f(5a^2)^2 - f(a^2)^2 = 24$, 因此 $f(2a^2) = 2$ 和 $f(4a^2) = 4$. 再次使用(1),我们得到

$$f((k+4)a^2)^2 = 2f((k+3)a^2)^2 - 2f((k+1)a^2)^2 + f(ka^2)^2$$

因此 $f(ka^2) = k$ 是通过对 k 的诱导得到的. 然后 $f(a^3) = a = f(1)$, 因此 $a = 1$. 显然,函数 $f(k) = k$ 满足条件.

解法二. 设 $a_n = f(n)^2$, 从第一个解决方案我们知道

$$a_{n+4} = 2a_{n+3} - 2a_{n+1} + a_n.$$

这个递推关系的特征方程是

$$x^4 - 2x^3 + 2x - 1 = (x-1)^3(x+1) = 0$$

因此

$$a_n = c_1(-1)^n + c_2 + c_3 n + c_4 n^2.$$

然后利用 $f(3f(n)^2)^2 = 9n^4$, 很容易证明 $c_1 = c_2 = c_3 = 0$ 和 $c_4 = 1$, 即 $f(n) = n$.

习题18.23. (Korea 1998) 求所有函数 $f: \mathbb{N}_0 \to \mathbb{N}_0$ 满足

$$2f(m^2 + n^2) = f(m)^2 + f(n)^2$$

对于所有 $m, n \in \mathbb{N}_0$.

解. 关键不是条件本身,而是直接来自它的观察: 如果 $m^2 + n^2 = x^2 + y^2$, 则 $f(m)^2 + f(n)^2 = f(x)^2 + f(y)^2$. 利用这个,我们可以从 $f(0)$ 和 $f(1)$ 计算 $f(n)$: 设 $m = n = 1$ 去计算 $f(2)$, 然后 $m = 0, n = 2$ 计算 $f(4)$, $m = 1, n = 2$ 计算 $f(5)$, 然后 $m = 3, n = 4$ 计算 $f(3)$, $m = n = 2$ 找到 $f(8)$, $m = 1, n = 3$ 得到 $f(10)$, 则 $m = 6, n = 8$ 得到 $f(6)$. 如果 $n > 6$ 我们可以在 n 上归纳地计算 $f(n)$, 如下: 我们只需要找到 $x, y, z < n$, 其中 $x^2 + n^2 = y^2 + z^2$ 或等价的 $n^2 - y^2 = z^2 - x^2$ 或 $(n+y)(n-y) = (z-x)(z+x)$. 设 $y = n - 2k$, 然后 $(n+y)(n-y) = (2n-2k)2k$. 因此,如果我们有 $z + x = n - k, z - x = 4k$, 我们满足条件. 这意味着

$$z = \frac{n-k+4k}{2} = \frac{n+3k}{2}, x = \frac{n-5k}{2}$$

如果 $n-k$ 是偶数,则 $n \geqslant 5k$. 现在取 $k=0,1$, 这样

$$k \equiv n \pmod 2.$$

然后 $\dfrac{n+3k}{2} \leqslant \dfrac{n+3}{2} < n$, 我们就完成了.

因此,仍然需要研究 $f(0)$ 和 $f(1)$. 如果我们设 $m=n=0$, 我们得到 $2f(0)^2 = 2f(0)$, 所以 $f(0)=1$ 或 $f(0)=0$. 如果 $f(0)=1$, 设 $m=1, n=0$ 得到 $2f(1) = f(1)^2+1$, 这意味着 $f(1)=1$.现在 $f(x)=1$ 满足条件. 由于 f 可以从 $f(0)$ 和 $f(1)$ 唯一计算我们得出结论, $f \equiv 1$ 是这种情况下唯一的解. 现在,如果 $f(0)=0$, 则设 $m=1, n=0$ 得到 $2f(1) = f(1)^2$. 所以 $f(1)=0$ 或 $f(1)=2$. 注意 $f \equiv 0$ 满足条件. 因此它是 $f(0) = f(1) = 0$的唯一解. 函数 $f(x) = 2x$ 也满足条件, 它是唯一的解 $f(0)=0$, $f(1)=2$. 因此,我们方程的解是函数 $f(x) = 2x$, $f(x)=1$ 和 $f(x)=0$.

习题18.24. 找到所有函数当 $a, b, c \in \mathbb{Z}$ 时, $f \colon \mathbb{Z} \to \mathbb{R}$ 满足

$$f(a^3+b^3+c^3) = f(a)^3 + f(b)^3 + f(c)^3.$$

解. 设 $f(x) = ax$ 得到 $a = 0,1,-1$ 并设 $f(x) = c$ 得到 $c=0$, $c = \pm\frac{1}{\sqrt{3}}$. 我们将证明这是唯一的解法. 首先, 我们将找到一种通过 $|n|$ 上的归纳计算 $f(n)$ 的方法. 由于 $f(0) = f(n^3 + (-n)^3 + 0^3) = f(n)^3 + f(-n)^3 + f(0)^3$, 我们用 $f(n)$ 计算 $f(-n)$. 此外,请注意如果 $a^3 + b^3 + c^3 = m^3 + n^3 + p^3$, 则 $f(a)^3 + f(b)^3 + f(c)^3 = f(m)^3 + f(n)^3 + f(p)^3$. 因此,如果我们可以将 n^3 写为绝对值小于 n 的最后五个数字立方体的总和, 那么我们就完成了.

让我们找到这样的表述.设 $n = 2^m(2a+1)$. 注意 $5^3 = 4^3 + 4^3 - 1^3 - 1^3 - 1^3$, $6^3 = 3^3 + 4^3 + 5^3$ 和 $7^3 = 6^3 + 4^3 + 4^3 - 1^3$. 如果 $a=1$ 和 $m \geqslant 1$, $a=2$ 或 $a=3$, 那么 n 是 $6,5$ 或 7 的倍数,我们就完成了. 对于 $a \geqslant 4$, 我们得到的结果是 $(2a+1)^3 = (2a-1)^3 + (a+4)^3 - (a-4)^3 - 5^3 - 1^3$. 最后, $2^{3m} = 2^{3(m-2)}(3^3 + 3^3 + 2^3 + 1^3 + 1^3)$, 因此如果 $a=0$ 且 $m \geqslant 2$.这也成立. 因此 f 是由 $f(0)$ 和 $f(1)$唯一确定的,因为我们计算 $f(2) = f(1^3+1^3)$ 和 $f(3) = f(1^3+1^3+1^3)$. 现在,让我们看看 $f(0)$ 和 $f(1)$. 通过设 $a=b=c=0$, 我们得到 $f(0) = 3f(0)^3$. 因此 $f(0)=0$ 或 $f(0) = \pm\frac{1}{\sqrt{3}}$. 如果 $f(0)=0$, 则设 $a=1, b=c=0$, 我们得到 $f(1) = f(1)^3$. 因此 $f(1) = 0,-1,1$. 并且,我们得到解 $f(x)=0$, $f(x) = -x$ 和 $f(x) = x$.

现在假设 $f(0) \neq 0$. 不失一般性,让 $f(0) = \frac{1}{\sqrt{3}}$ (第二种情况类似,因为我们可以查看 $-f$ 而不是 f).然后通过设置 $a=1, b=c=0$, 我们推导

出 $f(1) = f(1)^3 + 2f(0)^3$, 这是一个多项式方程. $f(1)$ 其解为 $\dfrac{1}{\sqrt{3}}, \dfrac{-2}{\sqrt{3}}$. 如果 $f(1) = \dfrac{1}{\sqrt{3}}$, 则得到 $f(x) = \dfrac{1}{\sqrt{3}}$. 我们留下案例 $f(1) = -\dfrac{2}{\sqrt{3}}$. 我们有 $f(0) = f(-x^3 + x^3 + 0^3) = f(-x)^3 + f(x)^3 + f(0)^3$. 因此 $f(-x)^3 = -f(x)^3 + \dfrac{2}{3\sqrt{3}}$. 所以 $f(-1)^3 = \dfrac{2}{\sqrt{3}} + \dfrac{2}{3\sqrt{3}} = \dfrac{8}{3\sqrt{3}}$ 和因此 $f(-1) = \dfrac{2}{\sqrt{3}} = -f(1)$. 因此 $f(x^3) = f(x^3 + 1^3 + (-1)^3) = f(x)^3 + f(1)^3 + f(-1)^3 = f(x)^3$. 另一方面, $f(x^3) = f(x^3 + 0^3 + 0^3) = f(x)^3 + f(0)^3 + f(0)^3 = f(x)^3 + \dfrac{2}{3\sqrt{3}}$, 这是个矛盾. 现在所有情况都进行了验证.

习题18.25. 找到所有函数 $f : \mathbb{Q}^+ \to \mathbb{Q}^+$, 使得对于所有 $m, n \in \mathbb{Q}^+$

$$f(m^{2010} + f(n)) = m^{10} f(m^{50})^{40} + n.$$

解. 设 $a, b, c \in \mathbb{N}$ 和 $d \in \mathbb{N}_0$ 使得 $a = bc + d$. 我们将证明,如果对于所有 $m, n \in \mathbb{Q}^+$

$$f(m^a + f(n)) = m^d f(m^c)^b + n$$

那么对于所有 $r \in \mathbb{Q}^+$, $f(r) = r$.

设 $\alpha = f(1), \beta = \alpha^b + 1$, 然后 $f(1 + f(n)) = \alpha^b + n$ 得到

$$f(1 + \alpha^b + n) = f(1 + f(1 + f(n))) = \alpha^b + 1 + f(n)$$

即 $f(n + \beta) = f(n) + \beta$. 现在通过对 $k \in \mathbb{N}_0$ 的归纳得出 $f(n + k\beta) = f(n) + k\beta$. 使用二项式公式,很容易看出,对于每个 $m \in \mathbb{Q}^+$ 存在 $e \in \mathbb{N}$ 使得 $\dfrac{(m + e)^a - m^a}{\beta}$ 和 $\dfrac{(m + e)^c - m^c}{\beta}$ 是整数. 然后

$$m^d f(m^c)^b + 1 + (m + e)^a - m^a = f(m^a + \alpha) + (m + e)^a - m^a$$

$$= f((m + e)^a + \alpha) = (m + e)^d f^b((m + e)^c) + 1$$

$$= (m + e)^d [f(m^c) + (m + e)^c - m^c]^b + 1,$$

即

$$(m + e)^a - m^a = (m + e)^d [f(m^c) + (m + e)^c - m^c]^b - m^d f(m^c)^b.$$

设 $f(m^c) = x$, 我们看到上面的恒等式的右边是 x 的非常数多项式 P, 其系数是正整数. 因此, 对于 $x \geqslant 0$, 它是一个递增函数. 由于 $P(m^c) = (m+e)^a - m^a$, 我们得到 $f(m^c) = m^c$. 因此 $f(m^a + f(n)) = m^a + n$ 并且通过对 k 的归纳对于所有 $k \in \mathbb{N}$, $f(km^a + f(n)) = km^a + n$ 和 $m, n \in \mathbb{Q}^+$. 特别是, 对于所有 $p, q \in \mathbb{N}$, $f(p/q + 1) = f(pq^{a-1}/q^a + 1) = p/q + 1$, 即对于所有 $1 < r \in \mathbb{Q}$, $f(r) = r$. 因此对于每一个 $r \in \mathbb{Q}^+$, 我们有 $1 + f(r) = f(1 + f(r)) = 1 + r$, 因此 $f(r) = r$.

注. 当 b 或 c 为 0 时, 或者当 $\mathbb{Q}^+$ 替换为 $\mathbb{N}, \mathbb{Z}, \mathbb{R}$ 或 $(0, \infty)$ 时, 我们留给读者一个练习来证明上述问题的陈述也是正确的.

习题18.26. (IMO 2010 预选题) 对于所有 $x, y \in \mathbb{Q}^+$, 确定满足方程

$$f(f(x)^2 y) = x^3 f(xy)$$

的所有函数 $f : \mathbb{Q}^+ \to \mathbb{Q}^+$.

解. 唯一的解法是函数 $f(x) = \dfrac{1}{x}$. 实际上, 通过代入 $y = 1$, 我们得到

$$f(f(x)^2) = x^3 f(x)). \tag{1}$$

因此, 每当 $f(x) = f(y)$, 我们得到

$$x^3 = \frac{f(f(x)^2)}{f(x)} = \frac{f(f(y)^2)}{f(y)} = y^3$$

表示 $x = y$. 因此函数 f 是内射的. 现在将 x 替换为中 (1) 的 xy, 并将给定方程应用两次, 第二次应用于 $(y, f(x)^2)$ 而不是 (x, y)

$$f(f(xy)^2) = (xy)^3 f(xy) = y^3 f(f(x)^2 y) = f(f(x)^2 f(y)^2).$$

由于 f 是内射的, 我们得到 $f(xy) = f(x)f(y)$. 这意味着对于所有整数 n, $f(1) = 1$ 并且 $f(x^n) = f(x)^n$. 然后给定的函数方程可以重写为

$$f(f(x))^2 f(y) = x^3 f(x) f(y)$$

得到

$$f(f(x)) = \sqrt{x^3 f(x)}. \tag{2}$$

设 $g(x) = xf(x)$. 然后通过 (2) 我们得到

$$g(g(x)) = g(xf(x)) = xf(x) \cdot f(xf(x)) = xf^2(x)f(f(x))$$

$$= xf(x)^2\sqrt{x^3f(x)} = (xf(x))^{5/2} = (g(x))^{5/2},$$

并且通过诱导

$$g^{(n)}(x) = (g(x))^{(5/2)^n} \tag{3}$$

对于所有正整数n, 其中$g^{(n)}(x)$ 是g的第n次迭代.考虑(3)对于固定的x. 左侧总是合理的,因此$(g(x))^{(5/2)^n}$ 必须对每个n都是有理的. 假设$g(x) \neq 1$, 并让素数分解为$g(x)$ 是$g(x) = p_1^{\alpha_1}\cdots p_k^{\alpha_k}$, 其中$p_1,\ldots,p_k$ 是不同的素数$\alpha_1,\ldots,\alpha_k$ 是非零整数. 那么(3)的唯一素数因子分解为

$$g^{(n)}(x) = (g(x))^{(5/2)^n} = p_1^{(5/2)^n\alpha_1}\cdots p_k^{(5/2)^n\alpha_k},$$

其中指数应为整数. 但是对于大的n值, 例如当$2^n \nmid \alpha_1$时,情况并非如此. 因此$g(x) = 1$ 表示$f(x) = \dfrac{1}{x}$. 很容易检查该函数是否满足问题条件.

注. 注意,如果我们考虑函数$f: (0,\infty) \to (0,\infty)$ 的上述函数方程,那么$f(x) = \dfrac{1}{x}$ 不是唯一的解. 另一个例子, $g(x) = x^{3/2}$, 我们可以证明在这种情况下实际上存在无穷多个解.

19.18.2　与函数的基本属性相关的问题

习题18.27. (Belarus 2014)函数$f: \mathbb{R} \to \mathbb{R}$ 和$g: \mathbb{R} \to \mathbb{R}$ 是否如下所示对于所有$x,y \in \mathbb{R}$

$$f(x + f(y)) = g(x) + y^2.$$

解. 我们将证明没有这样的功能. 为此,用$y = 0$ 去替换$g(x) = f(x + f(0))$. 因此,方程的形式为

$$P(x,y): f(x + f(y)) = f(x + f(0)) + y^2.$$

因此

$$P(0,y) \Rightarrow f(f(y)) = y^2 + f(f(0)).$$

然后

$$(x + f(0))^2 + f(y^2 + f(0)) = f(y^2 + f(x + f(0)))$$

$$= f(f(x + f(y))) = (x + f(y))^2 + f(f(0))$$

我们得到

$$f(y^2 + f(0)) = f(y)^2 + f(f(0)) - f(0)^2 + 2x(f(y) - f(0)).$$

但这适用于每一个 $x \in \mathbb{R}$, 其中 $f(y) \equiv f(0)$, 这是个矛盾.

习题18.28. (Serbia 2014) 找到所有函数 $f : \mathbb{R} \to \mathbb{R}$, 使得对于所有 $x, y \in \mathbb{R}$

$$f(xf(y) - yf(x)) = f(xy) - xy.$$

解. 让我们替换 $y = 0$. 然后 $f(xf(0)) = f(0)$, 并且如果 $f(0) \neq 0$, 那么 f 是常数, 矛盾. 因此 $f(0) = 0$. 现在用 $x = y$ 代替 $f(x^2) = x^2$ 或对于 $x > 0, f(x) = x$. 现在让 $y = 1$. 然后 $f(x - f(x)) = f(x) - x$ 对于所有 $x \in \mathbb{R}$. 注意函数 $f(x) = x$ 是问题的解. 为了查看是否存在其他的解, 假设存在 $x \in \mathbb{R}$, 使得 $f(x) \neq x$. 然后存在 $a = x - f(x) < 0$ 使得 $f(a) = -a$. 取 $y = a, x > 0$, 我们得到 $f(ax) = -ax$ 或 $f(x) = -x$ 对于所有 $x < 0$. 因此, 在这种情况下 $f(x) = |x|$ 对于所有 $x \in \mathbb{R}$. 可以很容易地检查函数 $f(x) = x$ 和 $f(x) = |x|$ 是否满足给定的方程.

习题18.29. (Iran 1998) 设 $f : (0, \infty) \to (0, \infty)$ 是满足

$$f(x + y) + f(f(x) + f(y)) = f(f(x + f(y)) + f(y + f(x)))$$

的递减函数, 对于所有 $x, y \in (0, \infty)$, 表示 $f(f(x)) = x$.

解. 设 $y = x$ 得到 $E = f(2x) + f(2a) = f(2f(a + x))$, 其中 $a = f(x)$. 现在用 $f(x)$ 代替 x 得到 $F = f(2b) + f(2a) = f(2f(a + b))$, 其中 $b = f(f(x))$. 如果 $b < x$, 那么 $f(a + b) > f(a + x)$, 则 $f(2f(a + b)) < f(2f(a + x))$ 随 f 减小 同样 $f(2b) > f(2x)$, 我们得到 $f(2x) + f(2a) < f(2b) + f(2a)$. 因此, 第一个关系中的 $F > E$ 与第二个关系中的 $F < E$ 是一个矛盾. 如果 $b > x$, 那么我们得到 $F < E$ 和 $F > E$, 这又是个矛盾. 因此 $b = x$.

习题18.30. (Bulgaria 2011) 确定所有函数 $f : \mathbb{Q} \to \mathbb{R}$ 使得

$$(f(x) + f(y) - 2f(xy)) \cdot (f(x) + f(z) - 2f(xz)) \geqslant 0$$

对于所有 $x, y, z \in \mathbb{Q}$.

解. 设 $y = 0, z = 1$, 给出 $(f(x) - f(0))(f(x) - f(1)) \leqslant 0$, 即对于所有 x. $f(0) \leqslant f(x) \leqslant f(1)$ 或 $f(1) \leqslant f(x) \leqslant f(0)$. 假设函数 f 不是常数. 如果对于某

些$x \neq 0, f(0) \leqslant f(x) < f(1)$ 或$f(1) < f(x) \leqslant f(0)$,则设$y = 1/x, z = 1$, 给出$f(1) + f(1) > f(a) + f(1/a) \geqslant 2f(1)$ 或者$f(1) + f(1) < f(a) + f(1/a) \leqslant 2f(1)$, 这是个矛盾. 因此对于$x \neq 0, f(x) = f(1)$并且$f(0)$ 是任意实数.

相反, 直接检查表明上述定义的每个函数都满足给定的不等式.

习题18.31. 找到所有函数$f : \mathbb{R} \setminus \{0\} \to \mathbb{R}$, 使得对于所有$x, y \in \mathbb{R} \setminus \{0\}$

$$f(x^2)\left(f(x)^2 + f\left(\frac{1}{y^2}\right)\right) = 1 + f\left(\frac{1}{xy}\right).$$

解. 设$a = f(1)$. 然后设$x = 1, y - \frac{1}{x}$,我们得到

$$f(x) = a^3 + af(x^2) - 1$$

因此$f(x)$ 是偶数. 现在设$y = \frac{1}{x}$ 得到

$$f(x^2)(f(x)^2 + f(x^2)) = 1 + a.$$

在这个恒等式中插入$f(x) = a^3 + af(x^2) - 1$, 我们得到

$$f(x^2)((a^3 + af(x^2) - 1)^2 + f(x^2)) = 1 + a$$

因此$f(x^2)$ 是方程的一个根

$$a^2 X^3 + (2a^4 - 2a + 1)X^2 + (a^3 - 1)^2 X - (a + 1) = 0.$$

在给定的等式中设$x = y = 1$ 得到$(a + 1)(a^2 - 1) = 0$ 和$a = \pm 1$. 如果$a = -1$, 则立方为$X(X + 1)(X + 4) = 0$. 等式$f(x) = a^3 + af(x^2) - 1$ 变为$f(x) = -f(x^2) - 2$. 如果对于某些$x, f(x^2) = 0$, 则$f(x) = -2$, 不可能.如果对于某些$x, f(x^2) = -4$, 那么$f(x) = 2$, 这是不可能的. 所以对于所有$x \neq 0$, $f(x) = -1$ 这是一个解.

如果$a = 1$, 则立方为$(X - 1)(X^2 + 2X + 2) = 0$, 对于所有$x > 0, f(x^2) = 1$. 由于$f$ 是偶函数,我们得到对于所有$x \neq 0$,$f(x) = 1$ 这是一个解.

习题18.32. (Bulgaria 2011) 证明对于每个非常数函数$f : \mathbb{Q}^+ \to \mathbb{R}$ 存在数$x, y, z \in \mathbb{Q}^+$, 使得

$$(f(x) + f(y) - 2f(xy)) \cdot (f(x) + f(z) - 2f(xz)) < 0.$$

解. 假设相反. 然后设$x = 1$, 给出

$$(f(1) - f(y))(f(1) - f(z)) \geqslant 0$$

对于所有$y, z \in \mathbb{Q}^+$. 因此对于所有$x \in \mathbb{Q}^+$, $f(x) \geqslant f(1)$ 或对于所有$x \in \mathbb{Q}^+$, $f(x) \leqslant f(1)$, 我们将仅考虑第一种情况, 因为第二种情况类似. 我们的目标是证明对于所有$x \in \mathbb{Q}^+$, $f(x) \leqslant f(1)$, 这意味着$f(x) = 1$, 这是个矛盾.

首先假设对于所有$x, y \in \mathbb{Q}^+$. $f(x) + f(y) \geqslant 2f(xy)$, 然后设$y = 1$得到$f(x) \leqslant f(1)$. 如果有$x \in \mathbb{Q}^+$使得

$$f(x) + f(y) \leqslant 2f(xy) \tag{1}$$

对于所有$y \in \mathbb{Q}^+$, 设$y = 1/x$得到$f(1) + f(1) \leq f(x) + f(1/x) \leqslant 2f(1)$. 因此, 对于所有满足(1)的$x$, $f(x) = f(1)$. 假设存在$x \in \mathbb{Q}^+$ 使得对于所有$y \in \mathbb{Q}^+$,

$$f(x) + f(y) \geqslant 2f(xy) \tag{2}.$$

然后设$y = 1$, 得到对于满足(2)的每个x, $f(x) \leqslant f(1)$ 问题就解决了.

习题18.33. 是否有函数$f : \mathbb{R} \to \mathbb{R}$ 使得

$$f(xy) = \max\{f(x), y\} + \min\{f(y), x\}$$

对于所有$x, y \in \mathbb{R}$?

解. 假设f满足给定的等式. 首先我们将证明$f(f(x)) = x$. 设$y = f(x)$ 得到

$$f(xf(x)) = \max\{f(x), f(x)\} + \min\{f(f(x)), x\} = \min\{f(f(x)), x\} + f(x).$$

此外

$$f(f(x)x) = \max\{f(f(x)), x\} + \min\{f(x), f(x)\} = \max\{f(f(x)), x\} + f(x).$$

因此$\max\{f(f(x)), x\} = \min\{f(f(x)), x\}$ 这意味着$f(f(x)) = x$.

下一步是证明$f(1) = 0$. 设$x = 1, y = f(x)$, 我们得到$f(f(x)) = \max\{f(f(x)), 1\} + \min\{f(1), f(x)\}$ 表示$x = \max\{x, 1\} + \min\{f(1), f(x)\}$. 此外, $x = \min\{x, 1\} + \max\{f(1), f(x)\}$. 因此$1 = \max\{1, 1\} + \min\{f(1), f(1)\}$, 我们得出$f(1) = 0$.

利用上述两个恒等式, $x \geqslant 1$. 我们分别得到 $x = \min\{x, 1\} + \max\{f(1), f(x)\} = 1 + \max\{0, f(x)\}$ 和 $x = \max\{x, 1\} + \min\{0, f(x)\}$. 因此 $f(x) = x - 1$.

对于 $x \leqslant 1$, 我们有 $x = \min\{x, 1\} + \max\{f(1), f(x)\} = x + \max\{0, f(x)\}$ 和 $x = \max\{x, 1\} + \min\{0, f(x)\} = 1 + \min\{0, f(x)\}$, 这意味着 $f(x) = x - 1$. 这样 $f(x) = x - 1$ 对于所有 $x \in \mathbb{R}$. 然而, 该解不起作用, 因此没有具有所需属性的函数.

习题18.34. (RMM 2013) 是否有函数 $g, h : \mathbb{R} \to \mathbb{R}$ 使得唯一函数 $f : \mathbb{R} \to \mathbb{R}$, 其中 $f(g(x)) = g(f(x))$ 和 $f(h(x)) = h(f(x))$ 对于 $x \in \mathbb{R}$, 是 $f(x) = x$?

解. 我们将证明答案是肯定的. 实际上, 考虑函数 $g(x) = x + 1$, $h(x) = x^2$ 并假设函数 f 具有给定的属性. 那么

$$(f(x) - 1)^2 = f^2(x - 1) = f((x-1)^2) = f^2(1-x) = (1 + f(-x))^2$$

并且因为 $f^2(x) = f(x^2) = f^2(-x)$, 得到 $f(-x) = -f(x)$. 对于 $x \geqslant 0$, 我们还有 $f(x) \geqslant 0$. 另一方面, 使用 $f(x+1) = f(x) + 1$, 我们将通过归纳证明 $f(x+n) = f(x) + n$, 对于所有 $n \in \mathbb{Z}$. 因此

$$f(x) - \lfloor x \rfloor = f(x - \lfloor x \rfloor) \geq 0, \quad f(x) - \lceil x \rceil = -f(\lceil x \rceil - x) \leqslant 0,$$

因此 $x - 1 < f(x) < x + 1$. 再次运用归纳 $(f(x))^{2^n} = f(x^{2^n})$, 因此

$$\sqrt[2^n]{x^{2^n} - 1} < f(x) < \sqrt[2^n]{x^{2^n} + 1}, \quad x \geqslant 1.$$

假如 $n \to \infty$, 我们得到 $f(x) = x$ 对于 $x > 1$. 最后, 它来自于 $f(x+1) = f(x) + 1$, 对于所有 x, $f(x) = x$.

习题18.35. 证明没有函数 $f : (0, \infty) \to (0, \infty)$ 满足以下条件:

(i) 对于所有的 $x, y > 0$, $f(x + f(y)) = f(x)f(y)$,

(ii) 最多有有限多个 x, $f(x) = 1$.

解. 假设存在满足给定条件的函数. 首先, 我们将证明 $f(x) > 1$ 且 $f(x) \geqslant x$ 对于所有 $x > 0$. 如果 $f(u) = 1$, 那么 $f(x+1) = f(x)$, 所以对于所有正整数 n, $f(u+n) = 1$ 与 (ii) 矛盾. 因此对于所有 $x \in (0, \infty)$, $f(x) \neq 1$. 如果 $f(u) < u$, 则设 $x = u - f(u), y = u$ 在给定的恒等式中我们得到 $f(u - f(u)) = 1$ 与上述结论矛盾. 所以对于所有 $x \in (0, \infty)$, $f(x) \geqslant x$.

现在在初始方程中设$y = x$ 以得到$f(x + f(x)) = f(x)^2$. 然后$f(x + 2f(x)) = f(x)^3$, 我们通过对n 的归纳得到对于所有$n \in \mathbb{N}$, $f(x+(n-1)f(x)) = f(x)^n$. 因此$f(x)^n \geqslant x + (n-1)f(x) > x$, 所以$f(x) > x^{\frac{1}{n}}$. 现在让$n \to +\infty$, 对于所有$x \in (0, \infty)$, 我们得到$f(x) > 1$.

设$A = f(\mathbb{R})$. 给定的恒等式意味着$f(f(x) + f(1)) = f(f(x))f(1)$ 和$f(f(x) + f(1)) = f(f(1))f(x)$. 因此, $f(f(x)) = cf(x)$ 对于某些常数$c = \dfrac{f(f(1))}{f(1)} > 1$. 因此对于所有$x \in A, f(x) = cx$, 利用初始恒等式,我们可以看到,如果$x, y \in A$, 则$xy \in A$. 因此$x \in A$ 意味着$x^2 \in A$ 和$f(x^2) = cx^2$.

由于$f(x)^2 > f(x)$, 设$x = f(x)^2 - f(x), y = x$ 在给定的恒等式中得到$f(f(x)^2) = f(f(x)^2 - f(x))f(x)$. 另一方面$f(f(x)^2) = cf(x)^2$,因此$cf(x)^2 = f(f(x)^2 - f(x))f(x)$. 因此$f(f(x)^2 - f(x)) = cf(x) > f(x)^2 - f(x)$, 所以$f(x) < c+1$. 然后对于每个$n \in \mathbb{N}$, 我们有$c + 1 > f(f(x)^{2n}) = cf(x)^{2n}$, 这是一个矛盾$f(x) > 1$. 因此,没有具有所属属性的函数.

习题18.36. (Iran 2012) 对于所有$x, y \in \mathbb{R}^+$令g 为具有非负系数的至少2次多项式. 找到所有函数$f : \mathbb{R}^+ \to \mathbb{R}^+$ 使得

$$f(f(x) + g(x) + 2y) = f(x) + g(x) + 2f(y)$$

对于所有$x, y \in \mathbb{R}$.

解. 考虑函数$h(x) = f(x) - x$, 我们有

$$h(h(x) + g(x) + x + 2y) = 2h(y).$$

因此对于所有$x, y, z \in \mathbb{R}^+$, 我们得到

$$h(h(x) + g(x) + x + 2y) = h(h(z) + g(z) + z + 2y).$$

函数$h(x) + g(x) + x$ 不是常数.否则$f(x) = -g(x) + c$具有负值, 如果$x \to +\infty, g(x) \to +\infty$. 因此存在正整数$x$ 和z 使得数

$$T = h(x) + g(x) + x - (h(z) + g(z) + z)$$

是正数,并且它是函数h的周期. 此外,形式

$$S(x) = h(x+T) + g(x+T) + x + T - h(x) - g(x) - x = g(x+T) - g(x) + T$$

是h的周期. 由于$g(x)$是一个级数至少为2的多项式.我们看到函数$S(x)$ 不是常数,其范围包含无线区间$[a, +\infty)$. 因此h 是常数. 现在很容易看出这个常数是0 因此$f(x) = x$. 很明显,这个函数是问题的一个解.

习题18.37. (IMO 1997 预选题)证明如果函数$f: \mathbb{R} \to \mathbb{R}$ 是$|f(x)| \leq 1$

$$f(x) + f\left(x + \frac{13}{42}\right) = f\left(x + \frac{1}{6}\right) + f\left(x + \frac{1}{7}\right)$$

对于所有$x \in \mathbb{R}$, 那么它是有周期性的.

解. 我们有

$$f\left(x + \frac{1}{6} + \frac{1}{7}\right) - f\left(x + \frac{1}{7}\right) = f\left(x + \frac{1}{6}\right) - f(x)$$

意味着

$$f\left(x + \frac{k}{6} + \frac{1}{7}\right) - f\left(x + \frac{k-1}{6} + \frac{1}{7}\right) = f\left(x + \frac{k}{6}\right) - f\left(x + \frac{k-1}{6}\right)$$

对于$1 \leqslant k \leqslant 6$. 总结这些不等式得出

$$f\left(x + 1 + \frac{1}{7}\right) - f\left(x + \frac{1}{7}\right) = f(x+1) - f(x).$$

设$g(x) = f(x+1) - f(x)$, 然后$g\left(x + \frac{1}{7}\right) = g(x)$, 这意味着

$$g(x) = g\left(x + \frac{1}{7}\right) = g\left(x + \frac{2}{7}\right) = \cdots = g(x+1).$$

因此$g(x) = g(x+n)$, 对于所有$n \in \mathbb{N}$. 然后

$$f(x+n) - f(x) = (f(x+n) - f(x+n-1)) + \cdots + (f(x+1) - f(x))$$

$$= g(x+n-1) + \cdots + g(x) = ng(x),$$

即$f(x+n) - f(x) = ng(x)$ 对于所有$x \in \mathbb{R}$ 和$n \in \mathbb{N}$. 因此

$$n|g(x)| = |f(x+n) - f(x)| \leqslant |f(x+n)| + |f(x)| \leqslant 2,$$

即对于所有$x \in \mathbb{R}$和$n \in \mathbb{N}$,有$n|g(x)| \leqslant 2$. 这表明对于所有$x \in \mathbb{R}$, $g(x) = 0$, 即$f(x+1) = f(x)$.

习题18.38. (Ukraine 2014) 设 A 是一组有限函数 $f:\mathbb{R}\to\mathbb{R}$ 具有以下性质:

(i) 如果 $f,g\in A$, 则 $f(g(x))\in A$;

(ii) 对于任何 $f\in A$, 存在 $g\in A$, 使得对于所有 $x,y\in\mathbb{R}$,

$$f(f(x)+y)=2x+g(g(y)-x).$$

证明集合 A 包含恒等函数 $h(x)=x, x\in\mathbb{R}$.

解. 我们首先证明存在函数 $h\in A$ 使得 $h(h(x))=h(x),x\in\mathbb{R}$. 由 $f^{(k)}$ 表示 $f\in A$ 的第 k 次迭代. 由于集合 A 是有限的, 因此 $f^{(2^t)}=f^{(2^s)}$, 对于一些正整数 $t>s\geqslant 1$. 设 $F=f^{(2^s)}$ 和 $k=2^{t-s}$. 然后 $F^{(k)}=F$, 因此

$$F^{(k-1)}\circ F^{(k-1)}=F^{(k-2)}\circ F^{(k)}=F^{(k-2)}\circ F=F^{(k-1)}.$$

因此, 函数 $h=F^{(k-1)}$ 满足恒等式 $h\circ h=h$.

现在我们将证明 h 是满射的. 在 (ii) 中插入 $h=f$, $y=-h(x)$ 得到 $g(g(-h(x))-x)=h(0)-2x$, 其表明 g 是满射的. 现在让 (ii) 中的 $x=0$ 和 $f=h$, 我们得到 $h(h(0)+y)=g(g(y))$, 因此 h 是满射的. 因此恒等式 $h(h(x))=h(x)$, 表明对于所有 $t\in\mathbb{R}$, $h(t)=t$, 即 h 是恒等函数.

习题18.39. (Romania TST 2007) 设 $f\in\mathbb{R}[X]$ 是 n 次多项式. 证明:

(i) f 最多不能写成 n 个周期函数的和;

(ii) 如果 $n=1$, 则 f 可以写成两个实周期函数的和;

(iii) 如果 $n=1$ 和 f 是两个周期函数的总和, 则它们在每个区间都无界;

(iv) f 可以写成 $n+1$ 个周期函数的总和;

(v) 有些实函数不能写成周期函数.

解. (i) 设 f 为可以写成 n 的和的多项式 $f_1,f_2,\ldots,f_n$ 具有周期 $t_1,t_2,\ldots,t_n$, 然后

$$f(x+t_1)-f(x)=f_2(x+t_1)-f_2(x)+\cdots+f_n(x+t_1)-f(x).$$

注意 $f(x+t_1)-f(x)$ 是一个次数最多为 $n-1$ 的多项式, 并且它被写为 $n-1$ 个周期函数的和. 因此, 我们 "向下走" 直到 1 次多项式被写成一个周期函数的和, 这是个矛盾.

(ii) 设 $A=\{n+m\sqrt{2}\mid n,m\in\mathbb{Z}\}$, 并且对于每个 $a\in\mathbb{R}$ 表示

$$[a]=\{b\in\mathbb{R}\mid a-b\in A\}.$$

通过选择公理,存在一个选择函数$c: \{[a] \mid a \in \mathbb{R}\} \to \mathbb{R}$, 即在每个类$[a]$中选择数字$c([a])$的函数. 使用数字$\sqrt{2}$是无理数的这一事实, 对于每个$x \in \mathbb{R}$, 存在唯一的整数$n, m$使得$x = c([x]) + n + m\sqrt{2}$. 然后我们定义

$$f_1(x) = f_1(c([x]) + n + m\sqrt{2}) = c([x]) + m\sqrt{2}$$

并且

$$f_2(x) = f_2(c([x]) + n + m\sqrt{2}) = n.$$

函数f_1和f_2是周期性的,因为

$$f_1(x+1) = f_1(c([x]) + (n+1) + m\sqrt{2}) = c([x]) + m\sqrt{2} = f_1(x)$$

类似的

$$f_2(x + \sqrt{2}) = f_2(x).$$

我们还有

$$f_1(x) + f_2(x) = c([x]) + m\sqrt{2} + n = x$$

因此如果$f(x) = ax + b$, 则$f = (af_1 + b) + af_2$是两个周期函数的和.

(iii) 因为f是周期性的,当且仅当$af + b$是a, b非零常数,且有界性相同, 我们可以假设$f(x) = x$. 现在假设对于所有$x \in \mathbb{R}$, 有$f_1(x) + f_2(x) = x$, 并且f_1和f_2的周期分别是t_1和t_2, .在不失一般性的情况下,我们可以假定$f_1(0) = 0$. 那么对于所有整数$n, m, f_1(nt_1) = 0$和$f_2(nt_1 + mt_2) = nt_1$. 如果比率t_1/t_2是有理数, 则$x = f_1(x) + f_2(x)$是周期函数, 这是个矛盾. 因此t_1/t_2是无理的, 众所周知(Kronecker's 定理)形式为$nt_1 + mt_2$, 其中$n, m \in \mathbb{Z}$在$\mathbb{R}$中是稠密的. 因此对于每个$\epsilon > 0$, 有整数n, m使得$0 < nt_1 + mt_2 < \epsilon$, 我们可以通过先靠近0,使$nt_1$非常大, 然后将$n$和$m$乘以一个大因子,也就是说, 选择$0 < nt_1 + mt_2 < \frac{\epsilon}{N}$, 然后得到$0 < (nN)t_1 + (mN)t_2 < \varepsilon$,并且$(nN)t_1$很大(例如,大于$Nt_1$). 接着我们可以接近每个具有非常大的$nt_1$的实数, 其对应于非常大的$f_2$值. 这表明$f_2$不能在区间上有界, 而$f_1$则相同.

(iv)这可以通过归纳证明, 使用(ii). 更一般的, 我们证明只要比率t_i/t_j都是无理的,我们就可以将f写为给定周期$t_1, t_2, \ldots, t_{n+1}$的$n+1$个函数之和.基本情况$n = 1$部分完成(ii): $(1, \sqrt{2})$的方法适用于任何(t_1, t_2), $t_1/t_2 \notin \mathbb{Q}$.

为了进一步发展, 我们需要一个小问题:

引理. 假设s, t 是非零实数$s/t \notin \mathbb{Q}$. 如果$g\colon \mathbb{R} \to \mathbb{R}$ 是周期s的函数, 那么g 可以写成$g(x) = g'(x) - g'(x-t)$, 其中g' 也是周期s的周期.

引理的证明. 如(ii)所述, 定义类$[a] = \{a + ms + nt \mid m, n \in \mathbb{Z}\}$ 并定义一个选择函数$c\colon \{[a] \mid a \in \mathbb{R}\} \to \mathbb{R}$. 在每个类$[a]$ 上定义g' 就足够了, 因为条件只使用一个类的数字. 设$g'(c([a])) = 0$, 然后这迫使$g'(c([a]) + kt)$ 等于

$$g(c([a] + kt) + g(c[a] + (k-1)t) + \ldots + g(c[a] + t)$$

对于$k > 0$ 并且

$$g(c([a])) + g(c([a]) - t) + \ldots + g(c([a]) + (k+1)t)$$

对于$k < 0$. 我们通过使g' 周期为s来将其扩展到整个类. 很容易看出它满足条件. 证明了引理. □

现在我们回到归纳陈述. 假设对小于n 的所有多项式的陈述都是正确的并且让f 是n的多项式. 那么$f(x) - f(x - t_{n+1})$ 是$n-1$ 次多项式并且存在周期为$t_k, 1 \leqslant k \leqslant n$ 的周期函数$g_k(x)$ 使得

$$f(x) - f(x - t_{n+1}) = g_1(x) + g_2(x) + \cdots + g_n(x).$$

使用引理我们写出$g_k(x) = f_k(x) - f_k(x - t_{n+1})$, 其中$f_k$ 还有周期t_k. 因此

$$f(x) - f(x - t_{n+1}) = f_1(x) - f_1(x - t_{n+1}) + \ldots + f_n(x) - f_n(x - t_{n+1})$$

这表明

$$f_{n+1}(x) - f(x) \quad f_1(x) - \ldots - f_n(x)$$

是周期t_{n+1}的周期, 如需要.

(v) 取$f(x) = 2^x$, 并假设

$$2^x = \sum_{i=1}^{n} f_i(x)$$

其中$f_i(x + t_i) = f_i(x)$ 且$t_i > 0$. 然后很容易检查

$$2^x = \sum_{i=1}^{n-1} h_i(x),$$

其中

$$h_i(x) = \frac{f_i(x + t_n) - f_i(x)}{2^{t_n} - 1}$$

和 $h_i(x + t_i) = h_i(x)$, $1 \leqslant i \leqslant n - 1$. 因此,如果 2^x 是 n 个周期函数的和, 则它是 $n - 1$ 个周期函数的和. 这意味着 2^x 是一个周期函数,这是个矛盾.

注. 如上文(ii) 和(iv) 所述,引入人类的良好直觉如下. 类 $[a] = \{a + ms + nt\}$ 是 $\mathbb{Z} \times \mathbb{Z}$ 的双射函数. 在这种语言中, 具有周期 s, t 的周期函数简单地变为函数 $f: \mathbb{Z}^2 \to \mathbb{R}$ 只取决于第二个,分别是第一个坐标. 因此,如果我们限制为 $[a]$ 并将 $[a]$ 视为 $\mathbb{Z}^2$, 则部分(ii) 要求将函数 $f(m, n) = a + ms + nt$ 表示为仅依赖于其中一个坐标的函数的和 $g(m) + h(n)$. 分别的, 部分(iv)要求将 $f(m)$ 表示为 $g(m) - g(m - 1)$. 从这个角度来看, 所需的函数非常容易构造,这就是我们上面所做的.

需要选择公理来同时为所有类别实行此操作. 此类解释为 $\mathbb{Z}^2$ 需要选择对应 $(0,0)$ 的 "原点" $c([a])$. 对于任何一个单独的课程来说,这很容易做到, 但是要同时为所有类做到这一点,我们需要使用选择公理. 将类编写为 $[a]$ 是违反直觉的, 因为这样人们就有了自然选择 $c(a) = a$, 但是将所有类同时写为 $[a]$ (对于某些 a) 恰好是一个选择函数.

还要注意,部分(v) 也可以用上述思想来解决. 要是我们考虑由 $(c_1, c_2, \ldots, c_n) \to x + c_1 t_1 + \ldots + c_n t_n$ 给出的映射 $\mathbb{Z}^n \to \mathbb{R}$, 则周期为 t_i 的函数变为不依赖于这种语言中的第 i 个部分. 尤其是取消

$$\sum_{\epsilon_i \in \{0,1\}} (-1)^{\epsilon_1 + \cdots + \epsilon_n} f(\epsilon_1, \epsilon_2, \ldots, \epsilon_n) = 0$$

对于任何这样的函数 f, 因此对于 f 这些函数的总和也是如此. 然而对于函数 $f(x) = 2^x$ 而言,这不是真的,上面的和将只是

$$2^x \sum_{\epsilon_i \in \{0,1\}} (-1)^{\epsilon_1 + \cdots + \epsilon_n} 2^{\epsilon_1 + \cdots + \epsilon_n} = 2^x \cdot \prod_{i=1}^{n} (1 - 2) = (-1)^n \cdot 2^x \neq 0.$$

这是对(v)部分的另一种解决方案,该想法用于解决问题9.2.

习题18.40. (Kiev 2007) 找到所有函数 $f: \mathbb{R} \to \mathbb{R}$ 使得对于所有 $x, y \in \mathbb{R}$

$$f(x^2 - f(y)^2) = xf(x) - y^2.$$

解. 假设$f(y_0) = 0$. 然后在给定的等式中设$x = 1, y = y_0$, 我们得到$y_0 = 0$. 现在设$x = y = 0$, 我们得到$f(f(0)^2) = 0$, 因此$f(0) = 0$. 因此$y = 0$, 我们得到$f(x^2) = xf(x)$, 其与$f(0) = 0$一起意味着f是奇数函数. 现在设$x = 0$ 得到$f(-f(y)^2) = -y^2$, 即对于所有$y \in \mathbb{R}$, $f(f(y)^2) = y^2$. 那么

$$f(y^4) = f(f(f(y)^2)^2) = f(y)^4$$

这表明了对于$t > 0, f(t) > 0$. 设$y = x > 0$ 得到

$$f(x^2 - f(x)^2) = xf(x) - x^2.$$

特别的, 如果$x > f(x)$, 则左边为正, 而右边为负, 这是个矛盾. 类似的, 我们发现情况$x < f(x)$ 也是不可能的, 我们得出结论, 唯一的解是函数$f(x) = x$.

习题18.41. (IMO 2005 预选题)确定所有函数$f : (0, \infty) \to (0, \infty)$使得对于所有实数$x$ 和y

$$f(x)f(y) = 2f(x + yf(x)).$$

解. 答案是常数函数$f(x) = 2$, 显然满足方程. 首先, 我们证明满足方程的函数f 是非递减的. 实际上, 假设对于某些正实数$x > z, f(x) < f(z)$. 设$y = (x - z)/(f(z) - f(x)) > 0$, 使得$x + yf(x) = z + yf(z)$. 这个方程现在意味着

$$f(x)f(y) = 2f(x + yf(x)) = 2f(z + yf(z)) = f(z)f(y),$$

因此$f(x) = f(z)$, 这是个矛盾. 因此f不是递减的. 现在假设f 不是严格递增的, 即对于某些正数$x > z, f(x) = f(z)$ 成立. 如果y属于区间$(0, (x - z)/f(x)]$, 则$z < z + yf(z) \leqslant x$. 由于$f$ 是非递减的, 我们得到

$$f(z) \leqslant f(z + yf(z)) \leqslant f(x) = f(z),$$

从而得到$f(z + yf(z)) = f(x)$. 因此

$$f(z)f(y) = 2f(z + yf(z)) = 2f(x) = 2f(z).$$

因此对于上述间隔中的所有y , $f(y) = 2$. 但是如果对于某些$y_0, f(y_0) = 2$, 那么

$$2 \cdot 2 = f(y_0)f(y_0) = 2f(y_0 + y_0f(y_0)) = 2f(3y_0).$$

因此$f(3y_0) = 2$, 我们通过归纳得出对于所有正整数k, $f(3^k y_0) = 2$. 因此,上述观察结果得出结论, 对于所有$x \in (0, \infty)$, $f(x) = 2$.

假设现在f 是个严格递增函数. 这个方程意味着对于所有$x > 0$

$$2f(x + 1 \cdot f(x)) = f(x)f(1) = f(1)f(x) = 2f(1 + xf(1))$$

因此f 是单射的,我们得到$x + f(x) = 1 + xf(1)$,即$f(x) = cx + 1$,其中$c = f(1) - 1$. 但是现在直接检查f 不是一个办法. 因此,给定方程的唯一解是常数函数$f(x) = 2$.

习题18.42. (EGMO 2013) 找到所有函数$f . \mathbb{R} \to \mathbb{R}$, 使得对于所有实数$x$ 和y

$$f(y^2 + 2xf(y) + f(x)^2) = (y + f(x))(x + f(y)).$$

解. 我们在给定的方程中代入$y = -f(x)$, 得到对于所有x

$$f(2f(x)^2 + 2xf(-f(x))) = 0.$$

假设u 和v使得$f(u) = 0 = f(v)$. 在给定的方程中插入$x = u$ 或v 和$y = u$ 或v 得到$f(u^2) = u^2, f(u^2) = uv, f(v^2) = uv$和$f(v^2) = v^2$. 因此$u^2 = uv = v^2$, 即$u = v$. 这表示存在唯一的$a$ 使得对于所有x, $f(a) = 0$ 并且

$$f(x)^2 + xf(-f(x)) = \frac{a}{2} \qquad (*).$$

假设对于某些x_1 和x_2, $f(x_1) = f(x_2) \neq 0$. 然后$(*)$ 意味着

$$x_1 f(-f(x_1)) = x_2 f(-f(x_2)) = x_2 f(-f(x_1))$$

我们得到$x_1 = x_2$ 或$f(x_1) = f(x_2) = -a$. 在第二种情况下,我们在给定的方程中插入$x = a, y = x_1$, 得到$f(x_1^2 - 2a^2) = 0$, 即$x_1^2 - 2a^2 = a$. 类似的, $x_2^2 - 2a^2 = a$, 因此$x_1 = x_2$ 或$x_1 = -x_2$. 另一方面, 给定方程的右边是对称的,这意味着对于所有x 和y

$$f(f(x)^2 + y^2 + 2xf(y)) = (x + f(y))(y + f(x)) = f(f(y)^2 + x^2 + 2yf(x)). \ (**)$$

假设对于某些x 和y, $f(x)^2 + y^2 + 2xf(y) \neq f(y)^2 + x^2 + 2yf(x)$. 然后$(x + f(y))(y + f(x)) \neq 0$ 和

$$f(x)^2 + y^2 + 2xf(y) = -(f(y)^2 + x^2 + 2yf(x))$$

可以写成$(f(x)+y)^2+(f(y)+x)^2=0$, 这是个矛盾. 现在$(**)$意味着对于所有x和y

$$f(x)^2+y^2+2xf(y)=f(y)^2+x^2+2yf(x) \qquad (***).$$

对于$y=0$, 我们得到对于所有$x,f(x)^2=(f(0)-x)^2$. 对于函数$s:\mathbb{R}\to\{1,-1\}$, 设$f(x)=s(x)(f(0)-x)$. 在$(***)$中代入$f(x)$得到

$$x(ys(y)+f(0)(1-s(y)))=y(xs(x)+f(0)(1-s(x))).$$

因此对于$x\neq 0$, $s(x)+\frac{f(0)(1-s(x))}{x}$是个常数. 如果$f(0)=0$, 那么对于$x\neq 0$, $s(x)$是个常数, 因此$f(x)=x$或$f(x)=-x$.

现在假设$f(0)\neq 0$. 如果对于所有$x\neq 0,s(x)=-1$, 那么对于$x\neq 0$ $-1+\frac{2f(0)}{x}$是个常数, 这是不可能的. 在另一边有非零的x和y使得$s(x)=-1$和$s(y)=1$, 我们得到$-1+\frac{2f(0)}{x}=1$. 因此, 只有一个x具有此属性, 所以$x=f(0)$. 因此对于所有x, $f(x)=f(0)-x$. 现在给定的方程意味着$2f(0)^2=f(0)$, 因此$f(0)=\frac{1}{2}$.

给定方程的所有解都是$f(x)=x$, $f(x)=-x$和$f(x)=\frac{1}{2}-x$.

习题18.43. (India 2008) 求所有函数$f:(0,\infty)\to(0,\infty)$, 使得对于所有$x,y\in(0,\infty)$, $f(x+f(y))=yf(xy+1)$.

解. 首先, 我们将证明对于所有$y>1$, $f(y)\leqslant 1$. 假设相反, 即对于某些$y>1$, $f(y)>1$. 设$x=\frac{f(y)-1}{y-1}>0$得到$x+f(y)=xy+1$. 因此$y=\frac{f(x+f(y))}{f(xy+1)}=1$, 这是个矛盾. 同样的方法我们得到对于所有$y<1$, $f(y)\geqslant 1$.

接下来, 我们将证明对于所有的$y>1,f(y)=\frac{1}{y}$. 设$x=1-\frac{1}{y}>0$, 然后$f(1+f(y)-1/y)=yf(y)$. 如果对于某些$y>1$, $f(y)>\frac{1}{y}$, 则$f(1+f(y)-1/y)<1$, 矛盾. 类似的, 对于$y>1$, $f(y)<\frac{1}{y}$是不可能的, 这意味着$f(y)=\frac{1}{y}$. 然后$f(x+1/y)=f(x+f(y))=yf(xy+1)=\frac{1}{x+1/y}$, $x>0,y>1$. 因此对于$0<x'<x\leq 1$和$y=\frac{1}{x-x'}>1$, 我们有$x=x'+1/y$, 对于所有$x>0$. 它遵循$f(x)=\frac{1}{x}$. 这个函数显然满足条件.

习题18.44. 求所有函数$f:\mathbb{R}\to\mathbb{R}$, 使得对于所有$x,y\in\mathbb{R}$,

$$f(x+y)f(x-y)=f(x^2)-f(y^2).$$

解. 显然, $f(0) = 0$, 并且取 $y = 0$, 我们得到 $f(x^2) = f(x)^2$, 这表明如果 $x \geqslant 0$, 则 $f(x) \geqslant 0$. 取 $x = 0$ 得到 $f(y)(f(y) + f(-y)) = 0$. 假设对于某些 y, $f(y) = 0$. 然后 $f(-y)^2 = f(y^2) = f(y)^2 = 0$ 和 $f(y) + f(-y) = 0$. 但是当 $f(y) \neq 0$, 这也成立. 因此 f 是一个奇数函数. 因此对于 $x \leqslant 0$, $f(x) \leqslant 0$. 当 f 表示负数与非负数时, 我们从给定条件中得出结论, f 是非递减的. 我们还有 $f(1)^2 = f(1)$, 即 $f(1) = 0$ 或 1. 假设 $f(1) = 0$. 由于 f 是非递减的, 我们得出 f 在 $[0,1]$ 上相等为零. 但是我们也知道对于所有 y, $f(y + 1)^2 = f(y)^2$, 然后在给定的等式中设 $x = y + 1$. 因此, 通过归纳对于所有 $n \in \mathbb{N}$, f 在 $[0, n]$ 上相同为零. 因此 f 在 $[0, \infty]$ 上是相等的零. 因此在 $\mathbb{R}$ 上, 因为 f 是奇数.

现在假设 $f(1) = 1$. 然后 $f(n - 1)f(n + 1) = f(n)^2 - 1$, 并且我们声称对于所有整数 n, $f(n) = n$. 根据前面的关系, 足以证明 $f(2) = 2$. 但是如果 $f(2) = x$, 则 $f(3) = x^2 - 1$ 和 $f(4) = x(x^2 - 2)$. 另一方面, $f(4) = f(2)^2 = x^2$ 我们立即推断 $x = 2$ (我们排除了情况 $x = -1$, 因为 f 是非递减的). 因此, 对于所有整数 n, $f(n) = n$. 但随后 $[x] + 1 \geqslant f([x] + 1) \geqslant f(x) \geqslant f([x]) = [x]$, 因此 $f(x)/x$ 在 $x \to \infty$ 时趋向于 1. 这与 $(f(x)/x)^{2^n} = f(x^{2^n})/x^{2^n}$ 一起意味着对于 $x > 1$, $f(x) = x$. 现在, 任意固定 x 取非常大的 y. 然后 $f(x - y) = -f(y - x) = -(y - x) = x - y$, $f(x + y) = x + y$ 和 $f(y) = y$. 把它们插入到函数方程中, 我们得到了对于所有 $x \in \mathbb{R}$, $f(x)^2 = x^2$. 因此 $f(x) = x$, 因为 $f(x)$ 涉及 x 的符号. 因此只有恒等函数满足原来的函数方程.

习题18.45. 求所有函数 $f : (0, \infty) \to (0, \infty)$, 使得对于所有的 $x, y \in (0, \infty)$

$$f(x)f(yf(x)) = f(x + y).$$

解. 第一个关键点是要注意如果 $x + y = yf(x)$, 则 $f(x) = 1$. 但是如果 $f(x) > 1$, 我们可以得到这样的 y, 并且这点表明对于所有 x, $f(x) \leqslant 1$. 因此 $f(x + y) \leqslant f(x)$, 所以 f 是非递增的.

我们现在将证明 $f(x) = 1$, 如果对于某些 $x > 0$, 那么 f 是常数. 这很容易, 因为函数方程给出了 $f(y + x) = f(y)$, 所以对于所有的 $n \in \mathbb{N}$, $f(nx) = 1$. 现在任意的 $y > 0$ 和 n 使得 $y < nx$. 然后 $f(y) \geq f(nx) = 1$, 并且通过第一次观察得到 $f(y) = 1$. 所以 f 是常数.

现在, 假设对于所有 $x > 0$, $f(x) < 1$, 则 f 严格递减. 用 $y/f(x)$ 替换 y 推导

出

$$f(x)f(y) = f(x + \frac{y}{f(x)}).$$

这个恒等式加上 f 的单射性意味着对于所有 $x, y \in (0, \infty)$,

$$x + \frac{y}{f(x)} = y + \frac{x}{f(y)}.$$

现在在这个方程中设 $y = 1$ 并求解 $f(x)$, 我们得到对于一些常数 $a > 0$, $f(x) = \frac{1}{1 + ax}$. 我们可以很容易检查这种形式的所有函数是否都是真正的解.

习题18.46. (G. Dospinescu) 求所有函数 $f : \mathbb{R} \to \mathbb{R}$, 使得对于所有 $x, y \in \mathbb{R}$

$$f(xf(y)) + f(yf(x)) = 2xy.$$

解. 注意 $f(0) = 0$ 和 $f(xf(x)) = x^2$. 所以 $f(f(1)) = 1$, 如果我们在前面的关系中取 $x = f(1)$,我们发现 $f(1)^2 = 1$.

我们现在证明 f 是单射的.首先, 让我们假设 $f(1) = 1$. 取 $y = 1$, 我们发现 $f(x) + f(f(x)) = 2x$, 并且遵循内射性. 接下来, 假设 $f(1) = -1$. 然后使用 $f(xf(x)) = x^2$, 我们发现 $f(-f(-1)) = 1$. 将 $x = -f(-1)$ 置于 $f(xf(x)) = x^2$ 中以获得 $f(-1)^2 = 1$. 由于 $f(-f(-1)) = 1$ 且 $f(1) \neq 1$, 我们有 $f(-1) = 1$. 接下来, 取 $y = -1$ 得到 $f(x) + f(-f(x)) = -2x$, 遵循内射性.

另一步是证明 $f(1/x) = 1/f(x)$. 这步比较棘手.取 $y = f(1/x) \cdot 1/x$. 再次使用 $f(xf(x)) = x^2$, 我们发现

$$f(1/x \cdot f(1/x) \cdot f(x)) = f(1/x)$$

并且使用内射性我们得到 $f(1/x) = 1/f(x)$.

现在问题解决了. 如果 $f(1) = 1$, 我们看到 $f(x) + f(f(x)) = 2x$. 然后用 $1/x$ 代替 x 并使用最后一步,我们发现

$$1/f(x) + 1/f(f(x)) = 2/x.$$

从这里开始 $1/f(x) + 1/(2x - f(x)) = 2/x$, 得出对于所有 $x, f(x) = x$.如果 $f(1) = -1$, 我们使用相同的参数来发现对于所有 $x, f(x) = -x$. 两个函数都验证了问题条件.

习题18.47. (Japan 2009) 求所有函数 $f : [0,\infty) \to [0,\infty)$, 使得对于所有的 $x,y \in [0,\infty)$

$$f(x^2) + f(y) = f(x^2 + y + xf(4y)).$$

解. 我们将使用这样的事实,对于每个常数 k, 二次函数 $g(x) = x^2 + kx$ 取所有非负值. 我们首先证明 f 是一个非递减函数. 实际上, 让 $z = y + a, a > 0$.然后我们有 $x > 0$ 使得 $a = g(x) = x^2 + f(4y)x$, 并且我们有

$$f(z) = f(y + a) = f(y + x^2 + xf(4y)) = f(x^2) + f(y) \geqslant f(y).$$

现在假设对于某些 $z > 0$,$f(z) = 0$, 那么对于所有 $x \in [0, z]$, $f(x) = 0$.在给定的等式中用 $\sqrt{x}$ 代替 x,用 $\frac{z}{4}$ 代替 y ,我们得到

$$f(x) = f(x) + f\left(\frac{z}{4}\right) = f\left(x + \frac{z}{4}\right).$$

这表明函数 f 是周期为 $\frac{z}{4}$ 的周期性函数,因此 $f = 0$.

因此我们可以假设对于所有 $x > 0$,$f(x) > 0$, 那么函数 f 是严格递增的, 即单射和等式

$$f(x + y + \sqrt{x}f(4y)) = f(x + y) = f(y + x + \sqrt{y}f(4x))$$

意味着 $\sqrt{x}f(4y) = \sqrt{y}f(4x)$. 因此

$$\frac{f(x)}{\sqrt{x}} = 常数$$

所以 $f(x) = c\sqrt{x}$. 现在在给定的等式中设 $x = y = 1$,我们得到 $c = 1$, 即 $f(x) = \sqrt{x}$.

习题18.48. (G. Dospinescu)求所有函数 $f : (0,\infty) \to (0,\infty)$, 使得对于所有 $x,y \in (0,\infty)$

$$f(1 + xf(y)) = yf(x + y).$$

解.答案是 $f(x) = 1/x$, 可以很容易地检验它是个解. 让我们证明它是唯一的解. 首先,我们将证明对于 $x > 1$,$f(x) \leqslant 1$ 且对于 $x < 1$ $f(x) \geqslant 1$. 假设例如对于某些 $y > 1$ 我们有 $f(y) > 1$.然后我们设 $x = (y-1)/(f(y)-1)$ 以获得 $f(x + y) = yf(x + y)$,矛盾.

因此对于所有 $x,y \in (0,\infty)$，$f(x+y) = f(1+xf(y))/y \leqslant 1/y$，其中 $f(x) \leqslant 1/x$. 实际上，如果对于某些 $a \in (0,\infty)$，我们有 $f(a) > 1/a$. 那么对于某些 $b \in (0,a)$，我们有 $f(a) > 1/(a-b) > 1/a$. 因此，对于 $x=b$ 和 $y=a-b$，我们得到 $f(x+y) > 1/y$，矛盾.接下来，请注意 $f(1+f(z)) = zf(1+z)$，因此

$$yf(x+y) = f(1+xf(y)) = f(1+f(xf(y))/xf(y)$$

和 $xyf(y)f(x+y) = f(1+f(xf(y))$. 取 $x=1/f(y)$，我们发现对于所有 x，$f(x) \geqslant (1-k)/(kx)$，其中 $k = 1-f(1+f(1)) > 0$.

我们现在证明 f 是单射的. 如果 $f(a) = f(b)$，则对于所有 x，我们有 $af(x+a) = bf(x+b)$，所以对于所有 $n \geqslant 1$，$a^n f(na) = b^n f(bn)$. 我们可以假设 $a < b$，在这种情况下，对于足够大的 n，我们有 $f(nb) < (a/b)^n$，这与对于所有 $n, f(nb) \geqslant (1-k)/(knb)$ 的事实矛盾.

最后，让 $y > 1$ 且 $x > 0$，那么

$$yf(x+y) = f(1+xf(y)) = f((1+xf(y)-1/y)+1/y)$$

$$= yf(1+f(1/y)(1+xf(y)-1/y))$$

根据 f 的单射性，我们推断 $x+y = 1+f(1/y)(1+xf(y)-1/y)$. 因此 $f(1/y)f(y) = 1$ 和 $y = 1+f(1/y)-1/yf(1/y)$. 从这里我们发现对于 $y>1$，我们有 $f(y) = 1/y$. 并且由于 $f(1/x) = 1/f(x)$，我们得到对于 $x \neq 1$，$f(x) = 1/x$. 但是很容易看出 $f(1) = 1$，因此对于所有的 $x \in (0,\infty)$，$f(x) = 1/x$.

习题18.49. (Ukraine TST 2007) 求所有函数 $f : \mathbb{Q} \to \mathbb{Q}$，使得对于所有 $x,y \in \mathbb{Q}$，

$$f(x^2 + y + f(xy)) = 3 + (x + f(y) - 2)f(x).$$

解. 我们将证明 $f(x) = x+1$ 是唯一的解. 证明最困难的部分是计算 $f(0)$. 首先，通过取 $x=0$，我们得到 $f(x+f(0)) = 3+f(0)(f(x)-2)$.取 $y=0$ 得到

$$f(x^2 + f(0)) = 3 + (x + f(0) - 2)f(x).$$

通过在这两种关系中设 $x=1$ 并消除项 $f(1+f(0))$，我们得到 $f(1) = 2f(0)$. 此外，通过取 $x = -1$ 我们得到

$$3 + (f(0)-3)f(-1) = f(1+f(0)) = 3 + (f(0)-1)f(1),$$

这意味着$f(-1) = \dfrac{2f(0)^2 - 2f(0)}{f(0) - 3}$. 因此,在原方程中设$x = y = -1$, 并使用等式

$$f(x + f(0)) = 3 + f(0)(f(x) - 2)$$

我们推导出

$$f(2f(0)) = f(f(1)) = 3 + (f(-1) - 3)f(-1)$$

$$= 3 + f(0)(f(f(0)) - 2) = 3 + f(0)[3 + f(0)(f(0) - 2) - 2].$$

因此,如果$x = f(0)$, 我们有$f(-1) = \dfrac{2x^2 - 2x}{x - 3}$ 以及

$$f(-1)^2 - 3f(-1) + 3 = x^3 - 2x^2 + x + 3.$$

在最后一个关系中将$f(-1)$ 替换为x 的函数,我们得到了一个五次方程,它有着明显的根$0, 1$ 并且没有其他有理根. 假设$f(0) = 0$,然后通过在初始关系中,设$x = y = 0$, 我们得到一个矛盾.

所以,我们最终得到$f(0) = 1$,因为

$$f(x + f(0)) = 3 + f(0)(f(x) - 2),$$

我们得到$f(x + 1) = f(x) + 1$. 因此对于所有整数, $f(x + n) = f(x) + n$ 和$f(n) = n + 1$. 我们还有$f(x^2) = 2 + (x - 1)f(x)$. 因此, 如果我们取$x = q + \dfrac{p}{q}$, 我们得到

$$f\left(\frac{p^2}{q^2}\right) = 2 - p - q + \left(q - 1 + \frac{p}{q}\right)f\left(\frac{p}{q}\right).$$

另一方面

$$f\left(\frac{p^2}{q^2}\right) = 2 + \left(\frac{p}{q} - 1\right)f\left(\frac{p}{q}\right)$$

并且对于所有有理数x,求解该系统$f(x) = x + 1$.

习题18.50. 让$f : \mathbb{R} \to \mathbb{R}$, 满足等式$f(x^2) = f(x)^2$ 和$f(x + 1) = f(x) + 1$. 证明对于所有的$x \in \mathbb{R}$, $f(x) = x$.

解法一. 方程意味着对于$x \geqslant 0, f(x) \geqslant 0$, 并且对于所有整数$n$

$$f(x + n) = f(x) + n.$$

然后

$$(f(x)-1)^2 = f(x-1)^2 = f((x-1)^2) = f(1-x)^2 = (1+f(-x))^2.$$

展开两边并注意到$f(x)^2 = f(-x)^2$, 我们得到对于所有$x \in \mathbb{R}$, $f(-x) = -f(x)$. 特别是$f(0) = 0$, 因此对于所有整数n, $f(n) = n$. 现在我们将用两种方法来证明$f(x) = x$. 第一种是如下进行过.我们有$f(x) - [x] = f(x-[x]) \geqslant 0$ 和

$$f(x) - ([x]+1) = -f([x]+1-x) \leqslant 0$$

其中表明$x-1 \leqslant f(x) \leqslant x+1$. 因此对于$x > 0, 1-\dfrac{1}{x} \leqslant \dfrac{f(x)}{x} \leqslant 1+\dfrac{1}{x}$ 且对于$x \to \infty$, $\dfrac{f(x)}{x}$趋近于1. 将其与

$$(f(x)/x)^{2^n} = f(x^{2^n})/x^{2^n}$$

相结合,我们推断出对于$x > 1$, $f(x) = x$. (实际上, 如果$x > 1$是固定的, 那么如果$f(x) < x$, $(f(x)/x)^{2^n}$趋近于0. 如果$f(x) > x$, 则趋近于∞.) 这与

$$f(x+1) = f(x)+1$$

一起表明对于所有$x \in \mathbb{R}$, $f(x) = x$.

解法二.我们首先证明,如果$x \in [n, n+1]$, 那么$f(x) \in [n, n+1]$. 实际上,如果$x-n \geqslant 0$, 那么$f(x)-n = f(x-n) \geqslant 0$. 同样如果$(n+1)-x \geqslant 0$ 那么$(n+1)-f(x) = n+1+f(-x) = f(n+1-x) \geqslant 0$. 因此我们证明了对于所有$x$, $|f(x)-x| \leqslant 1$. 现在设$k = 2^n$, 其中n是正整数. 对于所有$x > 0$, 我们有$f(x) \geqslant 0$ 且

$$1 \geqslant |x^k - f(x^k)| = |x^k - f(x)^k|$$

$$= |x-f(x)| \cdot |x^{k-1} + x^{k-2}f(x) + \cdots + f(x)^{k-1}| \geqslant |x-f(x)|x^{k-1}.$$

因此$|x-f(x)| \leqslant x^{1-k}$. 如果$x > 1$, 然后让$k \to \infty$, 我们有$x^{1-k} \to 0$, 那么当$x > 1$时,$f(x) = x$. 现在使用等式$f(x+n) = f(x)+n$, 我们得出结论对于所有$x \in \mathbb{R}$, $f(x) = x$.

习题18.51. 确定所有单调函数$f : [0, \infty) \to \mathbb{R}$ 使得

$$f(x+y) - f(x) - f(y) = f(xy+1) - f(xy) - f(1),$$

对于所有 $x, y \geqslant 0$ 且 $f(3) + 3f(1) = 3f(2) + f(0)$.

解. 如果 $f(x)$ 是一个解, 那么 $f(x) + a$ 也是,并且我们可以假设 $f(1) = 1$. 设 $P(x,y)$ 为主张 $f(x+y) - f(x) - f(y) = f(xy+1) - f(xy) - 1$.

设 $m, n, p \in \mathbb{N}$, 并且设 $g(x) = f\left(\frac{x}{p}\right)$. 比较 $P\left(\frac{2m}{p}, \frac{n}{p}\right)$ 和 $P\left(\frac{2n}{p}, \frac{m}{p}\right)$, 我们得到 $g(2m+n) - g(2m) - g(n) = g(2n+m) - g(2n) - g(m)$.

这建议寻找以下问题的所有解: "求所有函数 $g : \mathbb{N} \to \mathbb{R}$ 使得对于所有的 $x, y \in \mathbb{N}$, $g(2x+y) - g(2x) - g(y) = g(2y+x) - g(2y) - g(x)$".

解集 S 是一个实向量空间. 设 $y = 1$, 我们得到

$$g(2x+1) = g(2x) + g(1) + g(x+2) - g(2) - g(x).$$

设 $y = 2$, 我们得到

$$g(2x+2) = g(2x) + g(2) + g(x+4) - g(4) - g(x).$$

从这两个方程中, 我们看到 g 的值 $g(1)$, $g(2)$, $g(3)$, $g(4)$ 和 $g(6)$ 唯一确定了 $g(x)$, $\forall x \in \mathbb{N}$, 因此 S 的维度最多为 5. 但是下面的五个函数是独立的解: $g_1(x) = 1$, $g_2(x) = x$, $g_3(x) = x^2$, $g_4(x) = 1$. 如果 $x = 0 \pmod 2$, $g_4(x) = 0$. 如果 $x \neq 0 \pmod 2$, $g_5(x) = 1$. 如果 $x = 0 \pmod 3$, $g_5(x) = 0$. 否则 $x \neq 0 \pmod 3$. 所以通解的形式是

$$g(x) = a \cdot x^2 + b \cdot x + c + d \cdot g_4(x) + e \cdot g_5(x).$$

现在对于所有的 $x \in \mathbb{N}$,

$$f\left(\frac{x}{p}\right) = a_p x^2 + b_p x + c_p + d_p g_4(x) + e_p g_5(x)$$

并且选择 $x = kp$, 我们得到

$$f(k) = a_p k^2 p^2 + b_p kp + c_p + d_p g_4(kp) + e_p g_5(kp).$$

因此对于某些实数 a, b, $a_p p^2 = a$ 和 $b_p p = b$. 选择 $x = 2kp$, $x = 3kp$ 和 $x = 6kp$, 我们得到 $c_p = c$ 和 $d_p = e_p = 0$. 因此对于所有的 $x \in \mathbb{N}$,

$$f\left(\frac{x}{p}\right) = a\frac{x^2}{p^2} + b\frac{x}{p} + c$$

因此对于所有的 $x \in \mathbb{Q}^+$, $f(x) = ax^2 + bx + c$. 但 $f(x)$ 单调意味着 $a = 0$ 或 $-\dfrac{b}{a} \geqslant 0$, 现在很容易得出结论对于所有的 $x \in (0, \infty), f(x) = ax^2 + bx + c$. 最后, 条件

$$f(3) + 3f(1) = 3f(2) + f(0)$$

表明对于所有 $x \in [0, \infty)$, $f(x) = ax^2 + bx + c$, 并且很容易检查这种强制形式确实是一个解.

习题18.52. (IMO 2009 预选题) 求所有函数 $f : \mathbb{R} \to \mathbb{R}$, 使得对于所有 $x, y \in \mathbb{R}$

$$f(xf(x+y)) = f(y(f(x)) + x^2.$$

解.很容易检查函数 $f(x) = x$ 和 $f(x) = -x$ 是否为解. 我们将证明没有其他的解.

设 f 是满足给定方程的函数. 很明显 f 不是常数.我们先证明 $f(0) = 0$. 假设 $f(0) \neq 0$. 对于任何实数 t ,将 $(x, y) = (0, t/f(0))$ 代入到给定的方程. 我们有 $f(0) = f(t)$, 这与 f 不是常数的事实矛盾. 因此 $f(0) = 0$.现在将 $(x, y) = (t, 0), (t, -t)$ 代入到给定的方程我们分别得到 $f(tf(t)) = f(0) + t^2 = t^2$ 和 $f(tf(0)) = f(-t(f(t)) + t^2$.对于每个实数 t,

$$f(tf(t)) = t^2, \quad f(-t(f(t)) = -t^2. \tag{1}$$

因此, f 是满射的.我们也看到如果 $f(t) = 0$, 然后 $0 = f(tf(t)) = t^2$, 即 $t = 0$. 我们接下来证明 f 是一个奇函数, 即对于所有 $s \in \mathbb{R}$,$f(-s) = -f(s)$. 或者很清楚如果 $f(s) = 0$. 如果 $f(s) < 0$, 那么 $t \neq 0$, 其中 $f(s) = -t^2$.我们也可以找到一个实数 a 使得 $af(t) = s$. 将 $(x, y) = (t, a)$ 代入到给定的方程,我们得到

$$f(tf(t + a)) = f(af(t)) + t^2 = f(s) + t^2 = 0,$$

因此 $tf(t + a) = 0$.这意味着 $t + a = 0$. 因此 $s = -tf(t)$, 使用 (1) 得到 $f(-s) = f(tf(t)) = t^2 = -f(s)$.现在假设 $f(s) > 0$. 然后有一个 $t \neq 0$, 其中 $f(s) = t^2$, 我们选择这样一个 a 使得 $tf(a) = s$. 将 $(x, y) = (t, a - t)$ 代入到给定的方程,然后如上所述,我们得到 $s = tf(t)$. 因此,在这种情况下 $f(-s) = f(-tf(t)) = -t^2 = -f(s)$ 也成立,完成了函数 f 是奇函数的证明.

现在将 $(x, y) = (s, t), (t, -s - t)$ 和 $(-s - t, s)$ 代入到给定的方程并且利用 f 是奇函数, 我们得到等式

$$f(tf(s)) - f(sf(s + t)) = -s^2,$$

$$f(tf(s)) - f((s+t)f(t)) = -t^2,$$

$$f((s+t)f(t)) + f(sf(s+t)) = (s+t)^2.$$

将这三个方程相加得到$f(tf(s)) = ts$. 通过固定s 使得$f(s) = 1$, 我们得到对于所有实数x, $f(x) = sx$. 将$s^2 = 1$代入到给定方程, 即$s = \pm 1$.

习题18.53. (IMO 2008 预选题)设$f : \mathbb{R} \to \mathbb{N}$ 是一个函数, 使得对于所有$x, y \in \mathbb{R}$

$$f\left(x + \frac{1}{f(y)}\right) = f\left(y + \frac{1}{f(x)}\right).$$

证明函数f 不是满射的.

解. 假设$f(\mathbb{R}) = \mathbb{N}$.我们证明了函数$f$ 的几个性质以达到矛盾. 首先,观察到可以假设$f(0) = 1$. 实际上,设$f(a) = 1$. 考虑函数$g(x) = f(x + a)$. 在给定的等式中,用$x + a$ 和$y + a$ 代替x和y ,我们有

$$g(x + 1/g(y)) = f(x + a + 1/f(y + a)) = f(y + a + 1/f(x + a)) = g(y + 1/g(x)).$$

因此g 满足给定的函数方程,附加属性

$$g(0) = 1.$$

此外, $g(\mathbb{R}) = f(\mathbb{R}) = \mathbb{N}$, 我们可以假设$f(0) = 1$.

说明1. 对于每个$c \in \mathbb{R}$, 我们有$\{f(c + 1/n) \mid n \in \mathbb{N}\} = \mathbb{N}$.

证明. 给定的等式意味着

$$f(\mathbb{R}) = \{f(x + 1/f(c)) \mid x \in \mathbb{R}\} = \{f(c + 1/f(x)) \mid x \in \mathbb{R}\}$$

$$\subseteq \{f(c + 1/n) \mid n \in \mathbb{N}\} \subseteq f(\mathbb{R})$$

要求如下. □

  在特殊情况下,我们将使用说明1, $c = 0$ 和$c = 1/3$:

$$\{f(1/n) \mid n \in \mathbb{N}\} = \{f(1/3 + 1/n) \mid n \in \mathbb{N}\} = \mathbb{N}.$$

说明2. 如果对于某些$u, v \in \mathbb{R}$, $f(u) = f(v)$, 则对于某些非负有理数q, $f(u + q) = f(v + q)$. 此外,如果对于某些非负实数q ,$f(q) = 1$, 则对于所有$k \in \mathbb{N}$, $f(kq) = 1$.

证明. 我们有

$$f(u+1/f(x)) = f(x+1/f(u)) = f(x+1/f(v)) = f(v+1/f(x)).$$

由于$f(x)$得到了所有正整数,因此对于所有$n \in \mathbb{N}$, $f(u+1/n) = f(v+1/n)$. 令$q = k/n$是正有理数.最后一步的k重复得到

$$f(u+q) = f(u+k/n) = f(v+k/n) = f(v+q).$$

现在对于某些非负有理数q, 令$f(q) = 1$, 并且让$k \in \mathbb{N}$. 当$f(0) = 1$时, 先前的结论根据需要依次得到

$$f(q) = f(2q),\ f(2q) = f(3q),\ldots,f((k-1)q) = f(kq).$$

$\square$

说明3. 等数$f(q) = f(q+1)$适用于所有非负实数q.

证明. 如上所述,存在正整数m使得$f(1/m) = 1$. 应用说明2的第二个陈述,其中$q = 1/m$和$k = m$得出$f(1) = 1$. 由于$f(0) = f(1) = 1$, 利用说明2的第一个陈述意味着$f(q) = f(q+1)$对于所有非负实数q. $\square$

说明4.对于每个$n \in \mathbb{N}$等式$f(1/n) = n$成立.

证明.对于非负有理数q, 我们在给定的等式中设$x = q, y = 0$, 并且使用说明3来获得

$$f(1/f(q)) = f(q+1/f(0)) = f(q+1) = f(q).$$

如上所述, 对于每个$n \in \mathbb{N}$, 存在$k \in \mathbb{N}$使得$f(1/k) = n$. 然后$q = 1/k$的最后一个方程给出

$$n = f(1/k) = f(1/f(1/k)) = f(1/n).$$

$\square$

现在我们准备好了,要有一个矛盾. 令$n \in \mathbb{N}$使得$f(1/3+1/n) = 1$. 将$1/3+1/n$写成s/t, 其中s和t是共素. 观察到$t > 1$, 因为$1/3+1/n$不是整数. 通过Bezout的引理有$k,l \in \mathbb{N}$使得$ks - lt = 1$. 由于$f(0) = f(s/t) = 1$, 说明2意味着$f(ks/t) = 1$. 现在$(f(ks/t) = f(1/t+l)$. 另一方面$f(1/t+l) = f(1/t)$通过l根据说明3的连续申请. 最后,根据说明4 $f(1/t) = t$, 导致$t = 1$, 矛盾.

习题18.54. 求所有函数$f : \mathbb{R}^+ \to \mathbb{R}$使得对于所有$x,y \in \mathbb{R}^+$,

$$f(xy) = f(x+y)(f(x)+f(y)).$$

解. 首先,我们将证明对任何$x > 0$, $f \equiv 0$ 或$f(x) \neq 0$. 设$f \not\equiv 0$,并假设对于某些$a > 1$, $f(a) = 0$. 设$x = y = a$, 得到$f(a^2) = 0$. 然后对于$n \in \mathbb{N}$, $f(a^{2^n}) = 0$.由于$a^{2^n} \to \infty$, 因此对于某些$b > 4$, $f(b) = 0$. 如果$f(1) = 0$, 这样的b 也存在. 实际上, 那么$f(x) = f(x)f(x+1)$. 如果对于任何$x > 4$, $f(x) \neq 0$, 那么对于任何$y > 5$, $f(y) = 1$. 这与初始的等式矛盾. 现在

$$f(x(b-x)) = f(b)(f(x) + f(b-x)) = 0, \quad 0 < x < b$$

意味着$f(t) = 0$, 对于$0 < t < b^2/4$. 那么$f(t) = 0$ 如果$0 < t < 4(b/4)^{2^n}$, $n \in \mathbb{N}$. 由于$(b/4)^{2^n} \to \infty$,因此$f \equiv 0$,是个矛盾.

如果对于某些$a \in (0,1)$, $f(a) = 0$, 则$0 = f(a+1)f(1)$, 这会导致上述情况.

因此,如果f 不为0, 我们可以设$g(x) = 1/f(x)$, 并且给定的等式变为

$$g(x+y)g(x)g(y) = g(xy)(g(x) + g(y)). \tag{1}$$

对于$y = 1$, 我们得到$g(x+1) = cg(x) + 1$, 其中$c = f(1)$.

我们将证明$c \in \{1, 1/2, -1\}$. 假设$c \neq 1$, 则

$$g(x+n) + \frac{1}{c-1} = c^n\left(g(x) + \frac{1}{c-1}\right), \quad n \in \mathbb{N}.$$

因此$g(n) = a \cdot c^n + b$, 并且在(1)中设$x, y \in \mathbb{N}$ 意味着$a = 0, b = 2, c = 1/2$ 或$a = 3/2, b = 1/2, c = -1$.

所以, c有三种情况:

情况1. $c = 1$. 然后$g(x+1) = g(x) + 1$, 因此对于所有$n \in \mathbb{N}$, $g(n) = n$. 此外, $g(x+n) = g(x) + n$, $n \in \mathbb{N}$, 并且因此

$$(g(x) + n)g(x)n = g(nx)(g(x) + n),$$

即$g(nx) = ng(x)$. 特别地,对于$r \in \mathbb{Q}^+$. $g(r) = r$.

此外, $g(2x) = 2g(x)$ 和(1) 意味着$g(x^2) = g^2(x)$; 特别是,$\mathbb{R}^+$上的$g > 0$.此外, 对于$x > r = p/q, p, q \in \mathbb{N}$, 我们得到

$$g(x-r) = g\left(\frac{qx-p}{q}\right) = \frac{g(qx-p)}{q} = \frac{q.g(x) - p}{q} = g(x) - r.$$

然后,对于$x > 2r$我们得到

$$g(x^2 - 2xr) + r^2 = g((x-r)^2) = g^2(x-r) = (g(x) - r)^2$$

因此

$$0 < g(x^2 - 2xr) = g(x)(g(x) - 2r).$$

由于$2r < x$是任意的, 我们得出结论.

对于$x > 1$, 选择$y > 1$, 使得$1/x + 1/y = 1$. 然后

$$1 = f(x) + f(y) \leqslant 1/x + 1/y = 1$$

并且因此如果$x > 1$, $g(x) = x$. 对于$x < 1$选择$y > 1$, 使得$x + y > 1$和$xy > 1$. 然后(1) 再次证明$g(x) = x$.

情况2. $c = 1/2$. 我们已经知道

$$g(n) = 2 \quad \text{和} \quad g(x + n) - 2 = \frac{g(x) - 2}{2^n}, \quad n \in \mathbb{N}$$

特别是, $g(x + n) \to g(x)$. 在(1) 中设$y = n$ 导致

$$g(nx) \to \frac{4g(x)}{g(x) + 2}. \tag{2}$$

将x替换为nx, 将y替换为(1)中的n, 我们得到

$$2g(n(x + 1)) = g(nx) + 2.$$

然后$g(x + 1) = g(x)/2 + 1$和(2) 意味着

$$8\frac{g(x) + 2}{g(x) + 6} = 8\frac{g(x+1)}{g(x+1) + 2} = \frac{4g(x)}{g(x) + 2} + 2.$$

因此$(g(x) - 2)^2 = 0$, 即$g(x) = 2$.

情况3. $c = -1$. 我们有$g(2n - 1) = -1$和$g(2n) = 2$, $n \in \mathbb{N}$. 在(1) 中设$y = 1$, 证明$g(x + 1) = 1 - g(x)$, 并且证明$g(x + 2) = g(x)$. 对于$y = 2$ 和$y = 4$, 使用这个和(1) 我们得到

$$g(4x) = g(2x) = \frac{2g^2(x)}{g(x) + 2}.$$

特别是, 对于所有 $x > 0, g(x) = g(2x)$. 然后

$$g(x) = \frac{2g^2(x)}{g(x) + 2},$$

即 $g(x) = 2$, 矛盾.

　　总之, $f \equiv 0$, $f \equiv 1/2$ 或 $f(x) \equiv 1/x$. 请注意这三个函数满足给定的等式.

替代解法. (Gabriel Dospinescu)

步骤1. 设 Z 为 f 的零点集并假设 S 是非空的, f 不等于零. 观察:

　　(1) 如果 $x, y \in S$, 那么 $xy \in S$.

　　(2) 如果 $x \in S$, 那么对于所有 $u \in (0, x^2/4]$, $u \in S$. 实际上, 对于任何的 u 我们可以找到 $0 < y < x$ 使得 $u = y(x - y)$, 然后

$$f(u) = f(x)(f(y) + f(x - y)) = 0.$$

　　因此, 如果 $x \in S$ 和 $n \geqslant 1$, 那么 $(0, x^{2n}/4] \subset S$. 如果 $x > 1$, 那么通过选择非常大的 n, 我们得到对于所有 $A > 0$, $(0, A] \subset S$, 因此 $f = 0$, 矛盾. 因此 $S \subset (0, 1]$. 上述观察 (2) 表明, 我们可以在 S 中找到 $y_1 < y_2$. 设 $x = y_2/y_1 > 1$, 因此 $f(y_2) = f(xy_1) = f(x + y_1)f(x) \neq 0$ (因为 $x > 1$ 且 $x + y_1 > 1$), 矛盾.

　　这表明如果 f 在某一点消失, 那么 f 是一个零映射. 从现在开始, 我们假设 f 不是零映射. 由于 $f(1) = 2f(2)f(1)$, 我们有 $f(2) = 1/2$.

步骤2. 我们声称 $f(1) \in \{1, -1, 1/2\}$. 设 $\alpha = f(1) \neq 0$, 并且假设 $\alpha \neq 1, 1/2$. 设 $x_n = 1/f(n)$. 取 $x = n, y = 1$, 我们得到 $f(n) = f(n + 1)(f(n) + \alpha)$, 因此 $x_{n+1} = 1 + \alpha x_n$. 这给出了 x_n 在 α 方面的明确值. 特别是, 我们发现 $x_3 = 1 + 2\alpha$, $x_5 = 1 + \alpha + \alpha^2 + 2\alpha^3$ 和 $x_6 = 1 + \alpha + \alpha^2 + \alpha^3 + 2\alpha^4$. 现在, 我们有

$$f(6) = f(2 \cdot 3) = f(5)(1/2 + f(3)).$$

用 x_3, x_5, x_6 表示, 利用并且使用上面的公式得到

$$3\alpha^3 + \alpha^2 + \alpha = 4\alpha^5 + 1.$$

这个因子为

$$(\alpha^2 - 1)(2\alpha - 1)(2\alpha^2 + \alpha + 1) = 0$$

并完成步骤2的证明.

步骤3. 我们考虑情况 $f(1) = 1$. 然后 $f(x+1) = \frac{f(x)}{f(x)+1}$ (取 $y = 1$), 所以

$$f(x+2) = \frac{f(x)}{2f(x)+1}.$$

取 $y = 2$ 我们得到

$$f(2x) = f(x+2)(f(x)+1/2) = \frac{f(x)}{2}.$$

取 $y = x$, 并且先前的关系 $f(x^2) = f(x)^2$. 特别是,对于所有 x, $f(x) > 0$. 接下来, 通过归纳,我们得到

$$f(x+n) = \frac{f(x)}{nf(x)+1} < \frac{1}{n}, \ f(n) = \frac{1}{n}$$

其表示对于 $x \geqslant n$, $f(x) \leqslant 1/n$. 因此对于所有的 $x \geqslant 1$, 我们有 $f(x) \leqslant 1/[x]$. 但是接下来对于所有的 $x > 1$, 我们有

$$f(x)^{2^n} = f(x^{2^n}) \leq 1/[x^{2^n}].$$

取第 2^n 个根,通过极限,我们得到对于 $x \geqslant 1, f(x) \leqslant 1/x$. 但是由于 $f(2^n x) = f(x)/2^n$, 我们得到对于所有 $x \geqslant 2^{-n}$, $f(x) \leqslant 1/x$,并且对于所有 n 也是这样,因此对于所有 $x, f(x) \leqslant 1/x$. 结合关系式

$$1 = f(1) = f(x+1/x)(f(x)+f(1/x))$$

这立即意味着对于所有 x, $f(x) = 1/x$. 因此我们得到了另一种解,即映射 $x \to 1/x$, 唯一的解,其中 $f(1) = 1$.

步骤4. 我们考虑情况 $f(1) = 1/2$. 这一次

$$f(x+1) = \frac{f(x)}{f(x)+1/2}$$

通过归纳我们得到

$$f(x+n) = \frac{2^n f(x)}{2(2^n-1)f(x)+1}.$$

特别是对于正整数 n, $f(n) = 1/2$ 和 $\lim_{n \to \infty} f(x+n) = 1/2$. 接下来,我们得到 $f(nx) = (x+n)(f(x)+1/2)$, 当 $n \to \infty$ 时, 这趋向于 $1/2(f(x)+1/2)$. 因此,对于所有正整数 m, 我们有

$$1/2(f(mx)+1/2) = \lim_{n \to \infty} f(mnx) = \lim_{n \to \infty} f(nx) = 1/2(f(x)+1/2),$$

因此对于所有 x 和所有正整数 $m, f(mx) = f(x)$. 再次让 $m \to \infty$ 我们得到

$$f(x) = \lim_{m \to \infty} f(mx) = 1/2(f(x) + 1/2),$$

因此对于所有 x, $f(x) = 1/2$. 这给出了问题的另一种解.

步骤5. 我们考虑情况 $f(1) = -1$, 我们认为在这种情况下无解. 实际上, 我们有 $f(x+1) = \frac{f(x)}{f(x)-1}$, 并且用 $x+1$ 代替 x, 我们得到 $f(x) = f(x+2)$. 这特别给出 $f(4) = f(2) = 1/2$, 且

$$f(2x) = f(x+2)(f(x) + 1/2) = f(x)(f(x) + 1/2),$$

$$f(4x) = f(x+4)(f(x) + 1/2) = f(x)(f(x) + 1/2).$$

因此对于所有 x, $f(2x) = f(4x)$, 并且对于所有 x, $f(x) = f(2x) = f(x)(f(x) + 1/2)$, 这就给出了对于所有 x, $f(x) + 1/2 = 1$, 矛盾.

注. 习题18.13为此方程的一个离散版本.

19.18.3 与连续函数相关的问题

习题18.55. 求所有连续函数 $f : (0, \infty) \to (0, \infty)$, 使得对于所有 $x \in (0, \infty)$,

$$f(x) + \frac{1}{f(x)} = x + \frac{1}{x}.$$

解. 对 $f(x)$ 求解, 我们得到 $f(x) = x$ 或 $f(x) = \frac{1}{x}$. 对于每个 $x > 0$. 注意函数 x 和 $\frac{1}{x}$ 仅在 $x = 1$ 成立, 因此 $f(1) = 1$. 现在, 我们认为对于所有 $x \in (0, 1)$, $f(x) = x$, 或对于所有 $x \in (0, 1)$, $f(x) = \frac{1}{x}$. 实际上, 假设对于 $0 < u, v < 1$, $f(u) = u, f(v) = \frac{1}{v}$. 然后 $f(u) < 1$ 且 $f(v) > 1$, 并且通过连续性存在 u 和 v 之间的 r 使得 $f(r) = 1$. 然而 $r \in (0, 1)$, 因此 $f(r) = r$ 或 $f(r) = \frac{1}{r}$, 矛盾. 类似的, 对于所有 $x \in (1, \infty)$, $f(x) = x$, 或对于所有 $x \in (1, \infty), f(x) = \frac{1}{x}$. 因此我们有四个解, 根据 $f(x)$ 是 x 还是 $\frac{1}{x}$, 在 $(0, 1)$ 上, 以及 $f(x)$ 是 x 还是 $\frac{1}{x}$, 在 $(1, \infty)$ 上. 这四个函数都是连续的, 满足给定的等式.

习题18.56. (Bulgaria 2013) 求所有函数 $f : \mathbb{R} \to \mathbb{R}$, 它们以区间 $(0, 1)$ 为界并且对于所有 $x, y \in \mathbb{R}$

$$x^2 f(x) - y^2 f(y) = (x^2 - y^2) f(x+y) - xy f(x-y).$$

解. 我们首先证明函数 f 在 $\mathbb{R}^+$ 上是连续的. 如果 x 和 $y > x + \frac{1}{2}$ 在区间 $(0, n)$ 上运行, 那么 $x + y$ 接受区间 $\left(\frac{1}{2}, 2n - \frac{1}{2}\right)$ 上的所有值, 然后通过对 k 的归纳, 函数 f 以区间 $(0, 2^k + \frac{1}{2})$, $k \in \mathbb{N}$ 为界. 因此, 如果 $y \to 0$, 那么对于每个 $x > 0$, $f(x+y) \to f(x)$, 即 f 是 $\mathbb{R}^+$ 上的连续函数.

现在我们可以用两种方法来求解.

解法一. 以

$$xf(x-y) + y(f(x+y) - f(y)) = x^2 \cdot \frac{f(x+y) - f(x)}{y}$$

的形式写出给定的等式. 如果 $x > 0$ 且 $y \to 0$, 则遵循 f 的连续性, 即左边趋近于 $xf(x)$. 因此 f 在 x 处具有导数且 $f(x) = xf'(x)$. 这个等式意味着 f' 在 x 处具有导数. 因此 $f'(x) = (xf'(x))' = f'(x) + xf''(x)$ 和 $f''(x) = 0$. 因此, 对于 $x > 0$, $f(x) = ax + b$. 另一方面, 如果我们在原始方程中插入 $y = -x$, 我们会看到对于所有 x, $f(x) - f(-x) = f(2x)$. 因此 $f(-2x) = f(-x) - f(x) = -f(2x)$ 和 $f(x)$ 是奇函数. 特别是 $f(0) = 0$, 我们看到对于所有 x, $f(x) = ax$.

解法二. 如上所示 $f(x)$ 是个奇函数. 由于 $f(-x) - f(x) = f(-2x)$, 我们得到 $-f(-2x) = f(2x) = 2f(x)$. 现在在给定的等式中插入 $x = (n-1)y > 0$, 然后在 $n \geqslant 3$ 上归纳 $f(ny) = nf(y)$. 因此 $f(r) = ar$, 其中 $a = f(1)$ 和 $r \in \mathbb{Q}^+$. 现在使用 f 在 $\mathbb{R}^+$ 上的连续性和 f 为奇函数的事实我们得到对于所有 x, $f(x) = ax$.

最后, 很容易检查对于每个实数 a, 函数 $f(x) = ax$, 满足给定的条件.

注. 可以证明问题的结论是成立的, 而不加假定 f 在区间 $(0, 1)$ 上有界.

习题18.57. (Bulgaria 2006) 令 $f : (0, \infty) \to (0, \infty)$ 是对于所有 $x > y > 0$. 使得

$$f(x+y) - f(x-y) = 4\sqrt{f(x)f(y)}$$

的函数

(a) 证明对于所有 $x \in (0, \infty)$, $f(2x) = 4f(x)$.

(b) 找到所有这样的函数 f.

解. (a) 由于 $f(x+y) - f(x-y) > 0$, 因此 f 是 (严格的) 增函数. 因此 $f(x)$ 的极限 $l \geq 0$ 因为 $x \to 0$, $x > 0$. 设 $x, y \to 0$, $x > y > 0$ 得出 $l - l = 4\sqrt{l^2}$, 即 $l = 0$. 固定 x 让 $y \to 0$, $y > 0$ 意味着 $f(x+y) - f(x-y) \to 0$. 由于 f 是单调的, 我们得出结论它在 x 处是连续的. 最后, 让 $y \to x$, $y < x$, 我们得到 $f(2x) = 4f(x)$.

(b) 设 $x = ny > 0$ 且 $n \geq 2$. 然后

$$f((n+1)y) = f((n-1)y) + 4\sqrt{f(ny)f(y)}.$$

使用 $f(2y) = 4f(y)$, 我们通过对 n 的归纳得出 $f(ny) = n^2 f(y)$. 设 $f(1) = c > 0$. 然后 $f(n) = cn^2$. 对于 $p, q \in \mathbb{N}$ 具有

$$cp^2 = f(q \cdot p/q) = q^2 f(p/q),$$

即 $f(p/q) = c(p/q)^2$. 由于 f 是连续函数, 而 $\mathbb{Q}^+$ 是 $(0, \infty)$ 的稠密子集, 因此对于所有 $x > 0$, $f(x) = cx^2$. 相反, 该函数满足给定条件.

习题18.58. 求所有连续函数 $f: \mathbb{R} \to \mathbb{R}$ 满足对于所有 $x, y \in \mathbb{R}$

$$f(f(x)y - xf(y)) = yf(f(x)) - f(x)f(y).$$

解. (来自Batominovski) 取 $x = y = 0$, 得到 $f(0) = -f(0)^2$.

例1. $f(0) = -1$.

设 $x = 0$, 则 $f(-y) = yf(-1) + f(y)$, 取 $y = 1$, 我们得到 $f(1) = 0$. 现在, 取 $x = 1$ 得到 $f(-f(y)) = -y$. 接下来, 取 $x = y$, 得到 $xf(f(x)) = f(x)^2 - 1$. 在最后一个关系中, 用 $-f(x)$ 代替 x, 得到 $f(x)f(-x) = 1 - x^2$. 最后, 我们看到 $f(-x) = xf(-1) + f(x)$. 让我们写 $f(-1) = -2k$, 然后通过消除 $f(-x)$ 我们得到对于所有 x,

$$f(x) = kx \pm \sqrt{(k^2-1)x^2 + 1}.$$

当 $f(0) = -1$ 且 f 是连续的时, 我们推导出对于所有 x

$$f(x) = kx - \sqrt{(k^2-1)x^2 + 1}$$

因此我们必须得到 $k^2 \geq 1$. 当 $f(1) = 0$ 时, 我们得到 $k \geq 0$, 因此 $k \geq 1$. 验证这些函数是否是解是一项很痛苦的任务!

例2. $f(0) = 0$.

这种情况非常困难, 所以我们分成多个步骤. 通过取 $x = y$ 我们得到 $xf(f(x)) = f(x)^2$.

子例1. 有 $t \neq 0$ 使得 $f(t) = 0$.

我们将使用以下内容:

引理. 我们有 $f(1) = 0$, $xf(f(x)) = f(x)^2$, $f(-f(y)) = 0$, 和 $f(f(x)f(y)) = 0$ 对于所有 x 和 y.

引理的证明. 我们已经看到 $xf(f(x)) = f(x)^2$. 现在, 在原方程中取 $x = t$, 那么 $y = t$, 然后 $x = -tf(y)$ 得到

$$f(tf(x)) = tf(f(x)), \quad f(-tf(x)) = 0, \quad f(tf(x)^2) = 0$$

因此

$$f(tf(f(1)) = tf(f(f(1)))$$

和 $f(tf(1)^2) = 0$. 但 $f(1)^2 = f(f(1))$, 所以 $f(f(f(1))) = 0$. 因此从 $xf(f(x)) = f(x)^2$ 中我们很容易推断出 $f(1) = 0$. 现在在函数方程中取 $x = 1$ 得到第三个恒等式. 但第四个恒等式也是清楚地证明了引理. □

设 $S = f^{-1}(\mathbb{R} \setminus \{0\})$. 如果 $S = \emptyset$, 则 f 为零函数. 假设 S 是非空的, 设 F 是 S 对 f 的限制. 通过引理的第二个等式, F 是单射的.

我们现在将证明对于所有的 a, $f(a) \leqslant 0$. 假设存在 $a \neq 0$ 使得 $f(a) > 0$. 因此, $f(f(a)) = \dfrac{f(a)^2}{a} \neq 0$, 所以有 y 使得 $yf(f(a)) \gg \max\{f(a), 1\}$. (这里的符号 "$A \gg B$" 表示差值 $A - B$ 可以任意大.) 因为

$$yf(f(a)) = f(f(a)y - af(y)) + f(a)f(y)$$

我们有 $f(f(a)y - af(y)) \gg 1$ 或 $f(y) \gg 1$. 在任何情况下, 使用 f 的连续性, 必须有一个数字 $u \neq 0$ 使得 $f(u) = 1$. 因此

$$0 = uf(1) = uf(f(u)) = f(u)^2 = 1$$

才盾.

现在, 如果对于某些 $p > 0$, $q < 0$, $f(p) < 0$ 且 $f(q) < 0$, 则违反 F 的内射性(由 f 的连续性论证). 因此, 对于所有 $x \geqslant 0$, (i) $f(x) = 0$ 并且对于 $x \geqslant 0$ 和 $f(x) \leqslant 0$, 对于所有 $x < 0$, (ii) $f(x) = 0$ 并且对于 $x \leqslant 0$, $f(x) \leqslant 0$, 对所有 $x > 0$. 后一种情况不可能发生; 否则, 会存在 $s > 0$ 使得 $f(s) < 0$ 且 $f(f(s)) = \dfrac{f(s)^2}{s}$ 将为正.

因此, 如果 $x \geqslant 0$, $f(x) = 0$ 且对于 $x < 0$, $f(x) \leqslant 0$. 现在, 假设对于某些 $r < 0$, $f(r) < 0$. 因此, 对于所有 $y \geq 0$,

$$f(f(r)y) = f(f(r)y - rf(y)) = yf(f(r)) - f(r)f(y) = y\frac{f(r)^2}{r},$$

或 $f(f(r)y) = k(yf(r))$, 其中 $k = \dfrac{f(r)}{r} > 0$. 由于 y 是任意的, 我们证明对于所有非负的 $x, f(x) = kx$.

我们可以很容易检验零函数和上述形式的函数是否都满足条件. 因此, 对于任意 $k \geqslant 0$, $f(x) = 0$, 如果 $x \geqslant 0$ 和对于 $x < 0, f(x) = kx$ 是函数方程的解.

子例2. 如果 $t = 0$, 则 $f(t) = 0$.

首先注意 f 是单射的, 并且对于所有 x 和 y 有

$$xf(f(x)y - xf(y)) = f(x)(f(x)y - xf(y)).$$

对于任意 x, 定义

$$S_x = \{f(x)y - xf(y) \mid y \in \mathbb{R}\}$$

(当然, $0 \in S_x$ 对于每个 x) 对于 $x \neq 0$, 设 $m_x = \dfrac{f(x)}{x}$. 此外, 设

$$T = \{x \in \mathbb{R} \mid S_x \neq \{0\}\}.$$

因此, 对于所有的 $x \in \mathbb{R}$ 和 $y \in S_x$, 我们有 $f(y) = m_x y$. 如果 $T = \emptyset$, 则存在 $k \in \mathbb{R}$, 使得对于所有 x, $f(x) = kx$.

假设 $T \neq \emptyset$ (但要记住 $0 \notin T$). 然后, 每当 a 和 b 在 T 中时, S_a 和 S_b 包含公共非零元素, 否则, 其中一个仅包含非负元素, 而另一个仅包含非正元素. 因此, $T = T^+ \cup T^-$, 其中 $T^+ = \{x \in T \mid S_x \subseteq [0, +\infty)\}$ 和 $T^- = \{x \in T \mid S_x \subseteq (-\infty, 0]\}$. 因此, 对于所有 $x \in T^+$, m_x 是相等的, 我们用 m_+ 表示它们的公共值 (如果 $T^+ = \emptyset$, 我们只设 $m_+ = 0$). 数 m_- 定义类似.

现在, 如果 $x \in \mathbb{R} \setminus T$ 和 $y \in T$, 我们有 $S_x = \emptyset$, 或 $f(x)y - xf(y) = 0$.

由于 $f(y) = m_{\pm} y$, 我们也有 $f(x) = m_{\pm} x$. 这表明对于所有 $x \in \mathbb{R}$, $f(x) = m_{\pm} x$.

由 f 的连续性可知, 对于所有 $x \geqslant 0$ 和一些 $k_+ \in \{m_{\pm}\}$, $f(x) = k_+ x$. 类似的, 对于所有 $x \leqslant 0$, $f(x) = k_- x$ 对于某些 $k_- \in \{m_{\pm}\}$.

(i) 如果 $k_+ > 0$ 和 $k_- > 0$, 那么对于 $x > 0$ 和 $y < 0$,

$$f((k_+ - k_-)xy) = f(f(x)y - f(x)y) = yf(f(x)) - f(x)f(y).$$

这表明 $f((k_+ - k_-)xy) = k_+((k_+ - k_-)xy)$ 或 $0 < k_+ < k_-$.

(ii) 如果 $k_+ > 0$ 和 $k_- < 0$, 那么对于 $x > 0$ 和 $y < 0$,

$$f((k_+ - k_-)xy) = f(f(x)y - f(x)y) = yf(f(x)) - f(x)f(y).$$

因此

$$f\left((k_+ - k_-)\, xy\right) = k_+\left((k_+ - k_-)\, xy\right).$$

然而, 由于$(k_+ - k_-)\, xy < 0$,

$$f\left((k_+ - k_-)\, xy\right) = k_-\left((k_+ - k_-)\, xy\right).$$

因此, $k_+ = k_-$是荒谬的.

(iii) 如果$k_+ < 0$, 那么对于$x > 0$ 和$y < 0$,

$$f\left((k_+ - k_-)\, xy\right) = f\left(f(x)y - f(x)y\right) = yf\left(f(x)\right) - f(x)f(y)$$

意味着$f\left((k_+ - k_-)\, xy\right) = 0$. 因此$k_+ = k_-$, 这与$T$ 是非空的事实相反.

结合上述所有情况下的结果,我们得出结论,给定函数方程的解是以下函数

$$f(x) = kx,$$

其中k 是任意实数, 如果$x \geqslant 0$, $f(x) = k_+x$, 且如果$x \leqslant 0$, $f(x) = k_-x$, 其中$0 \leqslant k_+ < k_-$, 和$f(x) = kx - \sqrt{(k^2 - 1)\, x^2 + 1}$, 其中$k \geqslant 1$.

习题18.59. 设$f : \mathbb{R} \to \mathbb{R}$ 是满足等式

$$f(x + y) = f(x + f(y))$$

的函数对于所有实数x 和y. 证明:

(a) 如果f 是连续的,那么它是常数或恒等函数;

(b) 给定函数方程存在非连续解.

解. (a) 设$x = 0$, 我们得到$f(y) = f(f(y))$.所以$f(x) = x$ 在f的范围内. 设$a = \inf f$ 和$b = \sup f$.由于f 是连续的, 介值定理告诉我们区间(a, b) 在f的范围内. 所以f 是(a, b)上的恒等式. 如果$a = b$, 那么f 是常数. 如果$a = -\infty$ 且$b = +\infty$, 那么$f(x) = x$. 假设a 是有限的且$b > a$. f的连续性意味着$f(a) = \lim_{x \to a+} f(x) = a$. 所以$f$ 必须是$[a, b]$上的恒等式. 因此对于$d > 0$, $f(x) = x$ 在某个区间$[a, a + 2d]$.设$0 < t < d$, 然后对于某些$s > d$, $f(a - t) = a + s$. (如果$s \leqslant d$, 则$a = f(t + a - t) = f(t + a + s) = a + t + s$,这是个矛盾) 然而, 对于所有$t \in (0, a)$,语句$f(a - t) > a + d$ 并且$f(a) = a$, 与介值定理矛盾. 其中b 是有界的, $a < b$ 类似.

(b) 证明 $f(x) = x - [x]$ 给出了所需的例子.

习题18.60. 证明没有连续函数 $f : [0,1] \to \mathbb{R}$, 使得对于所有 $x \in [0,1]$,

$$f(x) + f(x^2) = x.$$

解. 假设有给定属性的 f. 然后对于 $x \in [0,1]$ 和 $n \geqslant 0$,

$$f(x) = x - f(x^2) = x - (x^2 - f(x^4))$$

$$= x - x^2 + x^4 - \cdots + (-1)^n (x^{2^n} - f(x^{2^{n+1}})).$$

由于 $f(0) = 0$, 且对于所有 $x \in (0,1)$, $\lim_{n \to \infty} x^{2^{n+1}} = 0$, 由 f 的连续性得出 $\lim_{n \to \infty} f(x^{2^{n+1}}) = 0$. 因此对于所有 $x \in (0,1)$,

$$f(x) = x - x^2 + x^4 - \cdots + (-1)^n x^{2^n} + \cdots.$$

固定 $x_0 \in (0,1)$, 并且定义 $x_n = (x_{n-1})^{1/2}$, $n \geqslant 1$. 然后 $(x_n)_{n \geqslant 0}$ 是收敛到1的递增数列

$$\lim_{n \to \infty} f(x_n) = f(1) = 1/2.$$

另一方面, f 不是常数并且存在 $x_0 \in (0,1)$ 使得 $f(x_0) \neq f(1) = 1/2$. 假设 $f(x_0) = \alpha + 1/2$, 其中 $\alpha > 0$. 使用恒等式 $f(x_n) = x_n - f(x_{n-1})$, 我们得到

$$f(x_{2n+1}) = x_1 - x_2 + x_3 - x_4 + \cdots + x_{2n-1} - x_{2n} + x_{2n+1} - f(x_0).$$

但是对于 $1 \leqslant k \leqslant n$, $x_{2k-1} - x_{2k} < 0$ 且 $x_{2n+1} < 1$. 因此

$$f(x_{2n+1}) < 1 - f(x_0) = 1/2 - \alpha,$$

矛盾. 情况 $\alpha < 0$ 类似, 我们推断出没有具有给定性质的函数.

习题18.61. 确定所有连续函数 $f : \mathbb{R} \to \mathbb{R}$ 使得对于所有 $x \in \mathbb{R}$,

$$f(x + f(x)) = f(x).$$

解. 我们将证明唯一的解是常数函数. 假设 f 是一个非恒定解并且取 $a < d$ 使得 $f(a) \neq f(d) \neq 0$ (否则 f 等于零). 我们只考虑 $f(d) > 0$ 的情况,因为另一种情况类似. 设 $b_1 = max\{x \in [a,d] \mid f(x) = f(d)\}$. 由于 $f(b_1) > 0$ 且 $f(a) \neq f(d)$,

则$b_1 > a$并且有b 使得$a \leqslant b < b_1$ 且$f(b) > 0$. 很明显$f(b) \neq f(d)$. 设$c = \max\{x \in [b,d] \mid f(x) = f(b)\}$. 由于$f(c) = f(b) \neq f(d)$, 因此$c < d$ 且对于所有$x \in (c,d]$, $f(x) \neq f(b)(*)$. 我们只考虑$f(c) < f(d)$ 的情况,因为其他情况类似. 取$n \in \mathbb{N}$ 使得

$$d + nf(d) \geqslant c + nf(c) + f(b)$$

设m为最大正整数,使

$$b + mf(b) \leqslant d + nf(d).$$

则

$$b + (m+1)f(b) > d + nf(d) \geqslant c + nf(c) + f(b)$$

相当于

$$b + mf(b) > c + nf(c).$$

现在,中值定理意味着

$$(c + nf(c), d + nf(d)] \subset \{x + nf(x) \mid x \in (c,d]\}.$$

因此存在$x_0 \in (c,d]$ 使得$x_0 + nf(x_0) = b + mf(b)$. 给定的等式通过归纳$n$表示$k$,$f(x + kf(x)) = f(x)$ 对于所有$k \in \mathbb{N}$ 和$x \in \mathbb{R}$. 因此$f(x_0) = f(b)$, 与(*)矛盾.

习题18.62. (Tuymaada 2003) 求所有连续函数$f\colon (0,\infty) \to \mathbb{R}$ 满足对于所有$x,y \in (0,\infty)$.

$$f\left(x + \frac{1}{x}\right) + f\left(y + \frac{1}{y}\right) = f\left(x + \frac{1}{y}\right) + f\left(y + \frac{1}{x}\right).$$

解. 线性函数满足条件, 我们证明只有这些满足.

如果我们用$\frac{1}{y}$ 代替y 可以增强条件

$$f\left(x + \frac{1}{x}\right) + f\left(y + \frac{1}{y}\right) = f\left(x + \frac{1}{y}\right) + f\left(y + \frac{1}{x}\right) = f(x + y) + f\left(\frac{1}{x} + \frac{1}{y}\right).$$

那么

$$f(x + y) - f\left(x + \frac{1}{y}\right) = f\left(\frac{1}{x} + y\right) - f\left(\frac{1}{x} + \frac{1}{y}\right).$$

现在为某些 $C > 1$ 取固定的 $1 < y < C$ 并让 x 足够大. 既然 f 是连续的,那么 f 在 $\left[\dfrac{1}{C}, 2C\right]$ 上是一致连续的. 因此对于每一个 $\epsilon > 0$ 存在 $a > 0$ 使得 $|f(x) - f(y)| < \epsilon$, 每当 $x, y \in \left[\dfrac{1}{C}, 2C\right]$, $|x - y| < a$. 因此,取 $x > \max\left\{C, \dfrac{1}{a}\right\}$, 我们推导出

$$\left| f\left(\frac{1}{x} + \frac{1}{y}\right) - f\left(\frac{1}{y}\right) \right|, \left| f\left(\frac{1}{x} + y\right) - f(y) \right| < \epsilon.$$

这意味着

$$\left(f\left(\frac{1}{x} + y\right) - f\left(\frac{1}{x} + \frac{1}{y}\right) \right) - \left(f(y) - f\left(\frac{1}{y}\right) \right) < 2a$$

我们已经证明了

$$\lim_{x \to \infty} \left((f(x + y) - f\left(x + \frac{1}{y}\right) \right) = f(y) - f\left(\frac{1}{y}\right)$$

并且对于 y,在任意区间 $[1, C]$ 上一致收敛. 现在,对于 $y > 1$,每个 $b > 0$ 可以唯一写成 $y - \dfrac{1}{y}$. 设 $g(b) = f(y) - f\left(\dfrac{1}{y}\right)$, 然后我们看到 $g(b) = \lim_{x \to \infty}(f(x + b) - f(x))$. 从这里可以很清楚地看出 $g(a + b) = g(a) + g(b)$ 并且由于 g 是连续的,我们发现 $g(x) = cx$. 现在我们假设 $c = 0$, 否则取 $f(x) - cx$ 而不是 f. 所以我们有 $f(x) = f\left(\dfrac{1}{x}\right)$, 也有 $\lim_{x \to \infty}(f(x + a) - f(x)) = 0$ 对于 $a \in [0, C]$. 现在把 y 固定并且让 $x \to \infty$. 条件

$$f\left(x + \frac{1}{x}\right) + f\left(y + \frac{1}{y}\right) = f\left(x + \frac{1}{y}\right) + f\left(y + \frac{1}{x}\right)$$

被重写为

$$f\left(x + \frac{1}{x}\right) - f\left(x + \frac{1}{y}\right) = f\left(y + \frac{1}{x}\right) - f\left(y + \frac{1}{y}\right).$$

根据之前获得的极限结果, 右侧现在趋近于零,左侧趋近于 $f\left(x + \dfrac{1}{x}\right) - f(x)$. 因此

$$f\left(x + \frac{1}{x}\right) = f(x).$$

这足以证明 f 是常数. 实际上, 让 $1 \leqslant a < b$. 考虑由 $x_0 = a, y_0 = b, x_{i+1} = x_i + \dfrac{1}{x_i}, y_{i+1} = y_i + \dfrac{1}{y_i}$ 定义的数列. 随着 $x + \dfrac{1}{x}$ 增大,对于 $x \geqslant 1$ 和 $\left(x + \dfrac{1}{x}\right)^2 \geqslant x^2 + 2$,

我们有 $x_i < y_i$ 且 x_i, y_i 任意增大. 最后我们可以注意到对于 $x, y \geqslant 1$

$$\left| x + \frac{1}{x} - y - \frac{1}{y} \right| < |x - y|,$$

因此 $|x_i - y_i| \leqslant |a - b|$. 所以 $\lim\limits_{n \to \infty} (f(x_n) - f(y_n)) = 0$. 但是 $f(x_n) = f(a), f(y_n) = f(b)$, 我们得出 $f(a) = f(b)$. 这就完成了证明. □

习题18.63. 求所有连续函数 $f : \mathbb{R} \to \mathbb{R}$, 使得对于所有实数值 x, y,

$$f(xf(y)) + f(yf(x)) = \frac{1}{2}f(2x)f(2y).$$

解. 在这个证明中, 我们证明了当 f 不是常数时, 它在单独的域 $(-\infty, 0]$ 和 $[0, \infty)$ 上是双射的, (不一定在 $\mathbb{R}$ 上), 我们首先在这些域上找到所有解. 然后我们通过连接来自不同域的任意两个函数并检查它们的工作来得到所有函数 f.

假设 f 不是常数并且让 $P(x, y)$ 为主张

$$f(xf(y)) + f(yf(x)) = \frac{1}{2}f(2x)f(2y).$$

然后

$$P(0, 0): \quad 4f(0) = f(0)^2 \implies f(0) = 0, 4.$$

单射性. 由于 $f(x) = |x|$ 是一个解, 我们不能证明 f 在 $\mathbb{R}$ 上是单射的, 而是证明它在区域 $(-\infty, 0]$ 和 $[0, \infty)$ 上是单射的. 因此假设存在两个实数 $a \neq b$ 使得 $f(a) = f(b)$. 那么我们有

$$\frac{1}{4}f(2a)^2 + \frac{1}{4}f(2b)^2 = f(af(a)) + f(bf(b)) = f(af(b)) + f(bf(a)) = \frac{1}{2}f(2a)f(2b)$$

这意味着

$$\frac{1}{4}[f(2a) - f(2b)]^2 = 0 \implies f(2a) = f(2b).$$

此外,

$$f(af(x)) + f(xf(a)) = \frac{1}{2}f(2a)f(2x) = \frac{1}{2}f(2b)f(2x) = f(bf(x)) + f(xf(b)).$$

这意味着对于所有 $x \in \mathbb{R}$

$$f(af(x)) = f(bf(x)) \tag{1}$$

情况1. $f(0) = 0$.

首先,我们将证明f 在$[0,\infty)$上是单射的. 因此为了矛盾,假设存在$a > b > 0$, 使得$f(a) = f(b)$. 由于当$x > 0$时, $f(x)$ 是连续的而不是常数, 所以存在一些区间$[0,c_1]$或$[-c_1,0]$ 使得f 在该区间是满射的.我们可以假设区间为$[0,c_1]$. 因此, 在(1) 的推动下,我们定义了一个严格递减序列$u_0 \in [0,c_1]$, $u_{n+1} = \dfrac{b}{a}u_n$. 我们发现对于所有$n$,$u_n \in [0,c_1]$, 因此

$$f(au_0) = f(bu_0) = f(au_1) = \cdots = f(au_n).$$

现在$\lim_{n\to\infty} u_n \to 0$, 所以通过$f$ 的连续性我们有

$$\lim_{n\to\infty} f(au_n) = f\left(\lim_{n\to\infty} au_n\right) = f(0) = 0.$$

这意味着对于所有$u_0 \in [0,c_1]$, $f(au_0) = 0$, 因此当$x \in [0,ac_1]$时, $f(x) = 0$. 但对于所有$x \in [0,ac_1]$, 我们有

$$P(x,x): \quad 0 = f(xf(x)) = \frac{1}{4}f(2x)^2,$$

因此$f(2x) = 0$. 归纳的,我们发现对于所有$x \in [0,\infty)$,$f(x) = 0$, 这与f 在该区间上不是常数的假设相矛盾. 因此f 在$[0,\infty)$上是单射的.

至于域$(-\infty,0]$, 只需将原始假设改为$a < b < 0$ 使得$f(a) = f(b)$ 并且相同的证明适用. 因此f 在$(-\infty,0]$ 和$[0,\infty)$ 上是单射的.

情况2. $f(0) = 4$.

我们将再次考虑$x \in [0,\infty)$的情况. 假设存在$a > b > 0$ 使得$f(a) = f(b)$. 然后

$$P\left(\frac{x}{2},0\right): \quad f(2x) + 4 = 2f(x) \Longleftrightarrow f(2x) - 4 = 2[f(x) - 4],$$

归纳$f(2^n x) - 4 = 2^n[f(x) - 4]$. 所以假设至少存在一个值如$f(x) - 4 \neq 0$, 我们将得到$f(2^n) \to \pm\infty$. 并且由于$f$ 是连续的, f 也将在$[4,\infty)$ 或$(-\infty,4]$ 中的至少一个上满射.我们可以假设它为$[4,\infty)$.

与前面的例子类似,我们定义了递增序列$u_0 \in \left[4,\dfrac{4a}{b}\right]$ 和$u_{n+1} = \dfrac{au_n}{b}$. 又是$u_n \in [4,\infty)$, 因此

$$f(bu_0) = f(au_0) = f(bu_1) = \cdots = f(bu_n).$$

现在对于任何 $y \in [4, \infty)$ 存在 $u_0 \in \left[4, \dfrac{4a}{b}\right]$, 使得对于某些 n

$$y = bu_n = b\frac{a^n u_0}{b^n}.$$

因此对于 f 范围内的每个值 v, 存在一些 $x \in [4b, 4a]$ 使得 $f(x) = v$. 但是 f 在域 $[4b, 4a]$ 上是连续的, 因此它达到(有限) 最大值. 这与 f 在 $[4, \infty)$ 上是满射的事实相矛盾, 因此我们的假设是错误的, $f(x)$ 在域 $[0, \infty)$ 上是单射的.

我们通过将假设改为 $a < b < 0$ 和 $f(a) = f(b)$ 来处理负域 $(-\infty, 0]$. 因此 $f(x)$ 在两个域 $x \in (-\infty, 0]$ 和 $[0, \infty)$ 都是单射的.

满射. 我们已经知道当 $f(0) = 4$ 时, $f(x)$ 在 $(-\infty, 4]$ 或 $[4, \infty)$ 上是满射的, 所以考虑, $f(0) = 0$. 我们知道存在一些区间 $[-c_1, 0]$ 或 $[0, c_1]$, 使得 f 在该范围上是满射的, 并且 f 是单调递增/递减的(从 f 开始是单射和连续的), 所以我们考虑两种情况.

情况1. f 在 $[0, c_1]$ 上是满射的.

假设 f 在上面有界, 令

$$\lim_{x \to \infty} f(x) \to L_1.$$

然后当 $f(y) > 0$ 时, 我们有

$$P(\infty, y): \quad L_1 + f(L_1 y) = \frac{L_1}{2} f(2y).$$

所以让 $y = u_0 > 0$, 并且 $u_{n+1} = \dfrac{u_n}{L}$, 当我们发送 $n \to \infty$, 通过 f 的连续性我们有 $L_1 + f(0) = \dfrac{L_1}{2} f(0) \implies L_1 = 0$.

但这意味着 f 是常数, 并且与 f 在 $[0, c_1]$ 上是满射相矛盾, 因此 f 不在上面有界, 并且必须在 $[0, \infty)$ 上是满射的.

情况2. f 在 $[-c_1, 0]$ 上是满射的.

假设 f 有下界, 让

$$\lim_{n \to \infty} f(x) \to L_2,$$

那么当 $f(y) < 0$ 时, 我们有

$$P(\infty, y): \quad L_2 + f(L_1 y) = \frac{L_1}{2} f(2y).$$

通过与情况1 类似的论证, 我们发现 $L_2 = 0$, 这与 f 不是常数矛盾. 因此 $f(x)$ 没有下界, 必须是 $(-\infty, 0]$ 上的满射.

因此,如果$f(0) = 0$, 我们知道存在$2c \in \mathbb{R}$ 使得$f(2c) = 4$. 因此

$$f(cf(c)) = \frac{1}{4}f(2c)^2 = 4 = f(2c),$$

f是单射的事实意味着$f(c) = 2$. 现在

$$P(x, c): f(2x) + f(cf(x)) = \frac{1}{2}f(2c)f(2x) = 2f(2x) \implies f(cf(x)) = f(2x)$$

并且f的单射性表明$f(x) = kx$, 其中$k = 2/c$.

如果$f(0) = 4$, 则上述方法没用, 因为$c = 0$. 我们知道$f(2^n x) = 4 + 2^n[f(x) - 4]$, 并且让$f(x) - g(x) + 4$, 我们得到

$$g(2^n x) = 2^n g(x). \tag{2}$$

另一方面

$$P(x, x): f(xf(x)) = \frac{1}{4}f(2x)^2 = (f(x) - 2)^2 \Leftrightarrow g(xg(x) + 4x) = g(x)^2 + 4g(x),$$

应用(2) 给出$g(2^n xg(x) + x) = 2^n g(x)^2 + g(x)$, 其对于所有$n \in \mathbb{Z}, x \in (0, \infty)$都成立.

现在存在$c \in \mathbb{R}$使得$f(c) = 1$, 因此,令$x = c$ 给出

$$g(2^n c + c) = 2^n + 1.$$

因此,应用(2) 我们得到

$$f(2^{n+m} c + 2^m) = 2^{n+m} + 2^m \tag{3}$$

这也适用于所有$n, m \in \mathbb{Z}$和$x \in \mathbb{R}$.

现在对于每个$a \in (0, \infty)$, 我们将定义一个收敛于a 的数列并证明$g(ac) = a$. 因此,对于所有$x \in (0, \infty)$,它遵循$g(cx) = x$.

所以选取两个整数$k, \ell \in \mathbb{Z}$ 使得$2^k + 2^\ell < a$, 并且让$u_0 = 2^k + 2^\ell$. 数列的下一个项是由$u_{n+1} = 2^{k_{n+1}} u_n^2 + u_n$归纳定义的, 其中$k_{n+1}$ 是最大的可能的整数,使得$u_{n+1} < a$. 那么这个数列的$n \to \infty$ 极限为a.

但是从(3) 中我们得到对于所有$n \in \mathbb{N}$, $g(cu_n) = u_n$, 所以g 的连续性意味着$\lim_{n \to \infty} g(cu_n) = g(\lim_{n \to \infty} cu_n) = g(ca) = a$. 对于所有$a \in (0, \infty)$ 都是如此, 因此对于$k = \frac{1}{c}$,我们有$g(x) = \frac{x}{c}$ 或$f(x) = kx + 4$.

因此,问题的所有解都是以下函数: $f(x)=kx,\ k\in\mathbb{R};\ f(x)=kx+4, k\in\mathbb{R};$

$$f(x)=\begin{cases} k_1x &,x<0 \\ k_2x &,x\geqslant 0\end{cases}$$

和

$$f(x)=\begin{cases} k_1x+4 &,x<0 \\ k_2x+4 &,x\geqslant 0\end{cases}$$

其中$k_1\leqslant 0,\ k_2\geqslant 0$.

习题18.64. (IMC 2008). 求所有连续函数$f:\mathbb{R}\to\mathbb{R}$, 使得对于所有实数$x$和$y$, $f(x)-f(y)$ 是有理的,使得$x-y$ 是有理的.

解. 我们证明了$f(x)=ax+b$, 其中$a\in\mathbb{Q}$ 和$b\in\mathbb{R}$. 这些函数显然满足条件.

假设函数$f(x)$ 满足所需性质. 对于任何有理数q, 考虑函数$g_q(x)=f(x+q)-f(x)$. 这是一个只得到有理值的连续函数, 因此g_q 是常数(证明它!).

设$a=f(1)-f(0)$和$b=f(0)$.令n 为任意正整数并且令$r=f(1/n)-f(0)$. 由于对于所有x, $f(x+1/n)-f(x)=f(1/n)-f(0)=r$, 我们有

$$f(k/n)-f(0)$$
$$=(f(1/n)-f(0))+(f(2/n)-f(1/n))+\ldots+(f(k/n)-f((k-1)/n)$$
$$=kr.$$

类似的,对于$k\geqslant 1,f(-k/n)-f(0)=-kr$. 在$k=n$的情况下, 我们得到$a=f(1)-f(0)=nr$, 所以$r=a/n$. 因此,对于所有整数$k$ 和$n>0$, $f(k/n)-f(0)=kr=ak/n$. 然后$f(k/n)=a\cdot k/n+b$. 因此,对于所有x, 我们有$f(x)=ax+b$. 由于函数f 是连续的,并且有理数形成了$\mathbb{R}$的一个稠密子集,对于所有实数x也同样成立.

19.18.4 与函数的奇偶性相关的问题

习题18.65. 求所有连续函数$f:\mathbb{R}\to\mathbb{R}$, 使得对于所有$x,y\in\mathbb{R}$,

$$f(x+y)+f(x)f(y)=f(xy+1).$$

解. 如果我们将x,y 替换为$-x,-y$ 并与初始条件进行比较,我们得到

$$f(x+y)+f(x)f(y)=f(-x-y)+f(-x)f(-y).$$

现在写 $f = g + h$, 其中 $g(x) = \dfrac{f(x) + f(-x)}{2}$ 和 $h(x) = \dfrac{f(x) - f(-x)}{2}$ 是 f 的偶数和奇数部分. 然后

$$g(x+y) + h(x+y) + (g(x) + h(x))(g(y) + h(y))$$

$$= g(x+y) - h(x+y) + (g(x) - h(x))(g(y) - h(y))$$

得到

$$2h(x+y) + 2g(x)h(y) + 2h(x)g(y) = 0.$$

接下来我们将 y 替换为 $-y$ 得到

$$2h(x-y) - 2g(x)h(y) + 2h(x)g(y) = 0$$

并且从这里得到

$$h(x+y) + h(x-y) = -2h(x)g(y).$$

我们在问题8.3中解决了这个方程. 因此 h 是不满足原始条件的 $c\sin(ax) + d\cos(ax)$ 或 $c\sinh(ax) + d\cosh(ax)$ 和 $g = \cos(ax)$, 或 $h(x)$ 是线性函数 $g(x) = -1$, 或 $h(x) = 0$ 且 g 是任意的. 如果 $h = a + bx$ 是线性的, 则 $a = 0$,因为 h 是奇数. 当 $f(x) = g(x) + h(x)$, 我们得到 $f(x) = -1 + bx$ 并且代入初始条件我们看到只有 $f(x) = x - 1$ 满足条件. 如果 $h(x) = 0$,那么 f 是偶函数, 如果我们将 y 替换为 $-y$, 我们得到

$$f(x-y) + f(x)f(y) = f(xy - 1).$$

因此

$$f(x+y) - f(x-y) = f(xy+1) - f(xy-1) = k(4xy),$$

其中 $k(x) = f\left(\dfrac{x}{4} + 1\right) - f\left(\dfrac{x}{4} - 1\right)$. 然后我们将 $r(t) = f(\sqrt{t})$, 设为 $t > 0$ 并且得出结论对于所有 $x, y \geqslant 0$, $r(x) - r(y) = k(x-y)$, 因为等式

$$(x+y)^2 - (x-y)^2 = 4xy.$$

因此对于所有 $x \geqslant y \geqslant 0$, $r(x) - r(y) = r(x-y) - r(0)$, 这表明 $r(x) + r(0)$ 是 $(0, \infty)$ 上的加性函数. 因此,从定理1.5 得出 r 是 $(0, \infty)$ 上的线性函数,并且由于 f 是偶函数,我们得出结论 $f(x) = a + bx^2$. 然后替换为初始条件,我们得

到$f(x) = x^2-1$或$f(x) = 0$. 因此有三个解: $f(x) = x-1$, $f(x) = x^2-1$和$f(x) = 0$.

习题18.66. 求所有连续函数$f, g, h: \mathbb{R} \to \mathbb{R}$ 服从对于所有$x, y \in \mathbb{R}$

$$f(x + y) + g(xy) = h(x)h(y) + 1.$$

解. 如果$y = 0$, 那么$f(x) = h(x)h(0) + 1 - g(0)$. 我们可以假设$g(0) = 0$ 否则将f 替换成$f + g(0)$, 并且将g 替换成$g - g(0)$ 以获得相同的条件. 我们得到$f(x) = h(x)h(0) + 1$, 所以

$$h(x + y)h(0) + g(xy) = h(x)h(y).$$

如果$h(0) = 0$, 我们得到

$$h(x)h(y) = g(xy) = h(xy)h(1)$$

因此从定理1.11得出对于某些k, $h(x) = ax^k$, $g(x) = a^2x^k$. 如果$h(0) \neq 0$, 我们可以假设$h(0) = 1$; 否则将h 替换为$\dfrac{h}{h(0)}$ 并且将g 替换成$\dfrac{g}{g_0}$ 来保持条件. 所以我们有$h(x + y) + g(xy) = h(x)h(y)$. 如果我们设$y = 1$, 我们得到

$$g(x) = ah(x) - h(x + 1),$$

其中$a = h(1)$. 因此我们得到

$$h(x + y) + ah(xy) = h(x)h(y) + h(xy + 1)$$

现在令u, v成为h的偶数和奇数部分. 我们有

$$u(x + y) + v(x + y) + au(xy) + av(xy)$$

$$= (u(x) + v(x))(u(y) + v(y)) + u(xy + 1) + v(xy + 1).$$

现在如果我们将x, y替换成$-x, -y$ 我们得到

$$u(x + y) - v(x + y) + au(xy) + av(xy)$$

$$= (u(x) - v(x))(u(y) - v(y)) + u(xy + 1) + v(xy + 1).$$

减去这两个等式

$$2v(x+y) = 2v(x)u(y) + 2u(x)v(y)$$

并将y替换为$-y$,等式就变为

$$v(x+y) - v(x-y) = 2u(x)v(y).$$

现在使用问题8.3)很容易检查唯一的解u,v 与偶数u 和奇数v 是$v = c\sin(ax), u = \cos(ax)$ 或$v = c\sinh(ax), u = \cosh(ax)$ 或$v = cx, u = 1$ 或$v = 0$,其中u 为任意偶函数. 我们可以马上消去前两个解,作为h 的表达式,正弦余弦肯定不满足条件(只要$h(xy+1) - ah(xy)$ 与$h(x+y)$ 或$h(x)h(y)$)无关. 如果$v = cx, u = 1$, 那么$h(x) = 1 + cx, a = 1 + c$, 因此我们得到

$$1 + c(x+y) + (1+c)(1+cxy) = (1+cx)(1+cy) + 1 + c(xy+1)$$

满足条件

$$g(x) = (1+c)(1+cx) - c(x+1) = c^2x + 1.$$

如果$v = 0$,那么h 是偶数. 然后在h 上写入条件x,y 和$x,-y$,减去它们,得到

$$h(x+y) - h(x-y) = h(1+xy) - h(xy-1).$$

这个函数方程是用解$h(x) = ax^2 + b$求解上一个问题的. 由于$h(0) = 1$, 我们得到$b = 1$, 因此$h(x) = ax^2 + 1, f(x) = ax^2 + 2$ 和$g(x) = a^2x^2 - 2ax$.

19.18.5　与构造法相关的问题

习题18.67. (Romania 2001 预选题) (a) 设$g, h : \mathbb{Z} \to \mathbb{Z}$ 一对一的函数. 证明对于所有$x \in \mathbb{Z}$, 由$f : \mathbb{Z} \to \mathbb{Z}$ 定义的函数$f(x) = g(x)h(x)$ 不是满射的.

(b) 设$f : \mathbb{Z} \to \mathbb{Z}$ 为满射函数. 证明存在满射函数$g, h : \mathbb{Z} \to \mathbb{Z}$ 使得对于所有$x \in \mathbb{Z}, f(x) = g(x)h(x)$.

解. (a) 假设f 是满射函数并且令$a, b \in \mathbb{Z}$ 使得$f(a) = 1$ 和$f(b) = -1$. 显然$a \neq b$ 和等式

$$g(a)h(a) = 1, g(b)h(b) = -1$$

意味着$f(a), g(a), f(b), g(b) \in \{1, -1\}$. 如果$f(a) \neq f(b)$, $g(a) \neq g(b)$, 那么$f(a)f(b) = g(a)g(b) = -1$, 这与$f(a)g(a)f(b)g(b) = -1$相矛盾. 因此$f(a) = f(b)$或$g(a) = g(b)$, 与f或g的单射性矛盾.

(b) 令$a_0 \in \mathbb{Z}$, 使得$f(a_0) = 0$.我们定义$g(a_0) = h(a_0) = 0$. 对于每个正整数n, 令a_n 和b_n 为正整数,使得$f(a_n) = n^2$ 和$f(b_n) = -n^2$. 然后我们定义$g(a_n) = n, h(a_n) = n, g(b_n) = -n, h(b_n) = n$. 因此,所有整数都在$g$ 的范围内,并且所有非负整数都在h的范围内. 对于任何正整数n,令c_n 为$f(c_n) = n(n+1)$的整数. 由于$a_m \neq c_n$ 和$b_m \neq c_n$, 对于每个m ($n(n+1)$ 不是正方形) 我们可以定义$g(c_n) = -(n+1)$ 和$h(c_n) = -n$. 因此h的范围覆盖$\mathbb{Z}$. 在集合

$$A = \mathbb{Z} \cup_{n \in \mathbb{N}} \{a_n, b_n, c_n\}$$

非空的情况下,我们定义对于所有$k \in A, g(k) = f(k)$ 和$h(k) = 1$.

习题18.68. (G. Dospinescu)求在非负实数上定义的所有函数f ,其值在同一个集合中, 使得对于所有$x \geqslant 0$,

$$f(\lfloor f(x) \rfloor) + \{f(x)\} = x.$$

这里$\lfloor a \rfloor$ 和$\{a\}$ 是实数a的整数和小数部分.

解. 代入$x = 0$ 得到$f(0)$是一个整数而$f(f(0)) = 0$.通过取$x = n$ 为一个整数,然后$x = \lfloor f(n) \rfloor$, 通过比较两个等式我们得到对于所有整数n

$$f(\lfloor n - \{f(n)\} \rfloor) + \{n - \{f(n)\}\} = \lfloor f(n) \rfloor.$$

这将用于证明$f(n)$ 是所有整数n的整数. 假设相反, 考虑$f(n)$ 不是整数的最小整数n . 通过第一次观察$n \geqslant 1$, 很明显$\lfloor n - \{f(n)\} \rfloor = n - 1$. 上述关系表明$\{n - \{f(n)\}\}$是个整数,因此$f(n)$ 本身就是个整数, 矛盾.

使用$f(n)$ 是整数的事实, 我们从$x = n$ 推断出$f(f(n)) = n$, 此外, 关系$f(\lfloor f(x) \rfloor) + \{f(x)\} = x$ 表明$\{f(x)\} - x$ 是整数,因此对于所有x, $f(x) - x$ 是一个整数.

现在, 考虑$x > 0$ 并且代入$n = \lfloor f(x) \rfloor$, 那么$f(n) + \{f(x)\} = x$. 取整数部分我们得到$f(n) = \lfloor x \rfloor$, 所以$f(\lfloor f(x) \rfloor) = \lfloor x \rfloor$. 因为我们看到$f(f(n)) = n$, 我们得到

$$f(\lfloor x \rfloor) = f(f(\lfloor f(x) \rfloor)) = \lfloor f(x) \rfloor,$$

所以$f(\lfloor x \rfloor) = \lfloor f(x) \rfloor$. 这和$\{f(x)\} = \{x\}$的关系表明$f$ 是由对非负整数集的限制唯一确定的, 这是一个函数$g : \{0, 1, \ldots\} \to \{0, 1, \ldots\}$ 使得$g(g(n)) = n$. 相反, 很容易验证所有这些函数是否是问题的解.

习题18.69. (IMO 1997 预选题) 是否存在函数 $f, g : \mathbb{R} \to \mathbb{R}$ 使得

(a) $f(g(x)) = x^2$ 和 $g(f(x)) = x^4$;

(b) $f(g(x)) = x^2$ 和 $g(f(x)) = x^3$ 对于所有 $x \in \mathbb{R}$?

解. (a) 我们将证明有函数 f 和 g 满足给定条件. 为此,我们首先在受限域 $[1, \infty]$ 上构造 f 和 g. 从这两个方程得到

$$f(x^4) = f(g(f(x))) = f(x)^2$$

和

$$g(x^2) = g(x)^4.$$

这些等式建议考虑以下函数

$$f(x) = 2^{(\log_2 x)^{1/2}}, g(x) = 16^{(\log_2 x)^2}, x \geqslant 1,$$

并将它们扩展为 $\mathbb{R}$. 在区间 $(0,1)$ 上定义将 f 和 g 分别定义为 $1/f(1/x)$ 和 $1/g(1/x)$. 接下来设 $f(0) = g(0) = 0$ 和

$$f(x) = f(-x), \ g(x) = g(-x)$$

对于 $x \in (-\infty, 0)$.很容易验证在 $\mathbb{R}$ 上以这种方式定义的函数 f 和 g 是否满足所需方程.

(b) 不! 假设 f 和 g 满足给定方程. 由于方程 $h(x) = x^3$ 是一对一的,因此 f 也是一对一的函数.因此 $f(1), f(-1)$ 和 $f(0)$ 是三个不同的数. 另一方面

$$f(x^3) = f(g(f(x))) = f(x)^2$$

因此上述数字是方程 $t = t^2$ 的根, 矛盾.

习题18.70. 求方程的解:

(a)对于所有 $x \in (0, \infty)$, $f(x^2) = 1 + f(x)$;

(b)对于所有 $x \in \mathbb{R}$, $f(x+1) = f(x)^2$.

解.我们通过将两个方程简化为线性方程来找到它们的解.

(a) 设 $F(x) = f(a^x)$, 其中 $a > 0$. 然后 $F(2x) = 1 + F(x)$, 它满足 $F(x) = \log_2 x$. 因此给定方程的一个解被函数 $f(x) = \log_2 \log_a x$ 给出,其中 $a > 0$ 是任意常数.

(b) 我们可以让给定的方程线性化,通过让 $F(x) = \log_a f(x)$, 其中 $a > 0$. 然后方程变成 $F(x+1) = 2F(x)$, 具有明显的解 $f(x) = 2^x$. 因此,初始方程的解是 $f(x) = a^{2^x}$.

习题18.71. (Bulgaria 2014) 找到所有正整数 n , 其中有一个 n 阶多项式 f,其整数系数和前导项的正系数,以及一个多项式 g,其整数系数使得对于所有 $x \in \mathbb{R}$,

$$xf^2(x) + f(x) = (x^3 - x)g^2(x).$$

解. 给定条件可写成

$$(2xf(x) + 1)^2 = (x^2 - 1)(2xg(x))^2 + 1.$$

建议考虑以下问题: 找到具有整数系数的多项式的所有对 (p, q) 使得对于所有 $x \in \mathbb{R}$,

$$p^2(x) = (x^2 - 1)q^2(x) + 1.$$

设 (p, q) 是这样的一对.我们可以假设两个多项式都有正的前导项. 我们设 $P_0 = p$, $Q_0 = q$, 并考虑多项式 $P_1(x) = xp(x) - (x^2 - 1)q(x)$ 和 $Q_1(x) = -p(x) + xq(x)$. 很容易验证它们是否满足上面的等式 $\deg Q_1 < \deg Q_0$. 以同样的方式继续,我们得到一个解 (P_s, Q_s) 使得 $\deg Q_s = 0$. 很容易验证有两个这样的解: $(x, 1)$ 和 $(1, 0)$. 注意,将上述构造应用于第一个解,我们得到第二个解.所以,我们可以假设 $(P_s, Q_s) = (1, 0)$. 这表明,具有所有所需性质的多项式对 (p, q) 可以通过 $(p_0, q_0) = (1, 0)$ 和

$$(p_{i+1}, q_{i+1}) = (xp_i(x) + (x^2 - 1)q_i(x), p_i(x) + xq_i(x)), i \geq 0$$

递归的定义.

现在,回到我们的问题. 我们看到对 (f, g) 满足给定的方程,该对 $(2xf(x) + 1, 2xg(x))$ 是上述数列的项. 因为它的前五项是 $(1, 0)$, $(x, 1)$, $(2x^2 - 1, 2x)$, $(4x^3 - 3x, 4x^2 - 1)$ 和 $(8x^4 - 8x^2 + 1, 8x^3 - 4x)$, 和 $(p_4(x), q_4(x)) \equiv (1, 0) \pmod{2x}$ 我们看到如果我们考虑数列 $\mod 2x$ 的每个项中的两个多项式,我们得到周期为4的数列. 因此,上述序列的项 (p_i, q_i) 导致一对具有期望性质的多项式 (f, g) 是那些可被4整除的项 i . 所以, 我们要找到的整数是 $n = 4k + 3, k \geq 0$.

习题18.72. (IMC 2003) (a) 证明对于每个函数 $f : \mathbb{Q} \times \mathbb{Q} \to \mathbb{R}$ 存在函数 $g : \mathbb{Q} \to \mathbb{R}$ 使得对于所有 $x, y \in \mathbb{Q}$,

$$f(x, y) \leqslant g(x) + g(y).$$

(b) 找到一个函数 $f : \mathbb{R} \times \mathbb{R} \to \mathbb{R}$, 其中没有函数 $g : \mathbb{R} \to \mathbb{R}$ 使得对于所有 $x, y \in \mathbb{R}$,

$$f(x, y) \leqslant g(x) + g(y).$$

解. (a) 令 $\phi : \mathbb{Q} \to \mathbb{N}$ 为双射. 定义

$$g(x) = \max |f(s, t)| : \ s, t \in \mathbb{Q}, \ \phi(s) \leqslant \phi(x), \ \phi(t) \leqslant \phi(x).$$

我们有

$$f(x, y) \leqslant \max\{g(x), g(y)\} \leqslant g(x) + g(y).$$

(b) 我们对此给出两种解法.

解法一. 我们将证明由 $f(x, y) = \dfrac{1}{|x - y|}$ 定义的函数对于 $x \neq y$ 和 $f(x, x) = 0$ 满足问题. 如果, 通过矛盾存在如上所述的函数 g, 则得到对于所有 $x, y \in \mathbb{R}, g(y) \geqslant \frac{1}{|x-y|} - f(x), x \neq y$. 因此对于每个 $x \in \mathbb{R}$, $\lim_{y \to x} g(x) = \infty$. 现在我们证明, 在有界和闭合区间 $[a, b]$ 的每个点上没有函数 g 具有无限极限.

对于每个 $k \in \mathbb{N}$, 我们设 $A_k = \{x \in [a, b] \mid |g(x)| \leqslant k\}$, 我们显然有

$$[a, b] = \bigcup_{k=1}^{\infty} A_k.$$

集合 $[a, b]$ 是不可数的, 因此至少有一个集合 A_k 是无界的 (事实上是不可数的). 对于该集合, 比如说 A_k, 在 A_k 中存在具有不同项的序列. 该序列包括收敛子序列 $(x_n)_{n \in \mathbb{N}}$, 其收敛于点 $x \in [a, b]$. 但是 $\lim_{y \to x} g(y) = \infty$ 意味着 $g(x_n) \to \infty$, 这是个矛盾, 因为对于所有 $n \in \mathbb{N}$, $|g(x_n)| \leqslant k$.

解法二. 设 S 是所有实数序列的集合. S 的基数是

$$|S| = |\mathbb{R}|^{\aleph_0} = 2^{\aleph_0^2} = 2^{\aleph_0} = |\mathbb{R}|.$$

因此, 存在一个双射 $h : \mathbb{R} \to S$.

现在,按以下方式定义函数f. 对于任何实数x 和正整数n, 令$f(x,n)$ 为序列$h(x)$的第n个元素. 如果y 不是正整数,那么让$f(x,y) = 0$. 证明了该函数具有所需的性质.

设g 是任意的$\mathbb{R} \to \mathbb{R}$函数. 我们证明存在实数$x, y$ 使得$f(x,y) > g(x) + g(y)$. 考虑序列

$$(n + g(n))_{n \geqslant 1}.$$

该序列是S的元素,因此对于某个实数x, $(n + g(n))_{n \geqslant 1} = h(x)$. 然后对于任意正整数$n$, $f(x,n)$ 是第n个元素, $f(x,n) = n + g(n)$. 选择n 使得$n > g(x)$, 我们得到

$$f(x,n) = n + g(n) > g(x) + g(n).$$

习题18.73. (IMO 2008 预选题) 设$S \subseteq \mathbb{R}$ 是一组实数.我们说从S 到S 的一对函数(f,g)是S上的西班牙对:

(i) 两个函数都严格增加, 即对于所有$x, y \in S$ 与$x < y$, $f(x) < f(y)$和$g(x) < g(y)$;

(ii) 不等式$f(g(g(x))) < g(f(x))$适用于所有$x \in S$.

决定是否存在西班牙对:

(a) 关于正整数的集合$S = \mathbb{N}$;

(b) 在集合$S = \{a - \dfrac{1}{b} \mid a, b \in \mathbb{N}\}$.

解. 我们表明, (a)部分的答案是"否", (b)部分的答案是"是".

(a) 设$g^{(k)}(x)$ 表示$g(x)$和$g^{(0)}(x) = x$的第k次迭代.假设在集合$\mathbb{N}$上存在西班牙对(f,g) .从属性(i)我们有$f(x) \geqslant x$ 并且对于所有$x \in \mathbb{N}$, $g(x) \geqslant x$. 我们声称对于所有$k \geqslant 0$, $g^{(k)}(x) \leqslant f(x)$. 证明是通过对k的归纳得到的.由于$x \leqslant f(x)$,我们已经有基本情况$k = 0$. 对于从k到$k+1$设为归纳步骤,我们得到(ii)

$$g(g^{(k+1)}(x)) = g^{(k)}(g^{(2)}(x)) \leqslant f(g^{(2)}(x)) < g(f(x)).$$

由于g 是递增的,因此$g^{(k+1)}(x) < f(x)$ 并证明了此判定.

如果对于所有$x \in \mathbb{N}$, $g(x) = x$, 则$f(g(g(x))) = f(x) = g(f(x))$,则与(ii)矛盾.因此存在$x_0 \in \mathbb{N}$, 其中$x_0 < g(x_0)$. 现在考虑序列$x_0, x_1, \ldots$, 其中$x_k = g^{(k)}(x_0)$. 该序列是递增的,因为$x_0 < g(x_0) = x_1$ 和$x_k < x_{k+1}$, 意味着$x_{k+1} = g(x_k) < g(x_{k+1} = x_{k+2})$. 因此我们得到了一个严格递增的序

列$x_0 < x_1 < \ldots$ 另一方面,正整数有一个上界,即$f(x_0)$. 这在$\mathbb{N}$中不可能发生,因此$\mathbb{N}$上不存在西班牙对.

(b) 我们在集合$S = \{a - \dfrac{1}{b} \mid a, b \in \mathbb{N}\}$上呈现一个西班牙对. 让

$$f(a - 1/b) = a + 1 - 1/b,$$

$$g(a - 1/b) = a - 1/(b + 3^a).$$

这些函数很明显是递增的. 条件(ii) 成立,由于

$$f(y(y(u-1/b))) = (a+1) - 1/(b + 2 \cdot 3^a) < (a+1) - 1/(b + 3^{a+1}) = g(f(a - 1/b)).$$

19.18.6   与利用特殊群的函数方程相关的问题

习题18.74. (IMO 2001 预选题) 找到所有函数$f : \mathbb{R} \to \mathbb{R}$ 满足对于所有$x, y \in \mathbb{R}$,

$$f(xy)(f(x) - f(y)) = (x - y)f(x)f(y).$$

解. 让(*)表示给定的函数方程. 代入$y = 1$, 我们得到$f(x)^2 = xf(x)f(1)$. 如果$f(1) = 0$, 则对于所有x, $f(x) = 0$, 这是不重要的解. 假设$f(1) = a \neq 0$, 并且让$G = (x \in \mathbb{R} \mid f(x) \neq 0)$. 然后

$$f(x) = \begin{cases} ax & ,x \in G \\ 0 & ,\text{其他.} \end{cases}$$

我们现在将证明G是$\mathbb{R}$的乘法子群.

(1) 显然$1 \in G$, 因为$f(1) \neq 0$.

(2)如果$x \in G, y \notin G$, 那么通过(*)得出$f(xy)f(x) = 0$, 所以$xy \notin G$.

(3) 如果$x, y \in G$, 则$x/y \in G$ (否则通过(2), $y(xy) = x \notin G$).

(4) 如果$x, y \in G$, 则通过(3) 我们得到$x^{-1} \in G$,所以$xy = y/x^{-1} \in G$.

相反, 很容易验证给定$a \neq 0$, $\mathbb{R}$的每个乘法子群G 都给出了满足上述要求(*)的函数f. 这种群的一个明显例子是一组非零实数. 但是请注意,G还有许多其他选择,包括非零有理数.

习题18.75. 求所有函数$f : \mathbb{Q} \to \mathbb{Q}$, 使得对于所有$x, y \in \mathbb{Q}$,

$$f(x + y + f(x)) = x + f(x) + f(y).$$

解. 设 A 是 $\mathbb{Q}$ 的任何加性子群, 即如果 $x, y \in A$, 那么 $x - y \in A$. 表示由 $x \sim y \iff x - y \in A$ 定义的等价关系 $\sim$, 并且让 $r(x)$ 为任何选择函数, 其在每个有理数上将其等价类的元素（每个类唯一）相关联. 设 $m : \mathbb{Q} \to A$ 是任意函数. 首先, 我们将证明函数

$$f(x) = m(r(x)) + x - 2r(x)$$

是一个解. 我们有

$$x + f(x) = m(r(x)) + 2(x - r(x)) \in A,$$

所以

$$y + x + f(x) \sim y, r(y + x + f(x)) = r(y).$$

因此

$$f(x + y + f(x)) = m(r(x + y + f(x))) + x + y + f(x) - 2r(x + y + f(x))$$

$$= m(r(y)) + x + y + f(x) - 2r(y) = x + f(x) + f(y).$$

我们现在将证明给定方程的每个解 f 都具有上述形式. 设 $A = \{x \in \mathbb{Q} \mid f(x + y) = f(y) + x, \forall y \in \mathbb{Q}\}$. 我们将表示 A 是 $\mathbb{Q}$ 的一个加性子群. 很明显 $0 \in A$. 如果 $x \in A$, 对于所有 $y \in \mathbb{Q}$, $f(x + y) = f(y) + x$. 设 $y = y_1 - x$, 然后

$$f(x + y_1 - x) = f(y_1 - x) + x,$$

所以对于所有 $y_1 \in \mathbb{Q}$, $f(y_1) = f(y_1) - x$, 因此 $-x \in A$. 如果 $x \in A$ 和 $x_1 \in A$, 那么

$$f(x + x_1 + y) = f(x + (x_1 + y)) = f(x_1 + y) + x.$$

但是 $f(x_1 + y) = f(y) + x_1$, 由于 $x_1 \in A$, 所以 $f(x + x_1 + y) = f(y) + x + x_1$, 意味着 $x + x_1 \in A$.

注意对于所有 $x \in \mathbb{Q}$, $f(x) + x \in A$, 因为

$$f(y + (x + f(x))) = f(y) + (x + f(x)).$$

现在 A 是加群的事实, 意味着 $x \sim y \iff x - y \in A$ 是一个等价关系. 设 $r(x)$ 是任何选择函数, 它在每个有理数处关联一个等价的元素（每个类都是唯一

的). 设 $m(x) = f(x) + x$. 由于 $f(x) + x \in A$, 因此 $m(x)$ 是从 $\mathbb{Q}$ 到 $\mathbb{Q}$ 的函数. 然后 $x = r(x) + (x - r(x))$, 并且因为 $x - r(x) \in A$ (x 和 $r(x)$ 属于同一类), 我们有

$$f(x) = f(r(x) + (x - r(x))) = f(r(x)) + x - r(x) = m(r(x)) + x - 2r(x).$$

以下是满足给定关系的函数的一些示例:

(1) 设 $A = \mathbb{Q}$, $r(x) = 0$ 且 $m(x) = p$. 然后 $f(x) = x + p$.

(2) 设 $A = \{0\}$, $r(x) = x$ 且 $m(x) = 0$. 然后 $f(x) = -x$.

(3) 设 $A = \mathbb{Z}$, $r(x) = x - \lfloor x \rfloor$ 和 $m(x) = n$. 然后 $f(x) = 2\lfloor x \rfloor - x + n$. (这里 $\lfloor x \rfloor$ 是实数 x 的整数部分.)

(4) 设 $A = \mathbb{Z}$, $r(x) = x - \lfloor x \rfloor$ 和 $m(x) = \lfloor 5\sin(\pi x) \rfloor$, 然后

$$f(x) = \lfloor 5\sin(\pi(x - \lfloor x \rfloor)) \rfloor + 2\lfloor x \rfloor - x.$$

19.18.7　与稠密性相关的问题

习题18.76. (IMO 2003 预选题) 求在区间 $[1, \infty)$ 上递增的所有函数 f: $(0, \infty) \to (0, \infty)$, 使得对于所有 $x, y, z \in (0, \infty)$,

$$f(xyz) + f(x) + f(y) + f(z) = f(\sqrt{xy})f(\sqrt{yz})f(\sqrt{zx}).$$

解. 分别用 $\dfrac{x}{y}$, $\dfrac{y}{x}$ 和 xy 代替 x, y 和 z, 我们得到

$$2f(xy) + f\left(\frac{x}{y}\right) + f\left(\frac{y}{x}\right) = f(1)f(x)f(y).$$

对于 $y = 1$, 则为 $3f(x) + f\left(\dfrac{1}{x}\right) = f(1)^2 f(x)$. 特别是

$$4f(1) = f(1)^3.$$

由于 $f(1) > 0$, 则 $f(1) = 2$. 因此, $f(x) = f\left(\dfrac{1}{x}\right)$, 并且上述方程可以写成

$$f(xy) = f(x)f(y) - f\left(\frac{x}{y}\right).$$

此外,由于e > 1, 那么$f(e) \geqslant f(1) = 2$, 因此对于某些$\alpha \geqslant 0$. $f(e) = e^{\alpha} + e^{-\alpha}$. 利用$f(x^2) = f(x)^2 - 2$, 通过归纳得到对于所有$n \in \mathbb{N}_0$.

$$f(e^{2^{-n}}) = e^{\alpha 2^{-n}} + e^{-\alpha 2^{-n}}.$$

考虑到方程

$$f(e^{(m+1)2^{-n}}) = f(e^{2^{-n}})f(e^{m \cdot 2^{-n}}) - f(e^{(m-1)2^{-n}}),$$

我们又通过归纳得出对于所有$m, n \in \mathbb{N}_0$,

$$f(e^{m2^{-n}}) = e^{\alpha m 2^{-n}} + e^{-\alpha m 2^{-n}}.$$

由于$m2^{-n}$, $m, n \in \mathbb{N}_0$, 形式的数集在$(0, \infty)$ 中是稠密的(使用正实数的二进制表示) ,并且f是区间$[1, \infty)$上的单调函数, 我们得出结论$f(x) = x^{\alpha} + x^{-\alpha}$在该区间中. 由于等式

$$f(x) = f\left(\frac{1}{x}\right)$$

在区间$(0, 1)$ 中也是如此.

相反,很容易看出这种形式的任何函数都满足问题的条件.

习题18.77. 证明存在函数$f \colon \mathbb{R} \to \mathbb{R}$ 使得对于所有$x \in \mathbb{R}$,

$$f(x) + f(2x) + f(3x) = 0.$$

解. 这里的关键思想是考虑一个复值函数,并将其作为实数部分. 考虑函数$f(x) = |x|^{\alpha}$. 如果$1^{\alpha} + 2^{\alpha} + 3^{\alpha} = 0$, 则满足问题的条件, 当然, 对于实数$\alpha$不会发生这种情况,但是对于复数$\alpha$可能会发生这种情况. 即, 设$g(t) = e^{\alpha |\ln(t)|}$, 则

$$g(x) + g(2x) + g(3x) = (1 + e^{\alpha \ln 2} + e^{\alpha \ln 3})g(x).$$

如果我们写$\alpha = a + bi$, 其中$a, b \in \mathbb{R}$, 那么我们需要$1 + e^{\alpha \ln 2} + e^{\alpha \ln 3} = 0$, 即

$$1 + 2^a(\cos(b \ln 2) + i\sin(b \ln 2)) + 3^a(\cos(b \ln 3) + i\sin(b \ln 3)) = 0.$$

因此我们寻求系统

$$1 + 2^a \cos(b \ln 2) + 3^a \cos(b \ln 3) = 0, 2^a \sin(b \ln 2) + 3^a \sin(b \ln 3) = 0.$$

的解. 这相当于方程

$$(1 + 2^a \cos{(b \ln 2)} + 3^a \cos{(b \ln 3)})^2 + (2^a \sin{(b \ln 2)} + 3^a \sin{(b \ln 3)})^2 = 0,$$

可以重写为

$$1 + 4^a + 9^a + 2 \cdot 6^a (\sin{(b \ln 2)} \sin{(b \ln 3)} + \cos{(b \ln 2)} \cos{(b \ln 3)})$$

$$+ 2(2^a \cos{(b \ln 2)} + 3^a \cos{(b \ln 3)}) = 0.$$

现在设 $a = 0$, 并且令 $x = b \ln 2, y = b \ln 3$. 然后求

$$f(b) = 3 + 2(\sin x \sin y + \cos x \cos y) + 2(\cos x + \cos y)$$

$$= 3 + 2 \cos{(x - y)} + 2(\cos x + \cos y) = 0.$$

如果让 $b = 0$, 那么 $x = 0, y = 0$, 并且 $f(0) = 9 > 0$. 另一方面, 如果 $x = \dfrac{3\pi}{4}$, 并且 $y = -\dfrac{3\pi}{4}$, 那么

$$f(b) = 3 + 2 \cos{\frac{3\pi}{2}} - 4 \cos{\frac{\pi}{4}} = 3 - 2 - 2\sqrt{2} < 0.$$

因此, 如果我们有一个 b 使得 $x = \dfrac{3\pi}{4}, y = -\dfrac{3\pi}{4}$, 因为 $f(0) > 0, f(b) < 0$ 然后 f 通过连续性将具有零. 不幸的是, 这样的 b 并不存在, 但是我们可以将条件放宽到

$$x = 2m\pi + \frac{3\pi}{4}, y = 2l\pi - \frac{3\pi}{4}$$

因为 $\sin$ 和 $\cos$ 是周期函数. 如果我们让 $b = \ln 2 \left(2m\pi + \dfrac{3\pi}{4} \right)$, 则

$$x = 2m\pi + \frac{3\pi}{4}, y = \frac{\ln 3}{\ln 2} \cdot 2m\pi + \frac{3\pi \ln 3}{4 \ln 2}.$$

我们希望对于 $l \in \mathbb{Z}, y = 2l\pi - \dfrac{3\pi}{4}$, 即

$$m \frac{\ln 3}{\ln 2} - l = -\frac{3}{8} - \frac{3 \ln 3}{8 \ln 2}.$$

同样, 这是不可能实现的, 但是根据 Kronecker 定理, 我们可以找到整数 m, l 使得 $m \dfrac{\ln 3}{\ln 2} - l$, 接近我们所需的 $-\dfrac{3}{8} - \dfrac{3 \ln 3}{8 \ln 2}$. 那么对于这样的 b, 我们将得到 $f(b) < 0$, 这样我们就完成了.

习题18.78. 找到所有函数 $f:\mathbb{R}\to\mathbb{R}$ 使得对于所有 $x,y\in\mathbb{R}$

$$f(xy(x+y))=f(x)f(y)(f(x)+f(y)).$$

解. 我们有很明显的常数解 $f(x)=0$ 和 $f(x)=\pm\dfrac{1}{\sqrt{2}}$ 以及 $f(x)=x$ $f(x)=-x$. 我么将证明这是唯一的解. 假设 f 在下面的内容中不是常数.

步骤1. $f(0)=0$, $f(-x)=-f(x)$, f 是单射的.

假设 $f(0)\neq 0$, 那么 $f(x)(f(x)+f(0))=1$. 另一方面,设 $y=x$, 我们得到 $f(2x^3)=2f(x)^3$, 因此 $2f(0)^2=1$. 这意味着对于所有 $x,f(x)=f(0)$ 或 $f(x)=-2f(0)$. 将其与 $f(2x^3)=2f(x)^3$ 相结合, 我们很容易看出 f 是常数,矛盾. 所以 $f(0)=0$. 接下来, 取 $y=-x$ 得到

$$f(x)f(-x)(f(x)+f(-x))=0. \tag{1}$$

我们将证明 $f(x)=0$ 意味着 $x=0$. 注意,如果 $x\neq 0$ 且 $f(x)=0$, 那么对于所有 $y, f(xy(x+y))=0$, 即如果 $z/x\geqslant -x^2/4, f(z)=0$.这立即意味着 f 同样为0, 矛盾. 因此 $f(x)=0$ 意味着 $x=0$, 并且通过 (1) 我们得到 $f(x)=-f(-x)$.最后, 如果 $f(x_1)=f(x_2)$, 代入 $y=-x_2$, 并且用我们的发现得到 $x_1=x_2$, 这表明单射性.

步骤2. 对于所有 $n\in\mathbb{Z}$ 和 $x\in\mathbb{R}, f(nx)=nf(x)$.

代入 $y=-2x$ 使得 $xy(x+y)=2x^3$. 将从函数方程中得到的关系与 $f(2x^3)=2f(x)^3$ 和 $f(-2x)=-f(2x)$ (通过步骤1) 结合起来得到 $f(2x)=2f(x)$ 或 $f(2x)=-f(x)=f(-x)$. 通过单射性我们得到对于所有 x, $f(2x)=2f(x)$. 因此 $2f(x)^3=f(2x^3)=2f(x^3)$,所以 $f(x^3)=f(x)^3$. 现在将 $y=nx$ 和整数 n 相乘得到 $f(n(n+1)x^3)=f(x)f(nx)(f(x)+f(nx))$. 我们通过对 n 的归纳证明了对于所有 $n\in\mathbb{N}$ 和 $x\in\mathbb{R}, f(nx)=nf(x)$. 对于 $n=1$ 这是明确的,如果对于 $n\in\mathbb{N}$ 则为真, 那么它从 $f(n(n+1)x^3)=nf((n+1)x^3)$ 得出对于所有 $x,f((n+1)x^3)=(n+1)x^3$. 因此,对于所有 $x,f((n+1)x)=(n+1)f(x)$ 并且完成归纳. 由于 f 是奇函数(步骤1). 我们得出结论对于所有 $n\in\mathbb{Z}$ 和 $x\in\mathbb{R}$, $f(nx)=nf(x)$.

现在我们已经准备好解决问题. 由步骤2 可知,对于所有有理数 $x, f(x)=xf(1)$. 另一方面,通过步骤2 和 $f(1)\neq 0$ 的证明, $f(1)^3=f(1)$, 则 $f(1)=1$ 或 $f(1)=-1$. 通过将 f 改成 $-f$,我们可以假设 $f(1)=1$,因此对于所有有理

数x, $f(x) = x$. 注意,如果$b^4 + 4ab \geqslant 0$, 那么$f(b)^4 + 4f(a)f(b) \geqslant 0$, 因为方程$xb(x+b) = a$,当且仅当$b^4 + 4ab \geqslant 0$时,才有实数解. 因此, 通过对$a$取大的有理值,我们推断出对于所有$b > 0$, 我们有$f(b) > 0$. 取$a > 0$和有理数$b$,我们得到$a \leqslant -b^3/4$,这意味着$f(a) \leqslant -b^3/4$,根据稠密度,我们推断出$f(a) \leqslant a$. 同样的方法(取$b > 0$和有理数$a$ 使得$-b^3/4 \leqslant a$, 这意味着$a \geqslant -f(b)^3/4$). 我们推导出,对于所有$b > 0$, $f(b) \leqslant b$. 因此,对于所有$b > 0$, $f(b) = b$, 并且因为f是奇数,所以我们得出结论f 是恒等函数.

习题18.79. (Tuymaada 2006) 找到具有以下两个性质的所有函数$f : (0, \infty) \to (0, \infty)$:

(i) $f(x+1) = f(x) + 1$;

(ii) $f\left(\dfrac{1}{f(x)}\right) = \dfrac{1}{x}$

对于所有$x \in (0, \infty)$.

解. 显然$f(x) = x$有效, 我们将证明这是唯一的解.

设f具有上述属性. 然后通过(ii) 得出f 是单射和满射的, 即双射的. 通过k的归纳,我们将证明对于所有正整数n,

$$f((n-1)/k, n/k) = ((n-1)/k, n/k), f(n/k) = n/k.$$

然后我们就完成了,因为这意味着$f(x) \in (a, b)$, 对于所有正有理数a, b 使得$x \in (a, b)$. 实际上, 对于某些$x \in (0, \infty)$,让$f(x) \neq x$. 由于$\mathbb{Q}$ 是$(0, \infty)$的稠密子集, 因此存在$a, b \in \mathbb{Q}$, 使得$x \in (a, b)$.但是$f(x) \notin (a, b)$, 矛盾.

对于归纳,我们首先做$k = 1$的情况. 使用(i) 我们看到

$$A_n = f((n, n+1)) = f((0, 1]) + n$$

和f 的双射性意味着这些集合是不相交的. 因此它们的并集是$(0, \infty)$ 和$A_0 = (0, 1]$. (实际上,对于$x \notin A_0$, 我们有$x \in A_{n+1}$, 对于某些$n \geqslant 0$,因此通过(i)得$x - 1 \in A_n$,所以$x > 1$. 并且对于$x > 1$, 我们有$x - 1 \in A_n$,对于某些$n \geqslant 0$, 因此,通过(i) 我们有$x \in A_{n+1}$, 所以$x \notin A_0$.)现在它足以证明$f(1) = 1$. 然后,案例$k = 1$ 的其余部分来自(i). 注意$f(1) \leqslant 1$来自上面, $f(1) \geqslant 1$, 从(ii) 开始,因为如果$a = f(1)$, 则$f(1/a) = 1$, 因此通过上述$1/a \leqslant 1$, 所以$a = f(1) \geqslant 1$.

对于归纳步骤,我们假设判定$1, \ldots, k-1$为真. 通过(i) 足以证明对于所有$1 \leqslant n \leqslant k$, $f((n-1)/k, n/k) = ((n-1)/k, n/k)$, 并且对于所有整

数$1 \le n < k, f(n/k) = n/k$. 第二个判定来自$f(n/k) = f(1/(k/n)) = f(1/f(k/n)) = 1/(k/n) = n/k$, 其中第二个步骤由归纳假设保持为$n < k$, 第三个步骤由(ii)保持.同样,第一个判定来自

$$f((n-1)/k, n/k)) = \{f(x) \mid (n-1)/k < x < n/k\}$$

$$= \{f(1/y) \mid k/n < y < k/(n-1)\} = \{f(1/f(y)) \mid k/n < y < k/(n-1)\}$$

$$= \{1/y \mid k/n < y < k/(n-1)\} = ((n-1)/k, n/k),$$

其中在第一步中我们代入$y = 1/x$, 在第二步中我们使用了归纳假设作为$n, n-1 < k$, 所以

$$f((k/n, (k+1)/n)) = (k/n, (k+1)/n)$$

和

$$f((k-1)/(n-1), k/(n-1)) = ((k-1)/(n-1), k/(n-1)),$$

这意味着$f((k/n, k/(n-1))) = (k/n, k/(n-1))$, 在第三步中我们使用了(ii).

19.18.8 与迭代次数相关的问题

习题18.80. 找到所有函数$f: \mathbb{R}\backslash\{0;1\} \to \mathbb{R}$满足$f$域中对于所有$x$,

$$f(x) + f\left(\frac{1}{1-x}\right) = \frac{2(1-2x)}{x(1-x)}.$$

解.该条件仅将$f(x)$与$f\left(\frac{1}{1-x}\right)$相关联. 设

$$g(x) = \frac{1}{1-x}, h(x) = g^{-1}(x) = 1 - \frac{1}{x}.$$

利用这个条件,我们只能在

$$f(x), f(g(x)), f(h(x)), f(g(g(x))), f(h(h(x))), \ldots$$

之间建立依赖关系,所以我们必须研究g或h的性质. 我们看到

$$g(g(x)) = \frac{x-1}{x} = 1 - \frac{1}{x} = h(x)$$

所以 $g(g(g(x))) = x$, 我们知道

$$f(x) + f(g(x)), f(g(x)) + f(g(g(x))), f(g(g(x))) + f(x).$$

从这里我们可以通过求解线性系统得到 $f(x)$. 我们可以通过替换条件手动完成, 得到

$$f(x) = \frac{x+1}{x-1}.$$

它满足条件, 因为我们的工作等价.

习题18.81. (China 1988) 对于任意 $n > 3$ 的整数, 令 $f(n)$ 表示最小正整数, 它不是 n 的除数. 对于每个整数 $n \geq 3$ 找到正整数 k 使得 $f^{(k)}(n) = 2$.

解. 显然, 如果 n 是奇数, $f(n) = 2$, 并且我们有 $k = 1$. 我们现在考虑偶数 $n \geq 4$. 假设 $f(n) = ab$, 其中 a 和 b 是大于1的相对素数整数. 然后 $a < f(n)$ 和 $b < f(n)$, 因此 a 和 b 都除以 n. 由于它们是相对素数, 因此 ab 也除以 n, 这与 $f(n)$ 的定义矛盾. 由此得出, 对于一些素数 p 和某些正整数 l, $f(n) = p^l$. 如果 $p = 2$, 则 $f(2^l) = 3$ 和 $f(3) = 2$, 因此 $k = 3$. 如果 $p \neq 2$, 则 $f(p^l) = 2$, 因此 $k = 2$.

习题18.82. (Bulgaria 2014) 设 k 为正整数. 找到所有函数 $f : \mathbb{N} \to \mathbb{N}$ 使得对于所有正整数 m 和 n , 我们有

$$f(m + f^{(k)}(n)) = n + f(m + 2014),$$

其中 $f^{(k)}$ 是 f 的 k 次迭代.

解. 假设存在 n 使得 $f^{(k)}(n) < 2014$, 并且设 $f^{(k)}(n) = c$. 然后

$$f(m + c) = n + f(m + c + 2014 - c)$$

对于 $x = m + c \geq c + 1$, 我们有 $f(x) = n + f(x + r)$, 其中 $r = 2014 - c > 0$. 因此对于所有正整数 s,

$$f(x) = n + f(x + r) = 2n + f(x + 2r) = \cdots = sn + f(x + sn) > sn,$$

矛盾. 因此对于所有 n, $f^{(k)}(n) > 2014$ (如果 $f^{(k)}(n) = 2014$, 我们找到如上所述 $n = 0$, 矛盾). 对于 $n = 1$, 我们得到

$$f(m + f^{(k)}(1) - 2014 + 2014) = 1 + f(m + 2014)$$

并且设$r = f^{(k)}(1) - 2014$ 和$x = m + 2014$ 给出对于所有$x > 2014$，$f(x+r) = 1 + f(x)$．因此，通过归纳，对于所有$m \geqslant 2015$，我们有$f(x + tr) = t + f(x)$．对于$t = n$ 和$x = 2015$，我们得到$f(2015 + nr) = n + f(2015)$．另一方面，如果我们在给定的等式中插入$m = 1$，我们得到$n + f(2015) = f(1 + f^{(k)}(n))$，因此$f(2015 + nr) = f(1 + f^{(k)}(n))$．假设对于$n_1 \neq n_2$，$f(n_1) = f(n_2)$，那么

$$n_1 + f(m + 2014) = f(m + f^{(k)}(n_1)) = f(m + f^{(k)}(n_2)) = n_2 + f(m + 2014),$$

即$n_1 = n_2$，矛盾．因此，对于所有n，

$$f^{(k)}(n) = 2014 + nr \tag{1},$$

给定的方程意味着

$$f(m + nr + 2014) = n + f(m + 2014). \tag{2}$$

此外，$f^{(k+1)}(n) = f(f^{(k)}(n)) = f(2014 + nr)$．另一方面，$f^{(k+1)}(n) = f^{(k)}(f(n)) = 2014 + f(n)r$，我们得到

$$f(2014 + nr) = 2014 + f(n)r. \tag{3}$$

通过(3) 和(2) 我们得到

$$f(nr + r + 2014) = rf(n+1) + 2014 = n + f(r + 2014), \tag{4}$$

然后r 除以$n + f(r+2014) - 2014$对于所有的n．只有当$r = 1$ 和(4) 给出$f(n+1) = n + f(2015) - 2014 = n + 1 + f(2015) - 2015 = n + 1 + c$，即$f(n) = n + c$．对于所有$n \geqslant 2$ 且$c = f(2015) - 2015$．如果我们在(3) 中插入$n = 1$，我们得到$f(1) = f(2015) - 2014 = 1 + f(2015) - 2015 = 1 + c$．因此对于所有$n$，$f(n) = n + c$．现在(1) 意味着$f^{(k)}(n) = n + kc = n + 2014$，即$c = \dfrac{2014}{k}$．直接检查表明，如果$k$ 是2014的除数，即函数$f(n) = n + c$ 是一个解．如果k 不是2014的除数，则不存在这样的函数．

习题18.83. 对于给定的正整数m，找到所有正整数a 使得存在从N到其自身的函数f和g，其中g 为双射，并且对于所有$x \in \mathbb{N}$，

$$f^{(m)}(x) = g(x) + a.$$

解. 答案是所有正整数 a 都可以被 m 整除. 首先, 请注意, 如果 $a = km$, 那么我们可以得到函数 $g(x) = x, f(x) = x + k$. 现在, 假设我们有两个这样的函数, 并按规则定义一组 A_k: 对于 $0 \le k < m$, A_k 是来自 $\mathbb{N}$ 的那些数的集合, 可以写成 $f^{(k)}(x)$, 但是对于某些 x, y 而言, 不能写成 $f^{(k+1)}(y)$. 这里 $f^{(k)}$ 是 f 的 k 次迭代并且 $f^{(0)}$ 是恒等式. 由于 g 是单射的, f 也是单射的, A_{k+1} 是通过 f 得到的 A_k 的图像. 此外, 很容易证明 $A_0, ..., A_{m-1}$ 的并集是 $\mathbb{N}$ 减去集合 $f^{(m)}(\mathbb{N})$, 这正是 $\{1, 2, ..., a\}$ (因为 g 是满射的). 所以, 所有这些函数都是有界的, 因为 f 是单射的, 所以它们具有相同数量的元素. 此外, 任何两个都是不相交的. 因此, 我们找到了集合 $\{1, 2, ..., a\}$ 到集合 m 中具有相同基数的分区. 这意味着 $m | a$.

注. 这是对几个争论问题的广泛概括, 其中最近的一个问题是数学奥林匹克 2009 年中国培训考试: 在正整数上有一个函数 f, 使得 $f^{(p)}(n) = n + k$, 如果 p 整除 k.

习题18.84. (Bulgaria 1996) 找到所有严格单调函数 $f : (0, \infty) \to (0, \infty)$, 使得对于所有 $x \in (0, \infty)$,

$$f\left(\frac{x^2}{f(x)}\right) = x.$$

解. 我们将证明函数 $g(x) = \dfrac{f(x)}{x}$ 是一个常数. 我们有

$$g\left(\frac{x}{g(x)}\right) = g(x)$$

并且通过归纳得出

$$g\left(\frac{x}{g(x)^n}\right) = g(x),$$

即对于所有 $n \in \mathbb{N}$,

$$f\left(\frac{x}{g(x)^n}\right) = \frac{x}{g(x)^{n-1}}.$$

另一方面, 给定方程意味着

$$f\left(\frac{f(x)^2}{f(f(x))}\right) = f(x).$$

因此函数 f 是单射的,我们得到 $\frac{f(x)^2}{f(f(x))} = x$, 即 $g(xg(x)) = g(x)$. 现在通过归纳得出 $g(xg(x)^n) = g(x)$, 即对于所有 $n \in \mathbb{N}$, $f(xg(x)^n) = xg(x)^{n+1}$. 由 $f^{(m)}(x)$ 表示 $f(x)$ 的第 m 次迭代. 然后对于所有 $k, m \in \mathbb{N}$,

$$f^{(m)}(xg(x)^{-k}) = xg(x)^{m-k}. \tag{1}$$

现在假设函数 $g(x)$ 不是常数. 然后,对于某些 $x_1 \neq x_2$, $g(x_1) < g(x_2)$. 现在选择 k 使得 $\left(\frac{g(x_2)}{g(x_1)}\right)^k \geqslant \frac{x_2}{x_1}$. 由于函数 f 是单调的,因此 $f^{(2m)}$ 是一个严格递增的函数, (1) 意味着对于所有 $m \in \mathbb{N}$,

$$\left(\frac{g(x_1)}{g(x_2)}\right)^{2m-k} \geqslant \frac{x_2}{x_1}.$$

另一方面,对于 m 足够大的逆不等式, 则是一个矛盾. 因此,函数 $g(x)$ 是一个常数,所以 $f(x) = ax$, 其中 $a > 0$. 很容易验证这些函数是否满足条件.

习题18.85. 设 $a, b \in (0, 1/2)$ 和 $f : \mathbb{R} \to \mathbb{R}$ 是连续函数,使得对于所有的 $x \in \mathbb{R}$,

$$f(f(x)) = af(x) + bx.$$

证明存在实常数 c 使得对于所有 $x \in \mathbb{R}$, $f(x) = cx$.

解. 首先注意函数 f 是单射的,其连续性意味着 f 是严格单调的. 此外, f 无界,因为 bx 无界,因此在 f 是向上的. 对于任意 $x_0 \in \mathbb{R}$ 定义对于 $n > 0$, $x_{n+1} = f(x_n)$, 并且对于 $n \leqslant 0, x_{n-1} = f^{-1}(x_n)$. 然后从 f 的给定条件中得出对于所有 $n \in \mathbb{Z}$, $x_{n+2} = ax_{n+1} + bx_n$. 设 t_1 和 t_2 为特征方程 $x^2 - ax - b = 0$ 的根. 则 $t_1 > 0 > t_2$, $1 > |t_1| > |t_2|$, 并且存在 $c_1, c_2 \in \mathbb{R}$ 使得对于所有 $n \in \mathbb{Z}$, $x_n = c_1 t_1^n + c_2 t_2^n$. 假设 f 是递增的. 如果 $c_2 > 0$, 则对于 $n < 0$, $0 < x_n < x_{n+2}$ 足够小, 矛盾,因为 $f(x_n) > f(x_{n+2})$. 类似的, 情况 $c_2 < 0$ 是不可能的,因此我们得出结论 $c_2 = 0$. 所以, $x_0 = c_1$ 和 $x_1 = c_1 t_1 = t_1 x_0$. 因此对于所有 $x \in \mathbb{R}$, $f(x) = t_1 x$. 相同的参数表明如果 f 是递减的, 则 $t_1 = 0$ 并且 $f(x) = t_2 x$ 对于所有的 $x \in \mathbb{R}$.

习题18.86. 找到所有连续函数 $f : \mathbb{R} \to \mathbb{R}$ 使得函数 $f(f(x)) - 2f(x) + x$ 是常数.

解. 我们证明了给定性质的所有函数 f 的形式为 $f(x) = x + a, a \in \mathbb{R}$.

假设对于所有 $x \in \mathbb{R}$,

$$f(f(x)) - 2f(x) + x = c,$$

其中c是实常数. 那么f是单射的,并且通过连续性,f是单射的. 如果f是严格递增的,那么函数$f(f(x))$,并且因此$f(f(x)) - 2f(x) + x$ 是严格递增的,矛盾. 所以f严格递增,并且我们将证明它是向上的. 如果$\lim_{x\to\infty} f(x) = a < \infty$, 那么$\lim_{x\to\infty}(f(f(x)) - 2f(x) + x) = \infty$,矛盾. 因此$\lim_{x\to\infty} f(x) = \infty$ 并且类似的, $\lim_{x\to-\infty} f(x) = -\infty$.因此$f(\mathbb{R}) = \mathbb{R}$ 和$f: \mathbb{R} \to \mathbb{R}$ 是双射. 现在我们将证明$c = 0$. 如果对于某些$x_0 \in \mathbb{R}, f(x_0) = x_0$,则

$$x_0 = f(x_0) = f(f(x_0)) = 2f(x_0) - x_0 + c,$$

即$c = 0$. 如果$f(x_0) \neq x_0$, 我们定义,对于所有$n \in \mathbb{Z}$, $x_n = f^{(n)}(x_0)$. 这里f^{-1} 是f的倒数. 由于$x_1 \neq x_0$, 我们得到$x_1 = x_0 + r$, 其中有一些非零r. 因此,如果$r > 0$,则上述函数严格递增,如果$r < 0$, 则严格递减. 此外, 对于每个整数n, $x_{n+2} = 2x_{n+1} - x_n + c$, 或等价的$x_{n+2} - x_{n+1} = x_{n+1} - x_n + c$. 通过归纳, 我们得到

$$x_n = x_0 + n(r + \frac{(n-1)}{2}c), n = 0, \pm 1, \dots.$$

如果$c \neq 0$,那么对于足够大的$|n|$项x_n, 要么大于x_0, 要么小于x_0, 这与上述序列的严格单调性相矛盾. 因此,我们只考虑$c = 0$的情况. 现在$f(x) = x$ 满足条件,我们可以假设对于某些$x_0 \in \mathbb{R}$, $f(x_0) \neq x_0$. 然后,对于上面定义的序列,我们有$x_{n+1} = x_n + r$,因此$x_n = x_0 + nr$, 其中$r = x_1 - x_0 = f(x_0) - x_0$. 从端点为$x_0$ 和x_1 的开区间中任意选择y_0,并考虑序列$y_n = f^{(n)}(y_0), n = 0, \pm 1, \dots$, 然后$y_n = y_0 + ns$, 其中$s = y_1 - y_0$. 由于$f$严格递增,我们看到每个$y_n$ 在x_n 和x_{n+1} 之间,并且因此

$$x_0 + nr \leqslant y_0 + ns \leqslant x_0 + (n+1)r.$$

现在除以n 上面的不等式,让$n \to \infty$,我们得到$r = s$. 这表明函数$f(x) - x$ 在开区间x_0 到x_1上是常数. 利用相同的参数和f 的连续性我们得出结论,函数$f(x) - x$ 是常数, 即对于所有$x \in \mathbb{R}$, $f(x) = x + c$.

习题18.87. 设$f: \mathbb{R} \to \mathbb{R}$ 是连续函数,使得对于所有$x \in \mathbb{R}$,$f^{(n)}(x) = x, n \geqslant 2$, n为整数. 证明:

(i) 如果n 是奇数, $x \in \mathbb{R}$, $f(x) = x$;

(ii) 如果n 是偶数, 那么对于所有$x \in \mathbb{R}$, $f^{(2)}(x) = x$.

解. 函数f 是单射的,并且通过连续性,它是严格单调的.

(i)如果n是奇数,则函数f是递增的,因为否则f和$f^{(n)}$是递减的, 矛盾. 假设对于某些$x_0 \in \mathbb{R}, f(x_0) > x_0$. 然后$f^{(n)}(x_0) > x_0$, 矛盾.类似的, 情况$f(x_0) < x_0$是不可能的,因此对于所有$x \in \mathbb{R}$, $f(x) = x$.

(ii) 令$n = 2k$为偶数,并设$g(x) = f^{(2)}(x)$. 然后对于所有$x \in \mathbb{R}$, $g^{(k)}(x) = x$. 由于f是单调的,因此g是递增的,与(i) 中的推理相同,表明对于所有$x \in \mathbb{R}, g(x) = x$.

习题18.88. (Romanian TST 2011) 令$g : \mathbb{R} \to \mathbb{R}$ 是连续的递减函数, 使得$g(\mathbb{R}) = (-\infty, 0)$. 证明没有连续函数$f : \mathbb{R} \to \mathbb{R}$ 使得对于整数$k \geqslant 2$, $f^{(k)} = g$.

解.假设存在这样的函数f. g 的内射性意味着连续函数f的内射性,而它又是严格单调的. 因为g 是递增的, 我们得出结论f 是递增的,而k 是奇数. 此外, f 不是满射的. 因为$f(\mathbb{R})$ 是

$$(-\infty, 0) = g(\mathbb{R}) = f(f^{(k-1)}(\mathbb{R})) \subset f(\mathbb{R}),$$

的区间, 我们推断出f 是有上界的. 设m 是实数使得对于所有实数x, $f(x) < m$, 然后, 对于所有$x \in \mathbb{R}$, $f^{(k-1)}(x) < m$,所以对于所有实数x,

$$g(x) = f(f^{(k-1)}(x)) > f(m),$$

与$g(\mathbb{R}) = (-\infty, 0)$矛盾.

习题18.89. 设$f : \mathbb{R} \to \mathbb{R}$ 是连续函数, 使得对于所有$x \in \mathbb{R}$,

$$f^{(2)}(x) = x.$$

证明对于所有$x \in \mathbb{R}$, $f(x) = x$, 或者f 的形式为$f(x) = f_0(x - p) + p$, 其中$p \in \mathbb{R}$ 和

$$f_0(x) = \begin{cases} g(x) & , x \geqslant 0 \\ g^{-1}(x) & , x < 0 \end{cases}$$

对于某些连续函数$g : \mathbb{R} \to \mathbb{R}$, 使得对于$x > 0$, $g(0) = 0, g(x) < 0$, 对于$x > 0, g(x)$是递减的, $g^{-1}(x)$ 是$g(x)$的反函数.

解. 由于函数f 是单射且连续的,我们得出结论它是严格单调的. 在下文中,我们总是假设$f(x) \not\equiv x$.然后函数f 是递减的. 实际上, 假设f 是递增的并取x_0, 例

如$f(x_0) \neq x_0$. 如果$f(x_0) > x_0$, 那么$x_0 = f(f(x_0)) > f(x_0)$, 矛盾. 如果$x_0 < f(x_0)$, 那么$f(x_0) < f(f(x_0)) = x_0$, 还是矛盾. 因此, 函数f 是递减的.考虑函数$g(x) = f(x) - x$. 它是连续递减的, 并且$\lim_{x \to \pm\infty} f(x) = \mp\infty$.因此,存在唯一的点$p$ 使得$g(p) = 0$,即f 具有唯一的固定点p. 设$f_0(x) = f(x+p) - p$, 那么$f(x) = f_0(x-p) + p$, $f_0(0) = 0$ 和$f_0(f_0(x)) = x$,这意味着$f_0^{-1}(x) = f_0(x)$. 所以函数$f_0(x)$ 可以以给定的形式给出. 相反, 假设f 具有给定的形式. 由于$g(x) \leqslant 0$对$x \geqslant 0$,我们有$f_0(f_0(x)) = g^{-1}(g(x)) = x$. 对于$x < 0$, 我们得到$u = g^{-1}(x)$.然后$g(u) = x < 0$, 这意味着$g^{-1}(x) = u > 0$. 因此对于$x < 0$,$f_0(f_0(x)) = g(g^{-1}(x)) = x$. 因此对于所有$x \in \mathbb{R}$, $f_0(f_0(x)) = x$, 并且对于所有$x \in \mathbb{R}$,

$$f(f(x)) = f(f_0(x-p) + p) = f_0(f_0(x-p)) + p = (x-p) + p = x.$$

注. 函数方程$f(f(x)) = x$, 更普遍地说, $f^{(n)}(x) = x$ 被称为巴贝奇方程. [24] 因为它是由英国数学家巴贝奇[5] 首先研究的,他被称为现代计算的创始人.

习题18.90. (IMO 2013 预选题) 找到所有函数$f : \mathbb{N}_0 \to \mathbb{N}_0$, 使得对于所有$n \in \mathbb{N}_0$

$$f(f(f(n))) = f(n+1) + 1. \tag{$*$}$$

解. 我们有

$$f^{(4)}(n) = f(f^{(3)}(n)) = f(f(n+1) + 1),$$

因此

$$f^{(4)}(n+1) = f^{(3)}(f(n+1)) = f(f(n+1) + 1) + 1. \tag{$**$}$$

这意味着$f^{(4)}(n) + 1 = f^{(4)}(n+1)$.

让R_i 表示$f^{(i)}$的范围. 显然$R_0 = \mathbb{N}_0$. 我们还有$R_0 \supseteq R_1 \supseteq \dots$. 接下来从$(**)$ 得出如果$a \in R_4$, 则$a + 1 \in R_4$. 因此对于每个$i = 1, 2, 3, 4$, $\mathbb{N}_0 \setminus R_i$是有限的.特别的, R_1是无界的. 现在,让我们假设对于$m \neq n$,$f(m) = f(n)$. 从给定的方程中得出$f(m+1) = f(n+1)$,利用归纳法,我们得到对于所有$i \in \mathbb{N}_0$, $f(m+i) = f(n+i)$. 但是f 是周期性的,这导致R_1 是有限的, 矛盾. 所有f 是单射的.

设$S_i = R_{i-1} \setminus R_i$, 所有这些集合都是有限的, $i \leqslant 4$. 另一方面, 从给定的方程我们得到$n \in S_i \Leftrightarrow f(n) \in S_{i+1}$. 方程再次表明$f$ 是S_i 和S_{i+1}之间的双射, 因

此$| S_1 |=| S_2 |= \cdots = k$. 如果$0 \in R_3$, 那么对于某些$n \in \mathbb{N}_0$, $0 = f(f(f(n)))$, 但是$f(n+1) = -1$是不可能的. 因此$0 \in S_1 \cup S_2 \cup S_3$,所以$k \geqslant 1$.

现在让我们描述$S_1 \cup S_2 \cup S_3$的元素b .我们判定每个元素满足以下三个条件中的至少一个:

(i) $b = 0$,

(ii) $b = f(0) + 1$,

(iii) $b - 1 \in S_1$.

否则$b - 1 \in N_0$,并且存在$n > 0$ 使得$f(n) = b - 1$;但是$f^3(n-1) = f(n) + 1 = b$, 所以$b \in R_3$. 这导致

$$3k =| S_1 \cup S_2 \cup S_3 |\leqslant 1 + 1 + | S_1 |= k + 2$$

或$k = 1$, 因此,不等式变成了等式.然后我们得到对于某些$a \in \mathbb{N}_0$, $S_1 = a$, $S_2 = f(a)$, $S_3 = f(f(a))$. 因此,条件(i), (ii), (iii) 中的每一个必须恰好满足一次,这意味着

$$\{a, f(a), f(f(a))\} = \{0, a+1, f(0)+1\} \qquad (***)$$

从$(***)$ 中,我们得到$a \in \{f(a), f(f(a))\}$. 如果$a+1 = f(f(a))$, 那么$f(a+1) = f^{(3)}(a) = f(a+1) + 1$, 荒谬. 然后$f(a) = a + 1$. 现在从$(***)$ 中我们知道$0 \in \{a, f(f(a))\}$. 我们将考虑两种情况.

情况1. $a = 0$. 那么$f(0) = f(a) = a + 1 = 1$.从$(***)$ 中我们得到$f(1) = f(f(a)) = f(0) + 1 = 2$. 从$(*)$ 中对n的归纳导致函数$f(n) = n + 1$, 这是一个解.

情况2. $f(f(a)) = 0$. 从$(***)$ 再次$a = f(0) + 1$. 然后$f(a+1) = f(f(a)) = 0$, 而且$f(0) = f^{(3)}(a) = f(a+1) + 1 = 1$. 从这里$a = f(0) + 1 = 2$ 并且$f(2) = 3$. 我们将通过在m 上的归纳证明

$$f(n) = \begin{cases} n+1, & n = 4m, 4m+2 \\ n+5, & n = 4m+1 \\ n-3, & n = 4m+3 \end{cases}$$

假设$m \geqslant 1$,则该陈述为真. 从$(*)$ 中我们得到

$$f^{(3)}(4m - 3) = f(4m - 2) + 1 = 4m.$$

现在从(∗∗) 我们有

$$f(4m) = f^{(4)}(4m-3) = f^{(4)}(4m-4) + 1 = f^{(3)}(4m-3) + 1 = 4m + 1.$$

对于$4m+1$, $4m+2$, $4m+3$.

这个陈述可以用同样的方式证明, 这两个函数是否是问题的解还有待验证.

习题18.91. (IMO 2009 预选题) 设$P(x)$为系数为整数的非常数多项式. 证明没有函数$T : \mathbb{Z} \to \mathbb{Z}$ 使得对于每个$n \geqslant 1$, $T^{(n)}(x) = x$的整数x 等于$P(n)$,其中$T^{(n)}$ 是T的n 次迭代.

解法 . 假设存在   个级数至少为1的多项式P,并且具有给定函数T的性质. 让$A(n)$ 表示所有$x \in \mathbb{Z}$ 的集合,使得$T^{(n)}(x) = x$ 并且让$B(n)$ 表示所有$x \in \mathbb{Z}$ 的集合,其中对于所有$1 \leqslant k < n$, $T^{(n)}(x) = x$ 并且$T^{(k)}(x) \neq x$. 这两个集合在假设下都是有限的. 对于每个$x \in A(n)$,存在最小的$k \geqslant 1$ 使得$T^{(k)}(x) = x$,即$x \in B(k)$. 让$d = \gcd(k, n)$. 存在正整数r, s 使得$rk - sn = d$, 并且因此

$$x = T^{(rk)}(x) = T^{(sn+d)}(x) = T^{(d)}(T^{(sn)}(x)) = T^{(d)}(x).$$

k的最小值意味着$d = k$,即$k \mid n$. 另一方面,如果$k \mid n$, 显然有$B(k) \subseteq A(n)$. 因此我们将

$$A(n) = \bigcup_{d|n} B(d)$$

作为不相交的联合,因此

$$|A(n)| = \sum_{d|n} |B(d)|.$$

此外,对于每个$x \in B(n)$,元素

$$x, T^{(1)}(x), T^{(2)}(x), \ldots, T^{(n-1)}(x)$$

是$B(n)$的n 个不同元素. 显而易见它们在$A(n)$ 中. 如果对于某些$k < n$ 和某些$0 \leqslant i < n$, 我们得到$T^{(k)}(T^{(i)}(x)) = T^{(i)}(x)$, 即$T^{(k+i)}(x) = T^{(i)}(x)$, 这意味着

$$x = T^{(n)}(x) = T^{(n-i)}(T^{(i)}(x)) = T^{(n-i)}(T^{(k+i)}(x)) = T^{(k)}(T^{(n)}(x)) = T^{(k)}(x)$$

与n的最小值矛盾. 因此对于$0 \leqslant i < j \leqslant n-1$, $T^{(i)}(x) \in B(n)$ 和$T^{(i)}(x) \neq T^{(j)}(x)$.

实际上, T 将 $B(n)$ 的元素排列成(不相交的) 长度为 n 的循环,特别是其中一个元素具有 $n \mid |B(n)|$.现在让

$$P(x) = \sum_{i=0}^{k} a_i x^i, a_i \in \mathbb{Z}, k \geqslant 1, a_k \neq 0$$

并假设对于所有 $n \geqslant 1, |A(n)| = P(n)$. 令 p 为任意素数.然后

$$p^2 \mid |B(p^2)| = |A(p^2)| - |A(p)| = a_1(p^2 - p) + a_2(p^4 - p^2) + \ldots$$

因此 $p \mid a_1$. 因为对于所有素数都是如此,我们得到 $a_1 = 0$.现在考虑任何两个不同的素数 p 和 q.由于 $a_1 = 0$ 我们得到

$$|A(p^2q)| - |A(pq)| = a_2(p^4q^2 - p^2q^2) + a_3(p^6q^3 - p^3q^3) + \ldots$$

是 p^2q 的倍数. 但是我们也有

$$p^2q \mid |B(p^2q)| = |A(p^2q)| - |A(pq)| - |B(p^2)|.$$

这意味着

$$p^2q \mid |B(p^2)| = |A(p^2)| - |A(p)| = a_2(p^4 - p^2) + a_3(p^6 - p^3) \cdots + a_k(p^{2k} - p^k).$$

因为对于每个素数 $q \neq p$ 都是这样的,我们可以看到, 对于每个素数 p 必须消失,上述等式的左侧. 但是他是一个 $2k \geqslant 2$ 的多项式 p,矛盾.

解法二. 与第一个解一样,定义 $A(n)$ 和 $B(n)$,并假设存在所需性质的多项式 P . 这又意味着对于所有正整数 n, $|A(n)|$ 和 $|B(n)|$ 都是有限的,并且

$$P(n) = |A(n)| = \sum_{d|n} |B(d)|, n \mid |B(n)|.$$

现在对于所有不同的素数 p 和 q, 我们得到

$$P(0) \equiv P(pq) \equiv |B(1)| + |B(p)| + |B(q)| + |B(pq)|$$

$$\equiv |B(1)| + |B(p)| \pmod{q}.$$

因此, 对于固定的 p,表达式 $P(0) - |B(1)| - |B(p)|$ 可以被任意大的素数 q 整除,这意味着对于所有素数 p, $P(0) = |B(1)| + |B(p)| = P(p)$. 这意味着多项式 P 是常数, 矛盾.

19.18.9 与离散次调和函数相关的问题

习题18.92. 设 $f : \mathbb{Z} \to \mathbb{R}$ 为离散次调和函数,即

$$f(k) \leqslant \frac{f(k-1) + f(k+1)}{2}$$

对于所有 $k \in \mathbb{Z}$. 证明如果 f 是有界的,那么它就是常数.

解. 对于一个函数 $h : \mathbb{Z} \to \mathbb{R}$, 设

$$(\Delta h)(x) = h(x+1) + h(x-1) - 2h(x).$$

然后利用与解决18.94 问题相同的推理方法将函数 $\ln(|z|^2 - 1)$ 替换为 $|x|$.

习题18.93. 求所有函数 $f : \mathbb{R} \to \mathbb{R}$ 使得对于所有的 $x \in \mathbb{R}$,有

$$4f(x) = 2f(x+1)^2 + 2f(x-1)^2 + 1.$$

解. 如果 $g(x) = f(x) - 1/2$, 然后 $g(x) \geqslant -1/4$ 和

$$2g(x) = g(x+1) + g(x-1) + g(x+1)^2 + g(x-1)^2.$$

确定 $x \in \mathbb{R}$ 然后由 $h(n) = g(x+n)$,定义 $h : \mathbb{Z} \to \mathbb{R}$. 然后

$$2h(n) = h(n+1) + h(n-1) + h(n+1)^2 + h(n-1)^2 \geqslant h(n+1) + h(n-1)$$

因此 $-h(n)$ 是一个有界于上述离散次调和函数的.因此它是常数(问题18.92),即 $f(x) = f(x+n)$ 对于所有 $n \in \mathbb{Z}$. f 给定的条件意味着 $4f(x) = 4f(x)^2 + 1$,这说明对于所有的 $x \in \mathbb{R}$,有 $f(x) = 1/2$.

习题18.94. 设 $f : \mathbb{Z}^2 \to \mathbb{R}$ 为离散次调和函数, 即

$$f(x,y) \leqslant \frac{f(x+1,y) + f(x,y+1) + f(x-1,y) + f(x,y-1)}{4}$$

对于所有的 $x, y \in \mathbb{Z}$. 证明如果 f 是有界的,那么它就是常数.

解. 对于函数 $h : \mathbb{Z}^2 \to \mathbb{R}$, 设

$$(\Delta h)(z) = h(x+1,y) + h(x,y+1) + h(x-1,y) + h(x,y-1) - 4h(x,y),$$

其中$z = (x, y)$. 考虑函数$g(z) = \ln(|z|^2 - 1)$,其中

$$|z|^2 = x^2 + y^2.$$

对于$|z| > 2$, 很容易检查到$(\Delta g)(z) < 0$ 注意$g(z)$ 可以在整个$\mathbb{Z}^2$ 上定义对于任意的$z \neq 0$ 有$(\Delta g)(z) < 0$. (例如, $g(0) = \ln a$ 和$g(z) = \ln b$ 对$|z| = 1$, 其中$0 < 3a < b^4$ 和$0 < 4b < 1$).

对于每一个$\varepsilon > 0$ 设$f_\varepsilon = f - \varepsilon g$. 由于$\lim\limits_{z \to \infty} f_\varepsilon(z) = -\infty$, 因此$f_\varepsilon$ 有一个最大值,我们用M_ε来表示. 如果$z \neq 0$, 则$(\Delta f_\varepsilon)(z) > 0$ 表示$f_\varepsilon(z) < M_\varepsilon$. 因此$f_\varepsilon(0) = M_\varepsilon$, 我们得到$f(0) = \lim\limits_{\varepsilon \to 0} M_\varepsilon = M := \sup f$. 然后由$(\Delta f)(z) \geqslant 0$得到$f(z) = M$表示0的四个相邻点$z$. 用同样的方法我们可以得到对每一个$z$的$f(z) = M$.

注. 同样的推理表明,在较弱的条件下,问题18.94 的表述仍然成立

$$\limsup_{(x,y) \to \infty} \frac{f(x, y)}{\ln(x^2 + y^2)} \leqslant 0.$$

值得注意的是,对于每个$n \geqslant 3$,$\mathbb{Z}^n$上都存在非恒定有界次调和函数.

习题18.95. 找到所有常数c 使得

$$g(x, y) = \ln(x^2 + y^2 + c)$$

是$\mathbb{Z}^2$上的离散次调和函数.

答案. $c \in \left[\dfrac{1}{2}, \infty\right)$.

提示. 证明$g(x, y)$ 的次调和等于不等式

$$\left(c + \frac{1}{2}\right)(x^2 + y^2 + c)^2 + \left(c + \frac{1}{2}\right)^{\Omega} \geqslant (x^2 - y^2)^2$$

对于所有$x, y \in \mathbb{Z}$.

注. 问题18.95 上面注中提到的边界条件是确保$\mathbb{Z}^2$ 上离散次调和函数恒定的最佳条件.

习题18.96. 空间中的每个点阵点都从开区间$(0, 1)$中分配一个实数,这样每个数字都等于分配给六个相邻点阵点的数字的算术平均数.证明所有数字都相等.

解. 设$f(x, y, z)$ 为坐标点(x, y, z)的编号.然后

$$6f(x, y, z) = f(x + 1, y, z) + f(x - 1, y, z) + f(x, y + 1, z)$$

$$+f(x, y-1, z) + f(x, y, z+1) + f(x, y, z-1).$$

假设并非所有数字都相等. 然后在距离1处有两个点,其分配的数字是不同的,并且在旋转之后,我们可以假设对于某些$x_0, y_0, z_0 \in \mathbb{Z}$, $f(x_0+1, y_0, z_0) > f(x_0, y_0, z_0)$. 设

$$g(x, y, z) = f(x+1, y, z) - f(x, y, z).$$

那么$M = \sup_{x \in \mathbb{Z}} g(x) \in (0, 1]$ 和

$$6g(x, y, z) = g(x+1, y, z) + g(x-1, y, z) + g(x, y+1, z)$$

$$+g(x, y-1, z) + g(x, y, z+1) + g(x, y, z-1).$$

特别是,如果$g(a, b, c) \geqslant M - \varepsilon$, 则

$$g(a+1, b, c) = 6g(a, b, c) - g(a-1, b, c) - g(a, b+1, c)$$

$$-g(a, b-1, c) - g(a, b, c+1) - g(a, b, c-1) \geq 6(M-\varepsilon) - 5M = M - 6\varepsilon.$$

现在,通过归纳得处$g(a+n, b, c) \geq M - 6^n \varepsilon$, 对于所有$n \in \mathbb{N}$.

通过选择第一个$n \geqslant \dfrac{2}{M}$,则$\varepsilon \in \left(0, \dfrac{M}{2 \cdot 6^n}\right]$,并且最后$a, b, c \in \mathbb{Z}$,使得$g(a, b, c) \geqslant M - \varepsilon$, 我们得到

$$1 > f(a+n, b, c) > f(a+n, b, c) - f(a, b, c) = \sum_{k=0}^{n-1} g(a+k, b, c) \geqslant n\frac{M}{2} \geqslant 1,$$

矛盾.

第 20 章　符号与缩写

20.1　符号

我们假定熟悉标准数学术语. 下面列出了一些基本的符号.

- $\mathbb{N}, \mathbb{Z}, \mathbb{Q}, \mathbb{R}, \mathbb{C}$ —— 正整数(自然数), 整数, 有理数, 实数, 复数.

- 对于 $F = \mathbb{Z}, \mathbb{Q}, \mathbb{R}$, 集合 $F^+, F_+, F^{>0}$ 或 $F_{>0}$ 包含 F 的正元素集合. 同样, $F^-, F_-, F^{<0}$ 或 $F_{<0}$ 表示 F 的负元素集合, $F^{\geqslant 0}, F_{\geqslant 0}$ 表示 F 的非负元素集合, 而 $F^{\leqslant 0}, F_{\leqslant 0}$ 表示 F 的非正元素集合. 对于 F 包含 0, F^* 表示 $F \setminus \{0\}$, 非正元素集合 F. $\mathbb{N}_0 = \mathbb{N} \bigcup \{0\}$ 是非负整数的集合.

- 对于 n 个正整数, $\mathbb{Z}/n\mathbb{Z}$ 表示余数模 n, 而 $(\mathbb{Z}/n\mathbb{Z})^*$ 表示与 n 互质的余数模 n.

- 对于 $F = \mathbb{Z}, \mathbb{Q}, \mathbb{R}, \mathbb{C}$ 或 $\mathbb{Z}/n\mathbb{Z}$, 我们用 $F[X]$ 表示变量 X 中系数为 F 的多项式集合, 用 $F(X)$ 表示变量 X 中系数为 F 的有理数集合. 有理函数是两个多项式之比.

- 对于实数 x, $\lfloor x \rfloor$ 是小于等于 x 的最大整数.

- 对于平面或空间中的 A, B 点, AB 表示通过 A 和 B 的直线, 通过 A 和 B 的线段, 或者 A 和 B 之间的距离, 具体取决于上下文.

- 对于 S 的平面图, $[S]$ 表示 S 的面积. 如果 S 是立体, $[S]$ 表示 S 的体积.

- 对于有限集 S, $|S|$ 表示 S 中的元素个数. 如果 S 是无穷大的, 则可以写成 $|S| = \infty$.

20.2　缩写

我们尽可能指出了问题的根源. 这些缩写词的意思解释如下:

- AMM — 美国数学月刊
- AoPS — 解决问题的艺术
- BMO — 巴尔干数学竞赛
- EGMO — 欧洲女子数学奥林匹克竞赛
- IMAR — 罗马尼亚科学院数学研究所
- IMC — 国际数学竞赛
- IMO — 国际数学奥林匹克竞赛
- MOSP — 数学奥林匹克夏季项目
- MR — 数学思考
- RMM — 罗马尼亚数学硕士
- USAMO — 美国奥林匹克数学竞赛
- TST — 团队选择测试
- ZIMO — 国际数学奥林匹克竞赛

文中还使用了以下缩写.

- gcd, lcm — 最大公约数, 一组整数的最小公倍数.
- e.g. — 例如.
- i.e.— 换句话说.
- RHS, LHS — 给定不等式的右侧、左侧.

参考文献

[1] J. Aczél, Beitrage zur Theorie der geometrischen Objekte, III–IV, Acta Math. Acad. Sci., Hungar, 8(1957), pp. 19–52.

[2] J. Aczél, J. Dhombres, Functional Equations in Several Variables, Cambridge University Press, 1989.

[3] J. Aczél, J., S. Gołąb, Remarks on one-parameter subsemigroups of the affine group and their homo- and isomorphisms, Aequationes Math., 4(1970), pp. 1–10.

[4] J. d'Alembert, Addition au Mémoire sur la courbe que forme une corde tendue mise en vibration, Hist. Acad. Berlin, 1750, pp. 355–360.

[5] Ch.Babbage, An essay towards a calculus of functions, Philosophical Transactions of the Royal Society of London 105 (1816), pp. 389-423.

[6] N. Brillouet-Belluot, On some functional equations of Gołąb-Schinzel type, Aequationes Math. 42(1991), pp. 239 270.

[7] J. Brzdek, Subgroups of the group $\mathbb{Z}$ and a generalization of the Gołąb-Schinzel functional equation, Aequationes Math. 43(1992), pp. 59-71.

[8] A.-L. Cauchy, Cours d'analyse de l'École Polytechnique, Vol. 1. Analyse algébrique. Chap. V, Paris, 1821 (Oeuvres, Ser. 2, Vol. 3, Paris 1897, pp. 98–113, 220).

[9] J. Chudziak, Continuous solutions of a generalization of the Gołąb-Schinzel equation, Aequationes Math. 61(2001), pp. 63-78.

[10] S. Gołąb, A. Schinzel, Sur l'équation functionelle $f(x+yf(x)) = f(x)f(y)$, Publicationes Math. Debrecen, 6(1959), pp.113–125.

[11] G. Hamel, Eine Basis aller Zahlen and die unstetigen Lösungen der Functionalgleichung $f(x+y) = f(x)+f(y)$, Math. Ann., 60(1905), pp. 459–462.

[12] C. Joita, Problem 10818, Amer. Math. Montly.

[13] F. Klein, Vorlesungen über das Ikosaeder und die auflösung der Gleichungen vom fünfen grade, Leipzig, 1884.

[14] M. Kuczma, Functional equations on restricted domains, Aequationes Math. 18(1978), pp. 1–34.

[15] B. Martinov, Fermat theorem for Polyniomials, Kvant, 8(1976), pp. 12–16 (in Russian).

[16] R. C. Mason, Diophantine equations over functional fields, London Mathematical Society Lecture Notes, Series 96, cambridge University Press, Cambridge, 1984.

[17] S. Lang, Algebra, Graduate Texts in Mathematics, Revised Third Edition, Springer 2002.

[18] J. V. Pexider, Notiz über Funktionaltheoreme, Monatsh. Math. Phys., 14(1903), pp. 293–301.

[19] V. Pop, Ecuaţii Funţionale, Editura Madiamira, Cluj-Nopoca, 2002.

[20] V. Prasolov, Essays on Numbers and Figures, Mathematical World, American Mathematical Society, 2000.

[21] R. E. Rice, B. Schweizer, A. Sklar, When is $f(f(z) = az^2+bz+c$?, Amer. Math. Montly, v.87, No.4(1980), pp. 252–263.

[22] J. F. Ritt, Permutable rational functions, Trans. Amer. Math. Soc. 25 (1923), pp. 399–448.

[23] J. Silverman, A Friendly Introduction to Number Theory, Prentice-Hall, 1997.

[24] C. Small, Functional equations and how to solve them, Springer, 2007.

[25] B.J. Venkatachala, Functional Equations: A Problem Solving Approach, Prism Books Pvt. Ltd., Bangalore, 2008.

[26] E. Vincze, Eine allgemeinere Methode in der Theorie der Funktionalgleichungen I, Publ. Math. Debrecen, 9(1962), pp. 146–163.

[27] A. Willes, Modular elliptic curves and Fermat's Last Theorem, Ann. Math., 141(1995), pp. 443–551.

刘培杰数学工作室
已出版(即将出版)图书目录——初等数学

书　　名	出版时间	定　价	编号
新编中学数学解题方法全书(高中版)上卷(第2版)	2018—08	58.00	951
新编中学数学解题方法全书(高中版)中卷(第2版)	2018—08	68.00	952
新编中学数学解题方法全书(高中版)下卷(一)(第2版)	2018—08	58.00	953
新编中学数学解题方法全书(高中版)下卷(二)(第2版)	2018—08	58.00	954
新编中学数学解题方法全书(高中版)下卷(三)(第2版)	2018—08	68.00	955
新编中学数学解题方法全书(初中版)上卷	2008—01	28.00	29
新编中学数学解题方法全书(初中版)中卷	2010—07	38.00	75
新编中学数学解题方法全书(高考复习卷)	2010—01	48.00	67
新编中学数学解题方法全书(高考真题卷)	2010—01	38.00	62
新编中学数学解题方法全书(高考精华卷)	2011—03	68.00	118
新编平面解析几何解题方法全书(专题讲座卷)	2010—01	18.00	61
新编中学数学解题方法全书(自主招生卷)	2013—08	88.00	261
数学奥林匹克与数学文化(第一辑)	2006—05	48.00	4
数学奥林匹克与数学文化(第二辑)(竞赛卷)	2008—01	48.00	19
数学奥林匹克与数学文化(第二辑)(文化卷)	2008—07	58.00	36′
数学奥林匹克与数学文化(第三辑)(竞赛卷)	2010—01	48.00	59
数学奥林匹克与数学文化(第四辑)(竞赛卷)	2011—08	58.00	87
数学奥林匹克与数学文化(第五辑)	2015—06	98.00	370
世界著名平面几何经典著作钩沉——几何作图专题卷(上)	2009—06	48.00	49
世界著名平面几何经典著作钩沉——几何作图专题卷(下)	2011—01	88.00	80
世界著名平面几何经典著作钩沉(民国平面几何老课本)	2011—03	38.00	113
世界著名平面几何经典著作钩沉(建国初期平面三角老课本)	2015—08	38.00	507
世界著名解析几何经典著作钩沉——平面解析几何卷	2014—01	38.00	264
世界著名数论经典著作钩沉(算术卷)	2012—01	28.00	125
世界著名数学经典著作钩沉——立体几何卷	2011—02	28.00	88
世界著名三角学经典著作钩沉(平面三角卷Ⅰ)	2010—06	28.00	69
世界著名三角学经典著作钩沉(平面三角卷Ⅱ)	2011—01	38.00	78
世界著名初等数论经典著作钩沉(理论和实用算术卷)	2011—07	38.00	126
发展你的空间想象力(第2版)	2019—11	68.00	1117
空间想象力进阶	2019—05	68.00	1062
走向国际数学奥林匹克的平面几何试题诠释.第1卷	2019—07	88.00	1043
走向国际数学奥林匹克的平面几何试题诠释.第2卷	2019—09	78.00	1044
走向国际数学奥林匹克的平面几何试题诠释.第3卷	2019—03	78.00	1045
走向国际数学奥林匹克的平面几何试题诠释.第4卷	2019—09	98.00	1046
平面几何证明方法全书	2007—08	35.00	1
平面几何证明方法全书习题解答(第2版)	2006—12	18.00	10
平面几何天天练上卷·基础篇(直线型)	2013—01	58.00	208
平面几何天天练中卷·基础篇(涉及圆)	2013—01	28.00	234
平面几何天天练下卷·提高篇	2013—01	58.00	237
平面几何专题研究	2013—07	98.00	258
几何学习题集	2020—10	48.00	1217
通过解题学习代数几何	2021—04	88.00	1301

刘培杰数学工作室
已出版(即将出版)图书目录——初等数学

书　名	出版时间	定　价	编号
最新世界各国数学奥林匹克中的平面几何试题	2007—09	38.00	14
数学竞赛平面几何典型题及新颖解	2010—07	48.00	74
初等数学复习及研究(平面几何)	2008—09	58.00	38
初等数学复习及研究(立体几何)	2010—06	38.00	71
初等数学复习及研究(平面几何)习题解答	2009—01	48.00	42
几何学教程(平面几何卷)	2011—03	68.00	90
几何学教程(立体几何卷)	2011—07	68.00	130
几何变换与几何证题	2010—06	88.00	70
计算方法与几何证题	2011—06	28.00	129
立体几何技巧与方法	2014—04	88.00	293
几何瑰宝——平面几何500名题暨1000条定理(上、下)	2010—07	138.00	76,77
三角形的解法与应用	2012—07	18.00	183
近代的三角形几何学	2012—07	48.00	184
一般折线几何学	2015—08	48.00	503
三角形的五心	2009—06	28.00	51
三角形的六心及其应用	2015—10	68.00	542
三角形趣谈	2012—08	28.00	212
解三角形	2014—01	28.00	265
三角学专门教程	2014—09	28.00	387
图天下几何新题试卷.初中(第2版)	2017—11	58.00	855
圆锥曲线习题集(上册)	2013—06	68.00	255
圆锥曲线习题集(中册)	2015—01	78.00	434
圆锥曲线习题集(下册·第1卷)	2016—10	78.00	683
圆锥曲线习题集(下册·第2卷)	2018—01	98.00	853
圆锥曲线习题集(下册·第3卷)	2019—10	128.00	1113
论九点圆	2015—05	88.00	645
近代欧氏几何学	2012—03	48.00	162
罗巴切夫斯基几何学及几何基础概要	2012—07	28.00	188
罗巴切夫斯基几何学初步	2015—06	28.00	474
用三角、解析几何、复数、向量计算解数学竞赛几何题	2015—03	48.00	455
美国中学几何教程	2015—04	88.00	458
三线坐标与三角形特征点	2015—04	98.00	460
平面解析几何方法与研究(第1卷)	2015—05	18.00	471
平面解析几何方法与研究(第2卷)	2015—06	18.00	472
平面解析几何方法与研究(第3卷)	2015—07	18.00	473
解析几何研究	2015—01	38.00	425
解析几何学教程.上	2016—01	38.00	574
解析几何学教程.下	2016—01	38.00	575
几何学基础	2016—01	58.00	581
初等几何研究	2015—02	58.00	444
十九和二十世纪欧氏几何学中的片段	2017—01	58.00	696
平面几何中考.高考.奥数一本通	2017—07	28.00	820
几何学简史	2017—08	28.00	833
四面体	2018—01	48.00	880
平面几何证明方法思路	2018—12	68.00	913
平面几何图形特性新析.上篇	2019—01	68.00	911
平面几何图形特性新析.下篇	2018—06	88.00	912
平面几何范例多解探究.上篇	2018—04	48.00	910
平面几何范例多解探究.下篇	2018—12	68.00	914
从分析解题过程学解题:竞赛中的几何问题研究	2018—07	68.00	946
从分析解题过程学解题:竞赛中的向量几何与不等式研究(全2册)	2019—06	138.00	1090
从分析解题过程学解题:竞赛中的不等式问题	2021—01	48.00	1249
二维、三维欧氏几何的对偶原理	2018—12	38.00	990
星形大观及闭折线论	2019—03	68.00	1020
立体几何的问题和方法	2019—11	58.00	1127

刘培杰数学工作室
已出版(即将出版)图书目录——初等数学

书　名	出版时间	定　价	编号
俄罗斯平面几何问题集	2009—08	88.00	55
俄罗斯立体几何问题集	2014—03	58.00	283
俄罗斯几何大师——沙雷金论数学及其他	2014—01	48.00	271
来自俄罗斯的5000道几何习题及解答	2011—03	58.00	89
俄罗斯初等数学问题集	2012—05	38.00	177
俄罗斯函数问题集	2011—03	38.00	103
俄罗斯组合分析问题集	2011—01	48.00	79
俄罗斯初等数学万题选——三角卷	2012—11	38.00	222
俄罗斯初等数学万题选——代数卷	2013—08	68.00	225
俄罗斯初等数学万题选——几何卷	2014—01	68.00	226
俄罗斯《量子》杂志数学征解问题100题选	2018—08	48.00	969
俄罗斯《量子》杂志数学征解问题又100题选	2018—08	48.00	970
俄罗斯《量子》杂志数学征解问题	2020—05	48.00	1138
463个俄罗斯几何老问题	2012—01	28.00	152
《量子》数学短文精粹	2018—09	38.00	972
用三角、解析几何等计算解来自俄罗斯的几何题	2019—11	88.00	1119
谈谈素数	2011—03	18.00	91
平方和	2011—03	18.00	92
整数论	2011—05	38.00	120
从整数谈起	2015—10	28.00	538
数与多项式	2016—01	38.00	558
谈谈不定方程	2011—05	28.00	119
解析不等式新论	2009—06	68.00	48
建立不等式的方法	2011—03	98.00	104
数学奥林匹克不等式研究(第2版)	2020—07	68.00	1181
不等式研究(第二辑)	2012—02	68.00	153
不等式的秘密(第一卷)(第2版)	2014—02	38.00	286
不等式的秘密(第二卷)	2014—01	38.00	268
初等不等式的证明方法	2010—06	38.00	123
初等不等式的证明方法(第二版)	2014—11	38.00	407
不等式·理论·方法(基础卷)	2015—07	38.00	496
不等式·理论·方法(经典不等式卷)	2015—07	38.00	497
不等式·理论·方法(特殊类型不等式卷)	2015—07	48.00	498
不等式探究	2016—03	38.00	582
不等式探秘	2017—01	88.00	689
四面体不等式	2017—01	68.00	715
数学奥林匹克中常见重要不等式	2017—09	38.00	845
三正弦不等式	2018—09	98.00	974
函数方程与不等式:解法与稳定性结果	2019—04	68.00	1058
同余理论	2012—05	38.00	163
[x]与{x}	2015—04	48.00	476
极值与最值.上卷	2015—06	28.00	486
极值与最值.中卷	2015—06	38.00	487
极值与最值.下卷	2015—06	28.00	488
整数的性质	2012—11	38.00	192
完全平方数及其应用	2015—08	78.00	506
多项式理论	2015—10	88.00	541
奇数、偶数、奇偶分析法	2018—01	98.00	876
不定方程及其应用.上	2018—12	58.00	992
不定方程及其应用.中	2019—01	78.00	993
不定方程及其应用.下	2019—02	98.00	994

刘培杰数学工作室
已出版(即将出版)图书目录——初等数学

书　名	出版时间	定　价	编号
历届美国中学生数学竞赛试题及解答(第一卷)1950—1954	2014—07	18.00	277
历届美国中学生数学竞赛试题及解答(第二卷)1955—1959	2014—04	18.00	278
历届美国中学生数学竞赛试题及解答(第三卷)1960—1964	2014—06	18.00	279
历届美国中学生数学竞赛试题及解答(第四卷)1965—1969	2014—04	28.00	280
历届美国中学生数学竞赛试题及解答(第五卷)1970—1972	2014—06	18.00	281
历届美国中学生数学竞赛试题及解答(第六卷)1973—1980	2017—07	18.00	768
历届美国巾学生数学竞赛试题及解答(第七卷)1981—1986	2015—01	18.00	424
历届美国中学生数学竞赛试题及解答(第八卷)1987—1990	2017—05	18.00	769

书　名	出版时间	定　价	编号
历届中国数学奥林匹克试题集(第2版)	2017—03	38.00	757
历届加拿大数学奥林匹克试题集	2012—08	38.00	215
历届美国数学奥林匹克试题集:1972～2019	2020—04	88.00	1135
历届波兰数学竞赛试题集.第1卷,1949～1963	2015—03	18.00	453
历届波兰数学竞赛试题集.第2卷,1964～1976	2015—03	18.00	454
历届巴尔干数学奥林匹克试题集	2015—05	38.00	466
保加利亚数学奥林匹克	2014—10	38.00	393
圣彼得堡数学奥林匹克试题集	2015—01	38.00	429
匈牙利奥林匹克数学竞赛题解.第1卷	2016—05	28.00	593
匈牙利奥林匹克数学竞赛题解.第2卷	2016—05	28.00	594
历届美国数学邀请赛试题集(第2版)	2017—10	78.00	851
全国高中数学竞赛试题及解答.第1卷	2014—07	38.00	331
普林斯顿大学数学竞赛	2016—06	38.00	669
亚太地区数学奥林匹克竞赛题	2015—07	18.00	492
日本历届(初级)广中杯数学竞赛试题及解答.第1卷(2000～2007)	2016—05	28.00	641
日本历届(初级)广中杯数学竞赛试题及解答.第2卷(2008～2015)	2016—05	38.00	642
360个数学竞赛问题	2016—08	58.00	677
奥数最佳实战题.上卷	2017—06	38.00	760
奥数最佳实战题.下卷	2017—05	58.00	761
哈尔滨市早期中学数学竞赛试题汇编	2016—07	28.00	672
全国高中数学联赛试题及解答:1981—2019(第4版)	2020—07	138.00	1176
2021年全国高中数学联合竞赛模拟题集	2021—04	30.00	1302
20世纪50年代全国部分城市数学竞赛试题汇编	2017—07	28.00	797
国内外数学竞赛题及精解:2018～2019	2020—08	45.00	1192
许康华竞赛优学精选集.第一辑	2018—08	68.00	949
天问叶班数学问题征解100题.Ⅰ,2016—2018	2019—05	88.00	1075
天问叶班数学问题征解100题.Ⅱ,2017—2019	2020—07	98.00	1177
美国初中数学竞赛:AMC8准备(共6卷)	2019—07	138.00	1089
美国高中数学竞赛:AMC10准备(共6卷)	2019—08	158.00	1105

书　名	出版时间	定　价	编号
高考数学临门一脚(含密押三套卷)(理科版)	2017—01	45.00	743
高考数学临门一脚(含密押三套卷)(文科版)	2017—01	45.00	744
高考数学题型全归纳:文科版.上	2016—05	53.00	663
高考数学题型全归纳:文科版.下	2016—05	53.00	664
高考数学题型全归纳:理科版.上	2016—05	58.00	665
高考数学题型全归纳:理科版.下	2016—05	58.00	666

刘培杰数学工作室
已出版(即将出版)图书目录——初等数学

书　名	出版时间	定　价	编号
王连笑教你怎样学数学:高考选择题解题策略与客观题实用训练	2014—01	48.00	262
王连笑教你怎样学数学:高考数学高层次讲座	2015—02	48.00	432
高考数学的理论与实践	2009—08	38.00	53
高考数学核心题型解题方法与技巧	2010—01	28.00	86
高考思维新平台	2014—03	38.00	259
高考数学压轴题解题诀窍(上)(第2版)	2018—01	58.00	874
高考数学压轴题解题诀窍(下)(第2版)	2018—01	48.00	875
北京市五区文科数学三年高考模拟题详解:2013~2015	2015—08	48.00	500
北京市五区理科数学三年高考模拟题详解:2013~2015	2015—09	68.00	505
向量法巧解数学高考题	2009—08	28.00	54
高考数学解题金典(第2版)	2017—01	78.00	716
高考物理解题金典(第2版)	2019—05	68.00	717
高考化学解题金典(第2版)	2019—05	58.00	718
数学高考参考	2016—01	78.00	589
新课程标准高考数学解答题各种题型解法指导	2020—08	78.00	1196
全国及各省市高考数学试题审题要津与解法研究	2015—02	48.00	450
高中数学章节起始课的教学研究与案例设计	2019—05	28.00	1064
新课标高考数学——五年试题分章详解(2007~2011)(上、下)	2011—10	78.00	140,141
全国中考数学压轴题审题要津与解法研究	2013—04	78.00	248
新编全国及各省市中考数学压轴题审题要津与解法研究	2014—05	58.00	342
全国及各省市5年中考数学压轴题审题要津与解法研究(2015版)	2015—04	58.00	462
中考数学专题总复习	2007—04	28.00	6
中考数学较难题常考题型解题方法与技巧	2016—09	48.00	681
中考数学难题常考题型解题方法与技巧	2016—09	48.00	682
中考数学中档题常考题型解题方法与技巧	2017—08	68.00	835
中考数学选择填空压轴好题妙解365	2017—05	38.00	759
中考数学:三类重点考题的解法例析与习题	2020—04	48.00	1140
中小学数学的历史文化	2019—11	48.00	1124
初中平面几何百题多思创新解	2020—01	58.00	1125
初中数学中考备考	2020—01	58.00	1126
高考数学之九章演义	2019—08	68.00	1044
化学可以这样学:高中化学知识方法智慧感悟疑难辨析	2019—07	58.00	1103
如何成为学习高手	2019—09	58.00	1107
高考数学:经典真题分类解析	2020—04	78.00	1134
高考数学解答题破解策略	2020—11	58.00	1221
从分析解题过程学解题:高考压轴题与竞赛题之关系探究	2020—08	88.00	1179
教学新思考:单元整体视角下的初中数学教学设计	2021—03	58.00	1278
思维再拓展:2020年经典几何题的多解探究与思考	即将出版		1279
中考数学小压轴汇编初讲	2017—07	48.00	788
中考数学大压轴专题微言	2017—09	48.00	846
怎么解中考平面几何探索题	2019—06	48.00	1093
北京中考数学压轴题解题方法突破(第6版)	2020—11	58.00	1120
助你高考成功的数学解题智慧:知识是智慧的基础	2016—01	58.00	596
助你高考成功的数学解题智慧:错误是智慧的试金石	2016—04	58.00	643
助你高考成功的数学解题智慧:方法是智慧的推手	2016—04	68.00	657
高考数学奇思妙解	2016—04	38.00	610
高考数学解题策略	2016—05	48.00	670

刘培杰数学工作室
已出版(即将出版)图书目录——初等数学

书 名	出版时间	定 价	编号
数学解题泄天机(第2版)	2017—10	48.00	850
高考物理压轴题全解	2017—04	48.00	746
高中物理经典问题25讲	2017—05	28.00	764
高中物理教学讲义	2018—01	48.00	871
中学物理基础问题解析	2020—08	48.00	1183
2016年高考文科数学真题研究	2017—04	58.00	754
2016年高考理科数学真题研究	2017—04	78.00	755
2017年高考理科数学真题研究	2018—01	58.00	867
2017年高考文科数学真题研究	2018—01	48.00	868
初中数学、高中数学脱节知识补缺教材	2017—06	48.00	766
高考数学小题抢分必练	2017—10	48.00	834
高考数学核心素养解读	2017—09	38.00	839
高考数学客观题解题方法和技巧	2017—10	38.00	847
十年高考数学精品试题审题要津与解法研究.上卷	2018—01	68.00	872
十年高考数学精品试题审题要津与解法研究.下卷	2018—01	58.00	873
中国历届高考数学试题及解答.1949—1979	2018—01	38.00	877
历届中国高考数学试题及解答.第二卷,1980—1989	2018—10	28.00	975
历届中国高考数学试题及解答.第三卷,1990—1999	2018—10	48.00	976
数学文化与高考研究	2018—03	48.00	882
跟我学解高中数学题	2018—07	58.00	926
中学数学研究的方法及案例	2018—05	58.00	869
高考数学抢分技能	2018—07	68.00	934
高一新生常用数学方法和重要数学思想提升教材	2018—06	38.00	921
2018年高考数学真题研究	2019—01	68.00	1000
2019年高考数学真题研究	2020—05	88.00	1137
高考数学全国卷16道选择、填空题常考题型解题诀窍.理科	2018—09	88.00	971
高考数学全国卷16道选择、填空题常考题型解题诀窍.文科	2020—01	88.00	1123
高中数学一题多解	2019—06	58.00	1087

书 名	出版时间	定 价	编号
新编640个世界著名数学智力趣题	2014—01	88.00	242
500个最新世界著名数学智力趣题	2008—06	48.00	3
400个最新世界著名数学最值问题	2008—09	48.00	36
500个世界著名数学征解问题	2009—06	48.00	52
400个中国最佳初等数学征解老问题	2010—01	48.00	60
500个俄罗斯数学经典老题	2011—01	28.00	81
1000个国外中学物理好题	2012—04	48.00	174
300个日本高考数学题	2012—05	38.00	142
700个早期日本高考数学试题	2017—02	88.00	752
500个前苏联早期高考数学试题及解答	2012—05	28.00	185
546个早期俄罗斯大学生数学竞赛题	2014—03	38.00	285
548个来自美苏的数学好问题	2014—11	28.00	396
20所苏联著名大学早期入学试题	2015—02	18.00	452
161道德国工科大学生必做的微分方程习题	2015—05	28.00	469
500个德国工科大学生必做的高数习题	2015—06	28.00	478
360个数学竞赛问题	2016—08	58.00	677
200个趣味数学故事	2018—02	48.00	857
470个数学奥林匹克中的最值问题	2018—10	88.00	985
德国讲义日本考题.微积分卷	2015—04	48.00	456
德国讲义日本考题.微分方程卷	2015—04	38.00	457
二十世纪中叶中、英、美、日、法、俄高考数学试题精选	2017—06	38.00	783

书　名	出版时间	定　价	编号
中国初等数学研究　2009 卷(第 1 辑)	2009—05	20.00	45
中国初等数学研究　2010 卷(第 2 辑)	2010—05	30.00	68
中国初等数学研究　2011 卷(第 3 辑)	2011—07	60.00	127
中国初等数学研究　2012 卷(第 4 辑)	2012—07	48.00	190
中国初等数学研究　2014 卷(第 5 辑)	2014—02	48.00	288
中国初等数学研究　2015 卷(第 6 辑)	2015—06	68.00	493
中国初等数学研究　2016 卷(第 7 辑)	2016—04	68.00	609
中国初等数学研究　2017 卷(第 8 辑)	2017—01	98.00	712
初等数学研究在中国.第 1 辑	2019—03	158.00	1024
初等数学研究在中国.第 2 辑	2019—10	158.00	1116
几何变换(Ⅰ)	2014—07	28.00	353
几何变换(Ⅱ)	2015—06	28.00	354
几何变换(Ⅲ)	2015—01	38.00	355
几何变换(Ⅳ)	2015—12	38.00	356
初等数论难题集(第一卷)	2009—05	68.00	44
初等数论难题集(第二卷)(上、下)	2011—02	128.00	82,83
数论概貌	2011—03	18.00	93
代数数论(第二版)	2013—08	58.00	94
代数多项式	2014—06	38.00	289
初等数论的知识与问题	2011—02	28.00	95
超越数论基础	2011—03	28.00	96
数论初等教程	2011—03	28.00	97
数论基础	2011—03	18.00	98
数论基础与维诺格拉多夫	2014—03	18.00	292
解析数论基础	2012—08	28.00	216
解析数论基础(第二版)	2014—01	48.00	287
解析数论问题集(第二版)(原版引进)	2014—05	88.00	343
解析数论问题集(第二版)(中译本)	2016—04	88.00	607
解析数论基础(潘承洞,潘承彪著)	2016—07	98.00	673
解析数论导引	2016—07	58.00	674
数论入门	2011—03	38.00	99
代数数论入门	2015—03	38.00	448
数论开篇	2012—07	28.00	194
解析数论引论	2011—03	48.00	100
Barban Davenport Halberstam 均值和	2009—01	40.00	33
基础数论	2011—03	28.00	101
初等数论 100 例	2011—05	18.00	122
初等数论经典例题	2012—07	18.00	204
最新世界各国数学奥林匹克中的初等数论试题(上、下)	2012—01	138.00	144,145
初等数论(Ⅰ)	2012—01	18.00	156
初等数论(Ⅱ)	2012—01	18.00	157
初等数论(Ⅲ)	2012—01	28.00	158

刘培杰数学工作室
已出版（即将出版）图书目录——初等数学

书　名	出版时间	定　价	编号
平面几何与数论中未解决的新老问题	2013—01	68.00	229
代数数论简史	2014—11	28.00	408
代数数论	2015—09	88.00	532
代数、数论及分析习题集	2016—11	98.00	695
数论导引提要及习题解答	2016—01	48.00	559
素数定理的初等证明.第2版	2016—09	48.00	686
数论中的模函数与狄利克雷级数(第二版)	2017—11	78.00	837
数论:数学导引	2018—01	68.00	849
范氏大代数	2019—02	98.00	1016
解析数学讲义.第一卷,导来式及微分、积分、级数	2019—04	88.00	1021
解析数学讲义.第二卷,关于几何的应用	2019—04	68.00	1022
解析数学讲义.第三卷,解析函数论	2019—04	78.00	1023
分析·组合·数论纵横谈	2019—04	58.00	1039
Hall代数:民国时期的中学数学课本:英文	2019—08	88.00	1106
数学精神巡礼	2019—01	58.00	731
数学眼光透视(第2版)	2017—06	78.00	732
数学思想领悟(第2版)	2018—01	68.00	733
数学方法溯源(第2版)	2018—08	68.00	734
数学解题引论	2017—05	58.00	735
数学史话览胜(第2版)	2017—01	48.00	736
数学应用展观(第2版)	2017—08	68.00	737
数学建模尝试	2018—04	48.00	738
数学竞赛采风	2018—01	68.00	739
数学测评探营	2019—05	58.00	740
数学技能操握	2018—03	48.00	741
数学欣赏拾趣	2018—02	48.00	742
从毕达哥拉斯到怀尔斯	2007—10	48.00	9
从迪利克雷到维斯卡尔迪	2008—01	48.00	21
从哥德巴赫到陈景润	2008—05	98.00	35
从庞加莱到佩雷尔曼	2011—08	138.00	136
博弈论精粹	2008—03	58.00	30
博弈论精粹.第二版(精装)	2015—01	88.00	461
数学 我爱你	2008—01	28.00	20
精神的圣徒　别样的人生——60位中国数学家成长的历程	2008—09	48.00	39
数学史概论	2009—06	78.00	50
数学史概论(精装)	2013—03	158.00	272
数学史选讲	2016—01	48.00	544
斐波那契数列	2010—02	28.00	65
数学拼盘和斐波那契魔方	2010—07	38.00	72
斐波那契数列欣赏(第2版)	2018—08	58.00	948
Fibonacci数列中的明珠	2018—06	58.00	928
数学的创造	2011—02	48.00	85
数学美与创造力	2016—01	48.00	595
数海拾贝	2016—01	48.00	590
数学中的美(第2版)	2019—04	68.00	1057
数论中的美学	2014—12	38.00	351

刘培杰数学工作室
已出版（即将出版）图书目录——初等数学

书　名	出版时间	定　价	编号
数学王者　科学巨人——高斯	2015—01	28.00	428
振兴祖国数学的圆梦之旅：中国初等数学研究史话	2015—06	98.00	490
二十世纪中国数学史料研究	2015—10	48.00	536
数字谜、数阵图与棋盘覆盖	2016—01	58.00	298
时间的形状	2016—01	38.00	556
数学发现的艺术：数学探索中的合情推理	2016—07	58.00	671
活跃在数学中的参数	2016—07	48.00	675
数学解题——靠数学思想给力（上）	2011—07	38.00	131
数学解题——靠数学思想给力（中）	2011—07	48.00	132
数学解题——靠数学思想给力（下）	2011—07	38.00	133
我怎样解题	2013—01	48.00	227
数学解题中的物理方法	2011—06	28.00	114
数学解题的特殊方法	2011—06	48.00	115
中学数学计算技巧（第2版）	2020—10	48.00	1220
中学数学证明方法	2012—01	58.00	117
数学趣题巧解	2012—03	28.00	128
高中数学教学通鉴	2015—05	58.00	479
和高中生漫谈：数学与哲学的故事	2014—08	28.00	369
算术问题集	2017—03	38.00	789
张教授讲数学	2018—07	38.00	933
陈永明实话实说数学教学	2020—04	68.00	1132
中学数学学科知识与教学能力	2020—06	58.00	1155
自主招生考试中的参数方程问题	2015—01	28.00	435
自主招生考试中的极坐标问题	2015—04	28.00	463
近年全国重点大学自主招生数学试题全解及研究.华约卷	2015—02	38.00	441
近年全国重点大学自主招生数学试题全解及研究.北约卷	2016—05	38.00	619
自主招生数学解证宝典	2015—09	48.00	535
格点和面积	2012—07	18.00	191
射影几何趣谈	2012—04	28.00	175
斯潘纳尔引理——从一道加拿大数学奥林匹克试题谈起	2014—01	28.00	220
李普希兹条件——从几道近年高考数学试题谈起	2012—10	18.00	221
拉格朗日中值定理——从一道北京高考试题的解法谈起	2015—10	18.00	197
闵科夫斯基定理——从一道清华大学自主招生试题谈起	2014—01	28.00	198
哈尔测度——从一道冬令营试题的背景谈起	2012—08	28.00	202
切比雪夫逼近问题——从一道中国台北数学奥林匹克试题谈起	2013—04	38.00	238
伯恩斯坦多项式与贝齐尔曲面——从一道全国高中数学联赛试题谈起	2013—03	38.00	236
卡塔兰猜想——从一道普特南竞赛试题谈起	2013—06	18.00	256
麦卡锡函数和阿克曼函数——从一道前南斯拉夫数学奥林匹克试题谈起	2012—08	18.00	201
贝蒂定理与拉姆贝克莫斯尔定理——从一个拣石子游戏谈起	2012—08	18.00	217
皮亚诺曲线和豪斯道夫分球定理——从无限集谈起	2012—08	18.00	211
平面凸图形与凸多面体	2012—10	28.00	218
斯坦因豪斯问题——从一道二十五省市自治区中学数学竞赛试题谈起	2012—07	18.00	196

刘培杰数学工作室
已出版(即将出版)图书目录——初等数学

书　名	出版时间	定　价	编号
纽结理论中的亚历山大多项式与琼斯多项式——从一道北京市高一数学竞赛试题谈起	2012－07	28.00	195
原则与策略——从波利亚"解题表"谈起	2013－04	38.00	244
转化与化归——从三大尺规作图不能问题谈起	2012－08	28.00	214
代数几何中的贝祖定理(第一版)——从一道 IMO 试题的解法谈起	2013－08	18.00	193
成功连贯理论与约当块理论——从一道比利时数学竞赛试题谈起	2012－04	18.00	180
素数判定与大数分解	2014－08	18.00	199
置换多项式及其应用	2012－10	18.00	220
椭圆函数与模函数——从一道美国加州大学洛杉矶分校(UCLA)博士资格考题谈起	2012－10	28.00	219
差分方程的拉格朗日方法——从一道 2011 年全国高考理科试题的解法谈起	2012－08	28.00	200
力学在几何中的一些应用	2013－01	38.00	240
从根式解到伽罗华理论	2020－01	48.00	1121
康托洛维奇不等式——从一道全国高中联赛试题谈起	2013－03	28.00	337
西格尔引理——从一道第 18 届 IMO 试题的解法谈起	即将出版		
罗斯定理——从一道前苏联数学竞赛试题谈起	即将出版		
拉克斯定理和阿廷定理——从一道 IMO 试题的解法谈起	2014－01	58.00	246
毕卡大定理——从一道美国大学数学竞赛试题谈起	2014－07	18.00	350
贝齐尔曲线——从一道全国高中联赛试题谈起	即将出版		
拉格朗日乘子定理——从一道 2005 年全国高中联赛试题的高等数学解法谈起	2015－05	28.00	480
雅可比定理——从一道日本数学奥林匹克试题谈起	2013－04	48.00	249
李天岩－约克定理——从一道波兰数学竞赛试题谈起	2014－06	28.00	349
整系数多项式因式分解的一般方法——从克朗耐克算法谈起	即将出版		
布劳维不动点定理——从一道前苏联数学奥林匹克试题谈起	2014－01	38.00	273
伯恩赛德定理——从一道英国数学奥林匹克试题谈起	即将出版		
布查特－莫斯特定理——从一道上海市初中竞赛试题谈起	即将出版		
数论中的同余数问题——从一道普特南竞赛试题谈起	即将出版		
范·德蒙行列式——从一道美国数学奥林匹克试题谈起	即将出版		
中国剩余定理:总数法构建中国历史年表	2015－01	28.00	430
牛顿程序与方程求根——从一道全国高考试题解法谈起	即将出版		
库默尔定理——从一道 IMO 预选试题谈起	即将出版		
卢丁定理——从一道冬令营试题的解法谈起	即将出版		
沃斯滕霍姆定理——从一道 IMO 预选试题谈起	即将出版		
卡尔松不等式——从一道莫斯科数学奥林匹克试题谈起	即将出版		
信息论中的香农熵——从一道近年高考压轴题谈起	即将出版		
约当不等式——从一道希望杯竞赛试题谈起	即将出版		
拉比诺维奇定理	即将出版		
刘维尔定理——从一道《美国数学月刊》征解问题的解法谈起	即将出版		
卡塔兰恒等式与级数求和——从一道 IMO 试题的解法谈起	即将出版		
勒让德猜想与素数分布——从一道爱尔兰竞赛试题谈起	即将出版		
天平称重与信息论——从一道基辅市数学奥林匹克试题谈起	即将出版		
哈密尔顿－凯莱定理:从一道高中数学联赛试题的解法谈起	2014－09	18.00	376
艾思特曼定理——从一道 CMO 试题的解法谈起	即将出版		

刘培杰数学工作室
已出版（即将出版）图书目录——初等数学

书　名	出版时间	定　价	编号
阿贝尔恒等式与经典不等式及应用	2018－06	98.00	923
迪利克雷除数问题	2018－07	48.00	930
幻方、幻立方与拉丁方	2019－08	48.00	1092
帕斯卡三角形	2014－03	18.00	294
蒲丰投针问题——从2009年清华大学的一道自主招生试题谈起	2014－01	38.00	295
斯图姆定理——从一道"华约"自主招生试题的解法谈起	2014－01	18.00	296
许瓦兹引理——从一道加利福尼亚大学伯克利分校数学系博士生试题谈起	2014－08	18.00	297
拉姆塞定理——从王诗宬院士的一个问题谈起	2016－04	48.00	299
坐标法	2013－12	28.00	332
数论三角形	2014－04	38.00	341
毕克定理	2014－07	18.00	352
数林掠影	2014－09	48.00	389
我们周围的概率	2014－10	38.00	390
凸函数最值定理:从一道华约自主招生题的解法谈起	2014－10	28.00	391
易学与数学奥林匹克	2014－10	38.00	392
生物数学趣谈	2015－01	18.00	409
反演	2015－01	28.00	420
因式分解与圆锥曲线	2015－01	18.00	426
轨迹	2015－01	28.00	427
面积原理:从常庚哲命的一道CMO试题的积分解法谈起	2015－01	48.00	431
形形色色的不动点定理:从一道28届IMO试题谈起	2015－01	38.00	439
柯西函数方程:从一道上海交大自主招生的试题谈起	2015－02	28.00	440
三角恒等式	2015－02	28.00	442
无理性判定:从一道2014年"北约"自主招生试题谈起	2015－01	38.00	443
数学归纳法	2015－03	18.00	451
极端原理与解题	2015－04	28.00	464
法雷级数	2014－08	18.00	367
摆线族	2015－01	38.00	438
函数方程及其解法	2015－05	38.00	470
含参数的方程和不等式	2012－09	28.00	213
希尔伯特第十问题	2016－01	38.00	543
无穷小量的求和	2016－01	28.00	545
切比雪夫多项式:从一道清华大学金秋营试题谈起	2016－01	38.00	583
泽肯多夫定理	2016－03	38.00	599
代数等式证题法	2016－01	28.00	600
三角等式证题法	2016－01	28.00	601
吴大任教授藏书中的一个因式分解公式:从一道美国数学邀请赛试题的解法谈起	2016－06	28.00	656
易卦——类万物的数学模型	2017－08	68.00	838
"不可思议"的数与数系可持续发展	2018－01	38.00	878
最短线	2018－01	38.00	879
幻方和魔方(第一卷)	2012－05	68.00	173
尘封的经典——初等数学经典文献选读(第一卷)	2012－07	48.00	205
尘封的经典——初等数学经典文献选读(第二卷)	2012－07	38.00	206
初级方程式论	2011－03	28.00	106
初等数学研究(Ⅰ)	2008－09	68.00	37
初等数学研究(Ⅱ)(上、下)	2009－05	118.00	46,47

刘培杰数学工作室
已出版(即将出版)图书目录——初等数学

书　名	出版时间	定　价	编号
趣味初等方程妙题集锦	2014—09	48.00	388
趣味初等数论选美与欣赏	2015—02	48.00	445
耕读笔记(上卷):一位农民数学爱好者的初数探索	2015—04	28.00	459
耕读笔记(中卷):一位农民数学爱好者的初数探索	2015—05	28.00	483
耕读笔记(下卷):一位农民数学爱好者的初数探索	2015—05	28.00	484
几何不等式研究与欣赏.上卷	2016—01	88.00	547
几何不等式研究与欣赏.下卷	2016—01	48.00	552
初等数列研究与欣赏·上	2016—01	48.00	570
初等数列研究与欣赏·下	2016—01	48.00	571
趣味初等函数研究与欣赏.上	2016—09	48.00	684
趣味初等函数研究与欣赏.下	2018—09	48.00	685
三角不等式研究与欣赏	2020—10	68.00	1197
火柴游戏	2016—05	38.00	612
智力解谜.第1卷	2017—07	38.00	613
智力解谜.第2卷	2017—07	38.00	614
故事智力	2016—07	48.00	615
名人们喜欢的智力问题	2020—01	48.00	616
数学大师的发现、创造与失误	2018—01	48.00	617
异曲同工	2018—09	48.00	618
数学的味道	2018—01	58.00	798
数学千字文	2018—10	68.00	977
数贝偶拾——高考数学题研究	2014—04	28.00	274
数贝偶拾——初等数学研究	2014—04	38.00	275
数贝偶拾——奥数题研究	2014—04	48.00	276
钱昌本教你快乐学数学(上)	2011—12	48.00	155
钱昌本教你快乐学数学(下)	2012—03	58.00	171
集合、函数与方程	2014—01	28.00	300
数列与不等式	2014—01	38.00	301
三角与平面向量	2014—01	28.00	302
平面解析几何	2014—01	38.00	303
立体几何与组合	2014—01	28.00	304
极限与导数、数学归纳法	2014—01	38.00	305
趣味数学	2014—03	28.00	306
教材教法	2014—04	68.00	307
自主招生	2014—05	58.00	308
高考压轴题(上)	2015—01	48.00	309
高考压轴题(下)	2014—10	68.00	310
从费马到怀尔斯——费马大定理的历史	2013—10	198.00	I
从庞加莱到佩雷尔曼——庞加莱猜想的历史	2013—10	298.00	II
从切比雪夫到爱尔特希(上)——素数定理的初等证明	2013—07	48.00	III
从切比雪夫到爱尔特希(下)——素数定理100年	2012—12	98.00	III
从高斯到盖尔方特——二次域的高斯猜想	2013—10	198.00	IV
从库默尔到朗兰兹——朗兰兹猜想的历史	2014—01	98.00	V
从比勃巴赫到德布朗斯——比勃巴赫猜想的历史	2014—02	298.00	VI
从麦比乌斯到陈省身——麦比乌斯变换与麦比乌斯带	2014—02	298.00	VII
从布尔到豪斯道夫——布尔方程与格论漫谈	2013—10	198.00	VIII
从开普勒到阿诺德——三体问题的历史	2014—05	298.00	IX
从华林到华罗庚——华林问题的历史	2013—10	298.00	X

刘培杰数学工作室
已出版(即将出版)图书目录——初等数学

书　名	出版时间	定　价	编号
美国高中数学竞赛五十讲.第1卷(英文)	2014—08	28.00	357
美国高中数学竞赛五十讲.第2卷(英文)	2014—08	28.00	358
美国高中数学竞赛五十讲.第3卷(英文)	2014—09	28.00	359
美国高中数学竞赛五十讲.第4卷(英文)	2014—09	28.00	360
美国高中数学竞赛五十讲.第5卷(英文)	2014—10	28.00	361
美国高中数学竞赛五十讲.第6卷(英文)	2014—11	28.00	362
美国高中数学竞赛五十讲.第7卷(英文)	2014—12	28.00	363
美国高中数学竞赛五十讲.第8卷(英文)	2015—01	28.00	364
美国高中数学竞赛五十讲.第9卷(英文)	2015—01	28.00	365
美国高中数学竞赛五十讲.第10卷(英文)	2015—02	38.00	366
三角函数(第2版)	2017—04	38.00	626
不等式	2014—01	38.00	312
数列	2014—01	38.00	313
方程(第2版)	2017—04	38.00	624
排列和组合	2014—01	28.00	315
极限与导数(第2版)	2016—04	38.00	635
向量(第2版)	2018—08	58.00	627
复数及其应用	2014—08	28.00	318
函数	2014—01	38.00	319
集合	2020—01	48.00	320
直线与平面	2014—01	28.00	321
立体几何(第2版)	2016—04	38.00	629
解三角形	即将出版		323
直线与圆(第2版)	2016—11	38.00	631
圆锥曲线(第2版)	2016—09	48.00	632
解题通法(一)	2014—07	38.00	326
解题通法(二)	2014—07	38.00	327
解题通法(三)	2014—05	38.00	328
概率与统计	2014—01	28.00	329
信息迁移与算法	即将出版		330
IMO 50 年.第1卷(1959—1963)	2014—11	28.00	377
IMO 50 年.第2卷(1964—1968)	2014—11	28.00	378
IMO 50 年.第3卷(1969—1973)	2014—09	28.00	379
IMO 50 年.第4卷(1974—1978)	2016—04	38.00	380
IMO 50 年.第5卷(1979—1984)	2015—04	38.00	381
IMO 50 年.第6卷(1985—1989)	2015—04	58.00	382
IMO 50 年.第7卷(1990—1994)	2016—01	48.00	383
IMO 50 年.第8卷(1995—1999)	2016—06	38.00	384
IMO 50 年.第9卷(2000—2004)	2015—04	58.00	385
IMO 50 年.第10卷(2005—2009)	2016—01	48.00	386
IMO 50 年.第11卷(2010—2015)	2017—03	48.00	646

刘培杰数学工作室
已出版(即将出版)图书目录——初等数学

书　名	出版时间	定　价	编号
数学反思(2006—2007)	2020—09	88.00	915
数学反思(2008—2009)	2019—01	68.00	917
数学反思(2010—2011)	2018—05	58.00	916
数学反思(2012—2013)	2019—01	58.00	918
数学反思(2014—2015)	2019—03	78.00	919
数学反思(2016—2017)	2021—03	58.00	1286
历届美国大学生数学竞赛试题集.第一卷(1938—1949)	2015—01	28.00	397
历届美国大学生数学竞赛试题集.第二卷(1950—1959)	2015—01	28.00	398
历届美国大学生数学竞赛试题集.第三卷(1960—1969)	2015—01	28.00	399
历届美国大学生数学竞赛试题集.第四卷(1970—1979)	2015—01	18.00	400
历届美国大学生数学竞赛试题集.第五卷(1980—1989)	2015—01	28.00	401
历届美国大学生数学竞赛试题集.第六卷(1990—1999)	2015—01	28.00	402
历届美国大学生数学竞赛试题集.第七卷(2000—2009)	2015—08	18.00	403
历届美国大学生数学竞赛试题集.第八卷(2010—2012)	2015—01	18.00	404
新课标高考数学创新题解题诀窍:总论	2014—09	28.00	372
新课标高考数学创新题解题诀窍:必修1～5分册	2014—08	38.00	373
新课标高考数学创新题解题诀窍:选修2－1,2－2,1－1,1－2分册	2014—09	38.00	374
新课标高考数学创新题解题诀窍:选修2－3,4－4,4－5分册	2014—09	18.00	375
全国重点大学自主招生英文数学试题全攻略:词汇卷	2015—07	48.00	410
全国重点大学自主招生英文数学试题全攻略:概念卷	2015—01	28.00	411
全国重点大学自主招生英文数学试题全攻略:文章选读卷(上)	2016—09	38.00	412
全国重点大学自主招生英文数学试题全攻略:文章选读卷(下)	2017—01	58.00	413
全国重点大学自主招生英文数学试题全攻略:试题卷	2015—07	38.00	414
全国重点大学自主招生英文数学试题全攻略:名著欣赏卷	2017—03	48.00	415
劳埃德数学趣题大全.题目卷.1:英文	2016—01	18.00	516
劳埃德数学趣题大全.题目卷.2:英文	2016—01	18.00	517
劳埃德数学趣题大全.题目卷.3:英文	2016—01	18.00	518
劳埃德数学趣题大全.题目卷.4:英文	2016—01	18.00	519
劳埃德数学趣题大全.题目卷.5:英文	2016—01	18.00	520
劳埃德数学趣题大全.答案卷:英文	2016—01	18.00	521
李成章教练奥数笔记.第1卷	2016—01	48.00	522
李成章教练奥数笔记.第2卷	2016—01	48.00	523
李成章教练奥数笔记.第3卷	2016—01	38.00	524
李成章教练奥数笔记.第4卷	2016—01	38.00	525
李成章教练奥数笔记.第5卷	2016—01	38.00	526
李成章教练奥数笔记.第6卷	2016—01	38.00	527
李成章教练奥数笔记.第7卷	2016—01	38.00	528
李成章教练奥数笔记.第8卷	2016—01	48.00	529
李成章教练奥数笔记.第9卷	2016—01	28.00	530

刘培杰数学工作室
已出版(即将出版)图书目录——初等数学

书　名	出版时间	定　价	编号
第19~23届"希望杯"全国数学邀请赛试题审题要津详细评注(初一版)	2014—03	28.00	333
第19~23届"希望杯"全国数学邀请赛试题审题要津详细评注(初二、初三版)	2014—03	38.00	334
第19~23届"希望杯"全国数学邀请赛试题审题要津详细评注(高一版)	2014—03	28.00	335
第19~23届"希望杯"全国数学邀请赛试题审题要津详细评注(高二版)	2014—03	38.00	336
第19~25届"希望杯"全国数学邀请赛试题审题要津详细评注(初一版)	2015—01	38.00	416
第19~25届"希望杯"全国数学邀请赛试题审题要津详细评注(初二、初三版)	2015—01	58.00	417
第19~25届"希望杯"全国数学邀请赛试题审题要津详细评注(高一版)	2015—01	48.00	418
第19~25届"希望杯"全国数学邀请赛试题审题要津详细评注(高二版)	2015—01	48.00	419
物理奥林匹克竞赛大题典——力学卷	2014—11	48.00	405
物理奥林匹克竞赛大题典——热学卷	2014—04	28.00	339
物理奥林匹克竞赛大题典——电磁学卷	2015—07	48.00	406
物理奥林匹克竞赛大题典——光学与近代物理卷	2014—06	28.00	345
历届中国东南地区数学奥林匹克试题集(2004~2012)	2014—06	18.00	346
历届中国西部地区数学奥林匹克试题集(2001~2012)	2014—07	18.00	347
历届中国女子数学奥林匹克试题集(2002~2012)	2014—08	18.00	348
数学奥林匹克在中国	2014—06	98.00	344
数学奥林匹克问题集	2014—01	38.00	267
数学奥林匹克不等式散论	2010—06	38.00	124
数学奥林匹克不等式欣赏	2011—09	38.00	138
数学奥林匹克超级题库(初中卷上)	2010—01	58.00	66
数学奥林匹克不等式证明方法和技巧(上、下)	2011—08	158.00	134,135
他们学什么:原民主德国中学数学课本	2016—09	38.00	658
他们学什么:英国中学数学课本	2016—09	38.00	659
他们学什么:法国中学数学课本.1	2016—09	38.00	660
他们学什么:法国中学数学课本.2	2016—09	28.00	661
他们学什么:法国中学数学课本.3	2016—09	38.00	662
他们学什么:苏联中学数学课本	2016—09	28.00	679
高中数学题典——集合与简易逻辑·函数	2016—07	48.00	647
高中数学题典——导数	2016—07	48.00	648
高中数学题典——三角函数·平面向量	2016—07	48.00	649
高中数学题典——数列	2016—07	58.00	650
高中数学题典——不等式·推理与证明	2016—07	38.00	651
高中数学题典——立体几何	2016—07	48.00	652
高中数学题典——平面解析几何	2016—07	78.00	653
高中数学题典——计数原理·统计·概率·复数	2016—07	48.00	654
高中数学题典——算法·平面几何·初等数论·组合数学·其他	2016—07	68.00	655

刘培杰数学工作室
已出版(即将出版)图书目录——初等数学

书 名	出版时间	定 价	编号
台湾地区奥林匹克数学竞赛试题.小学一年级	2017—03	38.00	722
台湾地区奥林匹克数学竞赛试题.小学二年级	2017—03	38.00	723
台湾地区奥林匹克数学竞赛试题.小学三年级	2017—03	38.00	724
台湾地区奥林匹克数学竞赛试题.小学四年级	2017—03	38.00	725
台湾地区奥林匹克数学竞赛试题.小学五年级	2017—03	38.00	726
台湾地区奥林匹克数学竞赛试题.小学六年级	2017—03	38.00	727
台湾地区奥林匹克数学竞赛试题.初中一年级	2017—03	38.00	728
台湾地区奥林匹克数学竞赛试题.初中二年级	2017—03	38.00	729
台湾地区奥林匹克数学竞赛试题.初中三年级	2017—03	28.00	730
不等式证题法	2017—04	28.00	747
平面几何培优教程	2019—08	88.00	748
奥数鼎级培优教程.高一分册	2018—09	88.00	749
奥数鼎级培优教程.高二分册.上	2018—04	68.00	750
奥数鼎级培优教程.高二分册.下	2018—04	68.00	751
高中数学竞赛冲刺宝典	2019—04	68.00	883
初中尖子生数学超级题典.实数	2017—07	58.00	792
初中尖子生数学超级题典.式、方程与不等式	2017—08	58.00	793
初中尖子生数学超级题典.圆、面积	2017—08	38.00	794
初中尖子生数学超级题典.函数、逻辑推理	2017—08	48.00	795
初中尖子生数学超级题典.角、线段、三角形与多边形	2017—07	58.00	796
数学王子——高斯	2018—01	48.00	858
坎坷奇星——阿贝尔	2018—01	48.00	859
闪烁奇星——伽罗瓦	2018—01	58.00	860
无穷统帅——康托尔	2018—01	48.00	861
科学公主——柯瓦列夫斯卡娅	2018—01	48.00	862
抽象代数之母——埃米·诺特	2018—01	48.00	863
电脑先驱——图灵	2018—01	58.00	864
昔日神童——维纳	2018—01	48.00	865
数坛怪侠——爱尔特希	2018—01	68.00	866
传奇数学家徐利治	2019—09	88.00	1110
当代世界中的数学.数学思想与数学基础	2019—01	38.00	892
当代世界中的数学.数学问题	2019—01	38.00	893
当代世界中的数学.应用数学与数学应用	2019—01	38.00	894
当代世界中的数学.数学王国的新疆域(一)	2019—01	38.00	895
当代世界中的数学.数学王国的新疆域(二)	2019—01	38.00	896
当代世界中的数学.数林撷英(一)	2019—01	38.00	897
当代世界中的数学.数林撷英(二)	2019—01	48.00	898
当代世界中的数学.数学之路	2019—01	38.00	899

刘培杰数学工作室
已出版(即将出版)图书目录——初等数学

书　名	出版时间	定　价	编号
105 个代数问题:来自 AwesomeMath 夏季课程	2019—02	58.00	956
106 个几何问题:来自 AwesomeMath 夏季课程	2020—07	58.00	957
107 个几何问题:来自 AwesomeMath 全年课程	2020—07	58.00	958
108 个代数问题:来自 AwesomeMath 全年课程	2019—01	68.00	959
109 个不等式:来自 AwesomeMath 夏季课程	2019—04	58.00	960
国际数学奥林匹克中的 110 个几何问题	即将出版		961
111 个代数和数论问题	2019—05	58.00	962
112 个组合问题:来自 AwesomeMath 夏季课程	2019—05	58.00	963
113 个几何不等式:来自 AwesomeMath 夏季课程	2020—08	58.00	964
114 个指数和对数问题:来自 AwesomeMath 夏季课程	2019—09	48.00	965
115 个三角问题:来自 AwesomeMath 夏季课程	2019—09	58.00	966
116 个代数不等式:来自 AwesomeMath 全年课程	2019—04	58.00	967
紫色彗星国际数学竞赛试题	2019—02	58.00	999
数学竞赛中的数学:为数学爱好者、父母、教师和教练准备的丰富资源.第一部	2020—04	58.00	1141
数学竞赛中的数学:为数学爱好者、父母、教师和教练准备的丰富资源.第二部	2020—07	48.00	1142
和与积	2020—10	38.00	1219
数论:概念和问题	2020—12	68.00	1257
初等数学问题研究	2021—03	48.00	1270
澳大利亚中学数学竞赛试题及解答(初级卷)1978~1984	2019—02	28.00	1002
澳大利亚中学数学竞赛试题及解答(初级卷)1985~1991	2019—02	28.00	1003
澳大利亚中学数学竞赛试题及解答(初级卷)1992~1998	2019—02	28.00	1004
澳大利亚中学数学竞赛试题及解答(初级卷)1999~2005	2019—02	28.00	1005
澳大利亚中学数学竞赛试题及解答(中级卷)1978~1984	2019—03	28.00	1006
澳大利亚中学数学竞赛试题及解答(中级卷)1985~1991	2019—03	28.00	1007
澳大利亚中学数学竞赛试题及解答(中级卷)1992~1998	2019—03	28.00	1008
澳大利亚中学数学竞赛试题及解答(中级卷)1999~2005	2019—03	28.00	1009
澳大利亚中学数学竞赛试题及解答(高级卷)1978~1984	2019—05	28.00	1010
澳大利亚中学数学竞赛试题及解答(高级卷)1985~1991	2019—05	28.00	1011
澳大利亚中学数学竞赛试题及解答(高级卷)1992~1998	2019—05	28.00	1012
澳大利亚中学数学竞赛试题及解答(高级卷)1999~2005	2019—05	28.00	1013
天才中小学生智力测验题.第一卷	2019—03	38.00	1026
天才中小学生智力测验题.第二卷	2019—03	38.00	1027
天才中小学生智力测验题.第三卷	2019—03	38.00	1028
天才中小学生智力测验题.第四卷	2019—03	38.00	1029
天才中小学生智力测验题.第五卷	2019—03	38.00	1030
天才中小学生智力测验题.第六卷	2019—03	38.00	1031
天才中小学生智力测验题.第七卷	2019—03	38.00	1032
天才中小学生智力测验题.第八卷	2019—03	38.00	1033
天才中小学生智力测验题.第九卷	2019—03	38.00	1034
天才中小学生智力测验题.第十卷	2019—03	38.00	1035
天才中小学生智力测验题.第十一卷	2019—03	38.00	1036
天才中小学生智力测验题.第十二卷	2019—03	38.00	1037
天才中小学生智力测验题.第十三卷	2019—03	38.00	1038

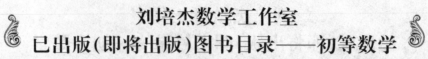

刘培杰数学工作室
已出版(即将出版)图书目录——初等数学

书　名	出版时间	定　价	编号
重点大学自主招生数学备考全书:函数	2020—05	48.00	1047
重点大学自主招生数学备考全书:导数	2020—08	48.00	1048
重点大学自主招生数学备考全书:数列与不等式	2019—10	78.00	1049
重点大学自主招生数学备考全书:三角函数与平面向量	2020—08	68.00	1050
重点大学自主招生数学备考全书:平面解析几何	2020—07	58.00	1051
重点大学自主招生数学备考全书:立体几何与平面几何	2019—08	48.00	1052
重点大学自主招生数学备考全书:排列组合·概率统计·复数	2019—09	48.00	1053
重点大学自主招生数学备考全书:初等数论与组合数学	2019—08	48.00	1054
重点大学自主招生数学备考全书:重点大学自主招生真题.上	2019—04	68.00	1055
重点大学自主招生数学备考全书:重点大学自主招生真题.下	2019—04	58.00	1056
高中数学竞赛培训教程:平面几何问题的求解方法与策略.上	2018—05	68.00	906
高中数学竞赛培训教程:平面几何问题的求解方法与策略.下	2018—06	78.00	907
高中数学竞赛培训教程:整除与同余以及不定方程	2018—01	88.00	908
高中数学竞赛培训教程:组合计数与组合极值	2018—04	48.00	909
高中数学竞赛培训教程:初等代数	2019—04	78.00	1042
高中数学讲座:数学竞赛基础教程(第一册)	2019—06	48.00	1094
高中数学讲座:数学竞赛基础教程(第二册)	即将出版		1095
高中数学讲座:数学竞赛基础教程(第三册)	即将出版		1096
高中数学讲座:数学竞赛基础教程(第四册)	即将出版		1097
新编中学数学解题方法 1000 招丛书.实数(初中版)	即将出版		1291
新编中学数学解题方法 1000 招丛书.式(初中版)	即将出版		1292
新编中学数学解题方法 1000 招丛书.方程与不等式(初中版)	2021—04	58.00	1293
新编中学数学解题方法 1000 招丛书.函数(初中版)	即将出版		1294
新编中学数学解题方法 1000 招丛书.角(初中版)	即将出版		1295
新编中学数学解题方法 1000 招丛书.线段(初中版)	即将出版		1296
新编中学数学解题方法 1000 招丛书.三角形与多边形(初中版)	2021—04	48.00	1297
新编中学数学解题方法 1000 招丛书.圆(初中版)	即将出版		1298
新编中学数学解题方法 1000 招丛书.面积(初中版)	即将出版		1299

联系地址:哈尔滨市南岗区复华四道街 10 号　哈尔滨工业大学出版社刘培杰数学工作室
网　　址:http://lpj.hit.edu.cn/
邮　　编:150006
联系电话:0451—86281378　　13904613167
E-mail:lpj1378@163.com